INOVAÇÃO e EMPREENDEDORISMO

B557i   Bessant, John.
      Inovação e empreendedorismo / John Bessant, Joe Tidd ; tradução: Francisco Araújo da Costa. – 3. ed. –Porto Alegre : Bookman, 2019.
      xiv, 512 p. il. ; 25 cm.

     ISBN 978-85-8260-517-2

     1. Inovação. 2. Empreendedorismo. I. Tidd, Joe. II. Título.

                                          CDU 005.591.6

Catalogação na publicação: Karin Lorien Menoncin – CRB 10/2147

john **BESSANT**
University of Exeter

joe **TIDD**
University of Sussex

INOVAÇÃO e EMPREENDEDORISMO

3ª EDIÇÃO

Tradução:
Francisco Araújo da Costa

Porto Alegre
2019

Obra originalmente publicada sob o título
Innovation and Entrepreneurship, 3rd Edition

ISBN 9781118993095 / 7778993098

All Rights Reserved. Authorized translation from the English language edition pubilshed by John Wiley & Sons Limited. Responsibility for the accuracy of the translation rests solely with Bookman Companhia Editora Ltda and is not the responsibility of John Wiley & Sons Limited. No part of this book may be reproduced in any form without the written permission of the original copyright holder, John Wiley & Sons Limited.

Gerente editorial: *Arysinha Jacques Affonso*

Colaboraram nesta edição:

Capa: *Márcio Monticelli*

Tradução da 1ª edição: *Elizamari Rodrigues Becker, Gabriela Perizzolo e Patrícia Lessa Flores da Cunha*

Revisão técnica da 1ª edição: *Paulo Antônio Zawislak*
Doutor em Economia pela Universidade de Paris VII
Professor da Escola de Administração da UFRGS

Leitura final: *Ronald Saraiva de Menezes*

Editoração: *Clic Editoração Eletrônica Ltda.*

Reservados todos os direitos de publicação, em língua portuguesa, à
BOOKMAN EDITORA LTDA., uma empresa do GRUPO A EDUCAÇÃO S.A.
Av. Jerônimo de Ornelas, 670 – Santana
90040-340 Porto Alegre RS
Fone: (51) 3027-7000 Fax: (51) 3027-7070

Unidade São Paulo
Rua Doutor Cesário Mota Jr., 63 – Vila Buarque
01221-020 São Paulo SP
Fone: (11) 3221-9033

SAC 0800 703-3444 – www.grupoa.com.br

É proibida a duplicação ou reprodução deste volume, no todo ou em parte, sob quaisquer formas ou por quaisquer meios (eletrônico, mecânico, gravação, fotocópia, distribuição na Web e outros), sem permissão expressa da Editora.

IMPRESSO NO BRASIL
PRINTED IN BRAZIL

Agradecimentos

Gostaríamos de agradecer a todos os colegas e alunos na SPRU, Exeter, CENTRIM, Imperial College e outras instituições, que opinaram sobre o nosso trabalho. Também somos gratos pelas críticas de diversos resenhistas anônimos, cujos comentários e sugestões nos ajudaram a desenvolver esta nova edição.

Devemos agradecer ainda a Dave Francis, Howard Rush, Stefan Kohn, Girish Prabhu, Richard Philpott, David Simoes-Brown, Alastair Ross, Suzana Moreira, Michael Bartl, Roy Sandbach, Lynne Maher, Philip Cullimore, Helle-Vibeke Carstensen, Helen King, Patrick McLaughlin, Melissa Clark-Reynolds, Boyi Li, Simon Tucker, Ana Sena, Victor Cui, Emma Taylor, Armin Rau, Francisco Pinheiro, David Overton, Michelle Lowe, Gerard Harkin, Dorothea Seebode, Fabian Schlage, Catherina van Delden, John Thesmer, Tim Craft, Bettina von Stamm, Mike Pitts e Kathrin Moeslein pela sua ajuda na criação dos estudos de caso e podcasts/vídeos para o texto e o site. Devemos um agradecimento especial a Anna Trifilova pela sua ajuda na pesquisa e montagem de vários dos casos para a Web.

Como sempre, somos igualmente gratos ao grande grupo de trabalho da editora Wiley, pela sua ajuda e apoio. Eles praticam o que pregamos, com seu trabalho interfuncional perfeito, especialmente Steve Hardman, Georgia King, Deb Egleton, Juliet Booker, Tim Bettsworth, Sarah Booth e Gladys Famoriyo.

Prefácio da terceira edição

As organizações que inovam têm uma probabilidade muito maior de criar valor, tanto privado quanto social.[1] Contudo, poucos novos empreendimentos são bem-sucedidos, e menos ainda conseguem crescer e prosperar.[2]

Este livro foi desenvolvido especificamente para estudantes de administração, e também para estudantes de ciência e engenharia cursando disciplinas de inovação e/ou empreendedorismo. Ele complementa o nosso bestseller *Gestão da Inovação*, 3ª ed.*, destinado ao público de pós-graduação e com maior experiência.

Nesta terceira edição, inspirados por estudiosos pioneiros nas áreas de empreendedorismo e inovação, como Joseph Schumpeter e Peter Drucker, tentamos reintegrar esses dois campos. Há muito que os dois temas têm divergido, formando disciplinas restritas, e ambas sofreram por consequência disso: o empreendedorismo se tornou obcecado pela criação de pequenas empresas e a inovação foi dominada pelo desenvolvimento de novos produtos.[3] Neste texto, pretendemos reunificar o estudo e a prática do empreendedorismo e da inovação.

Acreditamos que este texto é singular em dois aspectos relevantes. O primeiro é a maneira como trata e aplica a pesquisa e as teorias essenciais sobre inovação e empreendedorismo. O segundo envolve a pedagogia e a abordagem relativas à aprendizagem. Neste texto, revisamos e sintetizamos a teoria e a pesquisa, quando importantes, mas enfatizamos muito mais a prática da inovação e do empreendedorismo dispostos em um contexto mais abrangente que inclui serviços públicos e privados, tecnologias e economias emergentes, buscando a sustentabilidade e o desenvolvimento. As pesquisas abandonaram o foco estreito em indivíduos e invenções e adotaram uma perspectiva de processo mais ampla.[4] Logo, nesta terceira edição, continuamos a adotar um modelo de processo explícito para ajudar a organizar o material:

- Metas empreendedoras e contexto.
- Reconhecer a oportunidade.
- Encontrar os recursos.
- Desenvolver o empreendimento.
- Criar valor.

Na primeira seção, Metas Empreendedoras e Contexto, revisamos as teorias-chave e as pesquisas recentes essenciais para a compreender os aspectos de dinâmica e prática ligados à inovação e ao empreendedorismo. No primeiro capítulo, mapeamos diferentes definições e tipos de inovação e identificamos os relacionamentos entre inovação, empreendedorismo e desempenho de organizações de setores público e privado. Desenvolvemos um processo visando à inovação e ao

---

*N. de T.: Publicado no Brasil pela Bookman Editora.

empreendedorismo que consiste em quatro etapas: Reconhecer a Oportunidade; Encontrar os Recursos; Desenvolver o Empreendimento; e Criar Valor. No Capítulo 2, exploramos o contexto e as metas da inovação e do empreendedorismo social, incluindo organizações públicas e outras instituições do terceiro setor, como organizações não governamentais (ONGs), incluindo entidades beneficentes e o voluntariado. Em muitas economias avançadas, o setor de serviços, definido de modo amplo, é responsável por 60% a 75% dos empregos, sendo que mais da metade ocorre em serviços públicos e do terceiro setor. O Capítulo 3 analisa as contribuições da inovação e do empreendedorismo nas economias emergentes e em desenvolvimento, e também para a sustentabilidade nos países mais avançados.

O restante do texto é organizado pelo modelo de processos. A Parte II, Reconhecer a Oportunidade, inclui capítulos sobre as fontes e a busca por oportunidades, com foco nas respectivas funções de indivíduos, grupos e organizações na inovação e no empreendedorismo, e identifica as principais características de pessoas criativas e quais fatores contribuem para uma organização inovadora, incluindo confiança, questionamento, apoio, conflito e debate, aceitação de riscos e liberdade. Na Parte III, Encontrar os Recursos, discutimos como desenvolver um plano de negócios e como usá-lo para identificar e gerenciar a incerteza, além das contribuições críticas das redes pessoais e organizacionais. A Parte IV, Desenvolver o Empreendimento, se concentra no desenvolvimento de novos produtos, serviços e negócios inovadores, incluindo empreendedorismo corporativo e novos empreendimentos. Isso inclui criar e compartilhar conhecimento e propriedade intelectual, modelos de negócios inéditos e fatores que influenciam o sucesso e o crescimento de novos empreendimentos. O capítulo final revisa os passos e os recursos necessários para transformar a inovação e o empreendedorismo em realidade e apresenta um plano de ação para colocar as ideias em prática.

O texto é integrado a uma rede de recursos interativos (em inglês), disponíveis no endereço **www.innovation-portal.info**, o que inclui:*

- estudos de caso adicionais;
- ferramentas para apoiar a inovação e o empreendedorismo;
- vídeos e áudios;
- exercícios interativos;
- banco de perguntas e respostas para autoteste.

Agradecemos as contribuições e convidamos os leitores a compartilhar suas experiências.

John Bessant e Joe Tidd

---

*N. de T.: Os recursos online deste livro também estão disponíveis na página da Bookman Editora em www.grupoa.com.br. No site, procure pelo livro usando a ferramenta de busca, faça um cadastro e tenha acesso ao conteúdo extra do livro (em inglês) em formato PDF. O material destinado a professores é restrito aos docentes.

Referências

1. Tidd, J. and J. Bessant (2014) *Strategic Innovation Management*, Chichester: John Wiley & Sons Ltd.
2. Coad, A., S.-O. Daunfeldt, W. Hölzl *et al.* (2014) High-growth firms: Introduction to the special section, *Industrial and Corporate Change*, **23**(1): 91–112.
3. Tidd, J. (2014) Conjoint innovation: Building a bridge between innovation and entrepreneurship, *International Journal of Innovation Management*, **18**(1): 1–20.
4. Landström, H., G. Harirchi and F. Åström, F. (2012) Entrepreneurship: Exploring the knowledge base, *Research Policy*, **41**(7): 1154–81.

Sumário

Parte I	Metas empreendedoras e contexto. 1	
Capítulo 1	O imperativo da inovação. 3	
	A inovação importa 3	
	Inovação e empreendedorismo. 10	
	A inovação não é fácil!. 12	
	Gestão da inovação e do empreendedorismo 15	
	Dimensões da inovação: o que podemos mudar 16	
	Um modelo de processo para a inovação e o empreendedorismo 20	
	Como fazer a mudança acontecer? 25	
	O que, por que e quando: o desafio da estratégia de inovação 28	
Capítulo 2	Inovação social 45	
	O que é "inovação social"?. 46	
	Diferentes participantes. 49	
	Motivação: por que fazê-lo? 53	
	Capacitação da inovação social 58	
	Os desafios do empreendedorismo social 61	
Capítulo 3	Inovação, globalização e desenvolvimento. 67	
	Globalização da inovação 67	
	Sistemas nacionais de inovação 75	
	Desenvolver capacidades e gerar valor. .86	
	Desenvolvimento nos países do BRIC: a ascensão de novos participantes no campo da inovação 87	
	Inovação para o desenvolvimento. 94	
Capítulo 4	Inovação guiada pela sustentabilidade. 101	
	O desafio da inovação guiada pela sustentabilidade 101	
	Já vimos isso antes 103	
	Inovação guiada pela sustentabilidade. 103	
	Um modelo estrutural para a inovação guiada pela sustentabilidade 105	
	Gerenciando o processo de inovação para sustentabilidade. 113	
	Inovação responsável 116	

Parte II — Reconhecer a oportunidade 121

Capítulo 5 — Criatividade empreendedora 123
Introdução 123
O que é criatividade? 124
A criatividade enquanto processo 128
(Por que, quando e onde) a criatividade importa? 131
Quem é criativo? 132
Como potencializar a criatividade 134
Juntando as pontas: o desenvolvimento da criatividade empreendedora 154

Capítulo 6 — Fontes de inovação 159
Introdução 159
Empurrão do conhecimento 160
O puxão da necessidade 162
Aprimorando processos 165
As necessidades de quem? Avançando pelas beiradas 167
Novos mercados emergentes na "base da pirâmide" 168
Inovação motivada por crises 172
Em busca da customização em massa 173
Usuários como inovadores 175
Observar os outros e aprender com eles 183
Inovação recombinante 184
Regulamentação 185
Futuros e previsões 186
Inovação movida pelo design 186
Acidentes 187

Capítulo 7 — Estratégias de busca para a inovação 193
Interpretação das fontes 193
O quê? 194
Quando? 198
Onde? A caça ao tesouro da inovação 199
Como? 202
Quem? 209
Inovação aberta 210
Aprender a buscar 216

Parte III	Encontrar os recursos	223
Capítulo 8	**Construir o caso**	**225**
	Desenvolver o plano de negócio	225
	Previsão da inovação	231
	Avaliação de riscos e reconhecimento da incerteza	238
	Projeção de recursos	244
Capítulo 9	**Liderança e equipes**	**253**
	Características individuais	254
	Equipes empreendedoras	264
	Contexto e ambiente	272
Capítulo 10	**Explorando redes**	**281**
	Nenhum homem é uma ilha...	281
	O modelo espaguete de inovação	283
	Tipos de redes de inovação	285
	Redes como construções intencionais	302
Parte IV	Desenvolver o empreendimento	311
Capítulo 11	**Desenvolver novos produtos e serviços**	**313**
	O processo de desenvolvimento de novos produtos/serviços	313
	Fatores para o sucesso	318
	Desenvolvimento de serviços	320
	Ferramentas para apoiar o desenvolvimento de novos produtos	325
Capítulo 12	**Criação de novos empreendimentos**	**347**
	Tipos de novos empreendimentos	347
	Contexto para o empreendedorismo	352
	Processos e estágios para a criação de um novo empreendimento	362
	Avaliar a oportunidade	363
	Desenvolver o plano de negócio	365
	Aquisição de recursos e financiamento	367
	Crowdfunding	376
Capítulo 13	**Desenvolver negócios e talentos com empreendimentos corporativos**	**381**
	Empreendimentos corporativos e empreendedorismo	381
	Por que fazê-lo?	383
	Gestão de empreendimentos corporativos	390
	Impacto estratégico dos empreendimentos	398

Capítulo 14	Fazer a empresa crescer	403
	Fatores que influenciam o sucesso	403
	Financiamento	410
	Crescimento e desempenho de novos empreendimentos	414

Parte V	**Criar valor**	**429**
Capítulo 15	Explorar o conhecimento e a propriedade intelectual	431
	Inovação e conhecimento	431
	Gerar e adquirir conhecimento	432
	Identificar e codificar o conhecimento	433
	Armazenar e recuperar o conhecimento	435
	Compartilhar e distribuir o conhecimento	436
	Explorar a propriedade intelectual	440
Capítulo 16	Modelos de negócio e captura do valor	453
	O que é um modelo de negócio?	453
	Por que usar modelos de negócio?	454
	O que um modelo de negócio compreende?	455
	Inovação de modelos de negócio	456
	Modelos de negócio genéricos e específicos	461
	Construindo um modelo de negócio	464
Capítulo 17	Aprender a administrar a inovação e o empreendedorismo	471
	Introdução	471
	Fazendo a inovação acontecer	472
	Capacidade de aprendizagem e construção	473
	Como a aprendizagem acontece	476
	Reconhecer a oportunidade	477
	Encontrar os recursos	479
	Desenvolver o empreendimento	481
	Estratégia de inovação: ter um senso de direção claro	485
	Construir uma organização inovadora	488
	Conectar-se para inovar	490
	Aprender a gerenciar a inovação	493
	Adaptando-se à inovação	494
	Gestão da inovação e do empreendedorismo	496
	Índice	**501**

Parte I

Metas empreendedoras e contexto

Os contextos nacionais, regionais e setoriais podem influenciar significativamente na velocidade e na direção da inovação e do empreendedorismo em razão de disponibilidade ou escassez de recursos, talento, oportunidades, infraestrutura e suporte. Contudo, apesar do contexto influenciar a velocidade e a direção, ele não determina os resultados. A educação, capacitação, experiência e aptidão dos indivíduos também têm um efeito profundo nos objetivos e resultados da inovação e do empreendedorismo.

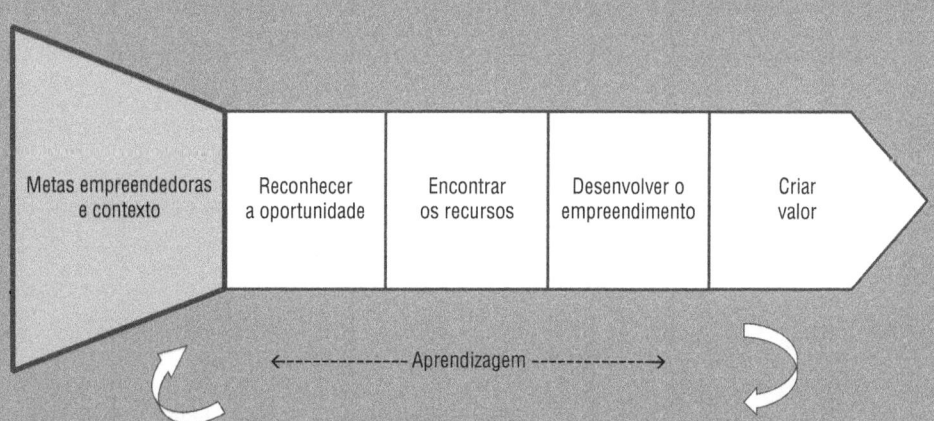

Capítulo

1

O imperativo da inovação

> **OBJETIVOS DE APRENDIZAGEM**
>
> Depois de ler este capítulo, você compreenderá:
>
> - o que queremos dizer por "inovação" e "empreendedorismo" e como são essenciais para sobrevivência e crescimento;
> - a inovação como um processo e não como um simples lampejo de inspiração;
> - as dificuldades na gestão de um processo incerto e arriscado;
> - os principais temas da reflexão sobre a administração eficaz desse processo.

A inovação importa

Não é preciso ir muito longe para perceber a necessidade de inovação. Ela fica evidente nas milhares de declarações de missão empresarial e documentos sobre estratégia, cada qual enfatizando o quão importante é a **inovação** para "nossos clientes/nossos acionistas/nosso negócio/nosso futuro" e, mais comumente, para "nossa sobrevivência e nosso crescimento". A inovação aparece em diferentes anúncios de produtos, desde *spray* de cabelo até serviços de saúde. É presença marcante nos nossos livros de história, mostrando até que ponto e há quanto tempo influencia nossas vidas. Também está nas declarações dos políticos, ao reconhecer que nosso estilo de vida é constantemente moldado e remoldado pelo processo de inovação.

> **INOVAÇÃO EM AÇÃO 1.1**
>
> ## Todo mundo está falando disso...
>
> - "Temos o programa de inovação mais forte de que me lembro nos meus 30 anos de carreira na P&G e estamos investindo nele para promover o crescimento em todo o nosso negócio" – Bob McDonald, diretor-executivo, presidente e CEO da Procter & Gamble
> - "Acreditamos em fazer a diferença. A Virgin representa melhor valor, qualidade, inovação, diversão e uma ideia de desafios competitivos. Para prestar serviços de alta qualidade, capacitamos nossos funcionários e facilitamos e monitoramos o feedback dos clientes de modo a usar inovações para melhorar continuamente a sua experiência" – Virgin Life Care (http://www.virginlifecare.co.za/aboutus/aboutVirgin.aspx)
> - "Adi Dassler tinha uma paixão, clara, simples e inabalável pelo esporte. É por isso que, com o benefício de 50 anos de inovação constante criada no seu espírito, continuamos na dianteira da tecnologia" – Adidas (www.adidas.com)
> - "A inovação é o nosso fluido vital" – Siemens (www.siemens.com)
> - "Estamos avaliando as lideranças da GE em relação a sua capacidade de criação. Líderes criativos são os que têm coragem de financiar novas ideias, liderar equipes para encontrar as melhores ideias e liderar pessoas para assumir riscos com maior preparo e método" – J. Immelt, Diretor-Executivo e CEO da General Electric
> - "Sempre dizemos a nós mesmos: temos que inovar. Precisamos ser os primeiros a nos superar" – Bill Gates, ex-diretor-executivo e CEO da Microsoft
> - "A inovação é o divisor de águas entre um líder e um seguidor" – Steve Jobs, Co-fundador e ex-diretor-executivo e CEO da Apple
> - "A capacidade da John Deere de continuar inventando produtos novos e úteis para os consumidores ainda é a chave do crescimento da empresa" – Robert Lane, CEO da John Deere

Não é apenas propaganda. A inovação realmente faz uma grande diferença para empresas de todos os tipos e tamanhos. A explicação é bastante simples: se não mudarmos o que oferecemos ao mundo (bens e serviços) e como os criamos e ofertamos, correremos o risco de sermos superados por outros que o façam. Em última instância, é uma questão de sobrevivência, e a história é bastante clara a esse respeito; a sobrevivência não é compulsória! As empresas que sobrevivem são capazes de mudança focada e regular. (Vale lembrar que Bill Gates costumava dizer que a Microsoft estava sempre a dois anos de sua extinção. Ou, como salienta Andy Grove, um dos fundadores da Intel: "Só os paranoicos sobrevivem!".)

INOVAÇÃO EM AÇÃO 1.2

...e é uma questão importante

- Os países da OCDE gastam 1,5 trilhão de dólares por ano em P&D.
- Nos Estados Unidos, mais de 16 mil empresas mantêm seus próprios laboratórios de pesquisa industrial e pelo menos 20 empresas têm orçamentos anuais de P&D de mais de 1 bilhão de dólares.
- Em 2008, 16,8% do faturamento de todas as empresas alemãs foram obtidos com produtos recém-lançados; nos setores com uso intensivo de pesquisas, o valor foi de 38%. Durante o mesmo ano, a economia alemã poupou 3,9% do custo por peça usando inovações de processo.
- "As empresas que não investem em inovação colocam em risco o seu futuro. Seus negócios podem não prosperar, e elas podem não ser capazes de competir se não procurarem soluções inovadoras para problemas emergentes" – site do Governo da Austrália, 2006.
- "A inovação é o motor da economia moderna, transformando ideias e conhecimento em produtos e serviços" – Gabinete de Ciência e Tecnologia do Reino Unido, 2000.
- De acordo com o Statistics Canada, os seguintes fatores caracterizam as empresas de pequeno e médio porte bem-sucedidas:
  - A inovação é consistentemente considerada a mais importante característica associada ao sucesso.
  - As empresas inovadoras têm como característica o crescimento mais forte ou sucesso superior ao das não inovadoras.
  - Empresas que aumentam a sua fatia de mercado e a sua lucratividade são aquelas que inovam.

No lado positivo, a inovação está fortemente associada ao crescimento. Novos negócios são criados a partir de novas ideias, pela geração de vantagem competitiva naquilo que uma empresa pode ofertar. Há décadas que os economistas debatem sobre a natureza exata dessa relação, mas em geral concordam que a inovação responde por uma considerável proporção do crescimento econômico. William Baumol afirma que "praticamente todo o crescimento econômico desde o século XVIII é resultante, em última análise, da inovação".[1]

INOVAÇÃO EM AÇÃO 1.3

Campeões do crescimento e o retorno da inovação

Tim Jones estuda organizações inovadoras de sucesso há algum tempo (veja http://growthchampions.org/about-us/). Seus estudos mais recentes partiram dessa base para tentar estabelecer uma relação entre as organizações que investem

(Continua)

consistentemente em inovações e o seu desempenho subsequente.[2] Seus achados indicam que, durante um determinado período de tempo, há uma forte relação positiva entre os dois; ou seja, as organizações inovadoras são mais rentáveis e mais bem-sucedidas.

A sobrevivência e o crescimento representam um problema para os *players* estabelecidos, mas também uma grande oportunidade para que novos entrantes reescrevam as regras do jogo. O problema de um pode vir a se tornar a oportunidade de outro, e a natureza da inovação está fundamentalmente ligada ao **empreendedorismo**. A capacidade de avistar oportunidades e criar novas formas de explorá-las é indispensável ao processo de inovação. Os empreendedores correm riscos, mas calculam os custos da decisão de levar adiante uma ideia brilhante considerando possíveis ganhos caso tenham sucesso no empreendimento, especialmente se isso significa superar os participantes já envolvidos no ramo.

INOVAÇÃO EM AÇÃO 1.4

Desempenho da inovação global

A consultoria Arthur D. Little realiza um levantamento regular com altos executivos de todo mundo referente à inovação.[3] No seu levantamento de 2012, englobando 650 organizações, descobriu-se o seguinte:

- Os 25% superiores em inovação têm, em médio, lucro 13% maior com novos produtos e serviços do que a média e demoram 30% menos para recuperar o investimento, mas essa diferença está diminuindo.
- Há uma correlação clara entre a capacidade de medição da inovação e o sucesso na inovação.
- Uma série de práticas importantes de gestão da inovação têm um impacto particularmente forte no desempenho da inovação entre setores.

É evidente que nem todos os jogos envolvem resultados em termos de ganhos ou perdas. Serviços públicos, como os de saúde, educação e segurança social, podem não gerar lucros, mas afetam bastante a qualidade de vida de milhões de pessoas. Boas ideias, quando corretamente implementadas, podem resultar em serviços novos e valiosos e na execução eficiente daqueles que já existem, sobretudo em uma época em que a pressão sobre os gastos públicos é cada vez maior. Novas ideias, sejam na forma de rádios portáteis na Tanzânia ou de sistemas de microcrédito em Bangladesh, têm o poder de mudar a qualidade de vida e a disponibilidade de oportunidades para pessoas das regiões mais pobres do planeta. O escopo para a inovação e o empreendedorismo é amplo, e às vezes realmente é uma questão de vida ou morte. A Tabela 1.1 apresenta alguns exemplos.

TABELA 1.1 Onde a inovação faz a diferença

Inovação é uma questão de...	Exemplos
Identificar ou criar oportunidades	A inovação é orientada pela habilidade de se fazer relações, de visualizar oportunidades e de tirar proveito das mesmas. Às vezes, envolve possibilidades completamente novas, como a exploração de avanços tecnológicos totalmente radicais. Novos medicamentos baseados em manipulação genética instauraram uma nova era na guerra contra as doenças. Os telefones celulares, tablets e outros dispositivos revolucionaram a forma e o momento em que nos comunicamos. Até um simples vidro de janela é resultado de inovação tecnológica radical: quase todos os vidros de janelas do mundo são fabricados pelo processo da Pilkington, conhecido como vidro float, que permitiu que a indústria evoluísse de um demorado processo de desgaste e polimento para a obtenção de uma superfície plana.
Novas maneiras de atender mercados já existentes	A inovação não apenas requer a abertura de novos mercados, mas também exige a implementação de novas formas de servir àqueles já estabelecidos e maduros. Companhias aéreas com preços reduzidos ainda vendem transporte, mas as inovações que empresas como a Southwest Airlines, easyJet e Ryanair introduziram no mercado revolucionaram o transporte aéreo e expandiram o mercado no processo. Apesar de uma migração global na manufatura têxtil e de vestuário em direção a países em desenvolvimento, a empresa espanhola Inditex (por meio de seus pontos de varejo sob diversas marcas, incluindo a Zara) foi a primeira a estabelecer um ciclo de produção rápido e flexível na indústria do vestuário, com mais de 2 mil pontos de venda em 52 países. A rede foi fundada por Amancio Ortega Gaona, que iniciou em 1975 como uma pequena loja em La Coruña, no oeste da Espanha, uma região que nunca foi famosa pela produção têxtil. Hoje a empresa tem mais de 5 mil lojas em todo o mundo e é a maior varejista de roupas do planeta; também é importante observar que é a única fabricante a oferecer coleções específicas para os mercados dos hemisférios norte e sul. A filosofia de ação da Inditex é fundamentada na estreita relação entre design, manufatura e vendas, e a sua rede de lojas que constantemente busca informações sobre tendências de moda, usadas para gerar novos designs. Ela também testa novas ideias diretamente junto ao público consumidor, experimentando amostras de tecidos e design, recebendo feedback rápido sobre o que vai vender. Apesar de sua orientação para o mercado global, a maior parte de sua fabricação ainda é feita na Espanha, e a empresa conseguiu reduzir para cerca de 15 dias o ciclo entre um sinal de disparo para uma inovação e a resposta correspondente.

(Continua)

TABELA 1.1 Onde a inovação faz a diferença *(Continuação)*

Inovação é uma questão de...	Exemplos
Fomentar novos mercados	Igualmente importante é a capacidade de identificar onde e como novos mercados podem ser criados e fomentados. A invenção do telefone por Alexander Bell não resultou em uma revolução instantânea das telecomunicações; precisou de todo um desenvolvimento de mercado para a comunicação entre pessoas. Henry Ford pode não ter inventado o automóvel, mas inventou o Modelo T, "um carro para o homem comum", por um preço que a maioria podia pagar, e criou o consumo de massa do transporte individual. E a eBay é um negócio multibilionário não apenas por causa da tecnologia que subjaz à ideia de seus leilões online, mas porque criou e desenvolveu esse mercado.
Repensar os serviços	Nas grandes economias, o setor de serviços representa a maioria esmagadora das atividades, o que significa que o escopo tende a ser amplo. E os baixos custos de capital frequentemente significam que as oportunidades para novos entrantes e mudanças radicais são maiores no setor de serviços. Serviços bancários e de seguros online se tornaram bastante comuns, mas eles transformaram drasticamente o nível de eficiência com que tais setores operam e a natureza e os serviços que podem oferecer. Novos entrantes que optaram por explorar a onda da Internet reescreveram as regras de uma vasta gama de atividades. Exemplos disso são a Amazon no varejo, a eBay no mercado de vendas e leilões, a Google em publicidade e propaganda e o Skype em telefonia.
Atendimento de necessidades sociais	A inovação impõe grandes desafios (e possibilita grandes oportunidades) ao setor público. A pressão pela oferta de mais e melhores serviços sem aumento de carga tributária é um quebra-cabeça capaz de tirar o sono de muitos funcionários públicos. Mas não é um sonho inatingível: nesse mesmo espectro de atuação encontramos exemplos de inovações que mudaram a forma como o sistema funciona. No segmento da saúde, por exemplo, houve grandes melhorias em serviços essenciais, como o tempo de espera. Hospitais como o Leicester Royal Infirmary, na Inglaterra, ou o Hospital Karolinska, em Estocolmo, na Suécia, conseguiram implementar melhorias significativas na agilidade, qualidade e eficácia de seus serviços em saúde, reduzindo listas de espera para cirurgias eletivas em 75% e de cancelamentos em 80%, tudo isso por meio da inovação.

(Continua)

TABELA 1.1 Onde a inovação faz a diferença *(Continuação)*	
Inovação é uma questão de...	**Exemplos**
Melhorar operações: fazer o que fazemos, mas melhor	No outro lado da escala temos a Kumba Resources, uma grande mineradora sul-africana, que faz uma declaração dramática: "Movemos montanhas". No caso da Kumba, as montanhas contêm minério de ferro, e as operações gigantescas da empresa exigem escavação em larga escala, e também a recuperação do meio ambiente. Boa parte do negócio envolve maquinário complexo de larga escala, e a capacidade de mantê-lo em operação e produtivo depende da equipe ser capaz de contribuir com ideias inovadoras continuamente.

INOVAÇÃO EM AÇÃO 1.5

Encontrar oportunidades

- Quando a Ponte Tasman desabou em Hobart, Tasmânia, em 1975, Robert Clifford dirigia uma pequena empresa de balsas e viu a oportunidade de capitalizar sobre a crescente demanda por esse meio de transporte, e também de diferenciar o seu negócio com a venda de bebidas para os passageiros sedentos que faziam a travessia entre as cidades. Mais tarde, o mesmo estilo empreendedor o ajudaria a construir uma empresa, a Incat, que foi pioneira em projetos relacionado ao design fura-ondas, que lhe garantiu mais da metade do mercado de transporte marítimo para catamarãs rápidos. O investimento contínuo em inovação ajudou essa empresa, situada em uma ilha relativamente isolada, a construir um nicho importante em mercados civis e militares internacionais altamente competitivos.
- "Sempre comemos elefantes" é a surpreendente afirmação de Carlos Broens, fundador e dirigente de uma empresa de engenharia de precisão e fabricação de ferramentas na Austrália com invejável índice de crescimento. A Broens Industries é uma empresa de pequeno/médio porte, com 130 empregados, que sobrevive em um ambiente altamente competitivo exportando cerca de 70% de seus produtos e serviços para organizações tecnologicamente exigentes na indústria médica, aeroespacial e outros mercados avançados. A citação não se refere a hábitos alimentares incomuns, mas à sua confiança em "assumir desafios normalmente vistos como impossíveis para empresas de nosso porte", uma capacidade baseada em uma cultura de inovação em produtos e nos processos que os produzem.
- Sempre houve demanda por membros artificiais e, infelizmente, essa demanda sofreu um aumento significativo pelo uso de armamentos como minas terrestres. O problema se multiplica pelo fato de muitas das pessoas que precisam de novos membros morarem nas regiões mais pobres do mundo e não terem como pagar por próteses de alto custo. O encontro casual de um jovem cirurgião, o Dr. Pramod

(Continua)

> Karan Sethi, e um escultor, Ram Chandra, em um hospital em Jaipur, na Índia, levou ao desenvolvimento de uma solução para esse problema: o Pé de Jaipur. Esse membro artificial foi desenvolvido usando as habilidades de Chandra na escultura e o conhecimento técnico de Sethi, e é tão eficaz que os seus usuários conseguem correr, escalar árvores e pedalar bicicletas. Ele foi projetado para utilizar materiais de baixa tecnologia e ser fácil de montar; no Afeganistão, por exemplo, artesãos montam o Pé de Jaipur usando projéteis de artilharia usados, enquanto no Camboja parte dos componentes de borracha da prótese reaproveitam pneus de caminhão. A maior conquista provavelmente foi fazer tudo isso a um baixo custo: o Pé de Jaipur custa só 28 dólares na Índia. Desde 1975, quase 1 milhão de pessoas em todo o mundo recebeu o membro de Jaipur, e o design está sendo desenvolvido e refinado, o que inclui o uso de novos materiais avançados.
>
> - Nem todas as inovações são necessariamente boas para todo mundo. Uma das comunidades empreendedoras mais fervilhantes é o submundo do crime, onde há uma busca constante por novas maneiras de cometer crimes sem ser pego. A corrida entre as forças do crime e as da lei e da ordem gera um campo para inovações poderosas, como mostram as pesquisas de Howard Rush e seus colegas sobre os crimes cibernéticos.

Inovação e empreendedorismo

A inovação importa, mas não acontece automaticamente. Ela é movida pelo empreendedorismo, uma mistura potente de visão, paixão, energia, entusiasmo, insight, bom senso e o bom e velho esforço, que permite que ideias se transformem em realidade. O poder por trás da modificação de produtos, processos e serviços vem dos indivíduos, estejam eles agindo sozinhos ou inseridos dentro de organizações. São eles que fazem a inovação acontecer. Como disse Peter Drucker, o famoso pensador da administração:[4]

> A inovação é a ferramenta-chave dos gestores, o meio pelo qual exploram a mudança como uma oportunidade para um negócio ou serviço diferente. É passível de ser apresentada como uma disciplina, de ser ensinada e aprendida, de ser praticada.

INOVAÇÃO EM AÇÃO 1.6

Joseph Schumpeter

Uma das figuras mais significativas nessa área da teoria econômica foi Joseph Schumpeter, que escreveu muito sobre o assunto. Ele teve uma carreira celebrada como economista e atuou como Ministro das Finanças do governo austríaco. Seu argumento

(Continua)

era simples: empreendedores vão utilizar a inovação tecnológica, ou seja, um novo produto/serviço ou um novo processo para fazer algo, a fim de obterem vantagem estratégica. Por um tempo, esse poderá ser o único exemplo de inovação, levando o empreendedor a ganhar muito dinheiro, o que Schumpeter denomina "lucros de monopólio". Mas, naturalmente, outros empreendedores tentarão imitá-lo, e o resultado é que outras inovações acabam surgindo, e o consequente "enxame" de novas ideias atinge os lucros de monopólio até que o equilíbrio se restabeleça. Nesse ponto, o ciclo se repete: nosso empreendedor original ou algum outro procura pela próxima inovação que reescreverá as regras do jogo, e lá vamos nós novamente. Schumpeter fala de um processo de "destruição criativa" em que há uma procura constante por criar algo novo que simultaneamente destrua as regras antigas e estabeleça as novas, tudo voltado para a busca por novas fontes de lucros.

Em sua visão: "[O que vale é] a competição por um novo bem, uma nova tecnologia, uma nova fonte de suprimento, um novo tipo de organização (...) a competição que (...) atinge não apenas as margens de lucros e resultados de empresas existentes mas seus fundamentos e suas próprias vidas".[5]

Na prática, o empreendedorismo ocorre em diferentes estágios. Um exemplo óbvio é a start-up, na qual um empreendedor solitário corre um risco calculado e tenta criar algo de novo. Mas o empreendedorismo é igualmente importante para as organizações estabelecidas, que precisam renovar suas ofertas e o modo como as cria e entrega. Os empreendedores internos, também chamados de *intrapreneurs*, ou que trabalham em departamentos de "empreendedorismo corporativo" ou "empreendimentos corporativos", trazem a motivação, energia e visão para levar adiante novas ideias arriscadas dentro desse contexto.[6] E, obviamente, a paixão por mudar pode não estar concentrada em criar valor comercial, mas sim em melhorar condições ou potencializar mudanças na esfera social mais ampla, ou então na direção da sustentabilidade ambiental. Esse campo é conhecido pelo nome de "empreendedorismo social" (ver Capítulo 2).

Essa ideia do empreendedorismo que leva à inovação para criar valor, tanto social quanto comercial, durante todo o ciclo de vida das organizações é central para este livro. A Tabela 1.2 (página 12) apresenta alguns exemplos.

No restante deste livro, usaremos essa perspectiva para analisar a gestão da inovação e do empreendedorismo. Usaremos três conceitos fundamentais:

- **Inovação.** Como um processo que pode ser organizado e gerenciado, seja ele em um empreendimento recém-fundado ou uma empresa centenária.
- **Empreendedorismo.** Como a força motriz que move esse processo por meio dos esforços de indivíduos entusiasmados, equipes engajadas e redes focadas.
- **Criação de valor.** Como o propósito para a inovação, seja ela expressa em termos financeiros, emprego ou crescimento, sustentabilidade ou melhoria do bem-estar social.

TABELA 1.2 Empreendedorismo e inovação

Fase no ciclo de vida de uma organização	Início	Crescimento	Sustentação/ escala	Renovação
Criar valor comercial	O empreendedor individual explora nova tecnologia ou oportunidade de mercado	Expansão do negócio pela adição de novos produtos/serviços ou a entrada em novos mercados	Construção de uma carteira de inovações incrementais e radicais para sustentar o negócio e/ou ampliar sua influência para novos mercados	Retorno ao tipo de inovação radical, de quebra de paradigmas, que deu início ao negócio e permite que ele se transforme em algo muito diferente para continuar avançando
Criar valor social	Empreendedor social, fortemente preocupado com a ideia de melhorar ou mudar algo no seu ambiente imediato	Desenvolvimento das ideias e envolvimento de outros em uma rede direcionada a mudanças, em uma região ou em torno de uma questão importante	Ampla disseminação da ideia, difundindo-a em outras comunidades de empreendedores sociais, criando laços com participantes tradicionais, como agências públicas	Alteração do sistema, e subsequente atuação como agente para a próxima onda de mudanças

A inovação não é fácil!

Ter boas ideias é o que os seres humanos fazem de melhor. Essa capacidade é parte do equipamento padrão dos nossos cérebros! Mas levar essas ideias adiante não é tão simples, e a maioria das novas ideias fracassa. É preciso uma mistura especial de energia, insight, fé e determinação para fazer essa aposta, além de bom senso para saber quando parar de bater a cabeça contra a parede e pular para outra.

É importante lembrar uma questão importante: muitos empreendimentos novos dão errado, mas são os empreendimentos que fracassam, não as pessoas que os criaram. Os empreendedores de sucesso reconhecem que o fracasso é uma parte intrínseca do processo. Eles aprendem com os seus erros e entendem onde e quando o tempo, as condições do mercado, as incertezas tecnológicas e outros fatores significam que até uma grande ideia não vai funcionar. Porém, também reconhecem que a ideia talvez tivesse seus pontos fracos, mas que eles não fracassaram pessoalmente; pelo contrário, eles aprenderam lições úteis que poderão ser aplicadas no próximo empreendimento.

INOVAÇÃO EM AÇÃO 1.7

O fracasso leva ao sucesso

Thomas Edison foi um empreendedor muito bem-sucedido, com mais de mil patentes em seu nome e a reputação de disseminar o uso de muitas tecnologias fundamentais, incluindo o fonógrafo, o telégrafo elétrico e a lâmpada; também fundou a General Electric Company, ainda uma grande empresa no mercado. Ele é famoso pela sua atitude em relação ao fracasso, tipificada pela busca pelo material certo para o filamento da lâmpada incandescente, na qual explorou mais de mil opções diferentes. Edison teria dito que o processo não envolveu o fracasso, e sim "a eliminação de ideias que não funcionavam, indicando que devemos estar chegando perto".

Se estrada do empreendedor individual pode ser acidentada, com um alto risco de passar por buracos no asfalto, esbarrar em barreiras e até derrapar para fora da pista, a situação não é mais fácil para as grandes empresas tradicionais. A ideia é perturbadora, mas a maioria das empresas tem uma expectativa de vida significativamente menor que a de um ser humano. Até as maiores empresas podem demonstrar sinais preocupantes de vulnerabilidade, e as estatísticas de mortalidade das empresas de menor porte são horríveis.

Muitas pequenas e médias empresas vão à falência porque não veem ou não reconhecem a necessidade de mudança. Elas são introspectivas, ocupadas demais em apagar seus próprios incêndios e lidar com a crise atual para se preocuparem com as nuvens negras no horizonte. Mesmo que falem com outros sobre assuntos mais amplos, esse contato fica normalmente restrito a pessoas de sua própria rede ou àqueles com perspectivas semelhantes, como fornecedores de bens e serviços ou clientes imediatos. O problema é que, quando chegam a entender que é preciso mudar, já é tarde demais.

E isso não se restringe a pequenas empresas. Nem tamanho nem sucesso tecnológico anterior garantem segurança. Vejamos o caso da IBM: uma empresa gigantesca que pode ser considerada responsável pelo estabelecimento de fundamentos da indústria de tecnologia da informação, que conseguiu dominar a arquitetura de hardware e software e a forma como os computadores eram comercializados. Entretanto, tal capacidade pode, às vezes, tornar-se um obstáculo para a detecção da necessidade de mudanças, como comprovou-se quando, no início dos anos 1990, a empresa reagiu devagar demais contra a ameaça de tecnologias de rede, quase desaparecendo nesse processo. Milhares de empregos e bilhões de dólares foram perdidos, e outros dez anos foram necessários para restaurar o preço das suas ações ao patamar anterior, voltando aos altos níveis com que seus investidores estavam acostumados.

Um problema para empresas de sucesso ocorre quando os mesmos elementos que as ajudaram a ter sucesso, as suas "competências fundamentais" ou *core competencies*, não as deixam enxergar ou aceitar a necessidade de mudança. Às vezes, a reação é pensar "isso não foi inventado aqui": reconhece-se que a nova ideia é boa, mas por algum motivo ela não é adequada ao negócio.

INOVAÇÃO EM AÇÃO 1.8

O problema do "isso não foi inventado aqui"

Um exemplo bastante conhecido do "isso não foi inventado aqui" é o caso da Western Union, que no século XIX provavelmente era a maior empresa de comunicações do mundo. Ela foi contatada por um certo Alexander Graham Bell, que pedia ajuda para a comercializar sua nova invenção. Após fazer uma demonstração para os altos executivos da empresa, Bell recebeu uma resposta, por escrito, que dizia: "após cuidadosa apreciação de sua invenção, que é uma novidade bastante interessante, chegamos à conclusão de que ela não tem valor comercial (...) Não vemos futuro algum para um brinquedo elétrico". Quatro anos após sua invenção, já existiam 50 mil telefones nos Estados Unidos e, passados 20 anos, 5 milhões. Nos 20 anos seguintes, a empresa fundada por Bell se tornou a maior corporação dos Estados Unidos.

Algumas vezes, o ritmo de mudança parece lento, e velhas respostas parecem funcionar bem. Quem se encontra dentro do setor crê que entende as regras do jogo e que possui um bom entendimento sobre os desenvolvimentos tecnológicos relevantes capazes de mudar as coisas. Mas o que pode ocorrer é que a mudança venha *de fora do setor*. Quando os participantes de dentro finalmente reagem, muitas vezes já é tarde demais.

INOVAÇÃO EM AÇÃO 1.9

O derretimento da indústria de gelo

No final do século XIX, havia uma indústria bastante sólida na Nova Inglaterra, baseada na produção e distribuição de gelo. No seu auge, os coletores de gelo eram capazes de embarcar centenas de toneladas para todos os cantos do mundo, em viagens que duravam até seis meses, e ainda conservavam cerca de metade da carga em condições de comercialização ao final desse período. No final da década de 1870, 14 das maiores empresas na área de Boston, nos Estados Unidos, cortavam cerca de 700 mil toneladas de gelo por ano e empregavam milhares de trabalhadores. Mas a indústria foi completamente destruída pelos avanços que se seguiram à invenção da refrigeração e ao crescimento da moderna indústria de câmaras frias.

É claro que, para outros, essas condições abrem novas oportunidades para dar um salto à frente e escrever um novo conjunto de regras. Considere o que ocorreu em setores como o de transações bancárias online, o de contratação de seguros por telefone ou o de linhas aéreas de baixo custo: em cada um desses casos, o padrão estável existente foi destruído, alterado por novos entrantes que chegaram com modelos de gestão novos e desafiadores. Para muitos gestores, as inovações de modelo de gestão são encaradas como as maiores ameaças a suas posições competitivas, exatamente porque é necessário abandonar velhas práticas e modelos e aprender novos. Também é preciso entender que, apesar dessas crises representarem problemas para as organizações tradicionais, elas são uma grande fonte de oportunidades para empreendedores que querem alterar a ordem estabelecida e criar valor de novas maneiras.

Em muitos casos, o empreendimento individual pode se renovar, adaptando-se ao seu ambiente e entrando em novas áreas. Considere o exemplo da empresa sueca Stora: fundada no século XIII como uma operação de corte e processamento de madeira, ela ainda está viva e forte, ainda que em áreas muito diferentes, como processamento de alimentos e produtos eletrônicos.

Todos esses exemplos apontam para a mesma conclusão. As organizações precisam de empreendedorismo em todos os estágios do seu ciclo de vida, da fundação à sobrevivência a longo prazo. A capacidade de reconhecer oportunidades, reunir recursos de forma criativa, implementar boas ideias e capturar o valor advindo deles são habilidades fundamentais.

Gestão da inovação e do empreendedorismo

O dicionário define "inovação" como "mudança"; o termo vem do latim, em que *in* e *novare* significam "fazer algo novo". É um pouco vago para quem tenta gerenciá-la, mas talvez uma definição mais útil fosse "a exploração bem-sucedida de novas ideias". Essas ideias não precisam necessariamente ser 100% inéditas no mundo ou particularmente radicais; como diz uma definição: "A inovação não implica necessariamente a comercialização exclusiva de grandes avanços tecnológicos (uma **inovação radical**), mas também inclui a utilização de mudanças em pequena escala no saber tecnológico (uma melhoria ou **inovação incremental**)".[7] Seja qual for a natureza da mudança, o fundamental é como realizá-la. Em outras palavras, como *gerenciar* a inovação.

Isso é possível? Uma resposta vem das experiências de organizações que sobreviveram por um longo período de tempo. Enquanto a maioria das empresas possui um tempo de vida relativamente curto, há aquelas que sobrevivem por um ou mais séculos. Quando observamos a experiência desse "clube dos 100" – empresas como 3M, Corning, Procter & Gamble, Reuters, Siemens, Philips e Rolls-Royce – vemos que muito de sua longevidade é decorrente de terem desenvolvido a capacidade de inovar de forma contínua. Essas empresas aprenderam, normalmente da maneira mais difícil, a gerenciar o processo e, sobretudo, como repetir a façanha. Qualquer organização pode ter sorte uma vez, mas mantê-la por um século ou mais sugere que existe algo mais que apenas sorte.

O mesmo acontece com indivíduos: "empreendedores em série" podem fundar vários negócios e o que trazem à mesa é um entendimento acumulado sobre como fazer isso melhor. Eles aprenderam e desenvolveram capacidades de longo prazo, formando um conjunto robusto de habilidades.

Nos últimos cem anos, houve inúmeras tentativas de determinar se podemos ou não gerenciar a inovação. Pesquisadores examinaram exemplos de casos, em diferentes setores, de empreendedores, em empresas grandes e pequenas, em histórias de sucesso e fracasso. Empreendedores praticantes e gestores da inovação em grandes negócios tentaram refletir sobre "como" fazem o que fazem. As principais mensagens vêm do mundo da experiência. Tudo o que aprendemos foi obtido no laboratório da prática, e não de alguma teoria profundamente enraizada.

As principais mensagens dessa base de conhecimento são que os inovadores de sucesso:

- exploram e entendem diferentes dimensões da inovação (os modos como podemos mudar as coisas);
- gerenciam a inovação enquanto processo;
- criam condições que os permitem repetir o feito da inovação (desenvolver capacidades);
- enfocam essas capacidades para levar as organizações adiante (estratégia de inovação);
- desenvolvem capacidades dinâmicas (a capacidade de descansar e adaptar suas abordagens perante um ambiente em mutação).

Nas seções a seguir, exploraremos cada um desses temas em mais detalhes.

Dimensões da inovação: o que podemos mudar

Uma abordagem usada para responder a pergunta de onde poderíamos inovar seria usar uma espécie de "bússola da inovação" para explorar diversas direções possíveis.

A inovação pode assumir muitas formas, mas podemos reduzi-la a quatro dimensões, como mostra a Tabela 1.3.

TABELA 1.3   Dimensões da inovação[8]

Dimensão	Tipo de mudança
Produto	Mudanças em coisas (produtos/serviços) que uma organização oferece
Processo	Mudanças nas formas como produtos/serviços são criados e disponibilizados
Posição	Mudanças no contexto em que produtos/serviços são introduzidos
Paradigma	Mudanças em modelos mentais subjacentes que orientam o que a empresa faz

Por exemplo, um novo design de automóvel, um novo pacote de seguro contra acidentes para bebês de colo e um novo sistema de entretenimento doméstico poderiam ser exemplos de inovação de produto. Já mudanças em métodos de fabricação e equipamentos utilizados para produzir o automóvel ou o sistema de entretenimento doméstico, ou nas rotinas e sequências burocráticas no caso de seguros, seriam exemplos de inovação de processo.

Às vezes, a linha divisória entre os tipos de inovação é bastante imprecisa. Uma nova balsa motorizada, por exemplo, é tanto uma inovação de produto quanto de processo. Os serviços representam um caso especial dessa imprecisão em que aspectos de produto e processo normalmente se fundem. Um novo pacote de viagens, por exemplo, é uma inovação de produto ou de processo?

A inovação também pode ocorrer por meio do reposicionamento de percepção para um produto ou processo já estabelecidos, em um contexto de uso específico. Um produto conhecido no Reino Unido, por exemplo, é o Lucozade, originalmente desenvolvido como um xarope à base de glicose para ajudar crianças e deficientes físicos convalescentes. Essas associações com enfermidades foram abandonadas pelos detentores da marca, a Beechams (atualmente parte da GlaxoSmithKline), quando relançaram o produto como uma bebida isotônica, voltada para o crescente mercado fitness. Hoje, ela é apresentada como um complemento auxiliar ao desempenho dos que praticam exercícios físicos. Em 2014, a marca foi vendida para a Suntory por cerca de 1,35 bilhão de dólares. Essa mudança é um bom exemplo de inovação de "posição". Um caso semelhante é o da Häagen Dazs, que criou um novo mercado para sorvete, basicamente voltado para adultos, usando a inovação de posição em vez de alterar o produto ou o processo básico de fabricação.

Às vezes, as oportunidades de inovação surgem quando reestruturamos a forma como vemos algo. Henry Ford não alterou fundamentalmente o transporte por haver inventado o motor a combustão (já que entrou na indústria relativamente tarde), nem por haver desenvolvido seu processo de fabricação em série (o setor já havia se configurado como indústria manufatureira 20 anos antes). Sua contribuição residiu na alteração do modelo básico, de caráter artesanal e voltado para uns poucos afortunados, para outro menos exclusivo, que prometia ao homem comum acesso a um automóvel por um preço que poderia pagar. A mudança ocorrida, de produção artesanal para produção em larga escala, foi nada menos do que uma revolução na forma como os carros (e, mais tarde, uma série de outros produtos e serviços) eram fabricados e comercializados. É claro que fazer a nova abordagem funcionar na prática também exigiu extensa inovação de produto e processo, como no design de componentes, fabricação de máquinas, remodelagem de fábricas e, especialmente, no sistema social em torno do qual o trabalho estava organizado.

Exemplos de inovação de "paradigma" – as mudanças em modelos mentais – incluem o surgimento de linhas aéreas com tarifas econômicas, de ofertas de seguro e outros serviços financeiros online e de reposicionamento de bebidas como café e suco de fruta como produtos premium. Eles envolvem uma mudança na visão fundamental sobre como a inovação pode criar valor social ou comercial. O termo "modelo de negócio" é usado cada vez mais, e representa outra maneira de pensar sobre a "inovação de paradigma". O tema será explorado em mais detalhes no Capítulo 16.

A Tabela 1.4 oferece alguns exemplos de inovação de paradigma.

TABELA 1.4 Exemplos de inovação de paradigma

Inovação em modelos de negócio	Como ela muda as regras do jogo
"Servitização"	Tradicionalmente, a manufatura se resumia a produzir e então vender um produto. Cada vez mais, porém, os fabricantes estão agregando diversos serviços em torno dos seus produtos, especialmente no caso de grandes bens de capital. A Rolls-Royce, fabricante de motores de aeronaves, ainda produz motores de alta qualidade, mas tem um negócio crescente baseado em serviços para garantir que esses motores continuem a produzir potência durante os mais de 30 anos de vida de muitas aeronaves. A Caterpillar, fabricante de maquinário especializado, hoje fatura tanto com \ contratos de serviço, que ajudam a manter suas máquinas funcionando produtivamente, quanto com a venda original.
Da propriedade ao aluguel	A Spotify é uma das empresas de streaming de música de maior sucesso do mundo, com cerca de oito milhões de assinantes. Ela alterou o modelo de acesso à música: se antes as pessoas queriam ser donas da música que escutavam, hoje elas alugam o acesso a uma biblioteca musical gigante. Da mesma forma, a Zipcar e outras empresas de aluguel de automóveis transformaram a necessidade de ter um carro em muitas grandes cidades.
De offline para online	Muitas empresas cresceram em torno da Internet e permitiram que encontros físicos, como no varejo, fossem substituídos por interações virtuais.
Customização em massa e cocriação	Novas tecnologias e o desejo crescente por customização permitiram a emergência de produtos personalizados e, mais do que isso, plataformas nas quais os usuários podem se envolver e cocriar de tudo, desde brinquedos (como a Lego) e roupas (como a Adidas) até equipamentos complexos, como automóveis (Local Motors).
Inovação da experiência	Empresas que ofereciam commodities passaram a oferecer serviços e finalmente se dedicaram a criar uma experiência em torno de um produto básico, como no caso da Starbucks, que transformou a cafeteria em um lugar onde as pessoas se reúnem para conversar, usar Wi-Fi, ler livros e realizar uma série de atividades, além de comprar e tomar o seu café.

A inovação de paradigma pode ser motivada por diversos fatores: novas tecnologias, surgimento de novos mercados com expectativas de valor diferentes, novas legislações para a indústria, novas condições ambientais (mudanças climáticas, crises energéticas) e outros. O surgimento das tecnologias da Internet, por exemplo, tornou possível uma completa reconfiguração da forma como conduzimos inúmeros negócios. No passado, revoluções semelhantes na forma de pensar foram motivadas por tecnologias como a energia a vapor, a eletricidade, o transporte de massa (por ferrovias e, com o advento do automóvel, por rodovias) e a microeletrônica. Parece bastante provável que reconfigurações semelhantes tornarão a ocorrer à medida que nos familiarizamos com novas tecnologias, como a nanotecnologia ou a engenharia genética.

Da inovação incremental à inovação radical...

Outro fator a ser considerado é o grau de novidade envolvido. Evidentemente, atualizar o estilo de nosso carro não é o mesmo que inaugurar um conceito completamente novo de automóvel, que possua um motor elétrico e seja feito de um novo tipo de material diferente de aço e vidro. De modo similar, o aumento de velocidade e precisão de um torno não é o mesmo que substituí-lo por um processo de moldagem a laser controlado por computador. Existem diferentes níveis de novidade, que vão desde melhorias incrementais menores até mudanças bastante radicais, que realmente transformam a forma como as percebemos e utilizamos. Às vezes, tais mudanças se atêm a setores ou atividades específicos, mas, em alguns casos, são tão radicais e irrestritas que alteram a própria base da sociedade, como foi o caso do papel desempenhado pela energia a vapor durante a Revolução Industrial ou as mudanças onipresentes provocadas pelas tecnologias de comunicação e computação na atualidade.

...de componentes e sistemas

A inovação muitas vezes lembra uma daquelas bonecas russas: podemos mudar alguma coisa em seus componentes ou podemos alterar a arquitetura de todo o sistema. Podemos, por exemplo, colocar um transistor mais rápido em um microchip de uma placa de circuitos de uma tela de computador. Ou podemos mudar a forma como várias placas são combinadas dentro do computador, de forma a criar capacidades específicas: um videogame, um leitor de livros eletrônicos ou uma central multimídia. Ou podemos ligar os computadores em rede para gerenciar um pequeno negócio ou escritório. Ou podemos ainda conectar as redes a outras pela Internet. Há espaço para inovação em cada um desses níveis, mas as mudanças em sistemas de níveis mais elevados normalmente têm consequências para os mais baixos. Se os carros, que são produto de montagem complexa, fossem, por exemplo, subitamente projetados para serem feitos de plástico e não de metal, ainda assim haveria espaço para a mão de obra de montadoras, mas isso custaria algumas noites de sono para os fabricantes de componentes de metal!

A Figura 1.1 ilustra a gama de escolhas, enfatizando que tal mudança pode ocorrer em nível de componente, de subsistema ou por todo o sistema.

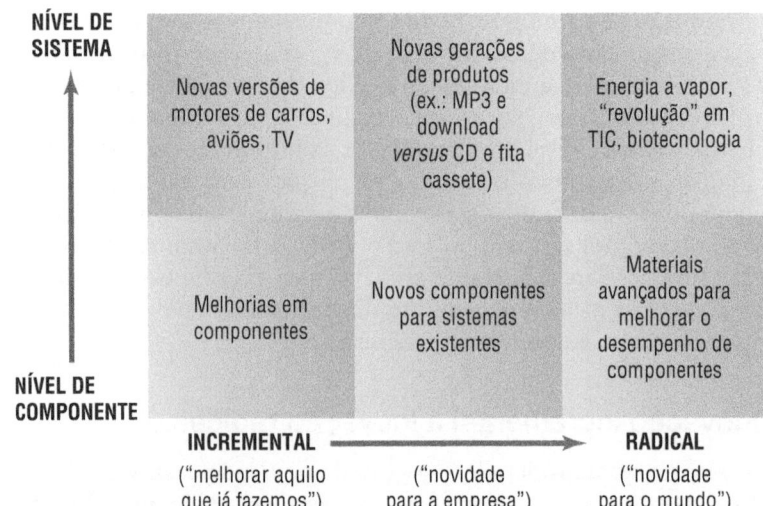

FIGURA 1.1 Tipos de inovação.

Um modelo de processo para a inovação e o empreendedorismo

Em vez da imagem de uma lâmpada piscando sobre a cabeça de alguém, precisamos pensar na inovação como uma ampla sequência de atividades, ou seja, como um processo. A mesma estrutura de análise básica se aplica ao empreendedor individual colocando a sua ideia na prática e à corporação multimilionária lançando mais um item em uma série de novos produtos.

Podemos dividir o processo nos quatro passos principais mencionados anteriormente:

- reconhecer a oportunidade;
- encontrar os recursos;
- desenvolver a ideia;
- capturar valor.

A Figura 1.2 ilustra esse modelo.

Reconhecer a oportunidade

Os gatilhos de inovação assumem as mais diferentes formas e tamanhos e surgem de toda e qualquer direção. Podem ter a forma de novas oportunidades tecnológicas ou de mudanças de requisitos por parte de mercados. Podem ser resultantes de pressões políticas reguladoras ou de atividade da concorrência, ou então ser uma brilhante ideia que ocorre a alguém que descansa em sua banheira, ao feitio de Arquimedes, ou podem ser resultado da compra de uma boa ideia junto a alguém de fora da organização. Ou ainda podem vir da insatisfação com condições sociais ou o desejo de transformar o mundo em um lugar melhor.

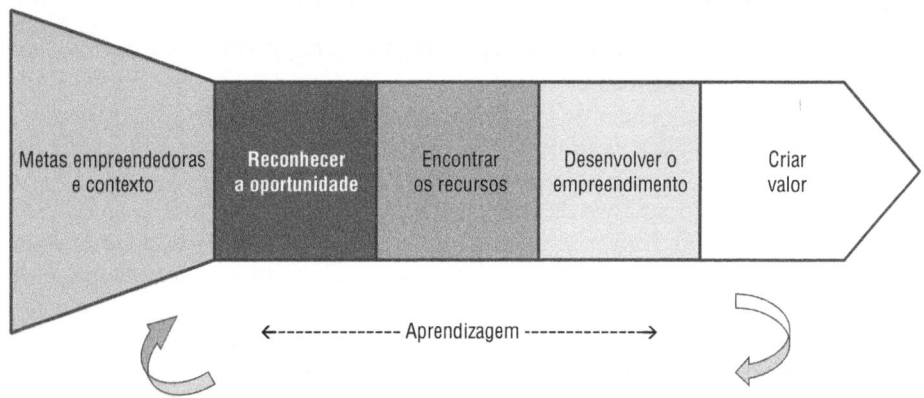

FIGURA 1.2 Um modelo de processo empreendedor.

A conclusão é bastante óbvia: se quisermos captar os sinais desses gatilhos, temos de construir antenas de longo alcance para esquadrinhar e buscar a nossa volta, o que também inclui especular sobre o futuro.

Encontrar os recursos

O problema da inovação é que, por natureza, ela é um negócio de risco. No início, você não sabe se o que decidiu fazer irá se concretizar, ou mesmo se funcionará. Entretanto, será preciso comprometer alguns recursos para dar início ao processo. A questão é: como construir o portfólio de projetos capaz de equilibrar riscos e possíveis recompensas? (É claro que essa decisão é ainda mais desafiadora para o empreendedor de primeira viagem disposto a iniciar um negócio baseado em sua nova ideia brilhante: a escolha reside entre prosseguir ou não e assumir o que pode significar um grande investimento pessoal de tempo, financiamento junto a bancos, vida familiar, dentre outros. Mesmo quando bem-sucedido, ainda há pela frente o problema de expandir o negócio e precisar desenvolver mais ideias brilhantes depois da primeira.)

Assim, esse estágio consiste em escolhas *estratégicas*. A ideia se presta a uma estratégia comercial? Ela se baseia em algo que conhecemos (ou um conhecimento que podemos acessar com facilidade)? E possuímos competências e recursos para desenvolvê-la? E se não dispomos desses recursos, como muitas vezes acontece com o empreendedor solitário em uma nova empresa, como vamos encontrá-los e mobilizá-los?

Desenvolver a ideia

Uma vez que se tenha captado sinais de gatilho relevantes e tomado uma decisão estratégica de apostar em alguns deles, o próximo passo é tornar aquelas ideias potenciais em algum tipo de realidade. De certa forma, essa fase de implementação é um pouco como urdir uma "tapeçaria de conhecimento", gradativamente combinando diferentes tramas de conhecimento (sobre tecnologias, mercados, comportamentos dos concorrentes, etc.) e tramando todos eles em uma inovação bem-sucedida.

De início, ela é cheia de incertezas, mas gradativamente a figura vai se tornando mais clara. Entretanto, há um preço a ser pago. É preciso investir tempo e dinheiro e encontrar pessoas para pesquisar e desenvolver ideias, conduzir estudos de mercado, análise da concorrência, prototipagem, testes, etc. Sem isso, não temos como melhorar gradualmente nosso entendimento sobre a inovação e determinar se ela vai dar certo. No final, isso se dará em uma forma que pode ser lançada no contexto pretendido, um mercado interno ou externo, e então o conhecimento resultante de sua adoção (ou não) pode ser usado para aprimorar a inovação. Desenvolver um plano de negócio robusto, que leve tudo isso em conta desde o início, é um dos elementos fundamentais para o sucesso no empreendedorismo.

No decorrer dessa fase de implementação, é preciso equilibrar criatividade – encontrando soluções para os milhares de problemas que surgem e, assim, eliminando imperfeições do sistema – com controle – atendo-se a um orçamento estipulado em termos de tempo, dinheiro e recursos empregados. Esse malabarismo significa que habilidades no gerenciamento de projetos de inovação, com todas suas incertezas inerentes, são de suma importância! Essa fase é também o momento em que precisamos combinar diferentes saberes de diferentes grupos de pessoas, de tal maneira que a combinação traga mais contribuições do que entraves ao processo, o que pressupõe a mobilização de competências na formação de equipes e seu gerenciamento.

Seria tolice continuar investindo dinheiro em um negócio fadado ao fracasso; por isso, a maioria das organizações recorre a algum tipo de gestão de risco ao implementar projetos de inovação. Por meio da instalação de uma série de "porteiras" conforme o projeto avança desde um mero lampejo criativo até que se configure num investimento de tempo e dinheiro de vulto, é possível revisá-lo e, se necessário, redirecioná-lo ou até interrompê-lo, caso algo tenha saído de controle. Para o empreendedor individual, é nessa fase que é preciso exercer o bom senso e, às vezes, ter coragem para saber quando deixar a ideia de lado e começar de novo com alguma outra coisa.

Por fim, o projeto é lançado em algum tipo de mercado: externamente, para quem possa vir a usar o produto ou serviço, ou internamente, para quem decidir adotar (ou não) o novo processo que se apresenta. De qualquer forma, não existe uma garantia de que, apenas porque a inovação funciona e acreditamos que ela seja a melhor invenção de todos os tempos, outras pessoas partilharão da mesma opinião. As inovações se difundem entre as populações de usuários com o passar do tempo. Normalmente, esse processo segue algum tipo de formato de curva em S. Alguns indivíduos mais corajosos decidem apostar na nova ideia e então, gradativamente, presumindo que tenha funcionado para aqueles primeiros, outros passam a adotá-la também, até que somente uns poucos teimosos retardatários resistem à tentação de mudança no final. O bom gerenciamento desse estágio implica em vislumbrar como as pessoas tenderão a reagir e agregar esses insights ao nosso projeto antes de chegarmos à fase de lançamento, ou, pelo menos, nos esforçarmos para persuadi-los depois que o lançamento já ocorreu!

Capturar valor

Apesar de todos os nossos esforços para reconhecer oportunidades, encontrar recursos e desenvolver o empreendimento, ainda não há qualquer garantia de que conseguiremos capturar o valor gerado por todo o nosso esforço. Também precisamos pensar sobre, e gerenciar, o processo para maximizar nossas chances: proteger a propriedade intelectual e os retornos financeiros, caso estejamos trabalhando em uma inovação comercial, ou ampliar a escala e disseminar nossas ideias de mudança social para que sejam sustentáveis e façam mesmo a diferença. Ao final de um projeto de inovação, também temos a oportunidade de refletir sobre o que aprendemos e como esse conhecimento poderia nos ajudar a obtermos maior êxito na próxima vez. Em outras palavras, poderíamos capturar aprendizagens valiosas sobre como expandir nossa capacidade de inovação.

O contexto do sucesso

A concretização de ideias pode parecer muito simples, mas esse é um processo que não ocorre no vácuo. Ele está sujeito a uma série de influências internas e externas que determinam o que é possível e o que realmente ocorre. E por não acontecer no vácuo, o processo é influenciado e moldado por diversos fatores diferentes. Em especial, a inovação exige:

- *Liderança e direção estratégicas bem-definidas,* bem como o emprego de recursos que a viabilizem. Inovação implica assumir riscos, adentrar territórios novos e, muitas vezes, completamente inexplorados. Não queremos contar com a sorte, simplesmente mudar as coisas só para ver no que dá ou pelo simples gosto pela mudança. Nenhuma empresa dispõe de recursos que possa desperdiçar de maneira displicente, como quem atira a esmo, sem alvo definido: inovação requer estratégia. Entretanto, é preciso ter certo grau de coragem e liderança, afastando a empresa daquilo que todos estão fazendo ou que sempre fizemos e conduzindo-a a novos territórios.

    No caso do empreendedor individual, esse desafio significa que é preciso ter uma visão pessoal clara que possa ser compartilhada de modo a envolver e motivar os outros a adotá-la e a contribuir com seu tempo, energia, dinheiro e tudo mais para ajudar a realizá-la. Sem uma visão instigante, é improvável que o empreendimento saia da estaca zero.

- *Uma organização* inovadora em que estrutura e ambiente de trabalho permitam que as pessoas explorem sua criatividade e compartilhem seu conhecimento, de forma a propiciar mudanças. É bastante comum encontrarmos receitas para organizações inovadoras que enfatizam a necessidade de eliminar burocracia, estruturas inoperantes, paredes que bloqueiem a comunicação e outros fatores que impeçam a circulação e a realização de boas ideias. Mas é preciso cautela para não cair na armadilha do caos, pois nem toda inovação funciona em ambiente orgânico, descontraído, informal, os chamados skunk works. Aliás, em alguns casos, esses tipos de organização podem até operar contra os interesses de uma inovação de sucesso. É preciso determinar a medida apropriada de organização, ou seja, qual é a forma mais adequada, dadas as contingências operacionais. A escassez de ordem e estrutura pode ser tão prejudicial quanto o seu excesso.

Essa é uma área na qual as novas empresas costumam ter uma forte vantagem: por definição, elas são organizações pequenas (muitas vezes, uma única pessoa) com alto nível de comunicação e coesão. São unidas por uma visão compartilhada e têm altos níveis de cooperação e confiança, o que gera uma flexibilidade incrível. Mas o problema de ser pequeno é a falta de recursos, então as start-ups de sucesso muitas vezes são aquelas que sabem construir uma rede em torno de si para acessar os recursos críticos de que precisam. Construir e gerenciar essas redes é um fator crucial para criar uma forma ampliada de organização.

- *Canais proativos* através de fronteiras dentro da empresa e com muitos agentes externos que possam colaborar no processo de inovação, como fornecedores, clientes, financiadores, patrocinadores, recursos e conhecimentos técnicos especializados, etc. A inovação do século XXI definitivamente não é uma atividade solitária, mas sim um jogo com múltiplos participantes que extrapola os limites departamentais da empresa e alcança agentes externos que possam vir a colaborar no processo de inovação. Vivemos em tempos de globalização em que conexões e a habilidade de encontrar, formar e explorar relacionamentos criativos são condições essenciais. Mais uma vez, essa ideia de empreendedores solitários de sucesso e pequenas empresas iniciantes como formadores de redes é fundamental. Não é preciso saber ou ter tudo à mão, mas sim onde e como obtê-lo.

A Figura 1.3 apresenta o modelo resultante: o que é preciso levar em consideração se nos propusermos a gerenciar bem a inovação.

FIGURA 1.3 O modelo resultante: o que é preciso levar em consideração se nos propusermos a gerenciar bem a inovação.

Como fazer a mudança acontecer?

Quais são as ações envolvidas em inovação e como podemos utilizar esse conhecimento para facilitar nossa tarefa de gerenciar o processo de maneira melhor? O que nos vem à mente quando pensamos na inovação acontecendo de fato?

INOVAÇÃO EM AÇÃO 1.10

Tornando a ideia uma realidade

Se alguém lhe perguntasse quando foi a última vez em que você usou seu Spengler, é provável que sua resposta fosse um olhar intrigado. Mas, em vez disso, se lhe perguntassem quando foi a última vez que usou seu Hoover, a resposta seria bastante simples. Entretanto não foi o Sr. Hoover quem inventou o aspirador de pó, no final do século XIX, mas um certo Sr. J. Murray Spengler. A genialidade de Hoover reside na apropriação da ideia e em sua transformação em uma realidade comercial. De modo semelhante, o pai da moderna máquina de costura não foi o Sr. Singer, cujo nome vem logo à mente e está estampado em milhões de máquinas em todo mundo. Foi Elias Howe quem inventou a máquina de costura em 1846, enquanto Singer lhe proporcionou realização técnica e comercial. É possível que o grande patriarca em termos de viabilização de ideias tenha sido o próprio Thomas Edison, que durante sua profícua vida registrou mais de mil patentes. Os produtos pelos quais sua empresa foi responsável incluem a lâmpada elétrica, o filme cinematográfico de 35 mm e até mesmo a cadeira elétrica. Muitas das invenções pelas quais Edison é famoso não foram realmente inventadas pelo próprio, como é o caso da lâmpada elétrica, e sim desenvolvidos e aperfeiçoados tecnicamente de forma que seus mercados foram abertos por Edison e sua equipe. Edison, mais do que qualquer outro, compreendeu que inventar não é o bastante e que simplesmente ter uma boa ideia não é garantia de que ela será disseminada ou mesmo adotada.

Um dos problemas que enfrentamos na gestão de qualquer coisa é que a forma como a encaramos acaba determinando a forma como a abordaremos. Assim, se possuirmos um modelo simplista de como a inovação funciona (que ela seja apenas **invenção**, por exemplo), organizaremos e gerenciaremos unicamente isso. É provável que acabemos possuindo o melhor departamento de invenções do mundo, mas não há garantia de que as pessoas realmente virão a desejar qualquer uma de nossas brilhantes invenções! Se nos propusermos a gerenciar a inovação a sério, precisaremos, então, repensar nossos modelos mentais e garantir que estamos trabalhando com o máximo de informação possível. Do contrário, corremos os riscos descritos na Tabela 1.5.

TABELA 1.5 O problema dos modelos parciais

Se a inovação é vista apenas como...	...o resultado pode ser
Forte capacidade de P&D	Tecnologias que não satisfazem as necessidades de usuários e não são aceitas: "a melhor ratoeira que ninguém quer"
Domínio de especialistas de jaleco em laboratórios de P&D	Ausência de interação com outros e de conhecimentos e experiências cruciais sob outras perspectivas
Atendimento de necessidades de clientes	Ausência de desenvolvimento tecnológico, levando à incapacidade de obter margem competitiva
Progressos tecnológicos	Produção de produtos que o mercado não deseja ou desenvolvimento de processos que não atendam às necessidades do usuário, provocando resistência
Território de grandes empresas	Empresas pequenas e frágeis com demasiada dependência de grandes clientes
Mudanças revolucionárias	Descaso com o potencial de inovação incremental; também uma incapacidade de assegurar e reforçar os ganhos advindos da mudança radical porque o mecanismo de desempenho incremental não está funcionando bem
Associação com indivíduos-chave	Fracasso em utilizar a criatividade do restante dos funcionários e de assegurar suas contribuições e perspectivas para melhorar a inovação
Geração interna	O efeito do "isso não foi inventado aqui", em que boas ideias vindas de fora provocam resistência ou são rejeitadas
Geração externa	A inovação torna-se mera questão de preencher uma lista de compras de necessidades externas, ocorrendo pouca aprendizagem ou desenvolvimento de competência tecnológica internamente

Configurando o processo de inovação: desenvolvimento de capacidades

Seja qual for seu tamanho ou setor, toda e qualquer empresa está buscando encontrar formas de melhor gerenciar esse processo de crescimento e renovação. Não há respostas definitivas; cada organização precisa buscar a solução mais apropriada para a suas circunstâncias específicas. Algumas desenvolvem seus próprios métodos de fazer as coisas, e alguns funcionam melhor do que outros. Qualquer organização pode dar sorte uma vez na vida, mas a verdadeira habilidade de gestão da inovação reside na capacidade de repetir o feito. Ainda que não haja garantias em se tratando de inovação, inúmeras evidências sugerem que as empresas podem e, de fato, aprendem a gerenciar o processo na busca por sucesso, construindo e desenvolvendo conscientemente sua capacidade de inovação.

Essas questões aplicam-se de forma indiscriminada, ainda quando as respostas pareçam nos levar a direções diferentes, dependendo de onde partimos. Uma empresa recém-entrante pode não precisar de um processo muito formal e estruturado para organizar e gerenciar a inovação. Mas uma empresa do tamanho da Nokia precisará prestar bastante atenção a estruturas e procedimentos adotados para construir um portfólio estratégico de projetos para explorar e gerenciar riscos, à medida que passam de ideias a uma realidade técnica e comercial. Da mesma forma, grandes empresas podem ter recursos extensivos, que lhes permitam construir um malha global de redes para apoiar suas atividades, enquanto as novas entrantes podem ser vulneráveis a ameaças de elementos em seu cenário que simplesmente desconheciam, e com os quais nem sequer se relacionavam.

Esse processo fundamental permeia toda inovação bem-sucedida, desde o empreendedor solitário até a IBM ou a GlaxoSmithKline. Obviamente, fazer o modelo funcionar na prática exige configurá-lo para diversas situações. Por exemplo, em uma grande empresa, "reconhecer a oportunidade" pode envolver um grande departamento de P&D, uma equipe de pesquisa de marketing, um estúdio de design e assim por diante, enquanto o empreendedor solitário tem tudo isso acontecendo dentro da sua cabeça. Para que uma grande organização encontre os recursos, talvez seja preciso reunir vários de seus departamentos, mas o inovador solitário precisa formar redes. Atrair apoio pode envolver um empreendedor fazendo propostas e apresentações para investidores de capital de risco, enquanto em uma grande organização a proposta de negócio pode integrar a reunião mensal de portfólio de projetos.

Levando-se em conta que organizamos e gerenciamos de formas diferentes, dependendo do tipo de organização, ainda é possível organizar algumas receitas ou condições genéricas que ajudam o processo de inovação a ocorrer com mais eficácia. Como foi mencionado, houve muita pesquisa em torno desse assunto e, na seção Fontes e Leituras Recomendadas no final deste capítulo, apresentaremos algumas referências a alguns desses bons estudos. Um dos pontos iniciais mais importantes é que as empresas não são criadas com a capacidade de organizar e gerenciar esse processo: é preciso que aprendam e desenvolvam tais competências aos poucos, basicamente por meio de um processo de tentativa e erro. Elas se atêm àquilo que funciona e nisso desenvolvem suas competências, abandonando o que não parece funcionar.

Uma inovação de sucesso tem, por exemplo, forte correlação com a forma com que a empresa seleciona e gerencia seus projetos, como coordena recursos e insumos de diferentes funções, como se relaciona com seus clientes, e assim por diante. Os inovadores bem-sucedidos adquirem e acumulam recursos técnicos e competências gerenciais com o passar do tempo; não faltam oportunidades de aprendizagem (por tentativa, experimentação, trabalho com outras empresas, questionamento de clientes, etc.), mas todas dependem da disposição da empresa de encarar a inovação menos como uma loteria e mais como um processo que pode ser melhorado continuamente.

Outro ponto importante revelado pela pesquisa é que a inovação exige gerenciamento de forma *integrada*; não basta ser bom em apenas uma coisa. Não é como uma corrida de cem metros rasos; está mais para o desenvolvimento de habilidades necessárias para competir de maneira eficaz em uma série de modalidades, como no pentatlo.

O que, por que e quando: o desafio da estratégia de inovação

Desenvolver uma capacidade de organizar e gerenciar a inovação é uma grande conquista, mas a menos que essa capacitação seja canalizada para uma direção adequada, a empresa corre o risco de "se produzir toda sem ter festa para ir"! E para empreendedores começando um novo projeto, o desafio é ainda maior: sem uma direção clara, uma visão que possa ser partilhada com os outros para animá-los e concentrá-los, o empreendimento pode nunca sair do lugar.

Assim, o último tema que precisamos abordar é onde e como a inovação pode ser usada para se obter vantagens estratégicas. A Tabela 1.6 apresenta alguns exemplos de diferentes formas de atingi-la, e talvez você queira acrescentar suas próprias ideias à lista.

TABELA 1.6 Vantagens estratégicas por meio da inovação

Mecanismo	Vantagem estratégica	Exemplos
Novidade em oferta de produto ou serviço	Oferecer algo que ninguém mais pode	Introduzir o primeiro (Walkman, caneta esferográfica, câmara fotográfica, lava-louças, atendimento bancário por telefone, varejo online, etc.) ao mundo.
Novidade em processo	Oferecer algo de modo que outros não conseguem: mais rápido, mais barato, mais personalizado, etc.	O processo de vidro float de Pilkington, o processo de Bessemer, Internet Banking, venda online de livros, etc.
Complexidade	Oferecer algo que outros acham difícil de fazer	Motores Rolls-Royce e motores de aeronaves (pouquíssimos concorrentes conseguem dominar a complexidade mecânica e metalúrgica envolvida).
Proteção legal da propriedade intelectual	Oferecer algo que outros não podem, a não ser por meio de licença ou pagamento de outras taxas	Medicamentos de grande vendagem, como o Zantac, Prozac, Viagra, etc.
Ampliação da série de fatores competitivos	Transferir a base de concorrência (ex.: de preço de produto para preço e qualidade, ou preço, qualidade, escolha)	A fabricação de carros japoneses, que sistematicamente transferiu a agenda competitiva de preço para qualidade, para flexibilidade e escolha, para prazos menores entre lançamentos de novos modelos, e assim por diante, nunca sopesando uma das possibilidades contra as demais, mas sim oferecendo todas elas.

(Continua)

TABELA 1.6 Vantagens estratégicas por meio da inovação *(Continuação)*

Mecanismo	Vantagem estratégica	Exemplos
Senso de oportunidade	Ter a vantagem de ser o primeiro (first mover), o que pode valer uma parcela de mercado significativa em novas áreas de produtos	Amazon.com, Yahoo!: outros podem surgir, mas a vantagem permanece com os primeiros.
	Ter a vantagem de ser um seguidor rápido (fast follower); às vezes, ser o primeiro significa enfrentar grandes dificuldades inesperadas, e faz mais sentido ver outra pessoa enfrentá-las e depois seguir na mesma trilha com um novo produto	Assistentes digitais pessoais (iPads) e smartphones capturaram uma parcela enorme, e crescente, do mercado. Na verdade, o conceito e o design nasceram com o malfadado Newton, o produto que a Apple lançou uns cinco anos antes da Palm lançar sua promissora linha Pilot, mas que fracassou devido a problemas de software e, especialmente, reconhecimento de caligrafia. O sucesso da Apple com o tocador de MP3 iPod ocorreu porque a empresa demorou para entrar no mercado e pôde aprender e incluir recursos cruciais no seu design dominante.
Design robusto de plataforma	Oferecer algo que fornece a plataforma sobre a qual outras variações e gerações de produto podem ser desenvolvidas	A arquitetura Walkman original da Sony, que levou a várias gerações de equipamentos de áudio pessoal (minidisco, CD, DVD, MP3, iPod).
		O Boeing 737 (passados mais de 30 anos, o design ainda está sendo adaptado e configurado para atender diferentes usuários) ainda é uma das aeronaves mais bem-sucedidas do mundo em termos de vendas.
		Intel e AMD com as diferentes variantes de suas famílias de microprocessadores.
Reescrita das regras	Oferecer algo que representa um conceito completamente novo de produto ou processo, um jeito diferente de fazer a coisas, tornando os modelos anteriores obsoletos	Máquinas de escrever *versus* processadores de texto, gelo *versus* refrigeração, lâmpadas elétricas *versus* a gás ou a óleo.
Reconfiguração das partes do processo	Repensar o modo como partes do sistema funcionam juntas (ex.: desenvolvimento de redes mais eficientes, terceirização e coordenação de uma empresa virtual)	Zara e Benetton, no ramo de vestuário; Dell, no de computadores; Toyota, quanto ao gerenciamento de sua cadeia logística.

(Continua)

TABELA 1.6	Vantagens estratégicas por meio da inovação	*(Continuação)*
Mecanismo	**Vantagem estratégica**	**Exemplos**
Transferência por diferentes contextos de aplicação	Recombinar elementos estabelecidos para mercados diversos	Rodas de policarbonato transferidas de mercados de aplicação, como o de malas com rodinhas, para o de brinquedos infantis, como micropatinetes leves
Outros	Inovação é sempre encontrar novas maneiras de fazer as coisas e de obter vantagens estratégicas; assim, sempre haverá espaço para novos modos de conquistar e de reter vantagens	A Napster começou desenvolvendo software que permitiu aos fãs de música trocarem suas composições favoritas pela Internet; o aplicativo Napster basicamente interligava usuários com a provisão de uma conexão rápida. O seu potencial para alterar a arquitetura e o modo de operação da Internet era bem maior e, embora tivesse restrições legais, seus seguidores desenvolveram uma indústria imensa baseada em downloads e em compartilhamento de arquivos.

O problema não é a escassez de maneiras de obter uma vantagem competitiva pela inovação, mas, antes, quais delas escolher e por quê. Essa é uma decisão que qualquer organização precisa tomar, seja uma recém-entrante, decidindo acerca da questão (relativamente) simples de aderir ou não à entrada em um mercado hostil com sua nova ideia, ou uma empresa de grande porte, tentando abrir um novo espaço de mercado por meio da inovação. E isso não acontece apenas na concorrência comercial. A mesma ideia de vantagem estratégica ocorre nos serviços públicos e na inovação social. As forças policiais, por exemplo, precisam planejar estrategicamente como irão empregar seus recursos escassos para conter a criminalidade e manter a lei e a ordem, enquanto a administração hospitalar se preocupa em equilibrar recursos limitados diante de demandas crescentes por serviços de saúde.

Criar uma estratégia de inovação

Montar uma estratégia de inovação envolve três passos principais, reunindo ideias em torno de temas centrais e incentivando conversas e debates para refiná-las. São eles:

- Análise estratégica: o que poderíamos fazer?
- Seleção estratégica: o que vamos fazer, e por quê?
- Implementação estratégica: como vamos fazer isso acontecer?

Vamos analisar cada uma delas de forma mais detalhada.

Análise estratégica

A análise estratégica começa pela exploração do espaço de inovação: onde poderíamos inovar? E por que isso valeria a pena? Um ponto de partida útil seria ter alguma ideia sobre o ambiente como um todo, explorar as ameaças e oportunidades atuais e as prováveis mudanças a elas no futuro. Em geral, as perguntas neste momento tem relação com tecnologias, mercados, tendências políticas fundamentais, necessidades emergentes dos clientes, concorrentes e forças sociais e econômicas. Também vale a pena somar a esse mapa alguma ideia de quem são os participantes no ambiente: os clientes e mercados específicos, os principais fornecedores e a quantidade e tipo de concorrentes.

Dentro dessa estrutura, também é importante refletir sobre quais recursos a organização pode utilizar. Quais são os seus pontos fortes e fracos relativos? De que modo ela pode construir e sustentar uma vantagem competitiva?

(É importante lembrar que estas são ferramentas para começar uma conversa, não sistemas de medição precisos. Há limites para o quanto podemos saber sobre um ambiente complexo, interativo e em mutação constante, e muitas vezes há diferenças enormes sobre onde de fato residem os pontos fortes e fracos.)

Tendo explorado esse ambiente, precisamos entender a gama de possibilidades. Onde sairemos ganhando se inovarmos? Quais tipos de oportunidade existem para que criemos algo de diferente e capturemos o valor de transformar essas ideias em realidade?

Podemos considerar a estratégia como um processo de exploração do espaço definido pelos quatro tipos de inovação, os chamados 4Ps: processo, paradigma, produto e posição. Cada um dos 4Ps de inovação pode ocorrer ao longo de um eixo que varia de mudança incremental até a radical; a área indicada pelo círculo na Figura 1.4 é o espaço de inovação potencial dentro do qual uma organização operar.

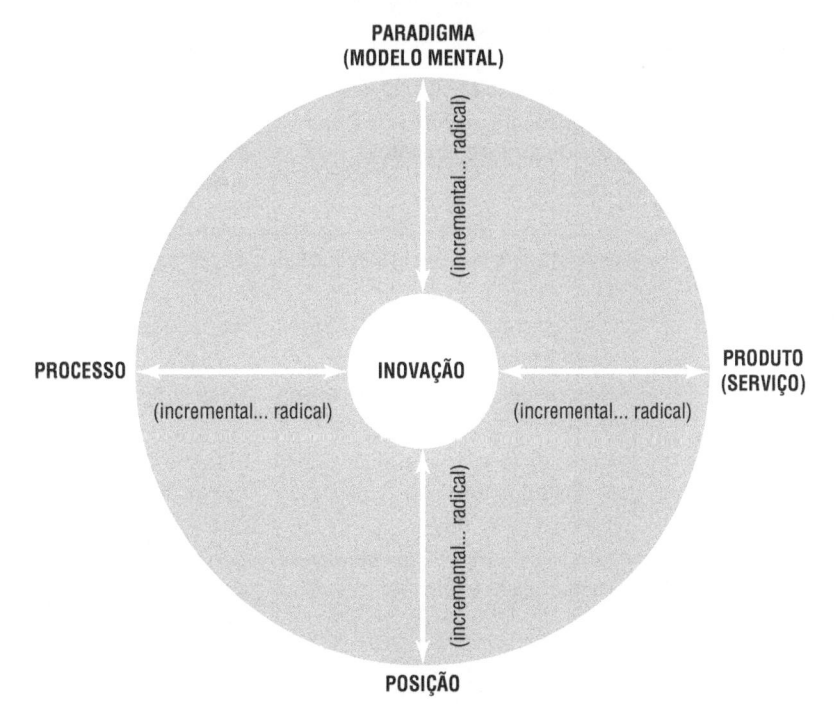

FIGURA 1.4 Explorando o espaço de inovação.

Onde ela realmente explora e por que, e quais áreas ela deixa de lado, são todas questões para a estratégia de inovação. E para os empreendedores que estão recém entrando no mercado, isso pode oferecer um mapa de quais territórios foram ou não foram explorados, mostrando onde há oportunidades abertas, onde e como enfrentar os participantes atuais, etc. Além disso, é um mapa útil para inovações sociais: onde poderíamos criar novo valor social, quais territórios são virgens, onde e como poderíamos trabalhar de um jeito diferente?

A Tabela 1.7 oferece alguns exemplos de inovações mapeadas sobre esse modelo dos 4Ps.

TABELA 1.7 Alguns exemplos de inovações mapeadas sobre o modelo dos 4Ps

Tipo de inovação	Incremental: fazer o que fazemos, mas melhor	Radical: fazer algo diferente
"Produto": o que oferecemos para o mundo	Windows 7 e 8 substituindo o Vista e o XP, basicamente melhorando o software existente	Novidade no mundo de software (ex.: o primeiro programa de reconhecimento de fala)
	Novas versões de modelos de automóveis tradicionais (ex.: o VW Golf basicamente melhorando um projeto de automóvel estabelecido)	Motores híbridos do Toyota Prius (implementando um novo conceito) e o carro elétrico de alto desempenho da Tesla
	Lâmpadas incandescentes com desempenho superior	Lâmpadas de LED (usando princípios totalmente diferentes e maior eficiência energética)
	CDs substituindo os discos de vinil (basicamente melhorando a tecnologia de armazenamento)	Spotify e outros serviços de streaming de música (substituindo o padrão de propriedade pelo aluguel de uma vasta biblioteca musical)
Processo: como criamos e entregamos a oferta	Melhoria dos serviços de telefonia fixa	Skype e outros sistemas de VOIP
	Ampliação dos serviços de corretagem de ações	Negociação de ações online
	Melhoria das operações das casas de leilão	eBay
	Maior eficiência operacional em fábricas por meio da atualização dos equipamentos	Sistema Toyota de Produção e outras abordagens "enxutas"
	Melhoria dos serviços bancários prestados em agências	Serviços bancários online e, no Quênia e nas Filipinas, por telefonia móvel (uso de telefones como alternativa ao sistema bancário)
	Melhor logística no varejo	Compras online

(Continua)

TABELA 1.7 Alguns exemplos de inovações mapeadas sobre o modelo dos 4Ps *(Continuação)*

Tipo de inovação	Incremental: fazer o que fazemos, mas melhor	Radical: fazer algo diferente
Posição: onde focamos a oferta e a história que contamos sobre ela	A Häagen Dazs mudou o mercado-alvo do sorvete, de crianças para adultos	Atendimento de mercados mal-atendidos (ex.: o Tata Nano, para o mercado emergente indiano, ainda pobre, é um automóvel que custa cerca de dois mil dólares)
	Companhias aéreas segmentaram as ofertas de serviço para diferentes grupos de passageiros (Virgin Upper Class, BA Premium Economy, etc.)	Companhias aéreas de baixo custo levando as viagens aéreas a quem antes não podia pagar por elas (criando um novo mercado e sacudindo o existente)
	A Dell e outras empresas segmentaram e customizaram a configuração de computadores para usuários individuais	Variações do projeto Um Laptop Por Criança (ex.: governo indiano e computadores de 20 dólares para escolas)
	Suporte online para cursos universitários tradicionais	A University of Phoenix e outras instituições criando grandes negócios educacionais usando abordagens online para atingir diferentes mercados
	Serviços bancários direcionados a segmentos importantes (ex.: estudantes, aposentados)	Abordagens da "base da pirâmide" que usam um princípio semelhante, mas direcionadas a mercados enormes, mas muito diferentes, de alto volume e margens minúsculas (ex.: Aravind Eye Clinics, produtos de construção Cemex)
Paradigma: como enfocamos o que fazemos	A Bausch & Lomb foi de ótica para oftalmologia, com o seu modelo de negócios praticamente abandonando o antigo ramo de óculos, óculos escuros (Raybans) e lentes de contato, todos os quais estavam se transformando em commodities, e entrando em campos de alta tecnologia mais novos, como equipamentos de cirurgia a laser, dispositivos óticos especializados e pesquisas sobre visão artificial	Grameen Bank e outros modelos de microfinanças (repensando premissas sobre crédito e populações pobres)
	A Dyson redefiniu o mercado de eletrodomésticos em termos de produtos de alto desempenho	Plataforma iTunes (um sistema completo de entretenimento personalizado)

(Continua)

TABELA 1.7	Alguns exemplos de inovações mapeadas sobre o modelo dos 4Ps *(Continuação)*	
Tipo de inovação	Incremental: fazer o que fazemos, mas melhor	Radical: fazer algo diferente
	Rolls-Royce (de motores de aeronave de alta qualidade a uma empresa de serviços que oferece "potência por hora")	Amazon, Google, Skype (redefinindo setores como varejo, publicidade e telecomunicação usando modelos online)
	IBM (passando de fabricante de máquinas para empresa de serviços e soluções, vendendo sua unidade de produção de computadores e expandindo seu setor de consultoria e serviços)	Linux, Mozilla, Apache (passando de usuários passivos para comunidades ativas de usuários que cocriam novos produtos e serviços)

Seleção estratégica

A questão aqui é escolher, dentre todas as coisas que poderíamos fazer, quais faremos de fato, e por que. Os recursos são escassos, então precisamos tomar cuidado nas nossas apostas, criando um portfólio de projetos que equilibre riscos e recompensas. Muitas ferramentas nos ajudam nisso, desde simples medidas financeiras, como o tempo de payback e o retorno sobre o investimento, até estruturas complexas para comparar projetos entre muitas dimensões. No Capítulo 8, analisamos em mais detalhes esse *kit* de ferramentas e os modos diferentes de tomar decisões em condições de incerteza.

O desafio é que indivíduos e organizações tomem conhecimento do extenso território dentro do qual as possibilidades de inovação existem e tentem desenvolver um portfólio estratégico que cubra esse vasto território de maneira eficiente, equilibrando riscos e recursos. Mas como escolher quais opções fazem sentido para nós? É útil considerar dois temas complementares para responder essa pergunta:

- Qual é a nossa estratégia de negócios geral (onde estamos tentando chegar enquanto organização) e como a inovação vai nos ajudar a chegar lá?
- Nós *sabemos* alguma coisa sobre a direção que tomaremos, ou seja, ela está baseada em alguma competência que já possuímos (ou a que tenhamos acesso)?

Obviamente, competências podem ser superadas e substituídas por transformações na área tecnológica. Às vezes, elas podem destruir a base da competitividade (destruição de competências), mas também podem ser reconfiguradas para fortalecer uma posição competitiva (ampliação de competências). Um estudo famoso de Tushman e Anderson oferece uma ampla gama de exemplos desses tipos de mudança.[9]

Mas não se trata apenas conhecimento técnico. O conhecimento da Google se baseia não somente em um mecanismo de busca poderoso, mas também no uso os dados que a ajuda a oferecer serviços de publicidade. Grandes varejistas, como a Tesco e a Walmart, têm um entendimento rico e detalhado dos seus clientes e dos seus comportamentos e preferências de compras.

Os pontos fortes também podem vir de capacidades específicas, coisas que uma organização aprendeu a fazer para se manter ágil e conseguir entrar em novos territórios. A Virgin, enquanto grupo de empresas, tem uma presença em muitos setores diferentes, mas a abordagem fundamental é basicamente o empreendedorismo original que Richard Branson usou para entrar no ramo da música.

INOVAÇÃO EM AÇÃO 1.11

Avaliando competências e ativos

Richard Hall é um experiente *coach* e pesquisador sobre inovação e empreendedorismo. Ele distingue ativos intangíveis de competências intangíveis. Ativos incluem direitos de propriedade intelectual e reputação. Competências incluem habilidades e *know-how* de funcionários, fornecedores e distribuidores, e os atributos coletivos que constituem a cultura organizacional. Esse trabalho empírico, com base em pesquisa e estudos de caso, indica que gestores acreditam ser a reputação e o know-how de funcionários os mais significativos desses ativos intangíveis, e ambos podem ser uma função da cultura organizacional. Assim sendo, a cultura organizacional, definida como valores e crenças compartilhados por membros de uma unidade organizacional, e os artefatos associados tornam-se centrais para a aprendizagem organizacional. Esse enfoque representa uma maneira útil de avaliar as competências de uma organização e identificar como elas contribuem para o desempenho.

Implementação estratégica

Tendo explorado o que poderíamos fazer e decidido o que vamos fazer, o terceiro estágio do desenvolvimento de uma estratégia de inovação é planejar a implementação. Refletir sobre o que vamos precisar e como obter esses recursos, com quem pode ser necessário formar parcerias e quais os obstáculos prováveis no caminho são todas questões que alimentam esse passo.

Obviamente, não se trata um processo linear simples. Na prática, haverá vários debates sobre essas questões à medida que exploramos as opções e defendemos escolhas específicas, mas essa é a essência da estratégia: uma conversa e um ensaio, imaginar e antever atividades incertas no futuro.

Diversas ferramentas auxiliam nesse processo, mais uma vez variando entre simples e complexas. Poderíamos, por exemplo, montar um plano de projeto simples, definindo a sequência de atividades que precisamos executar para que nossa inovação ganhe vida. Isso nos ajudaria a identificar de quais recursos precisamos e quando, além de destacar alguns pontos problemáticos em potencial para que possamos refletir sobre como lidar com eles. Muitas ferramentas adicionam uma dimensão de planejamento hipotético a esses modelos de projeto, na tentativa de antecipar dificuldades importantes e pensar na pior das hipóteses, de modo que seja possível criar planos de contingência adequados.

Também vale a pena analisar e questionar o conceito estratégico fundamental, a proposta de negócio para fazer o que estamos pensando em fazer. Mais uma vez, construir uma proposta de negócio ou refletir sobre o modelo de negócio fundamental é uma maneira poderosa de explicitar nossas premissas e abri-las para discussões e questionamentos. (Analisaremos em mais detalhes o papel dos modelos de negócio como forma de capturar valor no Capítulo 16, mas as ferramentas para trabalhar com essas ideias são bastante úteis nesse estágio inicial de planejamento estratégico.)

Além do estado estável: o desafio da mudança descontínua e a necessidade de capacidades dinâmicas

Na maior parte do tempo, a inovação ocorre dentro de um conjunto de regras do jogo já bem conhecidas e envolve participantes que tentam inovar fazendo exatamente aquilo que já fazem (produtos, processos, posições etc.), só que melhor. Alguns gerenciam o processo de maneira mais eficaz que outros, mas as regras do jogo são aceitas por todos e não mudam.

Em outras ocasiões, porém, acontece algo que desloca essa estrutura e altera as regras do jogo. Por definição, esses eventos não são comuns, mas têm o potencial de redefinirem o espaço e as condições-limite; eles descortinam novas oportunidades, ao mesmo tempo em que desafiam os participantes existentes a recomporem o que estão fazendo à luz dessas novas condições. Tirar proveito das oportunidades, ou enxergar as ameaças cedo o suficiente e fazer algo de diferente para enfrentá-las, exige uma abordagem empreendedora comum entre os novos participantes, mas que pode ser difícil de reviver em uma organização estabelecida. Assim, sob essas condições, muitas vezes o resultado é a disrupção da antiga ordem de mercado e tecnológica e o surgimento de novas regras do jogo.

A mensagem importante é que, sob tais condições (que não ocorrem todos os dias), faz-se necessário um conjunto diferenciado de abordagens para organizar e gerenciar a inovação. Quando tentam utilizar os modelos convencionais que funcionam em condições de estabilidade, as organizações descobrem que estão cada vez mais fora do seu elemento e correm o risco de serem superadas por participantes novos e mais ágeis. O risco é claro para as organizações que não acompanham as mudanças: não faltam exemplos de grandes empresas que começaram com revoluções inovadoras, mas acabaram sendo derrotadas pela sua incapacidade de inovar com rapidez ou nas direções certas. Os exemplos da Kodak e da Polaroid, grandes pioneiras da fotografia, lembram-nos que a vantagem competitiva não dura para sempre, mesmo para quem gasta fortunas em P&D e têm fortes habilidades de marketing.

Isso suscita uma questão mais geral. Neste capítulo, passamos bastante tempo falando sobre expandir as capacidades de gestão da inovação. Porém, para mudar o mundo, também precisamos ser capazes de nos afastar um pouco e revisar nossa posição, analisando e refinando nossas capacidades. Alguns comportamentos precisarão ser continuados, talvez até com compromisso redobrado.

E outros podem ter funcionado no passado, mas perderam sua relevância. O importante é que sempre teremos novos truques para aprender, novas habilidades para adquirir. (Pense em como a Internet mudou o mundo da inovação, abrindo-o para novos participantes, permitindo conexões e relações mais ricas e potencializando fluxos de conhecimento. Isso simplesmente não era verdade 30 anos atrás, e a organização que tentasse gerenciar a inovação hoje usando o livro de receitas daquela época estaria em sérios apuros!)

Essa ideia de revisar e reconfigurar nossas abordagens de gestão da inovação é chamada de **capacidade dinâmica**, e construí-la é um tema central deste livro.

Finalmente, vale lembrar um conselho útil de uma sábia fonte de séculos passados. Em seu famoso livro *O Príncipe*, Nicolau Maquiavel adverte os futuros inovadores:

> Devemos lembrar que não há algo mais difícil de planejar, mais perigoso de gerenciar ou de mais incerto sucesso do que a criação de um novo sistema, uma vez que seu iniciador tem por inimigos todos aqueles que se beneficiariam com a preservação da antiga instituição e por meros incentivadores aqueles que ganhariam com a instauração de uma nova.

Resumo do capítulo

- Inovação é uma questão de crescimento, de reconhecer oportunidades para fazer algo de novo e de implementar essas ideias para criar algum tipo de valor. Pode ser o crescimento do negócio, pode ser uma mudança social, mas seu cerne é a criatividade do espírito humano, o ímpeto de alterar nosso ambiente.

- A inovação é um imperativo de sobrevivência. Se uma empresa não alterar o que oferece ao mercado e as formas como cria e entrega suas ofertas, ela pode estar em apuros. E a inovação contribui para o sucesso competitivo de muitas maneiras: é um recurso *estratégico* para levar a organização aonde ela deseja chegar, seja proporcionando valor para o acionista no setor privado, oferecendo serviços públicos de melhor qualidade ou permitindo a criação e o crescimento de novos empreendimentos.

- A inovação não acontece por acaso. Ela é motivada pelo *empreendedorismo*. Essa mistura poderosa de energia, visão, paixão, comprometimento, bom senso e aceitação de riscos é a força motriz por trás do processo de inovação. Ela é a mesma quer estejamos falando de um novo empreendimento individual ou de um grupo tentando renovar os produtos ou serviços de uma organização estabelecida.

- A inovação não ocorre simplesmente porque a desejamos. Ela é um processo complexo que envolve riscos e exige *gerenciamento* cuidadoso e sistemático. A inovação não é um evento único, como uma lâmpada que acende sobre a cabeça de um personagem de desenho animado. É um processo ampliado de busca e seleção de ideias de mudança e de sua respectiva viabilização e concretização. O processo fundamental envolve quatro passos:
  - reconhecer oportunidades;
  - encontrar recursos;
  - desenvolver o empreendimento;
  - capturar valor.

  O desafio está em fazer isso de forma organizada e ser capaz de repetir o feito.

- Esse processo básico não ocorre no vácuo. Também sabemos que ele é altamente influenciado por inúmeros fatores. Em especial, a inovação requer:
  - direção e liderança estratégicas claras, além de emprego de recursos que a viabilizem;
  - uma organização inovadora em que a estrutura e o ambiente estimulem as pessoas a aplicarem sua criatividade e compartilharem seus conhecimentos para promover mudanças;
  - conexões proativas entre os setores ou departamentos dentro da organização e entre ela e muitos agentes externos que possam contribuir com o processo de inovação (fornecedores, clientes, fontes de financiamento, de recursos especializados e de conhecimentos, etc.).

- Pesquisas repetidamente sugerem que, se quisermos obter sucesso na gestão da inovação, temos de:
  - exploram e entender diferentes dimensões da inovação (os modos como podemos mudar as coisas);
  - gerenciar a inovação enquanto *processo*;
  - criar condições que nos permitam repetir o feito da inovação (desenvolver capacidades);
  - enfocar essas capacidades para levar as organizações adiante (estratégia de inovação);
  - desenvolver *capacidades dinâmicas* (a capacidade de descansar e adaptar nossas abordagens perante um ambiente em mutação).

- A inovação pode assumir diferentes formas, mas podemos reduzi-la a quatro direções de mudança:
  - **Inovação de produto:** mudanças nas coisas (produtos/serviços) que uma organização oferece.

- o **Inovação de processo:** mudanças nas formas em que são criadas e disponibilizadas.
- o **Inovação de posição:** mudanças no contexto em que produtos/serviços são introduzidos.
- o **Inovação de paradigma:** mudanças nos modelos mentais subjacentes que orientam o que a organização realiza.

- Dentro de qualquer uma dessas dimensões, as inovações podem estar situadas em um espectro que varia de "incremental" (do tipo "fazer o que já fazemos, só que melhor") até "radical" (do tipo "fazer algo completamente diferente"). E podem ser inovações isoladas (**inovações de componentes**) ou parte de uma "arquitetura" ou sistema integrado que apresenta muitos e diferentes componentes agregados de uma forma específica.

- Desenvolver uma capacidade de organizar e gerenciar a inovação é uma grande conquista, mas também é preciso considerar onde e como a inovação pode ser usada para se obter vantagens estratégicas. Montar uma estratégia de inovação envolve três passos principais, reunindo ideias em torno de temas centrais e incentivando conversas e debates para refiná-las. São eles:
  - o Análise estratégica: o que poderíamos fazer?
  - o Seleção estratégica: o que vamos fazer e por quê?
  - o Implementação estratégica: como vamos fazer isso acontecer?

- Qualquer organização pode ter sorte uma vez, mas a verdadeira habilidade de gestão da inovação reside na capacidade de repetir o feito. Assim, se realmente queremos gerenciar o processo de inovação, devemos nos fazer as seguintes perguntas:
  - o Dispomos de mecanismos de capacitação eficientes para o processo central?
  - o Temos direcionamento estratégico e comprometimento em relação à inovação?
  - o Temos uma organização inovadora?
  - o Construímos conexões ricas e proativas?
  - o Estimulamos e desenvolvemos nossa capacidade de inovação?

- Na maior parte do tempo, a inovação ocorre dentro de um conjunto de regras do jogo já conhecidas, envolvendo participantes que tentam inovar fazendo exatamente aquilo que já fazem (produtos, processos, posições etc.), só que melhor. Às vezes, porém, ocorre algo que muda as regras do jogo, como quando surge uma mudança radical na fronteira tecnológica ou um mercado completamente diferente. Quando isso acontece, precisamos de abordagens diferentes para organizar e gerenciar a inovação. Se tentarmos utilizar os modelos convencionais que funcionam em condições de estabilidade, descobriremos que estamos fora do nosso elemento e correremos o risco de sermos superados por participantes novos e mais ágeis.

- Por esse motivo, uma habilidade crucial está no desenvolvimento de "capacidades dinâmicas" (a competência para revisar e reconfigurar a abordagem que a organização adota para gerenciar a inovação perante um ambiente em mutação constante).

Glossário

Capacidade dinâmica A capacidade de revisar e reconfigurar a abordagem que a organização adota para gerenciar a inovação perante um ambiente em mutação.

Criar valor Implementar uma ideia que causa um impacto econômico ou social.

Empreendedorismo A mistura poderosa de energia, visão, paixão, comprometimento, bom senso e aceitação de riscos que é a força motriz por trás do processo de inovação.

Inovação Processo de tradução de ideias em produtos, processos ou serviços úteis.

Inovação de componente Mudanças em termos de componentes de um sistema maior; por exemplo, um transistor mais rápido em um microchip de um computador.

Inovação de paradigma Mudanças em modelos mentais subjacentes que orientam o que a organização faz.

Inovação de posição Mudanças no contexto em que produtos/serviços são introduzidos.

Inovação de processo Mudanças nas formas como produtos/serviços são criados e disponibilizados.

Inovação de produto Mudanças nos produtos/serviços que uma empresa oferece.

Inovação descontínua Inovações radicais que mudam as "regras do jogo" e instauram um outro, em que novos participantes normalmente levam vantagem.

Inovação incremental Pequenas melhorias em produtos, serviços ou processos existentes; "fazer o que já se faz, só que melhor".

Inovação radical Mudanças significativamente diferentes em produtos, serviços ou processos; "fazer o que fazemos de forma completamente diferente".

Invenção Surgimento de uma nova ideia.

Questões para discussão

1. A inovação é gerenciável ou é apenas uma atividade aleatória em que às vezes damos sorte? Se ela é gerenciável, como as empresas podem organizá-la e administrá-la? Quais princípios gerais deveriam ser aplicados?

2. "Construa uma ratoeira melhor e o mundo encontrará um caminho até sua porta!" Será mesmo? Quais são as limitações de ver a inovação simplesmente como o surgimento de uma ideia brilhante? Ilustre sua resposta com exemplos dos setores industrial e de serviços.

3. Quais são os estágios principais envolvidos em um processo de inovação? Quais são os tipos característicos de atividades que ocorrem em cada estágio? Como seria tal processo de inovação para:
   a. uma cadeia de restaurantes fast-food?
   b. um fabricante de equipamentos eletrônicos de medição?
   c. um hospital?
   d. uma seguradora?
   e. uma empresa iniciante de biotecnologia?

4. Fred Bloggs era um jovem e brilhante cientista PhD, dono da patente de um novo algoritmo para monitoramento de atividade cerebral e constatação precoce de possíveis derrames. Fred estava convencido do valor de sua ideia, tanto que a levou ao mercado após vender seu carro, pegar dinheiro emprestado da família e de amigos e tomar um grande empréstimo junto a uma instituição financeira. Ele faliu, apesar de ter impressionado médicos com uma versão de demonstração. Seu fracasso poderia estar associado ao fato de ele possuir um modelo parcial de como a inovação funciona? Como Fred poderia evitar o mesmo erro no futuro?

5. Como a inovação contribui para a vantagem competitiva? Justifique sua resposta

com exemplos tanto da indústria quanto de serviços.

6. A inovação é importante para os serviços públicos? Com exemplos, indique como e onde ela pode ser uma questão estratégica importante.

7. Você é indicado para ser o novo diretor de uma pequena instituição filantrópica que presta assistência a pessoas desabrigadas. Como a inovação poderia melhorar a forma de operação da sua instituição?

8. A inovação pode assumir muitas formas diferentes. Dê exemplos de inovações de produto/serviço, processo, posição e paradigma (modelo mental).

9. A abordagem das companhias aéreas de baixo custo alterou radicalmente a maneira como as pessoas escolhem e utilizam serviços de transporte aéreo, e representou tanto uma fonte de crescimento para novos participantes como também uma ameaça constante para alguns já existentes. Que tipos de inovações podem ser identificadas nesse caso específico?

10. Você foi contratado como consultor por um fabricante de brinquedos de médio porte que vem perdendo mercado no ramo de blocos de montar para outros tipos de brinquedos. Quais orientações para inovação você recomendaria a essa empresa para recuperar sua posição competitiva? (Use a estrutura dos 4Ps para refletir sobre as possibilidades.)

11. Inovação é uma questão de grandes saltos, momentos de descoberta e avanços tecnológicos radicais... será? Utilizando exemplos da indústria e do setor de serviços, defenda a importância da inovação incremental.

12. Descreva e exemplifique o conceito de plataformas na inovação de produto e de processo, indicando como tal abordagem poderia ajudar a diluir os altos custos de inovação em um prazo mais longo.

13. Quais são os desafios que os gestores podem enfrentar ao tentar organizar um fluxo estável de inovação incremental a longo prazo?

Fontes e leituras recomendadas

O famoso *Inovação e Espírito Empreendedor* de Peter Drucker (1985) oferece uma introdução acessível ao tema, mas talvez se embase mais em intuição e experiência do que em pesquisas empíricas. Diversos autores analisaram a inovação de uma perspectivas de processos; bons exemplos incluem *Innovation Management* (Pearson, 2010), de Keith Goffin e Rick Mitchell; *Innovation and New Product Development* (Pearson, 2011), de Paul Trott; e *Innovation Journey* (Oxford University Press, 1999), de Andrew Van de Ven. Os estudos de caso são uma boa perspectiva para analisar esse processo. Coleções úteis incluem: *Innovation, Design and Creativity* (2nd edn, John Wiley & Sons Ltd, 2008), de Bettina von Stamm; *Case Studies of Innovation* (Kogan Page, 2003), de Roland Kaye e David Hawkridge; e *Innovation Reinvented: Six Games that Drive Growth* (University of Toronto Press, 2012), de Roger Miller e Marcel Côté.

Alguns livros detalham as histórias de empresas e nos mostram os modos específicos como elas desenvolvem seus conjuntos de rotinas. Exemplos incluem: *The Google Story* (Pan, 2008), de David Vise; *Corning and the Craft of Innovation* (Oxford University Press, 2001), de Graham e Shuldiner; e *The 3M Way to Innovation: Balancing People and Profit* (Kodansha International, 2000), de Gundling.

Autobiografias e biografias de grandes líderes em inovação apresentam uma visão semelhante, ainda que, às vezes, repleta de vieses pessoais. Os exemplos incluem *One Click: Jeff Bezos and the Rise of Amazon.com* (Viking, 2011), de Richard Brandt; *Steve Jobs: The Authorized Biography* (Little Brown, 2011), de Walter Issacson; e *Against the Odds* (Texere, 2003), de James Dyson. Além disso, vários sites, como o da Product Development Management Association (www.pdma.org) e www.

innovationmanagement.se, publicam estudos de caso regularmente.

Muitos livros e artigos enfocam determinados aspectos do processo. Para a estratégia de tecnologia, consulte Burgelman et al., *Strategic Management of Technology* (McGrawHill Irwin, 2004). Para desenvolvimento de produtos, Robert Cooper, *Winning at New Products* (Kogan Page, 2001; Rosenau et al., *The PDMA Handbook of New Product Development* (John Wiley & Sons Ltd, 1996); e Tidd e Hull, *Service Innovation: Organizational Responses to Technological Opportunities and Market Imperatives* (Imperial College Press, 2003). Sobre inovação de processo, Lager, *Managing Process Innovation* (Imperial College Press, 2011); Zairi e Duggan, *Best Practice Process Innovation Management* (Butterworth-Heinemann, 2012); e Gary Pisano, *The Development Factory: Unlocking the Potential of Process Innovation* (Harvard Business School Press, 1996). Sobre transferência de tecnologia, Mohammed Saad, *Development through Technology Transfer* (Intellect, 2000). Sobre implementação, Alan Afuah, *Innovation Management: Strategies, Implementation and Profits* (Oxford University Press, 2003); Osborne e Brown, *Managing Change and Innovation in Public Service Organizations* (Psychology Press, 2010); e Bason, *Managing Public Sector Innovation* (Policy Press, 2011). Sobre aprendizagem, Kim e Nelson, *Technology, Learning, and Innovation: Experiences of Newly Industrializing Countries* (Cambridge University Press, 2003); Nooteboom, *Learning and Innovation in Organizations and Economies* (Oxford University Press, 2000); Leonard, *Wellsprings of Knowledge* (Harvard Business School Press, 1995); e Nonaka, *The Knowledge Creating Company* (Harvard Business School Press, 1991).

Para análises recentes das perspectivas de competências fundamentais e capacidades dinâmicas, consulte David Teece, *Dynamic Capabilities and Strategic Management: Organizing for Innovation and Growth* (Oxford University Press, 2011); Joe Tidd (editor), *From Knowledge Management to Strategic Competence* (3rd edn, Imperial College Press, 2012); e Connie Helfat, *Dynamic Capabilities: Understanding Strategic Change in Organizations* (Blackwell, 2006). Lockett, Thompson e Morgenstern (2009) apresentam uma revisão útil em "The development of the resource-based view of the firm: A critical appraisal" (*International Journal of Management Reviews*, 11(1)), assim como Wang e Ahmed (2007) em "Dynamic capabilities: A review and research agenda" (*International Journal of Management Reviews*, 9(1)). Davenport, Leibold e Voelpel oferecem uma compilação editada dos principais autores sobre estratégia em *Strategic Management in the Innovation Economy* (2nd edn, John Wiley & Sons Ltd, 2006), e a revisão editada por Galavan, Murray e Markides, *Strategy, Innovation and Change* (Oxford University Press, 2008), é excelente. Sobre a questão mais específica da estratégia tecnológica, um bom ponto de partida é o texto de Chiesa, *R&D Strategy and Organization* (Imperial College Press, 2001).

Sites como AIM (www.aimresearch.org), NESTA (www.nesta.org) e ISPIM (http://ispim.org/) divulgam regularmente as pesquisas acadêmicas sobre inovação. Outros exploram os desafios enfrentados pelos futuros empreendedores. O site www.thefutureofinnovation.org apresenta os pontos de vista de quase 400 pesquisadores na área dos desafios futuros, enquanto www.innovationfutures.org apresenta diversos cenários futuros possíveis, todos com desafios significativos para a inovação e o empreendedorismo.

Referências

1. Baumol, W. (2002) *The Free-Market Innovation Machine: Analyzing the Growth Miracle of Capitalism*, Princeton: Princeton University Press.
2. Jones, T., D. McCormick and C. Dewing (2012) *Growth Champions: The Battle for Sustained Innovation Leadership*, Chichester: John Wiley & Sons Ltd.
3. Little, A.D. (2012) *Global Innovation Excellence Survey*, Frankfurt: ADL Consultants.
4. Drucker, P. (1985) *Innovation and Entrepreneurship*, New York: Harper & Row.
5. Schumpeter, J. (1943) *Capitalism, Socialism and Democracy*, New York: Harper.
6. Pinchot, G. (1999) *Intrapreneuring in Action: Why You Don't Have to Leave a Corporation to Become an Entrepreneur*, New York: Berrett-Koehler Publishers.
7. Rothwell, R. and P. Gardiner (1984) Design and competition in engineering. *Long Range Planning*, **17**(3): 30–91.
8. Francis, D. and J. Bessant (2006) Targeting innovation and implications for capability development, *Technovation*, **25**: 171–83.
9. Tushman, M. and P. Anderson (1987) Technological discontinuities and organizational environments, *Administrative Science Quarterly*, **31**(3): 439–65.

Capítulo

2

Inovação social

OBJETIVOS DE APRENDIZAGEM

Depois de ler este capítulo, você compreenderá:

- o empreendedorismo social e a inovação social;
- o empreendedorismo social como um processo organizado e disciplinado, em vez de uma intervenção bem-intencionada, porém desfocada;
- as dificuldades em administrar o que é tanto um processo incerto e de risco quanto uma inovação "convencional" e economicamente motivada;
- os principais temas necessários para administrar esse processo de forma eficaz.

INOVAÇÃO EM AÇÃO 2.1

Grameen Bank e o desenvolvimento das microfinanças

Um dos maiores problemas das pessoas que vivem abaixo da linha de pobreza é a dificuldade de acesso a serviços bancários e financeiros. Em consequência, elas são sempre dependentes de agiotas e outras fontes não oficiais, e quase sempre pagam taxas exorbitantes ao tomarem empréstimos. Isso lhes impossibilita poupar e investir, e estabelece uma barreira que as impede de escapar dessa espiral mediante a criação de novos empreendimentos. Ciente desse problema, Muhammad Yunus, Coordenador do Programa de Economia Rural da Universidade de Chittagong, lançou um projeto para examinar a possibilidade de desenvolver um sistema de linha de crédito com oferta de serviços bancários voltados à população pobre rural. In 1976,

(Continua)

foi estabelecido o Grameen Bank Project (*grameen* significa "rural" ou "povoado" em bengali), que se destinava a:

- estender serviços bancários à população pobre;
- eliminar a exploração dos pobres por agiotas;
- criar oportunidades de autoemprego para desempregados na área rural de Bangladesh;
- oferecer a pessoas carentes um formato organizacional que podiam entender e gerenciar por si mesmas;
- reverter o velho círculo vicioso de "baixa renda, baixa poupança e baixo investimento" para um ciclo mais digno de "baixa renda, injeção de crédito, investimento, mais renda, mais economias, mais investimento, mais renda".

O projeto original foi iniciado em Jobra (um povoado perto da Universidade de Chittagon) e outras cidadezinhas da vizinhança, e funcionou de 1976 a 1979. O conceito central era o de "microfinanças", capacitando pessoas (mulheres, principalmente) a obterem pequenos empréstimos e a desenvolverem micronegócios. Com o patrocínio do Banco Central do país e o apoio de bancos comerciais estatizados, em 1979 o projeto foi estendido para o distrito de Tangail (ao norte de Dhaka, capital de Bangladesh). Seu sucesso levou à ampliação do modelo para outras várias cidades do país até que, em 1983, um ato legislativo o transformou em um banco independente. Hoje, o Gameen Bank é propriedade dos pobres das áreas rurais que atende. Os credores do banco possuem 90% de suas cotas, enquanto os 10% remanescentes são de propriedade do governo. O banco atende mais de cinco milhões de clientes e ajuda 10 mil famílias por mês a escaparem da armadilha da pobreza.

O Grameen Bank entrou em outras áreas nas quais o mesmo modelo se aplica. Por exemplo, a Grameen Phone é uma das maiores operadoras de telefonia móvel da Ásia, mas se baseia em modelos de precificação inovadores para dar aos membros mais pobres da sociedade acesso à comunicação.

O que é "inovação social"?

Neste livro, estamos analisando o desafio da *mudança* – e como indivíduos e grupos de empreendedores, trabalhando sozinhos ou em organizações, tentam fazer com que ela aconteça. Vimos que a inovação não é um simples lampejo de inspiração, mas um processo amplo e organizado para concretizar ideias brilhantes. Ela busca alterar o que é ofertado (produto/serviço), as maneiras como isso é criado e entregue (inovação de processo), o contexto e as formas como isso é apresentado para esse contexto (inovação de posição) e os modelos mentais para pensar a respeito do que estamos fazendo (modelo de negócio ou inovação de "paradigma").

Acima de tudo, aprendemos que fazer a inovação acontecer depende de um dinamismo centrado e determinado – uma paixão por mudar a coisas, a que chamamos de "empreendedorismo". Trata-se essencialmente de estar preparado para desafiar e mudar, correr riscos (calculados) e colocar energia e entusiasmo no empreendimento, buscando e motivando outros apoiadores ao longo do caminho.

Se pensarmos nos empreendedores de sucesso, veremos que eles são, em geral, ambiciosos, motivados por uma missão, apaixonados, estratégicos (não apenas impulsivos), engenhosos e voltados para resultados. É possível listar vários nomes que se encaixam nesse perfil: Bill Gates (Microsoft), Richard Branson (Virgin), James Dyson (Dyson), Larry Page e Sergey Brin (Google) e Jeff Bezos (Amazon).

Poderíamos ainda aplicar esses termos para descrever pessoas como Florence Nightingale, Elizabeth Fry ou Albert Schweitzer. Ademais, embora menos famosos que Gates ou Bezos, hoje existem pessoas impressionantes que têm deixado marcas significativas ao colocar ideias na prática. Como comenta a Ashoka Foundation: "Diferentemente de empreendedores tradicionais do setor privado, os empreendedores sociais buscam essencialmente gerar "valor social', em vez de lucros. E, diferentemente da maioria de organizações não governamentais, o trabalho deles está voltado não somente para efeitos imediatos, de pequena escala, mas para mudanças intensas, de longo prazo".

Nessa linha, assim como Muhammad Yunus, fundador do Grameen Bank (que foi replicado em 58 países no mundo todo), o Dr. Venkataswamy fundou a Aravind Eye Clinics. Sua paixão por encontrar maneiras de devolver a visão a pessoas com catarata no seu estado natal de Tamil Nadu, na Índia, levou ao desenvolvimento de um sistema de cuidados oftalmológicos que ajudou milhares de pessoas em todo o país.

Um empreendedor social usa o mesmo processo de empreendedorismo que vimos no Capítulo 1, mas para atender necessidades sociais e criar valor para a sociedade. São pessoas que sem dúvida se encaixam no nosso modelo de empreendedor, mas concentram seus esforços em uma direção diferente e socialmente valiosa. As principais características desse grupo incluem:

- *Ambiciosos*. Empreendedores sociais lidam com questões sociais importantes (pobreza, igualdade de oportunidades etc.) com paixão por fazer a diferença. Podem trabalhar sozinhos ou no interior de uma ampla cadeia de organizações existentes, incluindo as que mesclam atividades com e sem fins lucrativos.
- *Motivados por uma missão*. Sua principal preocupação é a geração de valor social antes de riqueza; a criação de riqueza pode ser parte do processo, mas não é um fim em si mesmo. Assim como os empreendedores de negócios, os empreendedores sociais são intensamente concentrados e perseverantes, incansáveis na sua busca de uma visão social.
- *Estratégicos*. Assim como empreendedores de negócios, os empreendedores sociais veem e atuam sobre o que outros desconsideram: oportunidades para melhorar sistemas, criar soluções e inventar novas abordagens que gerem valor social.
- *Engenhosos*. Empreendedores sociais não raro operam em contextos em que têm acesso limitado a importantes e tradicionais sistemas de apoio a mercados. Como resultado, devem ser excepcionalmente hábeis em recrutar e mobilizar recursos humanos, financeiros e políticos.
- *Voltados para resultados*. Novamente, assim como os empreendedores de negócios, os empreendedores sociais são motivados pelo desejo de ver as coisas mudarem e de produzir retornos mensuráveis. Os resultados que buscam

estão essencialmente ligados à ideia de "fazer do mundo um lugar melhor", seja por melhorias em qualidade de vida, acesso a recursos básicos ou apoio a grupos desfavorecidos.

A inovação social tem uma longa tradição, com exemplos que remontam a alguns dos grandes reformistas sociais. Na Grã-Bretanha do século XIX, por exemplo, os fortes valores Quaker de empreendedores importantes como George Cadbury levaram a inovações em habitação social, desenvolvimento comunitário e educação, assim como nas fábricas que eles organizavam e administravam. Como apontam Geoff Mulgan e seus colegas: "A grande onda de industrialização e urbanização no século XIX foi acompanhada por um explosão extraordinária em inovação e **empreendimentos sociais**: autoajuda mútua, microcrédito, sociedades de crédito imobiliário, cooperativas, sindicatos".[1]

EMPREENDEDORISMO EM AÇÃO 2.1

Tateni Home Care

Veronica Khosa estava frustrada com o sistema de saúde na África do Sul. Como enfermeira, viu pessoas doentes ficarem ainda mais doentes, idosos impossibilitados de conseguir um médico e hospitais com leitos vagos que não aceitavam pacientes com HIV. Então Veronica criou a Tateni Home Care Nursing Services e instituiu o conceito de home care (atendimento do paciente a domicílio) em seu país. Começando com praticamente nada, sua equipe arregaçou as mangas para oferecer atendimento a pessoas de uma forma que elas jamais haviam recebido: no conforto e na segurança de seus lares. Poucos anos depois, o governo adotou o plano, e com o reconhecimento de organizações líderes em saúde, a ideia foi difundida para outros países além da África do Sul.

Fonte: site da Ashoka Foundation, https://www.ashoka.org/fellow/veronica-khosa, acessado em 20 de dezembro de 2014.

Grandes inovações sociais incluem o jardim de infância, o movimento cooperativista, primeiros-socorros e o movimento Fair Trade, todos os quais começaram com empreendedores sociais e se disseminaram internacionalmente. O crescimento da inovação social também foi acelerada por tecnologias relacionadas à informação e à comunicação. Hoje em dia, é mais fácil alcançar muitos agentes diferentes e combinar seus esforços inovadores para criar novos tipos de soluções mais ricas; por exemplo, é possível mobilizar pacientes e cuidadores em uma comunidade online voltada para doenças raras ou usar celulares para ajudar a lidar com as consequências de uma crise humanitária –reunir famílias, estabelecer comunicações, usar transferências monetárias por telefone para oferecer ajuda financeira rápida, etc.

> **EMPREENDEDORISMO EM AÇÃO 2.2**
>
> ## Samasource
>
> Uma aplicação inovadora da telefonia móvel foi a criação de oportunidades de emprego para grupos desfavorecidos usando os princípios do "microtrabalho". O termo cada vez mais comum para essa prática é *impact sourcing*, ou terceirização socialmente responsável. Ele descreve o uso de tecnologias de comunicação avançadas para permitir a participação de grupos desfavorecidos no mercado global de mão de obra. Muitas tarefas, como tradução, revisão de texto, correção de reconhecimento ótico de caracteres (OCR) limpeza e inserção de dados, podem ser executadas com abordagens de *crowdsourcing*. O Mechanical Turk, da Amazon, é bastante usado nesse sentido. Empreendedores sociais como Leila Janah enxergaram o potencial dessa abordagem, e sua organização, a Samasource, hoje dá emprego a cerca de 2000 pessoas de baixíssima renda em zonas rurais.[2] A disponibilidade crescente da telefonia móvel permite que esse grupo seja mobilizado e capacitado, e um número cada vez maior de empresas americanas de tecnologia está terceirizando serviços através de sua organização.
>
> O modelo não é simplesmente terceirização de baixo custo; usando uma rede de agências locais, além de oportunidades de emprego direto, a Samasource também oferece treinamento e desenvolvimento, melhorando a capacidade dos trabalhadores de participar da rede crescente de trabalho do conhecimento online. Organizações como a Samasource reconhecem o risco do modelo simplesmente ser usado para explorar trabalhadores de baixíssima renda. Seu modelo de negócios exige que os parceiros empreguem pessoas que ganham menos de 3 dólares por dia e reinvistam 40% da receita em treinamento, salários e programas para a comunidade.
>
> A ideia tem pontos em comum com as microfinanças: o modelo de negócios fundamental é basicamente o de estender um princípio conhecido (a terceirização de processos de negócios) para um novo contexto (indivíduos de baixa renda com razoável escolaridade, mas marginalizados, que poderiam atuar como trabalhadores do conhecimento). A Samasource mobiliza pessoas em diversos países e contextos, incluindo vilarejos rurais, favelas urbanas e até campos de refugiados. O modelo está se difundindo rapidamente; outras organizações, como a DigitalDivideData[3] (originalmente fundada no Sudeste Asiático em 2001 e que hoje emprega quase mil pessoas no Camboja, Laos e Quênia) e a Crowdflower[4] desempenham funções integrativas parecidas, levando grupos desfavorecidos para dentro do mercado de trabalho online.

Diferentes participantes

A inovação social envolve o mesmo processo empreendedor fundamental de encontrar oportunidades, escolher entre elas, implementar e capturar valor, mas decorre de diversas formas diferentes, que iremos explorar rapidamente.

Start-ups individuais...

Em muitos casos, a inovação social é motivada pelo indivíduo, com o desejo de mudança levando a resultados extraordinários e sustentáveis. Isso inclui pessoas como:

- Amitabha Sadangi, da International Development Entreprises (Índia), que desenvolve tecnologias de irrigação de baixo custo para ajudar agricultores de subsistência a sobreviverem em períodos de seca.
- Anshu Gupta, que formou um canal para reciclar roupas e tecidos para atender as necessidades da população pobre nas zonas rurais da Índia. Ele fundou a Goonj em 1998, com apenas 67 peças de vestuário; hoje, sua organização despacha mais de 40 mil kg de material por mês em 21 estados.
- Mitch Besser, fundador e diretor de medicina do mothers2mothers (m2m), um programa sediado na Cidade do Cabo que tenta reduzir a transmissão de HIV de mãe para filho e que oferece serviços de saúde para mulheres infectadas pelo vírus. Ele fundou o mothers2mothers com um posto na África do Sul em 2001, mas hoje tem mais de 645 postos na África do Sul, Quênia, Lesoto, Malawi, Ruanda, Suazilândia e Zâmbia.
- Tri Mumpuni, diretora executiva da ONG indonésia IBEKA (Instituto Econômico e de Negócios Centrado em Pessoas), tenta levar iluminação e energia para populações rurais com a introdução de micro-hidrelétricas a mais de 50 vilarejos.

(Estes e outros exemplos podem ser encontrados no site da Ashoka, www.ashoka.org, que interliga uma comunidade global de empreendedores sociais.)

Não apenas indivíduos entusiasmados

Mas o **empreendedorismo social** desse tipo também é um componente cada vez mais importante do mundo corporativo, uma vez que grandes organizações percebem que só podem garantir sua licença para operar se conseguirem demonstrar alguma preocupação com as comunidades mais amplas onde estão localizadas. A responsabilidade social corporativa está se tornando uma questão importante em vários negócios, e muitos fazem uso de mensurações formais (tais como o **triplo resultado:** econômicos, sociais e ambientais) para monitorar e comunicar seu interesse em algo além da simples geração de lucros.

INOVAÇÃO EM AÇÃO 2.2

Inovação e moradia assistida

A empresa britânica de telecomunicações BT tem – sob forte pressão dos órgãos reguladores – a responsabilidade de oferecer serviços para todos os elementos da sociedade, mas usou as conexões dessa "rede de *stakeholders*" para agir primeiro em relação ao entendimento e à criação de serviços para aquele que será um grande

(Continua)

público consumidor no futuro: os idosos. Em 2026, 30% da população do Reino Unido terão mais de 60 anos de idade. A inovação-piloto baseia-se na colocação de sensores em residências para monitorar o movimento e o uso de energia e água: se algo estiver errado, um alarme é acionado. Ela já começou a gerar retornos significativos para a BT, mas também abriu a possibilidade de aliviar a pressão sobre o Serviço Nacional de Saúde com respeito a leitos e serviços. Estimativas sugerem economias em torno de £700 milhões caso a implementação atinja 100%. Mais importante ainda, o projeto inicial pode ser visto como um primeiro passo, um objeto de transição, para ajudar a BT a se inteirar sobre aquele que será, no futuro, um mercado imenso e muito diferenciado.

Por meio do engajamento direto de *stakeholders*, as empresas também ficam mais aptas a evitar conflitos, ou a resolvê-los quando surgem. Em alguns casos, isso envolve o engajamento direto de ativistas que estão conduzindo campanhas ou protestos contra a empresa.

INOVAÇÃO EM AÇÃO 2.3

Abrindo mercados com a inovação social

A loja de varejo britânica B&Q, voltada para o segmento casa e jardim ao estilo "faça você mesmo", foi elogiada por seu trabalho com deficientes, em que utilizou sua responsabilidade social para direcionar melhorias no atendimento a clientes. O que em retrospecto parece uma estratégia de negócio bem-sucedida, na verdade tem evoluído por meio de aprendizagem em tempo real a partir de parcerias entre lojas individuais e entidades locais para deficientes. Levando adiante seu experimento pioneiro de ter nas lojas equipes de trabalho formadas inteiramente por pessoas mais idosas, a B&Q quis assegurar que pessoas com deficiências pudessem ir às compras com confiança e ter acesso fácil a bens e serviços. Somente no Reino Unido, há 8 milhões de deficientes; estima-se que o poder aquisitivo dessa população valha £30 bilhões, e crescendo. No entanto, a B&Q considera essa iniciativa um modo de melhorar competências maiores no atendimento ao cliente: "Se conseguirmos atender bem os deficientes, conseguiremos o mesmo para a maioria das pessoas". O primeiro passo para compreender como é comprar e trabalhar na B&Q para uma pessoa com necessidades especiais foi realizar entrevistas com algumas delas em determinados estabelecimentos. Até agora, foram registradas 300 parcerias entre "especialistas em deficiência" em cada loja e grupos locais de deficientes, para entender necessidades locais e desenvolver treinamento de conscientização sobre deficiência e oferecimento de serviços. Essas parcerias são uma maneira de a B&Q acessar "a incrível quantidade de conhecimento, comprometimento e entusiasmo que existe nessa ampla variedade de organizações". O resultado é que hoje toda a equipe da B&Q participa de treinamento de conscientização sobre deficiência, e a empresa está melhorando o design das lojas e fornecendo material impresso em Braille, áudios, texto em fontes grandes e CD-ROMs. Também está desenvolvendo uma série de produtos que "tornam o dia a dia mais fácil", incluindo desde corrimões e assentos para banho até alarmes visuais de fumaça e ferramentas de jardim mais leves.

Algumas vezes, há espaço para o empreendedorismo social separar-se da atividade inovadora principal. O sistema de purificação de água PUR, da Procter & Gamble, oferece melhorias radicais na entrega de água potável no local de consumo. Estima-se que esse sistema reduziu em 30% a 50% as infecções intestinais. O produto nasceu de pesquisas no setor tradicional de detergentes, mas a conclusão inicial foi de que o potencial de mercado do produto não era grande o suficiente para justificar o investimento; ao reformulá-lo como um auxílio humanitário, além de melhorar a sua imagem, a empresa também abriu uma nova e radical área de trabalho.

Em alguns casos, o processo parte de um único indivíduo, mas gradualmente uma tendência é criada e outros participantes veem relevância em segui-la, levando seus recursos e suas experiências para o jogo. Um exemplo disso são os produtos "Fair Trade", que eram originalmente uma ideia minoritária, mas que se tornaram um item muito importante em qualquer supermercado.

Inovação no setor público

Proporcionar serviços básicos como educação, saúde e uma sociedade segura são marcos de uma "sociedade civilizada". Contudo, eles são produzidos por um exército de pessoas que trabalham no chamado "setor público" e, como vimos no início deste livro, esse espaço contém um escopo enorme para inovação. Em muitos sentidos, esse setor representa um grande campo para a aplicação de inovações sociais. Os custos e o uso inteligente de recursos pode gerar preocupações, mas o fator fundamental por trás da ideia é a mudança social.[5]

Ocasionalmente, surge uma inovação radical, como quando o Reino Unido criou o Serviço Nacional de Saúde para oferecer serviços de saúde gratuitos para todos, ou o estabelecimento da Open University, que colocou o ensino superior ao alcance de todos. Na maioria das vezes, no entanto, a inovação social no setor público consiste em milhares de pequenas melhorias incrementais nos serviços fundamentais.

Inovação no "terceiro setor"

Também há uma longa tradição de inovação no chamado terceiro setor: as organizações voluntárias e beneficentes que prestam diversas formas de serviços sociais e de bem-estar. Algumas delas, como a Cancer Research UK e a Macmillan Cancer Relief, criaram grupos de gestão da inovação que tentam usar as abordagens que exploramos neste livro para melhorar as suas operações.

Apoio e capacitação da inovação social

Considera-se que a inovação social tem um papel importante na melhoria das condições de vida, o que atrai atenção crescente de diversas agências que tentam apoiá-la e estimulá-la. Há, por exemplo, veículos de investimento, como o fundo Big Society Capital no Reino Unido e fundos de capital de risco especializado, como o Acumen nos Estados Unidos, que representam uma fonte alternativa de capital. Também existem agências coordenadoras, como a britânica Young Foundation, que fornecem apoio adicional para a mobilização e institucionalização da inovação social.

Outro avanço cada vez mais significativo é que organizações estabelecidas e empreendedores bem-sucedidos estão criando fundações beneficentes com o objetivo explícito de potencializar o empreendedorismo social e ampliar a escala de ideias que podem gerar benefícios. Exemplos incluem a Nike Foundation, a Schwab Foundation, a Skoll Foundation (estabelecida por Jeffrey Skoll, fundador da eBay) e a Gates Foundation (estabelecida por Bill Gates, fundador da Microsoft, que cada vez mais recebe apoio do financista Warren Buffett).

Motivação: por que fazê-lo?

Vale fazer uma pausa e refletir sobre a motivação por trás da inovação social, quer se trate de indivíduos entusiasmados, empresas esclarecidas, instituições do setor público ou organizações do "terceiro setor".

Assim como alpinistas escalam picos simplesmente "porque eles estão lá", às vezes a motivação para a inovação vem de um desejo de fazer a diferença. Estudos psicológicos com empreendedores (ver Capítulo 9) sugerem que eles frequentemente possuem grande necessidade de conquista (n-Ach), que mede o quanto esses empreendedores almejam deixar sua marca no mundo. Um alto nível de n-Ach exige alguma prova de que certa marca foi deixada, mas isso não precisa ter a ver com lucro ou prejuízo em um balanço patrimonial. Como vimos anteriormente, muitas pessoas encontram satisfação empreendedora pela criação de valor social – e mesmo aqueles com um longo histórico de criação de negócios de sucesso podem descobrir-se atraídos para esse território. Por exemplo, a saída de Bill Gates da direção da Microsoft para se concentrar na Gates Foundation e em outras atividades é o caso mais recente de uma longa lista que remonta ao passado distante. No início do século XVII, James Coram, um empresário de sucesso que fizera fortuna no comércio transatlântico, estava tão preocupado com a mortalidade infantil em Londres que estabeleceu o Foundling Hospital e vivia incomodando amigos e colegas para angariar fundos para o projeto.

INOVAÇÃO EM AÇÃO 2.4

Diferentes tipos de empreendedor

Em seu premiado artigo, Emmanuelle Fauchart e Marc Gruber estudaram as motivações e fatores psicológicos subjacentes entre os empreendedores que fundaram negócios no setor de equipamentos esportivos. Seu estudo aplicou a teoria da identidade social para explorar as aspirações e autopercepções fundamentais, e encontrou três tipos distintos de identidade na amostra. Os "darwinistas" se preocupavam

(Continua)

principalmente com a competição e o sucesso nos negócios; os "comunitários" estavam muito mais interessados em identidades sociais relativas a participar e contribuir para uma comunidade; e os "missionários" tinham uma visão interna forte e o desejo de mudar o mundo, e as suas atividades empreendedoras eram uma expressão disso.

Fonte: Derivado de Fauchart, E. and M. Gruber (2011) Darwinians, Communitarians, and Missionaries: The role of founder identity in entrepreneurship, *Academy of Management Journal*, **54**(5): 935-57.

Outra área importante na qual indivíduos têm sido uma fonte poderosa de inovação social vem do mundo dos "usuários inovadores". Como argumentamos no Capítulo 6, essa classe de inovador é cada vez mais importante e muitas vezes está no cerne de grandes mudanças sociais. Vivenciar problemas em primeira mão muitas vezes motiva mudanças, como vemos no setor de saúde.

INOVAÇÃO EM AÇÃO 2.5

Inovação social liderada pelo usuário

Um dia, Louis Plante, portador de fibrose cística, teve que sair de um show por tossir demais ao sentar-se ao lado de um grande alto-falante. Usando suas habilidades de técnico em eletrônica, Louis desenvolveu um dispositivo que gerava vibrações de baixa frequência. Seu objetivo principal era desenvolver um tratamento em benefício próprio, mas ao perceber que seus esforços poderiam ser valiosos para outras pessoas, criou uma empresa, a Dymedso, para comercializar a sua solução.

Outra pessoa afetada pela FC, Hanna Boguslawska, desenvolveu percussão torácica com percussão elétrica e fundou uma empresa para comercializá-la, a eper ltd: "Minha filha tem 26 anos e FC. Ela dependeu de nós, seus pais, durante quase toda a vida para a fisioterapia respiratória. A independência dela estava constantemente prejudicada, e ela odiava isso. Nós, por outro lado, nem sempre fazíamos a melhor fisioterapia, simplesmente por estarmos cansados, ou não ter todo o tempo necessário, ou estarmos doentes. Você sabe tudo isso, claro (...) Eu pensava muito sobre uma solução simples, que oferecesse uma fisioterapia de qualidade e não exigisse um cuidador. E fiquei muito feliz ao conseguir. Minha filha usa o meu eper 100 (o nome vem de percussor elétrico, com o 100 simbolizando todas as minhas ideias de percussão que nunca se materializaram) o tempo todo. De acordo com ela, é muito melhor do que uma mão humana, e ela consegue usar sozinha".

Fonte: Habicht, H., P. Oliveira and V. Scherbatuik (2012) User innovators: When patients set out to help themselves and end up helping many, *Die Unternehmung – Swiss Journal of Management Research*, **66**(3): 277-94.

Por que as organizações praticam inovação social?

Como vimos, não são apenas os indivíduos que praticam a inovação social: ela faz cada vez mais parte daquilo que inúmeros tipos de empresa têm a oferecer. Há vários motivos para isso, mas vamos nos concentrar em três:

- a inovação social garante uma "licença para operar";
- a inovação social alinha valores;
- a inovação social é um laboratório de aprendizagem.

Licença para operar

Há uma pressão crescente para que empresas estabelecidas avancem rumo a uma pauta mais socialmente responsável, com muitas desempenhando uma função-chave em torno da responsabilidade social. O conceito é simples: as empresas precisam conquistar junto aos grupos de interesse uma "licença para operar" nas diversas comunidades em que atuam. A menos que tomem conhecimento das preocupações e valores dessas comunidades, elas correm o risco de enfrentar resistência passiva, e cada vez mais ativa também, e suas operações podem ser severamente afetadas. A responsabilidade social corporativa vai além das relações públicas, em muitos casos com a criação de esforços verdadeiros para garantir a criação de valor social junto ao econômico, e que os *stakeholders* se beneficiem ao máximo possível, e não apenas como consumidores. Tal pensamento levou ao desenvolvimento de medidas e estruturas formais como o "triplo resultado", que muitas empresas utilizam como forma de expandir a estrutura tradicional de divulgação de resultados da empresa, levando em conta não apenas resultados financeiros, mas também o desempenho ambiental e social.

É fácil encarar com ceticismo essa atividade, enxergando-a como uma fachada cosmética sobre basicamente as mesmas antigas práticas de negócio. Mas há um reconhecimento crescente de que a busca por metas ligadas ao empreendedorismo social pode não ser incompatível com o desenvolvimento de um negócio viável e comercialmente bem-sucedido.

Esse valor está em ambos os domínios intangíveis, como marca e reputação, mas cada vez mais em resultados financeiros, como participação de mercado e inovação de produto/serviço. E o lado ruim do fracasso na responsabilidade social corporativa é que a percepção do público sobre a organização pode se alterar, com um impacto negativo nas marcas, na reputação e, em última análise, no desempenho. No Reino Unido, preocupações com acordos fiscais com a Amazon, Starbucks e Google forçou alterações em suas pautas operacionais, enquanto a reação contra o fast food levou empresas como McDonald's e KFC a repensarem sua abordagem.

Alinhar valores

Um segundo motivo para as organizações se envolverem com inovação social é o efeito motivacional que obtêm ao alinharem seus valores com os de seu quadro funcional. A maioria das pessoas quer trabalhar em organizações nas quais há um benefício positivo para a sociedade. Muitas veem nisso um modo de se realizarem. Pense nos motivos de quem trabalha em saúde ou educação. Essas pessoas muitas vezes escolhem essas carreiras porque têm uma vocação (ou um chamado), não por causa de recompensas mais formais.

As organizações que se alinham com os valores de seus funcionários tendem a ter índices de retenção melhores e a expandir as ideias e sugestões daqueles que emprega – inovação de alto envolvimento. Isso também é fundamental para as organizações que operam com uma pequena equipe central e um grande número de voluntários, como acontece no setor de caridade ou no caso de assistência social.

Laboratório de aprendizagem

Outra área na qual participar em inovação social pode ser valioso é como extensão das possibilidades de busca por inovações. As inovações sociais muitas vezes nascem da combinação de uma necessidade comum, quase sempre urgente, *e* de recursos gravemente restritos. Soluções existentes podem não ser viáveis nessas situações e, no lugar delas, emergem novas soluções, mais bem adaptadas às condições extremas.

Como vimos, atender as necessidades de um grupo diferente, com características muito diferentes em relação à população em geral, pode representar um laboratório para o surgimento de inovações que depois se disseminam para o restante da população. Claramente, há uma procura enorme por inovações que atendam demandas gerais por saúde, educação, saneamento, energia e alimentação entre populações que não têm disponibilidade de renda para adquirir esses bens e serviços por meios convencionais.[6]

Emergências humanitárias, como terremotos, tsunamis, inundações e secas, ou crises causadas pela ação humana, como guerras e problemas consequentes com refugiados, são outro exemplo de necessidades urgentes e generalizadas que não podem ser atendidas pelos meios convencionais. Em vez disso, as agências que trabalham nesse espaço são caracterizadas por altos níveis de inovação, muitas vezes improvisando soluções que podem então ser compartilhadas com outras agências e apresentar caminhos radicalmente diferentes para a inovação em logística, comunicação e saúde.

Aprender com esses experimentos pode levar à aplicação mais ampla dos conceitos fundamentais, como o ultrassom portátil que é campeão de vendas para a GE, nascido de um pequeno projeto para atender as necessidades de parteiras nas zonas rurais da Índia. Outros exemplos incluem novos modelos de negócios no setor bancário (baseados na experiência do Grameen) e logística resiliente que utiliza lições aprendidas originalmente em crises humanitárias.[7]

INOVAÇÃO EM AÇÃO 2.6

Mobilização da inovação vinda de *stakeholders*

A empresa farmacêutica dinamarquesa Novo Nordisk está expandindo e reestruturando o papel das suas atividades de responsabilidade social corporativa para implementar a inovação vinda de *stakeholders*. Ela tem sido bem-conceituada quanto a isso, sobretudo por se tratar de uma responsabilidade estratégica vinda da direção (especificada no estatuto social da empresa), com recursos significativos destinados a projetos para apoiar e desenvolver boas práticas. A Novo Nordisk foi uma das primeiras empresas a introduzir o conceito de medida de desempenho conhecido como "triplo resultado", ao reconhecer a necessidade de levar em conta preocupações sociais e societárias mais amplas e ser clara sobre a questão de seus valores.

No entanto, hoje existe um crescente reconhecimento de que esse investimento também é um poderoso recurso de inovação que oferece uma maneira de complementar a sua P&D "tradicional". Por exemplo, o Programa DAWN (sigla em inglês para Atitudes, Desejos e Necessidades da Diabetes), iniciado em 2001, tinha como objetivo explorar atitudes, desejos e necessidades tanto de pacientes quanto de profissionais que trabalham com diabetes, a fim de identificar lacunas cruciais nas ofertas de tratamento em geral. As descobertas mostraram, de modo quantitativo, como pessoas com diabetes sofriam de diferentes tipos de estresse emocional e mal-estar psicológico, e que tais fatores contribuíam bastante para resultados de saúde de baixa qualidade. Ideias e conceitos oriundos do programa descortinaram novas áreas de inovação em todo o sistema. Um foco central, por exemplo, situou-se sobre os modos como os profissionais de saúde apresentavam opções terapêuticas, envolvendo uma combinação de tratamento com insulina e elementos de estilo de vida, e sobre o desenvolvimento de novas abordagens para tal.

Søren Skovlund, conselheiro sênior da Corporate Health Partnerships, acredita que o elemento mais importante é "a utilização do estudo do Programa DAWN como veículo para juntar diferentes pessoas ao redor da mesma mesa (...) para reunir pacientes, profissionais de saúde, políticos, contribuintes, a mídia, visando encontrar novas maneiras de trabalhar juntos, com mais eficiência, em uma mesma tarefa (...) É impossível não se obter alguma inovação quando diferentes tipos de conhecimento são reunidos em um mesmo espaço!".

O Programa DAWN fornece insumos para outro conjunto de atividades operadas pela Novo Nordisk sob os Programas Nacionais de Diabetes (NDP, National Diabetes Programmes). A iniciativa começou em 2001, quando a empresa iniciou a construção de uma rede de relacionamentos em áreas geográficas importantes, ajudando a conceber e configurar programas de saúde holísticos relevantes. Em vez de focalizar no produto, os NDP oferecem uma série de ações; por exemplo, apoio à formação de profissionais da saúde ou o estabelecimento de clínicas para tratamento de úlceras diabéticas. Lars Rebien Sørensen, CEO da organização, argumenta que "somente com o oferecimento e a defesa de soluções corretas para o tratamento da diabetes, a empresa será vista como responsável. Se apenas pensarmos em "remédios, remédios, remédios', as pessoas nos dirão 'dá um tempo!'". Isso é claramente uma boa prática de responsabilidade social corporativa – mas a aprendizagem potencial de

(Continua)

novas abordagens a serviços de saúde, especialmente em condições de restrição de recursos, também representa um importante "investimento oculto em P&D".

A Tanzânia, por exemplo, foi um desses primeiros pilotos. Inicialmente, foi difícil convencer as autoridades a levar em conta doenças crônicas como a diabetes, já que não havia orçamento para elas e já estavam lutando para combater doenças infecciosas. Com pouca chance de novos investimentos, a Novo Nordisk começou a trabalhar com associações locais de combate à diabetes para estabelecer projetos demonstrativos. A empresa instalou clínicas em hospitais e povoados, treinou equipes e forneceu materiais e equipamentos relevantes. Isso deu visibilidade a possíveis abordagens em gestão de doenças crônicas; por exemplo, antes do Programa, o paciente com diabetes teria de viajar mais de 200 km até o hospital de Dar-es-Salam, enquanto agora ele pode ser tratado localmente. O valor disso para o sistema nacional de saúde é significativo em termos de economia de custos no tratamento de complicações como cegueira e amputações, que são efeitos graves e onerosos provocados pela demora e má qualidade de cuidados. O resultado é que o Ministério da Saúde pode lidar com a gestão da diabetes sem a necessidade de novos investimentos em capacidade hospitalar ou recrutamento de novos médicos e enfermeiros.

Os NDP representam uma rede de compartilhamento de experiências por de mais de 40 países. Muito dessa aprendizagem envolve diferentes sistemas nacionais de saúde e como trabalhar com eles para produzir mudanças significativas; em essência, posicionando a empresa para o codesenvolvimento de novos modelos.

Capacitação da inovação social

Ao longo deste livro, veremos que a inovação não acontece ao acaso, sendo na verdade um processo que pode ser organizado e gerenciado. A Figura 2.1 nos lembra do modelo apresentado no Capítulo 1.

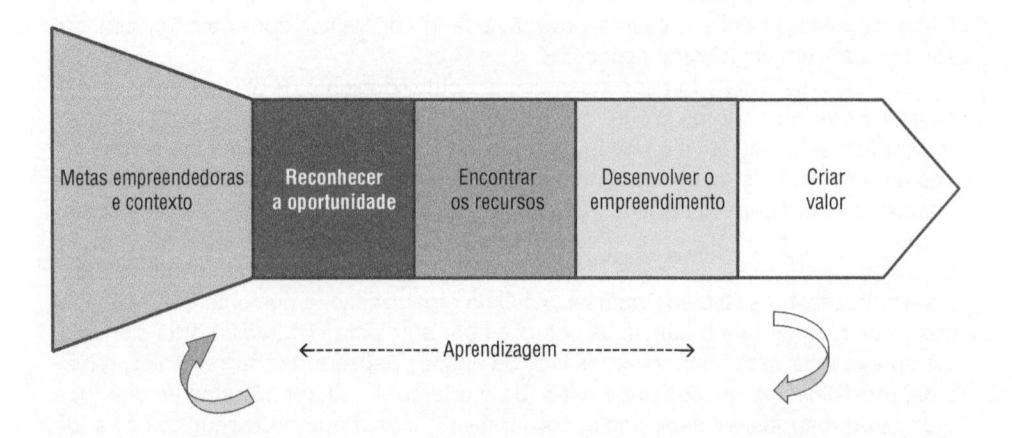

FIGURA 2.1 Modelo de processo da inovação e do empreendedorismo.

O processo começa pela busca de oportunidades, geralmente novas ou diferentes combinações, que ninguém mais tenha percebido, e por seu aperfeiçoamento em conceitos viáveis, que podem ser levados adiante. A partir de então, a questão é persuadir pessoas diferentes (capitalistas de risco, administradores e assim por diante) a optarem por investir seus recursos na ideia, em vez de não investir ou investir em outra coisa. Se ultrapassarmos essa barreira, o próximo passo é começar a transformar a ideia em realidade, reunindo uma variedade de conhecimentos diferentes e fluxos de recursos antes de finalmente lançar no mercado a novidade, seja ela um produto, processo ou serviço. Sua eventual adoção, e sua difusão pelo processo de boca a boca, depende muito de como gerenciamos o uso de outros fluxos de conhecimento e recursos para compreender, formatar e desenvolver o mercado. Sabemos, também, que o processo como um todo é influenciado e moldado pela obtenção de orientação e apoio estratégico claros por parte de uma organização subjacente inovadora disposta a comprometer sua criatividade e energia, e de ligações amplas e ricas com outros participantes que possam ajudar com o fluxo de conhecimento e de recursos que necessitamos. Estimular o todo implica criatividade, estímulo, antevisão e intuição para fazer acontecer o empreendedorismo, assumindo-o e correndo riscos.

Mas como isso funciona no caso do empreendedorismo social? A Tabela 2.1 oferece alguns exemplos de desafios.

TABELA 2.1 Desafios do empreendedorismo social

O que precisa ser gerenciado...	Desafios do empreendedorismo social
Reconhecer oportunidades	Muitos empreendedores sociais (ES) potenciais têm a paixão para mudar o mundo, e há muitos alvos à escolha, como pobreza, acesso à educação e saúde. Mas só paixão não é suficiente. Eles também precisam da clássica habilidade do empreendedor de identificar uma oportunidade, uma conexão, uma possibilidade que pode ser desenvolvida. Isso tem a ver com a procura por ideias novas que poderiam trazer uma solução diferente para um problema existente, como microfinanças como alternativa a empréstimos bancários tradicionais ou a agiotas.
	Como já vimos, a habilidade frequentemente não é tanto a descoberta (encontrar algo totalmente novo), mas a conexão (estabelecer vínculos entre coisas díspares). No ramo do ES, as lacunas podem ser muito amplas. Por exemplo, a conexão de produtores rurais com bolsas de valores internacionais de alta tecnologia exige uma visão significativamente mais ampla para unir as pontas do que a identificação da necessidade de um novo software para a negociação de contratos futuros. Assim, os ESs precisam tanto de paixão como de visão, além de consideráveis habilidades para estabelecer conexões e realizar negócios.

(Continua)

TABELA 2.1 Desafios do empreendedorismo social *(Continuação)*

O que precisa ser gerenciado...	Desafios do empreendedorismo social
Encontrar recursos	Uma coisa é identificar uma oportunidade; outra é fazer os outros acreditarem nela e a apoiarem. Quer se trate de um inventor que se aproxima de um investidor ou de uma equipe interna lançando uma ideia nova à gestão estratégica de uma grande organização, a história do empreendedorismo bem-sucedido se resume em grande parte a convencer outras pessoas. No caso do ES, o problema aumenta pelo fato de que os objetivos desses "lançamentos" podem não ser imediatamente visíveis. Mesmo que você disponha de uma ótima proposta de negócio e dê conta das prováveis questões e preocupações, de quem você deve se aproximar para buscar eventual apoio? Há certas fundações e organizações sem fins lucrativos, mas, em muitos casos, um dos importantes conjuntos de habilidades do ES é o estabelecimento de contatos, com sua capacidade de ir atrás de prováveis financiadores e apoiadores para engajá-los no projeto. Mesmo dentro de uma organização estabelecida, a presença de uma estrutura pode não ser suficiente. Para muitos projetos de ESs, o desafio é que eles conduzem a empresa para diversas direções, muitas das quais desafiam fundamentalmente o seu negócio central. Por exemplo, uma proposta para fabricar remédios mais baratos, considerando o contexto de países em desenvolvimento, poderia parecer uma ideia incrível sob a perspectiva do ES, mas representa desafios enormes a estruturas e iniciativas de uma grande empresa farmacêutica com economias complexas em torno do financiamento de P&D, distribuição etc. Também é importante desenvolver coalizões de apoio. Assegurar apoio para a inovação social é, muitas vezes, um processo distribuído, mas poder e recursos frequentemente não estão concentrados nas mãos de um único decisor. Pode não haver um "conselho" ou um investidor de capital de risco a quem levar as ideias. Em vez disso, trata-se de uma questão de gerar impulso e criar uma base de apoio. E é necessário apresentar demonstrações práticas para a ideia não parecer apenas um sonho idealista. O papel dos projetos-piloto na obtenção de apoio é comprovado, como vemos nos exemplos do modelo de Fair Trade e das microfinanças.
Desenvolver o empreendimento	A inovação social requer criatividade para apropriar diversos recursos e fazer tudo acontecer, especialmente quando lembramos que a base de financiamento é limitada. Aqui, redes de contato são cruciais, pois é preciso engajar diferentes participantes e alinhá-los com a visão central.

(Continua)

TABELA 2.1 Desafios do empreendedorismo social *(Continuação)*	
O que precisa ser gerenciado...	**Desafios do empreendedorismo social**
	Um dos elementos mais importantes em boa parte da inovação social é o aumento da escala, ou seja, pegar o que pode ser uma boa ideia, implementada por uma pessoa ou em uma comunidade, e amplificá-la para difundir o seu impacto social. Por exemplo, a ideia original de Anshu Gupta era reciclar roupas velhas, descartadas no lixo ou doadas, para ajudar os mais pobres na sua comunidade. Começando com 67 peças de vestuário, a ideia foi ampliada em escala, de modo que sua organização hoje coleta e recicla 40 mil kg de tecido por mês em 23 estados da Índia. O princípio foi aplicado a outros materiais, como a reciclagem de fitas cassete para a produção de tapetes e estofados (ver www.goonj.org).
Estratégia de inovação	A visão total é fundamental nesse estágio: o forte comprometimento com uma visão clara pode engajar outros, mas empreendedores sociais também podem ser acusados de idealismo e de "terem a cabeça nas nuvens". Daí a necessidade de claro planejamento para, passo a passo, traduzir a visão em realidade.
Organização inovadora/sólida rede de contatos	A inovação social depende de estruturas informais e orgânicas, em que os vínculos principais se dão por meio da sensação de todos terem propósitos em comum. Ao mesmo tempo, existe uma necessidade de garantir algum grau de estrutura para permitir uma implementação eficaz. A história de muitas inovações sociais de sucesso baseia-se essencialmente em redes de trabalho, mobilizando apoio e dando acesso a diversos recursos através de redes ricas e fortalecidas. Isso implica um bônus para o trabalho em rede e para a arregimentação de habilidades.

Os desafios do empreendedorismo social

Mudar o mundo com inovação social é possível, mas não é fácil! Só porque não há busca direta de lucro, não significa que desafios comerciais somem da equação. De qualquer forma, torna-se mais difícil ser um empreendedor quando o desafio não é somente convencer as pessoas do que pode ser feito (e utilizando-se de todos os artifícios de negociação do empreendedor para fazer isso), mas também de fazê-lo de uma forma que o torne comercialmente sustentável. Colocar o rádio ao alcance da zona rural pobre da África é uma grande ideia, mas alguém ainda precisa pagar pela matéria-prima, construir e operar a fábrica, organizar a distribuição e arrecadar o pequeno faturamento com vendas. Nada disso é barato, e o estabelecimento de um empreendimento como esse enfrenta obstáculos econômicos, políticos e comerciais tão difíceis quanto uma empresa iniciante de aparelhos médicos ou de software que trabalha no ambiente de um país desenvolvido.

O problema não é apenas a dificuldade de encontrar recursos. A Tabela 2.2 lista outros exemplos das dificuldades enfrentadas pelos empreendedores sociais que tentam inovar em prol da humanidade.

TABELA 2.2 Desafios na inovação social

Problema	Desafios
Recursos	Não estão facilmente disponíveis e pode ser necessário realizar uma busca ampla para obter financiamento e outros apoios.
Conflitos	O objetivo geral pode ser atender uma necessidade social, mas há conflitos em como equilibrar esse objetivo com a necessidade de gerar receitas. Por exemplo, a Lifeline Energy queria oferecer dispositivos de comunicação simples em países em desenvolvimento e dar emprego a pessoas com deficiências. O custo da segunda meta prejudicou a competitividade da primeira e criou um conflito enorme pela administração do empreendimento.
Natureza voluntária	Muitas pessoas se envolvem com inovação social por causa de valores e crenças fundamentais, e emprestam seu tempo e sua energia voluntariamente. Isso significa que formas "tradicionais" de organização e motivação podem não estar disponíveis, o que representa um desafio significativo para a gestão de recursos humanos.
Financiamento irregular	Ao contrário do que acontece no comércio, em que um fluxo de receitas pode ser usado para financiar inovações de forma consistente, muitos empreendimentos sociais dependem de bolsas, doações e outras fontes que são intermitentes e imprevisíveis.
Escala do desafio	O mero tamanho de muitas das questões sendo trabalhadas (como fornecer água potável, como oferecer serviços de saúde confiáveis e de baixo custo, como combater o analfabetismo) significa que ter um foco claro é essencial. Sem uma estratégia de inovação direcionada, os empreendimentos sociais correm o risco de dissipar os seus esforços.

Resumo do capítulo

- Inovação diz respeito à criação de valor e uma dimensão importante disso é promover a mudança em uma direção socialmente valiosa.
- "Empreendedores sociais" – tanto indivíduos quanto organizações – reconhecem um problema social e organizam um processo de inovação para permitir que a mudança social ocorra.
- Só porque não há busca direta de lucro, não significa que desafios comerciais somem da equação. De qualquer forma, torna-se mais difícil ser um empreendedor quando o desafio não é somente convencer as pessoas do que pode ser feito (e utilizando-se de todos os artifícios de negociação do empreendedor para fazer isso), mas também de fazê-lo de uma forma comercialmente sustentável.
- Esse tipo de empreendedorismo social também é um componente cada vez mais importante do mundo corporativo, uma vez que grandes organizações percebem que a única forma de obterem licença para operar é demonstrando alguma preocupação para com as comunidades maiores onde estão situadas.
- Também há benefícios que emergem pelo alinhamento dos valores corporativos com os dos funcionários que trabalham dentro das organizações.
- E os experimentos em inovação social oferecem oportunidades de aprendizagem significativas, com impacto na inovação em geral.
- Fazer o empreendedorismo social acontecer exige aprendizado e absorção de um novo conjunto de habilidades paralelas às nossas atuais formas de pensar e administrar a inovação. Como encontramos oportunidades que ofereçam benefícios sociais e econômicos? Como identificamos e envolvemos uma ampla gama de investidores, e compreendemos e satisfazemos suas expectativas mais diversas? Como mobilizamos recursos entre as redes de relacionamentos? Como construímos alianças de apoio para ideias socialmente valiosas?

Glossário

Empreendedorismo social Aplicação de empreendedorismo para alcançar objetivos sociais em vez de recompensa financeira (porém não excludente).

Empreendimento social Organização que tenta buscar resultados duplos ou triplos.

Triplo resultado (financeiro, social, ambiental) Avaliação simultânea de desempenho de uma organização com relação a seu resultado financeiro e de retorno para o acionista, a expectativas e responsabilidades de *stakeholders* internos e externos e a suas responsabilidades ambientais.

Questões para discussão

1. Dê um peixe a um homem e você o alimentará por um dia. Ensine-o a pescar e você o alimentará pelo resto da vida. Como você poderia colocar esse princípio em prática por meio de um empreendimento social? E o que poderia impedi-lo de ter sucesso com isso?
2. "Alguns problemas não têm solução" é um dito japonês um tanto pessimista. Como um empreendedor social poderia questioná-lo?
3. Jasmine Chang apresentou a você, conselheiro de inovação, um novo tratamento para a diarreia infantil. Como você a aconselhará a levar essa ideia adiante a fim de fazer a diferença?
4. Em muitos sentidos, levar um conceito socialmente valioso para o mercado tem muito em comum com o desenvolvimento "convencional" de novos produtos. Na sua opinião, onde estão as semelhanças e as diferenças?

Fontes e leituras recomendadas

Há muitas informações sobre empreendedorismo social, incluindo sites úteis, como Ashoka Foundation (www.ashoka.org), Skoll Foundation (www.skollfoundation.com) e Institute for Social Entrepreneurs (www.socialent.org). O Capítulo 12 apresenta um exemplo de caso da organização britânica UnLtd e links para seu site. O site de Empreendedores da Universidade de Stanford possui vários recursos, incluindo vídeos de empreendedores sociais explicando seus projetos (http://edcorner.stanford.edu).

Diversos livros descrevem abordagens e ferramentas, incluindo: David Bornstein, *How to Change the World: Social Entrepreneurs and the Power of New Ideas* (Oxford, 2004); Peter Brinckerhoff, *Social Entrepreneurship: The Art of Mission-Based Venture Development* (John Wiley & Sons Ltd, 2000); Gregory Dees *et al.*, *Enterprising Nonprofits: A Tool-kit for Social Entrepreneurs* (John Wiley & Sons Ltd, 2001); Robin Murray *et al.*, *The Open Book of Social Innovation* (The Young Foundation, 2010).

Estudos de caso de projetos como o Grameen Bank (www.grameen-info.org) e do rádio a corda (www.freeplayenergy.com) também oferecem insights com relação ao processo e às dificuldades que enfrentam os empreendedores sociais. Um site útil é www.howtochangetheworld.org, bem como o da Ashoka Foundation (www.ashoka.org). O livro *A Riqueza na Base da Pirâmide*, de Prahalad, é uma coleção útil de casos nesse contexto.

Referências

1. Mulgan, G. (2007) *Ready or Not? Taking Innovation in the Public Sector Seriously*, London: NESTA.
2. http://samasource.org/, acessado em 20 de dezembro de 2014.
3. www.digitaldividedata.org/, acessado em 20 de dezembro de 2014.
4. http://crowdflower.com/, acessado em 20 de dezembro de 2014.
5. Ramalingam, B., K. Scriven and C. Foley (2010) *Innovations in International Humanitarian Action*, London: ALNAP.
6. Prahalad, C.K. (2006) *The Fortune at the Bottom of the Pyramid*, Upper Saddle River, NJ: Wharton School Publishing.
7. Bessant, J., H. Rush and A. Trifilova (2012) Jumping the tracks: Crisis-driven social innovation and the development of novel trajectories. *Die Unternehmung – Swiss Journal of Business Research and Practice*, **66**(3): 221–42.

Capítulo

3

Inovação, globalização e desenvolvimento

OBJETIVOS DE APRENDIZAGEM

Depois de ler este capítulo, você compreenderá:

- as razões e as consequências da desigualdade na distribuição global da inovação;
- os principais componentes do sistema nacional de inovação e como eles interagem para influenciar o grau e os rumos da inovação em um país;
- os desafios enfrentados e as oportunidades oferecidas pelos mercados emergentes, especialmente em atender as necessidades na "base da pirâmide".

Globalização da inovação

Inovação e empreendimento são cruciais para o desenvolvimento e o crescimento de economias emergentes, e ainda assim suas contribuições normalmente são consideradas em termos das políticas e instituições nacionais mais adequadas, ou da regulação de comércio internacional. Questões macroeconômicas são importantes, e sistemas nacionais de inovação, incluindo políticas formais, instituições e governança, podem ter influência profunda no grau e nos rumos da inovação e das empresas em um país ou região. Quatro fatores possuem maior influência sobre a competência de uma empresa em desenvolver e criar valor por meio da inovação:

- O *sistema nacional de inovação*, no qual a empresa está inserida e que, em parte, define sua gama de escolhas para lidar com oportunidades e ameaças.

- Seu poder e *posição de mercado* dentro da cadeia de valor internacional, o que define em parte as oportunidades e as ameaças com base em inovação que a empresa enfrenta.
- A *competência e os processos* da empresa, incluindo pesquisa, projeto, desenvolvimento, produção, marketing e distribuição.
- A capacidade de identificar e explorar *fontes externas de inovação*, especialmente redes internacionais.

Contudo, é igualmente fundamental considerar uma perspectiva mais micro, em especial a inovação por parte de empresas e o empreendedorismo dos indivíduos. Portanto, neste capítulo, examinamos os respectivos papéis dos sistemas e das políticas nacionais, as competências das empresas, a iniciativa de empreendedores individuais e as interações entre essas três perspectivas.

No seu *bestseller O Mundo É Plano: Uma Breve História do Século XXI* (Companhia das Letras, 2005), Thomas Friedman argumenta que o avanços tecnológicos e comerciais, especialmente as tecnologias da informação e comunicação (TICs), estão difundindo os benefícios da globalização nas economias emergentes, promovendo o seu crescimento e desenvolvimento. Essa tese otimista é atraente, mas as evidências sugerem que a realidade é mais complexa.

Em primeiro lugar, a tecnologia e a inovação não são distribuídas globalmente de maneira uniforme, e não são facilmente reunidas e transferidas por regiões ou empresas. Por exemplo, somente cerca de um quarto das atividades inovadoras das 500 maiores empresas tecnologicamente ativas do mundo estão localizadas fora de seus países de origem.[1] Em segundo lugar, contextos nacionais diferentes influenciam significativamente a capacidade das empresas de absorver e explorar tais tecnologias e inovações. Por exemplo, a propriedade estatal e a disponibilidade de capital de risco influenciam o empreendedorismo.[2] Terceiro, a posição de empresas em cadeias de valor internacional pode restringir profundamente sua capacidade de capturar os benefícios de suas próprias inovações e empreendedorismo. Muitas empresas de economias emergentes caíram na armadilha de depender de relacionamentos externos, como fornecedores de baixo custo de baixa tecnologia, bens ou serviços manufaturados de baixo valor, e não conseguiram desenvolver seus próprios projetos ou novos produtos.[3]

Desde os anos 1980, alguns analistas e profissionais afirmam que, seguindo a "globalização" de mercados de produtos, de transações financeiras e de investimento direto, as atividades de inovação também deveriam se globalizar. Contudo, apesar de serem encontrados eventuais exemplos notáveis de internacionalização de P&D (como grandes empresas holandesas, especialmente a Philips, e algumas empresas alemãs mais progressistas, como a Siemens), indícios mais amplos lançam dúvida sobre a força de tais tendências. Evidências provenientes de arquivos de patentes e dados de P&D sugerem que a inovação permanece distribuída de maneira desigual em todo o mundo:

- As maiores empresas do mundo executam somente em torno de 25% de suas atividades inovadoras fora de seu país de origem. De maneira global, a proporção de gastos em P&D feitos fora do país de origem está crescendo, embora lentamente, de menos de 15% em 1995.

- Desde o final dos anos 1990, empresas europeias, especialmente da França, Alemanha e Suíça, executam uma parte cada vez maior de suas atividades inovadoras nos Estados Unidos, visando obter acima de tudo acesso a habilidades e conhecimentos locais, em campos como biotecnologia e TI.
- O fator mais importante que explica a participação de cada empresa em atividades inovadoras fora de seu país de origem é a parte de sua produção feita fora do país. Em geral, empresas provenientes de países menores possuem participações mais intensas em atividades inovadoras fora de seu país de origem. Em média, a produção estrangeira apresenta menos intensidade de inovação que a produção no país de origem.

Ainda resta certa polêmica na interpretação desse quadro geral e na identificação de implicações com relação ao futuro. Nossas próprias opiniões são as seguintes:[4]

- Existem grandes vantagens de eficácia na concentração geográfica estratégica de P&D para o lançamento de novos produtos e processos importantes (primeiro modelo e linha de produção). Isso inclui lidar com problemas não previstos, uma vez que a proximidade permite decisões rápidas e adaptáveis, bem como a integração de P&D, produção e marketing, uma vez que a proximidade permite integração de conhecimento tácito por meio de contatos pessoais próximos.
- A natureza e o grau de dispersão internacional de P&D dependerão também da trajetória tecnológica central da empresa e de pontos estrategicamente importantes para a integração e o aprendizado que se relacionam com ela. Assim, enquanto empresas automobilísticas acham difícil separar geograficamente suas atividades de P&D da produção ao lançarem um novo produto importante, as empresas de medicamentos conseguem fazê-lo, e situam suas atividades de P&D próximas a pesquisas básicas estrategicamente importantes e a procedimentos de testes.
- Ao decidir sobre a internacionalização de suas atividades de P&D, os gestores precisam perceber que se tornam parte de redes globais de conhecimento; em outras palavras, precisam estar cientes e aptos a absorver os resultados de P&D realizados globalmente. Cientistas e engenheiros profissionais fazem isso sempre e, atualmente, está mais fácil de fazê-lo com a TI moderna. Contudo, as empresas estão achando cada vez mais útil criar laboratórios relativamente pequenos em países estrangeiros a fim de se tornarem fortes membros de redes de pesquisa locais e, desse modo, beneficiarem-se do conhecimento incorporado pelo indivíduo que está por trás dos trabalhos publicados e do lançamento de grandes inovações, que ainda são complexas e caras e dependem crucialmente da integração de conhecimento tácito. Isso continua sendo difícil de ser alcançado além de fronteiras nacionais. As empresas, consequentemente, ainda tendem a concentrar os desenvolvimentos mais importantes de produtos ou processos em um único país.
- Combinar redes globais de conhecimento com o lançamento localizado de inovações importantes exige crescente mobilidade internacional entre pessoal

técnico e crescente utilização de equipes multinacionais em lançamento de inovações.
- Avanços em TI permitem aumentos impressionantes no fluxo internacional de conhecimento codificado, sob forma de instruções operacionais, manuais e software. Além disso, podem ter algum impacto positivo em intercâmbios internacionais de conhecimento tácito por teleconferências, mas nunca na mesma extensão. O desenvolvimento de produtos e o primeiro estágio do ciclo do produto ainda exigem comunicações pessoais frequentes e intensas e precisam ser facilitados pela proximidade física.
- Em ordem de importância, os principais fatores que influenciam a decisão de onde situar atividades globais de P&D são:
    1. A disponibilidade de competências críticas para o projeto
    2. A credibilidade internacional (dentro da organização) do gerente de P&D responsável pelo projeto
    3. A importância de fontes externas de conhecimento técnico e de mercado (como fontes de tecnologia, fornecedores e clientes)
    4. A importância e os custos internos de transação (como entre engenharia e produção)
    5. O custo e a perturbação de realocar pessoal-chave para o local escolhido

INOVAÇÃO EM AÇÃO 3.1

Inovação frugal de economias emergentes

Um Relatório Especial da *The Economist* sustenta que as economias emergentes estão cada vez mais se tornando fontes de inovação, em vez de simplesmente dependerem de mão de obra barata, parecendo apoiar a crença popular de que a inovação é um fenômeno cada vez mais global.

A Woolridge estima que mais de 20 mil multinacionais tenham se originado de economias emergentes, e as empresas na lista *Financial Times* 500 originárias das economias BRIC (Brasil, Rússia, Índia e China) mais que quadruplicaram em 2006-2008, de 15 para 62. O foco da inovação não se restringe a avanços tecnológicos, estando tipicamente centrado em inovações incrementais de processo e produto, e está direcionado para o centro ou a base da pirâmide de renda. O carro de US$3.000, o computador de US$300 e o telefone celular de US$30 são exemplos da chamada inovação frugal.

Na Índia, por exemplo, a Tata Consultancy Services (TCS) desenvolveu um filtro de água que usa casca de arroz. O produto é simples, portátil e relativamente barato, fornecendo uma fonte abundante de água sem bactérias para uma família grande em

(Continua)

troca de um investimento inicial de cerca de US$24 e cerca de US$4 algumas vezes ao ano para adquirir um novo filtro. O centro de P&D da General Electric em Bangalore, por sua vez, desenvolveu um aparelho de eletrocardiograma (ECG) portátil chamado Mac 400. Por meio da simplificação, o Mac 400 consegue funcionar a bateria e cabe numa mochila, sendo vendido por US$800, em vez dos US$2.000 de um ECG convencional, o que reduz o custo de um ECG para apenas US$1 por paciente. Essas inovações atacam dois dos problemas de saúde mais comuns da Índia: água contaminada e cardiopatias, que causam milhões de mortes todos os anos.

Fonte: Derivado de Wooldridge, A. (2010) "The world turned upside down', *The Economist*, 15 de abril, Special Report.

Aprendizagem a partir de sistemas de inovação estrangeiros

Embora as informações sobre inovações de concorrentes sejam relativamente baratas e fáceis de obter, a experiência corporativa mostra que adquirir conhecimento sobre como reproduzir inovações de produto e processo de concorrentes é muito mais caro e demorado. Conhecimento útil e aplicável não "vem de graça. Tal imitação custa geralmente de 60% a 70% do original e, frequentemente, leva três anos para ser alcançada. Essas conclusões são ilustradas por exemplos de empresas japonesas, coreanas e taiwanesas, nas quais a imitação muito eficaz tem sido sustentada por investimentos empresariais pesados e específicos em ensino, treinamento e P&D.

Empresas podem se beneficiar mais especificamente da tecnologia gerada em sistemas de inovação estrangeiros. Boa parte das grandes empresas europeias atribui razoável importância a fontes estrangeiras de conhecimento técnico, seja ele obtido de empresas afiliadas (ou seja, investimento estrangeiro direto) e *joint ventures*, por meio de ligações com fornecedores e clientes, ou por meio de engenharia reversa. Em geral, elas percebem que é mais difícil aprender com o Japão do que com a América do Norte e o resto da Europa, provavelmente em função de maiores distâncias físicas, linguísticas e culturais. Talvez mais surpreendente seja o fato de as empresas europeias acharem mais difícil aprender a partir de pesquisas custeadas com recursos públicos estrangeiros. Isso ocorre porque a aprendizagem eficaz envolve mais ligações sutis do que transações de mercado diretas, como na filiação a redes profissionais informais. Esse conhecimento público geralmente é visto como uma fonte de possível vantagem de inovação mundial e, conforme discutimos anteriormente, as empresas estão cada vez mais ativas na tentativa de acessar fontes estrangeiras. Em contraste, o conhecimento obtido por transações de mercado e engenharia reversa permite que as empresas alcancem, e mantenham, o nível dos concorrentes. As empresas do Leste Asiático têm sido muito eficazes, nos últimos 25 anos, em fazer desses canais uma característica essencial de seu rápido aprendizado tecnológico.

INOVAÇÃO EM AÇÃO 3.2

Estratégias tecnológicas de empresas tardias no mercado no leste asiático

A incrível modernização, nos últimos 25 anos, dos chamados tigres asiáticos, países como Coreia do Sul, Singapura, Taiwan e Hong Kong, tem provocado acirrados debates. Michael Hobday apresentou novos e importantes insights sobre como as empresas nesses países conseguiram dar um rápido salto de aprendizagem e avanço tecnológico, a despeito de sistemas domésticos de ciência e tecnologia considerados subdesenvolvidos, e da ausência local de clientes tecnologicamente sofisticados.

Políticas governamentais contribuíram com o clima geral economicamente favorável: orientação para exportação, educação básica e profissionalizante, com forte ênfase em necessidades industriais, e uma economia estável, com baixos índices de inflação e altas taxas de poupança. Entretanto, o item de maior importância adveio de estratégias e políticas adotadas por empresas específicas visando à assimilação eficaz de tecnologias estrangeiras.

O principal mecanismo de avanço foi o mesmo para a produção de eletrônicos, calçados, bicicletas, máquinas de costura e automóveis, a saber, o sistema de manufatura de equipamentos originais (OEM). Trata-se de uma forma específica de terceirização, ou subcontratação, em que empresas de países em desenvolvimento produzem mercadorias de acordo com especificações exatas advindas de uma empresa transnacional (TNC), geralmente sediada em um país mais rico e tecnologicamente mais avançado. Para a TCN, o objetivo é cortar custos e, para isso, ela oferece a empresas que entraram tardiamente no mercado assistência em controle de qualidade, escolha de equipamento e treinamento de engenharia e gestão. A utilização do sistema OEM iniciou nos anos 1960 e tornou-se mais complexa durante a década de 1970. A fase seguinte, em meados dos anos 1980, foi a de design e manufatura própria (ODM), quando essas firmas aprenderam a projetar itens para o consumidor. O último estágio foi o de manufatura de marca própria (OBM), em que empresas tardias comercializam seus próprios produtos sob sua própria marca (como a Samsung e a Acer) e competem de igual para igual com empresas líderes.

Para cada fase de avanço, o posicionamento tecnológico da empresa deve ser igualado com um correspondente posicionamento de mercado, como é demonstrado na tabela.

Fase	Posicionamento tecnológico	Posicionamento de mercado
1.	Habilidades de montagem	Estímulo passivo do importador
	Produção básica	Mão de obra barata
	Produtos amadurecidos	Distribuição por compradores

(Continua)

Fase	Posicionamento tecnológico	Posicionamento de mercado
2.	Mudança incremental de processo Engenharia reversa	Vendas ativas para comprador estrangeiro Qualidade e custo
3.	Completa capacidade de produção Inovação de processo Design de produto	Vendas de produção avançada Departamento internacional de marketing Design próprio de mercados
4.	P&D Inovação de produto	Estímulo de marketing de produto Série própria de produtos de marca e vendas
5.	P&D fronteiriço P&D vinculado às necessidades do mercado Inovação avançada	Pressão de marca própria Pesquisa de mercado interna Distribuição independente

Fonte: Hobday, M. (1995) *Innovation in East Asia: The challenge to Japan*, Guilford: Edward Elgar.

A lenta mas significativa internacionalização de P&D também é um meio de as empresas aprenderem a partir de sistemas de inovação estrangeiros. Existem muitas razões pelas quais empresas multinacionais optam por localizar atividades de P&D fora de seu país de origem, como regimes de regulação e incentivos, custos mais baixos ou recursos humanos mais especializados, proximidade a fornecedores e clientes importantes; porém, em muitos casos, um motivo significativo é a obtenção de acesso a redes de inovação nacionais ou regionais. Contudo, alguns países são mais avançados na internacionalização de P&D que outros. Com relação a isso, as empresas europeias são as mais internacionalizadas (algumas delas, pelo menos), e as japonesas, as menos.

Gestores relatam que os métodos mais importantes de aprendizagem sobre inovações de concorrentes são P&D independente, engenharia reversa e licenciamento, todos eles caros se comparados à leitura de publicações e à literatura relativa a patentes. Abordagens mais formais com relação à coleta de informações tecnológicas são menos difundidas, e o uso de diferentes abordagens varia por empresa e setor (Figura 3.1). No setor farmacêutico, por exemplo, onde boa parte do conhecimento é altamente codificada em publicações e patentes, essas fontes de informação são rastreadas rotineiramente, e a proximidade com a base da ciência está refletida no uso difundido de painéis especializados. No setor eletrônico, guias de tecnologia de produto são comumente utilizados junto

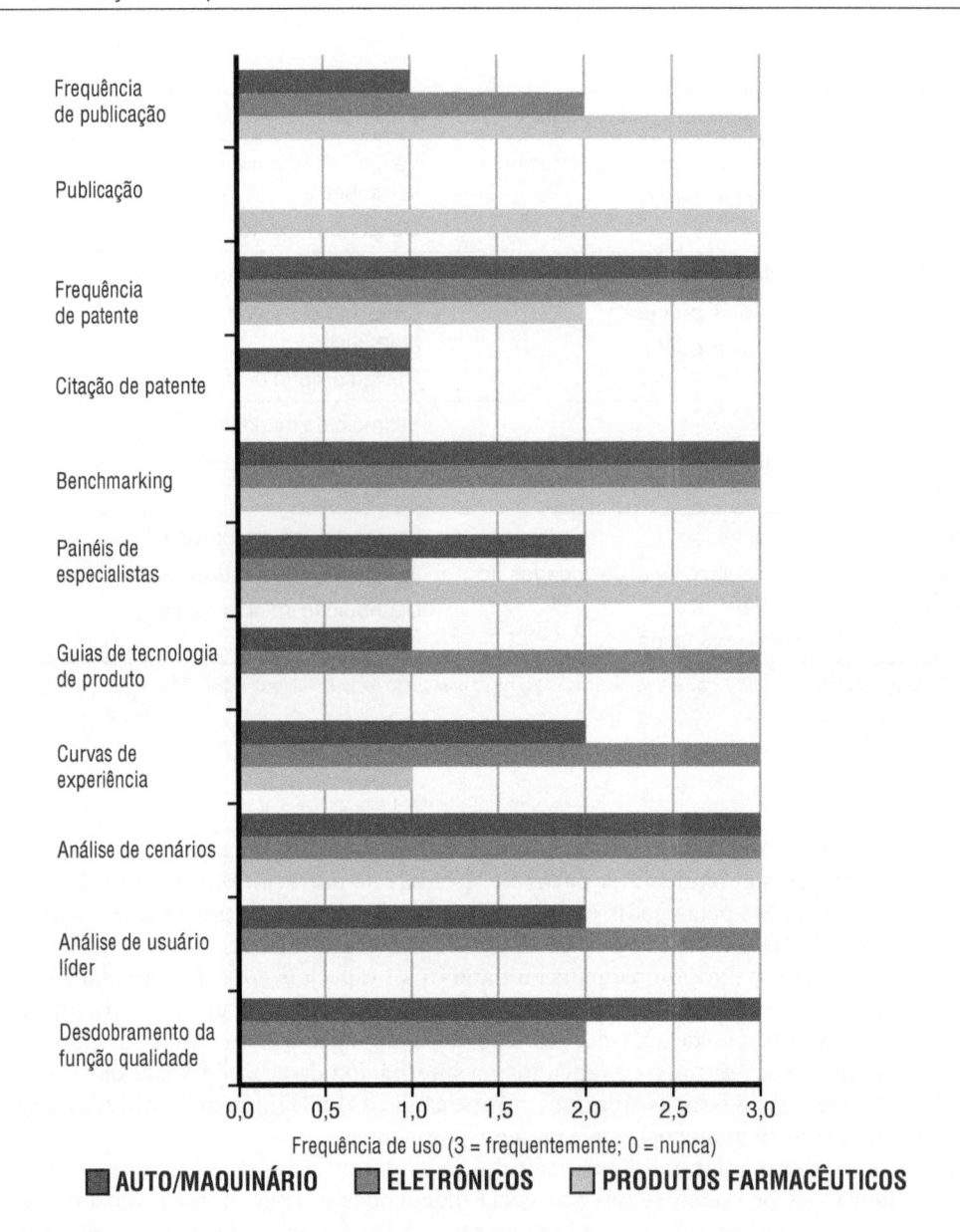

FIGURA 3.1 Utilização de métodos de inteligência tecnológica por setor.
Fonte: Derivado de Lichtenthaler, E. (2004) Technology intelligence processes in leading European and North American multinationals, *R&D Management*, **34**(2), 121–34.

a usuários líderes. Surpreendentemente, métodos comprovados e estabelecidos há muito tempo, como estudos Delphi, análise de curva S e referências de patentes, não têm seu uso difundido.

Sistemas nacionais de inovação

Nesta seção, examinamos como o ambiente nacional e de mercado de uma empresa molda sua estratégia de inovação. Primeiramente, mostramos que os posicionamentos do país de origem, até mesmo de empresas globais, possuem uma forte influência sobre suas estratégias de inovação. As influências nacionais podem ser agrupadas em três categorias: competências (grau de escolaridade da mão de obra, pesquisa), mecanismos de incentivo econômico (demanda local e preço de insumos, rivalidade competitiva) e instituições (métodos de financiamento, controle e gestão das empresas). Entre as líderes técnicas, por exemplo, um grande número de empresas europeias está situado em campos tecnológicos de química fina e industrial e de tecnologias relacionadas à defesa (como as aeroespaciais), que são áreas de poder tecnológico nacional, enquanto o oposto está na área eletrônica, de bens de capital e de bens de consumo. As empresas japonesas predominam em tecnologias de bens de consumo eletrônicos e de veículos, e as empresas americanas, em química fina e em tecnologias baseadas em matérias-primas (como petróleo, gás e alimentos) e relacionadas à defesa, novamente refletindo as forças tecnológicas de seus países de origem.

A importância estratégica das competências tecnológicas dos países de origem para as corporações poderia ser pequena se elas fossem todas mais ou menos as mesmas, mas não são. Padrões de especialização setorial diferem bastante: por exemplo, o padrão japonês de forças e fraquezas é quase o oposto do americano. Além disso, os países diferem em nível e taxa de aumento de recursos dedicados pelas empresas para atividades inovadoras. Compare a Finlândia e o Canadá, cujas economias baseiam-se muito em recursos naturais; os gastos da Finlândia com P&D como percentual do PIB aumentaram ainda mais rapidamente que os do Japão, enquanto os do Canadá aumentaram apenas levemente.

Um estudo sobre a capacidades de inovação de países europeus, baseado em duas Pesquisas de Inovação da Comunidade (conduzidas a cada quatro anos por todas as nações dentro da UE) e em outros dados, estimou os efeitos de diferentes macro e microfatores sobre a inovação. A Tabela 3.1 oferece um resumo dos resultados. Utilizando patentes como um indicador de inovação, a inovação em nível nacional é positivamente influenciada pelo tamanho da economia, pela concorrência estrangeira no mercado doméstico, pelo gasto público em P&D e pela disponibilidade de capital de risco. Ela é influenciada negativamente pela presença de um número bastante grande de empresas de pequeno e médio portes,

TABELA 3.1 Sistemas nacionais europeus de inovação e capacidade de inovação

Variável	Coeficiente de regressão sobre	
	Patentes concedidas	Vendas de novos produtos
Gastos públicos em P&D	+0,839	–
Gastos de empresas em P&D	–	+0,421
Produto Interno Bruto (PIB)	+0,691	+0,310
Grau de abertura da economia nacional	+0,319	–0,454
Disponibilidade de capital de investimento	+0,200	–
Presença de empresas de médio e pequeno portes	–0,146	+0,621
Fontes externas de inovação	–	+0,688
Presença de empresas inovadoras	–	+0,591

Fonte: Derivado de Faber, J. and A.B. Hesen (2004) Innovation capabilities of European nations: Cross sectional analyses of patents and sales of product innovations, *Research Policy*, **33**, 193–207.

pelo alto imposto de renda da empresa e pelo alto nível de prosperidade econômica. Utilizando as vendas relativas de produtos inovadores como um indicador de inovação, os efeitos, para a empresa, tornam-se mais evidentes: a inovação nacional é influenciada positivamente pelo tamanho da economia, pelo gasto da empresa com P&D, pelo uso de fontes externas de inovação e pela presença de empresas de pequeno e médio portes, mas é negativamente influenciada pela prosperidade econômica e pela concorrência estrangeira em seu próprio mercado. Em outras palavras, as condições macroeconômicas de um país e a estrutura da economia nacional possuem efeitos significativos sobre a inovação, mensurados por patenteamento e vendas de produtos inovadores. Em nível nacional, atividades inovadoras de empresas parecem ter uma influência mais forte sobre vendas de produtos inovadores do que o patenteamento.

Em suma, o sistema nacional de inovação em que uma empresa está inserida tem grande importância, uma vez que determina fortemente o rumo e o vigor de suas próprias atividades inovadoras. Contudo, os gestores ainda possuem ampla influência sobre as estratégias de inovação das empresas, e essas podem se beneficiar de sistemas de inovação estrangeiros por uma variedade de mecanismos. A seguir, identificaremos e discutiremos os principais fatores nacionais que influenciam o ritmo e os rumos da inovação tecnológica de um país: mais especificamente, os incentivos e as pressões de mercado nacionais aos quais as empresas precisam responder, e as instituições de governança corporativa.

Incentivos e pressões: demanda nacional e rivalidade competitiva

Padrões da demanda nacional

Aqueles preocupados em explicar padrões nacionais de atividades inovadoras reconheceram, há muito, a importante influência da demanda local e das condições de preço sobre padrões de inovação em empresas locais. A forte pressão da demanda local para certos tipos de produto gera oportunidades de inovação para empresas locais, especialmente quando a demanda depende de interações cara a cara com clientes. Na Tabela 3.2, apresentamos os principais fatores que influenciam demandas locais por inovação, junto com alguns exemplos. Além dos exemplos óbvios de preferências de compradores locais, identificamos:

- Atividade local de investimento (privadas e públicas), que criam oportunidades inovadoras para fornecedores locais de equipamentos e insumos, em que a competência é acumulada principalmente por meio de experiência em projeto, construção e operação de equipamentos.

TABELA 3.2 Fatores locais que influenciam o ritmo e a direção da inovação

Fatores em	Exemplos
Preferências de compradores locais	Alimentação de qualidade e vestuário na França e na Itália. Equipamento confiável na Alemanha.
Atividades de investimentos privados	Investimentos em automóveis e outros setores à jusante que estimulam a inovação em projetos com auxílio computadorizado e robôs no Japão, na Itália, na Suécia e na Alemanha.
Atividades de investimentos públicos	Ferrovias na França. Instrumentos médicos na Suécia. Equipamento de mineração de carvão no Reino Unido (< 1979).
Preços de insumos	Inovações de economia de mão de obra nos Estados Unidos. Diferenças entre Estados Unidos e Europa em tecnologia automotiva. Tecnologia ambiental nos países escandinavos. Fertilizantes sintéticos na Alemanha.
Recursos naturais locais	Inovações em petróleo e gás, minérios, alimentos e agricultura na América do Norte, Austrália e em países escandinavos.

- Preço local dos insumos de produção, em que as diferenças internacionais podem ajudar a gerar pressões muito diferentes para a inovação (por exemplo, os efeitos de diferentes preços da gasolina sobre os projetos e competências relacionadas a automóveis nos Estados Unidos e na Europa). Altos preços podem, ainda, gerar pressão para substituir produtos, como no caso de fertilizantes sintéticos na Alemanha no início do século XX.
- Recursos naturais locais, que criam oportunidades para inovação em processos de extração, à jusante e à montante.

Uma influência sutil, mas cada vez mais significativa, é desempenhada pelo papel da preocupação e da pressão social com relação a meio ambiente, segurança e governança. A energia nuclear, por exemplo, enquanto inovação tecnológica, desenvolveu-se de maneiras bem diferentes em países como Estados Unidos, Reino Unido, França e Japão. A inovação em plantações e alimentos geneticamente modificados também tomou rumos radicalmente diferentes nos Estados Unidos e na Europa, sobretudo em função de preocupações e pressões da população.

Rivalidade competitiva

A inovação é sempre difícil e, em geral, perturbadora frente a interesses e hábitos estabelecidos, de modo que demandas locais, por si próprias, não criam condições necessárias para a inovação. Estudos de caso e análise estatística mostram que a rivalidade competitiva estimula empresas a investirem em inovação e mudança, uma vez que sua própria existência ficará ameaçada se não o fizerem. A comparação de políticas públicas com relação a indústrias farmacêuticas na Grã-Bretanha e na França, por exemplo, mostra que a primeira obteve mais sucesso com a criação de um ambiente competitivo local bastante exigente, propício ao surgimento de empresas britânicas entre as líderes mundiais. A força alemã na área química está baseada em três grandes empresas tecnologicamente dinâmicas (BASF, Bayer e Hoechst) e não em apenas uma única empresa nacional dominante. De maneira similar, as forças japonesas em bens eletrônicos de consumo e automóveis estão baseadas em várias empresas tecnologicamente ativas e não em poucos gigantes (apesar dos esforços iniciais do Ministério da Indústria e Comércio Exterior para promover líderes nacionais e fusões; contudo, nem a Sony nem a Honda foram membros de grupos industriais japoneses, ou *zaibatsu*). O tamanho relativamente menor também reduz o rigor da tarefa gerencial de manter o empreendedorismo corporativo. Isso porque os gestores podem gastar mais tempo se familiarizando com potencialidades inovadoras de vários negócios e podem, dessa maneira, evitar o perigo de administrar divisões apenas por meio de indicadores financeiros.

Assim, apesar dos elaboradores de políticas corporativas de grandes empresas poderem muitas vezes ficar tentados, a curto prazo, a evitar a forte competição (e a colher lucros extras de monopólio) pela fusão com seus concorrentes, os custos, a longo prazo, poderiam ser consideráveis. Criadores de políticas públicas devem ser convencidos pelas evidências de que a criação de líderes nacionais gigantescos não aumenta a inovação, muito pelo contrário, e, assim sendo, deveriam tomar medidas compensatórias. A falta de rivalidade competitiva deixa as empresas menos aptas a competir em mercados globais por meio de inovação.

Em muitos países, as vantagens nacionais em recursos naturais e indústrias tradicionais foram mescladas com competências relacionadas em áreas tecnológicas amplas que, então, se tornaram a base para a vantagem tecnológica em novos produtos (Figura 3.2). Na Dinamarca, Suécia e Suíça, por exemplo, ligações com pontos fortes estabelecidos formaram a base de acúmulo tecnológico local: metalurgia e materiais: metalurgia e materiais, na Suécia; maquinário, na Suíça e Suécia; e química e (mais recentemente) biologia, na Suíça e na Dinamarca. Outro exemplo é o desenvolvimento da engenharia química nos Estados Unidos, em resposta aos desafios e oportunidades de refino da gasolina.

De modo similar, empresas do Reino Unido e dos Estados Unidos são particularmente fortes em software e em produtos farmacêuticos, que exigem habilidades acentuadas em pesquisa básica e pós-graduação, mas pouca habilidade de produção; elas casam, portanto, especialmente bem com as estruturas de habilidade local. Da mesma maneira, o ponto forte japonês em bens eletrônicos de consumo e automóveis está bem adequado ao seu destaque local em habilidade de produção, assim como ocorre com o ponto forte alemão em engenharia mecânica.

Instituições: finanças, administração e governança corporativa

Os comportamentos inovadores das empresas são fortemente influenciados pelas competências de seus gestores e pela forma com que seu desempenho é julgado e recompensado (e punido). Métodos de avaliação e recompensa variam consideravelmente entre os países, de acordo com seus sistemas nacionais de **governança corporativa** em outras palavras, os sistemas de exercício e mudança da propriedade corporativa e do controle. Em termos gerais, podemos distinguir dois sistemas: aquele praticado nos Estados Unidos e no Reino Unido, e aquele praticado no Japão, na Alemanha e países vizinhos, como Suécia e Suíça. Em seu livro, *Capitalism against Capitalism*, Michel Albert denomina o primeiro sistema de "anglo-saxão" e o segundo de "nipo-renano". Ainda se discute as

FIGURA 3.2 Evolução do talento natural para a especialização nacional da inovação.
Fonte: Clayton, T. and G. Turner (2012) Brands, innovation and growth. In Tidd, J. (ed.) *From Knowledge Management to Strategic competence: Measuring Technological, Market and Organizational Innovation.* Imperial College Press, London. Copyright Imperial College Press/World Scientific Publishing Co.

características essenciais e de atuação dos dois sistemas em termos de inovação e de outras variáveis de desempenho. A Tabela 3.3 baseia-se em uma série de fontes e tenta identificar as principais diferenças que afetam o desempenho inovador.

No Reino Unido e nos Estados Unidos, a propriedade corporativa (acionistas) está separada do controle corporativo (administradores), e os dois são mediados por um mercado de ações ativo. Investidores podem ser persuadidos a manter as ações somente se existir uma expectativa de aumento de lucros e de valores das ações. Eles podem transferir seus investimentos de maneira relativamente fácil. Por outro lado, em países com estrutura de governança como as da Alemanha e Japão, bancos, fornecedores e clientes estão mais presos às empresas em que investiram. Até os anos 1990, os países fortemente influenciados por tradições alemãs e japonesas seguiam fazendo investimentos pesados em P&D em empresas e tecnologias estabelecidas, enquanto o sistema americano foi mais eficaz na geração de recursos para explorar oportunidades radicalmente novas em TI e biotecnologia.

Durante os anos 1980, o modelo nipo-renano pareceu funcionar melhor. Gastos com P&D estavam em tendência ascendente, assim como os indicadores de desempenho econômico agregado. Desde então, as dúvidas têm crescido. Os indicadores tecnológicos e econômicos não têm sido tão bons. As empresas japonesas demonstraram incapacidade de repetir, nas áreas de telecomunicações, software, microprocessadores e computação, seu sucesso tecnológico e competitivo em bens eletrônicos de consumo. As empresas alemãs têm sido lentas ao

TABELA 3.3 Estruturas nacionais de governança e inovação

Características	Anglo-saxônicas	Nipo-renanas
Propriedade	Indivíduos, fundos de pensão, seguradoras	Empresas, indivíduos, bancos
Controle	Difuso, impessoal	Concentrado, próximo e direto
Gerenciamento	Escolas de administração (EUA), contadores (Reino Unido)	Engenheiros com treinamento comercial
Avaliação de investimentos em P&D	Informações publicadas	Conhecimento de pessoas internas
Pontos fortes	Aberto a oportunidades radicalmente novas Uso eficiente de capital	Maior prioridade à P&D que aos dividendos para acionistas Investimento de auxílio a empresas falidas
Pontos fracos	Visão de curto prazo Pouca agilidade para lidar com más escolhas de investimentos	Incapacidade de avaliar bens intangíveis específico das empresas Pouca agilidade para explorar novas tecnologias

explorar possibilidades radicalmente novas em TI e em biotecnologia, e há críticas com relação às escolhas caras e não recompensadoras de estratégias corporativas, como a entrada da Daimler Benz no ramo aeroespacial. Ao mesmo tempo, empresas americanas parecem ter aprendido lições importantes, especialmente com as japonesas em tecnologia de manufatura, e ter reafirmado sua liderança em TI e biotecnologia. Os anos 1990 também revelaram aumentos constantes na produtividade da indústria americana.

Contudo, alguns observadores concluíram que o forte desempenho americano em inovação não poderia ser satisfatoriamente explicado pela mera combinação de gestão empreendedora, mão de obra flexível e mercado de capitais bem desenvolvido. Eles argumentam que a base para o sucesso corporativo americano em exploração de TI e biotecnologia foi resguardada, inicialmente, pelo governo federal dos Estados Unidos, com investimentos de grande escala por parte do Departamento de Defesa em eletrônica na Califórnia, e por parte de Institutos Nacionais de Saúde em áreas científicas relacionadas com a biotecnologia.[5] As influências que instituições, incentivos e concorrência exercem sobre a inovação e o empreendedorismo são complexas, conforme ilustrado no quadro abaixo com o caso da Rússia.

INOVAÇÃO EM AÇÃO 3.3

Desenvolvimento nos BRICs: competências da Rússia

Na Rússia, o setor industrial ainda é dominado pela indústria pesada, incluindo petróleo, gás, defesa e aeroespacial. Atividades de consumo e serviços são relativamente pouco exploradas, refletindo as dotações naturais e o legado da era comunista, com planejamento centralizado. Em 2001, por exemplo, petróleo e energia foram responsáveis por cerca de 70% de todo o resultado industrial e por 40% do PIB. Similarmente, hidrocarbonetos representaram mais da metade das exportações, seguidos por metais, que totalizaram cerca de um quarto das vendas para o exterior. Alguns setores de mais alta tecnologia surgiram da antiga especialização da economia soviética, tais como lançamentos espaciais, aviação e lasers, mas esses permanecem nichos relativamente pequenos. Essa ausência de inovação significativa é um paradoxo interessante, dada a acentuada ênfase nacional em investimento e treinamento em ciência e tecnologia.

No ano 2000, a Rússia tinha mais de 4 mil organizações formais dedicadas a ciência e tecnologia, incluindo 2.600 centros públicos de P&D que empregavam quase 1 milhão de cientistas e engenheiros qualificados. No entanto, historicamente, a atenção dessas inúmeras organizações tem se voltado para a pesquisa científica básica, em vez de contemplar a inovação tecnológica e comercial. O foco recai sobre a "grande ciência" e o modelo de inovação e crescimento impulsionado pela ciência, em vez de um modelo de mercado ou de demanda justaposto. Do lado do suprimento, a prestigiosa Academia de Ciências da Rússia domina o sistema, e enfatiza disciplinas

(Continua)

tradicionalmente consideradas pontos fortes do mundo soviético em ciências teóricas e físicas, como matemática, química e física. A Academia nunca teve a responsabilidade ou a função de comercializar a pesquisa científica ou de sustentar o desenvolvimento de novos processos e produtos. Ainda que todo o investimento em ciência e tecnologia tem decrescido na Rússia, o investimento em ciências básicas declina proporcionalmente bem menos que o investimento em ciências e tecnologias aplicadas. Da parte da demanda, a estrutura tradicional com planejamento centralizado e fundamentada em metas não criou incentivos ou recursos para as empresas desenvolverem ou buscarem essas inovações. Considerando-se tal estrutura industrial e a herança política, a pesquisa industrial e os centros de design não conseguiram florescer; no ano 2000, havia menos de 300 indústrias de P&D e em torno de 400 empresas de design.

A Rússia também possui uma estrutura industrial incomum, dado o tamanho das empresas. Comparada a outras economias industriais, empresas muito grandes e muito pequenas são relativamente sub-representadas, e empresas de médio porte são as mais comuns e economicamente representativas. Em economias mais avançadas, as empresas muito grandes são as principais investidoras em P&D formal e no desenvolvimento de inovações comercialmente significativas, enquanto os micronegócios oferecem uma canal contínuo para comportamentos mais empreendedores. Em geral, empresas de tamanho médio são menos importantes, uma vez que faltam-lhes recursos suficientes, além de sofrerem das desvantagens causadas pelo tamanho. Além disso, elas também tendem a participar menos de parcerias e alianças internacionais, e a receber menos investimentos estrangeiros diretos (IED).

Ao contrário do que ocorre em muitas outras economias emergentes, IED e parcerias internacionais representam apenas uma pequena parte do desenvolvimento econômico russo. Eles somam apenas 5% do investimento total na Rússia, se comparado a mais de 20% em outras antigas economias soviéticas, como Hungria, Polônia e Romênia. Os principais investimentos estrangeiros e transferências associadas de conhecimento tecnológico e gerencial têm ocorrido na indústria de petróleo, devido à sua importância para a economia russa, e na indústria de alimentos, que, historicamente, tem sido uma prioridade nacional baixa e se desenvolve bastante mal. Entretanto, na maioria dos setores manufatureiros e de serviços, houve pouca influência ou investimento estrangeiro e pouco aperfeiçoamento ou inovação. Há muitas razões para esse relativo isolamento da inovação e do investimento internacional, incluindo problemas de governança, como restrições legais à propriedade, e a dominância de participantes internos dinásticos nas principais indústrias. Portanto, a estrutura institucional da Rússia continua a restringir a inovação e o empreendedorismo nacional e internacional.

Existem muitos casos de transferência de tecnologias pesadas em indústrias aeroespaciais e de petróleo, tanto dentro quanto fora da Rússia, mas são normalmente acordos de licenciamentos bem convencionais, com bem pouca transferência ou avanço de conhecimento administrativo crítico ou know-how comercial. Contudo, há exemplos de inovação bem-sucedida, quase sempre como resultado de empresários técnicos ou firmas derivadas de organizações públicas de pesquisa que trabalham com outras no exterior. Por exemplo, o Centro de Moscou da SPARC Technologies,

(Continua)

fundado por Boris Babayan, é financiado pela Sun Microsystems e encontra-se ativo no mercado de estações de trabalho, mas se baseia na tecnologia de supercomputadores utilizada em indústrias soviéticas espaciais e nucleares. Do mesmo modo, a ParaGraph, uma empresa russa de software, centra-se em tecnologia usada por militares para reconhecimento de padrões, mas trabalha com a Apple para comercializar essa tecnologia.

Fontes: Derivado de D.A. Dyker (2006) *Closing the EU East–West Productivity Gap*, Imperial College Press, London; e D.A. Dyker (2004) *Catching Up and Falling Behind: Post-Communist Transformation in Historical Perspective*, Imperial College Press, London.

EMPREENDEDORISMO EM AÇÃO 3.1

O espírito russo

A Spirit DSP é líder mundial em produtos de software de comunicação e voz integrada. Mais de 200 milhões de canais de voz integrados, em mais de 80 países, se baseiam na tecnologia da Spirit (www.spiritdsp.com). O premiado sistema de conferência multiponto full duplex da Spirit hoje integra soluções de colaboração lançadas pela Oracle a Macromedia. Nos últimos dez anos, a Spirit atendeu mais de 200 fabricantes de equipamentos e software de telecomunicação, incluindo Agere, Atmel, Ericsson, Furuno, HTC, Hyundai, Iwatsu, JRC, Kyocera, LG, Macromedia, Marconi, Namco, NEC, Nortel Networks, Oracle, Panasonic, Philips, Samsung, Siemens, Tadiran, Texas Instruments e Toshiba. Os sete maiores fornecedores de semicondutores em nível global instalaram o software de voz e comunicação da Spirit nos seus processadores. Esse exemplo certamente é uma exceção para fontes emergentes de P&D, mas o fato é que o centro de P&D da empresa está sediado em Moscou e seu fundador e é Andrew Sviridenko.

EMPREENDEDORISMO EM AÇÃO 3.2

Os empreendimentos de Internet na Rússia

O enorme mercado doméstico da Rússia, os fortes obstáculos à entrada e a educação técnica de qualidade do país criaram uma oportunidade inédita para empresas domésticas no ramo da Internet.

A Ozon, fundada durante a primeira bolha da Internet, em 1999, é o equivalente russo da Amazon. Ela começou vendendo livros pela Internet no país, mas desde então ampliou sua presença no comércio eletrônico e hoje atua também no Cazaquistão e na Letônia. Em 2013, a Ozon tinha 2.100 funcionários e faturamento de 492 milhões de dólares em vendas.

(Continua)

> A Yandex é um mecanismo de busca russo, semelhante à Google. A empresa foi lançada em 1997, meros oito dias após a Google. Ela se expandiu para a Ucrânia, Cazaquistão, Bielorrússia e, mais recentemente, Turquia. Em 2013, sua participação no mercado nacional era de 62%, com 90 milhões de usuários mensais e 4.300 funcionários em sete países.
>
> A AlterGeo trabalha com redes sociais baseadas em localização. Seu serviço mais recente é um aplicativo móvel para restaurantes, semelhante ao Foursquare americano. Contudo, a Altergeo foi lançada um ano antes da Foursquare. A empresa venceu o prêmio de melhor start-up russa em 2013.
>
> *Fonte:* J. Nickerson (2013) Russia's next tech titans, *Financial Times*, 19 de setembro, 10–11.

Posicionamento em cadeias de valor internacionais

O desenvolvimento de empresas de economias emergentes é muito mais do que simplesmente "alcançar" as empresas de economias mais avançadas, e não é (somente) o desafio de deslocar-se da posição de "seguidoras" para a de "líderes". Os padrões globais e o posicionamento em **cadeias de valor** internacionais podem restringir a capacidade de empresas baseadas em economias emergentes de melhorar seu potencial e apropriar maior valor, mas também oferecem caminhos pelos quais essas empresas podem inovar para superar tais obstáculos, utilizando, por exemplo, padrões internacionais como catalisadores de mudança ou se reposicionando em grupos ou redes globais. Por **posicionamento** nos referimos à capacidade momentânea da tecnologia e da propriedade intelectual de uma empresa, bem como suas relações com clientes e fornecedores.

INOVAÇÃO EM AÇÃO 3.4

Globetronics: a evolução das cadeias logísticas globais

A Globetronics BHd. foi constituída em 1990 por dois malásios ex-empregados da Intel. A Malaysian Technology Development Corporation (MTDC) forneceu 30% do capital de risco, e o capital da empresa foi aberto em 1997 para financiar o crescimento subsequente. As atividades primárias da empresa são semelhantes às de grande parte das fabricantes transnacionais de semicondutores baseadas na Malásia, e envolvem manufatura de pós-fabricação de semicondutores, incluindo montagem e embalagem. Na verdade, seus principais clientes são empresas transnacionais dos Estados Unidos e do Japão. A diferença significativa é que a propriedade e a gestão

(Continua)

domésticas permitiram à Globetronics capturar com mais facilidade atividades de valor agregado, como desenvolvimento e marketing.

Hoje a companhia tem sete divisões de negócios e uma nova instalação nas Filipinas. Dois dos negócios são parcerias com a empresa japonesa Sumitomo. O relacionamento com a Sumitomo começou como um simples acordo de subcontratação, mas, com o passar dos anos, um alto nível de confiabilidade foi alcançado, e duas *joint ventures* foram estabelecidas. A primeira, SGT, foi criada em 1994, e 49% de suas ações pertencem à Globetronics. Ela é o maior fabricante mundial e a única companhia fora do Japão a produzir pacotes semicondutores de substrato de cerâmica. A segunda delas, SGTI, foi criada em 1996, e 30% pertencem à Globetronics. Em ambos os casos, o sócio japonês manteve a maioria das ações, mas está claro que o parceiro da Malásia fez progressos ao assimilar capacidades de tecnologia e design. Isso cria um modelo promissor para as empresas de países em desenvolvimento escaparem de relacionamentos dependentes de terceirização utilizando parcerias para melhorar suas competências tecnológicas e de mercado.

Fonte: Tidd, J. and M. Brocklehurst (1999) Routes to technological learning and development: An assessment of Malaysia's innovation policy and performance, *Technological Forecasting and Social Change*, **63**(2), 239–57.

INOVAÇÃO EM AÇÃO 3.5

Desenvolvimento de *chips* na Ásia

No caso das inovações complexas, a proximidade física normalmente é uma vantagem na organização e na localização de design e desenvolvimento. Entretanto, um estudo envolvendo 60 empresas de eletrônica e 15 organizações de pesquisa descobriu que, no design e desenvolvimento de *chips* eletrônicos, há uma crescente dispersão geográfica quanto à locação e à organização. Por mais de uma década, a fatia asiática em projetos mundiais de desenvolvimento de *chips* cresceu de quase nada para cerca de um terço. A previsão era de que atingiria 50% do mercado mundial em 2008, sob a liderança do Japão, Coreia do Sul, Taiwan e Singapura, sendo seguidos de perto pela Malásia, Índia e China.

O estudo conclui que dois dos condutores dessa tendência são de natureza tecnológica: mudanças na metodologia de design, que permite a separação entre estágios de design e o design de componentes e subsistemas relacionados; e uma crescente terceirização e especialização vertical dentro de sistemas de inovação global. Portanto, quaisquer generalizações com respeito à globalização da inovação são desaconselhadas.

Fonte: Derivado de Ernst, D. (2005) Complexity and Internationalisation of Innovation: Why is Chip Design Moving to Asia? *International Journal of Innovation Management*, **9**(1), 47–74.

Desenvolver capacidades e gerar valor

Nesta seção, discutimos a importância do desenvolvimento de capacidades empresariais. As empresas em economias emergentes podem buscar diferentes caminhos para se aprimorarem utilizando a inovação:[6]

- Melhoria de processo: aprimoramentos processuais incrementais para se adaptar às informações locais, reduzir custos ou melhorar a qualidade.
- Melhoria de produto: pela adaptação, diferenciação, desenvolvimento de projeto e produto.
- Melhoria de capacidade: aprimoramento da gama de funções envolvidas ou mudança de mix de funções (p. ex., produção *versus* desenvolvimento ou marketing).
- Melhoria intersetorial: deslocamento para diferentes setores (ex.: para aqueles com maior valor agregado).

Em certa medida, empresas em economias emergentes encaram um ciclo de vida reverso de inovação produto-processo. Vimos anteriormente que o padrão evolutivo da inovação tecnológica mais comum no mundo industrializado tem sido, de um lado, o da inovação de produtos para a inovação de processos e, de outro lado, da inovação radical para inovação incremental. Inicialmente, uma série de diferentes inovações de produtos radicais surge e compete no mercado, mas, à medida que inovações e mercados evoluem conjuntamente, um "modelo dominante" começa a surgir e o ponto de inovação passa do produto para o processo e de inovações radicais para melhorias mais incrementais em termos de custo e qualidade.

Em economias emergentes, porém, o caminho da evolução costuma ser o contrário, e começa com inovações incrementais em processos para fabricação de um produto existente, a um custo mais baixo ou com qualidade inferior, para diferentes necessidades de mercado. À medida que melhoram suas competências, as empresas podem, então, começar a realizar adaptações de produto e mudanças de projeto e, finalmente, ir em busca de inovações mais radicais de produto. Isso tem consequências importantes para o tipo de competências que as empresas precisam desenvolver. A princípio, por exemplo, a ênfase deveria recair sobre a melhoria e o desenvolvimento incremental de processos, o que sugere inovação em produção e organização, e não sobre desenvolvimento tecnológico ou P&D formal. Isso sugere uma hierarquia de competências ou de aprendizagens, cada qual agregando um valor maior.

Assim, o aprimoramento consiste em melhorias e mudanças na operação de sistemas técnicos e organizacionais complexos. Isso envolve tentativa, erro e aprendizagem. A aprendizagem tende a ser incremental, uma vez que importantes mudanças de estágios, em muitos parâmetros, aumentam a incerteza e reduzem a capacidade de aprender. Por consequência, os processos de aprendizado empresarial dependem do caminho escolhido, com direções de busca fortemente condicionadas por competências acumuladas para o desenvolvimento e a exploração de suas bases de produtos existentes. Deslocar-se de um caminho de aprendizagem para outro pode ser custoso, até mesmo impossível, dados os limites cognitivos; basta lembrar das dificuldades para se aprender uma língua estrangeira a partir do zero.

As capacidades dinâmicas, contudo, costumam envolver compromissos de longo prazo com recursos especializados, e consistem em atividades padronizadas para objetivos relativamente específicos. Portanto, capacidades dinâmicas envolvem a exploração de competências existentes e o desenvolvimento de novas. Assim, o aproveitamento de competências existentes mediante o desenvolvimento de um novo produto pode consistir no desmembramento de competências comerciais e tecnológicas existentes de um conjunto de produtos atuais e em sua união, de modo diferente, para criar novos produtos. Entretanto, o desenvolvimento de novos produtos pode, ainda, ajudar a desenvolver novas competências. Uma competência tecnológica já existente, por exemplo, pode demandar novas competências comerciais para alcançar um novo mercado ou, de maneira oposta, uma nova competência tecnológica pode ser necessária para atender um cliente existente.

O truque é obter o equilíbrio certo entre exploração de competências existentes e exploração e desenvolvimento de novas competências. Pesquisas sugerem que, com o passar do tempo, algumas empresas obtêm mais sucesso nisso do que outras, e que uma razão significativa para essa variação de desempenho é a diferença de capacidade dos gestores em criar, integrar e reconfigurar competências e recursos organizacionais. Essas capacidades administrativas "dinâmicas" são influenciadas por cognição administrativa, capital humano e capital social. "Cognição" refere-se às crenças e aos modelos mentais que influenciam a tomada de decisão, que afetam o conhecimento e as suposições sobre futuros eventos, alternativas e associações disponíveis entre causa e efeito. Isso restringirá o campo de visão do administrador e influenciará percepções e interpretações. "Capital humano" refere-se às habilidades adquiridas que exigem certo investimento em educação, experiência de treinamento e socialização, e que podem ser genéricas, para algum segmento de indústria, ou específicas, para uma empresa. São aqueles fatores específicos de cada empresa que parecem ser os mais significativos em capacidade de gestão dinâmica, que podem levar a diferentes decisões diante de um mesmo ambiente. "Capital social" refere-se aos relacionamentos internos e externos que afetam o acesso de gestores à informação e às suas influências, controle e poder.

Desenvolvimento nos países do BRIC: a ascensão de novos participantes no campo da inovação

A onda atual de expansão da inovação levou a um foco sobre países-chave conhecidos pela sigla BRIC (Brasil, Rússia, Índia e China), mas muitas outras economias menores estão ganhando força no mesmo espaço, como o Cazaquistão e a África do Sul. Esses países combinam uma rica dotação de recursos naturais, populações relativamente jovens, grandes mercados domésticos potenciais, infraestrutura razoavelmente bem desenvolvida e uma base tecnológica que oferece uma plataforma para cultivar e expandir a capacidade de inovação e fortalecer sua atuação em nível global.

INOVAÇÃO EM AÇÃO 3.6

Desenvolvimento nos países do BRIC: competências da Índia

A Índia tem uma população de cerca de 1,1 bilhão de pessoas, com grande parte composta de falantes de língua inglesa, um regime político relativamente estável e um bom sistema de educação nacional, especialmente em áreas de ciências e engenharia. Com cerca de 250 universidades e 1.500 centros de P&D (embora seja preciso tomar cuidado com as definições usadas em ambos os casos), isso vem se traduzindo em pontos fortes internacionais nas áreas de biotecnologia, farmacêuticos e software. O resultado é que as empresas indianas têm se beneficiado pela crescente divisão internacional da mão de obra em alguns serviços e pelo suporte e desenvolvimento de serviços e software. A Índia é, hoje, um centro global de terceirização e offshoring. Até meados dos anos 1980, a indústria de software era dominada por organizações de pesquisa governamentais e públicas, mas a introdução de zonas de processamento para exportação criou incentivos fiscais e permitiu a importação, pela primeira vez, de tecnologia estrangeira em computação. Em 1991, a liberalização do mercado acelerou o desenvolvimento e o investimento internos e, em 2005, a Índia atraiu investimentos internos da ordem de US$6 bilhões (número significativo, mas ainda cerca de apenas um décimo do realizado pela China). Desde então, a indústria de serviços e software cresceu na Índia em torno de 50% ao ano, alcançando US$8,3 bilhões em 2000 e empregando 400 mil pessoas, perdendo apenas para os Estados Unidos. Em 2014, o setor de serviços de TI gerou receitas de 108 bilhões de dólares. De modo incomum para a Índia, que historicamente sempre conduziu uma política de autossuficiência, a indústria está bastante voltada para a exportação, com cerca de 70% da produção sendo comercializada internacionalmente.

Há três tipos gerais de empresas de software na Índia. Primeiro, as que se especializam em um setor ou domínio específico, como contabilidade, jogos ou produção de filmes, e essas desenvolvem competências e relacionamentos próprios com seus usuários. Segundo, as que desenvolvem métodos e ferramentas para obter suporte e soluções de software adequados e de baixo custo. Grande parte da indústria se insere nesse segmento de baixo valor agregado da cadeia logística e envolve-se com programação de baixo nível, manutenção e design, fundamentada em uma grande concentração de talentos que falam inglês, que custam em torno de 10% do que custariam caso estivessem nos Estados Unidos ou na Europa. Entretanto, um terceiro segmento de empresas está surgindo e está mais envolvido com novos produtos e desenvolvimento de serviços.

A versão indiana do Vale do Silício está nos arredores da cidade de Bangalore, no Sul do país. A cidade hospeda muitas empresas americanas, bem como de empresas nacionais. Entre os grandes empregadores está a Infosys, e centros de telefonia e de serviços empregam ali 250 mil operadores, incluindo serviços de suporte para

(Continua)

empresas como Cisco, Microsoft e Dell. Outras, como IBM, Intel, Motorola, Oracle, Sun Microsystems, Texas Instruments e GE, passaram a dispor de centros de tecnologia no local. A Texas Instruments foi a primeira das grandes empresas estrangeiras a iniciar uma unidade de desenvolvimento, em 1985, antes da abertura da economia indiana, que aconteceu em 1991. A GE Medical Systems a seguiu, no final dos anos 1980, e estabeleceu um centro de desenvolvimento em Bangalore em 1990, que mais tarde resultou em uma parceria com a firma indiana Wipro Technologies. A GE hoje emprega 20 mil pessoas na Índia e gera vendas de US$500 milhões. A IBM foi um dos primeiros investidores na Índia, mas mais tarde retrocedeu devido a políticas e restrições governamentais onerosas nos anos 1980. A empresa retornou depois que o governo liberalizou a economia, e suas operações indianas contribuíram com US$510 milhões em vendas em 2005, empregando 43 mil pessoas no país após a aquisição da companhia de serviços indiana Daksh, em 2004. Em 2014, a IBM anunciou que planejava investir mais de 1,2 bilhão de dólares na Índia para expandir seus serviços globais de computação em nuvem.

Um dos desafios da indústria de software e de serviços na Índia é aumentar o valor agregado pelo desenvolvimento de serviços e produtos. Até o momento, o nível impressionante de crescimento se deve à conquista de mais negócios terceirizados provenientes do exterior e ao emprego de mais gente, não ao aumento de valor agregado por novos serviços e produtos. A empresa indiana de serviços e software Tata, por exemplo, planeja aumentar a proporção de seu ganho originado de novos produtos de cerca de 5% para 40%, tornando-se menos dependente de capital humano de baixo custo, que é passível de ficar mais caro e móvel. Nos anos 1990, a Ramco Systems desenvolveu um sistema ERP (Enterprise Resource Planning) que custou um bilhão de rúpias e envolveu 400 programadores. Em 2000, a companhia era lucrativa, tendo 150 clientes, metade dos quais estrangeiros. Ela estabeleceu escritórios de representação e vendas nos Estados Unidos, na Europa e em Singapura. Em 2006, a companhia indiana de terceirização Genpact (40% de propriedade da GE americana) lançou uma parceria com a New Delhi Television (NDTV) para a edição de vídeos digitais, serviços de pós-produção e arquivamento para empresas de mídia. O setor capitaliza US$1 trilhão, e hoje 70% de todo o trabalho de mídia se dá em formato digital.

Com base em citações de patentes, as empresas indianas dependem muito mais de vínculos com a base científica e tecnológica de países desenvolvidos, enquanto a China utiliza uma base mais ampla, que inclui vizinhos asiáticos de outras economias emergentes, e especializa-se em campos mais aplicados de tecnologia. As empresas indianas dependem, na maior parte, de tecnologias de empresas americanas (cerca de 60% de todas as citações de patentes), seguidas por (em ordem de importância) Japão, Alemanha, França e Reino Unido. Em muitos casos, esses vínculos se reforçam com investimentos internos de multinacionais, mas, em outros, são resultado de indianos que foram treinados ou que trabalharam no exterior e retornaram à Índia para criar novas parcerias.

Dentre essas, a Infosys foi a primeira e é agora uma das maiores empresas de serviços de TI e software da Índia. Criada pelo empresário N.R. Narayana Murthy com mais seis colegas em 1981, dispondo de apenas 250 dólares em capital, as receitas da empresa em 2014 superavam 8 bilhões de dólares. Murthy acredita que "o

(Continua)

empreendedorismo é o único instrumento para países como a Índia resolverem os problemas advindos da pobreza (...) é nossa responsabilidade assegurar que os que não conseguiram esse tipo de dinheiro tenham oportunidade de fazê-lo."

Fontes: Woo, J. (2012) *Technological Upgrading in China and India: What Do We Know?* OECD Development Centre Working Paper no. 308; N. Forbes and D. Wield (2002) *From Followers to Leaders: Managing Technology and Innovation,* Routledge, London; IEEE (2006) International Conference on Management of Innovation and Technology, Singapore; T.L. Friedman (2007) *The World is Flat: The Globalized World in the Twenty-First Century,* Penguin, London; India Brand Equity Foundation (2014), www.ibef.org.

INOVAÇÃO EM AÇÃO 3.7

Desenvolvimento nos países do BRIC: competências do Brasil

Em suas pesquisas, Fernando Perini examinou a estrutura e a dinâmica de redes em setores de TI e telecomunicações no Brasil. Entre 1997 e 2003, o governo brasileiro promoveu o desenvolvimento do setor usando a "Lei da TIC", que criava incentivos fiscais para P&D colaborativa, logo após a liberalização da economia no início dos anos 1990 e o período desastroso de substituição das importações. Essa política promoveu investimentos privados de mais de US$2 bilhões em inovação, apoiando parcerias em projetos de inovação dentro de uma rede de 216 empresas e 235 universidades e institutos de pesquisa, mas os efeitos duradouros sobre as capacidades empresariais e nacionais não foram claramente positivos ou negativos. Embora a política de incentivo fiscal tenha promovido um nível mais elevado de investimentos em inovação, ela não determinou a direção ou a organização de inovação no setor.

O estudo conclui que o efeito dos incentivos fiscais depende da natureza da estrutura setorial e tecnológica. Eles ajudaram a criar redes de conhecimento em tecnologias de sistemas e software em que empresas multinacionais eram participantes-chave, mas teve menos êxito no tocante a equipamentos, semicondutores, processo de produção e hardware, em que as empresas multinacionais dependiam mais de P&D interno e de suas próprias redes internacionais. Contudo, as empresas multinacionais desenvolveram novas parcerias em desenvolvimento de produto, em sistemas de TI e software, principalmente com novos institutos de pesquisa privados, em vez de universidades e centros de pesquisa reconhecidos. Muitos desses institutos de pesquisa privados tornaram-se integradores de redes no setor de TI brasileiro e atuam como parceiros tecnológicos em atividades de treinamento, pesquisa e serviços tecnológicos.

Entretanto, um pequeno número de multinacionais ainda domina o mercado brasileiro. Mais de 70% dos investimentos totais sob a lei de incentivo fiscal foram conduzidos pelas 15 principais subsidiárias de empresas multinacionais.

(Continua)

A Lucent, por exemplo, entrou no mercado brasileiro pela aquisição de duas importantes empresas de telecomunicações, Zetax e Batik. Em 2011, a Alcatel-Lucent inaugurou um novo centro de tecnologia de 1.400 m² em São Paulo para apoiar a expansão da banda larga e telefonia 4G no país; em 2014, a empresa anunciou a construção do Seabras-1, um sistema de cabos de fibra óptica entre o Brasil e os Estados Unidos. O laboratório possui competências de hardware e software, mas pende mais para o software por ser menos influenciável pela regulamentação de mercado internacional. O laboratório inclui um novo grupo de 50 engenheiros, criado em 2004 para desenvolver competências em acesso óptico, especificamente em um concentrador óptico para redes de comutação públicas. A interação com a comunidade global de P&D é bastante forte, sobretudo por meio de intercâmbio de pessoal. A nova unidade óptica, por exemplo, envolveu intercâmbios com 35 pessoas durante dois meses. Além disso, Lucent desenvolveu redes locais de pesquisa e suprimento e aproximadamente 85% de suas atividades externas são terceirizadas para a FITec, que possui instalações e recursos por todo o Brasil, incluindo em Campinas, Belo Horizonte e Recife.

A Siemens Mercosur é a multinacional de maior e mais longa presença no Brasil. A subsidiária desenvolveu competências tecnológicas, sobretudo em telecomunicações, e desde o advento da lei de incentivo, investe mais de duas vezes o exigido pela legislação. As atividades de P&D nessa subsidiária são divididas em seis grupos; o maior, em Manaus, tem 300 funcionários técnicos e especializa-se em aparelhos celulares que atendem ao mercado global. Além disso, a equipe de desenvolvimento de redes em Curitiba tem cerca de 120 engenheiros, e a equipe de empreendimentos, 100 engenheiros. Em relação aos parceiros tecnológicos locais, a Siemens se concentra no aperfeiçoamento de parcerias no Sul do país, incluindo duas universidades locais (UTF-PR e PUC-PR) e um instituto privado (CITS), mas a remoção de incentivos públicos e alterações tecnológicas fizeram com que crescesse a importância da parceria com esse último. A subsidiária também investiu na capacitação de institutos e cursos de pós-graduação, e ajudou a criar uma nova titulação acadêmica em Ciência da Computação em Manaus. Outra iniciativa foi a criação de um portal de inovação para registrar e processar ideias inovadoras de empresas e pesquisadores brasileiros.

Fonte: Perini, F. (2010) *The Structure and Dynamics of the Knowledge Networks: Incentives to Innovation and R&D Spillovers in the Brazilian ICT Sector*, DPhil dissertation, SPRU, University of Sussex, UK.

INOVAÇÃO EM AÇÃO 3.8

Desenvolvimento nos países do BRIC: capacidades de inovação na China

Desde que a reforma econômica começou em 1978, a economia chinesa cresceu entre 9% e 10% ao ano, em comparação com 2% a 3% dos países industrializados.

(Continua)

O resultado é que o PIB do país superou o da Itália em 2004, os da França e do Reino Unido em 2005, e em 2014 ficava atrás apenas dos Estados Unidos.

Após duas décadas fornecendo à economia mundial mão de obra barata, a China agora começa a se tornar uma plataforma para inovação, pesquisa e desenvolvimento. O gasto atual com P&D formal alcançou cerca de 1,8% do PIB em 2014 (comparado com uma média de 2,4% do PIB em economias avançadas da OCDE, apesar do Japão exceder 3%), mas o governo chinês pretende aumentar os gastos com P&D para 2,5% do PIB até 2020 e transformar o país em uma potência científica até 2050.

As políticas chinesas têm seguido o modelo do Leste Asiático, em que o sucesso depende de investimentos tecnológicos e comerciais e da colaboração de empresas estrangeiras. Em geral, empresas que fazem parte da economia dos Tigres Asiáticos, tais como a Coreia do Sul e Taiwan, desenvolveram suas capacidades tecnológicas a partir de competências em manufatura, com base em produção de baixa tecnologia, e desenvolveram níveis mais altos de capacitação, tais como projeto e desenvolvimento de novos produtos, por exemplo, por meio de produção com fabricação de equipamento para empresas estrangeiras. Contudo, o fluxo de tecnologia e desenvolvimento de capacidades não é automático. Economistas referem-se a "transbordamentos" (*spillovers*) de conhecimento provenientes de investimento e colaboração estrangeiros, mas isso requer um esforço significativo por parte das empresas nacionais.

Mais significativamente, a China tem estimulado multinacionais estrangeiras a investir no país, e essas começam também a conduzir alguma atividade de P&D local. A Motorola abriu o primeiro laboratório de P&D estrangeiro em 1992, e estimativas mostram que havia mais de mil centros de P&D na China em 2014, embora seja preciso cuidado ao se considerar as definições de P&D utilizadas. Em 2014, a fabricante de PCs chinesa Lenovo adquiriu a Motorola da Google. A transferência de tecnologia para a China, especialmente na indústria, é considerada como o principal fator para seu o recente crescimento econômico. Em torno de 80% do investimento estrangeiro realizado na China é em "tecnologia" (hardware e software), e os fluxos de investimento estrangeiro continuam crescendo. Entretanto, devemos distinguir a transferência de tecnologias transferidas por empresas estrangeiras para suas subsidiárias na China (total ou parcialmente controladas) das tecnologias adquiridas por empresas locais. Somente com a aquisição de capacidade tecnológica de sucesso pelas empresas locais, muitas das quais permanecem ainda como propriedade do estado, é que a China tornou-se uma potência econômica realmente inovadora e competitiva.

A importação de tecnologia estrangeira pode ter impacto positivo sobre a inovação e, para as grandes empresas, quanto mais tecnologia estrangeira é importada, mais produtivo é para suas próprias patentes. Contudo, no que diz respeito às empresas de pequeno e médio porte, não é o que ocorre. Isso sugere que empresas maiores possuem certa capacidade de absorção para tirarem proveito da tecnologia estrangeira. Por sua vez, isso leva à ampliação de sua capacidade de inovação, ao passo que empresas de pequeno e médio porte tendem a depender da tecnologia estrangeira em função da falta de capacidade de absorção adequada e, possivelmente, da enorme lacuna entre sua própria tecnologia e a importada. A aquisição de um grande volume de tecnologia tem sido estimulada. Isso inclui tecnologia "incorporada" e "codificada": hardware e licenças. Quando o gasto com inovação é desmembrado por classe de

(Continua)

atividade inovadora, os custos de aquisição para tecnologia incorporada, tais como máquinas e equipamentos de produção, respondem por aproximadamente 58% do total gasto com inovação, comparado com os 17% de gastos com P&D interno, 5% com P&D externo, 3% com marketing de novos produtos, 2% com treinamento e 15% em gastos de início de engenharia e de produção.

Está claro que as grandes empresas multinacionais estrangeiras são as mais ativas em patenteamento na China. O patenteamento estrangeiro começou por volta de 1995 e, desde 2000, os pedidos de patentes aumentam em torno de 50% ao ano. As atividades de patenteamento de multinacionais estão altamente correlacionadas com a receita total ou com o tamanho total do mercado chinês. Isso apoia fortemente o ponto de vista de que patentes estrangeiras na China são determinadas em grande parte por fatores de demanda. A especialização da China em patenteamento não corresponde à sua especialização exportadora. Automóveis, bens domésticos duráveis, software, equipamentos de comunicação, periféricos de computador, semicondutores e serviços de telecomunicação são as principais áreas. Em 2005, a indústria de semicondutores, por exemplo, apresentou quatro vezes mais invenções que no ano anterior. As patentes de empresas multinacionais estrangeiras respondem por quase 90% de todas as patentes na China, sendo que empresas japonesas, americanas e sul-coreanas são as mais ativas. Trinta empresas multinacionais obtiveram mais de mil patentes, e dessas, oito possuem, cada uma mais de 5 mil unidades: Samsung, Matsushita, Sony, LG, Mitsubishi, Hitachi, Toshiba e Siemens. Quase metade dessas patentes é para aplicação de tecnologias existentes, um quinto para invenções e o resto para projetos industriais. Entre as 18 mil patentes para invenções sem direitos internacionais prévios, somente 924 originam-se de subsidiárias chinesas dessas multinacionais, respondendo por somente 0,75% do total. A defasagem média entre o patenteamento no país de origem e na China é de mais de três anos, o que é um indicador da defasagem tecnológica entre a China e as multinacionais.

Exemplos de empresas que enfrentaram mudanças significativas em estruturas de governança ou financeira incluem a Tianjin FAW Xiali, que foi transformada em uma *joint venture* com a Toyota; a TPCO, em que o financiamento via endividamento foi transformado em capital e em participação acionária, permitindo maior investimento em capacidade de produção e desenvolvimento de tecnologia; e a Tianjin Metal Forming, reestruturada para eliminar o endividamento e, em uma posição mais forte, investir e ser uma candidata mais atraente para o investimento estrangeiro. Empresas privadas, como Lenovo, TCL, (Ningbo) Bird e Huawei, desde então prosperaram e, com a ajuda tardia do governo, obtiveram sucesso internacional. Devido ao seu sucesso em redes de telecomunicação e de telefonia móvel, as vendas globais da Huawei atingiram 40 bilhões de dólares em 2014.

Todavia, existem diferenças significativas de atividade de inovação e empreendedora nas várias regiões da China. Na região da costa leste, ela é mais alta que em outras, especialmente em Xangai, Beijing e Tianjin, cujo nível de atividades empreendedoras é mais elevado e continua a crescer. Beijing e a região de Tianjin, a região do delta do rio Yang-Tse (Xangai, Jiangsu e Zhejiang) e a região do delta do Zhu Jiang (Guangdong) são as regiões mais ativas. Xangai está em primeiro lugar na maioria das pesquisas, seguida por Beijing, mas a disparidade entre as duas áreas tem se

(Continua)

expandido. As regiões ocidentais e do noroeste são as mais baixas e as que menos se desenvolveram com relação ao nível de atividade empreendedora, apresentando pouca mudança. Os modelos econométricos indicam que os principais determinantes para a atividade empreendedora são explicados por demanda de mercado regional, estrutura industrial, disponibilidade de financiamento, cultura empreendedora e capital humano. A inovação tecnológica e a taxa de crescimento do consumo não possuem efeitos significativos sobre o empreendedorismo na China.

Estudos que comparam novos empreendimentos bem e malsucedidos na China confirmam a importância da qualidade empreendedora para explicar o sucesso de novos empreendimentos, especialmente habilidades administrativas e de negócios, experiência industrial e a força das redes sociais, a onipresente *guanxi*. Contudo, desafios regulatórios e institucionais significativos ainda permanecem, com estruturas de propriedade complexas, má governança corporativa e direitos de propriedade intelectual ambíguos, sobretudo em relação a pesquisas públicas, ex-estatais, empreendimentos derivados de universidades e organizações administradas por instituições acadêmicas.

Fontes: Woo, J. (2012) *Technological Upgrading in China and India: What Do We Know?* OECD Development Centre Working Paper no. 308; Wang, Q., S. Collinson and X. Wu (eds) (2010) Special Issue on Innovation in China, *International Journal of Innovation Management* **14**(1); *East meets West: 15th International Conference on Management of Technology*, Beijing, May 2006.

Inovação para o desenvolvimento

Uma característica dos BRICs e outras economias emergentes é que eles podem ser ao mesmo tempo avançadíssimos em termos de desenvolvimento de mercado e industrial em algumas áreas, mas ainda estarem relativamente atrasados em outras. A Índia, por exemplo, possui tecnologia de satélites, uma indústria farmacêutica global e algumas empresas que são líderes de mercado, mas também problemas enormes com saúde, analfabetismo e infraestrutura básica. Outros países, sobretudo na África e boa parte da América Latina, ainda estão em uma fase relativamente inicial do desenvolvimento das suas capacidades de inovação.

Mas essas condições não significam que não há escopo para inovação. Na verdade, tem acontecido uma espécie de revolução intelectual nessa área, pois estamos percebendo que aprender a atender as necessidades de bens e serviços específicas desses espaços pode criar novos caminhos alternativos radicais para inovação em contextos mais industrializados.

Em seu influente livro de 2006, *A Riqueza na Base da Pirâmide*, C.K. Prahalad enfatiza que a maioria da população mundial, cerca de quatro bilhões de pessoas, vive próximo ou abaixo da linha de pobreza, com uma renda média de menos de US$2 por dia.[7] Em 2013, quase metade da população mundial, mais de três bilhões de pessoas, ainda vivia com menos de US$2,50 por dia. É fácil lançar hipóteses sobre esse grupo, do tipo "eles não têm como arcar com os custos, então por que inovar?". Na verdade, o desafio de satisfazer suas necessidades básicas de alimentação, água, habitação e saúde exige níveis altos de criatividade. Mas além dessa pauta social há uma oportunidade considerável de inovação. Contudo, ela exige uma certa reestruturação das regras "normais" do jogo de mercado e o questionamento de premissas fundamentais. A Tabela 3.4 fornece alguns exemplos.

As soluções para atender essas necessidades precisam ser bastante inovadoras, mas a recompensa é igualmente alta: acesso a um mercado de alto volume e margens pequenas. A Unilever, por exemplo, percebeu o potencial de vender seus xampus e outros cosméticos não em frascos de 250 ml (que estão além do alcance da maioria dos clientes na "base da pirâmide" [BdP]), mas sim em sachês unitários. O crescimento de mercado resultante foi fenomenal, e exemplos como esse estão alimentando muitas atividades entre grandes corporações que desejam adaptar seus produtos e serviços para atenderem o mercado da BdP.

TABELA 3.4 Questionando pressupostos sobre base a pirâmide

Pressuposto	Realidade... e oportunidade
Os pobres não têm poder aquisitivo e não representam um mercado viável	Apesar da baixa renda, o tamanho absoluto do mercado o torna interessante. Além disso, os pobres sempre pagam um extra para terem acesso a muitos bens e serviços (como empréstimos, água potável, telecomunicações e remédios básicos) porque não podem acessar canais tradicionais, como lojas e bancos. O desafio da inovação é oferecer serviços e mercadorias a baixo custo, baixa margem de lucro, mas com alta qualidade a um mercado potencial de quatro bilhões de pessoas.
Os pobres não têm consciência de marcas	As evidências sugerem alto grau de consciência de marca e de valor. Assim, se um empreendedor conseguir pensar em uma solução de alta qualidade e baixo custo, estará sujeito ao teste estrito desse mercado. Aprender a lidar com isso pode auxiliar na migração a outros mercados, que é essencialmente o padrão "clássico" de inovação disruptiva.
Os pobres são difíceis de alcançar	Até 2015, provavelmente haverá cerca de 400 cidades nos países em desenvolvimento com populações acima de 1 milhão de pessoas e 23 cidades com mais de 10 milhões. Cerca de 35% dessas pessoas serão pobres. O mercado potencial, portanto, é considerável. O pensamento inovador quanto à distribuição via novas redes ou agentes (como as redes de mulheres empreendedoras usadas pela Hindustan Lever na Índia ou as "consultoras Avon" nas zonas rurais do Brasil) pode abrir caminho a mercados ainda inexplorados.
Os pobres não sabem e não estão interessados em usar tecnologia avançada	Experiências com quiosques de computadores pessoais, telefonia móvel compartilhada de baixo custo e acesso à Internet sugerem que os índices de adoção são extremamente rápidos nesse segmento. Na Índia, o e-Choupal (ponto de encontro eletrônico), desenvolvido pela empresa de tabaco ITC, possibilitou que fazendeiros conferissem preços para seus produtos em mercados e casas de leilão locais. Logo depois, os mesmos já estavam usando a rede para acessar os preços da soja na Chicago Board of Trade, fortalecendo o seu lado nas negociações!

Nas Filipinas, por exemplo, o sistema bancário formal praticamente não existe para a vasta maioria da população, e isso levou os usuários a criarem aplicativos bastante diferentes para os seus celulares. Com isso, os créditos pré-pagos se transformaram em uma unidade monetária a ser transferida entre as pessoas e usados como moeda para adquirir diversos bens e serviços. No Quênia, o sistema M-PESA é usado para aumentar a segurança: se uma pessoa decide viajar de uma cidade para outra, ela não leva dinheiro consigo; em vez disso, transfere o valor na forma de créditos pelo celular, que podem ser coletados junto a pessoa na outra ponta da transação. A Apple Pay começou a ser introduzida nos Estados Unidos e na Europa em 2014, mas a África é líder mundial no uso de pagamentos móveis, sendo que nove países africanos têm mais contas correntes móveis como a M-PESA do que contas bancárias convencionais.[8]

Há potencial para ambientes extremos como esses servirem de laboratório para testar e desenvolver conceitos para aplicação mais ampla. A Citicorp, por exemplo, tem experimentado com caixas eletrônicos baseados em biometria, para uso junto à população analfabeta nas zonas rurais da Índia. O piloto envolve cerca de 50 mil pessoas, mas, segundo um porta-voz da empresa: "Acreditamos que isso tem o potencial para aplicação global".

EMPREENDEDORISMO EM AÇÃO 3.3

Empreendedorismo para desenvolvimento sustentável

Em 2014, a premiação anual FT/IFC Transformational Business Awards atraiu 237 candidatos de 214 empresas, representando 61 países diferentes. O prêmio enfoca negócios que atendem necessidades de desenvolvimento fundamentais, como saúde, alimentação, água, moradia, energia e infraestrutura. O foco foi ampliado para além do impacto social e ambiental da empresa e hoje inclui o seu impacto externo nessas áreas.

A Engro Foods, por exemplo, é uma empresa paquistanesa que oferece coleta e processamento de dados em tempo real para 1.800 pequenos fazendeiros a fim de reduzir desperdícios e promover pagamentos mais rápidos. Já a Jain Irrigation Systems (Jains), uma empresa familiar indiana, foi pioneira em sistemas de microirrigação, como sistemas por gotejamento, sprinklers, válvulas e filtros para conservar água e melhorar o rendimento agrícola.

Fonte: Murray, S. (2014) Development groups can drive commercial innovation, *Financial Times*, 13 de junho, 1–3.

É importante observar que as necessidades desse mercado da BdP abrangem toda a gama de necessidades e desejos humanos, desde cosméticos e bens de consumo até serviços básicos de saúde e educação. O livro original de Prahalad contém uma série de exemplos de caso em que isso está começando a acontecer e que indicam o enorme potencial desse grupo, mas também a natureza radical do desafio de inovação. Desde então, as atividades inovadoras nessas áreas em mercados emergentes se expandiram significativamente, em parte pela percepção de que o crescimento nos mercados globais virá de regiões com um forte perfil de BdP.

Também vale ressaltar que muitas empresas estão usando os mercados de BdP ativamente para buscar sinais fracos de novos desenvolvimentos que tenham o potencial de serem interessantes. A Nokia, por exemplo, enviou olheiros para estudar como a telefonia móvel é usada nas zonas rurais da África e da Índia e o potencial de novos serviços que isso poderia oferecer, enquanto a empresa farmacêutica Novo Nordisk está estudando a provisão de tratamento de baixo custo para diabetes na Tanzânia para melhor entender como esses modelos poderiam ser desenvolvidos para diferentes regiões. Atender as necessidades das pessoas na base da pirâmide não é uma questão de caridade, e sim uma maneira de repensar os fundamentos do modelo de negócios – uma "inovação de paradigma" no modelo dos 4Ps analisado no Capítulo 2 – e criar sistemas alternativos sustentáveis.

INOVAÇÃO EM AÇÃO 3.9

Mudando o jogo na base da pirâmide

Todos nós desejamos uma moradia de qualidade, mas o financiamento de algo melhor de uma habitação básica quase sempre está além do alcance da maioria da população mundial. No entanto, a mexicana CEMEX, produtora de cimento e materiais de construção, foi pioneira em uma abordagem inovadora visando à mudança desse quadro. Em meados dos anos 1990, a CEMEX sofreu uma forte queda de vendas no México, ocasionada por uma crise financeira nacional. Análises mais detalhadas revelaram, contudo, que o segmento do mercado de atividades do tipo "faça você mesmo", especialmente entre os menos afortunados, sustentara os níveis de demanda. De fato, o mercado tinha um valor alto, quase 1 bilhão de dólares por ano, mas era formado por várias pequenas aquisições, não por grandes projetos de construção. Uma vez que mais de 60% da população mexicana ganha menos que 5 dólares por dia, o desafio era encontrar formas de trabalhar com esse mercado no futuro.

A resposta foi uma nova abordagem de financiamento, elaborada a partir do fato de que muitas comunidades tinham um esquema do tipo "clube de poupança" para ajudar a custear grandes compras: a rede tanda. A CEMEX preparou o projeto Patrimonio Hoy, uma versão do sistema tanda que permitia a pessoas pobres poupar e acessar crédito para a construção de projetos. Ele baseia-se em redes sociais, substituindo distribuidores tradicionais por "promotoras" que trabalham por comissão, mas que também ajudam a estabelecer e administrar tandas; é relevante que 98% das gestoras sejam mulheres. O esquema permite acesso não apenas a materiais, mas a arquitetos e outros serviços de apoio. Na prática, ele mudou o modo pelo qual um grande segmento da sociedade gerencia seus próprios projetos de construção. O sucesso com melhorias em habitação levou à expansão do projeto para outras áreas de infraestrutura de cidades e povoados, relacionadas à drenagem, iluminação e outras necessidades comunitárias.

Resumo do capítulo

- Ao formularem e executarem suas estratégias de desenvolvimento e inovação, as empresas não podem ignorar os sistemas nacionais de inovação e as cadeias de valor internacional em que estão inseridas.
- Por meio de suas fortes influências nas condições de demanda e concorrência, provisão de recursos humanos e formas de governança corporativa, os sistemas nacionais de inovação criam oportunidades e impõem restrições com relação ao que empresas podem fazer.
- Contudo, apesar das estratégias das empresas serem *influenciadas* pelos seus próprios sistemas nacionais de inovação, e por seu posicionamento em cadeias de valor internacionais, elas não são *determinadas* por eles.
- Aprender (ou seja, assimilar conhecimento) com concorrentes e com fontes externas de inovação é essencial para o desenvolvimento de competências, mas exige investimentos significativos em P&D, treinamento e desenvolvimento de habilidades a fim de se desenvolver a capacidade de absorção necessária.
- Isso depende em parte das medidas tomadas pela própria administração, da forma como investe em ativos complementares, em produção, marketing, serviço e suporte, e do seu posicionamento em sistemas de inovação locais e internacionais. Depende também de uma série de fatores contextuais que tornam mais ou menos difícil garantir benefícios provenientes da inovação, como propriedade intelectual e regimes de comércio internacional, e sobre os quais a administração pode, às vezes, ter bem pouca influência.

Glossário

Cadeia de valor ou rede de valor O sistema de relacionamentos para criar ou capturar valor, como entre fornecedores e clientes. Pode restringir profundamente a capacidade de capturar benefícios de sua inovação e empreendedorismo.

Governança corporativa Sistemas para exercício e mudança de propriedade corporativa e de controle.

Posicionamento A atual dotação de competência tecnológica e propriedade intelectual de uma empresa, bem como suas relações com clientes e fornecedores.

Spillovers **(transbordamentos)** Termo utilizado pelos economistas para descrever o fluxo de know-how e outros benefícios de investimentos de uma empresa específica, como, por exemplo, uma multinacional, para o resto da economia, entre empresas e entre setores. Normalmente, o processo é apresentado como sendo automático, mas demanda um significativo esforço por parte de empresas domésticas.

Questões para discussão

1. Que fatores influenciam a localização da inovação, e como eles podem restringir a globalização da inovação?
2. Quais são os principais componentes do sistema nacional de inovação e como eles interagem?
3. Como as empresas podem aprender com fontes estrangeiras de inovação?
4. Como as empresas podem limitar o espaço de seus competidores quanto à imitação de inovações e, como consequência, melhor garantir os benefícios de suas inovações?
5. Além do investimento em P&D formal, que tipos de capacidades e competências as empresas necessitam para inovar?
6. Compare o desenvolvimento de capacidades na China e na Índia. Quais são as lições mais importantes para economias em desenvolvimento?

Fontes e leituras recomendadas

Diversos textos descrevem e comparam os diferentes sistemas nacionais de políticas de inovação. No texto editado *National Systems of Innovation: Toward a Theory of Innovation and Interactive Learning*, Bengt-Åke Lundvall apresenta uma excelente revisão atualizada das principais teorias e pesquisas (Anthem Press, 2010). Para um foco mais específico, consulte *Small Country Innovation Systems: Globalization, Change and Policy in Asia and Europe*, editado por Charles Edquist e Leif Hommen (Edward Elgar, 2008). Uma contribuição mais clássica é *National Innovation Systems* (Oxford University Press, 1993), editado por Richard Nelson, mas todos esses enfatizam políticas públicas, não estratégias corporativas. Para perspectivas mais polêmicas, sugerimos *Wealth and Poverty of Nations* (Little Brown, 1998), de David Landes, e *The Entrepreneurial State: Debunking Public vs. Private Sector Myths* (Anthem Press, 2013), de Marianna Mazzucato.

Mais relevante para as empresas em economias emergentes, e também nosso texto favorito sobre o tema, é *From Followers to Leaders: Managing Technology and Innovation* (Routledge, 2002), de Naushad Forbes e David Wield, que inclui inúmeros exemplos de caso; *Innovative Firms in Emerging Market Countries*, editado por Edmund Amann e John Cantwell (Oxford University Press, 2014), apresenta evidências de economias emergentes na Ásia e América Latina no nível das empresas. Mammo Muchie e Angathevar Baskaran editaram uma coleção útil, *Creating Systems of Innovation in Africa: Country Case Studies* (Africa Institute of South Africa, 2013).

Referências

1. Ujjual, V. and P. Patel (2011) *Performance Characteristics of Large Firms at the Forefront of Globalization of Technology*, SPRU Electronic Working Paper Series, SWEPS No. 191, Brighton: University of Sussex; Cantwell, J. and J. Molero (2003) *Multinational Enterprises, Innovative Systems and Systems of Innovation*, Cheltenham: Edward Elgar; Granstrand, O., L. Hêakanson and S. Sjèolander (1992) *Technology Management and International Business: Internationalization of R&D and Technology*, Chichester: John Wiley & Sons Ltd.

2. Mytelka, L.K. (2007) *Innovation and Economic Development*, Cheltenham: Edward Elgar; Kim, L. and R.R. Nelson (2000) *Technology, Learning and Innovation: Experiences of Newly Industrializing Economies*, Cambridge: Cambridge University Press; Viotti, E.B. (2002) National learning systems: A new approach on technological change in late industrializing economies and evidence from the cases of Brazil and South Korea, *Technological Forecasting and Social Change*, **69**: 653–80; Bell, M. and K. Pavitt (1993) Technological accumulation and industrial growth: Contrasts between developed and developing countries, *Industrial and Corporate Change*, **2**(2): 157–210.

3. Kaplinsky, R. (2005) *Globalisation, Poverty and Inequality*, London: Polity Press; Schimtz, H. (2004) *Local Enterprises in the Global Economy*, Cheltenham: Edward Elgar; Sahay, A. and D. Riley (2003) The role of resource access, market conditions, and the nature of innovation in the pursuit of standards in the new product development process, *Journal of Product Innovation Management*, **20**: 338–55.

4. Tidd, J. and J. Bessant (2014) *Strategic Innovation Management*, Chichester: John Wiley & Sons Ltd; Tidd, J. and J. Bessant (2013) *Managing Innovation: Integrating Technological, Market and Organizational Change*, 5th edn, Chichester: John Wiley & Sons Ltd; Herstad, S.J., H.W. Aslesen and B. Ebersberger (2014) On industrial knowledge bases, commercial opportunities and global innovation network linkages, *Research Policy*, **43**(3): 495–504.

5. Mazzucato, M. (2013) *The Entrepreneurial State: Debunking Public vs. Private Sector Myths*, London: Anthem Press; Edquist, C. and M. McKelvey (2000) *Systems of Innovation: Growth, Competitiveness and Employment*, Cheltenham: Edward Elgar; Nelson, R. (1993) *National Innovation Systems*, Oxford: Oxford University Press; Lundvall, B.A. (1992) *National Systems of Innovation*, London: Pinter.

6. Woo, J. (2012) *Technological Upgrading in China and India: What Do We Know?* OECD Development Centre, Working Paper no. 308; Forbes, N. and D. Wield (2002) *From Followers to Leaders: Managing Technology and Innovation*, London: Routledge.

7. Prahalad, C.K. (2006) *The Fortune at the Bottom of the Pyramid*, Upper Saddle River, NJ: Wharton School Publishing.

8. Bhan, N. (2014) Mobile money is driving Africa's cashless future, *Harvard Business Review*, 19th September.

Capítulo

4

Inovação guiada pela sustentabilidade

OBJETIVOS DE APRENDIZAGEM

Depois de ler este capítulo, você compreenderá:

- os desafios que a sustentabilidade impõe à inovação;
- os diferentes tipos de inovação que podem contribuir para maior sustentabilidade;
- um modelo teórico para posicionar a inovação guiada pela sustentabilidade em três níveis:
  - fazer o que fazemos, mas melhor;
  - abrir uma nova oportunidade no nível da empresa;
  - mudanças em nível sistêmico;
- as principais questões no processo de avançar rumo à inovação guiada pela sustentabilidade;
- algumas ferramentas para ajudar na jornada.

O desafio da inovação guiada pela sustentabilidade

A ameaça...

A sustentabilidade está se transformando em um grande fator por trás da inovação. Em um relatório bastante influente, a WWF aponta que os estilos de vida do mundo desenvolvido atual exigem os recursos de cerca de dois planetas, e que se as economias emergentes seguirem a mesma trajetória, esse número aumentará para 2,5 até 2050.[1] Muitos recursos cruciais de energia e matéria-prima estão perto de superar seu pico de disponibilidade e se tornarão cada vez mais escassos.[2] Ao mesmo tempo, os riscos do aquecimento global ganharam destaque e as mudanças climáticas (e o modo como lidamos com elas) são uma questão política e econômica, urgente. Isso se traduz em leis cada vez mais estritas que forçam as organizações a alterarem seus produtos e processos para reduzir suas emissões de carbono e outros gases do efeito estufa e o seu consumo de energia. Temos também o desafio crescente da poluição ambiental e a preocupação em não apenas interromper os danos ao meio ambiente, mas reverter os impactos de práticas pregressas.[3]

...e a oportunidade

Mas a situação não é necessariamente apocalíptica. Também estão se abrindo oportunidades consideráveis para inovações de processo que elevam as eficiências operacionais e reduzem os custos, assim como para inovações de produto que exploram o enorme espaço de mercado potencial representado pela "economia verde". Uma estimativa recente, por exemplo, calcula que o mercado global para "produtos e serviços verdes" representa uma oportunidade de negócio de US$3,2 trilhões, enquanto o último valor informado sobre os gastos dos consumidores britânicos com produtos e serviços "sustentáveis" foi de £36 bilhões, maior até que a soma das vendas de álcool e tabaco.

A provisão de bens e serviços alternativos, abordagens mais eficientes à gestão de recursos e energia e novas parcerias e perspectivas podem levar a uma nova era de desenvolvimento econômico. Um relatório recente da PricewaterhouseCoopers sugere um potencial de mercado significativo na provisão de bens e serviços verdes, estimando um valor de até 3% do PIB mundial.[4] Um relatório da Organização das Nações Unidas (2011) ilustra como o "esverdeamento da economia" já está se tornando um novo fator crucial para o crescimento no século XXI.[5] O relatório Vision 2050 do World Business Council for Sustainable Development (WBCSD) define novas oportunidades para empresas em resposta aos desafios de sustentabilidade e na promoção de perspectivas sistêmicas.[6]

Nas palavras do guru da administração C. K. Prahalad e de seus colegas: "a sustentabilidade é um veio gigante de inovações organizacionais e tecnológicas que produz retornos líquidos e brutos. Tornar-se ambientalmente correto reduz os custos, pois as empresas acabam diminuindo a quantidade de insumos que consomem. Além disso, o processo gera receitas adicionais com produtos melhores ou permite que as empresas criem novos negócios. Na verdade, como [o aumento dos resultados líquido e bruto] são os objetivos da inovação corporativa, vemos que as empresas inteligentes atuais tratam a sustentabilidade como sendo a nova fronteira da inovação".[7]

INOVAÇÃO EM AÇÃO 4.1

Inovação guiada pela sustentabilidade na interface

Uma das histórias de sucesso na inovação guiada pela sustentabilidade (IGS) é o crescimento da Interface, uma fabricante de tapetes, que alterou radicalmente seu modelo

(Continua)

de negócio e operacional e obteve um índice de crescimento significativo. A Interface reduziu suas emissões de gases do efeito estufa em 82%, o consumo de combustível fóssil em 60%, os resíduos em 66% e o uso de água em 75%, enquanto as vendas aumentaram 66%, a receita dobrou e as margens de lucro aumentaram. Segundo Ray Anderson, fundador e presidente do conselho da empresa: "Conforme escalamos o Monte Sustentabilidade, com os quatro princípios da sustentabilidade no pico, nossos resultados empresariais nunca foram tão bons. Isso não vem às custas dos sistemas sociais ou ecológicos, mas sim às custas dos concorrentes que ainda não entenderam a ideia".

Já vimos isso antes

A preocupação com sustentabilidade e a necessidade de inovação para lidar com ela não é, obviamente, nenhuma novidade. Já na década de 1970, um relatório influente chamado *Os Limites do Crescimento* provocou um longo e importante debate sobre essas questões, o que levou a um fluxo contínuo de pesquisas e argumentos públicos relativos à necessidade de mudar e sobre as melhores maneiras de pautar a inovação.[8] Organizações como a WWF e o Greenpeace nasceram desse debate e continuam a ter um papel importante na conscientização, na exploração desses temas e na pressão para que organizações e entidades políticas melhorem a sustentabilidade.

Seja qual for a perspectiva adotada, fica evidente que mudanças – inovações – o serão necessárias. Preocupações crescentes como aquelas recém descritas estão levando a uma combinação de leis cada vez mais estritas, normas internacionais de gestão ambiental, novas métricas de sustentabilidade e normas de divulgação que forçarão as empresas a adotarem abordagens mais verdes para continuarem a ter licença para operar. Ao mesmo tempo, as oportunidade que se abrem para "fazer o que fazemos, mas melhor" (com investimentos "verdes e enxutos" em melhorar a eficiência de recursos, energia, logística, etc.) e "fazer diferente" (mudanças novas e radicais em busca de mudanças sistêmicas) tornam a inovação um item cada vez mais importante no planejamento estratégico das organizações progressistas de todas as magnitudes.

Inovação guiada pela sustentabilidade

Mas afinal, o que as organizações estão fazendo nesse sentido? As atividades iniciais se centravam em atitudes cosméticas, com as organizações tentando melhorar suas imagens ou fortalecer sua reputação de responsabilidade social por meio de ações chamativas, projetadas para demonstrar suas credenciais "verdes". Hoje, no entanto, esses projetos entraram em uma segunda fase, com leis cada vez mais estritas que forçam algum nível de **conformidade**. Nessa nova fronteira, as organizações líderes buscam explorar oportunidades, pois reconhecem que é necessário inovar para lidar com a escassez e instabilidade dos recursos, a segurança energética e as eficiências sistêmicas em suas cadeias logísticas.

> **INOVAÇÃO EM AÇÃO 4.2**
>
> **Gerenciando a inovação para sustentabilidade**
>
> Em sua análise do campo, Frans Berkhout e Ken Green argumentam que "inovações tecnológicas e organizacionais situam-se no âmago dos discursos mais populares e estratégicos sobre sustentabilidade.
>
> "A inovação é considerada tanto uma causa quanto uma solução (...) no entanto, pouco se fez, sistematicamente, em termos de literatura sobre negócios e meio ambiente, gestão ambiental e políticas ambientais para se realizar algo a partir de conceitos, teorias e evidência empírica desenvolvidos nas últimas três décadas de estudos sobre inovação". Os autores identificam uma série de limitações na literatura sobre inovação e sugerem formas potenciais para conectar a inovação com as pesquisas, as políticas e a gestão da sustentabilidade:
>
> 1. Um foco nos gestores, na empresa ou na cadeia logística é muito restrito. Inovação é um processo que se distribui entre muitos participantes, empresas e outras organizações, e é influenciado por regulamentações, políticas e pressões sociais.
> 2. Um foco em tecnologias ou produtos específicos é inadequado. Antes, a unidade de análise deve recair sobre sistemas ou regimes tecnológicos, e mais sobre sua evolução do que sobre sua gestão.
> 3. A crença de que a inovação é consequência da justaposição de oportunidade tecnológica e demanda de mercado é muito limitada. É necessário incluir preocupações, expectativas e pressões sociais menos óbvias. Essas podem parecer contradizer sinais de mercado mais fortes, porém equivocados.
>
> Eles apresentam estudos empíricos sobre a produção industrial, o transporte aéreo e a energia para ilustrar seus pontos de vista, e concluem que "maior conscientização e interação entre pesquisa e gestão da inovação, gestão ambiental, responsabilidade social e inovação e o meio ambiente se mostrará produtiva."
>
> *Fonte:* Berkhout, F. and K. Green (eds) (2002) Special issue on managing innovation for sustainability, *International Journal of Innovation Management,* **6**(3).

Já foram propostas diversas estruturas teóricas para levar isso em conta; por exemplo, Prahalad e Nidumolo sugerem uma progressão em cinco passos: começando por "ver a conformidade como uma oportunidade" até "tornar as cadeias de valor sustentáveis", "projetar produtos e serviços sustentáveis" e "inventar novos modelos de negócio". O quinto estágio se concentra em "criar as próximas plataformas de prática", o que implica em mudanças sistêmicas.[9] Para os empreendedores, essas oportunidades representar opções significativas para novos empreendimentos no espaço de sustentabilidade em torno de gestão de recursos, energia e meio ambiente.

Podemos usar a estrutura dos 4Ps apresentada no Capítulo 1 para classificar os tipos de atividade que ocorrem em torno da IGS. A Tabela 4.1 oferece alguns exemplos.

TABELA 4.1 Exemplos de inovação guiada pela sustentabilidade

Alvo da inovação	Exemplos
Oferta de produto/serviço	Produtos verdes, design para reciclagem e manufatura verde, modelos de serviço substituem modelos de consumo/propriedade
Inovação de processo	Processos de fabricação melhorados e novos, sistemas enxutos dentro da organização e por toda a cadeia logística, logística verde
Inovação de posição	Reposicionamento da imagem da organização como verde, satisfação das necessidades de comunidades carentes (p. ex., base da pirâmide)
Inovação de paradigma: mudar os modelos de negócio	Mudança sistêmica, inovação multiorganizacional, servitização (ênfase passa da indústria para o serviço)

Um modelo estrutural para a inovação guiada pela sustentabilidade

Do nosso ponto de vista, a jornada em busca da sustentabilidade total envolve três dimensões que sustentam uma mudança de abordagem geral, desde o tratamento dos sintomas de um problema até a abordagem do sistema no qual o problema se origina (Figura 4.1).

Foco da inovação	TECNOLOGIA	PESSOAS	
Visão da empresa sobre si em relação à sociedade	INSULAR (focada em si mesma)	SISTÊMICA (parte do ecossistema organizacional)	NEGÓCIO SUSTENTÁVEL →
Até que ponto a Inovação permeia a empresa inteira	ISOLADA (envolve uma única unidade/departamento)	INTEGRADA (parte do DNA da organização)	

FIGURA 4.1 A jornada em busca da inovação guiada pela sustentabilidade.

Em especial, vemos três estágios na evolução da IGS, da simples conformidade e inovação ao estilo "fazer o que fazemos, mas melhor" até uma exploração mais radical de novas oportunidades de negócios. O terceiro estágio gira em torno de mudanças sistêmicas, em que efeitos significativos são possíveis, mas dependem da cooperação e coevolução de soluções inovadoras entre todo um grupo de *stakeholders*.

O Passo 1 é a **otimização operacional**, que é basicamente fazer o que fazemos, mas melhor. A Tabela 4.2 apresenta alguns exemplos.

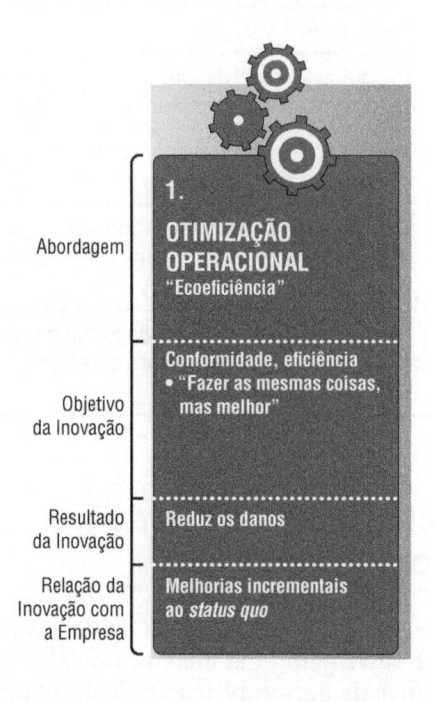

Abordagem	**1. OTIMIZAÇÃO OPERACIONAL** "Ecoeficiência"
Objetivo da Inovação	Conformidade, eficiência • "Fazer as mesmas coisas, mas melhor"
Resultado da Inovação	Reduz os danos
Relação da Inovação com a Empresa	Melhorias incrementais ao *status quo*

TABELA 4.2 Exemplos de inovação de paradigma

Definição	Características	Exemplos
Conformidade com regulamentações ou desempenho otimizado pelo aumento da eficiência	Na fase de otimização operacional, a organização trabalha ativamente para reduzir seu impacto ambiental e social atual sem alterar fundamentalmente seu modelo de negócio. Em outras palavras, um otimizador inova para "causar menos danos". As inovações geralmente são incremen-	Controle da poluição Horário flexível/teletrabalho Minimização de resíduos Fechamento ou consolidação de instalações Iluminação de alta eficiência energética

(Continua)

TABELA 4.2 Exemplos de inovação de paradigma *(Continuação)*

Definição	Características	Exemplos
	tais, trabalhando uma única questão por vez. E elas tendem a favorecer medidas técnicas, concentrando-se em novas tecnologias para reduzir o impacto, mas mantendo o *status quo* do negócio. A inovação tende a ter foco interno, tanto em desenvolvimento quanto em resultado. Nesse estágio, as empresas normalmente dependem dos seus recursos internos para inovar, e as inovações resultantes são centradas na empresa: sua intenção principal é reduzir os custos ou maximizar os lucros.	Uso de energia renovável Redução do consumo de papel Redução de embalagens Menor uso de matéria-prima Uso reduzido/eliminação de materiais nocivos Otimização do tamanho/peso do produto para transporte Frota de veículos elétricos híbridos Caixas de entrega redesenhadas para múltiplos usos

O Passo 2 é a **transformação organizacional**, que é basicamente fazer as coisas de forma diferente no nível da organização. A Tabela 4.3 oferece mais detalhes.

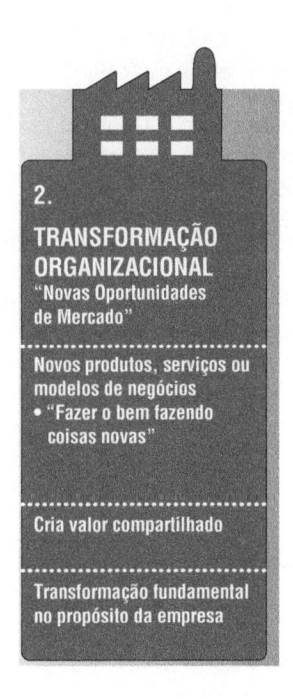

2. TRANSFORMAÇÃO ORGANIZACIONAL
"Novas Oportunidades de Mercado"

Novos produtos, serviços ou modelos de negócios
• "Fazer o bem fazendo coisas novas"

Cria valor compartilhado

Transformação fundamental no propósito da empresa

TABELA 4.3 Transformação organizacional

Definição	Características	Exemplos
A criação de novos produtos e serviços disruptivos, ao ver uma oportunidade de mercado na sustentabilidade	Em vez de se concentrarem em "fazer menos mal", os transformadores organizacionais acreditam que suas organizações se beneficiariam financeiramente de "fazer o bem". Eles enxergam oportunidades para atender novos mercados com produtos sustentáveis e diferenciados, ou são novos participantes com modelos de negócio baseados em criar valor ao tirar pessoas da pobreza ou produzir energia renovável. Os transformadores organizacionais podem se concentrar menos em criar produtos e mais em prestar serviços, o que muitas vezes têm impacto ambiental menor. Muitos também produzem inovações de natureza tecnológica e sociotécnica, projetadas para melhorar a qualidade de vida para pessoas dentro e fora da empresa. O foco primário dos transformadores ainda é interno, pois eles veem a sua organização como sendo uma entidade independente na economia. Contudo, eles trabalham em todos os níveis da cadeia de valor e colaboram de perto com *stakeholders* externos. A passagem da otimização operacional para a transformação organizacional exige uma mudança de mentalidade radical, de fazer as coisas de forma melhor para fazer coisas novas.	Novos produtos disruptivos que mudam os hábitos de consumo (como um fogão de acampamento que transforma qualquer biomassa em uma fonte de calor hipereficiente e cujas vendas subsidiam modelos mais baratos, a serem distribuídos em países em desenvolvimento) Novos produtos disruptivos que beneficiam as pessoas (como tomógrafos computadorizados portáteis, de alta durabilidade e com funcionalidade mínima, tornando-os úteis e acessíveis para provedores de serviços de saúde nos países em desenvolvimento) Substituição de produtos por serviços (ex.: alugar e fazer manutenção em tapetes por um período específico em vez de vendê-los) Introdução de serviços de compartilhamento de automóveis e bicicletas em centros urbanos para reduzir a poluição causada pela propriedade individual de veículos e aumentar o nível geral de mobilidade Substituição de serviços físicos por serviços eletrônicos (ex.: reduzir o consumo de papel com o envio de contas por meios eletrônicos e não pelo correio) Serviços com benefícios sociais (ex.: um aplicativo de smartphone que distribui cupons para uso em lojas locais para quem faz doações para a caridade)

INOVAÇÃO EM AÇÃO 4.3

Inovação guiada pela sustentabilidade na Philips

A Philips é uma multinacional holandesa fundada em 1891 que hoje opera em mais de 100 países e emprega 118mil pessoas. A empresa tem um comprometimento de longa data com os princípios da sustentabilidade; por exemplo, no início do século XX, os funcionários da Philips recebiam benefícios na forma de educação, moradia e pensões. A empresa também teve participações importantes em diversas iniciativas internacionais de sustentabilidade; no início dos anos 1970, a Philips participou do diálogo sobre "Os Limites do Crescimento" do Clube de Roma, e em 1974 estabeleceu a primeira função ambiental corporativa. Em 1992, a Philips foi uma de 29 multinacionais a participar do Conselho Empresarial Mundial para o Desenvolvimento Sustentável, que desenvolveu a "Visão 2050", um mapa para o desenvolvimento futuro em busca de uma posição mais sustentável.

A empresa lançou seus próprios programas "EcoVision" em 1998 para definir metas corporativas relativas à sustentabilidade, com as primeiras metas de inovação verde introduzidas em 2007, no EcoVision4. Em paralelo, em 2003, o Relatório Ambiental Philips (primeira edição em 1999) foi expandido e passou a ser o Relatório de Sustentabilidade, e em 2009 foi integrado ao Relatório Anual Philips, sinalizando que a sustentabilidade é uma parte integrada e essencial das práticas de negócio da empresa.

O programa EcoVision5 da Philips para 2010–2015 estabelece metas concretas para inovação sustentável:

- Levar serviços a 500 milhões de pessoas.
- Melhorar a eficiência energética do nosso portfólio geral em 50%.
- Dobrar a quantidade de materiais reciclados nos nossos produtos e dobrar também a coleta e reciclagem de produtos Philips.

Assim como muitas outras empresas que existem há bastante tempo, a Philips ajustou sua abordagem à inovação diversas vezes, antecipando grandes mudanças sociais. Nas últimas décadas, isso levou à abertura de um Laboratório de Experiências em Eindhoven e à extensão do processo tradicional de criação de produtos baseada em tecnologias para abranger a inovação baseada no usuário final. A "inovação aberta" também mudou o modo como a empresa trabalha: no final dos anos 1990, os antigos Laboratórios de Pesquisa foram transformados no Campus de Alta Tecnologia, um local cheio de energia e que hoje hospeda mais de 80 entidades corporativas de fora da Philips. Durante a última década, o foco foi "de dentro para fora", com base em parcerias, incubação e spin-off e ênfase na cocriação de soluções de sistemas sustentáveis.

Com o EcoVision4, a Philips introduziu uma meta de inovação verde, investindo €1 bilhão no desenvolvimento de produtos e processos verdes. Estes são definidos como ofertas com melhorias ambientais significativas em uma ou mais "Áreas Focais Críticas Verdes": eficiência energética, embalagem, substâncias nocivas, peso, reciclagem

(Continua)

e resíduos e confiabilidade de longo prazo. Em 2010, os produtos verdes representavam 37,5% das vendas da Philips, e a meta para 2015 era de 50%.

A divisão de Estilo de Vida do Consumidor, por exemplo, lançou recentemente os primeiros produtos inspirados pelo conceito de **cradle-to-cradle** (C2C), como o aspirador de pó Performer EnergyCare, feito 50% de plásticos pós-industriais e 25% de bioplásticos. É um aparelho de eficiência energética enorme, mas sua designação como produto verde ocorre principalmente por ter um escore altíssimo na área focal da reciclagem.

Outro exemplo é a premiada TV de LED Canova. Essa TV de LED de alto desempenho consome 60% menos energia do que a sua predecessora. Até o controle remoto é eficiente, sendo alimentado por energia solar. Além disso, o aparelho não usa PVC ou retardantes de chamas bromados, e 60% do alumínio na TV é reciclado.

Para mais informações, visite: http://www.philips.com/about/sustainability/index.page

O Passo 3 é a **construção de sistemas**, basicamente a alteração do sistema, coevoluindo soluções com diferentes *stakeholders* para criar novas alternativas sustentáveis. A Tabela 4.4 explora a ideia em mais detalhes.

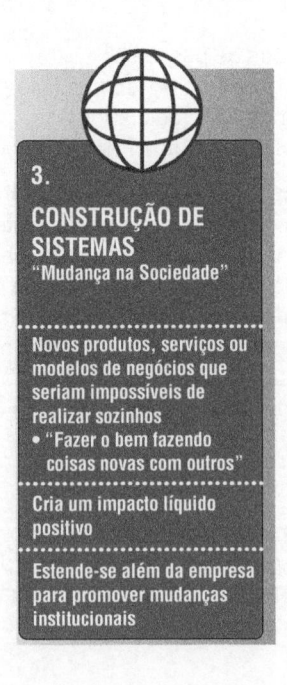

3. CONSTRUÇÃO DE SISTEMAS
"Mudança na Sociedade"

- Novos produtos, serviços ou modelos de negócios que seriam impossíveis de realizar sozinhos
  - "Fazer o bem fazendo coisas novas com outros"
- Cria um impacto líquido positivo
- Estende-se além da empresa para promover mudanças institucionais

TABELA 4.4	Construção de sistemas	
Definição	**Características**	**Exemplos**
As colaborações interdependentes entre muitas organizações diferentes entre si que criam impactos positivos para pessoas e para o planeta	Os construtores de sistemas veem a sua atividade econômica como sendo parte da sociedade, não algo separado dela. Individualmente, quase todas as organizações são insustentáveis. Na sua coletividade, entretanto, os sistemas podem sustentar uns aos outros. Os construtores de sistemas estendem seu pensamento além dos limites da organização para incluírem parceiros de áreas ou setores sem relações anteriores. Como o conceito da construção de sistemas reflete um paradigma econômico heterodoxo, poucas organizações ou indústrias ocupam esse campo. A passagem da transformação organizacional para a construção de sistemas exige uma mudança de mentalidade mais radical, de fazer coisas novas e atender novos mercados para pensar além da empresa.	Simbiose industrial: organizações diferentes cooperam para criar uma "economia circular", na qual os resíduos de uma empresa são os recursos de outra (ex.: uma empreiteira usa os resíduos de vidro de outras empresas, com sinergias que levam a benefícios ambientais e econômicos para todas). B Corporations: inventadas nos Estados Unidos, mas hoje presentes em dezenas de países ao redor do mundo, B Corporations são organizações legalmente obrigadas a criar benefícios para a sociedade. Exemplos famosos incluem a fabricante de sorvetes Ben & Jerry's, a plataforma de e-commerce Etsy e os fabricantes de produtos de limpeza Method e Seventh Generation.

INOVAÇÃO EM AÇÃO 4.4

Uma rede de inovação ambiental para a IKEA

O catálogo da IKEA tem uma das mais altas circulações do mundo, com uma impressão anual de mais de 100 milhões de unidades, sendo necessárias 50 mil toneladas de papel de alta qualidade por ano. Entretanto, nos anos 1990, houve crescentes preocupações ambientalistas em relação ao descarte de compostos de cloro oriundos dos processos usados para produzir o papel de alta qualidade próprio desses materiais promocionais, bem como em relação à questão mais geral de reciclagem de papel. Em resposta a essas considerações a IKEA introduziu em 1992 dois novos objetivos na produção de seu catálogo: a impressão em papel totalmente livre de cloro (TLC) e a inclusão de uma alta percentagem de papel reciclado.

Esses objetivos, porém, exigiram inovação. Na época, não existia tal tipo de papel, e os fornecedores da indústria dominante acreditavam que a combinação de ausência de cloro e altas taxas de polpa reciclada era algo impossível. Para produzir papel

(Continua)

brilhoso adequado para a impressão do catálogo, era preciso um mínimo de 50% de polpa branqueada por dióxido de cloro. O cloro era usado como agente alvejante para papel de qualidade há 50 anos. Além disso, esse tipo de papel de catálogos consistia em uma base de papel muito fina coberta com argila, o que tornava a inserção da fibra reciclada muito difícil. O gerente de P&D da fábrica Svenka Cellulosa Aktiebolaget (SCA), um dos maiores produtores europeus de papel de alta qualidade, afirmou que "as exigências de qualidade e o grande volume de substâncias de recheio é a principal razão para que o uso de fibra reciclada não seja realístico nem necessário." A SCA reforçou tal opinião com a decisão de construir uma nova fábrica, ao custo de 2,4 bilhões de coroas suecas (£200 milhões) para produzir papel couché de alta qualidade convencional. Naquela época, a SCA não era fornecedora da IKEA.

Na Suécia, a fabricante de papel Aspa trabalhava com a empresa de produtos químicos Eka Nobel para desenvolver um processo de clareamento ambientalmente aceitável, com menos resíduos nocivos, mas ainda se baseava em dióxido de cloro e não conseguia alcançar a textura e o brilho necessários para ser utilizado como papel de alta qualidade, sendo comercializado como "semialvejado". Atendendo à demanda de clientes por um autêntico produto TLC, incluindo uma solicitação de papel TLC do grupo Greenpeace para a publicação de seu boletim informativo, a Aspa foi forçada a desenvolver um produto estável e com abastecimento garantido. Nesse ponto, a companhia de polpa e fibra Södra Cell envolveu-se e identificou a necessidade de alcançar brilho completo para consolidar o mercado de papel TLC. A Södra trabalhou com a companhia alemã Kværner para desenvolver um processo de clareamento alternativo, mas igualmente eficiente, e a Kværner iniciou um projeto de pesquisa com clareamento por ozônio com a Lenzing e a Stora Billerud. O processo de clareamento por ozônio foi adaptado de um processo consolidado de purificação de água com o auxílio da AGA Gas. Entretanto, o uso de ozônio em lugar de cloro para clarear exigia o aperfeiçoamento da qualidade da polpa de madeira; assim, o sistema de produção teve de ser alterado para garantir que a madeira fosse mais bem escolhida e estivesse disponível poucas semanas após a colheita. Para melhorar o brilho e a textura do papel, as impurezas na polpa de papel reciclado destintado tiveram de ser reduzidas, o que exigiu um novo processo de lavagem. As mudanças na química da polpa reduziram subsequentemente a textura do papel, o que determinou alterações no processo de produção. Os processos de impressão também tiveram de ser adaptados às características do novo papel. De início, a Södra Cell forneceu o novo produto para a SCA por meio de seu relacionamento com a Aspa, mas também para o produtor de papel italiano Burgo, que era o responsável pelo fornecimento de papel para o catálogo da IKEA.

Desse modo, a organização evoluiu para além de um simples relacionamento de suprimento industrial e passou para uma rede de inovação que incluía clientes, gráficas, fabricantes de papel, produtores de fibra e polpa, empresas de silvicultura, institutos de pesquisa e grupos de *lobby* ambiental em muitos países diferentes. Ao mesmo tempo, a pretendida inovação se alterou de um papel TLC de alta qualidade, revestido por argila, para uma polpa TLC sem revestimento e fresca, com 10% de produto de polpa reciclada destintada.

Fonte: Derivado de Hakansson, H. and A. Waluszewski (2003) *Managing Technological Development: IKEA, the Environment and Technology*, London: Routledge.

O modelo completo fica assim:

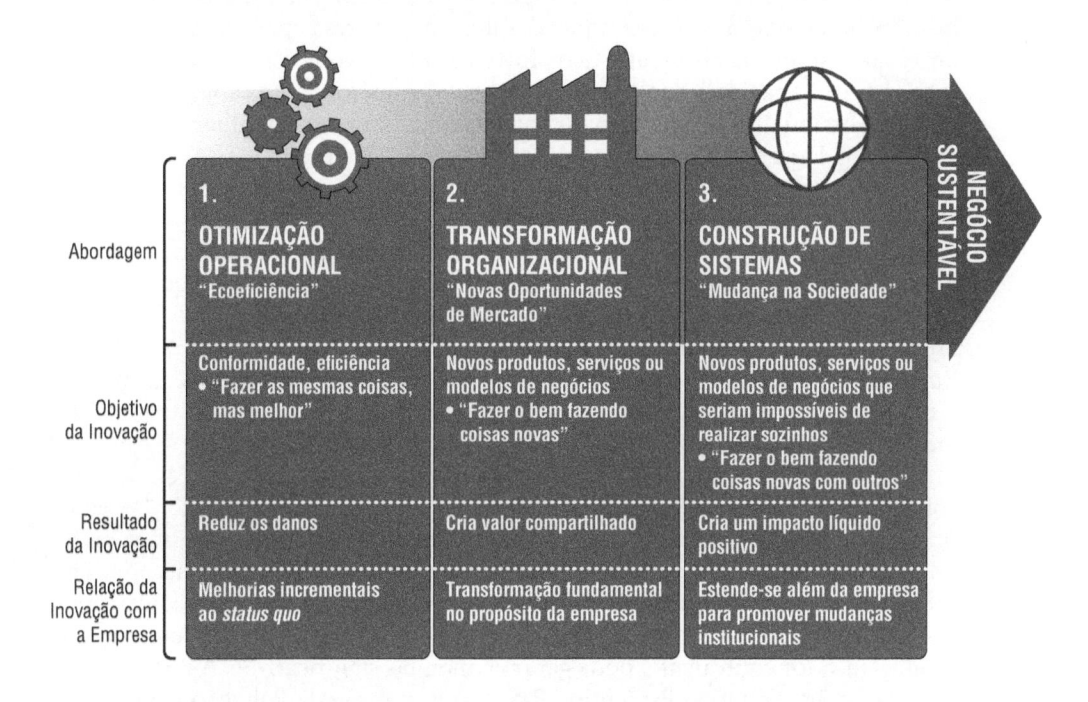

Abordagem	1. OTIMIZAÇÃO OPERACIONAL "Ecoeficiência"	2. TRANSFORMAÇÃO ORGANIZACIONAL "Novas Oportunidades de Mercado"	3. CONSTRUÇÃO DE SISTEMAS "Mudança na Sociedade"	NEGÓCIO SUSTENTÁVEL
Objetivo da Inovação	Conformidade, eficiência • "Fazer as mesmas coisas, mas melhor"	Novos produtos, serviços ou modelos de negócios • "Fazer o bem fazendo coisas novas"	Novos produtos, serviços ou modelos de negócios que seriam impossíveis de realizar sozinhos • "Fazer o bem fazendo coisas novas com outros"	
Resultado da Inovação	Reduz os danos	Cria valor compartilhado	Cria um impacto líquido positivo	
Relação da Inovação com a Empresa	Melhorias incrementais ao *status quo*	Transformação fundamental no propósito da empresa	Estende-se além da empresa para promover mudanças institucionais	

Gerenciando o processo de inovação para sustentabilidade

Não faltam conversas sobre a necessidade de inovação em busca de sustentabilidade, mas não há muita clareza sobre *como* esse processo pode ser gerenciado. O que essas mudanças significam para o processo de inovação? Como a consideração sobre sustentabilidade altera as rotinas que implementamos para a gestão da inovação? Os nossos modelos atuais para lidar com o processo são suficientes? Ou a natureza e o ritmo das mudanças serão tão disruptivos que é preciso adotar abordagens radicalmente novas? Quais tipos de ecossistemas de inovação poderão surgir e como os participantes atuais se posicionam dentro deles? Que oportunidades existem para os empreendedores e como eles podem enquadrar suas atividades de modo a acompanhar as mudanças radicais? Que novas habilidades serão necessárias dentro das nossas organizações e entre elas? Quais ferramentas, técnicas e abordagens nos ajudarão a equipar participantes tradicionais e novos entrantes a administrar de forma eficaz? Diante de mudanças radicais, o que precisamos fazer mais, menos ou diferente para gerenciar a inovação.

Nós sugerimos que a IGS destaca mais uma vez o desafio da "capacidade dinâmica", pois força as empresas a aprenderem novas abordagens e a abandonarem antigas em torno das questões fundamentais de busca, seleção e implementação.

Por sua própria natureza, a IGS envolve trabalhar com diferentes componentes de conhecimento, como novas tecnologias, novos mercados, novas condições ambientais ou regulatórias e assim por diante, e as empresas precisam desenvolver uma "capacidade de absorção" mais forte para lidar com isso. Em especial, elas precisam de capacidades (além de ferramentas e métodos de capacitação) para adquirir, assimilar e explorar novos conhecimentos e para trabalhar no nível dos sistemas. A Figura 4.2 apresenta um mapa simples do desafio.

A Zona 1 trata basicamente de explorar conhecimentos existentes e melhorar eficiências em torno da pauta da sustentabilidade. A Zona 2 é onde as ideias de "transformação organizacional" ganham forma à medida que as oportunidades da IGS se tornam evidentes. O grande desafio da IGS vem do "reenquadramento" para levar em conta os muitos elementos diferentes nesse espaço e repensar a arquitetura de conhecimento fundamental na organização para ser trabalhada. Em especial, à medida que passamos para o nível da mudança sistêmica, é preciso trabalhar de forma interativa com múltiplos *stakeholders*, basicamente um sistema complexo no qual o modelo é a coevolução de soluções.

Já a zona 3 está associada com o conceito de **ecoeficiência**, que envolve encontrar maneiras novas e mais eficientes de "fazer mais com menos".[10] A ecoeficiência, com seus famosos "3 Rs" (reduzir, reutilizar, reciclar), tem suas raízes no início da industrialização, mas hoje está sendo amplamente adotada por empresas. A redução da pegada de carbono usando melhorias na cadeia logística ou a adoção de produtos e serviços com menos uso de energia ou recursos, mas que produzem valor equivalente, pode gerar economias significativas. A 3M e os seus programas 3P (Pollution Prevention Pays, ou Prevenção da Poluição Compensa), por exemplo, poupou quase 1,4 bilhão de dólares durante um período de 34 anos e impediu que milhares de toneladas de poluentes fossem lançados no meio ambiente. Uma das instalações da Alcoa na França conseguiu reduzir em 85% o seu consumo de água, levando a uma redução anual de US$40 mil em custos operacionais.[11]

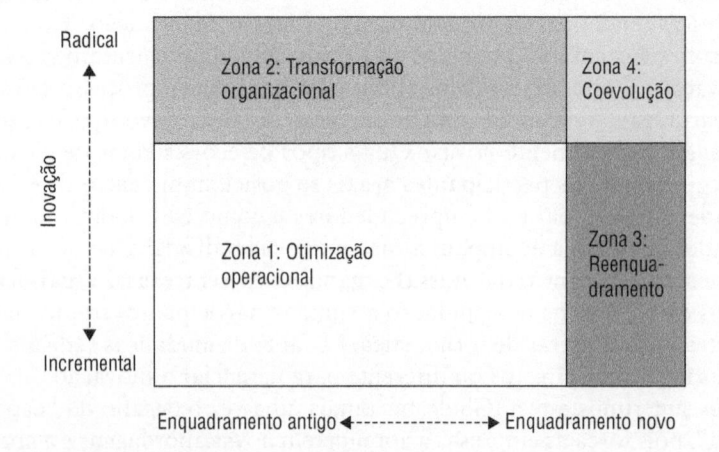

FIGURA 4.2 Desafios da inovação guiada pela sustentabilidade.

A Zona 4 envolve um "pensamento sistêmico" significativo em torno de soluções emergentes e radicalmente diferentes. Essas inovações sistêmicas têm a capacidade de gerar impactos ambientais e sociais positivos, não simplesmente minimizar os negativos, o que representa uma transição da ecoeficiência para a "ecoeficácia". Um aspecto disso é o envolvimento de múltiplos participantes que tradicionalmente não trabalham juntos para cocriar mudanças em nível sistêmico. A Grameen Shakti, por exemplo, uma iniciativa de energia renovável rural em Bangladesh, promove colaboração entre o setor de microfinanças, fornecedores de equipamentos de energia solar e consumidores, o que permite que milhões de famílias pobres sejam levadas a novos sistemas de energia. A iniciativa gera novas oportunidades de emprego, aumenta a renda em zonas rurais, confere poder às mulheres e reduz o uso de querosene, causador de poluição ambiental. A Grameen Shakti é a maior empresa de energia renovável do mundo e a que cresce mais rapidamente.[12]

INOVAÇÃO EM AÇÃO 4.5

Inovação guiada pela sustentabilidade na Novo Nordisk

A Novo Nordisk, uma importante empresa farmacêutica da Dinamarca, utiliza um programa baseado em cenários que abrange toda a empresa e explora futuros radicais em torno do seu negócio fundamental. O processo "Diabetes 2020", por exemplo, envolvia o vislumbre de cenários alternativos radicais para o tratamento de doenças crônicas e as funções que uma entidade como a Novo Nordisk poderia desempenhar. Durante o seguimento dessa iniciativa, em 2003, a empresa ajudou a criar a Oxford Health Alliance, uma entidade colaborativa sem fins lucrativos que reunia *stakeholders* importantes (pesquisadores em medicina, médicos, pacientes, representantes governamentais) com visões e perspectivas que podiam ser bastante distantes. Para transformar isso em realidade, a Novo Nordisk deixou claro que o seu objetivo era simplesmente prevenir ou curar a diabetes; um objetivo que, se realizado, poderia destruir a principal linha de negócios da empresa. Como explica Lars Rebien Sørensen, CEO da Novo Nordisk:

> Ir da intervenção à prevenção: isso é desafiar o modelo de negócio que rende à indústria farmacêutica seu faturamento! (...) Acreditamos que podemos enfrentar algumas das grandes ameaças globais à saúde, sobretudo a diabetes, e, ao mesmo tempo, gerar oportunidades de negócio para nossa empresa.

O Plano de Vida Sustentável da Unilever, baseado em parcerias com múltiplos *stakeholders*, incluindo fornecedores, ONGs e consumidores, pretende criar um futuro melhor, no qual bilhões de pessoas possam melhorar a sua qualidade de vida sem aumentar seu impacto ambiental. O novo plano é estimular a inovação, gerar mercados e poupar dinheiro.

As inovações podem surgir de parcerias inusitadas entre setores. A GreenZone, em Umea, Suécia, por exemplo, projetada pelo arquiteto Anders Nyquist, é um dos primeiros exemplos de planejamento holístico. Ela envolve um bloco de empresas interconectadas, incluindo uma concessionária, um posto de gasolina, um lavagem de automóveis e uma lanchonete fast food. Os prédios são interligados, o que permite a reciclagem e o compartilhamento de calor.

A Tabela 4.5 destaca alguns dos desafios emergentes para rotinas de gestão da inovação à medida que as organizações ingressam no espaço da sustentabilidade.

TABELA 4.5 Principais desafios de gestão da inovação associados com a inovação guiada pela sustentabilidade

Atividade de inovação	Desafios nas zonas 3 e 4
Busca	Visão periférica: buscas em campos em que há pouca familiaridade (setores, tecnologias, mercados, etc.)
	Reenquadramento
	Encontrar, formar e realizar novas redes
Seleção	Alocação de recursos sob alta incerteza
	Dissonância cognitiva
	Não inventado aqui
Implementação	Mobilização interna: novas habilidades, estruturas, etc.
	Superar o abismo e o problema da difusão
	Novo linguajar apropriado
Estratégia de inovação	Necessidade de uma estrutura clara na qual situar a busca, seleção e implementação, um "mapa para o futuro"
	Novo paradigma corporativo: critérios baseados em sustentabilidade (pessoas, lucro, planeta, etc.)

Inovação responsável

Uma mensagem desse tema da IGS é que precisaremos analisar algumas das perguntas que fazemos durante o nosso processo de inovação. Em especial, na fase de "seleção", quais critérios usaremos para garantir que vale a pena desenvolver o projeto? É preciso refletir com cuidado se devemos ou não levar possíveis ideias de inovação adiante, mas as estruturas teóricas atuais para a seleção de projetos de inovação se concentram principalmente nos riscos e recompensas. No setor público, uma preocupação adicional é o tema da "confiabilidade": as mudanças que introduzimos afetarão nossa capacidade de prestar serviços públicos dos quais as pessoas dependem, como saúde e educação? Neste capítulo, entretanto, vimos que hoje há outras perguntas urgentes que precisam entrar no nosso processo de decisão, envolvendo a questão da sustentabilidade e do impacto mais amplo.

É interessante notar que a boa parte da tradição de pesquisas acadêmicas e voltadas a políticas públicas no campo da inovação evoluiu em torno dessas preocupações, seguindo o movimento de "ciência e sociedade" na década de 1970. Isso levou ao estabelecimento de grandes institutos, como a unidade de Pesquisas sobre Políticas de Ciência da Universidade de Sussex. Sua preocupação – e as muitas ferramentas que desenvolveram – segue sendo a de questionar o processo de inovação e, em especial, questionar as metas sendo buscadas.

Apesar da indústria farmacêutica mundial, por exemplo, ter obtido grandes conquistas na melhoria da saúde por meio de um processo de inovação altamente eficiente, ela gera certas perguntas. Evidências sugerem que 90% dos seus esforços de inovação se dedicam às preocupações dos 10% mais ricos da população mundial. Perguntas semelhantes podem ser feitas sobre os sistemas de inovação, que podem produzir eletroeletrônicos incríveis, mas não conseguem levar saneamento ou acesso a atendimento médico básico às populações mais pobres.

A questão é que, apesar das boas intenções de empresas e pesquisadores individuais, a inovação pode ser irresponsável em algumas situações. Produtos como o inseticida DDT (desenvolvido como uma ferramenta poderosa para o controle de pragas) ou o medicamento talidomida (que combate a náusea) acabaram tendo consequências negativas imprevistas bastante graves. Em outros casos (como a doença da vaca louca), a busca pela inovação sem proteções adequadas ou questionamentos ativos leva a grandes crises. Uma das maiores causas da crise financeira mundial, e todo o sofrimento que ela causou, foi a inovação financeira irresponsável, e às vezes até negligente, em termos de técnicas e ferramentas. E os debates atuais sobre alimentos transgênicos e o reinvestimento em energia nuclear para lidar com a escassez energética nos lembram sobre a necessidade de questionar a inovação.

Por esses motivos, há um interesse cada vez maior pelo desenvolvimento de estruturas teóricas que suscitem uma série de perguntas sobre "responsabilidade" para o processo de inovação e garantam uma reflexão adequada em torno de programas que promovem grandes mudanças.[13]

Resumo do capítulo

- A sustentabilidade está se tornando um fator importante na inovação, o que representa tanto uma ameaça significativa quanto uma fonte de oportunidades.
- A inovação guiada pela sustentabilidade (IGS) envolve mudanças em todo o "espaço de inovação", incluindo produtos/serviços, processos, posições e paradigmas.
- A IGS pode envolver melhorias incrementais ("fazer melhor") e mudanças mais radicais. Nós exploramos um modelo de três níveis que divide a natureza da IGN em três áreas:
  o Otimização operacional
  o Transformação organizacional
  o Construção de sistemas.
- A IGS representa desafios para todo o modelo de processo da inovação: como a buscamos, selecionamos e implementamos. Em especial, trabalhar nos níveis mais elevados do modelo, em busca da transformação organizacional e da construção de sistemas, exige o desenvolvimento de novas rotinas.
- Parte do desafio de capacidade dinâmica em lidar com a IGS é introduzir alguns elementos de uma estrutura de **inovação responsável** ao nosso processo de tomada de decisão em torno da seleção e implementação de inovações.

Glossário

Conformidade A exigência de que as organizações obedeçam a uma gama cada vez mais ampla em termos de emissões, pegada de carbono, reciclagem de materiais, etc.

Construção de sistemas As colaborações interdependentes entre muitas organizações distintas que criam impactos positivos para pessoas e para o planeta.

Cradle-to-cradle Uma abordagem a produtos sustentáveis que busca reutilizar materiais componentes e reciclagem ao máximo.

Ecoeficiência Aprimoramento de produtos, serviços ou processos que melhoram uma ou mais dimensões do seu impacto ecológico.

Inovação responsável Uma abordagem que analisa as consequências mais amplas das decisões sobre inovação e tenta antever os impactos negativos.

Otimização operacional Conformidade com regulamentações ou desempenho otimizado pelo aumento da eficiência.

Transformação organizacional A criação de novos produtos e serviços, que muitas vezes causam disrupções, ao se vislumbrar uma oportunidade de mercado na sustentabilidade.

Questões para discussão

1. Foi solicitado que você desenvolva uma estratégia de inovação guiada pela sustentabilidade para a sua empresa, uma fabricante de brinquedos. Usando o modelo estrutural deste capítulo, descreva como você faria isso.
2. Usando exemplos de inovações que podem ter tido consequências negativas inesperadas, descreva quais fatores você integraria a essa estrutura para garantir uma "inovação responsável".
3. Onde o espaço de sustentabilidade poderia abrir novas oportunidades para um empreendedor? E quais seriam os desafios para explorar essas oportunidades?
4. Como uma organização poderia obter uma vantagem competitiva ao seguir uma estratégia de inovação guiada pela sustentabilidade? Apresente exemplos para apoiar sua resposta.

Fontes e leituras recomendadas

Para uma introdução geral às principais questões sobre o desenvolvimento sustentável, nosso texto preferido é *The Principles of Sustainability*, de Simon Dresner (Earthscan, 2002). Diferentemente da maioria das obras sobre o assunto, o tratamento é bem-equilibrado e inclui até mesmo um pouco de humor. *An Introduction to Sustainable Development*, de Jennifer Elliot (Routledge, Londres, 2nd edn, 2005), possui uma abordagem acadêmica convencional e concentra-se em implicações para as nações em desenvolvimento. Contudo, nenhum dos dois é profundo com relação a conexões entre sustentabilidade e inovação. A edição especial do *International Journal of Innovation Management* (2002), **6** (3), sobre Inovação para Sustentabilidade, é um bom começo e foi organizada por dois dos principais acadêmicos da área, Frans Berkhout e Ken Green. Richard Adams e seus colegas conduziram uma revisão detalhada da literatura para o relatório da NBS que contém uma ampla quantidade de recursos úteis.[14]

The Natural Advantage of Nations: Business Opportunities, Innovations e Governance in the 21st Century, de Amory B. de Amor(Earthscan Publications, 2005), é uma coleção de ensaios escritos por autores líderes, incluindo Michael Porter, e trata dos negócios para o desenvolvimento sustentável, incluindo mudança tecnológica, estrutural e social. O livro também possui um site útil. *Sustainable Business Development: Inventing the Future through Strategy, Innovation, and Leadership*, de David L. Rainey (Cambridge University Press, 2006) oferece uma análise prática do que é o desenvolvimento de negócio sustentável e como as empresas o realizam, e inclui muitos estudos de caso dos Estados Unidos, Europa, países do Pacífico e da América do Sul. *Sustainable Innovation: The Organizational, Human and Knowledge Dimension*, de René J. Jorna (Greenleaf Publishing, 2006) é um livro mais teórico e filosófico.

A inovação responsável é um tema que atrai interesse crescente e o livro editado por Richard Owen e seus colegas sobre o tema, *Responsible innovation* (John Wiley & Sons Ltd, 2013), é um bom ponto de partida para explorar esse tema.

Referências

1. WWF (2010) *Living Planet Report 2010: Biodiversity, Biocapacity and Development*, Gland, Switzerland: WWF International.
2. Brown, L. (2011) *World on the Edge: How to Prevent Environmental and Economic Collapse*, New York: Norton.
3. Heinberg, R. (2007) *Peak Everything: Waking up to the Century of Decline in Earth's Resources*, London: Clairview.
4. PricewaterhouseCoopers (2010) *Green Products: Using Sustainable Attributes to Drive Growth and Value*, http://www.pwc.com/us/en/corporate-sustainabilityclimatechange/assets/green-products-paper.pdf, acessado em 20 de dezembro de 2014.
5. UNEP (2011) *Towards a Green Economy: Pathways to Sustainable Development and Poverty Eradication*, 2011, United Nations Environment Programme: Online version http://hqweb.unep.org/greeneconomy/Portals/88/documents/ger/GER_ synthesis_en.pdf, acessado em 20 de novembro de 2014.
6. WBCSD (2010) *Vison 2050*, Geneva: World Business Council for Sustainable Development.
7. Nidumolo, R., C. Prahalad and M. Rangaswami (2009) Why sustainability is now the key driver of innovation, *Harvard Business Review*, **September**: 57–61.
8. Meadows, D. and J. Forrester (1972) *The Limits to Growth*, New York: Universe Books.
9. Adams, R., S. Jeanrenaud, J. Bessant *et al.* (2012) *Innovating for sustainability: A guide for executives*, London, Ontario, Canada: Network for Business Sustainability.
10. WBCSD (2000) *Eco-efficiency: Doing More with Less*, Geneva: World Business Council for Sustainable Development.
11. Senge, P., B. Smith, N. Kruschwitz, *et al.* (2008) *The Necessary Revolution: How Individuals and Organizations Are Working Together to Create a Sustainable World*, New York: Doubleday.
12. Shakti, G. (2011) *Grameen Shakti*, www.gshakti.org, acessado em 20 de dezembro de 2014.
13. Owen, R., J. Bessant and M. Heintz (eds) (2013) *Responsible Innovation*, Chichester: John Wiley & Sons Ltd.
14. Adams, R., S. Jeanrenaud *et al.* (2013) *Sustainability-oriented Innovation: A Systematic Review of the Literature*, Ottawa, Canada: Network for Business Sustainability.

Parte II

Reconhecer a oportunidade

Ideias inovadoras podem surgir de uma ampla gama de fontes e situações: da inspiração, da transferência de outro contexto, de escutar as necessidades dos clientes, de pesquisa de ponta ou da combinação de ideias já existentes em algo novo. E elas podem surgir a partir da construção de modelos alternativos para o futuro e da exploração de opções abertas dentro desses mundos alternativos. Mas, para ter sucesso, é preciso estruturar formas ricas e variadas de captação de sinais iniciais que propiciem oportunidades de variação interessantes. O que distingue os empreendedores individuais de sucesso muitas vezes é essa capacidade de enxergar a oportunidade crucial em meio à floresta de possibilidades.

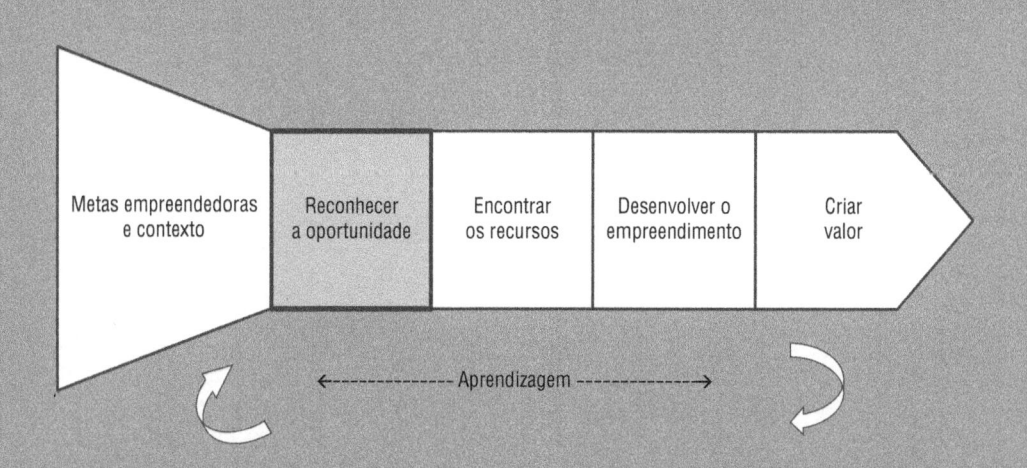

| Metas empreendedoras e contexto | Reconhecer a oportunidade | Encontrar os recursos | Desenvolver o empreendimento | Criar valor |

←-------- Aprendizagem --------→

Capítulo

5

Criatividade empreendedora

OBJETIVOS DE APRENDIZAGEM

Depois de ler este capítulo, você compreenderá:

- a natureza da criatividade e o processo criativo;
- as muitas maneiras diferentes de aplicar a criatividade para a inovação;
- as principais influências sobre a criatividade e a capacidade de expressá-la;
- ferramentas para facilitar a criatividade e desenvolver habilidades na sua utilização.

Introdução

Feche os olhos e imagine alguém sendo criativo. O que você está vendo? Você provavelmente começou a imaginar um pintor, talvez um compositor, ou então um escultor ou poeta labutando com a imaginação. Ou quem sabe foi um cientista louco, um professor maluco de cabelo branco, com vestimentas questionáveis e uma mente brilhante, trabalhando em soluções para os problemas do universo?

Essas imagens comuns nos lembram que tendemos a pensar na criatividade como algo especial, muito importante nos mundos da arte e da ciência, mas, por algum motivo, também com o domínio de indivíduos raros e excepcionais, que trabalham por conta própria. A realidade é um pouco diferente: o que sabemos sobre a criatividade é que todo mundo é capaz de exercê-la e que ela pode ser desenvolvida e aplicada de diversas formas. É uma parte essencial dos seres humanos, algo que vem evoluindo conosco há milênios.

No começo, era uma questão de sobrevivência: quem não conseguia imaginar a solução para um problema (como um predador se aproximando) não durava muito! Lidar com a luta diária por sobrevivência nos forçava a inovar, e o segredo disso era a capacidade de imaginar e explorar diferentes possibilidades.

Hoje em dia, estamos mais preocupados com criar valor, seja ele comercial ou social, mas a habilidade fundamental continua a ser a de encontrar, explorar e resolver problemas e mistérios, e é aí que entra a criatividade. Não importa se somos empreendedores solitários abrindo uma nova empresa ou membros de uma equipe cuja missão é ajudar a organização a pensar diferente, o principal recurso de que precisamos é algo que já temos: a criatividade.

O desafio está em encontrar maneiras de mobilizá-la e aplicá-la, e ser capaz de repetir o feito. Este capítulo analisa a natureza da criatividade e explora como podemos usar nosso entendimento crescente sobre o processo criativo para fortalecer nossa capacidade de inovar em diversos contextos diferentes.

O que é criatividade?

O *Oxford English Dictionary* define **criatividade** como "o uso da imaginação ou de ideias originais para criar algo", e esse é um bom ponto de partida. Ideias brilhantes são o combustível da inovação, então vale a pena entender como as inventamos. Pesquisas sobre criatividade são abundantes e a boa notícia é que temos um entendimento cada vez melhor sobre como ela opera e como podemos ajudá-la a funcionar.

Associações

Sabemos, por exemplo, que ela envolve o cérebro fazendo associações, muitas vezes entre elementos que até então jamais haviam sido interligados. É por isso que sonhar acordado ou ter ideias durante o sono é uma parte tão importante de diversas histórias, pois nesses momentos o inconsciente consegue relaxar e estabelecer ligações inesperadas.

INOVAÇÃO EM AÇÃO 5.1

O DNA do inovador

Uma pesquisa da Harvard Business School analisou o comportamento de 3 mil executivos durante um período de seis anos e identificou cinco habilidades de "descoberta" importantes para inovadores:[1]

- associação;
- questionamento;
- observação;
- experimentação;
- formação de redes.

O fator mais poderoso para a inovação foi a associação, ou seja, fazer ligações entre "questões, problemas ou ideias aparentemente sem relação entre si".

Mas ideias radicais e conexões aparentemente aleatórias não são tudo. A criatividade é a capacidade de produzir trabalhos ao mesmo tempo inéditos e *úteis*. É uma atividade com propósito, com um alvo em mente. A jornada até ela pode exigir um espírito lúdico, mas o objetivo final é sério.

Incremental e radical

Também vale a pena lembrarmos o que queremos dizer por "algo de novo". Podemos imaginar graus de novidade, desde insights radicalmente novos e lampejos de inspiração inéditos no mundo até melhorias muito mais básicas ao que já temos. Como vimos no Capítulo 1, a inovação corresponde a esse espectro, e quase toda ela ocorre no lado incremental.

A criatividade é uma questão de avançar para novas ideias radicais, novas formas de enfocar o problema e novas direções para resolvê-lo. Mas ela também é o trabalho difícil de polir e refinar essas ideias revolucionárias, de consertar falhas e resolver problemas para fazê-las funcionar. O padrão da inovação é o de lampejos de inspiração ocasionais seguidos de longos períodos de melhoria incremental em torno dessas ideias revolucionárias. A criatividade é importante durante todo esse processo.

Pensamento divergente e convergente

Muitos estudos sobre criatividade analisaram dois modos de pensamento diferentes: o convergente e o divergente. O **pensamento convergente** diz respeito ao foco, a identificar a "melhor" resposta, enquanto o **pensamento divergente** envolve fazer associações, muitas vezes explorando as margens do problema. Há alguns exemplos de problemas que apresentam uma única "melhor" resposta e que exigem uma abordagem convergente, mas a maioria exige um misto das duas habilidades mentais. Precisamos do pensamento divergente para abri-los, explorar suas dimensões e criar novas associações, e precisamos do pensamento convergente para enfocar, refinar e melhorar a solução mais útil para um determinado contexto.

Raciocínio com os hemisférios esquerdo e direito do cérebro

Outra parte fundamental do quebra-cabeças é o modo como nossos cérebros operam. O cérebro é composto de dois hemisférios conectados, e os cientistas sabem há bastante tempo que diferentes partes da função cerebral estão relacionadas com essas diferentes áreas. Trabalhos originais conduzidos nos anos 1960 pelo vencedor do Prêmio Nobel Roger Sperry e seus colegas (e confirmados por técnicas de neuroimagem mais recentes) demonstram que o hemisfério esquerdo está particularmente associado a atividades como linguagem e cálculo. O nosso "cérebro esquerdo" parece estar particularmente associado ao que poderíamos chamar de processamento "lógico", mas o papel do "cérebro direito" por muito tempo foi muito mais obscuro. Aos poucos, foi ficando evidente que ele está envolvido com associações, padrões e laços emocionais; indivíduos com lesões no hemisfério direito muitas vezes são incapazes de entender humor ou de se emocionar com pinturas ou músicas. Nossa capacidade de pensar em metáforas e visualizar e imaginar novas maneiras está fortemente relacionada com a atividade nesse lado do cérebro.

Não se pode dizer que "criatividade = pensamento do lado direito". Em vez disso, é preciso reconhecer que ambos os hemisférios estão envolvidos e que eles têm funções diferentes. Isso tem consequências importantes para o desenvolvimento das habilidades de pensamento criativo, como veremos posteriormente, pois é preciso encontrar maneiras de potencializar essa interconexão entre os dois lados.

Reconhecimento de padrões

A criatividade envolve especialmente os padrões e a nossa capacidade de enxergá-los. Na sua forma mais simples, quando vemos um padrão que reconhecemos, temos acesso a soluções que funcionaram no passado e que podemos aplicar de novo. Às vezes, no entanto, é uma questão de reconhecer uma semelhança entre um novo problema e algo parecido que já encontramos antes. Johannes Gutenberg, por exemplo, enxergou a relação entre o modo como as prensas de lagar de vinho funcionavam e a sua ideia para a prensa móvel. Alastair Pilkington enxergou uma relação entre o modo como a gordura flutuava na superfície da água e o modo como sua empresa poderia fabricar vidro, o que levou ao processo revolucionário de "vidro float", hoje utilizado para fazer a maioria das janelas do mundo. E James Dyson aplicou ideias de ciclones industriais, usados para capturar emissões em fábricas, ao mundo dos aspiradores de pó domésticos.

INOVAÇÃO EM AÇÃO 5.2

Um sucesso grudento

Foi durante um voo em 1967 que Wolfgang Dierichs, um cientista que trabalhava para a alemã Henkel, teve um lampejo criativo. A empresa fabricava diversos produtos de escritório, e uma das áreas em que ele trabalhava era a de adesivos. Sentado no avião, esperando a decolagem, ele observou a mulher ao seu lado passando batom. Seu insight foi enxergar o potencial do tubo de batom como uma forma de aplicar cola. Bastaria colocar cola sólida em um tubo, torcer a tampa e aplicá-la a qualquer superfície.

A empresa lançou a cola-bastão Pritt em 1969, e em dois anos o produto estava disponível em 38 países do mundo todo. Hoje, cerca de 130 milhões de bastões de cola Pritt são vendidos todos os anos em 120 países, e o produto vendeu mais de 2,5 bilhões de unidades desde que foi inventado.

Às vezes, a questão é encontrar um novo padrão que faça sentido. Um dos desafios da criatividade é que ela pode desrespeitar regras, alterar perspectivas, ver as coisas de um jeito diferente. E isso pode gerar tensões entre a pessoa que inventa a nova maneira de enxergar e o resto do mundo, que ainda vê tudo do jeito antigo.

Essa nem sempre é uma posição confortável, pois pode envolver um enfrentamento direto com uma visão de mundo tradicional, algo que seus proponentes tendem a defender vigorosamente. Ser criativo costuma estar relacionado com quebrar regras e questionar a visão convencional, e isso nem sempre é popular. Quando Galileu, o astrônomo italiano, propôs uma explicação diferente para a operação do Sol e dos planetas, ele foi preso e ameaçado de morte pela Inquisição. Em uma versão um pouco menos mortal, quando Bob Dylan se apresentou com sua nova guitarra elétrica no festival de Newport, as vaias o forçaram a interromper a apresentação. Não foi por nada que James Dyson, o empreendedor de sucesso, chamou sua autobiografia de *Against the Odds* (algo como "contrariando todas as previsões")![2]

Como escreveu Maquiavel no século XVI:

> Devemos lembrar que não há algo mais difícil de planejar, mais incerto quanto ao sucesso ou mais perigoso de gerenciar do que a criação de um novo sistema, uma vez que seu iniciador tem por inimigos todos aqueles que se beneficiariam da preservação da velha instituição e por meros incentivadores aqueles que ganhariam com a instauração de uma nova.

Se pretendemos gerenciar a criatividade com sucesso, precisamos pensar em como unir esses dois mundos.

Criatividade individual e coletiva

Até aqui, temos falado de criatividade individual, mas também é importante reconhecer o poder da interação. Todos temos personalidades, experiências e abordagens diferentes, e essas diferenças nos levam a enxergar os problemas e as soluções com perspectivas próprias. Combinar nossas abordagens, colocar ideias em choque e nos basear em insights compartilhados são maneiras poderosíssimas de amplificar a criatividade. O velho provérbio "duas cabeças pensam melhor do que uma" quase sempre é verdade; pense nas inúmeras parcerias criativas no mundo da música ou do teatro, por exemplo.

EMPREENDEDORISMO EM AÇÃO 5.1

O poder dos grupos

Pegue um grupo de pessoas e peça-lhes que pensem em diferentes usos para um item do dia a dia: uma xícara, um tijolo, uma bola, etc. Sozinhos, eles geralmente elaboram uma lista extensa; então, peça para que troquem as ideias que geraram. A lista resultante não apenas será mais longa, como também terá maior diversidade de tipos de solução para o problema. Usos para uma xícara, por exemplo, poderiam incluir a utilização como recipiente (vaso, porta-lápis, taça de bebida, etc.), molde

(Continua)

> (para castelos de areia, bolos, etc.), instrumento musical, unidade de medida, uma forma em torno da qual se poderia desenhar, um dispositivo de escuta (se pressionado contra a parede) e até mesmo uma arma quando arremessada!
>
> O psicólogo J. P. Guilford classificou esses dois traços como *fluência* – a capacidade de produzir ideias – e *flexibilidade* – a capacidade de lidar com diferentes tipos de ideias.[3] A experiência referida mostra que, trabalhando em grupo, as pessoas são muito mais fluentes e flexíveis do que qualquer indivíduo sozinho. Quando trabalham juntas, as pessoas se estimulam, levam adiante e desenvolvem as ideias umas das outras, encorajam-se e apoiam-se reciprocamente por meio de mecanismos emocionais positivos, como a risada e a concordância – e, de diversas formas, geram alto nível de criatividade compartilhada.

Criatividade na prática

Uma maneira de explorar a natureza da criatividade é perguntar a pessoas sobre o assunto, e a Tabela 5.1 oferece alguns exemplos. Ela se baseia em pedir a engenheiros que desenvolvem novos produtos que expliquem como têm insights criativos, e mostra a importância de diversos comportamentos, não um único ingrediente mágico. Ela também destaca um ponto importante: a criatividade envolve habilidades comportamentais passíveis de serem aprendidas e desenvolvidas.

A criatividade enquanto processo

É fácil achar que a criatividade é aquele momento maravilhoso em que temos uma inspiração súbita. A lâmpada se acende e tudo fica claro de repente. Mas

TABELA 5.1 Comportamentos criativos em engenheiros de desenvolvimento de novos produtos

Habilidades comportamentais	Exemplos
Propor ideias	"Ter muitas ideias diferentes"
Pensar diferente	"Usar um jeito diferente de ver as coisas"
Integrar diferenças	"Transferir um princípio de um campo para outro"
Analisar problemas	"Desenvolver um entendimento profundo da funcionalidade da máquina" "Redefinir a pergunta ou o problema"
Colaborar com outras pessoas	"Discutir o problema com os meus colegas"
Ter conhecimento especializado/know-how	"Ter muita experiência na área"

Fonte: Baseado em uma comunicação privada com Ian Goller.

pesquisas mostram que não é tão simples, que há um *processo* fundamental que começa muito antes daquele momento em que a lâmpada se acende.[4]

Tudo se inicia quando reconhecemos que temos um quebra-cabeças ou um problema a ser resolvido. Se é algo que já vimos antes, muitas vezes podemos ir direto para a aplicação de uma solução. Mas se é algo mais complicado, precisamos explorar mais a questão. Pode ser frustrante, podemos passar bastante tempo lutando com o problema sem ter qualquer ideia sobre soluções possíveis. Ou podemos experimentar várias ideias e então perceber que elas não funcionam. O mais importante é que isso é um processo de reconhecimento e preparação do problema.

Poderíamos abandonar o esforço e desfocar nossa atenção, mas a realidade é que não conseguimos deixar o problema de lado. Nosso cérebro continua a processar e a explorar, experimentando conexões diferentes, jogando com opções diversas. Quando nos afastamos do problema, ou decidimos tirar uma noite de sono e pensar nele só no dia seguinte, não estamos deixando-o para trás, e sim repassando a missão de tentar resolvê-lo para o nosso inconsciente. Esse "estágio de incubação" é importante; como o nome sugere, estamos dando espaço para que algo cresça e se desenvolva.

Em algum estágio, há um momento em que surge o insight. Pode ser que acordemos com uma ideia nova na cabeça, ou que a inspiração apareça de repente. O momento do "arrá!" muitas vezes é acompanhado pela sensação de certeza; mesmo que não tenhamos como explicar, simplesmente *sabemos* que é a solução certa. Nosso pensamento apresenta um fluxo de energia e um senso de direção. A ideia ainda pode precisar de muito trabalho de expansão e desenvolvimento, mas o avanço fundamental já aconteceu. A Figura 5.1 mostra um modelo desse processo.

Esse padrão pode ser encontrado em muitas narrativas sobre criatividade em que pessoas contam como pensaram em novas soluções aparentemente radicais, e é um recurso crucial para pensarmos sobre como desenvolver nossa criatividade. Se é um processo, então podemos mapeá-lo em estágios, entender o que está acontecendo e disponibilizar recursos para auxiliá-lo.

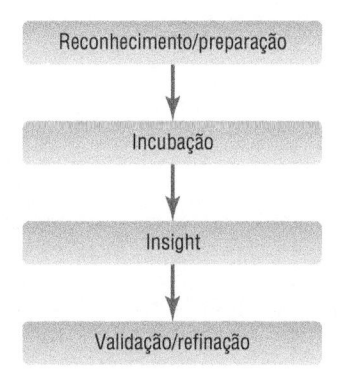

Reconhecimento/preparação
↓
Incubação
↓
Insight
↓
Validação/refinação

FIGURA 5.1 Um modelo do processo criativo.

EMPREENDEDORISMO EM AÇÃO 5.2

Cobras no ônibus

Friedrich August Kekulé, um químico do século XIX, é famoso por ter descoberto um dos segredos para o desenvolvimento da química orgânica, a saber, a estrutura do anel benzênico. Essa configuração de átomos é fundamental para sabermos como fazer uma ampla variedade de produtos químicos, desde fertilizantes e medicamentos até explosivos, e permitiu a aceleração rápida do crescimento nesse campo. Tendo trabalhado no problema durante muito tempo, Kekulé teve um lampejo de inspiração quando acordou de um sonho. Nele, os átomos dançavam e então começavam a comer a própria cauda, como uma cobra. Essa imagem onírica bizarra o levou à ideia crucial de que os átomos em benzeno estão organizados em forma de anel.

Mais tarde, ele recontaria outro sonho, quando pegou no sono em um ônibus londrino. Dessa vez, os átomos dançavam em formações diferentes, dando mais ideias sobre os componentes cruciais da estrutura química.

Às vezes, esse processo ocorre de forma quase instantânea; nós reconhecemos o problema e chegamos a uma solução quase ao mesmo tempo. Às vezes, no entanto, é preciso trabalhar em um processo de forma mais sistemática, dando tempo a cada estágio. Anteriormente, mencionamos o pensamento divergente e convergente, e uma maneira de entender o processo de criatividade é que ele mistura ciclos divergentes e convergentes. A Figura 5.2 apresenta uma ilustração.

Podemos relacionar isso à nossa discussão anterior sobre os dois hemisférios do cérebro. O pensamento do "lado esquerdo" envolve reunir fatos e processá-los de forma lógica, enquanto o hemisfério direito se concentra em identificar padrões e formar novas associações. Ambos estão envolvidos nesses diferentes

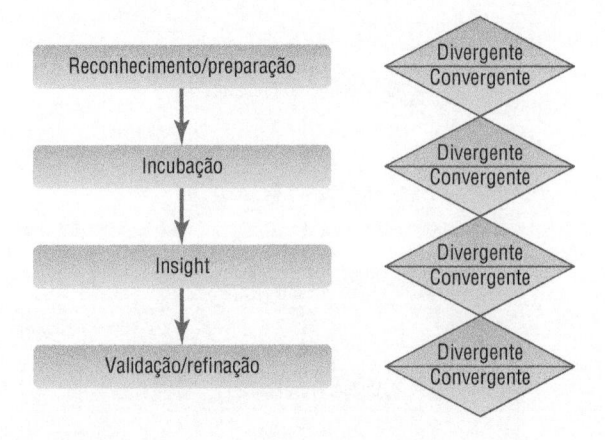

FIGURA 5.2 Ciclos de divergência e convergência na criatividade.

estágios do processo criativo: o lado esquerdo no início, na preparação e reconhecimento; o direito nos estágios de incubação e entendimento.

Na prática, isso significa que precisamos encontrar maneiras de engajar ambos os hemisférios e também praticar habilidades e usar ferramentas que nos ajudem a abrir e fechar ideias em torno do problema central.

(Por que, quando e onde) a criatividade importa?

É óbvio que a criatividade importa. Os psicólogos evolucionários apontam para o estágio em que os seres humanos começaram a acelerar seu desenvolvimento e o relacionam com a evolução do cérebro, especialmente o córtex frontal e a "teoria da mente" subjacente que a acompanhou.[5] Ser capaz de imaginar, simular e jogar com ideias e possibilidades nos deu uma vantagem enorme para lidar com um ambiente complexo e perigoso.

O ambiente atual pode ser menos fisicamente ameaçador, mas ainda está repleto de incerteza e problemas complexos com os quais precisamos lidar diariamente. Precisamos de toda a criatividade que pudermos, não importa se estamos fundando um novo empreendimento ou guiando uma organização estabelecida por mares cada vez mais turbulentos.

E precisamos de diferentes tipos de criatividade, desde revoluções pontuais até a implementação sistemática de novas soluções de forma incremental. A saúde, por exemplo, teve saltos quânticos, como os lampejos de inspiração por trás da descoberta dos antibióticos ou da estrutura do DNA. Mas esses momentos foram seguidos por décadas de criatividade incremental sistemática que descortinaram a área de estudo, refinaram e configuraram soluções com base nessas ideias revolucionárias.

Isso é importante porque destaca a necessidade de pensar sobre a gestão da criatividade em todo o espectro da novidade e de encontrar maneiras das pessoas utilizarem suas habilidades naturais para apoiar o processo. Empresas como a Toyota enfrentam o desafio constante de permanecerem produtivas face a custos crescentes, mercados complexos e incertos, novas tecnologias desafiadoras e uma série de outras ameaças. Ela não conquistou sua posição de montadora mais produtiva do mundo e a sustentou por mais de 30 anos dependendo apenas das ideias revolucionárias ocasionais (não que elas tenham faltado na empresa), mas sim porque aprendeu a mobilizar e aplicar a criatividade incremental em toda a sua equipe. Todos os dias, milhares de funcionários aplicam suas mentes à solução de problemas com criatividade, incremental e sistemática, um processo chamado kaizen (que será discutido posteriormente neste capítulo).

Exatamente o mesmo padrão vale para o empreendedor individual. O lampejo inicial, a nova ideia maravilhosa para um novo negócio ou empreendimento social, é seguida por uma longa jornada de solução de problemas, aplicação de raciocínio criativo para eliminar falhas da ideia básica e refinar a ideia principal, guinadas radicais de rumos e mudanças à medida que o empreendimento avança. O processo envolve recrutar muitos tipos diferentes de pessoas para a rede, o que injeta uma energia criativa especial e mais ideias no processo de desenvolvimento fundamental.

O importante aqui é que há uma demanda enorme por criatividade... novas formas de pensar nunca são demais. E a boa notícia é que temos muitas evidências de que elas podem ser aproveitadas e enfocadas de formas radicais e incrementais. Como veremos, existem muitas maneiras diferentes de guiar ou alimentar o processo, desde ferramentas simples que fortalecem a solução incremental de problemas até outras mais poderosas, usadas para o "trabalho duro" de gerar novos conceitos radicais. A Tabela 5.2 oferece alguns exemplos.

Quem é criativo?

O exercício que realizamos anteriormente, de imaginar pessoas sendo criativas, em geral produz imagens de indivíduos excepcionais, figuras geniais (e muitas vezes atormentadas) que possuíam o ingrediente mágico da "criatividade". Na realidade, todos os seres humanos são capazes de serem criativos; basta observar qualquer grupo de crianças na pracinha para lembrar que essa capacidade maravilhosa é parte do nosso equipamento-padrão! A questão não é se as pessoas são criativas, mas como libertar o que já temos dentro de nós e então desenvolver e aprimorar essa habilidade.

Também é importante reconhecer que, apesar de todos termos a capacidade de sermos criativos, somos diferentes em quanto ficamos à vontade para brincar com novas ideias ou afrouxar nossas mentes para permitir novos padrões de pensamento. Temos uma "zona de conforto" mental na qual podemos ser criativos e, de vez em quando, conseguimos expandir as fronteiras e explorar algo significativamente novo e diferente. Mas poucos gostariam de passar todo o tempo enfrentando a dor de tentar criar algo radicalmente novo. (Uma das características associadas aos estereótipos de pessoas "criativas" é que elas costumam ser

TABELA 5.2 Onde e como podemos precisar de criatividade em diferentes contextos

Estágio de desenvolvimento	Início	Crescimento	Maturidade	Crise
Demanda por criatividade	Como desenvolver uma visão criativa, seguida por refino e melhorias incrementais em torno da ideia central: pivotagem e aprendizagem pela experimentação?	Como resolver os problemas de preservar as vantagens empreendedoras da velocidade e flexibilidade ao mesmo tempo em que crescemos, abrimos novos mercados e aumentamos o controle sobre processos?	Como melhorar nos mais diversos aspectos, mobilizando todo mundo para ajudar no desenvolvimento contínuo?	Como pensar criativamente?

problemáticas e infelizes, sofrendo com a dor de estar sempre tentando descobrir algo novo. Basta lembrarmos dos exemplos de van Gogh ou Tchaikovsky.)

> **EMPREENDEDORISMO EM AÇÃO 5.3**
>
> **A escala de adaptação-inovação de Kirton**
>
> Todos somos criativos, mas cada um tem seu estilo de comportamento preferencial – o modo como gostamos de expressá-lo e com o qual ficamos à vontade. Após pesquisas extensas, o psicólogo britânico Michael Kirton desenvolveu um instrumento para medir essas diferenças.[6] Ele definiu dois pontos em uma escala, que vai de "inovadores" (abertos a flexibilidade considerável no seu pensamento criativo) a "adaptadores" (mais confortáveis com a criatividade incremental).
> Discutimos o modelo de Kirton em mais detalhes no Capítulo 9.

Outra dimensão pessoal da criatividade está ligada à experiência e ao conhecimento especializado. Os criativos muitas vezes têm bastante experiência em um campo, então conseguem enxergar padrões e identificar variações sobre um tema central, algo que os outros não veem. Dorothy Leonard chama isso de "inteligência profunda", e muitos estudos psicológicos demonstraram a importância desses conhecimentos profundos para a criatividade.[7] Mas isso nos leva à ideia da "especificidade de domínio": pessoas que são altamente criativas em um campo podem não sê-lo em outro.

Como vimos anteriormente, muito da pesquisa sobre criatividade gira em torno do pensamento convergente e divergente. Estudos sugerem que as pessoas têm abordagens diferentes; algumas estão mais à vontade com o pensamento divergente do que outras. Pesquisadores tentaram mapear essas características com relação a tipos de personalidades, como introversão e extroversão, mas estão chegando à conclusão de que as pessoas precisam de ambos os conjuntos de habilidades, que podem ser treinados e desenvolvidos, para terem sucesso na criatividade.

O que tudo isso significa para o nosso desafio de mobilizar a criatividade é que precisamos encontrar múltiplas maneiras de fazê-lo. Não é simplesmente uma questão de encontrar um botão de liga e desliga, mas sim de construir o contexto no qual as pessoas podem executar suas habilidades específicas. Boa parte do que aprendemos sobre a gestão da criatividade envolve configurar ferramentas e recursos para capacitar pessoas diferentes a se sentirem confortáveis e apoiadas no processo. Para algumas, pode ser um ambiente bastante solto e desestruturado, no qual ideias malucas voam livremente e interagem nos devaneios mais mirabolantes. Para outras, pode ser um sistema mais estruturado e sistemático, sustentando pessoas em um processo guiado no qual encontram e resolvem problemas de forma incremental.

Como potencializar a criatividade

Mas então, como fazer isso acontecer? Como vimos, todos já são capazes de serem criativos – não é uma questão de injetá-los com um novo ingrediente mágico. Em vez disso, precisamos buscar maneiras de revelar, desenvolver e estender essa capacidade natural. Um ponto de partida útil é pensar sobre o que pode estar bloqueando essa capacidade natural.

Não demora para percebermos que nossas mentes sofrem inúmeras pressões internas e externas que podem bloquear a criatividade. A Figura 5.3 resume algumas delas.

Para que possamos potencializar a criatividade, precisamos criar maneiras de enfrentar essas diversas áreas e desenvolver habilidades e recursos para lidar com elas. Poderíamos utilizar a metáfora da "academia de ginástica mental", na qual diversos equipamentos nos ajudam a desenvolver os músculos e técnicas da criatividade. Não existe uma solução única; nosso objetivo é melhorar a adaptação de forma geral.

Na próxima seção, analisamos quatro áreas em que podemos fazer isso:

- desenvolvimento de habilidades de raciocínio
- desenvolvimento de habilidades pessoais
- desenvolvimento de criatividade no nível de grupo
- desenvolvimento do ambiente

Pressão por conformidade
"Você não pode fazer isso por aqui!"
"Isso não é permitido!"
"Isso nunca funcionaria por aqui..."

Pressão dos pares
Medo de bancar o idiota.
Medo de ser ridicularizado.
Medo de aparecer demais.

Pressão dos recursos
"Não temos tempo para essas ideias!"
"Estamos ocupados demais tentando fazer o trabalho cotidiano!"
"Gostaríamos de fazer isso, mas não temos os recursos."

Obstáculos à criatividade

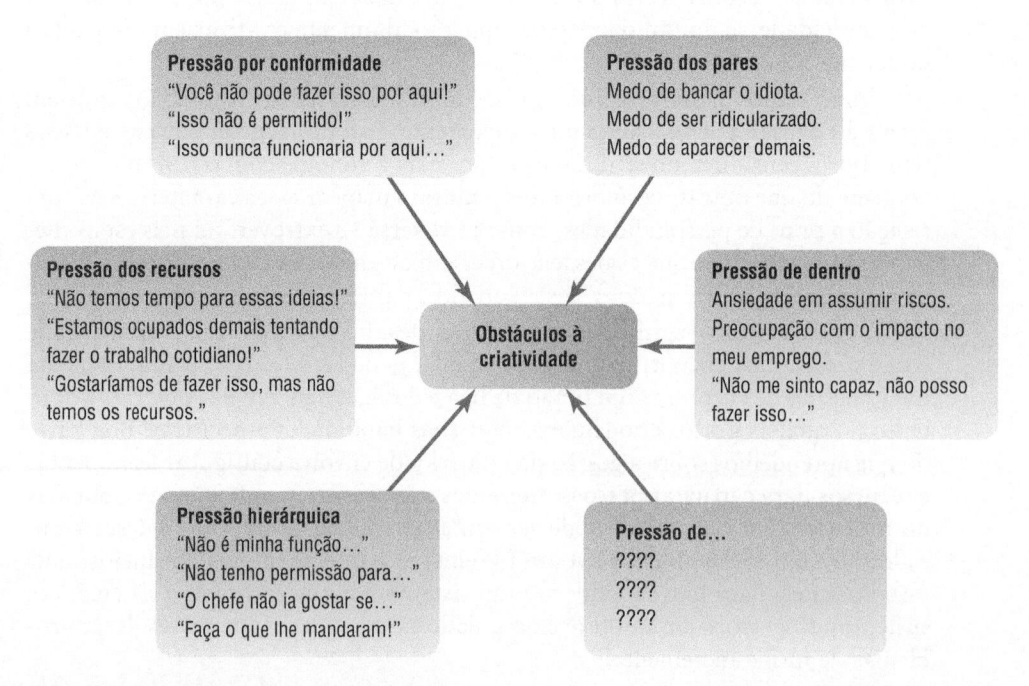

Pressão de dentro
Ansiedade em assumir riscos.
Preocupação com o impacto no meu emprego.
"Não me sinto capaz, não posso fazer isso..."

Pressão hierárquica
"Não é minha função..."
"Não tenho permissão para..."
"O chefe não ia gostar se..."
"Faça o que lhe mandaram!"

Pressão de...
????
????
????

FIGURA 5.3 Obstáculos à criatividade.

Desenvolvimento de habilidades de raciocínio

Pesquisas sobre criatividade nos levaram muito além da ideia de que alguns indivíduos superdotados experimentam lampejos mágicos. Hoje, entendemos muito mais os processos neuropsicológicos por trás do processo criativo, o que nos dá algumas dicas úteis sobre como desenvolver habilidades para fortalecer nossa capacidade de pensar criativamente.

Vale a pena voltar ao nosso modelo simples do processo criativo (Figura 5.1) e analisar como podemos apoiar os processos mentais em cada um desses aspectos. A Tabela 5.3 apresenta alguns exemplos de ferramentas para ajudar a desenvolver essas habilidades.

Vale lembrar que o nosso processo criativo é uma série de ciclos de divergência e convergência que, de pouco em pouco, revelam uma solução útil que podemos aplicar. Vamos analisar em mais detalhes algumas das ferramentas para cada um dos estágios.

Preparação

Imagine que temos um problema com uma porta que vive batendo. Não conseguimos dormir à noite porque a porta bate com força e chacoalha no marco. Decidimos que é preciso consertá-la, talvez até substituí-la, então chamamos um marceneiro. Ele passa o dia na nossa casa, aplaina a madeira, ajusta as dobradiças, mexe na fechadura. À noite, o problema se repete, nos acordando com a mesma incomodação de sempre. Por fim, percebemos que o problema não é a porta,

TABELA 5.3 Exemplos de ferramentas para ajudar a desenvolver habilidades de raciocínio criativo

Fase no processo criativo	Habilidades mentais úteis de apoio	Fase no processo criativo
Reconhecimento/ preparação	Redefinir e explorar o problema	Cinco porquês
		Diagrama de Ishikawa
		Níveis de abstração
		Declarações de "como"
		Ferramentas de reenquadramento
Incubação	Apoiar o desenvolvimento de novos insights	Listagem de atributos
		Metáfora e analogia
		Mapeamento mental
		Brainstorming
		Pensamento lateral
Insight	Disponibilizar insights para outros	Ferramentas de visualização
Validação/ refinamento	Testar e adaptar, modificando o insight central	Ferramentas de melhoria contínua
		Prototipagem

é o vento entrando por um buraco no telhado e soprando pela casa. A resposta é consertar o telhado, não a porta.

Isso é um exemplo trivial de reconhecimento de problemas. A criatividade começa quando reconhecemos que temos um problema ou mistério a resolver e então exploramos as suas dimensões. Definir o problema real, a questão fundamental, é uma habilidade importante para se chegar a uma solução que funcione. Redefinir e reenquadrar são habilidades-chave nesse ponto, ser capaz de enxergar o padrão por trás do problema fundamental em vez de se concentrar nos elementos individuais.

Existem várias formas simples de desenvolver habilidades em torno da definição do problema.

INOVAÇÃO EM AÇÃO 5.3

Cinco porquês e um como

Essa ferramenta simples, mas muito poderosa, pode "descascar" o problema para chegar ao âmago da questão, aquilo que precisamos resolver de fato. Atualmente, por exemplo, um problema enorme nos hospitais britânicos é a espera e os atrasos, o que aumenta a pressão sobre recursos já escassos. Eis como a ferramenta poderia ser aplicada para ajudar.

O problema aparente era que o paciente chegava tarde na sala de cirurgia, causando um atraso.

- *Por quê?* Porque precisou esperar uma maca para levá-lo da ala até a sala de cirurgia.
- *Por quê?* Porque foi preciso encontrar uma maca de reposição.
- *Por quê?* Porque a maca original tinha um defeito: a barra de segurança estava quebrada.
- *Por quê?* Porque o desgaste da peça não fora verificado regularmente.
- *Por quê?* Porque não havia um sistema organizado de verificação e manutenção.

Chegar a essa causa fundamental, de que o problema real está na falta de manutenção sistemática, nos dá várias pistas sobre o "como", as soluções possíveis para o problema. A implantação de um simples cronograma de manutenção garantiria que todas as macas fossem averiguadas regularmente e estivessem disponíveis para o uso. Com isso, futuros atrasos seriam evitados, suavizando o fluxo e aumentando a eficiência geral do sistema. É importante observar que se tivéssemos nos concentrado apenas no problema aparente, na única maca estragada, teríamos resolvido o problema com o seu conserto, mas o problema fundamental seguiria levando a situação a se repetir no futuro.

Diversas ferramentas ajudam a desenvolver essa habilidade de explorar problemas e se concentrar na questão mais importante a ser resolvida. Os cinco porquês discutidos no quadro Inovação em Ação 5.3, os diagramas de causa e efeito (diagrama de Ishikawa), os níveis de abstração e outros oferecem maneiras de analisar mais de perto o desafio e enfocar o problema com mais clareza para que possamos entendê-lo.

Os modelos de solução de problemas sugerem que somos bons em **reconhecimento de padrões** e que, quando confrontamos um novo problema, a primeira coisa que fazemos é buscar um padrão que já vimos antes. Quando conseguimos encontrá-lo, então temos a base para uma solução, mesmo que seja preciso adaptá-la (é isso que as pessoas experientes, com "inteligência profunda", costumam fazer: aplicam suas intuições e conhecimentos profundos e "enxergam" uma solução com base no reconhecimento intuitivo de padrões).

Assim, outro conjunto de ferramentas mentais úteis para ajudar na criatividade se concentra nos padrões – na "morfologia" – do problema e em como encontrar semelhanças. Por exemplo: onde já vimos problemas com formato semelhante, mas em um contexto diferente? Existem atributos parecidos, modos em que os dois problemas se assemelham? Esses pontos em comum nos dão pistas sobre maneiras de explorar soluções, pois o que funciona em um contexto poderia ser aplicado com sucesso em outro.

EMPREENDEDORISMO EM AÇÃO 5.4

TRIZ (Teoria da Solução Inventiva de Problemas)

A **TRIZ** (abreviação do inglês Theory of Inventive Problem-Solving) foi desenvolvida pelo russo Genrich S. Altshuller, que revisou patentes para derivar os princípios mediante os quais uma ampla variedade de problemas aparentemente diferentes poderia ser resolvida. Essa abordagem classificou as soluções em cinco grupos:

- *Nível um.* Problemas rotineiros de design resolvidos por métodos conhecidos dentro da especialidade. Não há necessidade de invenção. Cerca de 32% das soluções estão nesse nível.
- *Nível dois.* Pequenas melhorias a um sistema existente, usando métodos conhecidos no setor. Geralmente com algumas concessões. Cerca de 45% das soluções estão nesse nível.
- *Nível três.* Melhorias fundamentais a um sistema existente, usando métodos de fora do setor. Contradições resolvidas. Cerca de 18% das soluções estão nesse nível.
- *Nível quatro.* Uma nova geração usa um novo princípio para executar as funções primárias do sistema. A solução depende mais da ciência do que da tecnologia. Cerca de 4% das soluções estão nesse nível.
- *Nível cinco.* Uma descoberta científica rara ou invenção pioneira de algo que é praticamente um novo sistema. Cerca de 1% das soluções estão nesse nível.

Sua análise sugere que mais de 90% dos problemas enfrentados por engenheiros já foram resolvido antes. Se os engenheiros conseguirem seguir um caminho em busca de uma solução ideal, a partir do primeiro nível, sua experiência e conhecimento pessoais, e forem subindo de nível, a maioria das soluções poderá ser derivada de conhecimentos preexistentes na empresa, no setor ou em outro setor.

O risco do reconhecimento de padrões é que às vezes nos precipitamos na categorização do problema: "já vimos isso antes, é um caso de...". Isso quase sempre é útil, mas ocasionalmente podemos ignorar algo, não enxergar algum aspecto diferente no padrão, e é preciso buscar uma solução diferente. Às vezes, precisamos deixar de lado o reconhecimento de padrões, pois estamos enfocando o problema do jeito que queremos vê-lo. Esse desafio à "visão de mundo" é importante e há ferramentas para ajudar a reenquadrar e analisar o problema com outros olhos.

Mais uma vez, temos à nossa disposição técnicas e ferramentas para ajudar a lidar com o desafio do enfoque renovado baseadas na ideia de observar o problema com outros olhos. Podemos perguntar, por exemplo, como a situação seria vista por alguém de outro planeta, ou por uma criança de três anos, ou por alguém famoso (um artista, um músico, um general de sucesso).

Para os empreendedores, esse conjunto de habilidades é fundamental. Eles enfrentam o desafio de encontrar oportunidades e, às vezes, isso envolve criar circunstâncias completamente novas, enquanto em outros casos o importante é reconhecer algo que já está presente, mas que ninguém jamais enxergou antes. Como vimos anteriormente, pesquisas sugerem que essas habilidades de "descoberta" são cruciais, então faz sentido aplicar ferramentas para ajudar a desenvolvê-las. A equipe por trás da fundação do Spotify, por exemplo, deu um novo enfoque à questão da música em termos de perguntar às pessoas se elas realmente precisavam ser donas das canções que gostam de ouvir. A Airbnb deu um novo enfoque à ideia do quarto de hóspedes e o transformou em uma oportunidade de negócio para muitos proprietários de imóveis. E a Google gastou uma fortuna para comprar a NEST, uma empresa de automação doméstica. O desafio para os empreendedores envolvidos (e para a Google) é como criar um negócio em torno de uma ideia que não é particularmente emocionante. O produto principal da NEST era um termostato, um controlador de calefação que fica afixado na parede. Como a empresa poderia ver esse conceito com novos olhos para torná-lo interessante e instigante, e ajudar as pessoas a esquecer o dispositivo passivo e enxergar o coração do lar automatizado do futuro, uma fonte de controle e economia?

Incubação

Às vezes, redefinir e explorar o problema basta para se chegar a uma solução, mas muitas vezes o resultado é um problema sem uma resposta óbvia. Brigar com ele, remoldá-lo de inúmeros jeitos e tentar forçá-lo a se encaixar em algo que já vimos antes simplesmente não funciona. É aqui que precisamos tirá-lo da nossa mente consciente e dar ao cérebro tempo para brincar com a ideia e entrar em incubação. É preciso permitir que novas conexões se formem, o que costuma ocorrer quando relaxamos, fazemos algo diferente, damos uma caminhada, tiramos uma boa noite de sono, etc. Enquanto isso, o que ocorre em segundo plano é um processo fascinante de associação e conexão que, em muitos aspectos, parece não ter lógica. Pense nos seus sonhos e nos eventos incríveis, mas improváveis, que acontecem neles; são estabelecidas conexões entre elementos aleatórios que simplesmente nunca se misturariam em uma situação normal. Trata-se de uma parte importante do processo criativo inconsciente, e uma das maneiras mais poderosas de apoiar esse estágio é ajudar o cérebro a formar novas conexões.

Isso também se liga à nossa discussão anterior sobre pensamento divergente e convergente, pois encontrar novas ligações e conexões é uma parte importante da divergência. Para nos ajudar nisso, precisamos encontrar maneiras de dar um papel mais ativo ao hemisfério direito do cérebro e desligar temporariamente o esquerdo, com a sua abordagem lógica e sistemática, pois isso permite o surgimento de novos padrões e associações.

Uma abordagem associada ao trabalho de Edward de Bono é chamada de **pensamento lateral**. De Bono cunhou o termo em 1967 para explicar um estilo de pensamento centrado em afastar-se do pensamento linear passo a passo e andar para o lado, por assim dizer, para reexaminar o problema de um ponto de vista diferente.[8] Em vez de cavar mais fundo no mesmo lugar, precisamos andar para os lados e encontrar um novo ponto a ser escavado; no processo, podemos gerar um novo insight, uma nova perspectiva com relação ao problema original.

As ferramentas de pensamento lateral são recursos auxiliares sistemáticos para realizar esse movimento lateral na nossa abordagem aos problemas. Um exemplo é o **intermediário impossível**, no qual inventamos uma ideia que é impossível em si, mas que pode ser um passo importante na direção de uma resposta mais prática diferente. Assim como uma pedra no meio do rio, a ideia em si pode ser mal formada e instável, mas ela nos ajuda a dar um passo até a outra margem.

Ao tentar melhorar a qualidade da comida e do atendimento no refeitório de uma empresa, por exemplo, alguém poderia sugerir o abastecimento com alimentos frescos sempre que possível. Uma sugestão intermediária impossível seria levar vacas para o local de trabalho. Nada prático! Mas isso nos aponta na direção de ideias sobre como obter leite fresco, em contraposição às caixas de leite longa vida; por exemplo, seria possível fechar um contrato com uma fornecedora de laticínios da região.

Muitas técnicas para auxiliar a incubação utilizam o hemisfério direito do cérebro e sua capacidade de formar padrões e conexões. Uma área rica está no uso de "metáforas". Uma metáfora é uma figura de linguagem na qual estabelecemos conexões entre coisas, por exemplo, quando dizemos que alguém é a "luz da nossa vida". Não estamos falando literalmente de uma lâmpada, mas sim dizendo que essa pessoa ilumina tudo ao seu redor, como se fosse uma lâmpada. Outros exemplos incluem "estar atolado em problemas", "nadar contra a correnteza" ou "enxugar gelo". Em nenhuma delas devemos interpretar a comparação literalmente, mas apenas enxergar uma conexão quando sobrepomos duas imagens. A poesia e o teatro estão repletos de metáforas poderosas, e esse é um dos motivos para funcionarem tão bem; a metáfora cria uma galeria de imagens riquíssima em nossas mentes e aciona nossa imaginação muito mais do que uma descrição direta seria capaz de fazer.

As metáforas também funcionam bem na criatividade, pois mapeiam as propriedades de uma coisa sobre a outra, gerando o tipo de associação que sabemos ser importante. Exemplos famosos de metáforas incluem Charles Darwin usando a ideia da ramificação de uma árvore para desenvolver a teoria da evolução e Albert Einstein se imaginando montado em um raio de luz enquanto erguia um espelho à sua frente.

Anteriormente, discutimos a ideia do reconhecimento de padrões e de encontrar exemplos de coisas semelhantes ao nosso problema. Analogias e símiles oferecem outro caminho para o reconhecimento de padrões, pois destacam os modos como um objeto se assemelha a outro. Eles podem estimular nosso pensamento na direção de novos insights; por exemplo, se dizemos que "esta organização é como um guepardo", começamos a pensar em como tal animal é rápido e ágil, capaz de acelerar e dar voltas rapidamente, capaz de se concentrar no desafio de derrubar sua presa e concentrar suas energias nessa missão. Com esse conjunto de imagens mentais, somos inspirados a encontrar novas maneiras de analisar nossa organização e de melhorá-la.

Ou, se o objetivo for tornar nossa organização mais resiliente, podemos analisar a analogia de uma bola de borracha e explorar suas características: ela quica, é elástica, armazena e libera energia comprimida, etc.

Pensar em como outras organizações poderiam abordar nosso modelo de negócio também é uma técnica útil. Exemplos de perguntas seriam:

- Como a Google administraria nossos dados?
- Como a Disney se relacionaria com nossos clientes?
- Como a Southwest Airlines cortaria nossos custos?
- Como a Zara reorganizaria nossa cadeia logística?
- Como a Apple projetaria e lançaria nossa oferta de produto/serviço?

Outra abordagem é usar o fato de que armazenamos memórias na forma de padrões, sistemas inteiros de elementos interconectados. Quando escutamos uma música, muitas vezes reconstruímos em detalhes o que estava acontecendo em nossas vidas quando a ouvimos anteriormente. Um exemplo famoso é o escritor francês Marcel Proust mordendo uma madeleine, e o sabor levando-o de volta à infância, uma sensação tão rica e detalhada que ele a utilizou para escrever um livro em sete tomos com base nessas lembranças!

Mais uma vez, podemos utilizar esses padrões para evocar sistemas de pensamento e explorar as oportunidades que contêm. Se imaginarmos a organização como uma orquestra, podemos enriquecer essa imagem tentando lembrar quando fomos comovidos por esse tipo de experiência. Quais elementos tornaram a ocasião tão especial e poderosa para nós? Podemos transpor parte deles para o nosso problema de projetar uma nova organização?

EMPREENDEDORISMO EM AÇÃO 5.5

Sinética

Um elemento característico dessas abordagens é um estilo de pensamento que tenta "dar familiaridade ao estranho e estranheza ao familiar". Nos anos 1970, dois pesquisadores que trabalhavam para a consultoria Arthur D. Little, George Prince e William Gordon, usaram essa expressão para sustentar sua metodologia denominada "sinética", derivada da palavra grega que significa "unir elementos diferentes e

(Continua)

aparentemente irrelevantes". A sinética envolve diversas técnicas (metáfora, analogia e simulação) criadas para ajudar indivíduos a explorarem e desenvolverem insights a partir de novas associações.[9]

Como já mencionado, um local onde a criatividade acontece com frequência é nos nossos sonhos. As associações estranhas e ricas que ocorrem quando estamos dormindo ou em um transe podem gerar lampejos de inspiração. E é significativo que, nos nossos sonhos, as regras "normais" não se aplicam; tudo pode se conectar com tudo mais, muitas vezes de formas bizarras e esquisitas. Essas conexões aparentemente tão estranhas embasam novos insights poderosos; foi o que o autor Arthur Koestler chamou de "bissociação", e depende fundamentalmente de conexões surpreendentes. (Essa é a base de grande parte do humor. Uma boa piada muitas vezes depende de um desfecho que estabelece uma conexão surpreendente.)

Podemos usar essa ideia de bissociação para forçar novas conexões entre elementos e, no processo, encontrar novos caminhos para nossas mentes. Uma ferramenta poderosa nesse sentido é a "justaposição aleatória", que envolve combinar dois elementos aleatórios e forçar uma relação entre eles. Podemos estar, por exemplo, tentando solucionar um problema de gestão de trânsito em uma grande cidade. Para ajudar a gerar ideias, podemos escolher um elemento aleatório (como uma gaivota) e tentar encontrar uma relação entre os dois. Não há uma conexão óbvia, mas nossos cérebros muitas vezes geram novas linhas de pensamento interessantes quando tentam forçar a existência de uma conexão.

EMPREENDEDORISMO EM AÇÃO 5.6

Fruta rejeitada

As ferramentas de criatividade nessa área exigem um alto nível de ludicidade, de suspender a descrença e permitir que as coisas aconteçam e se revelem. Uma empresa de produtos alimentícios fabricava, entre diversos outros itens, tortas de fruta, e estava preocupada com o alto nível de desperdício, pois não tinha como usar certas frutas que, apesar de frescas, estavam danificadas. Durante uma oficina de criatividade, os participantes receberam a tarefa de se imaginarem como uma fruta danificada: uma cereja sem casca, um morango rompido ao meio por um agricultor estabanado. Ao interpretarem o papel de tais frutas, começaram a surgir diversas ideias: "Eu estou solitária, desconectada do resto", "Me sinto incompleta, as outras não me deixam brincar com elas", "Se pudesse usar uma casca artificial, eu teria como brincar com elas".

Essas imagens suscitaram um forte viés emocional associado ao convívio e a brincadeiras com outras crianças. Observando tudo de fora, seria muito estranho ver um grupo de adultos lamentando esse isolamento forçado enquanto fingiam ser frutas! Mas o processo gerou um insight em torno de encontrar algo, uma casca artificial, que restauraria a fruta danificada. A carragena, uma substância que ocorre naturalmente

(Continua)

> nas algas marinhas, tem esse tipo de propriedade. Ela forma uma camada em torno da fruta danificada e, na prática, cria uma pele artificial comestível. O resultado foi um aumento significativo na proporção de frutas que a empresa conseguia utilizar nas milhões de tortas que fabrica por ano.

Outra maneira de explorarmos diferentes associações é criar um espaço no qual tudo pode acontecer. Pensar sobre o futuro nos permite fazer isso, enquanto desenvolver cenários – histórias ricas sobre mundos futuros – nos permite explorar e brincar com novas ideias. Como o futuro ainda não aconteceu, tudo pode acontecer, e essas simulações criam maneiras poderosas de afrouxar as amarras do pensamento. As histórias de ficção científica são um campo extremamente fértil para esse tipo de pensamento criativo. Arthur C. Clarke, por exemplo, escreveu textos maravilhosos sobre o futuro, incluindo o conto que serviu de base para o clássico *2001: Uma Odisseia no Espaço*. Uma das suas ideias, publicada em um artigo científico nos anos 1960, anteviu a comunicação via satélite, que nos permite conversar com pessoas em qualquer lugar do planeta. Esse devaneio futurista se transformou em realidade 60 anos depois. Hoje, a comunicação via satélite é uma realidade cotidiana em todo o mundo.

Insight

A imagem mais comum da criatividade é a lâmpada acendendo sobre a cabeça, que descreve muito bem a sensação que temos quando descobrimos alguma coisa. Não é apenas estar ciente de uma solução: muitas vezes sentimos uma forte carga emocional, um sentimento profundo de ter *a* resposta, uma certeza. Reza a lenda que Arquimedes ficou tão emocionado com o lampejo de inspiração que teve em sua banheira, tentando entender a hidrodinâmica, que saltou dela e saiu correndo pelado pelas ruas da cidade. "Eureca!", ele gritava, o que significa mais ou menos "descobri!".

É interessante observar que as pessoas que descrevem esses momentos muitas vezes não têm clareza absoluta sobre a sua solução; simplesmente "sabem" que ela está correta e depois dedicam algum tempo a ajeitar (validar) a ideia e expandir o conceito inicial.

Às vezes, a ideia vem pela metade. Tem vida, mas ainda não tem forma. Assim, dar visibilidade a ela e disponibilizá-la para os outros é uma parte importante desse estágio e nos oferece outra área na qual habilidades e ferramentas podem ser úteis. Mesmo que a ideia seja apenas algumas palavras rabiscadas em um bloquinho depois que acordamos de um sonho, ou somente um desenho ou uma expressão, isso basta para capturar a ideia fundamental e permitir que ela seja desenvolvida.

Técnicas como o **brainstorming** dão bastante importância à anotação de ideias, enquanto variações sobre o tema usam imagens ou desenhos para capturá-las. Outro caminho é fazer "esculturas" usando objetos cotidianos para representar elementos de forma diferente e disponibilizá-los para os outros. No campo dos métodos de design, muitas técnicas e ferramentas poderosas se baseiam na ideia de ajudar os outros a articularem algo que não conseguem expressar completamente, o que lhes permite "visualizar o invisível".

Validação

EMPREENDEDORISMO EM AÇÃO 5.7

Em busca de uma luz

A criatividade costuma ser representada por um lampejo de inspiração, mas a realidade é que ela envolve muito esforço, partindo da descoberta inicial com melhorias e debates internos sobre a ideia até fazer com que ela funcione. Quando estava desenvolvendo a lâmpada incandescente, por exemplo, Thomas Edison passou semanas no laboratório tentando encontrar o material certo para o filamento, experimentando e aprendendo sobre a ideia fundamental. Esse trabalho árduo (alguns relatos sugerem que ele testou mais de 10 mil materiais diferentes) levou à famosa frase que se atribui a ele, de que "o gênio é 1% inspiração e 99% transpiração!".

Essa é a fase na qual a ideia, o insight central, se refina e desenvolve. Isso envolve testar a ideia (prototipagem) e usar as informações obtidas com essas tentativas para adaptá-la e desenvolvê-la. A metodologia de "start-up enxuta" para empreendedores em novas empresas dá forte ênfase à ideia de criar experimentos em torno de um "produto viável mínimo" (PVM). A ideia é usar o PVM como sonda, um protótipo em torno do qual se possa coletar informações para ajudar a refinar e dar foco ao insight inicial. Um elemento crucial dessa abordagem é a ideia da "pivotagem": não mudar totalmente de direção, mas girar em torno da ideia central para identificar a configuração mais apropriada que funciona.

A prototipagem pode ocorrer de diversas maneiras diferentes, e forma a base dos métodos de projeto que pretendem disseminar amplamente as novas ideias. Um ponto crucial é que ela representa o ponto final de um ciclo e o início do seguinte. Como vimos anteriormente, a criatividade é um processo que se alterna entre o afastamento e a aproximação com a solução central. Ao compartilhar a ideia original, podemos explorar suas diferentes dimensões a partir de muitas perspectivas e descortinar a ideia para desenvolvimentos subsequentes.

Desenvolvimento de habilidades pessoais

Até aqui, analisamos as habilidades de raciocínio e algumas das ferramentas usadas para desenvolvê-las. Mas a criatividade também envolve motivação e comunicação. Precisamos estar à vontade com correr o risco de tentar algo de novo ou confiar nas nossas intuições. Para algumas pessoas, a criatividade é o seu modo de vida. Elas estão sempre questionando e desafiando, mas para a maioria das pessoas há um elemento de limitação autoimposta. Eu posso mesmo pensar assim? E se minha ideia estiver errada? Vou fazer papel de idiota por sugerir isso? Posso confiar nos instintos que estão me levando a pensar desse jeito?

Criar confiança nas nossas próprias ideias e então desenvolver a habilidade de comunicá-las e processar o feedback que recebemos sobre elas é outra área na qual podemos desenvolver nossas capacidades criativas. Os empreendedores de sucesso são capazes não apenas de insights criativos, mas também de serem resilientes quando recebem feedback e usam essa informação para ajudar a moldar e adaptar suas ideias. Eles têm uma visão aguçada e sabem se comunicar e envolver os outros para compartilhar suas ideias. Além disso, sabem vender seu peixe: comunicam a ideia principal de forma a driblar os comentários críticos e provocar o interesse do público (e, com sorte, obtêm seu apoio em termos de recursos).

Um ponto-chave é entender a natureza do processo criativo como o descrevemos e reconhecer que ele não é totalmente racional, que emoções, intuições e ideias inusitadas são uma parte valiosa e que as ideias que emergem podem ser úteis enquanto intermediárias ou valiosas em si mesmas. Um lema útil é: "se vale a pena pensar, vale a pena falar". Mas entender o processo também nos lembra dos diferentes tipos de pensamento associados aos diferentes estágios, desde atividades divergentes que abrem nossas mentes para novas conexões até o pensamento convergente que nos ajuda a enfocar e lapidar as muitas ideias malucas até chegar àquelas que podem ter valor real. Precisamos desenvolver a flexibilidade no nosso modo de pensar – e, como veremos na seção a seguir, no modo como pensamos com os outros – para lidar com esses estágios diferentes da criatividade.

Edward de Bono oferece uma abordagem bastante prática para ajudar nisso. Seu modelo dos "seis chapéus do pensamento" usa a metáfora de vestir chapéus diferentes quando tentamos pensar de modos diferentes.[10] Um chapéu verde, por exemplo, é para o pensamento livre, em que tudo vale, quando basicamente estamos nos abrindo e deixando as ideias emergirem. Um chapéu preto, por outro lado, envolve discernimento, avaliação e crítica de ideias para eliminar as menos valiosas e se concentrar nas importantes. Ele sugere que precisamos de seis modos diferentes de pensamento e oferece ferramentas úteis para desenvolver a capacidade de reconhecer quando eles são necessários e a flexibilidade de alternar entre eles.

Como veremos nas seções a seguir, diversas estruturas e ferramentas úteis ajudam a usar essa abordagem positiva para inventar novas ideias e fortalecer a confiança na nossa capacidade de participar do processo.

Desenvolvimento de criatividade no nível de grupo

A criatividade é algo do qual todos somos capazes, pois todos conseguimos inventar ideias novas e úteis por conta própria. Mas trabalhar com outras pessoas pode amplificar esse processo, levando a mais ideias e mais insights diferentes, o que leva a soluções inéditas. As pessoas têm experiências, personalidades e perspectivas diferentes, e essa diversidade é um recurso bastante rico para ajudar a criatividade a acontecer. Pense nas parcerias criativas no mundo da música, como Lennon e McCartney, Rogers e Hammerstein, Rice e Lloyd Webber e os irmãos Gershwin. Pense no mundo do teatro e do cinema, onde o sucesso é o produto não de um gênio solitário, mas sim de equipes de cocriadores no palco e nos bastidores, que trabalham juntos para transformar ideias em realidade. Pense em empreendimentos de negócio e você encontra muitas equipes: Eric Schmidt e Sergei Brin (Google), Bill Gates e Paul Allen (Microsoft), Andy Grove e Gordon Moore (Intel).

(No Capítulo 9, exploramos a ideia da "inovação conjunta", onde o segredo por trás de muitas organizações inovadoras bem-sucedidas está em uma parceria complementar.)

Trabalhar com outras pessoas tem muitas vantagens e não faltam pesquisas para apoiar o potencial dessa prática, mas não é tão fácil quanto parece. O trabalho em grupo tem muitas desvantagens, como mostra a Tabela 5.4. As pressões sociais podem sufocar a luz individual das ideias. A diversidade pode levar a conflitos quanto às soluções "certas". Os grupos podem se politizar rapidamente. Como demonstramos no Capítulo 9, simplesmente reunir pessoas não faz delas uma equipe, e a combinação errada leva facilmente o todo a ter um desempenho muito inferior à soma das partes.

Isso sugere que precisamos buscar maneiras de amplificar os aspectos positivos e minimizar os negativos. Diversas ferramentas podem ajudar nesse processo.

O brainstorming é uma das abordagens mais utilizadas e tem suas origens nesse âmbito. Desenvolvido originalmente pelo publicitário Alex Osborn nos anos 1950, o brainstorming é uma abordagem à geração coletiva de ideias.[11] Ele reconhece que temos a tendência a nos apressar ao avaliar ideias e que, em um contexto de grupo, isso pode ser negativo; sem querermos, atiramos um balde de água fria nas primeiras fagulhas. Pode ser uma simples reação à ideia em si: "Isso é idiota", "não vai funcionar", etc. Ou pode advir de efeitos hierárquicos: "Subordinados devem calar a boca e prestar atenção", "as melhores ideias vêm dos mais graduados", "escute os especialistas, eles têm a experiência necessária para resolver isso", etc. Ou pode vir da política e de rivalidades interpessoais. Seja qual for o motivo, julgar uma ideia no instante que ela emerge pode matá-la antes da hora.

Dado o que sabemos sobre o processo criativo, às vezes essas ideias podem não estar prontas e podemos não saber bem o que estamos sugerindo ou não termos pensando bem no conceito. São insights recém-nascidos. Revelá-los no contexto do grupo pode ser arriscado. O brainstorming nos dá um conjunto simples

TABELA 5.4 Vantagens e desvantagens da criatividade no nível de grupo

Vantagens	Desvantagens
Diversidade: mais ideias diferentes	Pensamento de manada: pressões sociais por conformidade
Volume de ideias: "muitas mãos deixam o trabalho mais leve"	Falta de foco: "cozinheiros demais estragam o caldo"
Elaboração: múltiplos recursos para explorar circunstâncias do problema	Dinâmica de grupo e hierarquia
Rica variedade de experiências pregressas	Comportamento político, pessoas buscando interesses diferentes

de regras para protegê-las, baseado principalmente em adiar sua avaliação. Em vez de reagir às ideias, as pessoas são incentivadas a compartilhá-las e expandi-las, explorando-as e levando-as adiante. É só mais tarde que o grupo passa para a fase de avaliação, identificando as ideias novas e úteis entre as muitas que foram sugeridas.

O poder do brainstorming (disponível em diversos formatos) é que ele se contrapõe a alguns dos efeitos negativos de trabalhar em grupo e se aproveita dos positivos, como a diversidade. Ele permite práticas como a improvisação em torno de um tema, a aceitação e expansão de tudo o que aparece. Um princípio fundamental é que "quantidade produz qualidade", de modo que, estatisticamente, gerar muitas ideias permite a emergência de mais boas ideias.

EMPREENDEDORISMO EM AÇÃO 5.8

Como melhorar o ambiente para a criatividade

A consultoria ?Whatif! se especializa na solução criativa de problemas para e com clientes. Ela utiliza muitas técnicas ligadas ao brainstorming e tem uma estrutura teórica simples, baseada na analogia de cultivar as primeiras mudinhas frágeis das árvores de ideias.[12]

Elas precisam de bastante SOL (SUN, em inglês):

S = apoiar, incentivar (support)
U = entender, escutar as ideias (understand)
N = cultivar, ajudá-las a crescer (nurture)

e evitar o excesso de CHUVA (RAIN, em inglês):

R = reagir, responder diretamente e avaliar as ideias em vez de escutá-las (react)
A = pressupor, aplicar seus preconceitos e interpretações cedo demais (assume)
I = insistir no seu ponto de vista, fechar os olhos para outras maneiras de ver o problema (insist)
N = negatividade, fechar-se e rejeitar novas direções possíveis, recusando a ideia na sua forma inicial antes de se desenvolver (negative).

Além do brainstorming, muitas das ferramentas que exploramos na seção sobre o desenvolvimento de habilidades de raciocínio podem ser aplicadas em contextos de grupo, e a diversidade pode amplificar o seu efeito. Dentro de cada sessão, o líder do processo pode muito bem aplicar essas técnicas para "jogar lenha na fogueira" e tentar provocar novas direções ou mover o grupo para um novo espaço de busca.

É importante não achar que o grupo é a solução para tudo. A interação com os outros gera efeitos positivos, mas a criatividade individual também tem o seu valor. Muitas oficinas de criatividade usam ambas as opções, incentivando, por exemplo, as pessoas a trabalharem individualmente em um problema e anotar suas ideias para então compartilhá-las com o grupo e permitir que sejam exploradas de maneira criativa. As abordagens de "grupos nominais" tentam se basear nas vantagens complementares da criatividade individual e coletiva. Abordagens como esta ajudam a compensar a tendência dos grupos de serem dominados por alguns indivíduos enquanto os outros ficam em segundo plano.

Os fóruns e as comunidades online são um novo recurso poderoso, permitindo que muitas pessoas se reúnam para formar grupos ou comunidades virtuais. Isso captura parte dos efeitos positivos, como a diversidade, sem os efeitos sociais negativos do contexto presencial. A desvantagem é que esses grupos não aproveitam a energia emocional ou não verbal, então representam uma abordagem complementar e não um substituto.

O brainstorming tem seus limites. Ele nem sempre é eficaz, e às vezes os benefícios em um grupo se deterioram com o tempo. Lembre outra vez dos exemplos de parcerias criativas que exploramos anteriormente. Muitas delas apresentam uma fase criativa curta e depois se desfazem, com os membros muitas vezes reconhecendo que precisam seguir em frente e encontrar novas combinações. Mesmo em uma simples sessão de brainstorming, há uma fase na qual as ideias jorram para fora, mas elas vão definhando à medida que os efeitos da interação e estímulo do grupo diminuem. Sob essas condições, muitas vezes vale a pena para o líder de processo da sessão injetar algum novo estímulo, como usar algumas das técnicas de metáforas ou pensamento lateral descritas acima.

Outra característica importante é o modo como os conflitos são abordados. As "regras" do brainstorming afirmam que as ideias não devem ser atacadas ou criticadas e que suas avaliações devem ser postergadas. Contudo, em muitas situações criativas, o debate e as discussões são um elemento poderoso para fazer a coisa toda avançar. Pense em um grupo de teatro ou uma banda de música, por exemplo. São as diferenças e o debate que ajudam a criar tensão e geram a energia que faz a diferença. Pesquisas sugerem que algum nível de conflito criativo tem seu valor; o segredo é não atacar a pessoa, mas sim questionar a ideia, e isso muitas vezes depende de haver alguém para moderar e guiar o debate.

Estudos sobre criatividade em grupos sugere que a sua eficácia segue uma curva em forma de U invertido. Com pouco tempo juntos, eles não produzem muito, pois falta confiança e experiência uns com os outros; após muito tempo juntos, surge certo nível de pensamento de manada e as ideias ficam rançosas. Da mesma forma, quando não há conflito e todos estão de acordo, as fronteiras do pensamento não se expandem; quando há excesso de conflito, as ideias são eliminadas rápido demais.[13]

Tudo isso sugere que precisamos de uma abordagem contingencial à gestão de grupos para garantir que vamos aproveitar ao máximo a sua criatividade compartilhada. Equilibrar os fatores positivos e negativos da Tabela 5.4 exige moderação e liderança de processo.

Desenvolvimento do ambiente

A criatividade não ocorre no vácuo. Ser capaz de inventar ideias novas e diferentes é um processo influenciado por toda uma série de pressões externas, que podem atuar como uma barreira e restringir nossas ideias criativas.

> **EMPREENDEDORISMO EM AÇÃO 5.9**
>
> ### Expressões mortais
>
> Um dos problemas da criatividade é que as pessoas reagem rapidamente a coisas novas citando os motivos pelos quais aquilo não vai funcionar. Essas "expressões mortais" fazem parte da paisagem sonora, são algo que escutamos em todas as organizações. Todas têm a mesma estrutura básica: "É uma boa ideia, mas...". A seguir, listamos alguns exemplos típicos, mas você certamente poderia acrescentar mais alguns:
>
> - Nunca tentamos isso antes...
> - Sempre fizemos assim...
> - O chefe não vai gostar...
> - Não temos tempo para isso...
> - É caro demais...
> - Você não pode fazer isso por aqui...
> - Não somos esse tipo de organização...
> - É uma sugestão corajosa...
> - Etc., etc.

Se a intenção é potencializar a criatividade, uma das coisas mais importantes que podemos fazer é criar um ambiente físico e mental que a apoie. A Tabela 5.5 resume algumas das principais abordagens utilizadas, algumas das quais serão discutidas na próxima seção.

Ambiente físico

Na cidade alemã de Munique, em uma estrutura complexa de vidro e aço, encontra-se o centro de pesquisa onde se criam os projetos de carros e motos da BMW que enchem as rodovias do mundo todo. Ela foi um dos motivos para a revista *Business Week* ter escolhido a BMW como uma das empresas mais inovadoras do mundo em 2006.

O centro de P&D não é um escritório convencional. Ele se parece mais com um trevo de vidro gigante, no qual escritórios com paredes de vidro cercam um átrio central enorme. Todos os escritórios têm vista para o centro, onde todos veem os novos designs e criam protótipos do que estão fazendo. Ao passar por eles a caminho do refeitório ou do banheiro, é impossível não notar os protótipos ou observar os desenhos nas paredes, sempre com espaços para comentários e sugestão de ideias. O ambiente como um todo parece ter sido construído para colocar tantas pessoas quanto possível em contato com novas ideias emergentes e estimular sua colaboração.

E era exatamente isso que o seu arquiteto, Gunter Henn, tinha em mente. Ele foi fortemente influenciado pelo trabalho de Thomas Allen nos anos 1970 (ver Inovação em Ação 5.4) e acreditava que a interação das pessoas estava no centro da criatividade e que a arquitetura poderia forçar a ocorrência dessas colisões.[14]

TABELA 5.5 Construindo um ambiente criativo

Obstáculo ambiental	Modos de lidar com ele
Ambiente físico	Tornar o local de trabalho estimulante
	Permitir a interação e o encontro acidental com novas ideias
	Dar visibilidade às ideias
	Sair do ambiente de trabalho e vivenciar o problema de uma perspectiva diferente
	Construir um ambiente virtual (uma plataforma de TIC)
Tempo e permissão para experimentações	Permitir, ou mesmo exigir, que os funcionários dediquem tempo a explorarem e serem curiosos de modo a potencializar a incubação
Ambiente	Criar "regras do jogo" positivas
	SOL/CHUVA
	LIFE (little improvements from everyone, "pequenas melhorias vindas de todos")
	Cultura "sem culpa" para incentivar experimentos
	Erros = oportunidades
	A sorte favorece a mente preparada
Recompensa e reconhecimento	Reforçar o comportamento
Estabelecer um processo	Explicitar a solução de problemas criativa
Treinamento e desenvolvimento de habilidades	Treinar em ferramentas e técnicas de criatividade
Liderança	Orientar e apoiar o processo, moderar e facilitar em diferentes estágios, fornecer foco e direção geral

INOVAÇÃO EM AÇÃO 5.4

Gerenciando o fluxo de ideias

Durante os anos 1970, Tom Allen, professor do MIT, estava interessado em como as ideias emergem durante projetos técnicos grandes e complexos. Ele começou por estudar organizações que trabalhavam no desafio de inovação em torno do programa espacial americano, tentando atingir a meta original do presidente Kennedy de enviar um homem à Lua e trazê-lo de volta para casa com segurança.

(Continua)

> Ele estudou como as pessoas compartilham ideias e como se movem dentro e entre organizações. Allen estabeleceu os alicerces do que hoje chamamos de "análise de redes sociais" como forma de mapear essas interações. Ele descobriu, por exemplo, a importância de indivíduos-chave ("guardiões [gatekeepers] tecnológicos"), através dos quais as ideias viajam e se disseminam entre as pessoas relevantes. Seu livro contém inúmeras ideias que continuam a ser importantes para projetar os processos de inovação em rede da atualidade.[15]
>
> Um dos seus projetos explorava como a distância entre os escritórios de engenheiros coincidia com o nível de comunicação técnica regular entre eles. Os resultados dessa pesquisa, hoje chamados de Curva de Allen, revelam uma correlação clara entre a distância e a frequência da comunicação (ou seja, quanto maior a distância entre as pessoas – 50 metros ou mais, para ser exato – menor a comunicação entre elas). Desde então, esse princípio é incorporado ao design comercial inteligente, como vemos no Decker Engineering Building em Nova York, no Steelcase Corporate Development Centre em Michigan e no Centro de Pesquisa da BMW na Alemanha.

Dez mil quilômetros separam Munique da costa oeste dos Estados Unidos, mas em Emeryville, Califórnia, encontramos um modelo semelhante de arquitetura apoiando a criatividade. A Pixar Studios é uma das empresas de sucesso mais constante no mundo do cinema, produzindo animações premiadas como *Toy Story*, *Procurando Nemo* e *Os Incríveis*. Sua capacidade de repetir esse sucesso a diferença da maioria dos estúdios; seus 14 filmes foram todos sucessos de bilheteria e de crítica, rendendo mais de 8 bilhões de dólares até dezembro de 2013. Não é uma questão de sorte; um processo criativo muito bem compreendido e administrado preserva o fluxo de ideias e não deixa o produto perder sua energia. Um princípio fundamental, originado por Steve Jobs (uma figura importante no início da Pixar, antes de voltar à Apple), foi fazer com que a geografia física do local estimulasse o mesmo tipo de colisões criativas utilizado por Gunter Henn.

Hoje em dia, as organizações cada vez mais reconhecem que os ambientes físicos criam espaços para interações e oferecem estímulos e perspectivas diferentes para os funcionários, atuando como catalizadores poderosos para a criatividade. O Googleplex não é simplesmente o capricho de um designer ou uma tentativa de levantar o ânimo dos funcionários; seu objetivo é encorajar insights criativos como parte das atividades diárias.

Não são simplesmente as empresas de tecnologia da Califórnia que fazem isso; o Departamento de Meteorologia do Reino Unido, um dos maiores institutos científicos do mundo, está sediado em um edifício aberto com estrutura de vidro, com espaços dedicados a encorajar intercâmbios criativos. O setor público dinamarquês tem uma agência de apoio à inovação que pertence aos Ministérios da Tributação, Economia e Emprego. O "Mindlab" fica em um edifício governamental tradicional, mas por dentro ele lembra um espaço lúdico aberto, como aquele que Gunter Henn e Steve Jobs almejavam para seus projetos.

Um avanço importante nessa área é o uso de espaços virtuais para reunir pessoas e permitir trocas criativas. Hoje, as plataformas de inovação são comuns em muitas organizações e permitem que milhares de funcionários se comuniquem, façam sugestões, comentem e enfoquem seus esforços de inovação. Muitos deles operam dentro de empresas, mas há uma tendência crescente de trazer terceiros para o processo, recorrendo à multidão para obter ideias criativas (no chamado *crowdsourcing*, que discutiremos em mais detalhes no Capítulo 6).

Tempo, espaço e permissão para experimentar

Vimos ao longo deste capítulo que a criatividade envolve longos períodos de incubação e exploração, pontuados por lampejos de inspiração. Não é um processo que se presta a ser ligado e desligado voluntariamente, e as organizações estão percebendo cada vez mais que, se querem que a criatividade aconteça, é preciso abrir espaço para ela. A 3M é uma empresa com uma longa tradição de inovações revolucionárias: pense nos Post-its, na fita Scotch, na fita adesiva industrial e uma série de outros produtos que fazem parte do nosso cotidiano atual. Eles nasceram de uma organização consciente de que seus funcionários precisam ser curiosos, brincando e explorando e fazendo conexões esquisitas. E, para isso, eles precisam saber que dispõem de um certo tempo e permissão para brincar dessa maneira. A 3M opera a chamada "política dos 15%": os funcionários podem usar até 15% do seu tempo em projetos pessoais que não precisam estar ligados a metas de produtividade ou resultados específicos da empresa. Esse tempo não é contado nas planilhas de horário, sendo mais um sinal para os funcionários de que a criatividade é importante e que a empresa confia neles para aproveitar bem esse tempo.

Nos últimos anos, muito se discutiu a Google e sua "máquina de inovação". O negócio pode ter começado com um mecanismo de busca poderoso, mas a empresa se diversificou e entrou em muitas novas áreas: publicidade, análise de dados na Web, automóveis autônomos, automação doméstica e varejo. Por trás da abordagem da Google, está o mesmo reconhecimento de que as pessoas precisam de tempo e espaço para explorar suas ideias, então a empresa exige que seus engenheiros dediquem no mínimo 20% do seu tempo a trabalhar em projetos secundários. Grandes sucessos desse processo de "brincadeira permitida" incluem o Gmail.

Nem todas as organizações podem se dar ao luxo de conceder aos funcionários a liberdade de controlar o próprio tempo. A Toyota, por exemplo, é motivada pelo comprometimento gigantesco de manter suas linhas de produção funcionando, e interrompê-las é algo caro e problemático. Mas ela também tem a sua própria versão de dar tempo e espaço para a criatividade. Cada equipe dedica 15 minutos diários, antes e após seu turno, à solução de problemas em grupo, identificando questões a serem trabalhadas e propondo novas ideias a serem testadas durante o dia. Essa abordagem constante de surtos breves e de alta frequência à criatividade é chamada de kaizen e é fundamental para o sucesso da empresa como a montadora de automóveis mais produtiva do mundo. A inovação de processos está sempre acontecendo, determinada pela criatividade de milhares de funcionários. Estima-se que a empresa receba, em média, uma ideia útil por funcionário por semana, desde os anos 1960, quando começou essa abordagem à melhoria contínua.

Ambiente criativo

As organizações, como vimos no Capítulo 9, são muito mais do que um grupo de pessoas que trabalham juntas. Elas compartilham crenças e valores e um consenso fundamental sobre "o modo como fazemos as coisas por aqui". Tanto em pequenas empresas recém-fundadas quanto em grandes corporações, a cultura de base é importante, pois ela molda o comportamento das pessoas. Podemos usar a metáfora do clima organizacional para descrever o tipo de "sistema meteorológico" que gera o contexto no qual as pessoas trabalham.

Uma crença fundamental por trás do modelo Toyota recém mencionado, por exemplo, é que "ideias pequenas importam". Isso transmite uma mensagem clara de que todos os funcionários podem colaborar e que, na verdade, estão convidados a compartilharem sua criatividade. Outro exemplo seria uma organização que comunica claramente que não há problema em cometer erros, pois estes geram oportunidades de aprendizagem. Sabemos que a criatividade envolve tentar coisas novas e que muitos experimentos fracassam; seu valor está em nos aproximar de uma solução útil. Assim, criar um ambiente no qual as pessoas acreditam que não serão punidas por cometerem erros (desde que não os repitam!) é uma parte essencial do apoio à sua criatividade.

A dificuldade em criar esse tipo de ambiente é que as organizações precisam ser consistentes. Afirmar "somos uma organização sem imputação de culpa" e então punir pessoas que tentam fazer coisas diferentes e cometem erros não é uma mensagem consistente, e a verdade logo fica evidente para todos.

As organizações bem-sucedidas que têm uma cultura clara de criatividade estão cientes dos comportamentos que querem ver as pessoas praticarem e as crenças fundamentais que desejam promover. Elas explicitam, comunicam e reforçam essas ideias para que se tornem "o modo como fazemos as coisas por aqui". A política dos 15% da 3M, a abordagem da Pixar ao debate criativo, a filosofia kaizen da Toyota e a abordagem de "beta perpétuo" da Google são todos exemplos de como empresas específicas constroem um ambiente criativo.

Recompensa e reconhecimento

Um aspecto importante de um ambiente que apoia a criatividade é o uso de recompensas e reconhecimento. Todos têm o potencial de serem criativos, mas só decidirão aplicar suas habilidades no contexto da organização quando sentirem que isso vale a pena. A motivação nesse nível não envolve o pagamento direto por ideias, e sim dar às pessoas a sensação de estarem sendo reconhecidas e valorizadas por isso. (Aliás, um problema de muitos sistemas de sugestões é que eles podem ser divisivos; ao se concentrarem no tamanho da recompensa, muita gente guarda as ideias para si em vez de compartilhá-las.) O reconhecimento pode ser uma fonte enorme de motivação. Organizações como a 3M fazem questão de comemorar indivíduos criativos e o comportamento rebelde que costumam demonstrar.

Em seu aspecto mais básico, a capacidade de implementar uma ideia é um fator crucial para criar um ambiente de criatividade. Se sentem que têm autonomia, as pessoas podem escolher o que fazer. Elas se sentem no controle. Mas em organizações que limitam o exercício do pensamento individual, o efeito geral pode ser o de "desligar a criatividade" e transformar as pessoas em robôs. Em uma pequena empresa iniciante ou no contexto criativo de um laboratório de P&D ou uma agência de publicidade, isso não é problema, pois a necessidade de se ter um fluxo contínuo de novas ideias interessantes significa que as pessoas são incentivadas a contribuir.

Mas o desafio é maior para as muitas organizações que dependem de regras e procedimentos para coordenar o trabalho: linhas de produção, centrais telefônicas, processamento de pedidos de varejo, etc. Dar às pessoas a oportunidade de fazerem sugestões e implementarem melhorias pode colocar em risco os sistemas que garantem a produtividade e a qualidade. Contudo, sem essas sugestões, não temos oportunidades para melhorar o sistema, e o impacto resultante sobre a motivação e o espírito da equipe tende a piorar a situação.

Como vimos, organizações como a Toyota e a France Telecom (cujo sistema de sugestões online "idClic" tem cerca de 30 mil participantes por dia, expandindo novas ideias) conseguiram resolver esse paradoxo com a implementação simultânea de estruturas para a contribuição de ideias criativas e a especificação de como elas devem ser direcionadas. Essa ideia, o **gerenciamento pelas diretrizes** ou emprego de políticas, significa que há um entendimento sobre onde as melhorias são necessárias e reconhece e recompensa a criatividade nessas áreas (por exemplo, não seria boa ideia deixar um operário em uma fábrica de medicamentos experimentar com a fórmula do remédio que está fabricando (!), mas a mesma pessoa poderia ter e implementar ideias excelentes para melhorar o fluxo de trabalho ou a qualidade).

Estabelecer um processo

Como vimos, a criatividade envolve um processo. Uma maneira útil de apoiá-lo é explicitar o processo. Organizações como a IDEO utilizam uma abordagem formal e disciplinada para a solução dos problemas que os clientes trazem para elas, partindo das suas próprias versões de técnicas para redefinir e preparar problemas, explorá-los e incubá-los até finalmente identificar e refinar soluções.

Ter um processo explícito é especialmente importante quando as pessoas podem não ter muita experiência com abordagens estruturadas à identificação e solução de problemas. Muitos sistemas de inovação de alto envolvimento, como o Modelo Toyota, utilizam estruturas teóricas simples e treinam todos os membros na sua utilização. A revolução da "qualidade", tão importante para fortalecer a competitividade da indústria japonesa nos anos 1970, nasceu da aplicação sistemática de modelos como o Círculo de Deming, enquanto o uso mais recente do Seis Sigma como processo formal tem impactado organizações industriais e de serviço.

Treinamento e desenvolvimento de habilidades

Anteriormente, vimos que a criatividade é uma capacidade natural, mas que também pode ser destravada e desenvolvida com o uso de técnicas e ferramentas. Assim, faz sentido investir na ampliação e desenvolvimento dessas habilidades dentro das organizações, e não apenas criar estruturas e modelos que apoiem as pessoas que estão sendo criativas. O treinamento em criatividade é um campo enorme, desde simples colaborações para dar às pessoas alguma ideia sobre a experiência e o processo central quando o aplicam (Seis Sigma, Círculo de Deming, etc.) até sistemas mais complexos, criados para estender suas habilidades de raciocínio (pensamento lateral, TRIZ, sinética, etc.).

Liderança

É fácil encarar a criatividade como um processo aberto e democrático, no qual as ideias de todos são trocadas e expandidas. A realidade é que, sem algum nível de foco, essas sessões logo descambam para o caos. É preciso liderança, não no sentido de uma direção forte e autoritária, mas de guiar e moldar o processo em direção a um determinado objetivo, sempre considerando o bom uso de recursos como tempo e dinheiro. O Capítulo 9 explora em mais detalhes o tema da liderança, mas, por ora, vale observar a necessidade dos líderes atuarem como *coaches*, facilitadores e capacitadores do processo criativo.

Juntando as pontas: o desenvolvimento da criatividade empreendedora

A criatividade é importante, quer estejamos fundando um novo empreendimento, tentando melhorar o desempenho de uma organização estabelecida ou ajudando uma empresa madura a encontrar novas direções e pensar criativamente. Neste capítulo, analisamos alguns dos fatores que afetam a nossa capacidade de extrair essa criatividade. As pessoas já têm a capacidade, mas evidências indicam que essa habilidade natural pode ser fortalecida e desenvolvida com sistemas destinados a indivíduos, grupos e ambientes. Não existe uma injeção mágica que torne as pessoas mais criativas. Em vez disso, é preciso usar uma abordagem integrada, criando as condições e a estrutura teórica dentro das quais elas podem aprimorar e desenvolver suas habilidades.

INOVAÇÃO EM AÇÃO 5.5

Inovação guiada pelos funcionários

Em um estudo junto a diversas organizações britânicas nas quais funcionários de todos os níveis contribuem regularmente com ideias criativas, Julian Birkinshaw e Lisa Duke identificaram quatro conjuntos principais de fatores facilitadores:

- *Folga:* dar aos funcionários espaço no seu dia de trabalho para pensarem criativamente.
- *Funções expandidas:* ajudar os funcionários a irem além das suas tarefas específicas.
- *Competições:* estimular a ação e ativar a criatividade.
- *Fóruns abertos:* dar aos funcionários uma ideia de direção e promover a colaboração.

Fonte: consulte www.engageforsuccess e http://uk.ukwon.eu/euwin-knowledge-bank-menu-new para exemplos do tipo de organização que está colocando essas ideias em prática.

Resumo do capítulo

- O dicionário define criatividade como "o uso da imaginação ou de ideias originais para criar algo"; na prática, podemos considerá-la a capacidade de produzir trabalhos ao mesmo tempo novos e *úteis*.
- Trata-se de uma combinação de habilidades de raciocínio, incluindo associação, reconhecimento de padrões e pensamento divergente e convergente. Sua aplicação vai do incremental ao radical, da simples solução de problemas a insights revolucionários.
- Os sistemas de alto envolvimento, projetados para envolver os funcionários "comuns" no processo de colaborar com ideias, representam uma área importante para desenvolver a criatividade.
- Apesar de muitas vezes ser representada como um lampejo de inspiração no mundo real, a criatividade segue um processo de reconhecimento/preparação, incubação, insight e validação/refinamento.
- O pensamento criativo é uma capacidade natural de todos nós, mas há diferenças nos modos como as pessoas preferem expressar sua criatividade (estilo criativo) e diferenças associadas com personalidade e experiências prévias.
- Desenvolver a criatividade é menos uma questão de injetar algo novo e mais de criar condições que permitam o apoio de um processo natural. No nível individual, as habilidades de raciocínio podem ser fortalecidas pelo uso de técnicas voltadas a desenvolver novas maneiras de lidar com o processo fundamental.
- No nível do grupo, a criatividade reconhece o potencial da diversidade e da interação, e ferramentas para apoiar esse aspecto incluem aquelas que potencializam as "colisões criativas". O brainstorming é a mais famosa delas, mas existem muitas outras; avanços na tecnologia da informação produziram novas maneiras de reunir grupos de pessoas.
- Construir um ambiente que apoia a criatividade inclui prestar atenção em fatores como espaço físico, tempo e "permissão", recompensa e reconhecimento, estabelecimento de um processo e desenvolvimento de habilidades e treinamento.

Glossário

Brainstorming Abordagem à geração de ideias desenvolvida por Alex Osborn, na qual a avaliação das novas ideias é suspensa. Pode ser usado individualmente ou em grupos.

Criatividade O uso da imaginação ou de ideias originais para criar algo novo e útil.

Flexibilidade Medida de criatividade, o número de diferentes classes de ideias produzidas em um determinado período.

Fluência Medida de criatividade, o número de novas ideias produzidas em um determinado período.

Gerenciamento pelas diretrizes Reduzir objetivos estratégicos de alto nível a elementos menores nos quais os funcionários podem trabalhar com suas próprias ideias inovadoras.

Intermediário impossível Conceito associado ao pensamento lateral, no qual inventamos uma ideia que é impossível em si, mas que pode ser um passo importante na direção de uma resposta mais prática diferente.

Pensamento convergente Estilo de pensamento que enfatiza o foco, concentrando-se na resposta "melhor" que todas as outras.

Pensamento divergente Estilo de pensamento que envolve fazer associações, muitas vezes explorando as margens do problema.

Pensamento lateral Estilo de pensamento desenvolvido originalmente por Edward de Bono, centrado em afastar-se do pensamento linear passo a passo e andar para o lado, por assim dizer, para reexaminar o problema de um ponto de vista diferente.

Reconhecimento de padrões Na sua forma mais simples, se vemos um padrão que reconhecemos, temos acesso a soluções que funcionaram no passado e que podemos aplicar de novo. Às vezes, no entanto, é uma questão de reconhecer uma semelhança entre um novo problema e algo parecido que já encontramos antes.

TRIZ (Teoria da Solução Inventiva de Problemas) Técnica desenvolvida pelo russo Genrich S. Altshuller, que revisou patentes para derivar os princípios mediante os quais uma ampla variedade de problemas aparentemente diferentes poderia ser resolvida.

Questões para discussão

1. "É preciso ser um gênio como Einstein ou Leonardo da Vinci para ser criativo". É verdade?
2. Você foi escolhido para ajudar uma organização a desenvolver a capacidade criativa da equipe. Como você cumpriria essa missão?
3. Criatividade é mais do que uma lâmpada se acendendo sobre a sua cabeça. Como você usaria uma visão processual da criatividade para apoiar e fortalecer essa capacidade em uma organização?
4. Uma amiga empreendedora reclamou para você sobre não estar conseguindo ter novas ideias para expandir o seu negócio. Como você usaria ideias sobre fortalecer e desenvolver a criatividade para aconselhá-la?

Fontes e leituras recomendadas

Existem muitos livros sobre a criatividade e como desenvolvê-la; veja, por exemplo, Tudor Rickards, *Creativity and Problem Solving at Work* (Gower, 1997), ou P. Cook, *Best Practice Creativity* (Gower, 1999). No lado acadêmico, Teresa Amabile tem uma série de trabalhos na área ("How to Kill Creativity", *Harvard Business Review*, **76**(5): 76), enquanto Dorothy Leonard oferece algumas ideias úteis baseadas em estudos de caso em *When Sparks Fly: Igniting Creativity in Groups* (Harvard Business School Press, 1999). Os principais insights teóricos do campo da psicologia estão disponíveis no *Handbook of Creativity* (Cambridge University Press, 1999), de Sternberg. Jonah Lehrer oferece uma revisão agradável do pensamento atual na área em *Imagine: How Creativity Works* (Canongate, 2012), e Tom Kelley reflete sobre como a IDEO utiliza amplamente as abordagens de pensamento criativo em *The Art of Innovation: Lessons in Creativity from IDEO: America's Leading Design Firm* (Currency, 2001).

O envolvimento dos funcionários é trabalhado em *High Involvement Innovation* (John Wiley & Sons Ltd, 2003), de John Bessant; *Ideas Are Free: How the Idea Revolution Is Liberating People and Transforming Organizations* (Berrett Koehler, 2003), de Dean Schroeder e Alan Robinson; e *CI Changes: From Suggestion Box to the Learning Organisation* (Ashgate, 1999), de Boer et al.

Técnicas específicas são descritas em diversos livros, como *Serious Creativity* (Harper Collins, 1999), de de Bono; *Use Your Head* (BBC Active, 2006), de Tony Buzan; e *A Whack on the Side of the Head: How You Can Be More Creative* (Business Plus, 2008), de Roger Von Oech.

Referências

1. Christensen, C., J. Dyer and H. Gregerson (2011) *The Innovator's DNA*, Boston: Harvard Business School Press.
2. Dyson, J. (1997) *Against the Odds*, London: Orion.
3. Guilford, J. (1967) *The Nature of Human Intelligence*, New York: McGraw-Hill.
4. Sternberg, R. (1999) *Handbook of Creativity*, Cambridge: Cambridge University Press.
5. Baron-Cohen, S. (1999) *The Evolution of a Theory of Mind*, Oxford: Oxford University Press.
6. Kirton, M. (1980) Adaptors and innovators, *Human Relations*, 3: 213–24.
7. Leonard, D. and W. Swap (2005) *Deep Smarts: How to Cultivate and Transfer Enduring Business Wisdom*, Boston: Harvard Business school Press.
8. de Bono, E. (1971) *The Use of Lateral Thinking*, Harmondsworth: Penguin.
9. Prince, G. (1970) *The Practice of Creativity*, New York: Collier.
10. de Bono, E. (1985) *Six Thinking Hats*, Harmondsworth: Penguin.
11. Osborn, A. (1953) *Applied Imagination: Principles and Procedures of Creative Problem Solving*, New York: Charles Scribner and Sons.
12. Kingdon, M.E. (2002) *Sticky Wisdom: How to Start a Creative Revolution at Work*, London: Capstone.
13. Lehrer, J. (2012) *Imagine: How Creativity Works*, Edinburgh: Canongate.
14. Allen, T. and G. Henn (2007) *The Organization and Architecture of Innovation*, Oxford: Elsevier.
15. Allen, T. (1977) *Managing the Flow of Technology*, Cambridge, MA: MIT Press.

Capítulo 6

Fontes de inovação

OBJETIVOS DE APRENDIZAGEM

Depois de ler este capítulo, você compreenderá:

- de onde vêm as inovações: a ampla variedade de fontes que oferecem oportunidades para empreendedores;
- a ideia de forças "empurradas" e "puxadas" e a sua interação;
- a inovação como um padrão de revoluções ocasionais e longos períodos de melhoria incremental;
- a importância de diferentes fontes com o passar do tempo;
- onde e como você pode buscar oportunidades de melhoria.

Introdução

Uma das definições de empreendedor é alguém que enxerga uma oportunidade – e que faz algo a respeito. Seja ele um indivíduo buscando um novo produto ou serviço para enriquecer, um empreendedor social tentando mudar o mundo ou uma organização grande e tradicional buscando um novo nicho de mercado, o desafio está em encontrar oportunidades de inovação.

Mas de onde vêm as inovações? Elas surgem do nada, como a lâmpada que se acende em cima da sua cabeça nos desenhos animados? Ou são inspirações súbitas, como Arquimedes pulando da banheira e correndo pela rua, tão animado com a sua nova ideia que esqueceu de se vestir? Esse momentos "Eureca!" são certamente parte do folclore da inovação – e de tempos em tempos eles até dão algum resultado. Percy Shaw, por exemplo, ao observar o reflexo no olho de um gato à noite, teve a ideia que levou a uma das inovações de segurança rodoviária mais usadas do mundo. Ou George de Mestral, que passeava pelos Alpes suíços quando notou que os carrapichos se prendiam ao pelo do seu cachorro, o que o inspirou a desenvolver o famoso fecho Velcro.

Mas a realidade é que a inovação vai muito além de lampejos de inspiração ou ideias brilhantes, ainda que estes possam ser bons pontos de partida. Na maior parte do tempo, ela envolve um processo de levar as ideias adiante, revisá-las e refiná-las, entremeando os diferentes fios do "espaguete de conhecimento" para formar um produto, processo ou serviço útil. Esse processo pode ter início de muitas formas diferentes e, para administrá-lo com sucesso, é preciso reconhecer essa diversidade e ampliar o foco da nossa busca por oportunidades. A Figura 6.1 indica a ampla variedade de estímulos que pode iniciar a jornada de inovação.

Vamos analisar algumas delas de forma mais detalhada.

Empurrão do conhecimento

Em nível mundial, gastamos algo como 1,5 trilhão de dólares por ano em pesquisa e desenvolvimento (P&D). Toda essa atividade em laboratórios e instalações científicas nos setores público e privado não acontece pelo prazer da descoberta. Ela é motivada por um entendimento claro sobre a importância da P&D enquanto fonte de inovação. Pesquisadores independentes sempre existiram, mas, desde o início, o processo de exploração e codificação nas fronteiras do conhecimento é uma atividade sistemática que envolve uma ampla rede de pessoas que compartilham suas ideias. No século XX, o surgimento dos grandes laboratórios de pesquisa corporativa foi um instrumento crucial para o progresso: Bell Labs, ICI, Bayer, BASF, Philips, Ford, Western Electric e DuPont (todos fundados no início do século) são bons exemplos de "usinas de ideias". Suas atividades não se

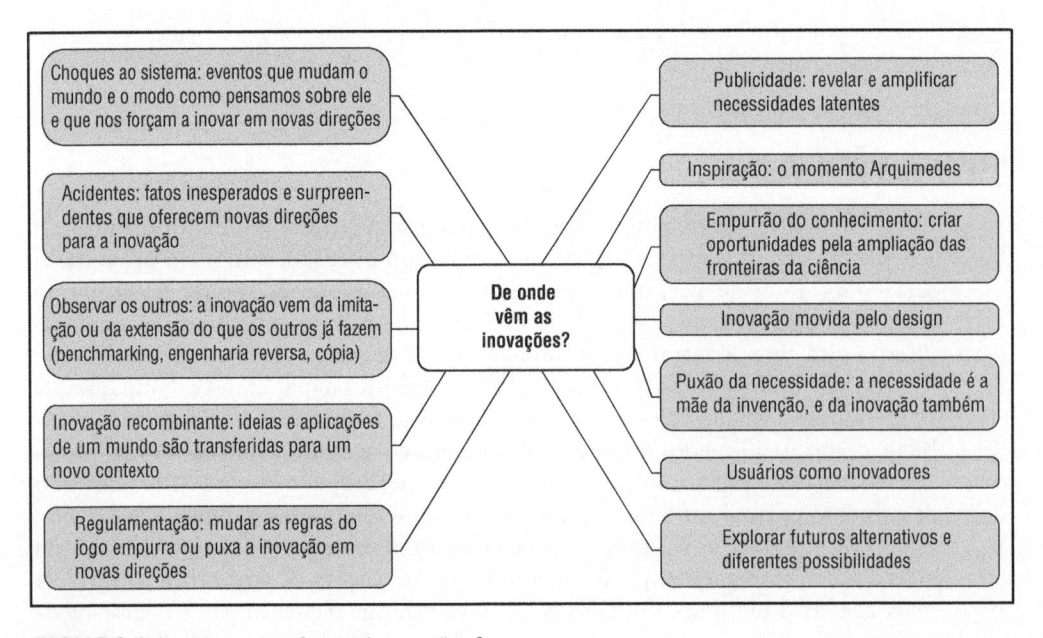

FIGURA 6.1 De onde vêm as inovações?

concentraram apenas na inovação de produtos: muitas das principais tecnologias por trás de inovações de *processos*, especialmente em torno do campo crescente da automação e da tecnologia da informação/comunicação, vieram desses esforços de P&D organizados.

Agora estamos em uma nova era, na qual a P&D está se tornando mais aberta e distribuída e os grandes laboratórios centralizados estão sendo substituídos por redes de grupos que colaboram dentro das empresas e entre elas. Isso envolve grandes mudanças. Exemplo disso é o complexo gigantesco de pesquisa da Philips em Eindhoven, Holanda, fundado cem anos atrás, que deixou de ser um exército de jalecos brancos em laboratórios corporativos e hoje opera como um campus de pesquisa científica, envolvendo muitos grupos de pesquisa diferentes. Alguns trabalham diretamente para a Philips, outros são pequenas empresas independentes, outros ainda são *joint ventures*. Mas a ideia fundamental ainda é a mesma: gerar ideias que servirão de base para um fluxo contínuo de inovações.

Esse modelo de "empurrão do conhecimento" tem um retumbante histórico de sucesso. A ascensão da indústria farmacêutica global, por exemplo, deveu-se basicamente a grandes gastos com P&D (muitas vezes chegando a 15–20% de rotatividade) na busca das chamadas *blockbuster drugs*.* Embora algumas histórias de sucesso sejam espetaculares (os 20 medicamentos mais vendidos nos Estados Unidos em 2011 geraram quase 320 bilhões de dólares), o verdadeiro valor desse investimento em P&D vem da melhoria sistemática em uma ampla fronteira de produtos e os processos que os criaram. O mesmo padrão se repete em muitos setores (semicondutores, por exemplo), nos quais uma trajetória de melhoria continua a longo prazo se mistura com avanços revolucionários ocasionais. É uma história de grandes avanços pontuados por longos períodos de inovação incremental que se consolidam em torno da ideia central.

Um bom exemplo seria a câmera fotográfica. Inventada originalmente na segunda metade do século XIX, o design dominante emergiu gradualmente, com uma arquitetura que seríamos capazes de reconhecer (a configuração com obturador e lente, os princípios de foco, placa para filme ou chapas, etc.). Mas depois esse sistema foi modificado, com lentes diferentes, motores e tecnologia de flash, por exemplo, e, no caso das invenções de George Eastman, o surgimento de uma câmera simples e relativamente fácil de usar por qualquer um (a Box Brownie), que levou a fotografia ao mercado de massa. Esse padrão se estabilizou durante quase todo o século XX, mas na década de 1980 houve uma nova onda de pesquisas em torno de tecnologias de imagem, e o produto mudou drasticamente com o advento das câmeras digitais e então o de diversos outros dispositivos de imagem, como telefones celulares e tablets. Os principais participantes do setor mudaram de posição, mas o processo fundamental da inovação movida pela pesquisa científica continua o mesmo, e ainda há muitas patentes sendo registradas

---

*Uma *blockbuster drug* ("medicamento arrasa-quarteirão") costuma ser definida como aquela que gera mais de 1 bilhão de dólares para o fabricante durante a sua existência.

nessa área. (As brigas jurídicas entre Apple e Samsung, por exemplo, exemplificam a importância estratégica desse conhecimento no jogo da inovação.)

O empurrão do conhecimento sempre foi uma fonte de start-ups inovadoras, com empreendedores usando ideias baseadas nas suas próprias pesquisas (e nas alheias) para criar novos empreendimentos. Esse modelo está por trás do sucesso de muitas regiões de alta tecnologia, como o Vale do Silício e a Route 128 nos Estados Unidos, o "vale médico" em torno de Nuremberg, Alemanha, e a região de Cambridge, no Reino Unido, onde gigantes da tecnologia como a ARM (cujos *chips* servem de base para a maioria dos dispositivos móveis) foram fundadas, sendo derivadas da universidade (discutiremos a criação de novos empreendimentos em mais detalhes no Capítulo 12).

O puxão da necessidade...

O empurrão do conhecimento cria um campo de possibilidades, mas nem todas as ideias encontram uma aplicação bem-sucedida. O escritor americano Ralph Waldo Emerson teria dito "construa uma ratoeira melhor e o mundo encontrará o caminho até sua porta", mas, infelizmente, a realidade é que não faltam vendedores de ratoeiras falidos! Ideias geniais não são suficientes por si mesmas, pois podem não atender uma necessidade real ou percebida e as pessoas podem não estar motivadas a mudar. A inovação exige alguma forma de demanda para que estabeleça raízes.

Na sua forma mais simples, essa ideia da inovação pelo "puxão da necessidade" é capturada pelo ditado de que "a necessidade é a mãe da invenção". Henry Ford, por exemplo, conseguiu transformar os brinquedos de luxo que eram os primeiros automóveis em algo que se transformou em "um carro para o homem comum", enquanto a Procter & Gamble iniciou suas atividades atendendo a necessidade de iluminação doméstica (com velas) e se expandiu para uma gama cada vez mais ampla de necessidades do lar, como sabão, fralda, detergente, pasta de dente e muito mais. As companhias aéreas de baixo custo descobriram soluções inovadoras para o problema de disponibilizar a aviação para um mercado muito mais amplo, enquanto as instituições de microfinanças desenvolveram novas abordagens radicais para ajudar a colocar os serviços bancários e de crédito ao alcance das populações mais pobres.

INOVAÇÃO EM AÇÃO 6.1

Manter um fluxo de ideias

Duzentos anos atrás, a Churchill Potteries surgiu no Reino Unido para produzir panelas e talheres. O fato de seguir atuando até hoje, apesar de um mercado global turbulento

(Continua)

e altamente competitivo, diz muito sobre a abordagem que adotou para garantir um fluxo contínuo de inovações. Segundo destaca Andrew Roper, seu diretor executivo, novos rumos foram tomados quando a empresa passou a escutar os usuários e a entender suas necessidades. "Ingressamos em diversas modalidades de serviço, então podemos ser vistos menos como uma fabricante pura e mais como uma empresa de serviços com uma divisão de fabricação". A equipe dedica uma parcela significativa do seu tempo a conversar com *chefs*, hoteleiros e outros: "o pessoal de vendas, marketing e técnico passa muito mais tempo do que eu jamais poderia imaginar vendo o que acontece com o produto na prática e perguntando aos clientes, profissionais ou não, o que eles desejam a seguir".

Fonte: "Ingredients for success on a plate", Peter Marsh, *Financial Times*, 26 de março de 2008: 16.

Assim como o modelo do empurrão do conhecimento envolve uma combinação de avanços ocasionais seguidos de longos períodos de elaboração, o mesmo vale para o puxão da necessidade. Ocasionalmente, isso envolve uma ideia "nova no mundo", mas quase sempre consiste em extensões, variações e adaptações em torno de ideias centrais. A Figura 6.2 indica um detalhamento típico da inovação de produto ao longo dessas linhas; seria possível construir um quadro semelhante para as inovações de processo.

A inovação pelo puxão da necessidade é especialmente importante na maturidade dos ciclos de vida de setores ou produtos, quando há mais de uma oferta disponível no mercado, pois a concorrência depende da diferenciação com base em necessidades e atributos e/ou a segmentação da oferta para se ajustar a diferentes tipos de adotantes. Mas ela também é uma fonte importante de oportunidades

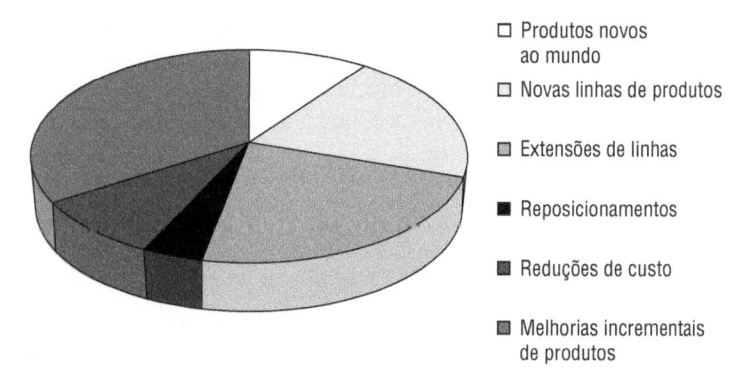

FIGURA 6.2 Tipos de novos produtos.
Fonte: Baseado em Griffin, A. (1997) PDMA research on new product development practices. *Journal of Product Innovation Management,* 14: 429. Reproduzido com a permissão de John Wiley & Sons Ltd.

para novas empresas empreendedoras. Identificar uma necessidade na qual ninguém trabalhou antes ou encontrar novas maneiras de atender uma necessidade existente é a base de muitas novas ideias de negócio. Jeff Bezos, por exemplo, percebeu as necessidades (e frustrações) em torno do varejo convencional e alicerçou o império da Amazon no uso de novas tecnologias para atendê-las de diversas maneiras. Airbnb ("preciso achar um lugar para ficar"), nextbike, Zipcar ("preciso de acesso fácil e rápido a transporte") e WhatsApp ("preciso me comunicar com meus amigos") são outros exemplos famosos.

Uma boa fonte de oportunidades para empreendedores é analisar a necessidade fundamental que as pessoas têm por bens e serviços e então perguntar se existem maneiras diferentes de expressá-la ou atendê-la. O vasto setor de venda de brocas e chaves, por exemplo, além de outros dispositivos para o mercado doméstico, não se baseia no desejo de ter ferramentas elétricas, refletindo, na verdade, uma necessidade mais básica: como vou pendurar uma moldura naquela parede? Talvez haja outras maneiras de atender essa necessidade, o que levaria a novas oportunidades de negócio.

Também é importante reconhecer que a inovação nem sempre envolve mercados comerciais ou necessidades de consumidores; as inovações sociais também são importantes. Seja o objetivo prestar serviços de saúde ou saneamento nos países mais pobres ou serviços sociais ou educacionais mais efetivos nas economias industriais estabelecidas, a necessidade de mudança é evidente e motiva um nível crescente de inovações. Exemplos de grandes inovações sociais que nasceram da tentativa de atender necessidades incluem o jardim de infância (que cuida de crianças quando ambos os pais trabalham), o National Childbirth Trust (que oferece educação e informações para pais de primeira viagem sobre todos os aspectos do parto), a Open University (que confere acesso à educação superior para alunos que antes eram excluídos por falta de dinheiro ou por causa de trabalho) e a Big Issue (que dá emprego e identidade a indivíduos sem-teto).

Como veremos no próximo capítulo, para entendermos as necessidades dos usuários é preciso que nos aproximemos ao máximo deles. Nos últimos anos, tem crescido o uso de ferramentas originárias da antropologia para observar e entender como as pessoas de fato se comportam em vez de simplesmente perguntar para elas. Hoje, ferramentas como o "design empático" e a "etnografia" são aplicadas junto a métodos mais convencionais, como a pesquisa de mercado, e oferecem maneiras de entender mais claramente as necessidades para transformá-las em fontes de ideias de inovação.

INOVAÇÃO EM AÇÃO 6.2

Entendendo as necessidades do usuário na Hyundai Motor

Um dos problemas enfrentados pelas indústrias globais é como adaptar seus produtos para que atendam as necessidades dos mercados locais. Para a Hyundai, isso

(Continua)

significa prestar bastante atenção em insights profundos sobre as necessidades e sonhos dos clientes, uma abordagem que a empresa usou com muito sucesso para desenvolver o modelo Santa Fe, reintroduzido no mercado americano em 2007. A chamada para o programa de desenvolvimento era "entrar em contato com o mercado", e a empresa utilizou diversas técnicas e ferramentas para que isso acontecesse. Foram conduzidas, por exemplo, visitas a rinques de patinação no gelo para assistir uma medalhista olímpica patinando, o que ajudou a entender e ter ideias sobre graciosidade e velocidade, elementos que se desejava integrar ao veículo. Isso gerou uma metáfora, a "graciosidade assertiva", que as equipes de desenvolvimento na Coreia e nos Estados Unidos foram capazes de utilizar.

A análise de veículos existentes sugeriu que alguns aspectos do design não estavam sendo trabalhados; por exemplo, muitos utilitários esportivos (SUVs) tinham um quê de "caixote", então havia escopo para melhorar a imagem do automóvel. Pesquisas de mercado sugeriram um segmento-alvo de "mães glamourosas" que seriam atraídas pelo produto, e as equipes mergulharam em um estudo intenso sobre como esse grupo vive. Métodos etnográficos analisaram seus lares, suas atividades e seus estilos de vida: por exemplo, membros da equipe passaram um dia indo a lojas com algumas mulheres desse segmento para entender suas compras e o que as motiva. A lista dos principais motivadores que emergiu desse estudo de compras incluía durabilidade, versatilidade, exclusividade, adaptação a crianças e atendimento ao cliente de alta qualidade prestado por uma equipe inteligente. Outra abordagem foi fazer com que todos os membros da equipe dirigissem pelo sul da Califórnia, seguindo caminhos semelhantes àqueles populares entre o segmento-alvo; no processo, eles obtiveram uma experiência direta com o conforto, recursos e acessórios dentro do veículo, etc.[1]

Aprimorando processos

Obviamente, necessidades não envolvem apenas produtos e serviços, motivando também a inovação de *processo*. "Rodas rangendo" e outras fontes de frustração com o modo como os processos atuais operam também geram sinais valiosos para mudança, tanto em termos de melhorias incrementais quanto na busca de maneiras radicalmente novas de trabalhar. Essa abordagem criou, por exemplo, a filosofia básica por trás do movimento da "gestão da qualidade total" nos anos 1980, as ideias de "reengenharia de processos empresariais" nos anos 1990 e a atual aplicação onipresente de conceitos baseados na ideia de "pensamento enxuto". Todos basicamente envolvem eliminar as perdas e desperdícios dos processos existentes.

INOVAÇÃO EM AÇÃO 6.3

Viva o rosa

Ao percorrer a fábrica da Ace Trucks (um grande fabricante de empilhadeiras) no Japão, a primeira coisa que chama a atenção é o esquema de cores. Na verdade, só sendo cego para não notá-lo: por entre os monótonos e bastante comuns tons de cinza e verde das máquinas e outros equipamentos, surgem pontos cor-de-rosa. Não em tom pastel, mas uma cor vibrante, rosa-choque, que daria orgulho ao flamingo mais vaidoso. Uma análise mais detalhada mostra que esses salpicos e borrifos não são aleatórios: estão associados com partes e seções específicas do setor de máquinas, e o efeito chamativo deriva, em parte, da profusão de pedaços pintados de cor-de-rosa, distribuídos por entre o chão de fábrica e as diferentes máquinas.

Não se trata de uma tentativa bizarra de redecorar a instalação ou uma desastrosa peça de design de interiores. O efeito provocativo é intencional: a cor está ali a fim de chamar a atenção para máquinas e outros equipamentos que foram modificados. Cada toque de rosa é o resultado de um projeto kaizen de melhoria de algum aspecto do equipamento, muito voltado para o apoio à "manutenção produtiva total" (TPM, na sigla em inglês), em que cada item da fábrica está disponível e pronto para uso 100% do tempo. Esse é um objetivo semelhante ao de "defeito zero" na qualidade total; ambicioso, com certeza, talvez impossível em termos estatísticos, mas que garante foco às mentes dos envolvidos e leva à uma extensa e impressionante atividade de detecção e resolução de problemas. Os programas de TPM são responsáveis por economias anuais de custos de 10% a 15% em muitas empresas japonesas e fundamentam um sistema que já é famoso por suas características enxutas.

Pintar as melhorias de rosa desempenha um importante papel ao chamar a atenção para as atividades subjacentes nessa fábrica, em que a busca e a resolução sistemáticas de problemas faz parte do "modo como fazemos as coisas por aqui". As marcas visuais lembram a todos da busca contínua por novas ideias e melhorias, e com frequência estimulam novas ideias ou locais para onde essas ideias podem ser transferidas. Ao observar a fábrica, percebe-se que há outros modos de exibição, menos visualmente impactantes, mas igualmente poderosos: gráficos e tabelas de todas as formas e tamanhos que focam a atenção em tendências e problemas, mas também celebram melhorias bem sucedidas; fotografias e gráficos que mostram problemas ou melhorias sugeridas em métodos e práticas de trabalho; e diferentes quadros cobertos de símbolos e formas de espinhas de peixe e outras ferramentas usadas para orientar o processo de melhoria.

Melhorias de processo desse tipo são especialmente relevantes no setor público, onde a questão não é enriquecer, mas sim fortalecer a relação custo-benefício na prestação de serviços. Muitas aplicações do "pensamento enxuto" e conceitos assemelhados aplicam esse princípio, como a redução dos tempos de espera e a melhoria da segurança dos pacientes nos hospitais, a aceleração de serviços como a tributação de automóveis, a emissão de passaportes e até a cobrança de impostos!

> **INOVAÇÃO EM AÇÃO 6.4**
>
> **MindLab**
>
> A MindLab é uma organização dinamarquesa criada para promover e capacitar a inovação no setor público da Dinamarca. "Subsidiária" dos Ministérios da Tributação, Emprego e Assuntos Econômicos, a organização foi pioneira em uma série de iniciativas que envolvem servidores e membros do público em uma série de inovações sociais que aumentaram a produtividade, melhoraram a qualidade dos serviços e reduziram os custos em todo o setor público. Estudos de caso das suas atividades encontram-se no site da organização (www.mind-lab.dk/en).

Um aspecto importante da inovação de processo é que ela está relacionada a como as organizações criam e entregam o que oferecem, seja o que for. Melhorar e, às vezes, alterar radicalmente esses processos é algo do qual todos os funcionários podem (ou não) participar, pois todos são usuários e operadores desses processos. Essa inovação de alto envolvimento é a base do sucesso de empresas como a Toyota em relação ao aumento da sua produtividade a longo prazo; em linhas gerais, ela se baseia no conceito de ideias de melhoria regulares, o kaizen, coletadas entre a maior parte dos funcionários.

As necessidades de quem? Avançando pelas beiradas

E, às vezes, aquilo que tem relevância nas margens começa a interessar o mundo convencional. O professor americano Clayton Christensen mostra que esse padrão se repete em diversos setores, desde drives de disco de computador a equipamentos de movimentação de terra, da siderurgia a viagens aéreas de baixo custo.[2]

Isso representa um problema para os participantes atuais, pois as necessidades desses grupos marginais não são consideradas relevantes para as suas atividades convencionais, então eles tendem a ignorá-las ou desconsiderar a sua importância. Como vimos, na maior parte do tempo, há uma estabilidade em torno de mercados em que a inovação do tipo "fazer melhor" acontece e é bem-administrada. Relacionamentos próximos com clientes existentes são cultivados e o sistema é configurado para entregar um fluxo estável daquilo que o mercado deseja e, muitas vezes, além da conta! (O que Christensen denomina "excesso de tecnologia" é uma característica comum disso. Nele, os mercados recebem cada vez mais funcionalidades que podem jamais utilizar ou dar muito valor, mas que vêm como parte do pacote.)

Porém, em algum outro lugar existe outro grupo de potenciais usuários com diferentes necessidades (geralmente, de algo mais simples e mais barato), que os auxiliarão a fazer alguma coisa. Atender a essas necessidades não apenas cria um novo mercado, como também desestabiliza o existente, pois os clientes percebem que suas necessidades podem ser atendidas com uma abordagem diferente. Esse fenômeno é chamado de **inovação disruptiva** e concentra nossa atenção na missão de buscar necessidades que não estão sendo atendidas ou que estão sendo mal atendidas, ou, por vezes, buscar mercados atendidos em excesso. Cada uma delas oferece uma abertura para a inovação, e isso muitas vezes envolve disrupção, pois os participantes existentes não enxergam os diferentes padrões de necessidades.

INOVAÇÃO EM AÇÃO 6.5

Conquistando vantagem competitiva com necessidades não atendidas

O Nintendo Wii abriu um espaço competitivo radicalmente novo no ramo dos videogames, o que, por um tempo, lhe deu a liderança do mercado. O console Wii não é um artefato tecnológico particularmente sofisticado; em comparação com os rivais Sony PS3 e Microsoft Xbox, ele é pior em computação, armazenamento e outros recursos, e a resolução dos seus jogos é muito inferior a bestsellers como *Call of Duty*. Mas o segredo do sucesso fenomenal do Wii foi seu apelo a um mercado mal atendido. Os jogos de videogame tradicionalmente eram destinados a meninos, mas o Wii estende, por meio da interface simples do seu controle em forma de varinha, o interesse a todos os membros da família. Os complementos à plataforma, como o Balance Board para exercícios físicos e outras aplicações, permitem que o mercado se estenda, por exemplo, para usuários idosos ou pacientes que sofreram derrames.

O sucesso do Wii levou outros a introduzirem tecnologias que apoiam a interação, e o Microsoft Kinect abriu uma gama enorme de novas aplicações, tanto dentro do setor de jogos quanto além dele.

A Nintendo teve atuação semelhante na abertura do mercado com o sistema portátil DS, mais uma vez buscando necessidades não atendidas em um segmento diferente da população. Muitos usuários do DS são de meia-idade ou idosos, e os jogos mais vendidos são dos gêneros de exercícios mentais e quebra-cabeças.

Novos mercados emergentes na "base da pirâmide"

Uma fonte poderosa de ideias na margem vem do que se costuma chamar de "mercados emergentes", países como a Índia, China e os latino-americanos e africanos. Como vimos no Capítulo 3, são mercados enormes em termos de população, muitas vezes com perfil demográfico bastante jovem, que representam oportunidades significativas, apesar de terem renda disponível limitada. C. K.

Prahalad foi o primeiro a chamar a atenção para essa ideia, em seu livro *A Riqueza na Base da Pirâmide*, no qual argumenta que quase 80% da população mundial vivia com menos de 2 dólares por dia, mas poderia representar um mercado gigantesco de necessidades não atendidas por bens e serviços. Desde a publicação do livro em 2005, houve uma explosão no interesse por explorar as oportunidades de inovação para atender as necessidades dessa população significativa, envolvendo bilhões de pessoas.

Não é simplesmente uma questão de abrir novos mercados; encontrar soluções diferentes para as necessidades desses mercados pode ter consequências enormes para os mercados mais tradicionais. Imagine, por exemplo, o impacto que um produtor na China poderia ter em um setor como o de produção de bombas d'água se começasse a oferecer uma bomba residencial, de baixo custo e "boa o suficiente" por dez dólares, em vez de variantes de alta tecnologia e alto desempenho, disponíveis na indústria atual a preços 10 a 50 vezes mais altos.

INOVAÇÃO EM AÇÃO 6.6

Inovação *jugaad*

Em seu livro *Jugaad Innovation*, Navi Radjou, Jaideep Prabhu e Simone Ahuja exploram uma abordagem à inovação com raízes em economias emergentes como Índia, China e América Latina, mas que se utiliza de alguns princípios de longa data. Usando uma série de estudos de caso, eles sugerem que condições de crise muitas vezes levam a novas abordagens à inovação, e que a pressão por frugalidade e flexibilidade costuma levar a soluções diferentes e até revolucionárias. A expressão "a escassez é a mãe da invenção" poderia se aplicar a exemplos como o design tecnologicamente simples para a "mitticool", uma geladeira que mantém alimentos e líquidos resfriados, mas se baseia em um simples pote de cerâmica. Pode parecer uma soluções simplória, mas o problema na Índia é que cerca de 500 milhões de pessoas precisam conviver com um sistema de eletricidade pouco confiável, então as geladeiras convencionais são inúteis. Esse dispositivo simples foi tão bem-sucedido que hoje é produzido em massa e vendido no mundo todo, gerando empregos para o vilarejo onde a ideia se originou.

Jugaad é um termo hindi que poderíamos traduzir mais ou menos como "um conserto inovador, uma solução improvisada nascida de esperteza e engenhosidade". Essa abordagem caracteriza o empreendimento, e exemplos desse tipo de inovação são recorrentes ao longo da história humana. Mas os autores argumentam que as condições bastante diferentes em todas as partes do mundo emergente estão criando oportunidades para os inovadores *jugaad* encontrarem soluções que atendam às necessidades de uma população enorme por uma gama cada vez maior de bens e serviços. No processo, eles estão combinando necessidades bastante distintas com uma variedade cada vez maior de opções tecnológicas em rede. Exemplos incluem

(Continua)

> novas formas de serviços bancários baseadas em telefonia móvel e o uso de telemedicina para lidar com os problemas da distância e da escassez de habilidades no setor de saúde.
>
> É especialmente importante observar que essas ações têm o potencial de acabar retornando no mundo industrializado na forma de soluções mais simples e engenhosas, desafiando as abordagens ultratecnológicas existentes. Essas inovações reversas têm o potencial significativo de se transformarem em forças disruptivas.
>
> *Fonte:* Radjou, N., J. Prabhu and S. Ahuja (2012) *Jugaad Innovation: Think Frugal, Be Flexible, Generate Breakthrough Innovation*, San Francisco: Jossey-Bass.

A ideia de "inovação reversa", com as inovações migrando de volta desses mercados emergentes, está gerando interesse crescente na economia. A General Electric, por exemplo, desenvolveu uma versão simples e barata do seu aparelho de ultrassom para uso no contexto do mercado emergente do interior da Índia. Projetado para ser fácil de usar e resistente o suficiente para que parteiras itinerantes o transportem de bicicleta de vilarejo em vilarejo, além de fazer muito sucesso nesses mercados, a unidade atraiu atenção considerável no resto do mundo. Nas economias avançadas, os serviços de obstetrícia são prestados em hospitais altamente especializados, usando maquinário sofisticado, mas há uma demanda evidente por algo mais simples, e a GE está descobrindo que esse mercado tem um potencial de crescimento surpreendente. Em 2009, a empresa anunciou que pretendia gastar pelo menos 3 bilhões de dólares para desenvolver 100 inovações de saúde de baixo custo direcionadas a economias emergentes, mas com o potencial de gerarem inovações reversas.

INOVAÇÃO EM AÇÃO 6.7

Inovação de baixo custo: o computador Akash

A Índia representa um laboratório interessante para o desenvolvimento de produtos e serviços radicalmente diferentes, configurados para uma população grande, mas não particularmente rica. Os exemplos incluem o automóvel Tata Nano, hoje vendido por cerca de 3.000 dólares, e um telefone móvel vendido à 20 dólares no varejo. Em 2010, o Ministro de Desenvolvimento dos Recursos Humanos do país revelou um computador de 35 dólares, direcionado inicialmente ao mercado escolar (que é enorme, cerca de 110 milhões de crianças no primeiro momento), a ser seguido de um produto para alunos de terceiro grau. "As soluções para o amanhã vão nascer na Índia", o ministro

(Continua)

comentou. "Chegamos a um ponto em que hoje, a placa-mãe, o *chip*, o processamento, a conectividade, cumulativamente todos custam cerca de 35 dólares, incluindo memória, tela e tudo mais".

O Akash 1 foi lançado em 2011, e uma versão atualizada, o Akash 2, no ano seguinte. Um dispositivo estilo tablet compete com o iPad da Apple, atualmente vendido nos Estados Unidos por 450 dólares. Ele usa um sistema operacional Linux de código aberto e software OpenOffice e pode ser alimentado por painéis solares ou baterias, além de plugado na tomada. Ele não tem um disco rígido, mas uma porta USB permite funcionalidades adicionais.

A inovação nessas condições de mercado emergente não se limita a ideias de produto, pois também há um escopo considerável para se encontrar soluções alternativas para problemas de inovação de processo na prestação de serviços cruciais como saúde e educação.

É importante observar que isso não se resume a mercados marginais que provocam inovações mais simples e mais baratas. Às vezes, as condições inéditas levam a trajetórias completamente novas. O advento do "dinheiro por telefonia móvel" na África, por exemplo, surgiu por causa dos riscos de segurança de se andar com dinheiro vivo, fazendo as pessoas passarem a usar o sistema de telefonia como forma alternativa de transferir dinheiro. Sistemas como o M-PESA se tornaram mais sofisticados e hoje são amplamente aplicados em mercados emergentes como a África e a América Latina, mas também oferecem um modelo para mercados emergentes no mundo industrializado.

INOVAÇÃO EM AÇÃO 6.8

Laboratórios Vivos

Uma abordagem que está sendo utilizada por um número cada vez maior de empresas envolve montar "Laboratórios Vivos" que permitem a experimentação e a aprendizagem com usuários para gerar ideias e perspectivas sobre inovação. A atividade pode ocorrer com grupos específicos. Na Dinamarca, por exemplo, uma rede desses laboratórios (http://www.openlivinglabs.eu/ourlabs/Denmark) se preocupa especificamente com a experiência de envelhecimento e com os produtos e serviços que uma população cada vez mais idosa provavelmente irá precisar. Uma descrição do laboratório e das suas operações se encontra em http://www.edengene.co.uk/article/living-labs/.

(Continua)

No Brasil, o Instituto Nokia de Tecnologia (INdT) desenvolve plataformas de inovação baseadas em usuários para apoiar produtos e serviços móveis; como parte desse processo, pretende fomentar o envolvimento em larga escala de comunidades motivadas (www.indt.org/). O seu Laboratório Vivo de Espaços de Trabalho Móveis está trabalhando em diversos campos tecnológicos e com comunidades nos ambientes rurais e urbanos.

Inovação motivada por crises

Às vezes, a urgência de uma necessidade pode ter o efeito de forçar uma inovação, como demonstram os exemplos da guerra e de outras crises. A demanda por ferro e produtos derivados, por exemplo, aumentou enormemente com a Revolução Industrial, o que revelou os limites dos métodos antigos de fundição com carvão vegetal, criando a pressão que levou a avanços como o conversor de Bessemer. Da mesma forma, a crise energética tem criado uma "puxada" significativa por inovações em torno de fontes alternativas de energia, e uma explosão nos investimentos nessa área.

Um exemplo poderoso do impacto que as crises podem ter na motivação de inovações ocorre no contexto de grandes desastres humanitários, como visto após terremotos ou furacões devastadores. A necessidade de improvisar soluções em torno de logística, abrigo, saúde, saneamento e energia força a inovação a se acelerar.

INOVAÇÃO EM AÇÃO 6.9

Intervenção humanitária

A ALNAP é uma rede didática de agências humanitárias, incluindo organizações como Cruz Vermelha, Save the Children e Christian Aid. Seu objetivo é compartilhar e expandir experiências obtidas enfrentando crises humanitárias – sejam elas naturais ou artificiais – e dedicou tempo para determinar quantas das inovações desenvolvidas em resposta a necessidades urgentes podem ser disseminadas para outras situações. Os exemplos incluem biscoitos de alto conteúdo energético que podem ser distribuídos rapidamente e materiais de construção que podem ser montados com facilidade e rapidez para construir abrigos temporários. O site da ALNAP oferece uma série de exemplos dessas inovações motivadas por crises.

Em busca da customização em massa

Outra fonte importante de inovações vem do nosso desejo por "customização". Os mercados não são compostos de pessoas que querem todas as mesmas coisas, pois todos queremos variedade e algum nível de personalização. À medida que passamos de condições nas quais os produtos são escassos para uma situação de produção em massa, a demanda por diferenciação aumenta. Um exemplo simples desse fenômeno é o automóvel. As fábricas de Ford provavelmente representavam o que havia de mais eficiente no mercado à sua época. Mas aquele cenário mudou rapidamente durante os anos 1920, de maneira que o que havia se iniciado como uma fórmula vencedora para a indústria começou, aos poucos, a representar um grande obstáculo à mudança. A produção do Modelo T começou em 1909 e, por cerca de 15 anos ou mais, foi líder de mercado. Apesar da queda nas margens de lucro, a empresa conseguiu explorar seu projeto de tecnologia e organização de fábrica para garantir a continuidade de ganhos. Mas a concorrência crescente (especialmente da General Motors e sua estratégia de diferenciação de produtos) estava sendo reorientada da oferta de transporte pessoal de baixo custo para outros recursos, tais como a carroceria fechada, e Ford foi progressivamente forçado a adicionar aspectos distintivos ao Modelo T. No final, estava claro que um novo modelo se fazia necessário, e a produção do Modelo T foi suspensa em 1927.

Sempre houve um mercado para a personalização de bens (como a alfaiataria) e serviços (personal shoppers, agentes de viagem, médicos pessoais). Mas até pouco tempo atrás, aceitava-se que essa customização exigia um alto preço e que os mercados de massa só poderiam ser atendidos com ofertas relativamente padronizadas de produtos e serviços.

Contudo, uma combinação de tecnologias capacitadoras e expectativas crescentes começou a mexer com esse equilíbrio e resolver o conflito entre preço e customização. A **customização em massa** (CM) é um termo altamente empregado que captura alguns elementos disso. É a habilidade de oferecer lotes altamente configurados de fatores alheios ao preço, combinados de maneira a atender a diferentes segmentos de mercado (tendo por objetivo a customização total, ou seja, uma espécie de mercado de um só cliente), mas sem incorrer em aumento de custos e em um conflito entre preço e agilidade.

É óbvio que existem diferentes níveis de personalização, desde a simples colocação de um rótulo "feito especialmente para... [insira o nome aqui]" em um produto básico até a participação real do cliente, junto com profissionais, na elaboração de um produto verdadeiramente único. A Tabela 6.1 mostra alguns exemplos das opções possíveis.

TABELA 6.1 Opções em customização

Tipo de customização	Características	Exemplos
Distribuição customizada	Clientes podem personalizar a embalagem de produto/serviço e o horário e local da entrega, mas o produto/serviço em si é padronizado.	Enviar um livro para um amigo pela Amazon.com. Ele vai receber um pacote individualizado com uma mensagem personalizada, mas, na verdade, tudo é feito online e em centros de distribuição. O iTunes parece oferecer a personalização da experiência musical, mas a realidade é que isso acontece na extremidade da cadeia de produção e distribuição.
Montagem customizada	Clientes recebem uma série de opções pré-definidas. Produtos/serviços são feitos sob encomenda com componentes padronizados.	Comprar um computador da Dell ou de outra empresa online. Você escolhe e configura o modelo para atender a seus requisitos, a partir de um rico menu de opções, mas a Dell só começa a montá-lo (a partir de módulos e componentes padronizados) quando o seu pedido é finalizado. Bancos que oferecem seguros e produtos financeiros personalizados na verdade os configuram a partir de um conjunto de opções relativamente padronizadas.
Fabricação customizada	Clientes recebem uma série de designs pré-definidos. Produtos são fabricados sob encomenda.	Comprar um carro caro como um BMW, em que o cliente se envolve com a escolha ("design") de uma configuração que melhor atenda a seus desejos e necessidades (por tamanho de motor, nível de acabamento, cor, acessórios e extras, etc.) Somente quando você está satisfeito com o modelo virtual escolhido é que a fabricação tem início, e o cliente pode até visitar a fábrica para ver seu carro sendo construído. Os serviços permitem um nível muito maior de customização, pois a base de ativos necessária para montar a "produção" do serviço é muito menor. Aqui, os exemplos incluem alfaiataria, planejamento de férias personalizadas, pensões, etc.
Design customizado	Informações do cliente se estendem desde o início do processo de produção. Produtos só passam a existir após o pedido do cliente.	Cocriação, em que o usuário final talvez nem saiba ao certo o produto que deseja, porém trabalha em seu conceito e criação, elaborando-os junto com o projetista. É como encomendar roupas sob medida,

(Continua)

TABELA 6.1 Opções em customização *(Continuação)*	
Tipo de customização **Características**	**Exemplos**
	mas em vez de as escolher a partir de um catálogo, você trabalha com o designer, criando o conceito. Apenas quando a ideia se firma é que pode ser encomendada. A cocriação de serviços ocorre em campos como entretenimento (em que modelos guiados por usuários, como o YouTube, estão criando desafios significativos para os provedores tradicionais) e saúde (em que estão se explorando experimentos em busca de alternativas radicais para a provisão dos serviços).

Fonte: Derivado de Lampel, J. and H. Mintzberg (1996) Customizing, customization, *Sloan Management Review*, **38**(1): 21–30.

A customização em massa se tornou especialmente relevante com o amadurecimento das tecnologias de design e fabricação. Com a disseminação de tecnologias como a impressão 3D, passa a ser possível customizar e configurar praticamente de tudo – desde a personalização de sua lata de refrigerante na máquina de venda automática até a criação de peças sobressalentes para bombas d'água no interior da África, ou mesmo a impressão de uma arma usando um projeto baixado da Internet!

Entender o que os clientes valorizam e do que precisam é essencial para uma estratégia de customização, e isso leva inevitavelmente à próxima fonte de inovações, na qual os usuários em si se tornam a fonte das ideias.

Usuários como inovadores

É fácil cair na armadilha de achar que o "puxão da necessidade" da inovação envolve um processo no qual as necessidades dos usuários são identificadas e então algo é criado para atendê-las. Isso pressupõe que os usuários são figuras passivas no processo, mas isso muitas vezes não é verdade. Em muitos casos, os usuários estão um passo à frente. Eles combinam suas ideias, frustrações e soluções existentes para experimentar e criar algo de novo. Às vezes, esses protótipos se transformam em inovações para o grande público.

Eric von Hippel, do Massachusetts Institute of Technology (MIT), estuda esse fenômeno há décadas. Um exemplo que ele nos oferece é a picape, um produto tradicional da indústria automotiva.[3] Essa categoria importante de veículo não nasceu entre os projetistas de Detroit, mas sim nas fazendas e sítios de uma ampla gama de usuários que queriam mais do que um sedã familiar. Para adaptar seus carros, eles removiam assentos, soldavam peças novas e cortavam o teto fora; no processo, eles construíam protótipos e desenvolviam o modelo inicial da picape. Foi só mais tarde que as montadoras americanas descobriram a ideia e então começaram o processo de inovação incremental de refinar e produzir em massa o veículo. Diversos outros exemplos apoiam a ideia de que a inovação guiada pelo usuário é importante, incluindo refino de petróleo, dispositivos médicos, semicondutores, instrumentos científicos, diversos equipamentos esportivos e a câmera fotográfica Polaroid. É importante observar que os usuários ativos e interessados (os **usuários líderes**) muitas vezes estão bem à frente do mercado em termos de necessidades de inovação.

Um aspecto fundamental do seu papel no processo de inovação é que eles estão na ponta da curva de adoção para novas ideias. Estão preocupados em obter soluções para necessidades específicas e estão preparados para fazer experimentos e tolerar falhas na busca por uma solução melhor. Uma estratégia, explorada em mais detalhes no próximo capítulo, é identificar e se engajar com esses usuários líderes de modo a cocriar soluções inovadoras.

EMPREENDEDORISMO EM AÇÃO 6.1

Inovação guiada pelo usuário

Sabemos sobre a inovação por parte dos usuários há bastante tempo, mas mais recentemente ela se tornou uma fonte poderosa de inovações em contextos sociais e comerciais. A seguir, listamos alguns exemplos que podem ser encontrados no Portal do livro, em inglês (www.innovation-portal.info), de empreendedores que começaram a explorar essa abordagem:

- Eric von Hippel descreve os métodos de usuários líderes e sua aplicação na 3M.
- Tim Craft descreve como desenvolveu uma série de conectores e outros equipamentos devido a preocupações com segurança em salas de cirurgia.
- Yellowberry é um exemplo de caso de uma fabricante de roupas íntimas fundada para atender o mercado pré-adolescente.
- Tad Golesworthy foi diagnosticado com uma doença cardíaca terminal que o levou a inventar uma nova válvula cardíaca, salvando a sua vida e a de muitos outros.
- A abertura da inovação em saúde descreve o papel dos pacientes e cuidadores na geração de ideias para inovação.
- Charles Leadbeater fala sobre como o envolvimento com os usuários abre oportunidades de inovação.

A "inovação guiada pelo usuário" está se tornando cada vez mais significativa. Por exemplo, o software Linux, no centro dos telefones móveis, não nasceu de uma Linux Corporation tradicional. Em vez disso, ele é o produto de uma comunidade de usuários frustrados que começaram (e continuam) a compartilhar seu conhecimento e ideias para cocriar soluções, que por sua vez são levadas adiante por grandes empresas como a IBM. Estudos sobre a "inovação oculta" sugerem que um número crescente e significativo de pessoas estão envolvidas nessa inovação e que ela representa um número surpreendente de novas ideias. E a ideia não para com os produtos. Ela é bastante relevante no setor público e nos serviços. O governo dinamarquês, por exemplo, teve bastante sucesso com o envolvimento dos usuários em inovações em torno do sistema tributário!

INOVAÇÃO EM AÇÃO 6.10

Envolvimento dos usuários na inovação

Uma das principais lições da inovação de sucesso é a necessidade de se aproximar do cliente. No limite, o usuário pode se transformar em uma parte fundamental do processo de inovação, alimentando ideias e melhorias para ajudar a definir e moldar a inovação. A Coloplast, uma empresa de dispositivos médicos dinamarquesa, foi fundada em 1954 com base nesses princípios quando a enfermeira Elise Sorensen desenvolveu a primeira bolsa de colostomia autoaderente para ajudar sua irmã, que sofria de câncer do estômago. Ela levou sua ideia a diversos fabricantes de produtos plásticos, mas, inicialmente, nenhum demonstrou interesse. Por fim, um deles, Aage Louis-Hansen, conversou sobre o conceito com sua esposa, também enfermeira, que enxergou o potencial do dispositivo e convenceu o marido a dar uma chance ao produto. A empresa de Hansen, a Dansk Plastic Emballage, produziu a primeira bolsa de colostomia descartável do mundo em 1955. As vendas superaram as expectativas e, em 1957, após a bolsa ser patenteada em vários países, a Coloplast foi fundada. Hoje, a empresa tem subsidiárias em 20 fábricas de cinco países pelo mundo, com divisões especializadas que trabalham com cuidados relacionados a incontinência, tratamento de feridas, dermatologia, mastectomia e produtos para o consumidor (vestuário especializado, etc.), além da divisão original de colostomia.

Manter-se próximo aos usuários é crucial em um campo como esse, e a Coloplast desenvolveu novas maneiras de se basear nesses insights, usando painéis de usuários, enfermeiras especialistas e outros profissionais de saúde de diversos países. Isso tem a vantagem de se obter uma perspectiva fundamentada de indivíduos envolvidos com tratamentos e cuidados pós-operatórios, capazes de articular as necessidades que para um paciente individual poderia ser difícil ou embaraçoso de expressar.

(Continua)

Ao montar os painéis em vários países, também é possível integrar a diversidade de preocupações e atitudes culturais ao processo de projetar e desenvolver o produto.

Um exemplo é a abordagem dos conselhos Coloplast Ostomy Forum (COF). O objetivo principal dos conselhos COF é criar uma sensação de parceria com os principais participantes, sejam eles clientes ou influenciadores. A seleção se baseia em uma avaliação da sua experiência e competência técnica e também em quanto eles atuam como líderes de opinião e guardiões (gatekeepers) ao, por exemplo, influenciar colegas, autoridades, hospitais e pacientes. Os conselhos também são um ponto importante no processo de testes clínicos. Com o passar dos anos, a Coloplast aprendeu bastante sobre como identificar indivíduos relevantes que seriam bons membros dos conselhos COF; por exemplo, a empresa vai atrás de pessoas que publicaram importantes artigos clínicos ou com ampla experiência em diversos tipos de operações. Sua função específica é ajudar em dois elementos da inovação:

- identificar, discutir e priorizar as necessidades dos usuários;
- avaliar projetos de desenvolvimento de produtos, desde a geração de ideias até o marketing internacional.

É importante observar que os conselhos COF são vistos como integrados ao sistema de desenvolvimento de produtos da empresa e fornecem informações técnicas e de mercado valiosas para o processo de decisão. Essa contribuição está associada principalmente aos primeiros estágios, centrados na formulação de conceitos (onde ajuda a testar e refinar percepções sobre as necessidades reais dos usuários e a adaptação a novos conceitos). Também há um envolvimento significativo em torno do desenvolvimento de projetos, relativo a avaliar e reagir a protótipos, sugerir melhorias de design detalhadas, design para usabilidade, etc.

Às vezes, a inovação guiada pelo usuário envolve uma comunidade que cria e utiliza soluções inovadoras continuamente. Bons exemplos disso incluem a comunidade do servidor Apache em torno dos aplicativos para servidores Mozilla (software de navegação), Propellerhead e outras comunidades de software de música e o grupo emergente em torno dos dispositivos da plataforma "i" da Apple, como o iPhone.

Dentro de algumas comunidades, os usuários compartilham livremente as inovações com seus pares, em um fenômeno chamado de **revelação livre**. Existem, por exemplo, comunidades online para software de código aberto, músicos amadores, equipamento esportivo e redes profissionais. A participação é determinada principalmente por motivações intrínsecas, como o prazer de ajudar os outros ou de melhorar ou desenvolver produtos melhores, mas também pelo reconhecimento pelos pares e o *status* na comunidade. Os elementos mais valorizados são os laços sociais e as oportunidades de aprender algo de novo, e não a estima ou recompensas concretas. Esse compartilhamento de conhecimentos e inovação tende a ser mais coletivo e colaborativo do que as competições por ideias.

As aplicações dessa ideia no setor público estão crescendo à medida que os cidadãos atuam como usuários inovadores para os serviços que consomem. O *citizen sourcing* ("terceirização aos cidadãos") é cada vez mais usado; um exemplo é o site britânico fixmystreet.com, no qual os cidadãos podem informar problemas e sugerir soluções com relação às rodovias. A abordagem também abre opções significativas na área da inovação social, como a ferramenta de resposta a crises Ushahidi, nascida das perturbações pós-eleitorais no Quênia, que envolve o uso de *crowdsourcing* para criar e atualizar mapas ricos para redirecionar recursos e evitar áreas problemáticas. Posteriormente, o sistema foi usado nas inundações de Brisbane em 2011, em diversas emergências pós-nevascas em Washington e após o tsunami de 2011 no Japão.

INOVAÇÃO EM AÇÃO 6.11

Inovação coletiva dos usuários

Um elemento cada vez mais importante da equação da inovação é a cocriação – o uso de ideias, experiências e insights de muitas pessoas em uma comunidade para gerar inovações. A *Encyclopaedia Britannica*, por exemplo, foi fundada em 1768 e atualmente tem cerca de 65 mil verbetes. Até 1999, ela estava disponível apenas em versão impressa, mas em resposta ao número crescente de concorrentes em CD e online (como o Microsoft Encarta), hoje ela tem uma versão online. A Encarta foi lançada em 1993 e oferecia muitas novas adições ao modelo da Britannica, usando ilustrações multimídia em um CD/DVD; assim como a Britannica, ela estava disponível em um número limitado de idiomas.

A Wikipédia, por outro lado, é uma invenção relativamente recente, tendo sido lançada em 2004, e está disponível de forma gratuita na Internet. Tornou-se a líder do setor em termos de buscas online por informações e hoje é o sexto site mais visitado do mundo. Seu modelo de negócio é fundamentalmente diferente: ela é disponibilizada sem custo e construída por contribuições e atualizações compartilhadas, oferecidas por membros do público.

Uma crítica à Wikipédia é que esse modelo é propenso a imprecisões. Contudo, embora esse risco não seja eliminado, existem sistemas de autocorreção, o que significa que os erros são atualizados e corrigidos rapidamente. Um estudo da revista *Nature* de 2005 (15 de dezembro) determinou que a Wikipédia é tão precisa quanto a *Encyclopaedia Britannica*, embora esta última conte com cerca de 4 mil revisores especializados e leve cerca de cinco anos para ser reescrita (incluindo correções).

(Continua)

> A Encarta fechou no final de 2009, mas a *Encyclopaedia Britannica* continua competindo nesse mercado de conhecimento. Após 300 anos em um modelo guiado por especialistas, em janeiro de 2009 ela decidiu ampliar seu modelo e convidar os usuários a editarem o conteúdo usando uma variante da abordagem da Wikipédia. Logo em seguida (fevereiro de 2010), ela descobriu um erro na cobertura de um evento crucial da história irlandesa que jamais fora corrigido em todas as edições anteriores. O engano só foi descoberto quando os usuários chamaram a atenção para ele!

Usuários extremos

Uma variante importante que utiliza tanto o conceito de usuário líder quanto o de necessidades marginais é a ideia dos ambientes extremos como fonte de inovação. O argumento é que os usuários nos ambientes mais difíceis podem ter necessidades que são, por definição, extremas, de modo que qualquer solução inovadora que atenda tais necessidades terá aplicações possíveis nos ambientes mais tradicionais. Um exemplo seria o sistema de freios ABS, hoje um recurso comum nos veículos, mas que começou como um extra especial em veículos de alto desempenho e alto preço. Tal inovação tem suas origens em um caso ainda mais extremo: a necessidade de frear aeronaves com segurança sob condições difíceis, nas quais a frenagem tradicional levaria a derrapagens ou outras perdas de controle. O ABS foi desenvolvido para esse ambiente extremo e migrou para o mundo (relativamente) mais fácil dos automóveis.

Buscar ambientes ou usuários extremos pode ser uma maneira poderosa de estender a inovação além dos limites atuais, enfrentando desafios que geram um novo espaço de oportunidade. Como Roy Rothwell afirma no título de um artigo famoso, "clientes difíceis suscitam bons designs". A tecnologia stealth, por exemplo, nasceu de uma necessidade bastante específica e extrema de criação de um avião invisível, basicamente algo que não deixaria assinatura em radar. A ideia gerou uma tração fortíssima para inovações radicais que questionaram pressupostos fundamentais sobre design, materiais, fontes de potência e outros elementos da aeronáutica, e abriu uma fronteira bastante ampla para mudanças na indústria aeroespacial e campos relacionados. O conceito de "base da pirâmide" mencionado anteriormente também oferece alguns ambientes extremos poderosos, nos quais estão emergindo padrões de inovação bastante diferentes. E as inovações de crise que as agências humanitárias criam após desastres oferecem outro conjunto importante de exemplos.

Usando a multidão

Nem todo mundo é um usuário ativo, mas a ideia da multidão como fonte de perspectivas diferentes é importante. Às vezes, pessoas com ideias, perspectivas ou conhecimentos bastante diferentes podem contribuir com novos rumos para nossas fontes de ideias. Basicamente, elas atuam como amplificadores. O uso da população em geral sempre foi uma ideia reconhecida, mas até pouco tempo atrás era difícil organizar as suas contribuições simplesmente devido à logística da comunicação e do processamento de informações. Usando a Internet, abriram-se novos horizontes para estender o alcance do envolvimento e também a riqueza do que as pessoas têm a contribuir.

Em 2006, o jornalista Jeff Howe cunhou o termo *crowdsourcing* em seu livro *Crowdsourcing: How the Power of the Crowd is Driving the Future of Business*. *Crowdsourcing* é o fenômeno no qual uma organização faz um apelo aberto a uma rede de grande porte em busca de contribuições voluntárias ou do desempenho de alguma função. Os requisitos fundamentais são que o chamado seja aberto e que a rede (a multidão ou *crowd*) seja suficientemente grande. O *crowdsoucing* desse tipo pode ser fomentado por diversas vias diferentes, como concursos, mercados e comunidades de inovação, que discutiremos em mais detalhes no Capítulo 10. Por ora, vale comentar que abrir-se para a multidão pode amplificar não apenas o volume das ideias, mas também sua diversidade. Evidências indicam que é especialmente essa característica que torna a "multidão" útil enquanto fonte adicional de inovações.

INOVAÇÃO EM AÇÃO 6.12

Mercados de inovação online

Karim Lakhani (Harvard Business School) e Lars Bo Jepessen (Copenhagen Business School) estudaram os modos como as empresas utilizam a plataforma de mercado de inovação Innocentive.com. O modelo fundamental da Innocentive é hospedar "desafios" criados por "buscadores" que anseiam por ideias oferecidas pelos "resolvedores". Eles analisaram 166 desafios e conduziram entrevistas via Internet com os resolvedores. O resultado foi que o modelo oferecia uma taxa de solução de cerca de 30%, especialmente valioso para buscadores querendo diversificar as perspectivas e abordagens usadas para resolver seus problemas. A abordagem foi particularmente relevante para problemas que empresas grandes e famosas, que fazem uso intensivo de P&D, não haviam conseguido resolver por conta própria. Atualmente, a Innocentive tem 200 mil resolvedores e, por consequência, um nível considerável de diversidade. O estudo de Lakhani e Jepessen sugere que, à medida que o número de interesses científicos específicos da população de participantes aumenta, a probabilidade de um desafio ser superado com sucesso também aumenta. Em outras palavras, a diversidade de abordagens científicas em potencial a um problema foi um preditor significativo do sucesso da solução de problemas. O interessante é que a pesquisa também descobriu que os resolvedores muitas vezes combinavam campos diferentes de conhecimento, recorrendo a soluções e abordagens de uma área (suas especialidades individuais) e aplicando-as em outras. O estudo apresenta evidências sistemáticas em prol da premissa de que a inovação ocorre nas fronteiras entre as disciplinas.

Prototipagem

Já enfatizamos a importância de entender as necessidades dos usuários como uma fonte-chave de inovações. Mas um desafio é que a nova ideia, venha ela do empurrão do conhecimento ou do puxão da necessidade, pode não estar perfeitamente formada. As inovações não nascem, elas são criadas, e isso significa que é preciso pensar sobre modificar, adaptar e configurar a ideia original. O feedback e a aprendizagem nas fases iniciais podem ajudar a moldá-la para garantir que atenda as necessidades do grupo mais amplo e que tenha características que são compreendidas e valorizadas. Por esse motivo, um princípio fundamental para se obter inovações é trabalhar com os usuários em potencial o mais cedo possível. Um jeito de fazer isso é criar um protótipo simples. Ele serve como "objeto limítrofe", algo que pode reunir todos os participantes para que eles apresentem suas ideias; no processo, a inovação se transforma em um projeto compartilhado.

INOVAÇÃO EM AÇÃO 6.13

Aprendendo com usuários na IDEO

A IDEO é uma das mais bem-sucedidas empresas de consultoria de projetos do mundo, localizada em Palo Alto, Califórnia, e em Londres, no Reino Unido. Ela ajuda grandes empresas industriais e consumidores do mundo todo a projetar e desenvolver novos e inovadores produtos e serviços. Por trás de sua típica excentricidade californiana reside um processo testado e experimentado para desenvolver projetos de sucesso:

1. Entender o mercado, o cliente e a tecnologia.
2. Observar usuários reais e potenciais em situações da vida real.
3. Visualizar novos conceitos e usuários que possam utilizá-los, por meio de protótipos, modelos e simulações.
4. Avaliar e refinar os protótipos em uma série de iterações rápidas.
5. Implementar o novo conceito, visando a comercialização.

O primeiro passo crítico é atingido observando atenciosamente os usuários potenciais dentro do seu contexto. Como argumenta Tom Kelly, da IDEO: "Não somos grandes admiradores de grupos focais. Também não damos muita atenção à pesquisa de mercado. Vamos direto à fonte. Não aos 'especialistas' no interior de uma empresa [cliente], mas às pessoas que usam o produto ou algo similar ao que desejamos criar (...) acreditamos que devemos ir além, colocando-nos no lugar de nossos clientes. Na verdade, acreditamos que não é suficiente perguntar às pessoas o que elas pensam sobre um produto ou uma ideia. Aos clientes, pode faltar vocabulário ou paladar para explicar o que está errado e, especialmente, o que está faltando".

O próximo passo é desenvolver protótipos que ajudem a avaliar e refinar as ideias capturadas junto aos usuários. "Um enfoque iterativo em relação aos problemas é um dos fundamentos de nossa cultura de protótipos (...) pode-se fazer protótipos de qualquer coisa: um novo produto ou serviço, ou uma promoção especial. O que conta é movimentar a bola para a frente, atingindo parte de seus objetivos."

Fonte: Kelly, T. (2002) *The Art of Innovation: Lessons in Creativity from IDEO*, New York: HarperCollinsBusiness.

Essa abordagem é amplamente utilizada por empreendedores que tentam iniciar um novo empreendimento. O método da "start-up enxuta", por exemplo, defende que o processo precisa ser de formação e modificação rápida da ideia original. Lançar um "produto viável mínimo" no mercado possibilita que a ideia seja testada e adaptada, e pode ser inclusive preciso "pivotar" em torno da ideia e buscar uma nova maneira de executá-la. Esse protótipo não precisa ser perfeito, mas cria um experimento em tempo real para nos ajudar a aprender o que precisa mudar no novo empreendimento.

A prototipagem é bastante usada, por exemplo, nas versões beta de software ou projetos-piloto montados com a intenção de explorar e aprender, não de oferecer um produto ou serviço acabado.

Observar os outros e aprender com eles

Outra fonte importante de inovação vem de observar os outros: além de ser o elogio mais sincero, a imitação também é uma estratégia viável e bem-sucedida para se obter inovações. Exemplo disso é a engenharia reversa de produtos e processos e o desenvolvimento de imitações, mesmo em torno de patentes impregnáveis, que é uma forma bastante conhecida de se buscar ideias. Boa parte do avanço rápido das economias asiáticas no pós-guerra se baseou em uma estratégia de "copiar e desenvolver", no qual as ideias ocidentais eram adotadas e melhoradas.

Uma variação poderosa desse tema é o conceito de **benchmarking**. Nesse processo, as empresas fazem comparações estruturadas com outras para experimentar e identificar novas formas de desempenhar processos específicos ou para explorar novos conceitos de produtos e serviços. A aprendizagem estimulada por benchmarking pode advir da comparação entre organizações similares (mesma empresa, mesmo setor, etc.) ou da busca fora do setor de produtos ou processos similares.

A Southwest Airlines, por exemplo, tornou-se a mais bem-sucedida transportadora aérea dos Estados Unidos ao reduzir drasticamente os tempos de espera em aeroportos, uma inovação que a empresa aprendeu ao analisar as técnicas de pit stop em Grandes Prêmios de Fórmula 1. Do mesmo modo, o Hospital Karolinska, em Estocolmo, realizou significativas melhorais em seus desempenhos de custos e tempo ao estudar técnicas de gestão de protocolos em fábricas avançadas.

O benchmarking dessa natureza está sendo cada vez mais utilizado para provocar mudanças no setor público, tanto via tabelas setoriais conectadas a indicadores de desempenho, que visam estimular a rápida transferência de uma boa prática entre escolas e hospitais, quanto via cessão de pessoal, visitas e outros mecanismos concebidos para facilitar a aprendizagem de outros setores que administram questões similares em seus processos, tais como logística e distribuição. Uma das aplicações mais bem-sucedidas do benchmarking ocorreu no desenvolvimento do conceito de "pensamento enxuto", hoje amplamente utilizado em diversas organizações públicas e privadas. Tal ideia se origina de um estudo de benchmarking detalhado sobre montadoras de automóveis nos anos 1980 que identificou diferenças significativas de desempenho e provocou uma busca pelas inovações de processo fundamentais por trás das diferenças.

Inovação recombinante

Uma suposição muito comum sobre a inovação é que ela sempre precisa envolver algo inédito. A realidade é que há um escopo enorme entre cruzamentos; ideias e aplicações que são clichês em um mundo podem ser percebidas como novas e empolgantes em outro. Trata-se de um princípio importante para se obter inovações, em que transferir ou combinar ideias antigas em contextos novos – um processo chamado de "inovação recombinante" pelo pesquisador americano Andrew Hargadon – pode se tornar um recurso poderoso.[4] O tênis de corrida Reebok Pump, por exemplo, foi uma inovação de produto significativa no mundo altamente competitivo dos equipamentos esportivos, mas apesar de representar uma revolução em seu ramo, utilizou ideias básicas que eram bastante utilizadas em um mundo diferente. A Design Works, a agência que criou o tênis, reuniu uma equipe que incluía indivíduos com experiência pregressa em campos como equipamentos paramédicos (de onde veio a ideia de uma tala inflável para dar apoio e minimizar o choque aos ossos) e cirúrgicos (de onde veio a válvula pneumática miniaturizada que serve de base para os mecanismos de bombeamento).

Como observa Hargadon, muitas empresas são capazes de oferecer possibilidades de inovação riquíssimas principalmente porque tomam a decisão consciente de recrutar equipes com históricos industriais e profissionais diversos, o que reúne perspectivas bastante diferentes sobre o problema. Seus estudos sobre a agência de design IDEO mostram o potencial dessas inovações recombinantes.

E a ideia não é nova. A famosa "Fábrica de Invenções" de Thomas Edison em Nova Jersey foi fundada em 1876 com a promessa grandiosa de gerar "uma invenção pequena a cada dez dias e algo grande a cada seis meses". Ela conseguiu cumprir essa promessa não por causa do gênio solitário de Edison, mas sim aprendendo a lição recombinante: Edison contratou cientistas e engenheiros de todos os setores emergentes dos Estados Unidos na virada do século. No processo, ele reuniu experiência em tecnologias e aplicações como produção em massa e usinagem de precisão (indústria bélica), telegrafia e telecomunicações, processamento de alimentos e comida enlatada, fabricação de automóveis, etc. Algumas das primeiras inovações que estabeleceram a reputação do negócio, como o teletipo para a Bolsa de Valores de Nova Iorque, eram simples aplicações entrecruzadas de inovações conhecidas em outros setores.

Regulamentação

As fotografias de muitas cidades industriais britânicas tiradas no início do século XX não seriam muito úteis para identificar marcos no território ou características geográficas importantes. As imagens não revelariam quase nada, e não por que a tecnologia era limitada, mas simplesmente porque o objeto retratado estava quase invisível, regularmente envolto por nuvens densas de poluição. Sessenta anos depois, entretanto, as imagens seriam absolutamente límpidas, devido aos efeitos contínuos da Lei do Ar Puro e outras ações legislativas. Elas nos lembram de outra fonte importante de inovações: o estímulo advindo das mudanças nas regras e regulamentações que definem os diversos "jogos" dos negócios e da sociedade. A Lei do Ar Puro não especificava como, apenas o que deveria mudar. Reduzir os poluentes emitidos na atmosfera envolveu um forte nível de inovação em termos de materiais, processos e até no design dos produtos criados nas fábricas.

Essa forma de regulamentação também é uma espada de dois gumes. Ela fecha caminhos que a inovação estava seguindo, mas também abre outros, ao longo dos quais as mudanças precisam ocorrer. Um dos fatores mais poderosos para se adotar tecnologias "limpas" e ambientalmente sustentáveis é a legislação cada vez mais estrita em áreas como poluição e emissões de carbono. E o conceito funciona no outro sentido também: a desregulamentação e redução dos controles pode abrir novos espaços para inovação. Por exemplo, a liberalização e subsequente privatização das telecomunicações em muitos países levaram ao crescimento rápido da concorrência e a altos índices de inovação.

Dada a ubiquidade dos nossos sistemas jurídicos, essa fonte de inovação não deveria surpreender. Do instante que acordamos e ligamos o rádio (a regulamentação das telecomunicações moldam a variedade e disponibilidades dos programas que escutamos), comemos o nosso café da manhã (alimentos e bebidas são altamente regulamentados em termos do que pode ou não ser incluído nos ingredientes, como os alimentos são testados antes que possam ser colocados à venda, etc.), entramos nos nossos carros e apertamos o cinto enquanto ativamos nossos telefones sem usar as mãos (ambos o resultado de leis de segurança), o papel da regulamentação em moldar a inovação é evidente. O Capítulo 4 mostrou como a regulamentação se transformou em uma força poderosa, motivando inovações em torno da pauta da sustentabilidade.

A regulamentação também pode causar contrainovações, soluções projetadas para contornar regras existentes, ou pelo menos moldá-las para que nos beneficiem. O crescimento rápido das câmeras de trânsito como forma de aplicar a legislação de segurança nas estradas europeias levou ao crescimento saudável de uma indústria enorme de produtos ou serviços para detectar e evitar essas câmeras. E no limite, mudanças no ambiente regulatório podem criar novos espaços e oportunidades radicais. A Enron terminou seus dias em desgraça devido a impropriedades financeiras, mas vale a pena se perguntar como uma pequena empresa de serviços para gasodutos se transformou em uma fera tão poderosa. A resposta está na adoção rápida e empreendedora das oportunidades criadas pela desregulamentação dos mercados de serviços públicos como gás e eletricidade.

Futuros e previsões

Outra maneira de identificar possibilidades de inovação é imaginar e explorar o futuro. Quais serão as principais tendências? Onde estão as ameaças e oportunidades? A Shell, por exemplo, tem um longo histórico de explorar opções futuras e promover inovações, mais recentemente com o seu programa GameChanger. Diversas ferramentas e técnicas de previsões e elaboração de futuros alternativos foram desenvolvidas para ajudar a trabalhar com essas fontes ricas de inovação; elas serão analisadas em mais detalhes no Capítulo 7.

Inovação movida pelo design

Uma fonte cada vez mais significativa de inovação é o que o pesquisador Roberto Verganti chama de "inovação movida pelo design".[5] Os exemplos incluem muitos dos produtos bem-sucedidos da Apple, nos quais a experiência do usuário é de surpresa e prazer com a aparência, a beleza intuitiva, do produto. Isso não nasce da análise das necessidades do usuários, mas sim de um processo de design que busca dar sentido à forma dos produtos. São recursos e características que eles sequer sabiam que desejavam. Mas também não é outra versão do "empurrão" do conhecimento ou da tecnologia, na qual funções novas e poderosas são instaladas. Em muitos sentidos, os produtos guiados pelo design têm usabilidade enganosamente simples. O iPod chegou relativamente tarde no mercado de tocadores de MP3, mas criou o padrão a ser seguido pelos outros por ter uma aparência tão especial. Foram os atributos de design que fizeram a diferença. O sucesso subsequente da Apple com o iPad e o iPhone deve muito às ideias de design de Jonathan Ive, que levou uma filosofia à toda a gama de produtos e forneceu um dos principais fatores de competitividade para a empresa.

Como afirma Verganti, as pessoas não compram apenas para atender necessidades, pois também há fatores psicológicos e culturais importantes em jogo. Em essência, precisamos questionar o significado dos produtos nas nossas vidas – e então desenvolver maneiras de incutir isso no processo de inovação. Essa é a função do design, o uso de ferramentas e habilidades para articular e criar significado nos produtos, e ela também tem consequências cada vez maiores no mundo dos serviços. Verganti sugere um mapa no qual o "empurrão" do conhecimento/tecnologia e o "puxão" do mercado podem ser posicionados e onde a inovação movida pelo design representa um terceiro espaço em torno da criação de conceitos novos e radicais que têm sentido nas vidas das pessoas (Figura 6.3).

O design é presença cada vez maior na área de serviços, com seus métodos e ferramentas sendo utilizados para identificar e trabalhar com as necessidades dos usuários nos mais diversos contextos. Um exemplo é o campo da saúde, no qual a contribuição dos pacientes e cuidadores está começando a ser considerada uma fonte valiosa de inovação.

Relacionada à ideia do design temos a **inovação de experiência**, um conceito explorado originalmente por Joseph Pine.[6] Em um mundo cada vez mais

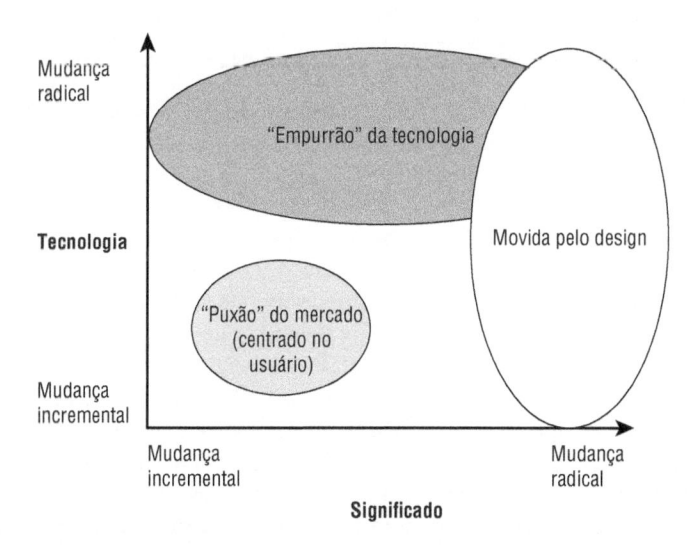

FIGURA 6.3 O papel da inovação movida pelo design.
Fonte: Verganti, R. (2009) *Design-driven Innovation*, Boston: Harvard Business School Press.

competitivo, uma fonte crescente de diferenciação está em criar inovações de experiência, especialmente nos serviços em que a satisfação de necessidades é menos importante do que o significado e a importância psicológica da experiência. O ramo dos restaurantes, por exemplo, avança da ênfase nos alimentos como uma necessidade humana essencial em direção a uma inovação da experiência cada vez mais significativa em torno de restaurantes como sistemas de consumo que envolvem o produto, a entrega, o contexto físico e cultural, etc. Cada vez mais, prestadores de serviços como companhias aéreas, hotéis e empresas de entretenimento se destacam nesses aspectos de inovação de experiência.

Acidentes

Acidentes e eventos inesperados acontecem e, durante um projeto de P&D planejado cuidadosamente, podem ser considerados perturbações incômodas. Às vezes, porém, os acidentes também podem gerar inovações, abrindo novas linhas de ataque surpreendentes. O famoso exemplo da descoberta da penicilina por Alexander Fleming é apenas uma dentre muitas histórias em que enganos e acidentes acabam criando novas direções importantes para a inovação. O Post-it da 3M nasceu quando um químico de polímeros fez um experimento tentando criar um adesivo forte, mas que acabou tendo propriedades fracas; grudento, mas nem tanto. O fracasso nos termos do projeto original deu o ímpeto para o que seria uma plataforma de produtos bilionária para a empresa.

Em outro exemplo, no final dos anos 1980, cientistas da Pfizer começaram a testar o que era então conhecido como o composto UK92,480 para o tratamento de angina. Embora promissor em testes de laboratório e com cobaias, o composto demonstrou pouco benefício em testes clínicos com pessoas. Apesar desses resultados negativos iniciais, a equipe continuou pesquisando um efeito colateral bastante interessante que, ao final, levou o UK92,480 a se transformar em um medicamento campeão de vendas, o Viagra.

O segredo não está tanto em reconhecer que tais estímulos estão disponíveis, mas sim em criar as condições nos quais podem ser percebidos e levar a ações. Como teria dito Pasteur, "a sorte favorece apenas a mente preparada!". Porém, o uso de erros como fonte de ideias acontece apenas se as condições existentes assim o propiciam. Um estudo sobre a Xerox destaca que a empresa desenvolveu muitas tecnologias em seus laboratórios em Palo Alto que não se ajustavam facilmente à imagem que a organização tinha de si como a "empresa de documentação" (the document company). Entre elas estavam a Ethernet (mais tarde comercializada com sucesso pela 3Com e outras) e a linguagem PostScript (levada adiante pela Adobe Systems). Na verdade, 11 dentre 35 projetos rejeitados pelos laboratórios da Xerox acabaram sendo comercializados e geraram negócios com capitalização de mercado duas vezes maior que a da própria Xerox.

INOVAÇÃO EM AÇÃO 6.14

Limpando por acidente

Audley Williamson não é um nome famoso como Thomas Edison, mas ele foi um inovador de sucesso cuja empresa britânica foi vendida por £135 milhões em 2004. Sua principal invenção é o Swarfega, um produto de limpeza de pele de ampla utilização e dermatologicamente seguro. O Swarfega é um gel esverdeado bastante usado em ambientes domésticos, uma ferramenta simples e robusta promovida com o slogan "limpe as mãos num instante!". Mas o produto original não foi criado para esse mercado; em 1941, ele era um detergente suave para lavar meias de seda. Infelizmente, a invenção do Nylon e sua aplicação imediata na fabricação de meias levou ao desaparecimento acelerado do mercado e Williamson foi forçado a encontrar uma alternativa. Ao observar os operários de uma fábrica tentando limpar as mãos com uma mistura abrasiva de gasolina, parafina e areia, que deixava sua pele rachada e dolorida, ele reimaginou o gel como uma alternativa mais segura.

Fonte: The Independent, 28 de fevereiro de 2006, 7.

Resumo do capítulo

- As inovações não surgem completas e perfeitas, e o processo não é simplesmente um lampejo de imaginação que muda o mundo de repente. Pelo contrário, as inovações vêm de diversas fontes que interagem com o tempo.
- As fontes de inovação podem ser divididas em duas classes gerais, o empurrão do conhecimento e o puxão da necessidade, ainda que elas quase sempre atuem em conjunto. A inovação nasce da sua interação.
- Existem muitas variações sobre esse tema. O "puxão da necessidade", por exemplo, inclui necessidades sociais, necessidades de mercado, necessidades latentes, "rodas rangendo", necessidades de crises, etc.
- As forças básicas que "puxam" e "empurram" caracterizam o campo da inovação há muito tempo, mas ele envolve uma fronteira móvel, na qual novas fontes de puxões e empurrões entram em jogo constantemente. Exemplos incluem a demanda puxada emergente da "base da pirâmide" e as oportunidades abertas pela aceleração na produção de conhecimento em sistemas de P&D ao redor do mundo.
- A inovação guiada pelo usuário sempre foi importante, mas avanços na tecnologia da comunicação permitiram níveis muito mais elevados de envolvimento por meio de *crowdsourcing*, comunidades de usuários, plataformas de cocriação, etc.
- A regulamentação também é um elemento importante para moldar e direcionar as atividades inovadoras. Ao restringir o que pode e o que não pode ser feito, por motivos jurídicos, novas trajetórias de mudança são estabelecidas, e os empreendedores podem se aproveitar delas.
- Abordagens movidas pelo design e o *kit* de ferramentas relacionado em torno da prototipagem têm importância crescente.
- Acidentes sempre foram uma fonte de inovações em potencial, mas convertê-los em oportunidades exige manter a mente aberta. Como Pasteur teria dito, "a sorte favorece a mente preparada!".

Glossário

Benchmarking Comparação sistemática de produtos, processos ou serviços para identificar áreas para inovação.

Citizen sourcing Semelhante ao *crowdsourcing*, mas relacionado especificamente com a aquisição de ideias para melhorar serviços públicos.

Crowdsourcing Adquirir ideias junto a uma gama mais ampla de pessoas como insumo para o processo de inovação, geralmente usando uma plataforma baseada na Internet.

Customização em massa Oferecer um alto nível de personalização de produtos ou serviços sem incorrer nos custos tradicionais da adaptação a necessidades específicas.

Inovação de experiência Inovação baseada em engajar clientes por meio de experiências (não apenas produtos ou serviços) valorizadas por eles.

Inovação disruptiva Inovação que ocorre na periferia do mercado principal e que tem o potencial de mudar as "regras do jogo" em termos de preço, desempenho e outras características.

Revelação livre Nas comunidades de inovação aberta, a prática de compartilhar ideias com outros sem tentar proteger os direitos de propriedade intelectual.

Usuários líderes Grupo de primeiríssimos adotantes de novas ideias que adoram mudanças e podem ser usados como campo de teste para protótipos e desenvolvimento de conceitos nos estágios iniciais.

Questões para discussão

1. De onde vêm as inovações? Gere uma lista com tantas categorias de sinais iniciais quanto conseguir imaginar, dando exemplos para cada uma.
2. Empurrão ou puxão, qual é o mais importante? A questão preocupa gerentes e autoridades políticas há décadas, e ter uma ideia da resposta ajudaria a enfocar o apoio para o processo de inovação de forma mais eficaz. Usando exemplos, tente mostrar a importância de cada um sob determinadas condições, mas que a sua interação é o que realmente molda a inovação.
3. Usando cada um dos 4Ps da inovação que apresentamos no Capítulo 1, tente identificar exemplos de inovações de "produto", "processo", "posição" e "paradigma". Em cada um dos casos, liste as fontes que deram origem a essas inovações.
4. Julia Wilson está interessada em usar suas habilidades para criar empreendimentos sociais. Onde ela poderia buscar fontes de inspiração nas quais enfocar seu entusiasmo empreendedor?

Fontes e leituras recomendadas

O debate de longa data sobre qual fonte é mais importante, o "puxão da demanda" ou o "empurrão do conhecimento", é detalhado em *The Economics of Industrial Innovation*, de Freeman e Soete (3rd edn, MIT Press, 1997). Uma discussão específica sobre mercados marginais e necessidades mal-atendidas como fontes de inovação é articulada por Christensen *et al.* (Christensen, C., S. Anthony e E. Roth, *Seeing What's Next*, Harvard Business School Press, 2007), Utterback (Utterback, J., High End Disruption, *International Journal of Innovation Management*, 2007) e Ulnwick (Ulnwick, A., *What Customers Want: Using Outcome-driven Innovation to Create Breakthrough Products and Services*, McGraw-Hill, 2005), enquanto a "base da pirâmide" e o potencial dos usuários extremos é explorada por C.K. Prahalad em *The Fortune at the Bottom of the Pyramid* (Wharton School Publishing, 2006) e por Navi Radjou, Jaideep Prabhu e Simone Ahuja em *Jugaad Innovation: Think Frugal, Be Flexible, Generate Breathrough Innovation* (Jossey-Bass, 2012), respectivamente. Keith Goffin, Fred Lemke e Ursula Koeners analisam o desafio de identificar necessidades ocultas (*Identifying Hidden Needs Creating Breakthrough Products* (Palgrave Macmillan, 2010), enquanto Kelley oferece uma descrição de como essa abordagem é utilizada na IDEO (*The Art of Innovation: Lessons in Creativity from Ideo: America's Leading Design Firm,* Currency, 2001).

A inovação guiada pelo usuário foi amplamente pesquisada por Eric von Hippel (http://web.mit.edu/evhippel/www/). Frank Piller, professor da Universidade de Aachen, na Alemanha, possui um site com bastante material sobre o tema da customização em massa, com exemplos de caso detalhados e outros recursos (www.mass-customization.de); o trabalho original sobre o tema é analisado em *Mass Customisation: The New Frontier in Business Competition*, de Joseph Pine (Harvard University Press, 1993). A inovação de alto envolvimento é analisada por John Bessant em *High Involvement Innovation* (John Wiley & Sons Ltd, 2003), enquanto as ideias e ferramentas do pensamento enxuto são discutidas por Dan Jones e Jim Womack em *Lean Solutions* (Free Press, 2005). Andrew Hargadon escreve amplamente sobre "inovação recombinante" (*How Breakthroughs Happen*, Harvard Business School Press, 2003) e Mohammed Zairi oferece um bom resumo do benchmarking (*Effective*

Benchmarking: Learning from the Best (Chapman & Hall, 1996). A inovação aberta foi explorada intensamente; veja, por exemplo *Open Innovation: Researching a New Paradigm*, de Henry Chesbrough, Wim Vanhaverbeke e Joel West (editores) (Oxford University Press, 2008) e *Leading Open Innovation*, de Kathrin Möslein, Ralf Reichwald e Anne Sigismund Huff (MIT Press, 2013).

Referências

1. Kluter, H. and D. Mottram (2007) Hyundai uses "Touch the market" to create clarity in product concepts, in *PDMA Visions*, Mount Laurel, NJ: Product Development Management Association, 16–19.
2. Christensen, C. (1997) *The Innovator's Dilemma*, Cambridge, MA: Harvard Business School Press.
3. Von Hippel, E. (2005) *The Democratization of Innovation*, Cambridge, MA: MIT Press.
4. Hargadon, A. (2003) *How Breakthroughs Happen*, Boston: Harvard Business School Press.
5. Verganti, R. (2009) *Design-driven Innovation*, Boston: Harvard Business School Press.
6. Pine, J. and J. Gilmore (1999) *The Experience Economy*, Boston: Harvard Business School Press.

Capítulo

7

Estratégias de busca para a inovação

OBJETIVOS DE APRENDIZAGEM

Depois de ler este capítulo, você compreenderá:

- a necessidade de uma estratégia para guiar a busca de oportunidades;
- dimensões do espaço de busca: incremental/radical e enquadramento antigo/novo;
- estratégias para cobrir o espaço: extrair e explorar;
- ferramentas e estruturas para apoiar essas estratégias;
- o uso de redes para abrir e amplificar as capacidades de busca;
- o papel do empreendedorismo como uma mentalidade por trás da busca, tanto em novas empresas quanto em organizações estabelecidas;
- o conceito de capacidade de absorção e construção da capacidade de busca.

Interpretação das fontes

O último capítulo deixou claro que não faltam oportunidades para a inovação. O principal desafio para a gestão da inovação é como identificar o potencial em um mar de possibilidades. É uma escolha difícil, pois envolve recursos limitados. Como não existe uma organização capaz de considerar todos os cenários, é preciso desenvolver uma estratégia fundamental de como executar o processo de busca. E para um empreendedor solitário em uma nova empresa, a "largura de banda" simplesmente não é ampla o suficiente para explorar em tantas direções ao mesmo tempo. Assim, como interpretar todas as fontes à sua disposição?

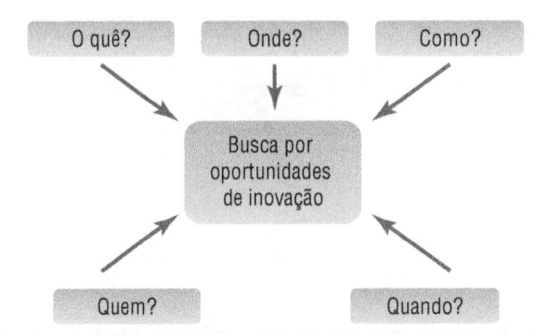

FIGURA 7.1 A estrutura de cinco perguntas.

Neste capítulo, tentamos desenvolver uma estrutura teórica simples com base em cinco perguntas fundamentais:

- *O quê?* Os diferentes tipos de oportunidade sendo buscadas em termos de mudança incremental ou radical.
- *Quando?* As diferentes necessidades de busca em diferentes estágios da inovação/empreendimento.
- *Onde?* Da busca local, buscando aproveitar o conhecimento existente, até o radical e além, chegando a novos enquadramentos.
- *Quem?* Os diferentes participantes envolvidos no processo de busca, especialmente o envolvimento crescente de mais pessoas, dentro e fora da organização.
- *Como?* Os mecanismos para capacitar a busca.

A Figura 7.1 ilustra essa esquematização.

O quê?

Inovação "puxada" ou "empurrada"?

O Capítulo 6 nos mostrou que há diversas fontes de inovação, então podemos começar a classificá-las usando algumas dimensões simples. Vemos, por exemplo, que todas podem ser encaradas como um estímulo ou de "empurrão" ou de "puxão" para a inovação. Na verdade, a maioria das fontes de inovação envolvem ambos os componentes. Exemplo disso é a "P&D aplicada", que envolve direcionar a busca empurrada para áreas com necessidades específicas. A regulamentação empurra em direções importantes e puxa inovações em resposta às mudanças nas condições. A inovação guiada pelo usuário pode ser provocada pelas necessidades dos usuários, mas muitas vezes envolve criar novas soluções para problemas antigos, o que basicamente expande a fronteira do possível em novas direções.

Essas duas forças atuam em conjunto, não isoladamente; como diz Chris Freeman, "a necessidade pode ser a mãe da invenção, mas a procriação exige um parceiro!"[1] Assim, o papel das necessidades na inovação muitas vezes é o de traduzir ou selecionar dentre uma série de possibilidades de empurrões do conhecimento a versão que se torna o tipo dominante. O iPod não foi o primeiro tocador de MP3, mas representou a intersecção entre as possibilidades tecnológicas e as necessidades dos usuários. O Modelo T de Henry Ford não foi o primeiro automóvel, mas, mais uma vez, representava o equilíbrio entre o empurrão do conhecimento e as necessidades do mercado.

Ater-se a formas "puras" de fontes de puxão ou empurrão representa um risco. Apostar todas as fichas em um único modelo leva ao risco de criarmos uma invenção excelente, mas não conseguirmos transformar nossas ideias em inovações bem-sucedidas. Esse já foi o destino de muitos e muitos empreendedores. Mas dar atenção excessiva ao mercado também pode limitar nossa busca. Como Henry Ford teria dito: "Se eu tivesse perguntado ao mercado, teriam respondido que queriam cavalos mais rápidos!". Mesmo a melhor pesquisa de mercado é limitada pelo fato de representar maneiras sofisticadas de buscar as reações das pessoas a algo que já está lá, não de permitir algo completamente além das suas experiências até então.

Incremental/radical?

Como vimos no Capítulo 1, a inovação pode acontecer em um espectro que vai do incremental ao radical, do "fazer o que fazemos, mas melhor" até "fazer diferente". A Tabela 7.1 nos dá alguns exemplos para nos recordar dessa distinção.

Com exceção das menores start-ups, tentaremos equilibrar um portfólio de ideias. Em geral, são melhorias incrementais do tipo "fazer melhor", trabalhando no que aconteceu antes, mas algumas são mais radicais e podem até envolver até

TABELA 7.1 Inovação "fazer melhor" e "fazer diferente"

Tipo de inovação	Incremental (fazer o que fazemos, mas melhor)	Radical (fazer algo diferente)
"Produto": o que oferecemos ao mundo	Windows Vista substitui o XP: basicamente melhorar uma ideia de software já existente	Novidade no mundo do software (ex.: o primeiro programa de reconhecimento de fala)
	VW EOS substitui o Golf: basicamente melhorar o design de um automóvel estabelecido	Toyota Prius (introdução de um novo conceito: motores híbridos)
	Lâmpadas incandescentes com desempenho superior	Lâmpadas de LED, que usam princípios completamente diferentes, com maior eficiência energética

(Continua)

TABELA 7.1 Inovação "fazer melhor" e "fazer diferente" *(Continuação)*

Tipo de inovação	Incremental (fazer o que fazemos, mas melhor)	Radical (fazer algo diferente)
Processo: como criamos e entregamos o que oferecemos	Melhoria dos serviços de telefonia fixa Ampliação dos serviços de corretagem de ações Melhoria das operações nas casas de leilão Maior eficiência operacional em fábricas por meio da atualização dos equipamentos Melhoria dos serviços bancários prestados em agências	Skype e outros sistemas de VOIP Negociação de ações online eBay Sistema Toyota de Produção e outras abordagens "enxutas" Serviços bancários por telefonia móvel no Quênia e nas Filipinas (uso de telefones como alternativa ao sistema bancário)
Posição: onde focamos a oferta e a história que contamos sobre ela	Häagen Dazs mudou o mercado-alvo do sorvete, de crianças para adultos Companhias aéreas de baixo custo University of Phoenix e outras instituições criando grandes negócios educacionais usando abordagens online para atingir diferentes mercados A Dell e outras empresas segmentando e customizando a configuração de computadores para usuários individuais Serviços bancários direcionados a segmentos importantes (como estudantes, aposentados)	Satisfazer mercados mal atendidos (como o Tata Nano, para o mercado gigantesco indiano, ainda pobre, que usa o modelo das companhias aéreas de baixo custo) Abordagens da "base da pirâmide" que usam um princípio semelhante (ex.: Aravind Eye Clinics, produtos de construção Cemex) Projeto One Laptop Per Child: o computador universal de 100 dólares Microfinanças (Grameen Bank abre o crédito para os mais pobres)
Paradigma: como enfocamos o que fazemos	A Bausch & Lomb foi de ótica para oftalmologia, com o seu modelo de negócios praticamente abandonando o antigo ramo de óculos de grau, óculos escuros e lentes de contato e entrando em ramos de alta tecnologia mais novos, como equipamentos de cirurgia a laser, dispositivos óticos especializados e pesquisas sobre visão artificial IBM foi de fabricante de máquinas a empresa de serviços e soluções, vendendo sua unidade de produção de computadores e expandindo seu setor de consultoria e serviços A VT foi de um estaleiro com raízes na Inglaterra vitoriana para um negócio de gestão de instalações e serviços	Plataforma iTunes: um sistema completo de entretenimento personalizado Rolls-Royce: de motores de aeronave de alta qualidade a uma empresa de serviços que oferece "potência por hora" Cirque du Soleil: redefinição da experiência circense

"novidades mundiais". A grande vantagem da inovação desse tipo é que há certo nível de familiaridade, ou seja, o risco é menor, pois não estamos desbravando um novo caminho. Os benefícios podem ser pequenos em si mesmos, mas o efeito é cumulativo. E os modos pelos quais buscamos oportunidades – as ferramentas e direções – são basicamente conhecidos e sistemáticos.

Por outro lado, dar um salto adiante pode trazer lucros enormes, mas também representa um risco maior. Como estamos entrando em um território desconhecido, será preciso realizar experimentos, e é bem provável que boa parte deles dê errado. Não teremos clareza sobre qual direção queremos seguir, então corremos o risco real de entrarmos em becos sem saída ou ficarmos presos em sistemas unidirecionais. Em sua essência, o tipo de busca que realizaremos, e as ferramentas que utilizaremos, serão diferentes.

Extrair ou explorar?

Uma maneira de inovarmos é levar adiante o que já conhecemos. Indivíduos e organizações podem utilizar know-how e outros ativos para obter retornos, e uma maneira "segura" de fazê-lo é colher um fluxo contínuo de benefícios derivados de "fazer o que fazemos, mas melhor". Na pesquisa sobre inovação, isso é chamado de "extração", e basicamente envolve utilizar o que já sabemos como alicerce para mais inovações incrementais. Assim, extrapola-se fortemente o que já se conhece bem, mas tal processo leva a um nível maior da chamada "dependência da trajetória". Em outras palavras, o que fizemos no passado tem uma forte influência em moldar o que faremos a seguir.

O problema é que em um ambiente incerto, o potencial de se obter e defender uma posição competitiva depende de "fazer algo diferente", ou seja, uma inovação radical de produto ou de processo, não imitações e versões do que os outros também estão oferecendo. Esse tipo de busca é chamado de "exploração", e envolve grandes saltos rumo a novos territórios do conhecimento. É arriscado, mas permite que a organização faça coisas novas e bastante diferentes. A Figura 7.2 ilustra a diferença.

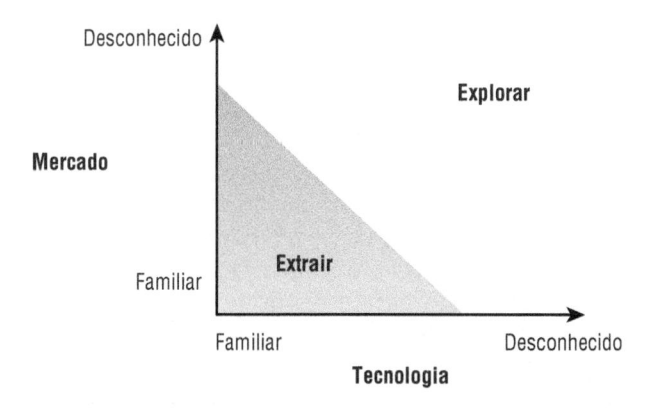

FIGURA 7.2 As opções de extrair e explorar na busca por inovação.

Quando?

Uma questão crucial envolve o *timing*. Em diferentes estágios do ciclo de vida do produto ou do setor, a ênfase pode estar no "empurrão" ou no "puxão". Setores maduros, por exemplo, tendem a se concentrar no puxão, respondendo às diversas necessidades do mercado e praticando a diferenciação pela inovação incremental nas principais direções de necessidades dos usuários. Em um novo setor, por outro lado, como as indústrias emergentes baseadas em genética ou nanomateriais, muitas vezes se vê soluções em busca de um problema. Assim, seria de esperar um equilíbrio diferente em termos de recursos comprometidos com "puxar" e "empurrar" nesses estágios.

Esse tipo de pensamento se reflete em modelos do "ciclo de vida da inovação", que consideram que a inovação atravessa diversas estágios. Nos anos 1970, dois pesquisadores americanos, William Abertnathy e James Utterback, desenvolveram um modelo com três fases diferentes, que tem lições importantes para como pensamos sobre a gestão da inovação.[2] No estágio inicial, a fase "fluida", a incerteza é grande e a ênfase está na inovação do produto. Normalmente, os empreendedores têm muitas ideias (a maioria das quais dá errado) sobre como usar as novas oportunidades tecnológicas e de mercado (a ascensão da Internet e a proliferação constante de ideias empreendedoras são um exemplo de fase fluida).

Após algum tempo, entretanto, ocorre uma estabilização em torno de uma configuração específica, o "design dominante", que nem sempre é o melhor em termos técnicos, mas que corresponde às necessidades e aspirações do mercado. A ênfase passa da maior variedade de produtos para a inovação de processo. Como produzir em grandes volumes, com preço baixo, com qualidade consistente, etc. (Pense em Henry Ford; ele entrou tarde no ramo de projetar automóveis, mas o Modelo T se tornou o design dominante e foi bem-sucedido principalmente devido ao amplo processo de inovações em torno da produção em massa.)

Por, há uma terceira fase, "madura", na qual a inovação é incremental tanto para produtos quanto para processos, a concorrência é ampla e o cenário está preparado para mais um avanço revolucionário e o retorno à fase fluida. Segundo esse modelo, deveríamos buscar especificamente por ideias de inovação radical de produto na fase fluida, mas na fase madura seria melhor nos concentrarmos em inovações de melhorias incrementais.

A Figura 7.3 ilustra o modelo básico.

Adoção e difusão

Uma questão relacionada gira em torno da difusão: a adoção e elaboração da inovação com o passar do tempo. A adoção da inovação ocorre gradualmente, seguindo alguma versão de uma curva S. Nos estágios iniciais, usuários inovadores com alta tolerância a falhas praticam a exploração, seguidos pelos primeiros adotantes. Isso abre espaço para a maioria, que segue seu modelo, até que o restante da população adotante em potencial, os retardatários, acabe adotando ou se torne resistentes. É importante compreender os processos de difusão e os fatores influentes, pois isso nos ajuda a entender onde e quando diferentes tipos de gatilhos são acionados. Os **usuários líderes** e primeiros adotantes tendem a ser

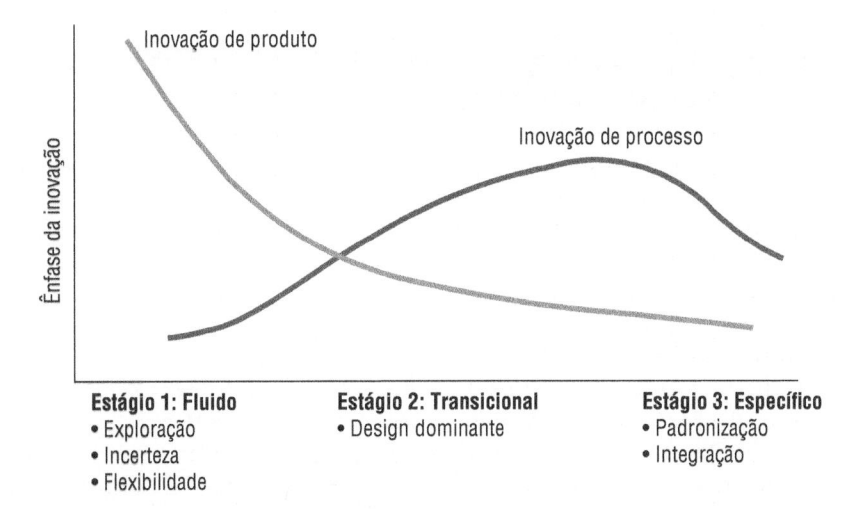

FIGURA 7.3 O ciclo de vida da inovação.
Fonte: Abernathy, W. and J. Utterback (1975) A dynamic model of product and process innovation, *Omega*, **3**(6): 639–56.

fontes importantes de ideias e variações que podem ajudar a moldar a inovação nos seus primeiros momentos, enquanto a maioria, tanto inicial quanto final, representa uma fonte maior de ideias de melhoria incremental.[3] (O tema é explorado em detalhes no Capítulo 11.)

Onde? A caça ao tesouro da inovação

Como vimos no Capítulo 1, a inovação pode assumir diversas formas ("produto", "processo", "posição" e "paradigma") e ser incremental ou radical. Assim, seria útil ter um mapa do espaço de busca da inovação antes de começarmos nossa jornada. Vamos construí-lo em dois eixos:

- inovação incremental/radical;
- enquadramento existente/novo;

e então veremos como podemos nos preparar para explorar esse espaço com sucesso. A inovação incremental/radical foi discutida anteriormente; o outro eixo está ligado a como enquadramos o espaço observado.

Enquadramento estabelecido/enquadramento novo

Assim como os seres humanos precisam desenvolver modelos mentais para simplificar a confusão criada pelos profusos estímulos em seu ambiente, empreendedores individuais e organizações estabelecidas utilizam enquadramentos simplificadores. Eles "olham" para o ambiente e prestam atenção nos elementos que consideram relevantes: ameaças a serem monitoradas, oportunidades a serem aproveitadas, concorrentes e colaboradores, etc. Construir esses enquadramentos ajuda a dar à organização alguma estabilidade, mas também define o espaço dentro do qual ela busca possibilidades de inovação.

Na prática, esses modelos muitas vezes convergem em torno de um tema fundamental, e, apesar de diferirem entre si, as organizações com frequência têm modelos em comum sobre como seu mundo se comporta. Assim, a maioria das empresas em um determinado setor adota formas semelhantes de **enquadramento**: pressupõem certas "regras do jogo", seguem certas trajetórias em comum. E isso determina onde e como elas buscam oportunidade. O enquadramento emerge aos poucos, mas depois de estabelecido, torna-se a "caixa" dentro da qual as inovações futuras ocorrem.

É difícil pensar e trabalhar fora dessa "caixa", pois ela é reforçada pelas estruturas, processos e ferramentas que a organização emprega no seu trabalho cotidiano. Outro problema é que essas maneiras de trabalhar estão ligadas a uma rede complexa de outros participantes da "rede de valor" da organização (seus principais concorrentes, clientes e fornecedores), que reforçam o modo dominante de enxergar o mundo.

INOVAÇÃO EM AÇÃO 7.1

Excelência tecnológica pode não ser o suficiente...

Nos anos 1970, a Xerox era a empresa que dominava o mercado de fotocópias, tendo desenvolvido a indústria desde seus primórdios, quando foi fundada a partir da tecnologia radical e pioneira desenvolvida por Chester Carlsen e o Battelle Institute. Apesar de sua proficiência em tecnologias básicas e no investimento contínuo para manter sua vantagem, ela se sentiu ameaçada por uma nova geração de pequenas empresas copiadoras, desenvolvidas por novos entrantes vindos do Japão. Embora a Xerox tivesse enorme experiência no setor e profundo conhecimento da tecnologia básica, ela levou quase oito anos, entre acidentes e falsas largadas, para introduzir um produto competitivo. Nesse período, a Xerox perdeu cerca de metade de seu mercado e passou por diversos reveses financeiros.

De modo semelhante, nos anos 1950 a gigante da eletrônica RCA desenvolveu o protótipo de um rádio transistor portátil utilizando tecnologias que dominava bem. Entretanto, não viu motivos para promover essa tecnologia aparentemente inferior e continuou desenvolvendo e fabricando seus aparelhos de maior alcance. A Sony, por outro lado, usou-a para obter acesso ao mercado consumidor e desenvolver uma geração inteira de dispositivos portáteis de consumo; no processo, adquiriu experiência tecnológica considerável que lhe capacitou a entrar e competir com sucesso em mercados mais complexos e de maior valor econômico.

Por mais poderosos que sejam, esses enquadramentos são apenas modelos de como indivíduos e organizações acreditam que o mundo funciona. É possível ver as coisas de outro jeito, levar em conta novos elementos, prestar atenção em coisas diferentes e inventar soluções alternativas. É claro que isso é exatamente o que os empreendedores fazem quando tentam encontrar oportunidades: eles olham para o mundo com outros olhos e veem oportunidades em um novo enquadramento da situação. Às vezes, esse novo jeito de olhar para o mundo se torna o consenso geral. Quando isso acontece, a sua inovação muda as regras do jogo.

Como o bêbado que perdeu suas chaves no caminho de casa e está desesperado procurando-as embaixo do poste mais próximo "porque ali está mais iluminado", empresas possuem uma tendência natural de procurar em espaços que já conhecem e entendem. Sabemos, porém, que os primeiros e fracos sinais de alerta quanto ao surgimento de possibilidades totalmente novas – tecnologias radicalmente diferentes, novos mercados com necessidades inteiramente distintas, mudança de opinião pública ou de contexto político – não ocorrem embaixo do nosso poste. Em vez disso, estão lá na escuridão. Temos, então, de encontrar novas formas de procurá-los em espaços desconhecidos.

Como isso pode ser feito? Às vezes, por sorte, pois nem sempre estar no lugar certo, na hora certa, ajuda. A história sugere que, mesmo quando a nova possibilidade é apresentada "de bandeja" à empresa, sua capacidade interna de enxergar e agir com relação às possibilidades é, em geral, deficiente. O famoso problema do "não inventado aqui", por exemplo, é recorrente: muitas vezes uma empresa inovadora, bem-estabelecida e de sucesso rejeita uma nova oportunidade que acaba sendo de grande importância.

Um mapa do espaço de busca pela inovação

A reunião desses elementos nos dá o mapa da Figura 7.4.

A Zona 1 corresponde à área de extração analisada anteriormente, onde trabalhamos em território familiar e buscamos explorar a base de conhecimento que já temos. A Zona 2 envolve exploração, mas dentro do contexto do nosso enquadramento existente, expandindo as fronteiras, mas em direções que conhecemos.

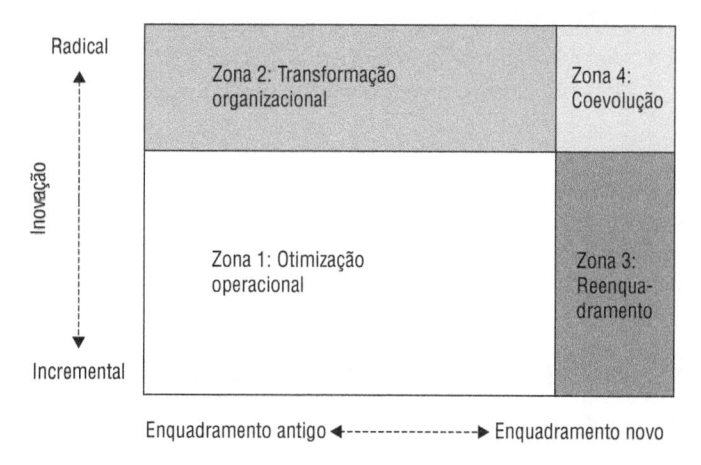

FIGURA 7.4 Um mapa do espaço de busca da inovação.

A Zona 3 traz novos elementos e combinações e exige uma abordagem diferente, mais aberta, à busca. E a Zona 4 é onde os diferentes elementos interagem uns com os outros para criar um sistema complexo que é extremamente difícil de explorar de forma sistemática. Na próxima seção, analisamos os desafios específicos de vasculhar essas zonas.

Como?

Mas como começar a cobrir esse espaço enorme em busca de oportunidades de inovação? Acima de tudo, quais padrões de comportamento, quais rotinas, nos ajudam a fazê-lo e a repetir o feito? Podemos ter sorte uma vez, mas a vitória está em encontrar um fluxo contínuo de oportunidades.

INOVAÇÃO EM AÇÃO 7.2

Como buscamos inovações

Em nosso ramo de atuação, procuramos nos lugares de sempre. Olhamos para os nossos clientes. Olhamos para os nossos fornecedores. Vamos às associações comerciais, às feiras. Apresentamos artigos técnicos. Nossos clientes fazem contribuições. O que também tentamos fazer é desenvolver insumos de outras áreas. Fazemos isso de diversas maneiras. Quando estamos recrutando, tentamos trazer pessoas que tenham uma perspectiva diferente. Não queremos necessariamente pessoas que trabalharam no tipo de instrumentos que temos no mesmo setor (...) no passado, certamente trouxemos pessoas com uma perspectiva totalmente diferente, quase como colocar um grão de areia dentro da ostra. Tomamos a decisão consciente de olhar para o lado de fora. Procuramos em outras áreas. Observamos áreas que tenham tecnologias diferentes, por exemplo. Olhamos para áreas adjacentes ao que fazemos, lugares que normalmente não analisaríamos. E também incentivamos os próprios funcionários a proporem suas ideias.

Fonte: Patrick McLaughlin, Diretor Administrativo, Cerulean.

Vamos analisar mais uma vez o espaço de busca ilustrado na Figura 7.4 e refletir sobre como poderíamos cobri-lo. Na realidade, as linhas entre essas "zonas" obviamente não são claras, mas a ideia por trás do mapa é que tendemos a enfrentar desafios extremamente diferentes em cada área.

Estratégias de busca para a Zona 1: "extrair"

A Zona 1 desse resume à **extração**, pressupondo um enquadramento estável e compartilhado no qual ocorre o desenvolvimento adaptativo e incremental.

As "rotinas" de busca nesta zona estão associadas a ferramentas de *aprimoramento* e métodos para pesquisas tecnológicas e de mercado, o que aprofunda os relacionamentos com os principais participantes tradicionais. Os exemplos seriam: trabalhar com grandes fornecedores, aproximar-se de clientes e formar alianças estratégicas críticas para ajudar a produzir inovações tradicionais de forma mais eficiente. A inovação de processo depende do convite a sugestões de melhorias incrementais vindas de toda a organização, um modelo kaizen de alto envolvimento.

Entender o comportamento do comprador/adotante tornou-se um dos temas principais dos estudos de marketing, pois nos oferece ferramentas e uma estrutura teórica para identificar e entender as necessidades dos usuários. A publicidade e o *branding* têm uma função crucial nesse processo, basicamente usando a psicologia para sintonizar, ou até estimular e criar, necessidades humanas básicas. Outra corrente se concentra em estudos detalhados do que as pessoas realmente fazem e de como realmente usam produtos e serviços, recorrendo às mesmas abordagens com as quais antropólogos estudam novas tribos exóticas para descobrir necessidades ocultas ou latentes.

Estratégias de busca para a Zona 2: "explorar"

A Zona 2 envolve realizar buscas em novos territórios, expandindo as fronteiras do que se conhece e implementando técnicas de busca diferentes para isso, mas ainda dentro de um enquadramento estabelecido. Aqui, os investimentos de busca em P&D tendem a incluir grandes projetos com alto potencial estratégico, estratégias de patenteamento e propriedade intelectual (PI) centradas em demarcar e defender territórios e aproveitar grandes trajetórias tecnológicas (como a Lei de Moore para semicondutores). De forma semelhante, pesquisas de mercado visam se aproximar dos clientes, mas também expandir as fronteiras usando design empático, análise de necessidades latentes, etc. Embora a atividade seja arriscada e exploratória, ainda é regida fortemente pelo enquadramento para o setor.

A **exploração**, enquanto estratégia de busca, deve muito mais a grupos de especialistas e redes dentro e fora da organização, como universidades, laboratórios públicos e comerciais e outras empresas. A natureza altamente especializada do trabalho torna difícil que outros membros da organização participem, e esse abismo entre os mundos muitas veze leva a tensões entre as unidades "operacionais" e "exploratórias", e as batalhas entre os executivos nos dois lados podem ser tensas. De modo similar, a pesquisa de mercado é altamente especializada e pode incluir agências profissionais externas na sua rede com a missão de fornecer inteligência empresarial sofisticada em torno de uma fronteira focada.

Do ponto de vista do empreendedor, essa zona é interessante, pois pode abrir oportunidades significativas. Indivíduos e novos negócios com ativos de conhecimento altamente especializados, como spin-offs de tecnologia originárias de universidades, podem ser presença forte no radar de grandes organizações estabelecidas que tentam explorar tal zona. Esse padrão de "simbiose" – dependência mútua e vantagem para participantes novos e tradicionais – é comum em campos como farmacêutica, eletrônica, software e biotecnologia (o estudo de caso da Chiroscience, explorado no Capítulo 12, é um bom exemplo disso).

Estratégias de busca para a Zona 3: "reenquadrar"

A Zona 3 é associada principalmente ao **reenquadramento**. Ela envolve buscar um espaço no qual são geradas arquiteturas alternativas, explorando diferentes permutações e combinações de elementos no ambiente. O importante é que isso muitas vezes acontece quando se trabalha com elementos no ambiente que não são bem quistos pelos modelos de negócio tradicionais. Os exemplos incluem trabalhar com mercados marginais, voltar-se para a "base da pirâmide" e colaborar com "usuários extremos".

INOVAÇÃO EM AÇÃO 7.3

Guinadas

Às vezes, a organização precisa mudar sua perspectiva de forma radical e reenquadrar o que faz para sobreviver e competir sob condições muito diferentes (isso corresponde à inovação radical de "paradigma" que vimos no Capítulo 1). A Fujifilm é uma empresa japonesa que tem participação forte no mundo da fotografia e das imagens (impressoras, câmeras, scanners, etc.). Nos últimos anos, entretanto, ela tem ampliado sua esfera de atividades usando um reenquadramento radical, aproveitando o fato de ter uma base de conhecimento profunda por trás do seu negócio tradicional, baseado em partículas sobre superfícies. Como explica Stefan Kohn no caso disponível no Innovation Portal, a organização está ganhando espaço no mundo dos cuidados com a pele e, nesse processo de reenquadramento, abriu um novo espaço de inovação considerável.

De modo similar, hoje a Kodak está tentando ressuscitar seu negócio ao aproveitar sua base de conhecimento centrada em revestimento de superfícies para entrar no setor de impressão com tecnologias radicalmente novas.

Essa zona quase sempre favorece empreendedores de fora das organizações tradicionais, pois eles enxergam jeitos diferentes de encaixar as peças. É importante observar que isso talvez não envolva a expansão das fronteiras tecnológicas com inovações radicais no processo ou oferta principal; muitas vezes, o que importa é a mudança nos modos como a arquitetura funciona.

A Tabela 7.2 descreve algumas das abordagens adicionais que as organizações utilizam para tentar estender sua visão periférica e encontrar novas oportunidades de inovação.

TABELA 7.2 Desenvolvimento de novas formas de busca

Estratégia de busca	Modo de operação
Mandar batedores	Despachar caçadores de ideias atrás de novos gatilhos de inovação
Explorar futuros múltiplos	Usar técnicas de futuros para explorar futuros alternativos possíveis e desenvolver opções de inovação a partir deles
Usar a Internet	Por meio de comunidades online e mundos virtuais, por exemplo, para detectar novas tendências
Trabalhar com usuários ativos	Juntar-se a usuários de produtos e serviços para descobrir as novas maneiras pelas quais eles alteram e desenvolvem as ofertas existentes
Imersão	Estudar o que as pessoas fazem de fato, não o que dizem que fazem. Ferramentas "etnográficas" são um recurso importante na caixa de ferramentas dos designers para revelar necessidades ocultas
Sondar e aprender	Usar a prototipagem como mecanismo para explorar fenômenos emergentes e atuar como objeto limítrofe para trazer as principais partes interessadas para o processo de inovação
Mobilizar o convencional	Trazer participantes convencionais para o processo de desenvolvimento de produtos e serviços
Empreendimentos corporativos	Criar e utilizar unidades empreendedoras
Empreendedorismo corporativo	Estimular e cultivar o talento empreendedor dentro da organização
Usar agentes e pontes	Ampliar ao máxima a busca por ideias e conectar-se com outros setores
Diversidade proposital	Criar equipes e quadro funcional diversos
Geradores de ideias	Usar ferramentas de criatividade

INOVAÇÃO EM AÇÃO 7.4

Batedores em busca de ideias

A empresa de telefonia móvel O2 possui um grupo de busca de tendências composto por cerca de 10 **batedores** que interpretam tendências identificadas externamente para o seu contexto de negócio específico, enquanto a BT possui uma unidade de batedores no Vale do Silício que avalia cerca de 3 mil oportunidades de tecnologia por

(Continua)

ano na Califórnia. A operação tem quatro pessoas e foi estabelecida em 1999 para realizar investimentos de risco em start-ups de telecomunicações promissoras, mas após o estouro da bolha ponto.com, sua missão foi reenfocada em identificar parceiros e tecnologias que interessariam a BT. A pequena equipe analisa mais de mil empresas por ano e, com base no seu conhecimento profundo das questões enfrentadas pelas operações de P&D na Inglaterra, os membros se concentram no pequeno número de casos em que há uma relação direta entre as necessidades da BT e a tecnologia da empresa no Vale do Silício. O número de parcerias de sucesso produzidas por essa atividade é minúsculo (4-5 por ano), mas a unidade é essencial para manter a BT a par dos últimos avanços no seu domínio tecnológico.

INOVAÇÃO EM AÇÃO 7.5

O uso de mercados de inovação

Karim Lakhani (Harvard Business School) e Lars Bo Jepessen (Copenhagen Business School) estudaram os modos como as empresas utilizam a plataforma de mercado de inovação Innocentive.com. O modelo fundamental da Innocentive é hospedar "desafios" criados por "buscadores" que anseiam por ideias oferecidas pelos "resolvedores". Eles analisaram 166 desafios e conduziram entrevistas via Internet com os resolvedores. O resultado foi que o modelo oferecia uma taxa de solução de cerca de 30%, especialmente valioso para buscadores querendo diversificar as perspectivas e abordagens usadas para resolver seus problemas. A abordagem foi particularmente relevante para problemas que empresas grandes e famosas, que fazem uso intensivo de P&D, não haviam conseguido resolver por conta própria. Atualmente, a Innocentive tem 200 mil resolvedores e, por consequência, um nível considerável de diversidade. O estudo de Lakhani e Jepessen sugere que, à medida que o número de interesses científicos específicos da população de participantes aumenta, a probabilidade de um desafio ser superado com sucesso também aumenta. Em outras palavras, a diversidade de abordagens científicas em potencial a um problema foi um preditor significativo do sucesso da solução de problemas. O interessante é que a pesquisa também descobriu que os resolvedores muitas vezes combinavam campos diferentes de conhecimento, recorrendo a soluções e abordagens de uma área (suas especialidades individuais) e aplicando-as em outras. O estudo apresenta evidências sistemáticas em prol da premissa de que a inovação ocorre nas fronteiras entre as disciplinas.

Estratégias de busca para a Zona 4: "coevolução"

A Zona 4 representa o tipo de ambiente complexo no qual a inovação emerge como produto de um processo de **coevolução**. Muitos elementos diferentes estão envolvidos nesse espaço e cada um deles afeta o outro, de modo que se torna impossível prever o resultado. Pense no futuro emergente da saúde. É improvável que os modelos atuais (sejam eles públicos ou privados) sobrevivam muito tempo perante as pressões do aumento da demanda, envelhecimento da população, cortes de gastos, etc. Mas qualquer novo modelo será difícil de prever, pois muitos fatores estão envolvidos: tecnologia, mercados, distribuição global, divisão entre o setor público e o privado, *lobby* crescente de diferentes grupos, etc. Em vez disso, é preciso ver nele um sistema complexo, com ampla interação entre os elementos, onde o que acontece em uma parte do sistema afeta todas as demais.

Sob condições como essa, seria fácil pressupor que não há nada que possamos fazer e, mais importante para nossos empreendedores, que não há onde encontrar oportunidades, exceto por acidente ou esperando até a nova modalidade emergir por completo. Mas há algo que sabemos sobre essas situações: há todo um conjunto de conhecimentos em torno da "teoria da complexidade" que se especializa nesse tema. E alguns princípios simples podem nos ajudar a atuar em um espaço de inovação desse tipo. Para sermos específicos, há um padrão chamado de coevolução, no qual diferentes elementos interagem e começam a convergir em uma solução específica (um exemplo da natureza é o modo como cristais de gelo formam o padrão específico e organizado de um floco de neve).

À medida que esse padrão começa a emergir, ele pode ser amplificado usando feedback, o que torna o sinal sobre o padrão mais claro do que todos os sinais concorrentes em segundo plano. Aos poucos, o sistema adquire energia para avançar em uma determinada direção, levando à revelação do padrão dominante. É o que se vê na chamada "fase fluida" do ciclo de vida da inovação, quando novas combinações de tecnologias e mercados estão circulando pelo mundo e os empreendedores experimentam muitas ideias diferentes. Com o tempo, desse conjunto turbulento e imprevisível de possibilidades, emerge um design dominante que define o padrão para as inovações futuras; pense nos exemplos simples do automóvel ou da bicicleta.

Assim, para que os empreendedores trabalhem nesse espaço complexo, é preciso seguir algumas regras simples:

- Entre no jogo cedo: no início, os sinais sobre a emergência do design dominante serão fracos e difíceis de enxergar de fora.
- Esteja presente ativamente e preparado para experimentar: não existe uma resposta certa, apenas muita experimentação com possibilidades.
- Prepare-se para o fracasso: basicamente, trabalhar na Zona 4 é uma questão de sondar e aprender, principalmente sobre o que não funciona.
- Esteja ciente dos outros no sistema, captando sinais fracos e amplificando o que parece funcionar.

Um resumo das estratégias de busca

Em suma, a Tabela 7.3 mostra as diferentes abordagens – ou estratégias de busca – que podem ser utilizadas para explorar o espaço da inovação.

TABELA 7.3 Desafios da navegação pelo espaço de busca da inovação

Zona	Desafios de busca
1. *Status quo:* inovação, mas sob condições "constantes", sem perturbações em torno do modelo de negócio fundamental	Extração: estender incrementalmente os limites da tecnologia e do mercado. Refinar e melhorar. Estabelecer laços fortes com principais participantes. Favorece organizações estabelecidas e com recursos: empreendedores em novas organizações buscam nichos na estrutura tradicional.
2. "Modelo de negócio como sempre": exploração limitada dentro desse enquadramento	Exploração: expandir as fronteiras da tecnologia e do mercado usando técnicas avançadas. Formar laços fortes com fontes-chave de conhecimento estratégico, dentro e especialmente fora da organização. Empreendedores com ativos de conhecimento cruciais (ex.: empreendimentos originários de laboratórios universitários de pesquisa) podem se beneficiar desse processo de busca e interligar suas ideias com os recursos que uma grande organização é capaz de aplicar.
3. Enquadramento alternativo: trazer elementos novos/diferentes do ambiente Correspondência de variedade, arquiteturas alternativas	Reenquadramento: explorar opções alternativas, introduzir novos elementos. Experimentação e busca aberta. Amplitude e periferia são importantes. Os empreendedores têm uma vantagem significativa nesse ponto, pois trazem novas ideias e perspectivas para um jogo estabelecido. As organizações tradicionais muitas vezes buscam explorar essa área usando grupos empreendedores internos (ex.: empreendedorismo interno, *intrapreneurship*).
4. Possibilidades radicais "novas para o mundo" Nova arquitetura em torno de elementos ainda desconhecidos e estabelecidos	Emergência: necessidade de coevolução com as partes interessadas: • Esteja presente. • Esteja presente cedo. • Esteja presente ativamente. Os empreendedores têm vantagens aqui, pois isso lembra o estado "fluido" no ciclo de vida da inovação e exige pensamento flexível, tolerância a falhas, disposição a aceitar riscos, etc. Um grande problema é o alto índice de falhas. As organizações tradicionais têm a capacidade necessária para absorvê-las, mas elas são um problema para os empreendedores em fase inicial.

Quem?

Uma questão importante ainda a ser respondida é quem realizará todas essas atividades de busca. Não é simplesmente uma questão de despachar batedores em busca de novas possibilidades: também precisamos pensar sobre como trazer essas ideias para dentro da organização e fazer alguma coisa com elas. Nesta seção, analisamos brevemente os principais envolvidos e algumas maneiras como eles podem ser organizados para apoiar uma busca bem-sucedida.

Em especial, faz sentido entender como novos conhecimentos são encontrados ou criados e repassados dentro da nossa organização e pelo seu ambiente geral. Essa ideia de "gestão do conhecimento" é estudada há muitos anos, e algumas dicas úteis têm emergido em torno de determinadas estratégias (analisamos a questão em mais detalhes no Capítulo 15).

A Tabela 7.4 oferece alguns exemplos de gestão do conhecimento.

TABELA 7.4 Exemplos de gestão do conhecimento

Quem e como	Exemplos
Usar especialistas em P&D, pesquisa de mercado, mercados futuros, etc.	Diversas organizações têm especialistas que trabalham na área de futuros e previsões.
Usar batedores e empreendedores	Para uma discussão sobre batedores, consulte a seção Inovação em Ação 7.4.
Mobilizar o convencional	Mobilizar as ideias e conhecimentos de funcionários em torno de inovações de produto e, em especial, de processo. Essa sempre foi uma fonte poderosa de inovações, mas ganhou novo ímpeto com as tecnologias de comunicação e de trabalho em rede, que permitem concursos de inovação, sessões de inovação coletiva e outras abordagens que reúnem mais participantes nessa atividade.[4]
Voz do cliente	Trazer a "voz do cliente" para todas as áreas da organização e usá-la para enfocar e extrair ideias e conhecimentos relevantes. Entre as receitas para se alcançar isso está a rotação de funcionários para que passem algum tempo no lado de fora, trabalhando com clientes, escutando-os, e a introdução do conceito de que "todo mundo é cliente de alguém".
Teias sociais	A aplicação de nosso entendimento sobre teias sociais e como as ideias fluem dentro e entre organizações. O papel desempenhado pelos "guardiões" (**gatekeepers**) da organização é especialmente importante nesse contexto. Esse conceito, que remete ao trabalho pioneiro de Thomas Allen, em seus estudos na indústria aeroespacial, relaciona-se com um modelo de comunicação em que as ideias fluem via indivíduos-chave em direção àqueles que podem usá-las no desenvolvimento da inovação.[5]

(Continua)

TABELA 7.4	Exemplos de gestão do conhecimento (Continuação)
Quem e como	Exemplos
Comunidades de prática	A utilização de **comunidades de prática** como nos sucessos da Procter & Gamble com "conecte e desenvolva", que devem muito à mobilização de ricas conexões entre pessoas que sabem coisas *dentro* de suas gigantescas operações globais e, cada vez mais, fora delas. Nessas "comunidades de prática", pessoas com diferentes conhecimentos podem convergir em torno de temas centrais. A tecnologia de intranet interliga cerca de 10 mil pessoas em um "mercado de ideias" interno, e parte dos seus sucessos significativos vieram da formação de melhores conexões internas. A 3M acredita que a formação e gestão de conexões explica boa parte do seu sucesso, e Larry Wendling, vice-presidente de pesquisa corporativa, afirma que a rica rede de relacionamentos formais e informais que conecta milhares de profissionais de P&D e pessoas que lidam com o mercado em toda a organização é a "arma secreta" da empresa!
Empreendedorismo interno	Também chamado de intrapreneurship. As ideias empreendedoras dos funcionários são uma fonte rica: projetos que não foram sancionados formalmente pela empresa, mas que se baseiam na energia, entusiasmo e inspiração de pessoas cuja paixão as faz querer experimentar novas ideias. O incentivo a esse tipo de atividade é cada vez mais popular, e organizações como a 3M e a Google tentam gerenciá-la de forma semiformal, alocando um certo tempo/espaço para os funcionários explorarem suas próprias ideias. A gestão dessa prática é um processo delicado: por um lado, é preciso dar permissão e recursos para que as ideias dos funcionários desabrochem; por outro, corre-se o risco dos recursos serem desperdiçados, sem produzir nenhum resultado. Em muitos casos, vê-se a tentativa de criar uma cultura do que poderíamos chamar de **pirataria** ou bootlegging, em que há apoio tácito para projetos que vão contra a corrente.[6]

Inovação aberta

Basear-se nas amplas e ricas ligações com possíveis fontes de inovação sempre foi importante; estudos britânicos nos anos 1950, por exemplo, identificaram que um diferenciador crucial entre empresas inovadoras mais e menos bem-sucedidas era o seu grau de "cosmopolitismo", em contraponto ao "paroquialismo", na sua abordagem às fontes de inovação. Empreendedores que criam novos empreendimentos sabem da importância de se construir redes de contato; a essência do que fazem é identificar oportunidades para formar conexões que outras pessoas podem ter ignorado.

Isso é especialmente verdade quando passamos para nossos espaços de "exploração" no mapa. Vamos precisar de conjuntos de conhecimento e perspectivas diferentes, o que exige aprender novas estratégias de busca. A inovação sempre foi um jogo para múltiplos participantes, algo que envolve combinar múltiplas correntes naquilo que poderíamos chamar de "espaguete do conhecimento" para criar algo novo. O que o contexto atual tem de diferente é o volume gigantesco e a distribuição do conhecimento; estima-se, por exemplo, que cerca de 1,5 trilhão de dólares em novos conhecimentos sejam criados todos os anos em P&D pública e privada em todo o mundo. Acompanhar o crescimento nessa escala, especialmente quando essa P&D é cada vez mais globalizada e vem de um grupo cada vez mais amplo de participantes, é uma dor de cabeça enorme até mesmo para as grandes empresas de tecnologia.

O professor americano Henry Chesbrough cunhou o termo **inovação aberta** para descrever o desafio enfrentado até mesmo pelas grandes organizações em acompanhar e acessar conhecimentos externos, em vez de dependerem de ideias geradas internamente. Em outras palavras, a inovação aberta envolve reconhecer que "nem toda pessoa inteligente trabalha para nós".

Obviamente, não é apenas o novo conhecimento de P&D sobre ciência e tecnologia que está explodindo, pois estão ocorrendo terremotos semelhantes no lado da demanda de mercado e nos interesses dos usuários por maior customização e até por participação na inovação. A Tabela 7.5 indica algumas das grandes mudanças no contexto para a inovação.

O que temos visto no início do século XXI é uma forte mudança em direção ao que chamamos de "inovação coletiva aberta" (ICA).[7] Isso envolve expandir a busca de forma muito mais ampla e envolver diversos participantes externos diferentes no processo de inovação.

TABELA 7.5 Mudanças no contexto para a inovação

Mudança contextual	Exemplos indicativos
Aceleração da produção de conhecimento	A OCDE estima que cerca de 1,5 trilhão de dólares são gastos anualmente (setores público e privado) para criar novos conhecimentos, o que estende a fronteira ao longo da qual avanços tecnológicos "revolucionários" podem ocorrer.
Distribuição global da produção de conhecimento	Como a produção de conhecimento envolve cada vez mais novos participantes, sobretudo em mercados emergentes como os BRICs (Brasil, Rússia, Índia e China), surge a necessidade de buscar oportunidades de inovação em um espaço muito mais amplo. Uma consequência disso é que hoje os "trabalhadores do conhecimento" estão distribuídos de forma muito mais ampla e concentrados em novos locais (ex.: o terceiro maior centro de P&D da Microsoft, que emprega milhares de cientistas e engenheiros, fica em Xangai).
Fragmentação do mercado	A globalização levou a um aumento imenso na gama de mercados e segmentos, que hoje são muito mais dispersos e têm mais variação local. Isso aumenta a pressão sobre a atividade de busca por inovações, que agora precisa abranger um território muito maior, geralmente distante das experiências "tradicionais", como as condições de "base da pirâmide" em diversos mercados emergentes.

(Continua)

TABELA 7.5 Mudanças no contexto para a inovação *(Continuação)*	
Mudança contextual	**Exemplos indicativos**
Virtualização do mercado	O uso crescente da Internet como canal de marketing significa que é preciso desenvolver abordagens diferentes. Ao mesmo tempo, a emergência de redes sociais em larga escala no ciberespaço cria desafios às abordagens de pesquisa de marketing (ex.: o Facebook hoje tem mais de um bilhão de assinantes). Outros desafios vêm do surgimento de comunidades mundiais paralelas enquanto oportunidade de pesquisa (ex.: o Second Life hoje tem mais de seis milhões de "moradores").
Ascensão dos usuários ativos	Os usuários sempre foram reconhecidos como uma fonte de inovações, mas houve uma aceleração no modo como isso acontece (ex.: o crescimento Linux foi um desenvolvimento comunitário aberto orientado pelos usuários). Em setores como a mídia, a linha entre consumidores e criadores é cada vez mais turva (ex.: cerca de seis bilhões de vídeos são assistidos no YouTube todos os meses, mas a base de usuários também envia 200 mil novos vídeos por dia).
Desenvolvimento da infraestrutura social e tecnológica	As ligações crescentes permitidas pelas tecnologias da informação e comunicação em torno da Internet e da banda larga permitiram e reforçaram possibilidades alternativas de redes sociais. Ao mesmo tempo, a disponibilidade crescente de ferramentas de simulação e prototipagem reduziu a distância entre usuários e produtores.

Fonte: Bessant, J. and T. Venables (2008) *Creating Wealth from Knowledge: Meeting the Innovation Challenge*, Cheltenham: Edward Elgar.

O modelo de "inovação aberta" basicamente envolve abrir o empreendimento para fluxos de conhecimento que entram e saem da organização, como indicado na Figura 7.5.

Isso oferece oportunidades significativas para os empreendedores, pois sugere novas maneiras de formar conexões; pequenas empresas com ativos cruciais de conhecimento podem se tornar atraentes para participantes de grande porte que precisam desse conhecimento, além de poderem acessar uma gama mais ampla de recursos do conhecimento, desde que façam parte de uma rede de qualidade. Isso leva inevitavelmente a questões difíceis sobre como formar essas conexões, quem e quais mecanismos de agenciamento entram em jogo e como os direitos de propriedade intelectual podem ser gerenciados nesse mundo de troca de conhecimentos.

A adoção desse novo modelo tem suas dificuldades. Por um lado, faz sentido reconhecer que, em um mundo rico em conhecimento, "nem toda pessoa inteligente trabalha para nós". Mesmo grandes investidores em P&D, como a Procter & Gamble (orçamento anual de P&D de cerca de 3 bilhões de dólares, com cerca de 7 mil cientistas e engenheiros trabalhando em P&D em todo o mundo), estão repensando fundamentalmente os seus modelos; no caso da P&D, o slogan

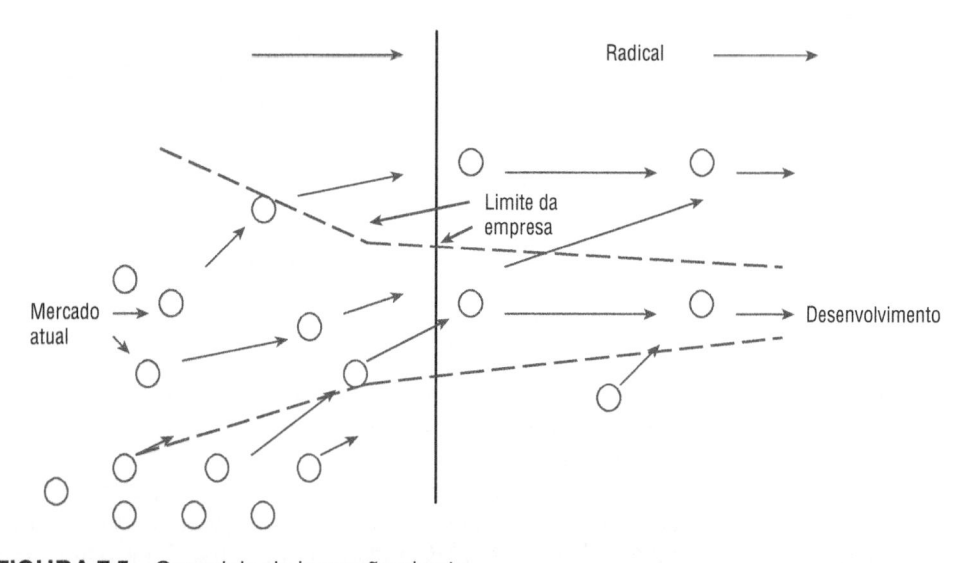

FIGURA 7.5 O modelo da inovação aberta.
Fonte: Baseado em Chesbrough, H. (2003) *Open Innovation: The New Imperative for Creating and Profiting from Technology*, Boston: Harvard Business School Press.

dominante passou de "pesquisar e desenvolver" para "conectar e desenvolver", com o objetivo estratégico de migrar da inovação fechada para a obtenção de 50% das inovações junto a fontes externas ao negócio.

Mas, por outro lado, é preciso reconhecer as tensões que isso gera em torno da propriedade intelectual (como proteger e reter conhecimentos quando ele é muito mais móvel, e como acessar os conhecimentos alheios?), da apropriabilidade (como garantir o retorno sobre nosso investimento na criação de conhecimento?) e de mecanismos para garantir que vamos encontrar e utilizar os conhecimentos relevantes (será que os estamos buscando em todo o mundo e explorando os mais improváveis locais?). Nesse contexto, a ênfase da gestão da inovação passa da criação de conhecimento para a troca de conhecimentos e a gestão dos fluxos de conhecimento.

Voltaremos a esse tema em mais detalhes no Capítulo 10, no qual analisamos o papel crucial desempenhado pelas redes enquanto fonte de ideias e recursos.

Capacitação da inovação aberta

A ideia por trás da inovação aberta é tão simples que pode ser enganosa: reconheça que nem todas as pessoas inteligentes trabalham para você e encontre maneiras de se conectar com os outros. Mas transformar isso em realidade exige uma abordagem estratégica, e as organizações dedicaram os últimos dez anos, desde a publicação do livro de Chesbrough, a descobrir suas próprias maneiras de usar as oportunidades riquíssimas oferecidas pela inovação aberta.[8]

Ter uma estratégia totalmente aberta para a inovação raramente é a melhor opção. Em vez disso, podemos adotar diferentes níveis e modos de abertura com sucesso, incluindo a adoção de uma abordagem totalmente fechada.[9] Algumas empresas, por exemplo, respondem passivamente a oportunidades externas quando estas ocorrem, enquanto outras buscam tais oportunidades proativamente, na chamada estratégia de "garimpo".[10]

Algumas utilizam batedores externos, despachando embaixadores para observarem outros setores e identificarem oportunidades apropriadas. Outras utilizam organizações terceirizadas que oferecem diversas atividades de **agenciamento** e **construção de pontes**. Exemplos incluem agências tradicionais de design como a IDEO e a ?Whatif!, que ajudam a ligar clientes a novas ideias e conexões no lado da tecnologia e do mercado, agenciadores de tecnologias que tentam parear diferentes necessidades e meios (tanto via Internet quanto presencialmente) e agentes de transferência de propriedade intelectual, como o Innovation Exchange, que buscam identificar, avaliar e explorar propriedade intelectual interna que possa estar sendo subutilizada.

Outras avançaram mais ainda em direção à criação de comunidades de código aberto, nas quais ocorre cocriação entre diferentes *stakeholders*. O apoio da Google à plataforma Android é um bom exemplo: a expectativa é que a inovação coletiva nesse espaço permita a rápida aceleração e difusão da inovação.

INOVAÇÃO EM AÇÃO 7.6

Conectar e Desenvolver na P&G

Criar e combinar conjuntos diferentes de conhecimentos sempre foi o X da questão, tanto dentro quanto fora da empresa. Nos últimos anos, tem havido uma aceleração radical, liderada por grandes empresas como Procter & Gamble, GSK, 3M, Siemens e GE, em prol de explorar maneiras de transformar a inovação aberta em realidade. No final dos anos 1990, por exemplo, a P&G temia que seu modelo tradicional de P&D de orientação interna estivesse perdendo a eficácia, mas ainda representava um custo enorme. Como explica o CEO Alan Lafley: "Nossa produtividade de P&D parara de crescer e nosso índice de sucesso em inovação, o percentual de novos produtos que alcançavam seus objetivos financeiros, havia estagnado em cerca de 35%. Esmagados pela agilidade dos concorrentes, pelo não crescimento das vendas, pela mediocridade dos novos lançamentos e por lucros trimestrais abaixo do esperado, perdemos mais da metade de nossa capitalização de mercado quando nossas ações caíram de 118 para 52 dólares. Foi um despertar e tanto!". (*Harvard Business Review*, março de 2006).

A empresa reconheceu que inovações importantes estavam sendo desenvolvidas em empresas empreendedoras de pequeno porte, ou por indivíduos, ou dentro de laboratórios universitários, e que outros grandes fabricantes, como IBM, Cisco, Eli Lilly e Microsoft, já haviam começado a abrir seus sistemas de inovação.

Por consequência, a P&G adotou o que chama de "Conectar e Desenvolver", sua versão de um processo de inovação baseado nos princípios da "inovação aberta".

INOVAÇÃO EM AÇÃO 7.7

Modelos para a inovação aberta

Diversos modelos estão emergindo em torno da potencialização da inovação aberta. Nambisan e Sawhney, por exemplo, identificam quatro deles.[11] O modelo da "orquestra" é tipificado por uma empresa como a Boeing, que criou uma rede global ativa em torno do 787 Dreamliner, na qual os fornecedores atuam como parceiros e investidores, abandonando o modelo "construir conforme o projeto" e adotando a linha "projetar e construir para o desempenho". Nesse modo, preserva-se um nível considerável de autonomia em torno das tarefas especializadas, enquanto a Boeing fica responsável pelas decisões e integrações finais, em um sistema análogo ao dos músicos profissionais que tocam em uma orquestra sob o comando de um maestro.

Em contrapartida, o modelo do "bazar criativo" envolve uma abordagem mais próxima do *crowdsourcing*, na qual uma grande empresa sai em busca de insumos para a inovação, que então são integrados e desenvolvidos. Os exemplos incluem aspectos da abordagem da Innocentive.com utilizados pela P&G, Eli Lilly e outras, ou da americana Dial Corporation, que lançou o site "Partners in innovation" ("Parceiros na inovação"), no qual inventores podem enviar suas ideias. A Virtual Innovation Agency da BMW opera de acordo com um modelo semelhante.

Um terceiro modelo foi batizado de "central de improviso". Ele envolve criar uma visão central e então mobilizar uma ampla variedade de participantes para contribuir nessa direção. É o tipo de abordagem usada em muitas alianças e consórcios pré-competitivos, em que se utilizam desafios de mercado ou tecnológicos difíceis, como o projeto japonês do computador da quinta geração, para enfocar os esforços de muitas organizações diferentes. Após os desafios serem superados, o processo passa para o modo de extração; por exemplo, no programa da quinta geração, os esforços pré-competitivos dos pesquisadores de todas as grandes empresas de eletrônica e TI levaram à geração de mais de 1000 patentes, compartilhadas entre os participantes e exploradas de acordo com o modelo competitivo "tradicional". A Philips adota um modelo semelhante na InnoHub, que seleciona uma equipe de negócios e setores internos e externos, abrangendo tecnologia, marketing e outros elementos. Ela trabalha conscientemente para incentivar a fusão de indivíduos com conhecimentos variados, na esperança de que isso aumente a probabilidade deles terem ideias revolucionárias.

O quarto modelo é chamado de "estação de modificações" (Mod Station), recorrendo a um termo do setor de PCs, que permite que os usuários modifiquem jogos e outros elementos de software e hardware. O conceito é tipificado por diversos projetos de código aberto, como o OpenSPARC da Sun Microsystems, a plataforma de desenvolvimento Android da Google e, antes dela, o sistema operacional Symbian lançado pela Nokia, que se abrem para a comunidade de desenvolvedores na tentativa de estabelecer uma plataforma irrestrita para a criação de aplicativos móveis. Isso reflete modelos usados pela BBC, Lego e muitas outras organizações que tentam mobilizar comunidades externas e amplificar seus próprios esforços de pesquisa ao mesmo tempo que mantêm a capacidade de explorar um novo espaço crescente.

(Continua)

> Outros modelos que poderiam ser adicionados incluem a abordagem de "infusão" praticada pela Nasa, na qual uma grande agência governamental usa o seu Innovative Partnerships Programme (IPP) para codesenvolver tecnologias-chave, como a robótica. O modelo envolve basicamente atrair parceiros para trabalharem ao lado dos cientistas da Nasa, um processo de "infusão" no qual se explora as ideias desenvolvidas pela Nasa ou por um ou mais parceiros. Há uma ênfase especial em maximizar a amplitude da busca e tentar estabelecer parcerias com organizações inusitadas: empresas, departamentos de universidades e outras entidades que podem não reconhecer de imediato que têm algo valioso para oferecer.[12]

Aprender a buscar

Como vimos no Capítulo 1, gerenciar a inovação é algo que indivíduos e organizações aprendem a fazer por uma combinação de tentativa e erro, imitação, empréstimo de melhores práticas, improviso, etc. Com o tempo, eles acumulam experiência sobre o que funciona para eles, formando uma abordagem altamente específica, quase uma personalidade. A ideia de "rotinas" – padrões de comportamento integrados, aprendidos e repetidos – aplica-se especialmente na área das ferramentas de busca. Indivíduos e organizações desenvolvem e aprimoram as ferramentas que utilizam para vasculhar o espaço de inovação, partindo de técnicas comprovadas, mas também experimentando e agregando outras para lidar com os novos desafios no seu espaço de busca.

Muita experiência se ganhou, por exemplo, no modo como unidades de P&D podem ser estruturadas para permitir o equilíbrio entre pesquisa aplicada (que apoia a busca do tipo "extração") e atividades "céu azul" mais amplas (que facilitam o lado "exploração"). Essas abordagens foram refinadas seguindo o conceito de "inovação aberta", no qual a P&D de terceiros é inserida no processo, mas também pela aprendizagem com a produção cada vez mais global de conhecimento. A gigante farmacêutica GSK, por exemplo, adotou uma política de competição de P&D em muitas de suas principais instalações espalhadas pelo mundo.

De modo similar, pesquisas de mercado evoluíram e produziram uma ampla variedade de ferramentas usadas para produzir um entendimento aprofundado das necessidades dos usuários – e continuam desenvolvendo e refinando novas técnicas, como design empático, métodos de usuários líderes e uso crescente da **etnografia**.

Quais técnicas e estruturas devem ser adotadas depende de diversos fatores estratégicos, como aqueles explorados anteriormente, comparando seus custos e riscos com a qualidade e quantidade do conhecimento que produzem. Ao longo deste livro, enfatizamos a ideia de que gerenciar a inovação é uma capacidade *dinâmica*, algo que precisa ser atualizado e estendido continuamente para lidar com o problema da "fronteira móvel". À medida que mercados, tecnologias, concorrentes, regulamentações e diversos outros elementos se deslocam em um ambiente complexo, passa a ser preciso aprender novos truques e até abandonar alguns dos antigos, que deixam de ser apropriados.

O rótulo **capacidade de absorção** foi amplamente utilizado para descrever esse potencial de aprendizagem e pode ser expresso como "a competência de uma empresa em reconhecer o valor de novas informações externas e assimilá-las e aplicá-las".[13] É um conceito importante, pois é fácil pressupor que, como o ambiente é rico e repleto de fontes potenciais de inovação, todas as organizações vão encontrá-las e utilizá-las. Obviamente, a realidade é que elas variam muito em suas respectivas capacidades de fazer uso esses sinais iniciais; por diversos motivos, as organizações podem ter dificuldade para crescer por meio da aquisição e uso de novos conhecimentos.

Algumas podem simplesmente não estar cientes da necessidade de mudar, quanto menos ter a capacidade de gerenciar essa mudanças. Tais empresas – um problema clássico para o crescimento das pequenas, por exemplo – diferem daquelas que reconhecem em algum aspecto estratégico a necessidade de mudar, de adquirir e usar novos conhecimentos, mas que não têm a capacidade de concentrar suas buscas ou assimilar e utilizar corretamente o novo conhecimento depois que este é identificado. Outras podem saber o que precisam, mas não ter a capacidade de encontrá-lo e adquiri-lo. E outras ainda podem ter rotinas bem-estabelecidas para lidar com todas essas questões e representar recursos aos quais empresas menos experientes podem recorrer, como é o caso de algumas grandes cadeias logísticas centradas em torno de uma organização central.

A mensagem central das pesquisas sobre a capacidade de absorção é que adquirir e utilizar novos conhecimentos envolve múltiplas atividades diferentes em torno da busca, aquisição, assimilação e implementação.[14] Em essência, é uma questão de aprender a aprender, criando capacidades que permitam que as organizações repitam o feito da inovação. Desenvolver a capacidade de absorção envolve dois tipos complementares de aprendizagem. O Tipo 1 – a aprendizagem adaptativa –baseia-se em reforçar e estabelecer rotinas relevantes para lidar com um determinado nível de complexidade ambiental, enquanto o Tipo 2 – a aprendizagem geradora – serve para enfrentar novos níveis de complexidade.[15]

Resumo do capítulo

- Perante um ambiente rico, cheio de fontes de inovação em potencial, indivíduos e organizações precisam de uma abordagem estratégica para buscar oportunidades.
- Podemos imaginar um espaço de busca para a inovação dentro do qual procuramos por oportunidades. Existem duas dimensões: "inovação incremental/fazer melhor *versus* radical/fazer diferente" e "enquadramento existente/enquadramento novo".
- Procurar oportunidades pode nos levar ao mundo da "extração" – inovações baseadas em avançar além do que já sabemos, principalmente de forma incremental. Ou pode envolver a inovação de "exploração", com saltos arriscados, e às vezes valiosos, para novos campos, e a abertura do espaço de inovação.
- A inovação de extração favorece organizações estabelecidas, e os empreendedores de start-ups quase sempre encontram oportunidades nos nichos de uma estrutura existente.
- A exploração limitada envolve uma busca radical, mas dentro de uma estrutura estabelecida. Isso exige recursos amplos, como em P&D, mas apesar disso mais uma vez favorecer as organizações estabelecidas, também há escopo para empreendedores ricos em conhecimento, como em start-ups de alta tecnologia.
- Reenquadrar a inovação exige uma mentalidade diferente, uma nova maneira de ver oportunidades, e muitas vezes favorece os empreendedores em organizações start-up. Organizações estabelecidas têm dificuldade para fazer buscas nessa área, pois é preciso abandonar os modos como trabalham tradicionalmente. Em resposta, muitas montam grupos empreendedores internos para injetar a renovação de pensamento de que precisam.
- A exploração no limite do caos exige habilidades para tentar "gerenciar" processos de coevolução. Mais uma vez, isso favorece os empreendedores de novas organizações, que têm flexibilidade, aceitação de riscos e tolerância ao fracasso para criar novas combinações e a agilidade de captar e aproveitar novas tendências emergentes.
- As estratégias de busca exigem uma mescla de abordagens de extração e exploração, mas estas muitas vezes precisam de estruturas organizacionais diferentes.
- Existem muitas técnicas e ferramentas disponíveis para apoiar a busca mediante extração e exploração; o jogo está cada vez mais aberto e as redes (e tecnologias e abordagens para sua formação) estão se tornando cada vez mais importantes.
- A capacidade de absorção – o potencial de sugar novos conhecimentos – é um fator crucial para o desenvolvimento de capacidades de gestão da inovação. Em essência, trata-se de aprender a aprender.

Glossário

Agenciamento Modos de conectar diferentes participantes em uma rede; por exemplo, ligando fundadores de novas empresas a fontes de recursos.

Batedores Indivíduos ou grupos que buscam novas tecnologias e/ou mercados.

Bootlegging (pirataria) Projetos de inovação que ocorrem sem o apoio formal da organização hospedeira.

Capacidade de absorção A capacidade de uma organização de adotar e usar novos conhecimentos vindos de fora.

Coevolução Situação na qual múltiplos elementos interagem entre si, o que torna impossível prever o seu desenvolvimento futuro. Em vez disso, isso emerge por consequência da Interação: a coevolução.

Comunidades de prática Grupos de indivíduos com interesses em comum que cooperam para compartilhar conhecimentos dentro e entre organizações.

Construção de pontes Refere-se a mecanismos para conectar participantes em um contexto de inovação cada vez mais aberto; por exemplo, pelo uso de concursos ou mercados de inovação em uma plataforma na Internet.

Empreendedorismo corporativo Tentativa da parte das organizações tradicionais de recriar características empreendedoras como agilidade, novas perspectivas e adoção de riscos. Para tanto, elas concedem a um grupo específico licença para operar de forma diferente.

Enquadramento/reenquadramento Os modos como organizações e indivíduos interpretam um ambiente complexo por meio da simplificação, usando lentes mentais para decidir no que prestar atenção e quais soluções analisar.

Etnografia Abordagens para compreender as necessidades do usuário usando observação, semelhantes àquelas empregadas por antropólogos.

Exploração Inovação que envolve saltos para novos campos e a abertura de novos espaços para inovação.

Extração Inovação baseada em fazer o que fazemos, mas melhor, avançando em trajetórias estabelecidas.

Guardião (gatekeeper) Indivíduo dentro de uma rede ou organização que ajuda a facilitar conexões com terceiros.

Imersão Mergulhos profundos no contexto em que as inovações poderiam ser utilizadas.

Inovação aberta Modelo de inovação que permite ênfase muito maior nos fluxos de conhecimento do que na produção de conhecimento.

Inovação no local de trabalho Inovação que envolve uma alta proporção da equipe de trabalho ou outra população na contribuição de ideias de mudança.

Intrapreneurship Empreendedorismo interno ou empreendedorismo corporativo.

Usuários líderes Usuários iniciais e ativos entre uma população, capazes de promover ideias que moldam a versão final de uma inovação.

Questões para discussão

1. Onde e como você organizaria a busca por oportunidades de inovação para os seguintes negócios:
   a. uma cadeia de lanchonetes fast-food?
   b. um fabricante de equipamentos de medição eletrônica?
   c. um hospital?
   d. uma seguradora?
   e. uma empresa iniciante de biotecnologia?
2. Usando a lista de fontes de inovação do Capítulo 6, como você organizaria a busca por sinais iniciais para elas?
3. Se a inovação é cada vez mais uma questão de gestão do conhecimento, que tipos de desafios essa abordagem impõe ao gerenciamento de processos?
4. Como você buscaria oportunidades de inovação no setor público? Com exemplos, indique como e onde isso pode ser uma questão estratégica importante.
5. Você é indicado para ser o novo diretor de uma pequena instituição filantrópica que presta assistência a pessoas desabrigadas. Como a inovação poderia melhorar a forma de operação da sua instituição em termos de buscar novas oportunidades de recrutar apoiadores?
6. Quais são os desafios que os gestores enfrentam ao tentar organizar um fluxo estável de ideias de inovação incremental a longo prazo?

Fontes e leituras recomendadas

O primeiro a discutir o conceito de "explorar" versus "extrair" foi James March, o que formou a base para muitos estudos desde então; ver March, J., "Exploration and exploitation in organizational learning" (*Organization Science*, 1991, **2**(1), 71–87); e Benner, M.J. and M.L. Tushman, "Exploitation, exploration, and process management: The productivity dilemma revisited" (*The Academy of Management Review*, 2003, **28**(2), 238).

Tushman e Anderson exploram os desafios para organizações em meio a grandes disrupções tecnológicas (Tushman, M. and P. Anderson, "Technological discontinuities and organizational environments", *Administrative Science Quarterly*, 1987, **31**(3), 439–65).

As dificuldades do reenquadramento são muito exploradas por Day e Shoemaker, que defendem a necessidade de "visão periférica" entre os empreendedores (Day, G. e P. Schoemaker, *Peripheral Vision: Detecting the Weak Signals that Will Make or Break Your Company*, Boston: Harvard Business School Press, 2006). Esse tema também é trabalhado por Foster, R. e S. Kaplan em *Creative Destruction* (Harvard University Press, 2002) e por Christensen, C., S. Anthony e E. Roth em *Seeing What's Next* (Harvard Business School Press, 2007).

A busca nas fronteiras é uma das questões trabalhadas pelo Discontinuous Innovation Laboratory, uma rede com cerca de 30 instituições acadêmicas e 150 empresas; ver Augsdorfer *et al.*, *Discontinuous Innovation* (Imperial College Press, 2014).

A observação dos limites dos mercados familiares em busca de espaços inexplorados é discutida em Ulnwick, A., *What Customers Want: Using Outcome-Driven Innovation to Create Breakthrough Products and Services* (McGraw-Hill, 2005), e Kim, W. e R. Mauborgne, *Blue Ocean Strategy: How to Create Uncontested Market Space and Make the Competition Irrelevant* (Harvard Business School Press, 2005).

A inovação aberta foi originada por Henry Chesbrough, mas foi expandida em diversos outros estudos; ver, por exemplo Reichwald, R., A. Huff e K. Moeslein, *Leading Open Innovation* (MIT Press, 2013). Os exemplos de caso incluem a história da Procter & Gamble, e o livro de Alan lafley oferece um relato agradável do ponto de vista do CEO (Lafley, A. e R. Charan, *The Game Changer*, Profile, 2008).

O conceito de capacidade de absorção foi inventado por Cohen e Levinthal e desenvolvido por Zahra e George (Zahra, S.A. e G. George, "Absorptive capacity: A review, reconceptualization and extension", *Academy of Management Review*, 2002, **27**, 185–94).

Referências

1. Freeman, C. and L. Soete (1997) *The Economics of Industrial Innovation*, 3rd edn, Cambridge, MA: MIT Press.
2. Abernathy, W. and J. Utterback (1975) A dynamic model of product and process innovation, *Omega*, 3(6): 639–56.
3. Rogers, E. (2003) *Diffusion of Innovations*, 5th edn, New York: Free Press.
4. Bessant, J. (2003) *High Involvement Innovation*, Chichester: John Wiley & Sons Ltd.
5. Allen, T. and G. Henn (2007) *The Organization and Architecture of Innovation*, Oxford: Elsevier.
6. Augsdorfer, P. (1996) *Forbidden Fruit*, Aldershot: Avebury.
7. Bessant, J. and K. Moeslein (2011) *Open Collective Innovation*, London: Advanced Institute of Management Research.
8. Chesbrough, H. (2003) *Open Innovation: The New Imperative for Creating and Profiting from Technology*, Boston: Harvard Business School Press.

9. Enkel, E. and K. Bader (2014) How to balance open and closed innovation: Strategy and culture as influencing factors, in: J. Tidd (ed.), *Open Innovation Research, Management and Practice*, London: Imperial College Press.

10. Nambisan, S. and M. Sawhney (2007) *The Global Brain: Your Roadmap for Innovating Smarter and Faster in a Networked World*, Philadelphia: Wharton School Publishing.

11. Nambisan, S. and M. Sawhney (2007) *The Global Brain: Your Roadmap for Innovating Smarter and Faster in a Networked World*, Philadelphia: Wharton School Publishing.

12. Cheeks, N. (2007) How *NASA Uses "Infusion Partnerships"*, Mount Laurel, NJ: Product Development Management Association, 9–12.

13. Cohen, W. and D. Levinthal (1990) Absorptive capacity: A new perspective on learning and innovation, *Administrative Science Quarterly*, 35(1): 128–52.

14. Zahra, S.A. and G. George (2002) Absorptive capacity: A review, reconceptualization and extension, *Academy of Management Review*, 27: 185–94.

15. Senge, P. (1990) *The Fifth Discipline*, New York: Doubleday.

Parte III

Encontrar os recursos

Transformar ideias em realidade é fundamental e exige tempo, dinheiro, conhecimentos diversos, etc. Mas antes mesmo de começarmos a reunir os recursos, precisamos de um plano. Do que vamos precisar e quando? E antes ainda, precisamos ter clareza sobre qual oportunidade vamos desenvolver e o porquê dessa escolha. Dentre todas as coisas que poderíamos fazer, o que vamos fazer de fato – e por quê? Selecionar as melhores delas parece bastante simples, mas o problema é que não sabemos quais são as melhores até tentarmos. A inovação é repleta de incertezas e adivinhações, e o único jeito de descobrir se uma aposta é boa ou não é começar a desenvolvê-la. E isso também vale para o processo de escolha estratégica. Decidir quais das muitas possibilidades apoiar, dada a limitação de recursos, é um grande desafio.

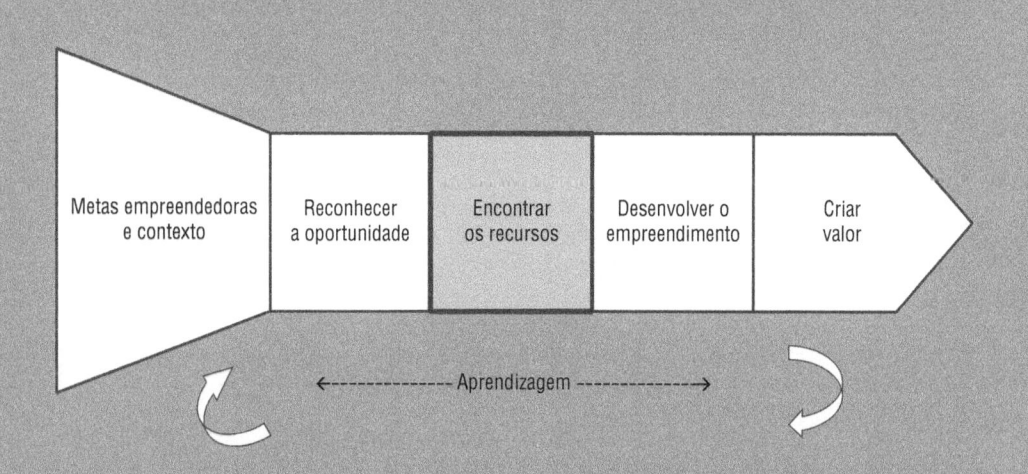

Capítulo 8

Construir o caso

OBJETIVOS DE APRENDIZAGEM

Depois de ler este capítulo, você compreenderá:
- desenvolver e usar um plano de negócio para atrair recursos;
- escolher e aplicar os métodos de previsão mais apropriados;
- identificar e gerenciar o risco e a incerteza.

O motivo tradicional para desenvolver um plano de negócio formal é obter apoio ou verbas para um projeto ou empreendimento. Contudo, não há unanimidade entre as pesquisas sobre a função e a eficácia dos planos de negócio. Alguns estudos indicam uma relação positiva entre o desenvolvimento de um plano de negócio formal e a capacidade de atrair financiamento externo,[1] enquanto outros não identificam uma relação significativa.[2] Seja qual for a realidade, o desenvolvimento de um plano convincente se transformou em um rito de passagem para novos empreendimentos. Na prática, o planejamento de negócios tem uma função muito mais ampla que o financiamento e pode ajudar a traduzir metas abstratas ou ambiciosas em necessidades operacionais mais explícitas e apoiar os processos posteriores de tomada de decisão e identificação de vantagens comparativas. Um plano de negócio pode ajudar a explicitar os riscos e as oportunidades, revelar o otimismo sem embasamento e o autoengano e evitar discussões subsequentes sobre recompensas e responsabilidades.

Desenvolver o plano de negócio

Não existem planos de negócio padronizados, mas, em muitos casos, os capitalistas de risco fornecem um modelo para o seu plano de negócio. Um plano típico deve ser relativamente curto, com até 20 laudas, começar com um resumo executivo e incluir seções sobre produto, mercados, tecnologia, desenvolvimento, produção, marketing, recursos humanos, estimativas financeiras com planos de contingências e cronogramas e requisitos de financiamento. Um típico plano de negócio formal inclui:[3]

- detalhes do produto ou serviço;
- avaliação de oportunidades de mercado;
- identificação de clientes-alvo;
- barreiras de entrada no negócio e análise da concorrência;
- experiência, especialização e compromisso da equipe de administração;
- estratégia de precificação, distribuição e vendas;
- identificação e planejamento de riscos-chave;
- cálculo do fluxo de caixa, incluindo pontos de equilíbrio e análise de sensibilidade;
- recursos financeiros e outros que o negócio exige.

Em sua maioria, os planos de negócio apresentados a investidores de risco são consistentes no que diz respeito a considerações técnicas, geralmente dando ênfase demais à tecnologia em detrimento de outros aspectos. Conforme observa Roberts: "empreendedores afirmam que podem fazer uma coisa melhor que qualquer outra pessoa, mas às vezes esquecem de demonstrar que alguém deseja essa coisa"[4]. Ele identifica vários problemas comuns com relação a planos de negócio apresentados a investidores de risco: plano de marketing, equipe de gestão, plano tecnológico e plano financeiro. A equipe de gestão é avaliada com relação ao seu comprometimento, experiência e especialização, normalmente nessa ordem. Infelizmente, muitos empreendedores em potencial enfatizam demais sua especialização, mas não possuem experiência suficiente de equipe e não conseguem demonstrar paixão e comprometimento com o empreendimento (Tabela 8.1).

Existem sérias inadequações comuns em todas essas áreas, mas a pior está na área de marketing e na área financeira. Menos da metade dos planos examinados fornecem uma estratégia de marketing detalhada, e apenas metade inclui um plano de vendas. Três quartos dos planos deixam de identificar ou analisar possíveis concorrentes. Como resultado, a maioria dos planos de negócio contém somente previsões financeiras básicas, e apenas 10% conduzem uma análise de sensibilidade em suas previsões. A falta de atenção com relação ao marketing e à análise de concorrentes é especialmente problemática, pois pesquisas indicam que ambos os fatores estão associados ao sucesso subsequente.

Em estágios preliminares, por exemplo, muitos empreendimentos novos contam demais com alguns poucos clientes importantes para vendas, o que os deixa vulneráveis comercialmente. Em um exemplo extremo, cerca de metade dos empreendimentos tecnológicos contam com um só cliente para mais da metade de suas vendas no primeiro ano. Essa dependência exagerada de um pequeno número de clientes tem três desvantagens importantes:

- Vulnerabilidade a mudanças em estratégia e saúde financeira do cliente dominante.
- Perda de poder de negociação, que pode reduzir margens de lucro.
- Pouco incentivo para desenvolver as funções de marketing e vendas, o que pode limitar crescimento futuro.

TABELA 8.1 Critérios utilizados por investidores para avaliar propostas

Critérios	Europeus (n = 195)	Americanos (n = 100)	Asiáticos (n = 53)
Empreendedor capaz de avaliar e reagir a riscos	3,6	3,3	3,5
Empreendedor capaz de esforços sustentados	3,6	3,6	3,7
Empreendedor familiarizado com o mercado	3,5	3,6	3,6
Empreendedor com capacidade de liderança comprovada*	3,2	3,4	3,0
Empreendedor com histórico relevante*	3,0	3,2	2,9
Protótipo de produto existe e funciona*	3,0	2,4	2,9
Produto com aceitação de mercado comprovada*	2,9	2,5	2,8
Produto proprietário ou sujeito à proteção*	2,7	3,1	2,6
Produto de "alta tecnologia"*	1,5	2,3	1,4
Mercado-alvo com alta taxa de crescimento*	3,0	3,3	3,2
Negócio estimulará mercado existente	2,4	2,4	2,5
Pouca ameaça de concorrência em três anos	2,2	2,4	2,4
Negócio criará novo mercado*	1,8	1,8	2,2
Retorno financeiro > 10 vezes em 10 anos*	2,9	3,4	2,9
Investimento com fácil liquidez * (por exemplo, adquirido ou encampado	2,7	3,2	2,7
Retorno financeiro > 10 vezes em 5 anos*	2,1	2,3	2,1

1 = irrelevante, 2 = desejável, 3 = importante, 4 = essencial. * Denota significância no nível 0,05.

Fonte: Adaptado de Knight, R. (1992) Criteria used by venture capitalists, in: T. Khalil and B. Bayraktar (eds), *Management of Technology III: The Key to Global Competitiveness*, Norcross, GA: Industrial Engineering & Management Press, 574–83.

Assim, é fundamental desenvolver um entendimento melhor dos insumos tecnológicos e de mercado do plano de negócio. É relativamente fácil calcular as estimativas financeiras usando esses insumos críticos, apesar de ainda ser necessário avaliar o risco e a incerteza. Este capítulo se concentra apenas nos aspectos mais importantes, mas muitas vezes mal executados, do planejamento de negócios para inovações. Antes de mais nada, vamos analisar abordagens a previsões sobre mercados e tecnologias, depois identificar como um melhor entendimento sobre a adoção e difusão de inovações pode nos ajudar a desenvolver planos de negócios mais bem-sucedidos. Por fim, examinamos como avaliar os riscos e recursos necessários para finalizar o plano.

EMPREENDEDORISMO EM AÇÃO 8.1

O que é o "começo impreciso" (fuzzy front end), por que ele é importante e como administrá-lo?

Tecnicamente, projetos de desenvolvimento de novos produtos (DNP) muitas vezes fracassam ao final de um processo de desenvolvimento. Mas o alicerce desse fracasso quase sempre parece ter sido construído logo no início do processo de DNP, muitas vezes chamado de "começo impreciso", ou **fuzzy front end**. Em termos gerais, o começo impreciso é definido como o período entre o instante em que a oportunidade para um novo produto é considerada pela primeira vez e o instante em que se decide que a ideia do produto está pronta para entrar na fase de desenvolvimento formal. Assim, o começo impreciso tem início quando a empresa concebe a ideia de um novo produto e termina quando ela decide lançar (ou não) um projeto de desenvolvimento formal.

Em comparação com a fase de desenvolvimento subsequente, o conhecimento sobre o começo impreciso é bastante limitado. Assim, sabe-se relativamente pouco sobre as principais atividades que compõem o começo impreciso, o modo como elas podem ser gerenciadas, quais atores participam e quanto tempo é necessário para completar essa fase. Muitas empresas também parecem ter bastante dificuldade em gerenciar o começo impreciso na prática. Em certo sentido, isso não surpreende: o começo impreciso é uma encruzilhada de processamento de informações complexas, conhecimento tácito, pressões organizacionais conflitantes e níveis significativos de incerteza e ambiguidade. Além disso, essa fase muitas vezes é mal definida, sendo caracterizada por decisões improvisadas em boa parte das organizações. Assim, é importante identificar os fatores de sucesso que permitem que as empresas aumentem a sua proficiência na gestão do começo impreciso. Esse é o propósito desta nota de pesquisa.

Para aumentar o conhecimento sobre como gerenciar melhor o começo impreciso, conduzimos uma pesquisa em larga escala da literatura empírica sobre o tema. No total, a base da nossa revisão foi composta de 39 artigos de pesquisa. Sua análise identificou 17 fatores para o sucesso na gestão do começo impreciso. Os fatores não são apresentados em ordem de importância, pois o estado atual do conhecimento nos permite, na melhor das hipóteses, um ordenamento apenas subjetivo.

- *A presença de visionários com ideias ou defensores de produtos*. Essas pessoas podem superar a estabilidade e a inércia e, assim, garantir o progresso de um conceito de produto emergente.
- *Um grau adequado de formalização*. A formalização promove a estabilidade e reduz a incerteza. O processo de começo impreciso deve ser explícito, amplamente conhecido entre os membros da organização, caracterizado por responsabilidades claras de tomada de decisão e dotado de medidas de desempenho específicas.
- *Refinamento e filtragem adequada de ideias*. As empresas precisam de mecanismos para separar as boas ideias das menos interessante, mas também para filtrar as ideias usando análises de negócios e de viabilidade.

(Continua)

- *Envolvimento dos clientes desde cedo.* Os clientes podem ajudar a construir objetivos claros de projeto, reduzir a incerteza e ambiguidade e facilitar a avaliação de um conceito de produto.
- *Cooperação interna entre funções e departamentos.* Um novo conceito de produto deve ser capaz de sobreviver a críticas de diferentes perspectivas funcionais, mas a cooperação entre funções e departamentos também cria legitimidade para um novo conceito e facilita a fase de desenvolvimento subsequente.
- *Processamento de informações além da integração interfuncional e envolvimento inicial dos clientes.* As empresas precisam prestar atenção às ideias de produtos da concorrência e também às questões legais nos seus conceitos de produto emergentes.
- *Envolvimento da alta gerência.* Uma equipe pré-desenvolvimento precisa do apoio da alta gerência para ter sucesso, mas a alta gerência também pode alinhar atividades individuais que ultrapassam as fronteiras funcionais.
- *Avaliação tecnológica preliminar.* Avaliação tecnológica significa perguntar logo de início se o produto pode ser desenvolvido, quais soluções técnicas serão necessárias e a que custo. As empresas também precisam avaliar se o conceito de produto, quando transformado em um produto real, pode ser fabricado.
- *Alinhamento entre DNP e estratégia.* Os novos conceitos devem aproveitar as competências fundamentais das suas empresas, e a sinergia entre projetos é importante.
- *Definição prévia e clara do produto.* Conceitos de produto são representações dos objetivos do processo de desenvolvimento. Uma definição de produto inclui seu o conceito, mas também fornece informações sobre mercados-alvo, necessidades dos clientes, concorrência, tecnologia, recursos, etc. Uma definição clara de produto facilita a fase de desenvolvimento subsequente.
- *Cooperação externa benéfica com stakeholders além dos clientes.* Muitas empresas se beneficiam de uma "perspectiva da cadeia de valor" durante o começo impreciso(ex.: colaboração com fornecedores). Esse fator está alinhado com a literatura emergente sobre "inovação aberta".
- *Aprendizagem com a experiência da equipe de pré-projeto.* Os membros da equipe de pré-projeto precisam identificar áreas críticas e prever sua influência sobre o desempenho do projeto, ou seja, aprender com a experiência.
- *Prioridades de projeto.* A equipe pré-projeto precisa ser capaz de escolher entre as virtudes concorrentes de escopo (funcionalidade do produto), cronograma (*timing*) e recursos (custo). Além disso, a equipe também precisa usar uma lista de critérios de prioridade, ou seja, um ordenamento dos principais recursos do produto, caso seja necessário abandonar determinados atributos devido a, por exemplo, preocupações com custos.
- *Gerenciamento de projetos e a presença de um gerente de projeto.* O gerente de projeto pode negociar e obter apoio e recursos e coordenar questões técnicas e de design.
- *Uma cultura organizacional criativa.* Tal cultura permite que a empresa utilize a criatividade e o talento dos funcionários, além de manter um fluxo constante de ideias para alimentar o começo impreciso.

(Continua)

- *Um comitê de revisão executivo interfuncional.* Uma equipe interfuncional de desenvolvimento não basta; também é preciso contar com competências interfuncionais quando se avalia definições de produtos.
- *Planejamento do portfólio de produtos.* A empresa precisa garantir recursos suficientes para desenvolver os projetos planejados e também equilibrar seu portfólio de ideias para novos produtos.

A gestão de começo impreciso exige que a empresa tenha desempenho excelente em atividades e fatores individuais, mas isso não basta para garantir o sucesso. As empresas também precisam ser capazes de integrar ou alinhar diferentes atividades e fatores, pois existem interdependências recíprocas entre os diferentes fatores de sucesso. É a chamada "perspectiva holística", "interdependências entre fatores" ou, mais simplesmente, "encaixe". Por ora, no entanto, ninguém parece saber exatamente quais fatores devem ser integrados e como isso deve ser conquistado. Além disso, também faltam diretrizes específicas sobre como mensurar o desempenho durante o começo impreciso. Assim, não há nada além de fragmentos de uma "teoria" gerencial do começo impreciso.

Para complicar ainda mais a situação, além de variar entre empresas, o processo de começo impreciso parece variar também entre projetos na mesma empresa, onde as atividades, seu sequenciamento, grau de sobreposição e duração relativa diferem de um projeto para o outro. Assim, as capacidades de gestão do começo impreciso são ao mesmo tempo valiosíssimas e difíceis de obter. Assim, empresas em desenvolvimento precisam antes de mais nada obter proficiência em fatores de sucesso individuais. Segundo, precisam integrar e organizar esses fatores para criar um todo coerente, alinhado com as circunstâncias da empresa. Por fim, precisam dominar diversas situações em que se ganha de um lado mas se perde de outro, o que chamamos de "cobertor curto".

O primeiro "cobertor curto" ocorre quando as empresas precisam se perguntar se o filtro de ideias deve ser mais permeável ou mais fino. Por um lado, é preciso se livrar das más ideias rapidamente, para poupar os custos associados com o seu desenvolvimento. Por outro, uma filtragem bem fina também pode eliminar boas ideias cedo demais. Ideias de novos produtos muitas vezes se refinam e ganham energia por meio de conversas informais, um fato que força as empresas a equilibrarem os dois tipos de filtragem. Outro "cobertor curto" se refere à formalização. A proposição básica é que a formalização é uma boa ideia, pois facilita a transparência, a ordem e a previsibilidade. Contudo, na tentativa de garantir a eficácia, a formalização também corre o risco de inibir a inovação e a flexibilidade. Mesmo que as evidências ainda sejam parcas, a relação entre formalidade e desempenho parece obedecer uma curva em forma de "U" invertido; em outras palavras, formalidade demais ou de menos tem um efeito negativo sobre o desempenho. Logo, a empresa precisa tomar cuidado ao considerar o nível de formalização imposto ao começo impreciso.

Um terceiro "cobertor curto" ocorre entre a redução da incerteza ou da ambiguidade. A incerteza tecnológica e de mercado muitas vezes pode ser reduzida por meio de melhor investigação do ambiente e maior processamento de informações pela equipe de desenvolvimento, mas mais informações muitas vezes aumentam o nível de ambiguidade. Uma situação ambígua é aquela na qual existem múltiplos significados,

(Continua)

implicando que a empresa precisa construir, integrar ou executar uma interpretação razoável para conseguir seguir em frente em vez de recorrer a mais coleta e análise de informações. Assim, as empresas precisam equilibrar a necessidade de reduzir a incerteza com a de reduzir a ambiguidade, pois tentar reduzir uma muitas vezes significa aumentar a outra. Além disso, as empresas precisam encontrar o equilíbrio entre a necessidade de flexibilidade na definição do produto e a necessidade de levá-lo a cabo. Um objetivo fundamental do começo impreciso é uma definição de produto clara, robusta e sem ambiguidades, pois isso facilita a fase de desenvolvimento subsequente. Contudo, as características do produtos muitas vezes precisam ser alteradas durante o desenvolvimento, seja porque as necessidades do mercado mudaram ou porque ocorreram problemas com as tecnologias fundamentais.

O último "cobertor curto" diz respeito a duas virtudes concorrentes, a inovação e a eficiência dos recursos. Em essência, isso envolve equilibrar orientações de valor concorrentes, em que inovação e criatividade no começo são potencializadas pela flexibilidade organizacional e a ênfase na gestão de pessoas, enquanto o uso eficiente de recursos é potencializado pela disciplina e pela ênfase na gestão de processos.

Por fim, o processo de começo impreciso precisa ser adaptado ao tipo de produto em desenvolvimento. Para produtos físicos, lógicas diferentes se aplicam a produtos montados e não montados. Pesquisas emergentes mostram que uma terceira lógica se aplica ao desenvolvimento de conceitos de novos produtos. Conclui-se, então, que a gestão do começo impreciso não é nada fácil, mas pode ter um enorme impacto positivo sobre o desempenho das empresas que conseguem bem gerenciá-lo.

Fonte: Florén, H. and J. Frishammar (2012) From preliminary ideas to corroborated product definition: Managing the front-end of new product development, *California Management Review*, **54**(4), 20–43.

Previsão da inovação

Previsões sobre o futuro têm um péssimo histórico em termos de sucesso, mas ainda têm um papel essencial no planejamento de negócios para a inovação. Na maioria dos casos, os resultados, que são as projeções realizadas, são menos valiosos do que o processo de previsão em si. Se conduzida no espírito correto, a previsão deve criar uma estrutura para coletar dados, debater interpretações e explicitar pressupostos, desafios e riscos.

Muitos métodos diferentes apoiam as previsões, cada um com diferentes benefícios e limitações (Tabela 8.2).

Nenhum método é definitivamente superior aos demais. Na prática, é preciso escolher entre o custo, o tempo e a robustez da previsão. A escolha do método de previsão mais apropriado depende:

- do que estamos tentando prever;
- da taxa de mudança tecnológica e de mercado;
- da disponibilidade e precisão de informações;
- do horizonte de planejamento da empresa;
- dos recursos disponíveis para previsão.

TABELA 8.2 Tipos, usos e limitações de diferentes métodos de previsão

Método	Usos	Limitações
Extrapolação de tendências	Curto prazo, ambiente estável	Depende de dados passados e pressupõe tendências prévias
Mapeamento de tecnologias e produtos	Médio prazo, plataforma estável e trajetória clara	Incremental, não identifica incertezas futuras
Regressão, simulações e modelos econométricos	Médio prazo, relação entre variáveis independentes e dependentes é compreendida	Identificação e comportamento de variáveis independentes são limitados
Métodos de marketing e de cliente	Médio prazo, atributos do produto e segmentos do mercado são compreendidos	Sofisticação dos usuários, limitação de ferramentas para diferenciar entre ruído e informação
Benchmarking	Médio prazo, melhoria de produtos e processos	Identificação de candidatos relevantes para benchmarking
Método Delphi ou especialistas	Longo prazo, formação de consenso	Caro, especialistas discordam ou o consenso está equivocado
Cenários	Longo prazo, alta incerteza	Demorado, resultados desagradáveis

Na prática, existe um "cobertor curto" entre o custo e a robustez de uma previsão. Os métodos mais comuns de previsão, como extrapolação de tendências e séries temporais, são de uso limitado para novos produtos em função da falta de dados prévios. Entretanto, a análise de regressão pode ser usada para identificar os principais fatores que orientam a demanda por um dado produto e, portanto, oferecer uma estimativa de demanda futura, dadas as informações sobre os determinantes subjacentes.

Uma regressão, por exemplo, pode expressar a provável demanda para a próxima geração de telefones móveis digitais, em termos de taxa de crescimento econômico, preço relativo para sistemas concorrentes, taxa de formação de novos negócios e assim por diante. Dados são coletados para cada variável escolhida e os coeficientes para cada são derivados de curvas que melhor descrevem os dados do passado. Assim, a confiabilidade da previsão depende muito de seleção de variáveis certas logo no princípio. A vantagem da regressão é que, diferentemente da análise de extrapolação simples ou de séries temporais, a previsão baseia-se em relações de causa e efeito. Modelos econométricos são simplesmente conjuntos de equações de regressão, incluindo seus inter-relacionamentos. A análise de regressão não adianta muito quando valores futuros de uma variável explicativa são desconhecidos ou quando o relacionamento entre variáveis explicativas e de previsão pode mudar.

Indicadores-chave e análogos podem aumentar a confiabilidade de previsões e são guias úteis para tendências futuras em alguns setores. Em ambos os casos, há um relacionamento histórico entre as duas tendências. Por exemplo, novos negócios podem ser um indicador de demanda por aparelhos de fax seis meses no futuro. Da mesma maneira, usuários corporativos de telefonia móvel podem ser um análogo para padrões subsequentes de uso doméstico.

Essas técnicas normativas são úteis para estimar a demanda futura por produtos existentes ou, talvez, tecnologias alternativas ou novos nichos, mas sua utilidade é limitada no caso de inovações sistêmicas mais radicais. Em contraste, a previsão exploratória tenta investigar uma série de futuras possibilidades. Os métodos mais comuns são:

- pesquisas com clientes ou de mercado;
- análise interna, como brainstorming;
- método Delphi ou opinião de especialistas;
- desenvolvimento de cenários.

EMPREENDEDORISMO EM AÇÃO 8.2

Limites das previsões

Na década de 1960, agências governamentais e consultores fizeram diversas previsões sobre inovações futuras. Várias delas se transformaram em realidades tecnológicas, como carros elétricos, células de combustível e uso de cereais como combustível, mas mesmo essas demoraram muito mais para se tornarem produtos comerciais do que se previa: mais de 50 anos, quando se previa menos de uma década. Além disso, a maioria das previsões nunca se materializou, incluindo:

- Carros turbinados
- Navios a jato
- Helicópteros familiares
- Lavagem a seco doméstica
- Vacina contra a cárie
- Fim do cinema
- Casas de plástico
- Foguetes para passageiros (por enquanto!)

Pesquisas com clientes ou de mercado

A maioria das empresas realiza algum tipo de pesquisa com clientes. Em mercados consumidores, isso pode ser problemático simplesmente porque os clientes não são capazes de expressar suas futuras necessidades. O iPod, da Apple, por exemplo, não foi resultado de pesquisa de mercado ou demanda de clientes, mas fruto da visão e do envolvimento de Steve Jobs. Em mercados industriais, clientes tendem a estar mais bem-preparados para comunicar suas demandas futuras e, consequentemente, inovações business-to-business surgem a partir delas. As empresas podem ainda consultar suas forças de vendas diretas, mas essas nem sempre são o melhor guia para futuras demandas de clientes. As informações frequentemente são filtradas em termos de produtos e serviços existentes e tendenciosas em termos de desempenho atual de vendas em vez de potencial de desenvolvimento a longo prazo.

Não existe "a melhor maneira" de identificar novos nichos, mas sim uma série de alternativas. Por exemplo, quando novos produtos ou serviços são muito novos ou complexos, usuários em potencial podem não se dar conta ou não ser capazes de expressar suas necessidades. Nesses casos, métodos tradicionais de pesquisa de mercado são de pouca utilidade, e há uma grande responsabilidade sobre os desenvolvedores de produtos e serviços novos e radicais para "educar" possíveis usuários.

Nossa própria pesquisa confirma que diferentes processos, estruturas e ferramentas de gestão são adequados para projetos de desenvolvimento rotineiros e novos (discutiremos isso no Capítulo 9). Em termos de frequência de uso, os métodos mais comuns utilizados para projetos de alta inovação são segmentação, prototipagem, experimentação de mercado e uso de especialistas no setor, enquanto para projetos com menos inovação, os métodos mais comuns são parceria com clientes, extrapolação de tendências e segmentação. Pode-se esperar o uso de experimentação de mercado e de especialistas de setor quando exigências de mercado ou de tecnologias são incertas, mas o uso comum de segmentação para tais projetos é mais difícil de justificar. Contudo, em termos de utilidade, existem diferenças estatisticamente significativas em índices para segmentação, prototipagem, especialistas de setor, pesquisas de mercado e análise de necessidades latentes. A segmentação é mais eficaz para projetos de desenvolvimento de rotina; e prototipagem, especialistas de setor, grupos focais e análise de necessidades latentes são todos mais eficazes para projetos de novos desenvolvimento.[5]

Análise interna (p. ex., brainstorming)

A geração estruturada de ideias, ou brainstorming, tem como objetivo solucionar problemas específicos ou identificar novos produtos ou serviços. Geralmente, um pequeno grupo de especialistas é reunido e convidado a interagir. Um dirigente registra todas as sugestões sem comentá-las ou criticá-las. O objetivo é identificar, mas não avaliar, todas as oportunidades ou soluções possíveis. Por fim, membros do grupo votam sobre as diferentes sugestões. Os melhores resultados são obtidos quando representantes de diferentes funções estão presentes, mas isso pode ser difícil de se gerenciar. O brainstorming não produz uma previsão específica, mas pode gerar informações úteis para outros tipos de previsões.

No Capítulo 5, discutimos diversas abordagens para a solução de problemas e a geração de ideias. A maioria delas é relevante e inclui formas de:[6]

- *Compreender o problema*. A construção ativa por parte do indivíduo ou grupo pela análise da tarefa em questão (incluindo resultados, pessoas, contexto e opções metodológicas) para determinar se e quando são necessários esforços deliberados de estruturação de problemas. Esse estágio inclui construção de oportunidades, exploração de dados e estruturação de problemas.

- *Gerar ideias.* A criação de opções de resposta a um problema sem ponto final definido. Isso inclui uma fase de geração e concentração. Durante a fase de geração desse estágio, a pessoa ou grupo produz muitas opções (pensamento fluente), uma variedade de possíveis opções (pensamento flexível), opções novas ou inusitadas (pensamento original) ou várias opções detalhadas ou aperfeiçoadas (pensamento elaborativo). A fase de concentração oferece uma oportunidade para o exame, a revisão, o agrupamento e a seleção de opções promissoras.
- *Planejar para a ação.* É adequado quando uma pessoa ou grupo percebe várias opções interessantes ou promissoras que não necessariamente podem ser úteis, valiosas ou válidas. O objetivo é criar ou desenvolver escolhas eficazes e prepará-las para a implementação bem-sucedida e a aceitação social.

Avaliação externa (p. ex., método Delphi)

A opinião de especialistas externos, ou **método Delphi**, é útil quando existe uma grande quantidade de incerteza ou quando existem horizontes de longo prazo.[7] O método Delphi é utilizado quando um consenso de opinião especializada é exigido em termos de *timing*, probabilidade e identificação de metas tecnológicas ou necessidades de consumidores no futuro e em termos de fatores que provavelmente afetarão sua confirmação. O melhor momento para utilizar esse método é na realização de previsões de longo prazo e no esclarecimento de como novas tecnologias e outros fatores poderiam desencadear descontinuidades em trajetórias tecnológicas. A escolha de especialistas e a identificação de seus níveis e áreas de especialização são importantes; a estruturação de perguntas é ainda mais importante. Os especialistas relevantes podem incluir fornecedores, revendedores, clientes, consultores e acadêmicos. Especialistas em campos não tecnológicos podem ser incluídos para assegurar que tendências em campos econômicos, sociais e ambientais não sejam esquecidas.

O método Delphi parte de uma pesquisa de opinião especializada, enviada por correio, sobre quais serão as questões-chave do futuro e a probabilidade de seu desenvolvimento. A resposta é então analisada, e a mesma amostra de especialistas é submetida a um novo questionário, agora mais centrado. Esse procedimento é repetido até que alguma convergência de opinião seja observada ou, de modo contrário, se nenhum consenso for alcançado. O exercício consiste, geralmente, em um processo iterativo de questionário e feedback entre os respondentes; ao final, esse processo, produz uma previsão Delphi sobre a série de opiniões especializadas acerca das probabilidades de ocorrência de certos eventos em um determinado período. O método procura anular a desvantagem de encontros presenciais, em que poderia haver deferência à autoridade ou reputação, relutância em admitir erros, desejo de agradar ou diferenças na capacidade persuasiva. Tudo isso poderia resultar em um consenso de opiniões impreciso.

A qualidade das previsões é altamente dependente da especialização e do calibre dos especialistas; o modo como são selecionados e quantos devem ser consultados são questões importantes a serem respondidas. Quando especialistas internacionais são utilizados, o exercício pode levar um considerável período de tempo, e a quantidade de iterações talvez precise ser diminuída. Ainda que a busca por consenso possa ser importante, deve-se dar atenção adequada às opiniões que diferem radicalmente "da norma", mesmo que possa haver razões subjacentes importantes para justificar tais opiniões independentes. Com preparação, compreensão e recursos suficientes, a maioria das insuficiências do método Delphi pode ser superada; trata-se de uma técnica popular, sobretudo para programas nacionais de previsão.

Na Europa, governos e agências transnacionais utilizam estudos Delphi para ajudar a formular políticas, geralmente sob o pretexto de exercícios de "previsão". No Japão, grandes empresas e o governo examinam rotineiramente a opinião de especialistas a fim de obter algum consenso em áreas com maior potencial de desenvolvimento a longo prazo. Utilizado dessa forma, o método Delphi pode se tornar, em grande extensão, uma profecia autorrealizável.

Desenvolvimento de cenários

Cenários são descrições internamente consistentes de possíveis futuros alternativos, baseadas em diferentes hipóteses e interpretações de forças norteadoras de mudança.[8] São levados em consideração dados e análise quantitativa e hipóteses e avaliações qualitativas, como determinantes sociais, tecnológicos, econômicos, ambientais e políticos. Estritamente falando, desenvolver cenários não é o mesmo que fazer previsões, uma vez que se parte do princípio de que o futuro é incerto e que a trajetória de desenvolvimentos atual pode variar do convencional ao revolucionário. Isso é particularmente útil na incorporação de possíveis acontecimentos-chave, o que pode resultar em busca de caminhos divergentes ou alternativos.

O desenvolvimento de cenários pode ser normativo ou exploratório. A perspectiva normativa define uma visão preferencial de futuro e enfatiza diferentes caminhos, do objetivo até o presente. Essa perspectiva costuma ser usada, por exemplo, com relação ao futuro das fontes de energia e cenários futuros sustentáveis. Já a abordagem exploratória define determinantes de mudança e cria cenários a partir desses fatores sem explicitar pautas ou objetivos.

Para que sejam eficazes, os cenários precisam ser inclusivos, plausíveis e convincentes (o oposto de excludentes, implausíveis e óbvios), e também devem questionar as opiniões dos *stakeholders*. Eles devem explicitar as hipóteses e os dados factuais utilizados e formar a base de um processo de discussão, debate, política, estratégia e, finalmente, ação. O resultado é geralmente dois ou três cenários contrastantes, mas o processo de desenvolvimento e discussão de cenários é muito mais valioso.

Um cenário forte deve ser:

- *Consistente*. Cada cenário deve internamente lógico e consistente para ter credibilidade.
- *Plausível*. Para serem persuasivos e apoiar ações, os cenários e os pressupostos subjacentes devem ser realistas.
- *Transparente*. Os pressupostos, fontes e objetivos devem ser explicitados. Sem essa transparência, cenários emotivos ou apocalípticos com títulos chamativos podem ser convincentes, mas também altamente enganosos.

- *Diferenciado.* Os cenários devem ser estrutural ou qualitativamente diferentes em termos de pressupostos e resultados, e não apenas em grau ou magnitude. A avaliação da probabilidade dos cenários, do tipo "mais/menos provável", deve ser evitada. Como diferentes *stakeholders* farão diferentes avaliações subjetivas da probabilidade, estas podem restringir o debate sobre a gama de futuros possíveis em vez de abri-o.
- *Comunicável.* Em geral, desenvolva de três a cinco cenários, todos com títulos vívidos para facilitar a memória e a disseminação.
- *Prático, para apoiar a ação.* Os cenários devem ser um insumo para a tomada de decisões estratégicas ou sobre políticas, de modo que devem ter consequências claras e recomendações para a ação.

INOVAÇÃO EM AÇÃO 8.1

Cenários para a Internet na Cisco

Como a Cisco desenvolve boa parte da infraestrutura para a Internet, a empresa tem uma necessidade estratégica de explorar possíveis cenários futuros. Contudo, quase todas as organizações dependem da Internet, então esses cenários são relevantes para muitas delas, incluindo aquelas que fornecem tecnologia, conectividade, dispositivos, software, conteúdo ou serviços.

A empresa partiu de três perguntas focais:

1. Como será a Internet em 2025?
2. Quanto a Internet terá crescido em relação aos dois bilhões de usuários e o mercado de 3 trilhões de dólares de hoje?
3. A Internet terá realizado o seu potencial de conectar toda a população mundial de modos que promovam a prosperidade global, produtividade dos negócios, educação e interação social?

A seguir, ela identificou três fatores críticos:

1. Tamanho e escopo da expansão da rede de banda larga.
2. Progresso tecnológico incremental ou revolucionário.
3. Demanda restrita ou irrestrita dos usuários da Internet.

Essa análise resultou em quatro cenários contrastantes:

- *Fronteiras Fluidas.* A Internet se torna generalizada, a conectividade e os dispositivos ficam cada vez mais disponíveis e acessíveis, enquanto a concorrência e o empreendedorismo global criam uma ampla variedade de negócios e serviços.
- *Crescimento Inseguro.* A demanda da Internet para de crescer, pois os usuários temem ciberataques e falhas de segurança, o que leva a um aumento da regulamentação.
- *Promessa Descumprida.* A estagnação econômica prolongada em muitos países reduz a difusão da Internet, sem avanços tecnológicos revolucionários para compensá-la.

(Continua)

> - *Transbordamento*. A demanda por serviços baseados em IP é ilimitada, mas restrições de capacidade e gargalos ocasionais criam uma lacuna entre as expectativas e a realidade do uso da Internet.
>
> Se estiver interessado nas consequências e possíveis estratégias decorrentes desses quatro cenários, consulte o relatório completo no site da Cisco.
>
> *Fonte:* Olsen, E. (2011) *Strategic Planning Kit for Dummies*, Chichester: John Wiley & Sons Ltd, http://www.dummies.com/how-to/content/strategic-planning-case-study-ciscos-internetscen.html, acessado em 20 de dezembro de 2014.

As organizações que usam técnicas de cenários confirmam que eles são úteis para explorar riscos futuros no ambiente de negócios, identificar tendências, entender forças interdependentes e avaliar as consequências de diferentes decisões estratégicas. Construir cenários usando insumos organizacionais amplos ajuda a expandir o pensamento das pessoas tanto coletiva quanto individualmente.[9]

O conceito de "pivotagem" empreendedora se tornou popular nas pesquisas e na prática. Adaptado da análise de investimentos financeiros, o termo basicamente descreve como organizações jovens (e, às vezes, nem tão jovens) muitas vezes precisam questionar seus pressupostos, revisar seus planos iniciais e mudar a sua direção e modelo de negócio.[10] Discutimos a inovação do modelo de negócio no Capítulo 16, mas a ideia da pivotagem é relevante neste momento porque todos os planos de negócio são simplesmente trabalhos em andamento e precisam ser revisados em resposta ao feedback do ambiente, incluindo respostas dos clientes, comportamento da concorrência, desafios regulatórios e novas oportunidades. Assim, o segredo de uma pivotagem de sucesso é testar o modelo continuamente, adaptando-o e ajustando-o quando necessário.[11]

Avaliação de riscos e reconhecimento da incerteza

Lidar com **risco** e **incerteza** é fundamental para avaliar a maioria dos projetos inovadores. Em geral, considera-se que é possível estimar o risco, seja qualitativamente (alto, médio, baixo) ou, em uma situação ideal, com estimativas de probabilidade. Já a incerteza é, por definição, impossível de conhecer, mas os campos e o nível de incerteza ainda devem ser identificados para ajudar na seleção dos métodos mais apropriados de avaliação e no planejamento para contingências. As abordagens tradicionais de avaliação de riscos se concentram na probabilidade dos riscos previsíveis, não na incerteza real ou na ignorância completa (aquilo que Donald Rumsfeld, então Secretário de Defesa dos Estados Unidos, celebremente chamou de "desconhecidos desconhecidos" (12 de fevereiro de 2002, briefing do Departamento de Defesa dos EUA).

Pesquisas sobre o desenvolvimento de novos produtos e serviços identificaram uma variedade de estratégias para se lidar com os riscos. Tanto características

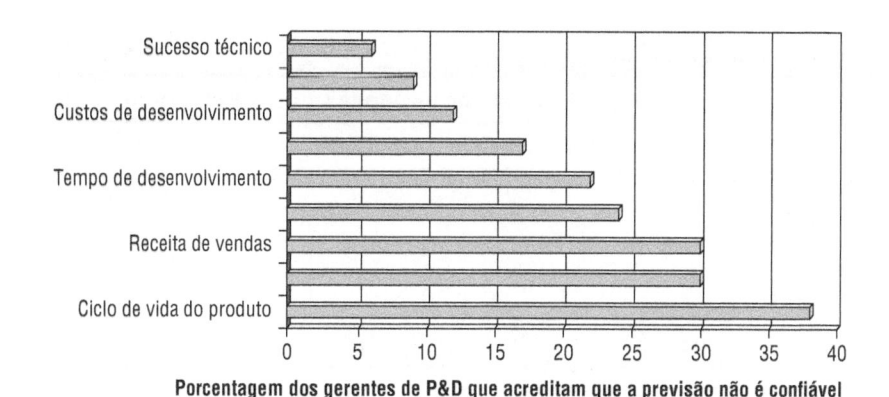

FIGURA 8.1 Percepções dos gerentes sobre fontes de incerteza.
Fonte: Baseado em dados de Freeman, C. and L. Soete (1997) *The Economics of Innovation*, Cambridge, MA: MIT Press.

individuais quanto o ambiente organizacional influenciam as percepções de risco e as propensões para evitá-los, aceitá-los ou procurá-los. Técnicas formais como a análise de modo e efeitos de falhas (FMEA, failure mode and effects analysis), a análise de problemas potenciais (PPA, potential problem analysis) e a análise da árvore de falhas (FTA, fault tree analysis) tem seu papel, mas indícios e apoios provenientes do ambiente da organização são mais importantes do que ferramentas ou métodos específicos utilizados. Muitas e muitas organizações enfatizam, por exemplo, o gerenciamento de projetos para conter os riscos internos dentro da organização, mas por consequência não conseguem identificar ou explorar oportunidades para correr riscos aceitáveis e inovar.

Há muitas abordagens à avaliação de riscos, mas as questões mais comuns a serem administradas incluem:

- estimativas probabilísticas de sucesso técnico e comercial;
- percepções psicológicas (cognitivas) e sociológicas do risco.

Existem diversas abordagens para ajudar os empreendedores a avaliar o risco de forma equilibrada.

O risco enquanto probabilidade

As pesquisas indicam que 30-45% de todos os projetos não são completados, e mais de metade dos projetos estouram seus orçamentos ou cronogramas em até 200%. A Figura 8.1 apresenta os resultados de um levantamento com gerentes de P&D. A maioria parece relativamente confiante quando prevê questões técnicas, como custos e tempo de desenvolvimento, mas uma parcela muito menor tem confiança quando faz previsões sobre os aspectos comerciais dos projetos.

Analisamos a frequência com que diferentes abordagens de avaliação de projetos foram usadas na prática. Pesquisamos 50 projetos em 25 empresas, e avaliamos quantas vezes diferentes critérios foram utilizados e qual era a percepção sobre a sua utilidade. A Tabela 8.3 resume alguns dos resultados. Claramente,

TABELA 8.3 Utilização e utilidade de critérios para seleção e filtragem de projetos

	Alto grau de novidade		Baixo grau de novidade	
	Utilização (%)	Utilidade	Utilização (%)	Utilidade
Probabilidade de sucesso técnico	100	4,37	100	4,32
Probabilidade de sucesso comercial	100	4,68	95	4,50
Participação de mercado*	100	3,63	84	4,00
Competências fundamentais*	95	3,61	79	3,00
Grau de comprometimento interno	89	3,82	79	3,67
Tamanho de mercado	89	3,76	84	3,94
Competição	89	3,76	84	3,81
VPL/TIR	79	3,47	68	3,92
Período de payback/equilíbrio*	79	3,20	58	4,27

Escala de utilidade: 5 = crucial; 0 = irrelevante.

* Indica que diferenças no índice de utilidade são estatisticamente significativas em nível de 5%.

Fonte: Adaptado de Tidd, J. and K. Bodley (2002) Effect of novelty on new product development processes and tools, R&D Management, **32**(2), 127–38.

estimativas probabilísticas de sucesso técnico e comercial foram quase universais, e consideradas como sendo de suma importância em todos os tipos de avaliação de projetos. Além disso, geralmente foram combinadas com alguma forma de avaliação financeira e adaptação à estratégia e às capacidades da empresa.

Dadas as complexidades envolvidas, os resultados dos investimentos em inovação são incertos, de modo que as previsões (de custos, preços, volume de vendas, etc.) por trás de avaliações de projetos e programas podem não ser confiáveis. De acordo com Joseph Bower, quando os gestores avaliam propostas de investimento, é mais fácil fazer previsões mais precisas de reduções do custo de produção do que de expansões das vendas, enquanto a capacidade de prever as consequências financeiras do lançamento de novos produtos é bastante limitada.[12] Essa última conclusão é confirmada pelo estudo de Edwin Mansfield e seus colegas, sobre a seleção de projetos em grandes empresas americanas.[13] Comparando previsões e resultados de projetos, Mansfield demonstra que os gestores têm dificuldade em escolher vencedores tecnológicos e comerciais.

- probabilidade de sucesso *técnico* de projetos $(P_t) = 0,80$;
- probabilidade subsequente de sucesso *comercial* $(P_c) = 0,20$;
- probabilidade combinada para todos os estágios: $0,8 \times 0,2 = 0,16$.

Ele também descobriu que os gestores e gerentes técnicos não conseguem prever precisamente os custos de desenvolvimento, cronogramas, mercados e lucros de projetos de P&D. Em média, os custos são significativamente *subestimados*, e os cronogramas *superestimados*, em 140-280% para melhorias incrementais de produtos e em 350-600% para grandes e novos produtos. Outros estudos descobriram que:

- Cerca de metade das despesas de P&D das empresas destina-se a projetos de P&D que *fracassam*. O índice de sucesso mais alto para *despesas* do que para *projetos* reflete a filtragem dos projetos mal sucedidos nos seus estágios iniciais, antes que ocorram comprometimentos comerciais em larga escala.
- Cientistas e engenheiros de P&D costumam ser propositalmente otimistas demais nas suas estimativas para iludir gerentes e contadores com uma alta taxa de retorno.

Tentar se envolver com os projetos certos vale a pena, tanto para evitar o desperdício de tempo e de recursos em atividades sem sentido quanto para aumentar as chances ter sucesso. A aferição e avaliação de projetos visa:

1. Definir o perfil e desenvolver um entendimento geral sobre projetos em potencial.
2. Priorizar um determinado conjunto de projetos e, quando necessário, rejeitar projetos.
3. Monitorar projetos (ex.: acompanhando os critérios escolhidos quando o projeto foi selecionado).
4. Quando necessário, encerrar um projeto.
5. Avaliar os resultados de projetos completados.
6. Revisar projetos bem e mal sucedidos para entender o que aconteceu e aprimorar o gerenciamento de projetos no futuro, ou seja, aprender.

A avaliação de projetos normalmente pressupõe que diversos projetos poderiam ser desenvolvidos, mas mesmo quando não há opção, a avaliação de projetos ainda é importante para determinar os custos de oportunidade e o que seria esperado do projeto. Situações e contextos diferentes exigem abordagens diferentes à avaliação de projetos. Anteriormente, argumentamos que a complexidade e a incerteza são duas das dimensões mais importantes para se avaliar projetos. Diferentes tipos de projeto exigem técnicas específicas, ou pelo menos critérios diferentes de avaliação. Diversas técnicas foram desenvolvidas no passado, e ainda estão sendo desenvolvidas e utilizadas. A maioria pode ser descrita utilizando-se alguns elementos comuns que fundamentam qualquer técnica de avaliação de projetos:

- Os *insumos* da avaliação incluem os custos e benefícios prováveis em termos financeiros, a probabilidade de sucesso técnico e de mercado, a atratividade de mercado e a importância estratégica para a organização.
- *Ponderação*: determinados dados podem receber mais relevância do que outros (ex.: insumos de mercado em comparação com fatores técnicos) para refletir a estratégia da empresa ou a perspectiva específica da empresa. Os dados são, então, processados para se chegar aos resultados.
- *O equilíbrio* de uma série de projetos, considerando o valor relativo de um projeto em comparação com os demais, é um fator importante em situações

de concorrência por recursos limitados. As técnicas de gestão de portfólio se dedicam especificamente a lidar com esse fator.

As **abordagens de análise de custo-benefício** e econômicas normalmente se baseiam em uma combinação de pressupostos sobre utilidade esperada, ou **análise bayesiana**. A teoria da utilidade esperada pode levar em conta estimativas probabilísticas e preferências subjetivas e, assim, lida bem com a aversão a riscos. Na prática, porém, curvas de utilidade são praticamente impossíveis de construir, e preferências individuais são diferentes e altamente subjetivas. A probabilidade bayesiana é excelente em termos de incorporar os efeitos de novas informações, como discutimos anteriormente sob a difusão de inovações, mas é bastante sensível à escolha dos insumos relevantes e dos pesos alocados a cada um.

Como resultado, não se pode permitir que uma técnica determine os resultados, pois essas decisões são de responsabilidade dos gestores. Muitas técnicas utilizadas hoje em dia se baseiam total ou parcialmente em software, o que tem alguns benefícios adicionais na automatização do processo. Seja qual for o método, a questão mais importante é a interpretação do gestor.

Não existe uma técnica que seja sempre superior a todas as outras. Até que ponto as diferentes técnicas de avaliação de projetos podem ser utilizadas depende da natureza do projeto, da disponibilidade das informações, da cultura da empresa e de diversos outros fatores, como evidenciado pela variedade de técnicas teoricamente disponíveis e o quanto elas são usadas na prática. Independentemente de qual técnica seja selecionada por uma empresa, ela deve ser implementada, e provavelmente adaptada, de acordo com as necessidades específicas da organização. A maioria das técnicas em uso prático combina avaliações financeiras com decisões humanas.

Percepções de risco

As estimativas de probabilidade são apenas o ponto de partida da avaliação de riscos. Esses critérios relativamente objetivos costumam ser moderados significativamente por vieses e percepções psicológicas (cognitivas), ou totalmente dominados por fatores sociológicos, como pressão dos pares e contexto cultural. Estudos sugerem que pessoas (e animais) diferentes têm percepções e tolerâncias diferentes para a aceitação de riscos. Certo estudo comparou, por exemplo, os comportamentos de chimpanzés e bonobos e descobriu que os primeiros estavam mais preparados para apostar e correr riscos.[14] À primeira vista, isso parece apoiar a explicação baseada em personalidade para a aceitação de riscos, mas as duas espécies compartilham mais de 99% do seu DNA. Uma explicação mais provável seria os ambientes bastante diferentes em que cada espécie evoluiu: os chimpanzés se desenvolveram em um ambiente no qual a comida é escassa e incerta, enquanto no habitat dos bonobos há alimentos em abundância. Não estamos sugerindo que empreendedores são chimpanzés ou que contadores são macacos, mas sim que experiência e contexto afetam profundamente a avaliação dos riscos e a disposição em corrê-los.

No nível individual, cognitivo, a avaliação de riscos é caracterizada por excesso de confiança, aversão à perda e vieses cognitivos. O excesso de confiança na nossa capacidade de fazer avaliações precisas é um defeito comum e leva a premissas pouco realistas e falta de crítica nas avaliações. A aversão à perda está muito bem documentada na psicologia, e envolve basicamente nossa tendência de preferir evitar perdas do que arriscar ganhos. Por fim, o viés cognitivo é um fenômeno bastante comum, com consequências profundas para a identificação e avaliação de riscos. Os vieses cognitivos nos levam a buscar e superestimar evidências que apoiam nossas crenças e reforçam nossas propensões, mas também nos levam a evitar e subestimar informações que contradizem nossos pontos de vista. Assim, precisamos estar cientes e questionar nossos próprios vieses e encorajar os outros a debater e criticar nossos dados, métodos e decisões.

Estudos sobre pesquisa e desenvolvimento confirmam que índices de habilidade cognitiva estão associados com o desempenho dos projetos. Em especial, diferenças em reflexão, raciocínio, interpretação e atribuição de sentido influenciam a qualidade da formulação, avaliação e solução de problemas, o que, em última análise, afeta o desempenho da pesquisa e desenvolvimento. Um ponto fraco em comum é a simplificação excessiva de problemas caracterizados por complexidade e incerteza e a simplificação do enquadramento do problema e da avaliação das alternativas. Isso inclui a adoção de uma única hipótese a priori, o uso seletivo de informações que a apoiam, a desvalorização de alternativas e a ilusão de controle e previsibilidade. De modo similar, os gerentes de marketing tendem a compartilhar mapas cognitivos entre si e usam as mesmas premissas sobre a importância relativa de diferentes fatores que contribuem para o sucesso de um novo produto, como o nível de orientação para o cliente *versus* orientação para a concorrência, e as consequências da relação entre esses fatores, como o nível de coordenação interfuncional. Assim, evidências indicam a importância dos processos cognitivos para as organizações nos níveis de alta gerência, funcional, de grupo e individual. Em termos mais gerais, os problemas de cognição limitada incluem:[15]

- *Raciocínio por analogia*, o que simplifica excessivamente problemas complexos.
- *Viés de adoção de uma única hipótese* a priori, mesmo quando informações e pistas sugerem o contrário.
- *Conjunto de problemas limitado*, o uso repetido de uma estratégia estreita de solução de problemas.
- *Cálculo de resultado único*, que enfoca um único objetivo simples e um só plano de ação, ignorando as relações de custo-benefício.
- *Ilusão de controle e previsibilidade*, baseada no excesso de confiança na estratégia escolhida, um entendimento parcial do problema e uma consideração limitada sobre a incerteza do ambiente.
- *Desvalorização das alternativas*, enfatizando os aspectos negativos das alternativas.

No nível grupal e social, outros fatores também influenciam nossa percepção e resposta a riscos. O modo como os gestores avaliam e gerenciam o risco também é um processo político e social, influenciado por experiências pregressas com riscos, percepções sobre capacidade, *status* e autoridade e a confiança e habilidade de se comunicar com as pessoas relevantes nos momentos apropriados.

No contexto da gestão da inovação, o risco é menos uma questão de propensão pessoal em correr riscos ou avaliar racionalmente probabilidades, pois a interação entre experiência, autoridade e contexto é mais relevante. Na prática, os gestores lidam com o risco de maneiras diferentes em situações diferentes. As estratégias gerais incluem postergar ou delegar decisões ou compartilhar riscos e responsabilidades. Em geral, quando seu desempenho é bom e estão atingindo suas metas, os gestores têm menos incentivo para correr riscos. Por outro lado, quando estão sob pressão para mostrarem resultados, os gestores tendem a aceitar riscos maiores, a menos que estes coloquem em jogo a sobrevivência da empresa.

A incerteza inerente a alguns projetos limita a capacidade dos gerentes de preverem os resultados e benefícios dos projetos. Nesses casos, alterações nos planos e objetivos dos projetos são comuns, sejam motivadas por fatores externos, como avanços tecnológicos ou mudanças no mercado, ou então por fatores internos, como mudanças nos objetivos organizacionais. Juntos, o impacto das mudanças sobre os planos e objetivos do projeto podem superar os benefícios do processo formal de planejamento e gerenciamento do projeto.

Projeção de recursos

Considerando-se suas habilidades matemáticas, seria de esperar que os gerentes de P&D seriam usuários fanáticos de métodos quantitativos para alocar recursos a atividades inovadoras, mas as evidências sugerem o contrário: gestores de P&D veem a prática com ceticismo há bastante tempo. Um relatório detalhado sobre a avaliação de projetos de P&D, elaborado por gestores europeus, classifica e avalia mais de 100 métodos e apresenta 21 estudos de caso da sua aplicação.[16] Contudo, ele conclui que nenhum método é garantia de sucesso, que nenhuma abordagem de pré-avaliação se adapta a todas as circunstâncias e que, independentemente do método utilizado, o resultado mais importante de uma avaliação bem-estruturada é a melhoria da comunicação. Essas conclusões refletem três das características dos investimentos em atividades inovadoras:

- *São incertos*, de modo que o sucesso não pode ser garantido.
- *Envolvem diferentes estágios*, com diferentes resultados e que exigem diferentes métodos de avaliação.
- *Muitas das variáveis em uma avaliação não podem ser reduzidas a um conjunto confiável de números*, algo que possa ser processado com uma fórmula. Em vez disso, dependem da opinião de especialistas, o que explica a importância da comunicação, especialmente entre funções corporativas preocupadas, por um lado, com P&D e atividades inovadoras correlatas e, por outro, com a alocação de recursos financeiros.

Avaliação financeira de projetos

Como demonstramos anteriormente, os métodos financeiros ainda são os mais usados para avaliar projetos inovadores, mas em geral em combinação com outras abordagens mais qualitativas. Os métodos financeiros vão desde o simples cálculo do período de payback ou retorno sobre o investimento até avaliações mais complexas do valor presente líquido (VPL) e o fluxo de caixa descontado (FCD).

A avaliação de projetos por meio do FCD se baseia no conceito de que o dinheiro hoje vale mais do que o dinheiro no futuro. Isso não é efeito da inflação, e sim reflexo da diferença entre o rendimento potencial de investimentos, ou seja, é o custo de oportunidade do capital investido.

O VPL de um projeto é calculado da seguinte forma:

$$NPV = \sum_{0}^{T} P_t/(1 + i)^t - C$$

onde:

P_t = Fluxo de caixa previsto no período de tempo t
T = Duração do projeto
i = Taxa de retorno esperado sobre valores mobiliários com risco equivalente ao do projeto sendo avaliado
C = Custo do projeto no tempo $t = 0$

Na prática, em vez de usar essa fórmula, é fácil criar modelos de VPL padronizados em uma planilha eletrônica, como aquelas criadas pelo Microsoft Excel.

É possível criar um checklist simples, composto de diversos fatores que afetam o sucesso de um projeto e precisam ser considerados no seu início. No procedimento, o projeto é avaliado com relação a cada um desses fatores usando-se uma escala linear, geralmente de 1 a 5 ou de 1 a 10. Os fatores podem ser ponderados para indicar a sua importância relativa para a organização.

O valor dessa técnica está na sua simplicidade, mas a escolha apropriada dos fatores nos permite garantir que as perguntas englobam, e são respondidas por, todas as áreas funcionais. Quando usada corretamente, a técnica garante o debate, a identificação e o esclarecimento das áreas de dissenso e um comprometimento de todos os envolvidos com o resultado final. A Tabela 8.4 mostra um exemplo de checklist que pode ser adaptado a praticamente todos os tipos de projeto (a lista foi desenvolvida pelo Industrial Research Institute).

Como ocorre com todas as técnicas, a avaliação de projetos corre o risco de se tornar uma rotina à qual todo projeto precisa se sujeitar, não uma ferramenta

TABELA 8.4 Lista de fatores potenciais para a avaliação de projetos

	Escore (1–5)	Peso (%)	E x P
Objetivos corporativos			
Adapta-se à estratégia e os objetivos gerais			
Imagens corporativas			
Marketing e distribuição			
Tamanho do mercado potencial			
Capacidade de comercializar o produto			
Tendência e crescimento do mercado			

(Continua)

TABELA 8.4 Lista de fatores potenciais para a avaliação de projetos *(Continuação)*

	Escore (1–5)	Peso (%)	E × P
Aceitação dos clientes			
Relação com mercados existentes			
Participação de mercado			
Risco de mercado durante o período de desenvolvimento			
Tendência de preços, problema proprietário, etc.			
Linha de produtos completa			
Melhoria de qualidade			
Timing da introdução do novo produto			
Ciclo de vida de vendas esperado do produto			
Produção			
Economia de custos			
Capacidade de fabricação do produto			
Requisitos de instalações e equipamentos			
Disponibilidade de matéria-prima			
Segurança da fabricação			
Pesquisa e desenvolvimento			
Probabilidade de sucesso técnico			
Custo			
Prazo de desenvolvimento			
Capacidade das habilidades disponíveis			
Disponibilidade de recursos de P&D			
Disponibilidade de instalações de P&D			
Status das patentes			
Compatibilidade com outros projetos			
Fatores regulatórios e jurídicos			
Potencial de responsabilidade civil pelo produto			
Aprovação regulatória			
Financeiro			
Lucratividade			
Investimento de capital necessário			
Custo anual (ou unitário)			
Taxa de retorno sobre o investimento			
Preço unitário			
Período de distribuição de dividendos			
Utilização dos ativos, redução de custo e fluxo de caixa			

que ajuda a elaborar e selecionar os projetos apropriados. Se isso acontecer, as pessoas podem não aplicar as técnicas com o rigor e a honestidade necessários e desperdiçar seu tempo e sua energia tentando "trapacear" o sistema. É preciso tomar cuidado para comunicar os motivos por trás dos métodos e critérios utilizados e, quando necessário, estes devem ser adaptados a diferentes tipos de projetos e às mudanças no ambiente (Tabela 8.5).[17]

INOVAÇÃO EM AÇÃO 8.2

Limitações da avaliação convencional de projetos e produtos

Clayton Christensen e seus colegas argumentam que três métodos de avaliação bastante usados desestimulam os gastos com inovação. Primeiro, os meios convencionais de avaliação projetos, como o fluxo de caixa descontado (FCD) e o tratamento de custos fixos, favorecem a exploração incremental de ativos existentes em vez do desenvolvimento de novas capacidades, que é mais arriscado. Segundo, métodos como o processo de stage-gates exigem dados sobre estimativas de mercados, receitas e custos, que são mais difíceis de gerar para as inovações mais radicais. Por fim, a alta gerência e empresas de capital aberto normalmente são avaliadas pela valorização do lucro por ação (LPA), o que incentiva os investimentos e retornos de curto prazo; nos Estados Unidos, a maioria dos investidores institucionais mantém ações nos seus portfólios por apenas 10 meses, e os CEOs têm permanecido cada vez menos tempo nos seus cargos.

Os autores entendem os benefícios desses métodos financeiros de avaliação, mas argumentam que essas técnicas precisam ser ajustadas para retificar o equilíbrio entre aceitação de riscos e gastos com inovação. Quando se utiliza o FCD, por exemplo, é preciso utilizar avaliações comparativas frente a opção de não fazer nada, ou não investir em um projeto inovador, em vez de pressupor que uma decisão de não investir não levará à perda de competitividade. Da mesma forma, para o processo de stage-gates, eles propõem dar menos foco a previsões quantitativas (pouco confiáveis) e mais ao questionamento e teste de pressupostos usados no planejamento de negócios. Por fim, eles acreditam que o uso de medidas de curto prazo, como o LPA, deixou de ser adequado, pois cria incentivos perversos. A justificativa original para esse tipo de abordagem era o problema do principal-agente: tentar alinhar os interesses dos principais (proprietários/acionistas) com os dos seus agentes (gerentes). Contudo, o crescimento da propriedade institucional coletiva da maioria das empresas de capital aberto criou o problema do agente-agente, e os interesses dos agentes precisam estar mais alinhados para promover a inovação.

Fonte: Christensen, C.M., S.P. Kaufmann and W.C. Shih (2008) Innovation killers: How financial tools destroy your capacity to do new things, *Harvard Business Review*, **January**, 98–105.

TABELA 8.5 Abordagens à seleção de projetos

Abordagem de seleção	Vantagens	Desvantagens
Intuição	Rápido	Falta de evidência e análise. Pode estar errado
Técnicas qualitativas simples (p. ex., checklists e matriz de decisão)	Rápido e fácil de compartilhar. Cria um foco útil para discussões iniciais	Faltam informações factuais e poucas dimensões quantitativas
Medidas financeiras (p. ex., retorno sobre o investimento ou prazo de payback)	Rápido e usa alguns índices simples	Não leva em conta outros benefícios que podem advir da inovação (p. ex., aprender sobre novas tecnologias e mercados)
Medidas financeiras complexas (ex.: abordagem das "opções reais")	Leva em conta a dimensão de aprendizagem (p. ex., os benefícios dos projetos podem estar em maior conhecimento, que seria usado em outros pontos, além do aumento direto dos lucros)	Mais complexo e demorado. Difícil de prever os benefícios decorrentes assumir opções sobre o futuro
Medidas multidimensionais (p. ex., matriz de decisão)	Compara diversas dimensões para construir um escore geral de atratividade	Permite considerar diferentes tipos de benefícios, mas o nível de análise pode ser limitado
Métodos de portfólios e casos de negócio	Compara várias dimensões de projetos e fornece evidências detalhadas em torno de temas centrais	Muito demorado para preparar e apresentar

Resumo do capítulo

- O processo de inovação é muito mais complexo do que a tecnologia respondendo a sinais do mercado. O planejamento de negócios bem-sucedido sob condições de incerteza exige uma compreensão e uma gestão rigorosas das dinâmicas da inovação, incluindo concepção, desenvolvimento, adoção e difusão.

- A adoção e a difusão de inovação dependem das características de inovação, a natureza de possíveis adotantes e o processo de comunicação. A vantagem relativa, a compatibilidade, a complexidade, e a capacidade de experimentação e de observação de uma inovação afetam a taxa de difusão.

- É difícil prever o desenvolvimento e a adoção de inovações, mas métodos participativos, como o Delphi e o planejamento de cenários, são altamente relevantes para a inovação e a sustentabilidade. Nesses casos, o processo de previsão, incluindo consulta e debate, provavelmente é mais importante que os resultados precisos do exercício.

Glossário

Abordagem de análise de custo-benefício Simplesmente uma comparação sistemática entre os custos e benefícios, exigindo que todas as atividades sejam capturadas e recebam um valor. Este deve incluir o custo do fracasso, o custo de não desenvolver o projeto e os custos de oportunidade, ou seja, o impedimento de um plano alternativo.

Análise bayesiana Expressa probabilisticamente a incerteza quanto a parâmetros e atualiza essas probabilidades à medida que surgem novos conhecimentos.

Cenários Descrições internamente consistentes de possíveis futuros alternativos, baseadas em diferentes hipóteses e interpretações de forças norteadoras de mudança. O desenvolvimento de cenários pode ser normativo ou exploratório.

Começo impreciso (fuzzy front end) No desenvolvimento de novos produtos e serviços, uma das primeiras fases, na qual uma ideia é desenvolvida e transformada em conceito, sendo geralmente mal administrada.

Incerteza Por definição, impossível de conhecer, mas as fontes, os campos e o nível de incerteza ainda devem ser identificados para ajudar na seleção dos métodos mais apropriados de avaliação e no planejamento para contingências.

Método Delphi Método de previsão que pesquisa as opiniões de especialistas sobre o *timing*, a probabilidade e a identificação de objetivos tecnológicos ou necessidades dos consumidores no futuro e os fatores que provavelmente afetarão a sua realização.

Risco Em geral, considera-se que é possível estimá-lo, seja qualitativamente (alto, médio, baixo) ou, em uma situação ideal, com estimativas de probabilidade. Na prática, porém, as percepções dos diferentes *stakeholders* sobre riscos e perigos influenciam as decisões mais do que simples avaliações probabilísticas.

Questões para discussão

1. Quais componentes de um plano de negócio são os mais importantes para atrair recursos?
2. Como a previsão pode ser usada para identificar e reduzir o risco e a incerteza?
3. O que significa "começo impreciso" (fuzzy front end)? Como é possível administrá-lo melhor?
4. Qual é a diferença entre risco e incerteza?
5. Quais são as vantagens e desvantagens relativas de se usar métodos quantitativos e qualitativos para avaliar projetos?

Fontes e leituras recomendadas

Existem muitos livros e artigos sobre previsões, mas apenas um número finito de métodos a serem dominados, então é preciso ser seletivo. O artigo de Paul Saffo ("Six rules for effective forecasting", *Harvard Business Review*, **Jan/Feb,** 2007, 122–31) é um bom ponto de partida. Para uma boa revisão sobre diferentes métodos, experimente *Profiting from Uncertainty* (Free Press, 2002), de Paul Schoemaker, ou *Technological Forecasting for Decision Making* (McGraw-Hill, 1992), de Joseph Martino.

Uma edição especial da revista *Long Range Planning* (**37**(2), 2004) foi dedicada à previsão e apresenta um bom resumo do pensamento atual sobre o tema. Uma edição especial da revista *Technological Forecasting and Social Change* (**79**(1), janeiro de 2012), com o título "Scenario method: Current developments in theory and practice", e outra edição especial da mesma revista com o título "Delphi technique: Past, present, and future prospects" (**78**(9), novembro de 2011) também foram publicadas. Para um resumo abrangente das pesquisas e práticas internacionais, consulte *The Handbook of Technology Foresight*, editado por Luke Georghiou (Edward Elgar, 2008).

Para uma abordagem prática e aplicada ao desenvolvimento, ver *Scenario Planning: The Link between Future and Strategy* (2nd edn, Palgrave Macmillan, 2009), de Mats Lindgren e Hans Bandhold, ou *Scenario Planning: Managing for the Future* (John Wiley & Sons Ltd, 1997), de Gill Ringland. A Shell também oferece um guia prático e gratuito para o desenvolvimento de cenários, incluindo detalhes sobre seus próprios cenários para o setor de energia: http://s03.static-shell.com/content/dam/shell/static/future-energy/downloads/shell-scenarios/shell-scenarios-explorersguide.pdf.

Referências

1. Delmar, F. and S. Shane (2003) Does business planning facilitate the development of new ventures? *Strategic Management Journal*, **24**(12): 1165–85.
2. Kirsch, D.B., B. Goldfarb and A. Gera (2009) Form or substance? The role of business plans in venture capital decision making, *Strategic Management Journal*, **30**(5): 487–515.
3. Kaplan, J.M. and A.C. Warren (2013) *Patterns of Entrepreneurship*, New York: John Wiley & Sons, Inc.
4. Roberts, E.B. (1991) *Entrepreneurs in High Technology: Lessons from MIT and Beyond*, Oxford: Oxford University Press.
5. Tidd, J. and K. Bodley (2002) Effect of novelty on new product development processes and tools, *R&D Management*, **32**(2): 127–38.

6. Isaksen, S. and J. Tidd (2006) *Meeting the Innovation Challenge: Leadership for Transformation and Growth*, Chichester: John Wiley & Sons Ltd.

7. Landeta, J. (2006) Current validity of the Delphi method in social sciences, *Technological Forecasting and Social Change*, **73**(5): 467–82; Fuller, T. and L. Warren (2006) Entrepreneurship as foresight: A complex social network perspective on organizational foresight, *Futures*, **38**(8): 956–71; Gupta, U.G. and R.E. Clarke (1996) Theory and applications of the Delphi technique: A bibliography (1975–1994), *Technological Forecasting and Social Change*, **53**(2): 185–212.

8. Chermack, T.J. (2011) *Scenario Planning in Organizations: How to Create, Use, and Assess Scenarios*, San Francisco: Berrett-Koehler Publishers; Lindgren, M. and H. Bandhold (2009) *Scenario Planning: The Link between Future and Strategy*, 2nd edn, Basingstoke: Palgrave Macmillan.

9. Visser, M.P. and T.J. Chermack (2009) Perceptions of the relationship between scenario planning and firm performance: A qualitative study, *Futures*, **41**(9): 581–92; Godet, M. and F. Roubelat (1996) Creating the future: The use and misuse of scenarios, *Long Range Planning*, **29**(2): 164–71.

10. Arteaga, R. and J. Hyland (2013) *Pivot: How Top Entrepreneurs Adapt and Change Course to Find Ultimate Success*, Chichester: John Wiley & Sons Ltd.

11. Ries, E. (2011) *The Lean Startup: How Constant Innovation Creates Radically Successful Businesses*, Harmondsworth: Penguin.

12. Bower, J. (1986) *Managing the Resource Allocation Process*, Boston: Harvard Business School.

13. Mansfield, E., J. Raporport, J. Schnee *et al.* (1972) *Research and Innovation in the Modern Corporation*, London: Macmillan.

14. Heilbronner, S.R. (2008) A fruit in the hand or two in the bush? Divergent risk preferences in chimpanzees and bonobos, *Biology Letters*, **4**(3): 246–49.

15. Walsh, J.P. (1995) Managerial and organizational cognition: Notes from a field trip, *Organization Science*, **6**(1): 1–41; Genus, A. and A.M. Coles (2006) Firm strategies for risk management in innovation, *International Journal of Innovation Management*, **10**(2): 113–26; Berglund, H. (2007) Risk conception and risk management in corporate innovation, *International Journal of Innovation Management*, **11**(4): 497–514.

16. EIRMA (1995) *Evaluation of R&D Projects*, Paris: European Industrial Research Management Association.

17. Laslo, Z. and A.I. Goldberg (2008) Resource allocation under uncertainty in a multi-project matrix environment: Is organizational conflict inevitable? *International Journal of Project Management*, **26**(8): 773–88.

Capítulo 9

Liderança e equipes

OBJETIVOS DE APRENDIZAGEM

Depois de ler este capítulo, você compreenderá:

- como a liderança e organização da inovação é muito mais do que um conjunto de processos, ferramentas e técnicas, e que a prática bem-sucedida da inovação e do empreendedorismo exige a interação e a integração de três diferentes níveis de gestão: individual, coletiva e ambiental;
- no nível pessoal ou individual, como diferentes estilos de liderança e empreendedores influenciam a capacidade de identificar, avaliar e desenvolver novas ideias e conceitos;
- no nível coletivo ou social, como equipes, grupos e processos contribuem para comportamentos e resultados de inovação bem-sucedidos;
- no nível contextual ou ambiental, como diferentes fatores podem apoiar ou prejudicar a inovação e o empreendedorismo.

Não existe um único tipo ideal e universal de pessoa ou organização que promova a inovação e o empreendedorismo. Contudo, a análise de estudos de caso de empreendedores e organizações inovadoras e sua comparação sistemática com empreendimentos menos bem-sucedidos é o primeiro passo para identificar padrões consistentes de boa liderança e organização. Pesquisas acadêmicas em maior escala confirmam que esses fatores tendem a contribuir para o desempenho superior (Tabela 9.1).

Neste capítulo, nos concentramos na contribuição e interação de três desses componentes críticos: características individuais, composição das equipes empreendedoras e influência do ambiente e contexto criativo.

TABELA 9.1 Componentes de uma organização inovadora

Componente	Características principais
Visão compartilhada, liderança e vontade de inovar	Senso de propósito claramente articulado e compartilhado Intenção estratégica flexível Comprometimento da alta administração
Estrutura apropriada	Projeto organizacional que favorece interação, criatividade e aprendizagem Nem sempre é um modelo de projetos informais caóticos A questão fundamental é encontrar o equilíbrio adequado entre opções orgânicas e mecanicistas para determinadas contingências
Indivíduos-chave	Promotores, campeões, "guardiões" (gatekeepers) e outras funções que energizam e facilitam a inovação
Trabalho em equipe eficaz	Utilização apropriada de equipes (em nível local, interfuncional e interorganizacional) para a resolução de problemas Requer investimento na seleção e formação de equipes
Inovação de alto envolvimento	Participação em atividades de melhoria ampla e contínua da organização
Ambiente criativo	Enfoque positivo para ideias criativas, com apoio de sistemas de motivação
Foco externo	Orientação para o cliente interno e externo

Características individuais

Estudos sobre inovação e empreendedorismo tendem a se concentrar no papel de indivíduos-chave, sobretudo em aspectos inatos de inventores ou empreendedores. Os arquétipos de inventores incluem Thomas Edison e Alexander Graham Bell ou, mais recentemente, James Dyson e Steve Jobs. Cada um desses exemplos de inventores foi um inovador, traduzindo invenções técnicas originais em novos produtos; mas cada um deles foi também um empreendedor, na medida em que criaram e desenvolveram negócios bem-sucedidos, baseados em invenções e inovações.

As características típicas de um empreendedor incluem:[1]

- Buscar avidamente a identificação de novas oportunidades e maneiras de se beneficiar da mudança e da ruptura.
- Perseguir oportunidades com disciplina e foco em um número limitado de projetos, em vez de correr atrás de todas as opções do modo oportunista.
- Voltar-se para a ação e a execução, em vez de para a análise sem fim.
- Envolver e ativar redes de relacionamentos, explorando a experiência e os recursos de uns, enquanto ajuda outros a alcançarem seus próprios objetivos.

Essas características são consistentes com o que indicam as pesquisas acerca de habilidades cognitivas necessárias à criatividade e à inovação:

- *Aquisição e disseminação de informações,* incluindo a captação de informações junto a uma ampla variedade de fontes, exigindo atenção e percepção.
- *Inteligência,* habilidade e capacidade de interpretar, processar e manipular informações.
- *Praticidade e aplicabilidade,* dando sentido à informação.
- *Desaprendizagem,* ou o processo de reduzir ou eliminar rotinas ou comportamentos pré-existentes, incluindo o descarte de informações.
- *Implementação e improvisação,* comportamento autônomo, experimentação, reflexão e ação. Utilização de informações para a resolução de problemas, como aqueles enfrentados durante o desenvolvimento de produtos ou melhoria de processos.

A orientação pessoal inclui o que é tradicionalmente considerado como características da pessoa criativa, bem como habilidades associadas à criatividade. Incluem traços de personalidade tipicamente associados à criatividade, tais como abertura a novas experiências, tolerância à ambiguidade, resistência a desfechos prematuros, curiosidade e capacidade de assumir riscos, dentre outras. Também incluem habilidades mentais criativas, como fluência, flexibilidade, originalidade e minúcia. Perícia, competência e conhecimento também contribuem para esforços criativos. Tradicionalmente, as pessoas têm sido avaliadas e selecionadas para diferentes tarefas com base em tais características, utilizando-se, por exemplo, questionários ou testes psicométricos. A escala de **Adaptação-Inovação de Kirton (KAI)** contempla diferentes dimensões de criatividade, incluindo originalidade, atenção a detalhes e (respeito a regras.

A escala KAI é uma abordagem psicométrica para mensurar a criatividade de um indivíduo. Por meio de uma bateria de perguntas, ela procura identificar as atitudes de um indivíduo em termos de originalidade, atenção a detalhes e propensão a seguir regras. Assim, busca diferenciar o estilo "adaptativo" do "inovador":

- Os adaptadores tendem a ideias intimamente relacionadas a definições existentes e comumente aceitas de um problema e de suas resoluções possíveis, mas ampliando as soluções. Essas ideias permitem aprimoramento e "fazer melhor".
- Os inovadores tendem mais a reconstruir o problema, questionar as premissas e criar uma solução nada convencional que, muito provavelmente, será pouco palatável no início. Os inovadores são mais comprometidos com o "fazer diferente" do que com o "fazer melhor".

É importante reconhecer que a criatividade é um atributo que todos possuímos, mas o estilo que usamos para expressá-la varia consideravelmente. O reconhecimento da necessidade de diferentes tipos de estilos criativos individuais é um aspecto importante do desenvolvimento eficaz da inovação e de novos empreendimentos. Uma série de pesquisas psicológicas deixam claro que todos os seres humanos possuem a capacidade de identificar e solucionar problemas complexos, e toda vez que tal comportamento criativo pode ser aproveitado em um grupo de pessoas com diferentes habilidades e perspectivas, coisas extraordinárias podem ser alcançadas. Algumas pessoas sentem-se à vontade com ideias que desafiam toda a sistemática com que o universo funciona, enquanto outras preferem pequenas mudanças incrementais, ideias para melhorar o trabalho a ser cumprido ou seu ambiente profissional. Discutimos a função da criatividade em mais detalhes no Capítulo 5.

EMPREENDEDORISMO EM AÇÃO 9.1

Criatividade pessoal e empreendedorismo

Um estudo realizado com 800 gerentes seniores revelou que havia diferenças significativas entre os 25% mais qualificados e os demais. Os mais bem-sucedidos tinham atingido seus objetivos em oito anos de carreira, e a maioria alcançara seus altos cargos com pouco mais de trinta anos de idade. As principais qualidades associadas aos gerentes mais bem-sucedidos eram personalidade e cognição, especificamente a amplitude e a criatividade de seu pensamento, e suas habilidades sociais. No entanto, o estudo não conclui que pensamento criativo e habilidades sociais são traços inerentes de personalidade, e sim disposições que podem ser significativamente desenvolvidas e aperfeiçoadas.

Essas habilidades são determinantes em muitos contextos, inclusive em grandes organizações e pequenas empresas iniciantes. A E.ON, por exemplo, uma das maiores companhias de serviços energéticos do mundo, criou um programa de treinamento de pós-graduação a fim de ajudar a avaliar e desenvolver seus novos recrutados. Obedecendo a avaliações psicométricas, os novatos participam de programas específicos destinados a melhorar habilidades pessoais e sociais, incluindo lotação em diversas partes do negócio. Alex Oakley, gerente de recursos humanos da E.ON, acredita que "dessa maneira, obtemos um equilíbrio entre atributos pessoais e capacidades que ajudam as pessoas a cumprirem seu trabalho. Não nos concentramos apenas em habilidades". Jamie Malcom, empresário co-fundador do centro de jardinagem Shoots, em Sussex, sustenta que "qualquer coisa nova e inovadora, como uma start-up, precisa assumir riscos. Não é possível ter sucesso sem isso. Sempre estarei pronto a assumir riscos para inovar. A inovação necessária para fazer com que o negócio cresça é o que me estimula. Riscos podem ser ameaçadores se você os assume motivado apenas por um desejo pessoal. Você não precisa diminuir seu apetite pelo risco à medida que o negócio se desenvolve, precisa analisá-lo melhor, uma vez que há mais em jogo".

Fonte: Kaisen Consultants, 2006, www.kaisen.co.uk.

Disposição empreendedora

Pesquisas sobre gestores bem-sucedidos identificaram alguns fatores que afetam a probabilidade de um empreendimento vir a se estabelecer. Esses fatores incluem uma combinação daqueles que são natos e daqueles que podem ser facilmente aprendidos ou estimulados:

- criação familiar e etnia;
- perfil psicológico;
- educação formal e primeiras experiências profissionais.

Criação

Uma série de outros estudos confirma que tanto a criação familiar quanto a religião afetam a propensão de um indivíduo a estabelecer um novo empreendimento. A grande maioria dos empreendedores profissionais possui um pai autônomo ou profissional liberal. Estudos indicam que 50% a 80% deles possuem pelo menos um dos pais nessa situação. Um estudo seminal, por exemplo, descobriu que o número de empreendedores tecnológicos que possui um pai que é ou foi profissional liberal é quatro vezes maior se comparado com outros grupos de cientistas e engenheiros.[2] A explicação mais comum para esse tipo de tendência é que o pai age como um modelo e pode incentivar a criação do próprio negócio.

O efeito da religião ou da origem étnica é mais controverso, mas é evidente que certos grupos são desproporcionalmente frequentes entre a população de empreendedores. Nos Estados Unidos e na Europa, por exemplo, os judeus são mais propensos a estabelecer novos empreendimentos, e os chineses o são na Ásia. Se essa tendência observada é resultado de normas culturais ou religiosas específicas ou pela condição de pertencer a uma minoria, não sabemos; o fato é objeto de muita controvérsia, mas pouca investigação. Pesquisas sugerem que valores culturais dominantes são mais importantes do que pertencer a uma minoria, mas mesmo esses estudos indicam que o efeito da origem familiar é mais significativo que o da religião. De qualquer maneira, e talvez mais importante, parece não haver qualquer relacionamento significativo entre origens familiares e religiosas e a probabilidade de sucesso de um novo empreendimento.

Perfil psicológico

Em sua maioria, pesquisas sobre a psicologia do empreendedor são baseadas na experiência de pequenas empresas americanas, de modo que a generalização de tais informações é bastante questionável. Entretanto, no caso específico de empreendedores tecnológicos, há algum consenso no tocante a características pessoais necessárias. As duas exigências principais são capacidade de controle e necessidade de conquista. A primeira característica é comum a cientistas e engenheiros, mas altos níveis de necessidade de conquista não são tão comuns assim. Em geral, os empreendedores são motivados por altos níveis de necessidade de conquista (a chamada "n-Ach", ou need for achievement), em vez de desejo geral por sucesso. Esse comportamento está associado a assumir riscos moderadamente, sem apostar de forma irracional ou desmedida. Uma pessoa com altos níveis de necessidade de conquista:

- gosta de situações em que é possível assumir responsabilidade pessoal por encontrar soluções para problemas;

- tem tendência a estabelecer metas pessoais desafiadoras, mas realistas, e a correr riscos calculados;
- precisa de feedback concreto com relação ao seu desempenho pessoal.

Entretanto, uma pesquisa americana com cerca de 130 empreendedores tecnológicos e quase 300 cientistas e engenheiros descobriu que nem todos os empreendedores possuem altos níveis de necessidade de conquista; apenas alguns os possuem.[3] Os empreendedores tecnológicos possuíam um nível moderado de necessidade de conquista, e um baixo nível de necessidade de afiliação (n-Aff, ou need for affiliation). Esse resultado sugere que a ânsia por independência, e não por sucesso, é o motivador mais importante para os empreendedores tecnológicos. Os empreendedores tecnológicos também tendem a possuir um lócus de controle interno. Em outras palavras, acreditam que possuem controle pessoal sobre resultados, enquanto alguém com um lócus de controle externo acreditaria que resultados se devem ao acaso, a instituições poderosas ou a outros fatores. Técnicas psicométricas mais sofisticadas, como a tipologia de Myers-Briggs (MBTI), confirmam as diferenças entre empreendedores tecnológicos e outros cientistas e engenheiros. Tentativas de medir traços empreendedores mais gerais não foram tão bem-sucedidas. O teste General Enterprise Tendency, por exemplo, avalia cinco tipos de traços: necessidade de conquista; motivação e ambição, aceitação de riscos; autonomia e criatividade; e potencial para inovação. Esse instrumento demonstrou ser capaz de identificar possíveis gerentes proprietários, mas não consegue diferenciar entre estes e os empreendedores de sucesso.

Os estudos das características de empreendedores bem-sucedidos identificam perfis bastante semelhantes em uma ampla variedade de contextos, o que normalmente inclui inovação, aceitação de riscos e ambição por conquistar, competir e crescer.[4] Contudo, essas não são as mesmas características daqueles que simplesmente buscam o autoemprego ou administrar pequenos negócios, entre os quais as necessidades primárias parecem ser autonomia e independência.[5] Essas diferenças são cruciais, pois os empreendedores, os trabalhadores autônomos e os donos de pequenas empresas muitas vezes são agrupados entre si, apesar das pesquisas confirmarem que eles têm características, motivações e resultados diferentes. O Global Entrepreneurship Monitor (GEM), por exemplo, acompanha o empreendedorismo em nível nacional, e além de fatores culturais, demográficos e educacionais, inclui indicadores de infraestrutura e contexto de cada país. Contudo, como o foco do GEM é a atividade de fundação de novas empresas, não crescimento ou sucesso subsequente, ele não distingue pequenos negócios de atividades empreendedoras bem-sucedidas. Apesar dos seus problemas econômicos estruturais óbvios, o GEM coloca, por exemplo, a Grécia e a Irlanda no topo da lista de "atividade empreendedora total" na União Europeia.

Escolaridade e experiência

Em geral, trabalhadores autônomos e gerentes de pequenas e médias empresas tendem a ter menos escolaridade do que a população relevante. Uma explicação é que, por opção ou por falta de capacidade ou oportunidade, aqueles que não buscam níveis educacionais mais elevados têm menos opções de carreira do que os outros. É o chamado "empreendedorismo motivado pela necessidade", em contraste com o "empreendedorismo motivado pela oportunidade". Os empreendedores motivados por oportunidades, em contraste com os autônomos e gerentes de pequenas empresas, tendem a ter mais escolaridade do que a população relevante, e os empreendedores tecnológicos mais ainda; em geral, indivíduos com educação superior têm o dobro de probabilidade de serem empreendedores de sucesso, e 85% dos empreendedores tecnológicos têm diplomas.[6]

Os níveis de escolaridade de empreendedores tecnológicos não os diferenciam de cientistas e engenheiros, mas educação e treinamento são fatores importantes que distinguem fundadores de empreendimentos tecnológicos de outros tipos de empreendedores. O nível médio de formação de empreendedores tecnológicos é titulação de mestrado, sendo que o nível de doutorado é supérfluo, com exceção de novos empreendimentos baseados em biotecnologia. É importante enfatizar que empreendedores tecnológicos potenciais tendem a apresentar níveis mais altos de produtividade que seus colegas de trabalho tecnológico, medidos em termos de trabalhos publicados ou patentes obtidas. Isso sugere que empreendedores potenciais podem ser mais motivados que seus colegas no mundo corporativo.

Além da titulação de mestre, um empreendedor tecnológico possui em média cerca de 13 anos de experiência profissional antes de abrir seu próprio negócio. No caso da Route 128, a experiência profissional de seus fundadores é tipicamente com uma única organização incubadora, enquanto os empreendedores tecnológicos do Vale do Silício tendem a obter experiência agregada a partir de um grande número de empresas antes de abrirem seu próprio negócio. Ao que tudo indica, não há um padrão ideal de experiência profissional prévia. Porém, experiência profissional em desenvolvimento parece ser mais relevante do que experiência em pesquisa básica. Como resultado da educação formal e da experiência profissional, um empreendedor tecnológico típico tente a ter em torno de 30 a 40 anos de idade ao abrir seu primeiro negócio próprio. Isso ocorre relativamente tarde em sua vida, se comparado com outros tipos de negócios, e é resultado de uma combinação de habilidade e oportunidade. De um lado, normalmente é preciso de dez a 15 anos para que um empreendedor potencial reúna experiência profissional e técnica necessária. Por outro lado, muitas pessoas passam a ter responsabilidades financeiras e familiares maiores nessa fase de vida, o que reduz significativamente a inclinação para correr riscos. Portanto, parece haver uma janela de oportunidade para se iniciar um novo empreendimento em algum momento por volta dos 30 e poucos anos de idade. Além disso, diferentes campos tecnológicos possuem potencialidades de entrada e crescimento também diferentes. Assim, a escolha de um empreendedor potencial será influenciada pela dinâmica da tecnologia e do mercado. Os requisitos de capital, os tempos de ciclo de produto e a potencialidade de crescimento tendem a variar significativamente de setor para setor.

Inúmeras pesquisas indicam que cerca de três quartos dos empreendedores tecnológicos alegam frustração com seus antigos empregos. Essa frustração parece ser resultado da interação entre predisposição psicológica desse empreendedor potencial e seleção, treinamento e desenvolvimento precários por parte do empregador. Eventos específicos podem também desencadear o desejo ou a necessidade de criação de um novo empreendimento, tais como uma grande reorganização ou demissões na empresa de origem (Figura 9.1).

PERSONALIDADE:
- alta necessidade de conquista
- alto controle
- independência

CONTEXTO FAMILIAR:
- solteiro ou divorciado
- apoio de cônjuge
- poucos compromissos familiares

MERCADOS & TECNOLOGIA:
- incerteza
- exigências de capital
- tempo de ciclo do produto

NOVOS ENTRANTES

HISTÓRICO:
- pais autônomos
- valores religiosos
- alto nível educacional

APOIO INSTITUCIONAL:
- organização incubadora
- capital de risco
- apoio governamental

AMBIENTE DE TRABALHO:
- experiência relevante
- frustração
- redundância

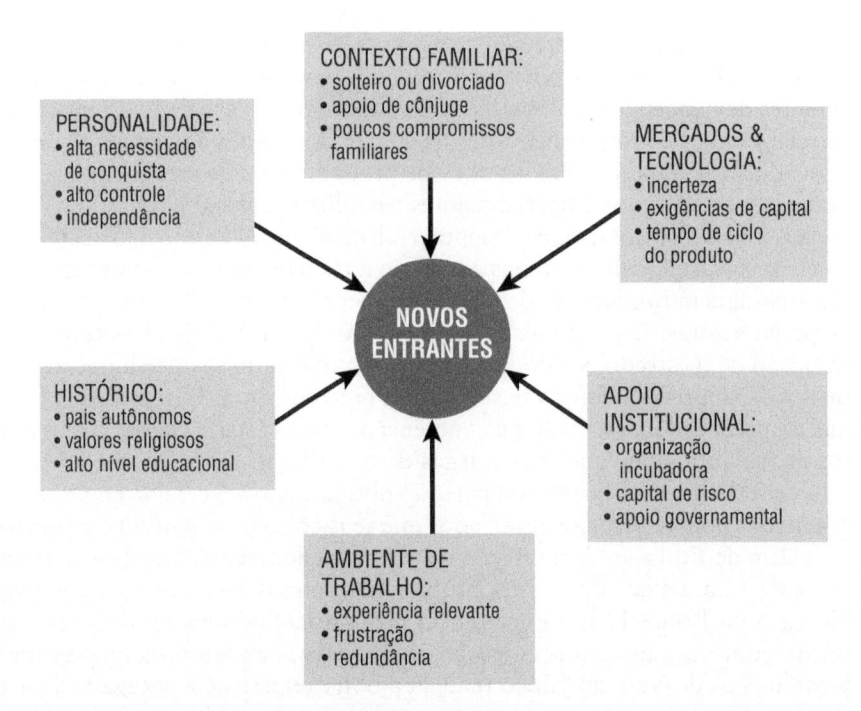

FIGURA 9.1 Fatores que influenciam a criação de novos empreendimentos.
Fonte: De Tidd, J. and J. Bessant (2013) *Managing Innovation: Integrating Technological, Market and Organizational Change*, Chichester: John Wiley & Sons Ltd.

Liderança em inovação

A contribuição dos indivíduos para o desempenho das suas organizações pode ser significativa. A **teoria dos escalões superiores** sustenta que as decisões e escolhas da alta gerência influenciam o desempenho de uma organização (positiva ou negativamente!) por meio da sua avaliação do ambiente, tomada de decisão estratégica e apoio à inovação. Os resultados dos diferentes estudos variam, mas análises de pesquisas sobre liderança e desempenho sugerem que a liderança influencia diretamente cerca de 15% das diferenças identificadas no desempenho dos negócios e responde por cerca de 35% adicionais por meio da escolha da estratégia de negócios.[7] Assim, direta e indiretamente, a liderança representa cerca de metade da variação de desempenho observada entre organizações. Nos níveis mais elevados de gestão, os problemas a serem resolvidos tendem a ser mais indefinidos, o que exige que os líderes conceitualizem mais.

Pesquisadores identificaram uma longa lista de características que podem ter alguma relação com a eficácia em determinadas situações, o que normalmente inclui características genéricas como buscar responsabilidade, competência social e boa comunicação. Apesar dessas listas poderem descrever algumas características de alguns líderes em situações específicas, medições desses traços produzem relações altamente inconsistentes com ser um bom líder.[8] Em suma, não há uma lista curta e universal de características duradouras que todos os líderes devem possuir em toda e qualquer situação.

Estudos em diferentes contextos identificam, além do conhecimento técnico especializado que influencia o desempenho do grupo, habilidades cognitivas mais amplas, como habilidades de criativa solução de problemas e processamento de informações. Estudos de grupos que enfrentam problemas inéditos e mal-definidos, por exemplo, confirmam que tanto conhecimento especializado quanto habilidades de processamento cognitivo são componentes essenciais da liderança criativa e estão associados com o bom desempenho de grupos criativos.[9] Além disso, essa combinação de conhecimento especializado e capacidade cognitiva é crucial para a avaliação das ideias alheias. Um estudo com cientistas descobriu que eles valorizam mais as contribuições do seu líder nos estágios iniciais de um novo projeto, quando estão formulando suas ideias e definindo os problemas, e depois no estágio em que precisam de feedback e insights sobre as consequências do seu trabalho. Assim, uma função crucial da liderança criativa nesses ambientes é gerar feedback e avaliações, não simplesmente ideias.[10] Essa função avaliativa é fundamental, mas normalmente não é vista como algo que promove a criatividade e a inovação, pois o senso comum aconselha que se suspenda o julgamento crítico a fim de incentivar a geração de ideias. Além disso, isso sugere que a visão linear convencional, de que a avaliação vem após a geração de ideias, pode estar equivocada. A avaliação pela liderança criativa pode vir antes da geração de ideias e combinação conceitual.

A qualidade e a natureza das trocas entre líderes e membros (LMX, leader–member exchange) também influenciam a criatividade dos subordinados.[11] Um estudo de 238 trabalhadores do conhecimento em 26 equipes de projeto em empresas de alta tecnologia identificou diversos aspectos positivos das LMXs, incluindo monitoramento, esclarecimento e consultoria, mas também descobriu que a frequência das LMXs negativas era tão alta quanto a das positivas, sendo relatadas por cerca de um terço dos respondentes.[12] Assim, a LMX pode fortalecer ou minar a sensação de competência e autonomia dos subordinados. Contudo, a análise das trocas consideradas negativas e positivas revelou que, normalmente, o importante era o modo como algo era feito, não o que era feito, o que sugere que comportamentos envolvendo relacionamentos e cumprimento de tarefas no apoio da liderança e LMXs estão interligados intimamente, e que os comportamentos negativos podem ter uma influência negativa desproporcional.

O estímulo intelectual gerado pelos líderes tem um efeito mais forte sobre o desempenho organizacional sob condições de incerteza subjetiva. O estímulo intelectual inclui comportamentos que favoreçem a conscientização do outro e o interesse em problemas, desenvolvendo propensão e habilidade para abordá-los de novas formas. Está também associado ao comprometimento com a empresa.[13] A teoria dos sistemas estratificados (TSE) enfoca os aspectos cognitivos da liderança, e argumenta que a capacidade conceitual está associada com desempenho superior na tomada de decisão estratégica quando é preciso integrar informações complexas e pensar de maneira abstrata de modo a avaliar o ambiente. Também é provável que ela exija uma combinação dessas capacidades de solução de problemas e habilidades sociais, pois os líderes dependem dos outros para identificar e implementar soluções.[14] Isso sugere que sob condições de incerteza ambiental, a contribuição da liderança não é simplesmente, ou mesmo principalmente, inspirar ou aumentar a confiança, mas sim resolver problemas e tomar as decisões estratégicas apropriadas.

Rafferty e Griffin propõem outras subdimensões para o conceito de liderança transformacional que podem ter uma influência maior sobre a criatividade e a inovação, incluindo articular uma visão e comunicação inspiracional.[15] Eles definem visão como "a expressão de uma imagem idealizada do futuro com base nos valores organizacionais", e comunicação inspiracional como "a expressão de mensagens positivas e encorajadoras sobre a organização e declarações que criam motivação e confiança". Eles descobriram que a expressão de uma visão tem efeito negativo na confiança dos seguidores, a menos que acompanhada pela comunicação inspiracional. A conscientização sobre a missão aumenta a probabilidade de sucesso dos projetos de P&D, mas os efeitos são mais fortes nos estágios iniciais: na fase de planejamento e conceitual, a conscientização sobre a missão explicava dois terços do sucesso subsequente do projeto.[16] A clareza de liderança está associada a objetivos de equipe transparentes, altos níveis de participação, comprometimento com a excelência e apoio à inovação.[17]

O líder criativo precisa fazer muito mais para incentivar os seguidores criativos do que simplesmente oferecer apoio passivo. As medidas perceptuais do desempenho dos líderes sugerem que, em um ambiente de pesquisa, a percepção sobre a habilidade técnica de um líder é o melhor preditor do desempenho do grupo de pesquisa, o que explica cerca de metade do desempenho em inovação.[18] Keller descobriu que o tipo de projeto modera as relações entre o estilo de liderança e o sucesso do projeto, e descobriu que a liderança transformacional era um preditor mais forte nos projetos de pesquisa do que nos projetos de desenvolvimento.[19] Isso sugere enfaticamente que determinadas qualidades da liderança transformacional podem ser mais adequadas sob condições de alta complexidade, incerteza ou novidade, enquanto um estilo transacional tem um efeito positivo em contextos administrativos, mas negativo em contextos de pesquisa.[20]

Uma análise de 27 estudos empíricos sobre a relação entre liderança e inovação investigou quando e como a primeira influencia a segunda e identificou seis fatores nos quais os líderes devem se concentrar:[21]

- A alta gerência deve estabelecer uma política de inovação promovida por toda a organização. É necessário que a organização comunique a funcionários, através dos seus líderes, que comportamentos inovadores serão recompensados.
- Durante a formação de equipes, é necessário ter alguma heterogeneidade para promover a inovação. Contudo, se a equipe for heterogênea demais, podem ocorrer tensões; se for excessivamente homogênea, será preciso uma liderança mais diretiva para promover a reflexão da equipe, incentivando-se, por exemplo, conversas e dissenso.
- Os líderes devem utilizar apoio emocional e tomada compartilhada de decisões para promover um ambiente em equipe de segurança emocional, respeito e alegria.
- Indivíduos e equipes têm autonomia e espaço para geração de ideias e solução criativa de problemas.
- É preciso estabelecer limites de tempo para criação de ideias e solução de problemas, especialmente nas fases de implementação.

- Por fim, os líderes de equipe com o conhecimento especializado devem se envolver intimamente com a avaliação das atividades inovadoras.

Tradicionalmente, as pessoas têm sido avaliadas e selecionadas para diferentes tarefas com base em suas características, com a utilização, por exemplo, de questionários ou testes psicométricos. Como vimos anteriormente, a escala KAI contempla as diferentes dimensões de criatividade, incluindo originalidade, atenção a detalhes e propensão a seguir regras. Ela busca diferenciar o estilo "adaptativo" do "inovador".

É importante reconhecer que a criatividade é um atributo que todos possuímos, mas o estilo que usamos para expressá-la varia consideravelmente. O reconhecimento da necessidade de diferentes tipos de estilos criativos individuais é um aspecto importante do desenvolvimento eficaz da inovação e de novos empreendimentos. Perícia, competência e conhecimento também contribuem para esforços criativos.

EMPREENDEDORISMO EM AÇÃO 9.2

Oportunidade e planejamento na Innocent

A Innocent desenvolve e comercializa sucos de polpa de frutas especiais, saudáveis, cremosos e sem aditivos. A empresa foi criada em 1999 por três colegas de universidade, Adam Balon, Richard Reed e Jon Wright. Ela iniciou com o auxílio de capital de risco de £200 mil, mas Balon, Reed e Wright ainda detêm 70% da companhia. Em 2006, a Innocent teve vendas no valor aproximado de £70 milhões, representando uma participação de mercado de 60%, e a empresa foi avaliada em £175 milhões. Desde então, ela tem recrutado gestores mais experientes oriundos de grandes empresas, e hoje emprega uma equipe de 100 pessoas em na região oeste de Londres. A Innocent também possui sedes na França e na Dinamarca, e abriu escritórios na Alemanha e na Áustria em 2007. Toda a produção e o empacotamento são terceirizados, e a empresa centra-se em desenvolvimento e marketing.

A empresa cultiva uma imagem descolada e liberal, contrastando com as multinacionais que dominam o mercado de bebidas. Doa 10% de seus lucros para instituições de caridade, como a Rainforest Alliance, e desenvolve um diálogo saudável com seus clientes por meio de um boletim eletrônico semanal. Em 2005, Reed recebeu o título de "Homem de Negócios Mais Admirado" pela National Union of Students, no Reino Unido. Entretanto, por trás da imagem hippie há uma equipe qualificada e experiente. Depois da universidade, Reed ganhou experiência no setor publicitário, e Balon e Wright trabalharam para grandes consultorias de gestão (respectivamente, McKinsey e Bain). O sucesso provável, ou a colheita do negócio, poderá ser a venda comercial, similar a outras chamadas "marcas éticas", como a Ben & Jerry's, que foi adquirida pela Unilever, e a Green & Black, adquirida pela Cadbury. Em preparação, os proprietários venderam 18% da empresa para a Coca-Cola em abril de 2009 por £30 milhões.

Equipes empreendedoras

> Leva-se cinco anos para desenvolver um carro novo neste país. Diabos, nós vencemos a Segunda Guerra em quatro...

O comentário de Ross Perot sobre o estado da indústria automotiva americana no final dos anos 1980 captura parte da frustração com os modos existentes de se projetar e construir carros. Nos anos seguintes, ocorreram avanços significativos na redução do ciclo de desenvolvimento, sendo que a Ford e a Chrysler conseguiram diminuir drasticamente o tempo e melhorar a qualidade. Boa parte da vantagem veio de um extensivo trabalho em equipe; como afirmou Lew Varaldi, gerente de projeto do Taurus, da Ford: "É incrível a dedicação e o comprometimento que você consegue obter das pessoas (...) nunca vamos voltar ao jeito antigo, pois sabemos muito sobre o que elas podem colocar em jogo".[22]

Experimentos indicam que as equipes têm mais a oferecer do que os indivíduos em termos de fluência da geração de ideias e flexibilidade das soluções desenvolvidas. Enfocar esse potencial nas tarefas de inovação é o principal fator por trás da tendência a altos níveis de trabalho em equipe, o que inclui equipes de projeto, grupos interfuncionais e interorganizacionais de solução de problemas e células e grupos de trabalho que enfocam inovações incrementais adaptativas.

Muita gente usa os termos **grupo** e **equipe** como se fossem sinônimos. Em geral, a palavra "grupo" se refere a uma certa quantidade de pessoas que podem estar perto umas das outras. Os grupos podem ser um número de pessoas com alguma espécie de unidade, ou que pertencem à mesma classe devido a alguma semelhança. Para nós, "equipe" significa uma combinação de indivíduos que se reuniu ou foi reunida devido a um propósito ou objetivo comum na sua organização. Uma equipe é um grupo que precisa colaborar na sua vida profissional na empresa ou em alguma missão e tem responsabilidade compartilhada por obter resultados. Há inúmeras maneiras de distinguir os grupos de trabalho das equipes. Um executivo sênior com o qual trabalhamos descreve os grupos como indivíduos que não compartilham nada além do seu CEP. As equipes, no entanto, são caracterizadas por uma visão comum.

Muito se pesquisou as características das equipes de projeto de alto desempenho para tarefas inovadoras, e os principais achados são que essas equipes raramente surgem por acidente.[23] Elas nascem da combinação de seleção e investimento na formação de equipes, aliados a orientações sobre funções e tarefas, e a concentração em administrar o processo de grupo e também os aspectos das tarefas.[24] Pesquisas no Ashridge Management College, por exemplo, desenvolveram um modelo de "superequipes" que incluía componentes de construção e gestão da equipe interna e suas interfaces com o resto da organização.[25]

Holti, Neumann e Standing oferecem um resumo útil dos principais fatores envolvidos no desenvolvimento do trabalho em equipe.[26] Apesar de atualmente haver uma ênfase considerável no trabalho em equipe, é preciso lembrar que as equipes nem sempre são a resposta. Em especial, corre-se riscos ao formar supostas equipes com conflitos não resolvidos, choques de personalidade, falta de processos coletivos eficazes e outros fatores que podem afetar o seu sucesso. Tranfield *et al.* analisam a questão das equipes que funcionam em diversos contextos diferentes e destacam a importância de selecionar e construir a equipe apropriada para a tarefa e para o contexto.[27]

As equipes são cada vez mais vistas como um mecanismo para cruzar fronteiras dentro da organização e, mais do que isso, para lidar com questões interorganizacionais. As equipes interfuncionais podem reunir os diferentes conjuntos de conhecimento necessários para tarefas como desenvolvimento de produtos ou melhoria de processos, mas também representam um fórum onde se pode resolver diferenças de perspectiva arraigadas.[28] As organizações bem-sucedidas foram aquelas que investiram em múltiplos métodos de integração entre grupos, e a equipe interfuncional foi um dos recursos mais valiosos.

Equipes autogerenciadas que trabalham dentro de uma área de autonomia definida podem ser bastante eficazes; por exemplo, a fábrica de produtos de aviônica para defesa da Honeywell informou uma melhoria incrível das entregas dentro do prazo, de menos de 40% nos anos 1980 para 99% em 1996, após a implementação das equipes autogerenciadas.[29] Na Holanda, uma das empresas de transporte por ônibus de maior sucesso é a Vancom Zuid-Limburg. Ela usa equipes autogerenciadas para reduzir custos e melhorar os índices de satisfação do cliente. Hoje, um gerente supervisiona mais de 40 motoristas, em comparação com o padrão de 1 para 8 no setor. Os motoristas também são encorajados a participar da identificação e solução de problemas em áreas como manutenção, atendimento ao cliente e planejamento.[30]

Os elementos fundamentais de uma equipe de alto desempenho eficaz incluem:

- tarefas e objetivos claramente definidos;
- liderança de equipe eficaz;
- um bom equilíbrio entre as funções da equipe, correspondentes aos estilos de comportamento individuais;
- mecanismos eficazes de resolução de conflitos dentro do grupo;
- comunicação contínua com a organização externa.

Em geral, as equipes passam por quatro estágios de desenvolvimento, popularmente chamados de "formação, confrontação, normatização e atuação".[31] Em outras palavras, elas são reunidas e passam por uma fase de resolução de conflitos e diferenças internas em torno de liderança, objetivos, etc. O que nasce desse processo é um comprometimento com normas e valores compartilhados que rege o modo como a equipe vai trabalhar. É apenas após esse estágio que as equipes podem seguir em frente e desempenhar sua tarefa de forma eficaz. As abordagens mais comuns à formação de equipes podem apoiar a inovação, mas não são suficientes.

Um elemento fundamental para o desempenho da equipe é a composição da equipe em si, com boa correspondência entre os requisitos de função do grupo e as preferências comportamentais dos indivíduos envolvidos. Os trabalhos de Belbin são influentes nesse ponto, oferecendo uma abordagem à correspondência das funções. Ele classifica as pessoas em diversos tipos de função preferencial; por exemplo, "a planta" (alguém que gera novas ideias), "o investigador de recursos", "o moldador" e "o finalizador". Pesquisas mostram que as equipes mais eficazes são aquelas com diversidade em termos de formação, capacidade e estilo comportamental. Em um experimento famoso, um grupo de indivíduos altamente talentosos mas semelhantes reunidos em equipes "Apolo" tiveram desempenho consistentemente inferior ao de grupos medianos mistos.[32]

Uma série de novos desafios está emergindo com a ênfase crescente em atividades de equipes dispersas e interfuncionais. No caso extremo, uma equipe de desenvolvimento de produto pode começar a trabalhar em Londres e passar o trabalho para os colegas americanos no fim do dia, que por sua vez o repassam para os colegas no Oriente, o que, na prática, cria uma atividade de desenvolvimento ininterrupta, 24 horas por dia. Isso potencializa a produtividade, mas apenas se forem resolvidas as questões em torno da gestão de equipes virtuais dispersas. Da mesma forma, o conceito de compartilhamento de conhecimentos entre fronteiras depende das estruturas e mecanismos de capacitação.[33]

Muitas pessoas que tentaram usar grupos para solução de problemas descobriram que isso nem sempre é fácil, agradável ou eficaz. A Tabela 9.2 resume alguns dos aspectos positivos e negativos de se utilizar grupos para inovação.

Uma pesquisa com 1.207 empresas tentou identificar como diferentes práticas organizacionais contribuem para o desempenho em inovação.[34] Ela examinou as influências de 12 práticas comuns (incluindo equipes interfuncionais, incentivos para equipes, círculos da qualidade e normas de qualidade ISO 9000) no desenvolvimento bem-sucedido de novos produtos. O estudo encontrou diferenças

TABELA 9.2 Possíveis vantagens e desvantagens de se usar um grupo

Possíveis vantagens de se usar um grupo	Possíveis desvantagens de se usar um grupo
1. Maior disponibilidade de conhecimentos e informações	1. Pressão social para pensamento uniforme limita as contribuições e aumenta o conformismo
2. Mais oportunidades para fertilização cruzada, o que aumenta a probabilidade de expandir e melhorar as ideias alheias	2. Pensamento de manada: os grupos convergem em opções com o máximo de consenso, independentemente da qualidade
3. Acesso a uma gama mais ampla de experiências e perspectivas	3. Indivíduos dominantes influenciam e demonstram um nível desigual de impacto nos resultados
4. Participação e envolvimento na solução de problemas aumenta o entendimento, aceitação, comprometimento e propriedade dos resultados	4. Em grupos, os indivíduos são menos responsáveis pelos resultados, o que permite que os grupos tomem decisões mais arriscadas
5. Mais oportunidades para o desenvolvimento do grupo, o que aumenta a coesão, comunicação e companheirismo	5. A tendenciosidade de indivíduos em conflito pode causar níveis pouco produtivos de competição, o que cria "vencedores" e "perdedores"

Fonte: Isaksen S. and J. Tidd (2006) Meeting the Innovation Challenge, Chichester: John Wiley & Sons Ltd.

significativas nos efeitos das diferentes práticas, dependendo da novidade do projeto de desenvolvimento. Por exemplo, tanto os círculos da qualidade quanto o ISO 9000 estavam associados com o desenvolvimento bem-sucedido de novos produtos incrementais, mas ambas as práticas tiveram uma influência negativa significativa no sucesso de novos produtos radicais. Contudo, o uso de equipes e de incentivos para equipes teve um efeito positivo no desenvolvimento de ambos os tipos de produto, incrementais e radicais. Isso sugere que é preciso tomar muito cuidado ao aplicar supostas melhores práticas universais, pois seus efeitos dependem da natureza do projeto.

Nosso próprio trabalho com equipes de alto desempenho é consistente com as pesquisas pregressas e sugere diversas características que promovem a eficácia do trabalho em equipe:[35]

- *Um objetivo claro, comum e superior.* Ter um objetivo claro e superior significa ter entendimento, consenso e identificação com relação à tarefa principal enfrentada pelo grupo. O trabalho em equipe ativo em busca de objetivos comuns acontece quando os membros do grupo partilham da mesma visão sobre o estado futuro desejado. Equipes criativas têm objetivos claros e comuns. Os objetivos eram claros e instigantes, mas também abertos e desafiadores. Equipes menos criativas têm objetivos conflitantes e missões diferentes e, por consequência, não chegam a um acordo. As tarefas para as equipes menos criativas eram altamente limitadas e consideradas rotineiras e excessivamente estruturadas.
- *Estrutura movida por resultados.* Indivíduos de equipes de alto desempenho se sentem produtivos quando os seus esforços ocorrem sem muito sofrimento ou incomodação. Comunicação aberta, coordenação clara das tarefas, funções e responsabilidades claras, monitoramento do desempenho, feedback, avaliações baseadas em fatos, eficiência e gestores fortes e imparciais se combinam para criar uma estrutura movida por resultados.
- *Membros de equipe competentes.* Equipes competentes são compostas por membros habilidosos e responsáveis. Os membros devem ter as habilidades e capacidades essenciais, um forte desejo de contribuir, um sentimento de idealismo responsável e saberem colaborar de forma eficaz. Eles precisam conhecer o domínio em torno da tarefa (ou outro domínio que pode ser relevante), assim como o processo de trabalhar em equipe. As equipes criativas reconhecem a diversidade de talentos e pontos fortes e sabem como usá-la adequadamente.
- *Comprometimento unificado.* Compartilhar o comprometimento está relacionado com o modo como os membros individuais do grupo reagem. As equipes eficazes têm unidade organizacional: os membros demonstram apoio mútuo, dedicação e fidelidade à visão e ao propósito compartilhados e sabem se sacrificar para alcançar os objetivos organizacionais. Os membros da equipe gostam de contribuir e comemoram suas conquistas.
- *Ambiente colaborativo.* O trabalho em equipe produtivo não acontece por acaso. É preciso um ambiente que apoie a cooperação e a colaboração. Situações como essa são caracterizadas por confiança mútua, na qual todos se

sentem à vontade para debater ideias, oferecer sugestões e considerar múltiplas abordagens.
- *Padrões de excelência*. Equipes eficazes estabelecem padrões claros de excelência. Elas adotam comprometimento individual, motivação, autoestima, desempenho individual e melhoria constante. Os membros da equipe desenvolvem um entendimento claro e explícito das normas das quais dependem.
- *Apoio e reconhecimento externos*. Os membros da equipe precisam de recursos, recompensas, reconhecimento, popularidade e sucesso social. Admiração enquanto indivíduos e respeito por pertencerem e contribuírem para uma equipe muitas vezes ajuda a manter o alto nível de energia pessoal necessário para sustentar o desempenho. Com o uso crescente das equipes interfuncionais e interdepartamentais nas organizações maiores e mais complexas, as equipes devem ser capazes de obter aprovação e encorajamento.
- *Liderança baseada em princípios*. A liderança é importante para o trabalho em equipe. Seja o líder escolhido formalmente ou emergente de alguma forma, as pessoas que exercem influência e encorajam a realização de aspectos importantes geralmente seguem alguns princípios básicos. Os líderes oferecem orientações claras, apoio e encorajamento e mantêm todos trabalhando juntos e avançando na direção certa. Os líderes também se esforçam para obter apoio e recursos de dentro e de fora do grupo.
- *Uso apropriado da equipe*. O trabalho em equipe é incentivado quando as tarefas e situações realmente exigem esse tipo de atividade. Às vezes, a equipe em si precisa estabelecer limites claros para quando e por que deve ser utilizada. Um dos jeitos mais fáceis de destruir uma equipe produtiva é usá-la em excesso ou em situações inadequadas.
- *Participação na tomada de decisões*. Uma das melhores maneiras de incentivar o trabalho em equipe é envolver os membros no processo de identificação dos desafios e oportunidades de melhoria, geração de ideias e transformação dessas ideias em ação. A participação no processo de solução de problemas e tomada de decisões desenvolve o trabalho em equipe e aumenta a probabilidade de aceitação e implementação.
- *Espírito de equipe*. As equipes eficazes sabem como se divertir, desopilar e relaxar a necessidade de controle. Às vezes, o foco está em desenvolver amizades, realizar tarefas prazerosas e recreação. Esse clima interno da equipe se estende além da necessidade de um ambiente colaborativo. As equipes criativas têm a capacidade de trabalhar em conjunto sem grandes conflitos de personalidade. Há um alto nível de respeito pela contribuição dos outros. As equipes menos criativas são caracterizadas por hostilidade, ciúmes e politicagem.
- *Adoção de mudanças apropriadas*. As equipes muitas vezes enfrentam os desafios de organizar e definir tarefas. Para que permaneçam produtivas, as equipes precisam aprender a mudar seus procedimentos quando necessário. Após uma mudança fundamental no modo como a equipe opera, pode ser preciso se adaptar a valores e preferências diferentes.

EMPREENDEDORISMO EM AÇÃO 9.3

Interação entre empreendedores em novos empreendimentos inovadores

A gestão da inovação se concentra demais nos processos e ferramentas, enquanto o empreendedorismo se preocupa com características pessoais individuais. Contudo, muitas das inovações e novos empreendimentos de maior sucesso foram cocriadas por múltiplos empreendedores, e é essa interação entre talentos que é a alma da inovação radical, o que chamamos de **inovação conjunta**. Analisamos 15 acasos, históricos e contemporâneos, para identificar o que é a inovação conjunta e como ela funciona. Descobrimos que um número significativo dos casos mais bem-sucedidos foram cocriações de múltiplos empreendedores, e é essa interação que está no centro da inovação conjunta.

Exemplos de inovação conjunta incluem:

- Apple* Steve Jobs e Steve Wozniak
- Google* Larry Page e Sergey Brin
- Facebook* Mark Zuckerberg e Eduardo Saverin
- Microsoft* Bill Gates e Paul Allen
- Netflix* Marc Randolph e Reed Hastings
- Intel* Robert Noyce e Gordon Moore
- Marks & Spencer* Michael Marks e Thomas Spencer
- ARM Holdings Mike Muller e Tudor Brown
- Skype Niklas Zennström e Janus Friis
- Sony Masaru Ibuka e Akio Morita
- Rolls-Royce Henry Royce e Charles Rolls
- DNA James Watson e Francis Crick
- Eletrificação George Westinghouse e Nikola Tesla
- Processo siderúrgico Henry Bessemer e Robert Mushet
- Motor a vapor James Watt e Matthew Boulton

*Consideradas as "empresas mais inovadoras do mundo", http://www.fastcompany.com/most-innovative-companies/2011/

Esses exemplos demonstram que muitos dos novos empreendimentos radicais não resultam simplesmente de um gênio tecnológico ou empreendedor heroico. Em vez disso, todos esses casos incluem uma combinação de talentos e capacidades que interagem para criar um novo empreendimento radical. Assim, para a inovação conjunta, é necessário, mas não suficiente, que o empreendimento seja criado por dois ou mais empreendedores. Identificamos três mecanismos comuns que contribuem para a interação entre empreendedores e a criação de novos empreendimentos radicais:

- capacidades complementares;
- conflito criativo;
- redes adjacentes.

Fontes: Tidd, J. (2014) Conjoint innovation: Building a bridge between innovation and entrepreneurship, *International Journal of Innovation Management*, **18**(1), 1–20; Tidd, J. (2012) It takes two to tango: How multiple entrepreneurs interact to innovate, *European Business Review*, **24**(4), 58–61.

A gestão eficaz de equipes também enfrenta muitos desafios. Todos conhecemos equipes que "deram errado". À medida que a equipe se desenvolve, determinados aspectos ou diretrizes podem ser úteis para mantê-las nos eixos. Hackman identifica diversos temas relevantes para quem projeta, lidera e facilita equipes.[36] Ao examinar diversos grupos de trabalho organizacionais, o autor descobriu que fatores aparentemente pequenos da gestão de equipes, quando ignorados, têm consequências enormes e tendem a destruir a capacidade da equipe de funcionar. Essas pequenas "armadilhas", muitas vezes ocultas, provocam grandes problemas. Elas incluem:

- *Grupo versus equipe.* Um dos equívocos mais cometidos na gestão de equipes é chamar um grupo de equipe e tratá-lo como um mero conjunto desconexo de indivíduos. Isso é como criar uma equipe na base do "porque eu mandei". É importante ter muita clareza sobre os objetivos fundamentais e a estrutura de recompensas. É comum que as pessoas precisem realizar uma tarefa em equipe, mas que toda a avaliação de desempenho se baseie no nível do indivíduo. Essa situação comunica sinais conflitantes e pode afetar negativamente o desempenho da equipe.
- *Fins versus meios.* Administrar a fonte de autoridade para grupos é uma missão delicada. Quanta autoridade se pode alocar à equipe para que resolva suas próprias questões e desafios? Os formadores de equipes muitas vezes cometem o erro do "excesso de gerenciamento", especificando os resultados e também como obtê-los. O fim, a direção ou os limites externos devem ser especificados, mas os meios usados para alcançá-los devem estar sob a autoridade e responsabilidade do grupo.
- *Liberdade estruturada.* Um erro enorme é reunir um grupo de pessoas e simplesmente dizer a elas, em termos gerais e pouco claros, qual o seu objetivo, para então deixá-las resolver os detalhes por conta própria. Às vezes, a crença é que, para as equipes serem criativas, não devem receber estrutura alguma. Mas acontece que a maioria dos grupos ganharia muito com um pouco de estrutura, desde que do tipo certo. Em geral, as equipes precisam de uma tarefa bem definida. Elas precisam ser compostas de um número pequeno o suficiente para serem gerenciadas, mas grande o suficiente para terem diversidade. É preciso haver limites claros para a responsabilidade e autoridade da equipe, e também liberdade o suficiente para que tomem a iniciativa e saibam aproveitar a sua diversidade. O importante é encontrar o equilíbrio certo entre, de um lado, estrutura, autoridade e limites, e do outro, liberdade, autonomia e iniciativa.
- *Sistemas e estruturas de apoio.* Muitas vezes, a organização estabelece objetivos desafiadores para a equipe, mas esquece de dar o apoio apropriado de que ela precisaria para transformá-los em realidade. Em geral, equipes de alto desempenho precisam de um sistema de recompensas que reconheça e reforce a excelência no desempenho da equipe. Elas também precisam de acesso a informações adequadas e de alta qualidade, além de capacitação em ferramentas e habilidades relevantes para a equipe. O bom desempenho da equipe também depende de ter o nível apropriado de recursos materiais e financeiros

para completar o trabalho. Chamar um grupo de equipe não significa que ele vai obter automaticamente todo o apoio de que precisa para realizar a tarefa.
- *Competência pressuposta.* Habilidades técnicas, conhecimento especializado, experiência e capacidades relevantes para o domínio quase sempre explicam por que um indivíduo foi incluído no grupo, mas raramente são as únicas competências de que eles precisam para o desempenho da equipe. Sem dúvida nenhuma, os membros precisam receber orientações explícitas sobre as habilidades necessárias para trabalhar bem em equipe.

INOVAÇÃO EM AÇÃO 9.1

Ambiente organizacional para inovação na Google

A Google parece ter aprendido algumas lições com outras organizações inovadoras, como a 3M. A empresa espera que os funcionários técnicos dediquem cerca de 20% do seu tempo a projetos além da sua função principal, e os gerentes também são obrigados a dedicar 20% do seu tempo a projetos externos ao seu negócio principal, sendo 10% a produtos e negócios completamente novos. Esse esforço dedicado a novos negócios alheios ao principal não é alocado uniformemente a cada mês ou semana, mas quando possível ou necessário. São obrigações contratuais, reforçadas por análises de desempenho e pressão dos pares, e fundamentais para as 25 medidas e metas diferentes dos funcionários. As ideias avançam por um processo de qualificação formal, que inclui prototipagem, pilotos e testes com usuários reais. A avaliação de novas ideias e projetos é altamente orientada por dados e agressivamente empírica, o que reflete a base de TI da empresa, e se baseia em experimentos rigorosos em painéis de 300 funcionários usuários, segmentos dos 132 milhões de usuários do Google e terceirizados de confiança. A abordagem é essencialmente evolucionária, no sentido de que muitas ideias são incentivadas, a maioria fracassa, mas algumas têm sucesso, dependendo da resposta do mercado. A geração e o teste de mercado de muitas alternativas e a tolerância ao fracasso (rápido) são fundamentais para o processo. Dessa forma, a empresa afirma que gera cerca de 100 novos produtos ao ano, incluindo sucessos retumbantes como Gmail, AdSense e Google News.

Contudo, é preciso tomar cuidado para discernir causa e efeito e determinar quanto disso pode ser transferido para outras empresas e contextos. O sucesso da Google até o momento depende do domínio da demanda global por serviços de busca usando um investimento sem precedentes em infraestrutura tecnológica, estimada em mais de um milhão de computadores. O modelo de negócio se baseia em "primeiro onipresença, depois receitas" e ainda depende da publicidade baseada em buscas. As receitas geradas dessa maneira permitiram que a empresa contratasse os melhores quadros e criou o espaço e a motivação para inovar. Apesar disso, estima-se que ela ainda tenha apenas cerca de 120 ofertas de produto, e os sucessos mais recentes foram todos aquisições: YouTube (conteúdo de vídeo), DoubleClick (publicidade na Internet) e Keyhole (mapeamento; atual Google Earth). Nesse sentido, a empresa lembra mais a Microsoft do que a 3M.

Fonte: Iyer B. and T.H. Davenport (2008) Reverse engineering Google's innovation machine, *Harvard Business Review,* **April**, 58–68.

Contexto e ambiente

O **ambiente** é definido como os padrões recorrentes de comportamento, atitudes e sentimentos que caracterizam a vida dentro de uma organização. Juntos, definem objetivamente as percepções compartilhadas que caracterizam a vida dentro de uma unidade de trabalho definida ou na organização como um todo. Ambiente é diferente de cultura, pois é mais observável dentro da organização em um plano mais superficial, e é mais suscetível a mudanças e tentativas de melhoria. A **cultura** se refere a valores, normas e crenças mais profundos e duradouros dentro da organização. Ambiente e cultura são, de fato, diferentes: tradicionalmente, estudos sobre cultura organizacional são mais qualitativos, enquanto pesquisas sobre ambiente organizacional são mais quantitativas, mas uma abordagem multidimensional ajuda a integrar os benefícios das duas perspectivas. O fundamental é que haja um conjunto sensato de alavancas de mudança sobre as quais os líderes possam exercer influência direta e deliberada.

A Tabela 9.3 resume os achados de algumas pesquisas sobre como o ambiente influencia a inovação. Diversas dimensões ambientais parecem influenciar a inovação e o empreendedorismo, mas aqui discutiremos seis dos fatores mais críticos.

Confiança e franqueza

A dimensão de confiança e de franqueza se refere à segurança emocional em relacionamentos. Relacionamentos são considerados seguros quando as pessoas são vistas como competentes e partilhando de um conjunto de valores em comum. Quando há um alto nível de confiança, todos na empresa são incentivados a expressar suas ideias e opiniões. Iniciativas podem ser tomadas sem medo de represálias e ridicularização em caso de fracasso. A comunicação é aberta e objetiva. Quando não há confiança, geralmente há grandes despesas por conta de

TABELA 9.3 Fatores ambientais que influenciam a inovação

Fator ambiental	Maior índice de inovação (escore)	Menor índice de inovação (escore)	Diferença
Confiança e franqueza	253	88	165
Desafio e envolvimento	260	100	160
Apoio e espaço para inovação	218	70	148
Conflito e debate	231	83	148
Aceitação de riscos	210	65	145
Liberdade	202	110	92

Fonte: Derivado para Isaksen S. and J. Tidd (2006) *Meeting the Innovation Challenge*, Chichester: John Wiley & Sons Ltd.

erros que podem ocorrer. As pessoas também temem ser exploradas e ter suas boas ideias roubadas.

Quando a confiança e a franqueza são muito pequenas, é comum encontrar pessoas escondendo recursos (como informação, software, materiais etc.). Entretanto, a confiança pode imobilizar e cegar. Se a confiança e a franqueza forem elevadas demais, relacionamentos podem ser tão fortes que o tempo e os recursos disponíveis no trabalho acabam sendo despendidos em questões pessoais. Isso também pode levar a uma falta de questionamentos mútuos que, por sua vez, pode acarretar em perdas ou resultados menos produtivos. Pode ainda haver a formação de "panelinhas" quando há bolsões isolados de alta confiança. Nesse caso, o desenvolvimento de fóruns para troca de informações e ideias entre departamentos e grupos pode ser útil.

Desafio e envolvimento

O desafio e o envolvimento dizem respeito ao quanto as pessoas estão comprometidas em operações diárias, objetivos de longo prazo e visões. Altos níveis de desafio e envolvimento significam que as pessoas estão intrinsecamente motivadas e comprometidas para contribuir com o sucesso da organização. O ambiente possui uma qualidade dinâmica, elétrica e inspiradora. Contudo, se o desafio e o envolvimento forem altos demais, pessoas podem dar sinais de estarem exaustas, incapazes de cumprir as metas e objetivos do projeto ou passando tempo demais no trabalho. Se forem baixos demais, as pessoas podem parecer entediadas, geralmente desinteressadas em seu desenvolvimento profissional ou frustradas quanto a seu futuro na organização. Uma maneira de melhorar essa situação pode ser convocar as pessoas a interpretarem a visão, a missão, os objetivos e as metas da empresa por si mesmas e dentro de suas equipes.

Apoio e espaço para inovação

Tempo de ideia é a quantidade de tempo que as pessoas podem usar, e de fato usam, para elaborar inovações. Quando há um longo tempo de ideia, abrem-se possibilidades para discutir e testar impulsos e sugestões novas que não são planejadas ou incluídas na atribuição de tarefas, e as pessoas tendem a usar essas possibilidades. Quando o tempo de ideia é curto, cada minuto é ocupado e especificado. Quando há tempo e espaço insuficientes para a geração de novas ideias, pode-se observar que as pessoas ficam preocupadas apenas com seus projetos e tarefas momentâneos. Por outro lado, se houver tempo e espaço demais para novas ideias, pode-se observar que as pessoas passam a apresentar sinais de tédio, e as decisões são tomadas em um processo lento e burocrático.

Conflito e debate

O conflito dentro de uma organização refere-se à presença de tensões pessoais, interpessoais ou emocionais. Embora o conflito tenha uma dimensão negativa, todas as organizações possuem algum nível de tensão pessoal. Os conflitos podem surgir em torno de tarefas, processos ou relacionamentos. Conflitos sobre tarefas concentram-se em discordâncias sobre os objetivos e o conteúdo do trabalho, "o que" precisa ser feito e "por quê". Os conflitos sobre processos giram em torno de "como" cumprir a tarefa, seus meios e métodos. Conflitos de relacionamento ou afetivos são mais emocionais e caracterizados por hostilidade e ira. Em geral, certo nível de conflito sobre a tarefa e o processo é construtivo, evitando a preponderância de pensamento de manada e instigando opiniões mais diversas e estratégias alternativas. Entretanto, conflitos sobre tarefas e processos melhoram o desempenho apenas em um ambiente de abertura e comunicação colaborativa; do contrário, podem se degenerar até se tornarem conflitos de relacionamento ou evitação.

Os conflitos de relacionamento normalmente são desgastantes e destrutivos, pois as disputas emocionais geram ansiedade e hostilidade. Quando o nível de conflito é muito alto, grupos e indivíduos não se gostam, ou se odeiam, e o ambiente pode ser caracterizado como "bélico". Tramas e armadilhas são comuns na vida da organização. Fofocas e alfinetadas acontecem o tempo todo. Pode-se observar mexericos pelos corredores (incluindo ataques pessoais), ocultamento de informações, agressões abertas e pessoas mentindo ou exagerando suas reais necessidades. Nesses casos, pode ser preciso tomar a iniciativa e promover a cooperação entre indivíduos ou departamentos vitais.

O objetivo não é necessariamente minimizar o conflito e maximizar o consenso, mas manter um nível de debate construtivo condizente com a necessidade de diversidade e uma gama de diferentes preferências e estilos criativos de resolução de problemas. Grupos cujos membros apresentam preferências criativas e estilos de resolução de problemas semelhantes tendem a ser mais harmoniosos, mas menos eficazes do que aqueles em que há heterogeneidade em preferências e estilos. Assim, se o nível de conflito for construtivo, as pessoas se comportam de uma maneira mais madura. Elas possuem consciência psicológica e exercem mais controle sobre seus impulsos e emoções.

INOVAÇÃO EM AÇÃO 9.2

Desafio e envolvimento crescentes em uma divisão de engenharia elétrica

A organização era uma divisão de uma grande empresa globalizada de suprimento de energia e produtos elétricos, com sede na França. A divisão estava localizada no sudeste dos Estados Unidos e tinha 92 funcionários. Seu interesse centrava-se em ajudar os clientes a automatizar seus processos, particularmente nas indústrias automotiva, farmacêutica, de microeletrônica e de alimentação e bebidas. Entre outras coisas, essa divisão fabricava robôs que montavam carros na indústria automotiva ou operavam sistemas de filtragem no setor público.

(Continua)

Quando tal divisão se fundiu com a empresa original, perdeu cerca de oito milhões de dólares por ano. Buscou-se um novo gerente-geral para reorganizar a divisão e torná-la rentável a curto prazo.

Uma avaliação do ambiente organizacional constatou que ela era mais forte na dimensão de debate, mas muito próxima a níveis de estagnação quando se tratava de desafio e envolvimento, aspectos lúdicos e humor e conflitos. Os resultados da avaliação qualitativa e quantitativa eram consistentes com sua própria impressão de que a divisão poderia ser caracterizada como direcionada por conflitos, descompromissada com a produção de resultados e um desânimo geral entre as pessoas. A diretoria decidiu, após alguma discussão, que deveria priorizar a questão de desafio e envolvimento, o que era consistente com sua ênfase estratégica em uma iniciativa global centrada no comprometimento dos funcionários. Também estava claro que era preciso "suavizar" o ambiente da empresa, introduzindo um clima mais ameno, acolhedor, comunicativo e expressivo.

A equipe de gestão restabeleceu o treinamento e o aperfeiçoamento, incentivando os funcionários a se engajarem em atividades de desenvolvimento de habilidades pessoais e profissionais. Também foi providenciado treinamento de segurança obrigatório para todos os empregados. Um maior nível de comunicação foi estimulado, ao se estabelecer reuniões gerais mensais, distribuir boletins trimestrais de desempenho e manter sessões de revisão de estratégias interfuncionais. Foram implementados encontros obrigatórios entre níveis diferenciados para permitir maior interação direta entre gerentes seniores e empregados de todos os escalões. O gerente-geral realizou reuniões de 15 minutos com todos os funcionários pelo menos uma vez por ano. As sugestões e recomendações por parte dos funcionários foram incentivadas e foi solicitado que os gerentes reagissem a elas rapidamente. Um novo programa mensal de reconhecimento e premiações foi lançado na divisão, tanto para gerentes como para funcionários, com base em indicação por colegas. A equipe de gerentes estabeleceu equipes de revisão de funcionários para desafiar e produzir as declarações, na expectativa de promover maior responsabilização e participação na direção estratégica do negócio como um todo.

Em 18 meses, a divisão apresentou um retorno de US$7 milhões, e em 2003 recebeu um prêmio de reconhecimento mundial pela inovação. O gerente-geral foi promovido para um cargo de âmbito nacional.

Fonte: Isaksen, S. and J. Tidd (2006) *Meeting the Innovation Challenge*, Chichester: John Wiley & Sons Ltd.

Aceitação de riscos

A tolerância à incerteza e à ambiguidade faz parte da decisão de assumir riscos. Em um cenário de alto risco, iniciativas novas e arrojadas podem ser tomadas mesmo quando seus resultados são incertos. Assim, as pessoas sentem-se como se pudessem "apostar" em algumas de suas ideias. Com frequência, elas "arriscam tudo" e serão as primeiras a propor uma ideia. Em um ambiente em que os riscos são evitados, há uma mentalidade cautelosa e hesitante. As pessoas tentam não se arriscar. Estabelecem comissões e se protegem de muitas maneiras antes de tomar qualquer decisão. Quando a aceitação de riscos é baixa demais, os colaboradores apresentam poucas ideias novas ou poucas ideias que fujam àquilo que é considerado seguro e conhecido. Em empresas em que se evitam riscos, as pessoas reclamam de seus trabalhos aborrecidos e sem graça e sentem-se frustradas pelo longo e tedioso processo utilizado para transformar ideias em ação.

Liberdade

A liberdade é definida como a independência de comportamento exercida por pessoas em uma organização. Em um ambiente dotado de bastante liberdade, permite-se que as pessoas tenham autonomia para definir boa parte daquilo que realizam. São capazes de exercer escolhas em suas atividades diárias e têm a iniciativa para adquirir e compartilhar informações, fazer planos e tomar decisões sobre suas tarefas. Quando não há liberdade suficiente, as pessoas demonstram pouca iniciativa para sugerir novas e melhores formas de fazer as coisas. Podem despender bastante tempo e energia obtendo permissão e ganhando apoio, ou desempenhando todas as suas tarefas "de acordo com o manual". Quando há um excesso de liberdade, observa-se que as pessoas seguem suas próprias direções independentes e passam a ter uma preocupação desmedida com elas mesmas, em vez de canalizarem a energia para o trabalho em equipe ou para a organização.

Resumo do capítulo

- A liderança e a organização da inovação exigem mais do que um conjunto de processos, ferramentas e técnicas, e a prática bem-sucedida da inovação exige a interação e a integração de três diferentes níveis de gestão: individual, coletiva e ambiental.

- No nível pessoal ou individual, o segredo é encontrar estilos de liderança que correspondam aos requisitos da tarefa e ao tipo de equipe. Os requisitos de liderança gerais para projetos inovadores incluem: conhecimento especializado e experiência relevantes para o projeto; articulação de uma visão e comunicação inspiracional; estímulo intelectual; e qualidade das trocas entre líderes e membros (LMX).

- No nível coletivo ou social, não existe uma melhor prática universal, mas as equipes bem-sucedidas exigem objetivos claros, comuns e superiores, compromisso unificado, conhecimento especializado interfuncional, ambiente colaborativo, apoio e reconhecimento externos e participação na tomada de decisão.

- No nível contextual ou ambiental, não existe uma cultura de inovação melhor do que todas as outras. A inovação é promovida ou prejudicada por diversos fatores, incluindo abertura e franqueza, desafio e envolvimento, apoio e espaço para ideias, conflito e debate, aceitação de riscos e liberdade.

Glossário

Ambiente Padrões recorrentes de comportamento, atitudes e sentimentos que caracterizam a vida dentro de uma organização. Juntos, definem objetivamente as percepções compartilhadas que caracterizam a vida dentro de uma unidade de trabalho definida ou na organização como um todo. Ambiente é diferente de cultura, pois é mais observável dentro da organização, em um plano mais superficial, e é mais suscetível a mudanças e tentativas de melhoria.

Cultura Valores, normas e crenças mais profundos e duradouros dentro da organização.

Equipe Sugere uma combinação de indivíduos que trabalham juntos em busca de um objetivo em comum.

Escala de Adaptação-Inovação de Kirton (KAI) Uma abordagem psicométrica para mensurar a criatividade de um indivíduo. Por meio de uma bateria de perguntas, ela procura identificar as atitudes de um indivíduo em termos de originalidade, atenção a detalhes e propensão a seguir regras. Busca distinguir o estilo "adaptativo" do "inovador".

Grupo Simplesmente um agrupamento de pessoas em proximidade.

Inovação conjunta A combinação e interação de dois ou mais empreendedores com capacidades diversas para criar uma nova tecnologia, produto, serviço ou empreendimento.

Teoria dos escalões superiores Afirma que a escolaridade, a experiência, a personalidade e os valores do líder influenciam o modo como ele enfoca e interpreta os desafios que enfrenta e, logo, suas decisões.

Questões para discussão

1. Quais são as principais semelhanças, diferenças e relações entre empreendedorismo e inovação?
2. Por que o estilo criativo de um indivíduo é mais importante do que qualquer avaliação de criatividade absoluta?
3. Quais são as influências relevantes das características de um indivíduo e de seu cenário ou contexto sobre o empreendedorismo?
4. Qual é a diferença entre cultura e ambiente e por que essa distinção é de vital importância para a inovação e o empreendedorismo?
5. Quais fatores contribuem para o desenvolvimento de um ambiente criativo e quais fatores o impedem?

Fontes e leituras recomendadas

As relações entre liderança, inovação e renovação organizacional são abordadas de forma mais detalhada em *Meeting the Innovation Challenge: Leadership for Transformation and Growth*, de Scott Isaksen e Joe Tidd (John Wiley & Sons Ltd, 2006).

Muitos livros e artigos analisam aspectos específicos da inovação organizacional. Por exemplo, sobre o desenvolvimento de ambientes criativos, Lynda Gratton, *Hot Spots: Why Some Companies Buzz with Energy and Innovation, and Others Don't* (Prentice Hall, 2007); sobre trabalho em equipe, T. DeMarco e T. Lister, *Peopleware: Productive Projects and Teams* (Dorset House, 1999); R. Katz, *The Human Side of Managing Technological Innovation* (Oxford University Press, 2003) é um conjunto excelente de leituras; e *The Innovation Journey* (Oxford University Press, 2008), de Andrew Van de Ven, Douglas Polley e Raghu Garud oferece uma análise abrangente de um estudo fundamental do campo, incluindo uma discussão sobre questões individuais, grupais e organizacionais. *High Involvement Innovation* (John Wiley & Sons Ltd, 2003), de John Bessant, analisa em detalhes o envolvimento dos funcionários e como potencializar a participação na inovação.

Estudos de caso sobre organizações inovadoras se concentram em muitas das questões destacadas neste capítulo. Bons exemplos incluem *The 3M Way to Innovation: Balancing People and Profit* (Kodansha International, 2000), de Ernest Gundling, e *Corning and the Craft of Innovation* de Margaret Graham e Alec Shuldiner (Oxford University Press, 2001).

Referências

1. Kaplan, J.M. and A.C. Warren (2013) *Patterns of Entrepreneurship*, 4th edn, Hoboken, NJ: John Wiley & Sons, Inc.
2. Roberts, E.B. (1991) *Entrepreneurs in High Technology: Lessons from MIT and Beyond*, Oxford: Oxford University Press.
3. Roberts, E.B. (1991) *Entrepreneurs in High Technology: Lessons from MIT and Beyond*, Oxford: Oxford University Press.
4. Mueller, S.L. and A.S. Thomas (2001) Culture and entrepreneurial potential: A nine country study of locus of control and innovativeness, *Journal of Business Venturing*, **16**(1): 51–75; Robichaud, Y., E. McGraw and A. Roger (2001) Towards development of a measuring instrument for entrepreneurial motivation, *Journal of Developmental Entrepreneurship*, **5**(2): 189–202; Shane, S. and S. Venkataraman (2000) The

promise of entrepreneurship as a field of research, *Academy of Management Review*, **25**: 217–26; Georgelli, Y.P., B. Joyce and A. Woods (2000) Entrepreneurial action, innovation and business performance, *Journal of Small Business and Enterprise Development*, **7**(1): 7–17; Gartner, W.B. (1988) Who is an entrepreneur is the wrong question, *Entrepreneurship Theory and Practice*, **13**(1): 47–64.

5. Sarason, Y., T. Dean and F. Dillard (2006) Entrepreneurship as the nexus of individual and opportunity, *Journal of Business Venturing*, **21**: 286–305; Feldman, D.C. and M.C. Bolino (2000) Career patterns of the self-employed, *Journal of Small Business Management*, **38**(3): 53–68.

6. Harding, R. (2007) *GEM: Global Entrepreneurship Monitor*, London: London Business School; Storey, D. and B. Tether (1998) New technology-based firms in the European Union, *Research Policy*, **26**: 933–46.

7. Bowman, E.H. and C.E. Helfat (2001) Does corporate strategy matter? *Strategic Management Journal*, **22**: 1–23.

8. Mann, R.D. (1959) A review of the relationships between personality and performance in small groups, *Psychological Bulletin*, **56**: 241–70.

9. Connelly, M.S., J.A. Gilbert, S.J. Zaccaro *et al.* (2000) Exploring the relationship of leader skills and knowledge to leader performance, *The Leadership Quarterly*, **11**: 65–86; Zaccaro, S.J., J.A. Gilbert, K.K. Thor and M.D. Mumford (2000) Assessment of leadership problem-solving capabilities, *The Leadership Quarterly*, **11**: 37–64.

10. Farris, G.F. (1972) The effect of individual role on performance in creative groups, *R&D Management*, **3**: 23–8; Ehrhart, M.G. and K.J. Klein (2001) Predicting followers' preferences for charismatic leadership: The influence of follower values and personality, *Leadership Quarterly*, **12**: 153–80.

11. Scott, S.G. and R.A. Bruce (1994) Determinants of innovative behavior: A path model of individual innovation in the workplace, *Academy of Management Journal*, **37**(3): 580–607.

12. Amabile, T.M., E.A. Schatzel, G.B. Moneta and S.J. Kramer (2004) Leader behaviors and the work environment for creativity: Perceived leader support, *Leadership Quarterly*, **15**(1): 5–32.

13. Rafferty, A.E. and M.A. Griffin (2004) Dimensions of transformational leadership: Conceptual and empirical extensions, *Leadership Quarterly*, **15**(3): 329–54.

14. Mumford, M.D., S.J. Zaccaro, F.D. Harding *et al.* (2000) Leadership skills for a changing world: Solving complex social problems, *Leadership Quarterly*, **11**: 11–35.

15. Rafferty, A.E. and M.A. Griffin (2004) Dimensions of transformational leadership: Conceptual and empirical extensions, *Leadership Quarterly*, **15**(3): 329–54.

16. Pinto, J. and D. Slevin (1989) Critical success factors in R&D projects. *ResearchTechnology Management*, **32**: 12–18; Podsakoff, P.M., S.B. Mackenzie, J.B. Paine and D.G. Bachrach (2000) Organizational citizenship behaviors: A critical review of the theoretical and empirical literature and suggestions for future research, *Journal of Management*, **26**(3): 513–63.

17. West, M.A., C.S. Borrill, J.F. Dawson *et al.* (2003) Leadership clarity and team innovation in health care, *Leadership Quarterly*, **14**(4–5): 393–410.

18. Andrews, F.M. and G.F. Farris (1967) Supervisory practices and innovation in scientific teams, *Personnel Psychology*, **20**: 497–515; Barnowe, J.T. (1975) Leadership performance outcomes in research organizations, *Organizational Behavior and Human Performance*, **14**: 264–80; Elkins, T. and R.T. Keller (2003) Leadership in research and development organizations: A literature review and conceptual framework, *Leadership Quarterly*, **14**: 587–606.

19. Keller, R.T. (1992) Transformational leadership and performance of research and development project groups, *Journal of Management*, **18**: 489–501.

20. Berson, Y. and J.D. Linton (2005) An examination of the relationships between leadership style, quality, and employee satisfaction in R&D versus administrative environments, *R&D Management*, **35**(1): 51–60.
21. Denti, L. and S. Hemlin (2012) Leadership and innovation in organizations: A systematic review of factors that mediate or moderate the relationship, *International Journal of Innovation Management*, **16**(3): 1–20.
22. Peters, T. (1988) *Thriving on Chaos*, Free Press, New York.
23. Forrester, R. and A. Drexler (1999) A model for team-based organization performance, *Academy of Management Executive*, **13**(3): 36–49; Conway, S. and R. Forrester (1999) *Innovation and Teamworking: Combining Perspectives through a Focus on Team Boundaries*, Birmingham: University of Aston Business School.
24. Thamhain, H. and D. Wilemon (1987) Building high performing engineering project teams, *Transactions on Engineering Management*, **34**(3): 130–37.
25. Bixby, K. (1987) *Superteams*, London: Fontana.
26. Holti, R., J. Neumann and H. Standing (1995) *Change Everything at Once: The Tavistock Institute's Guide to Developing Teamwork in Manufacturing*, London: Management Books 2000.
27. Tranfield, D., I. Parry, S. Wilson *et al.* (1998) Teamworked organizational engineering: Getting the most out of teamworking, *Management Decision*, **36**(6): 378–84.
28. Jassawalla, A. and H. Sashittal (1999) Building collaborative cross-functional new product teams, *Academy of Management Executive*, **13**(3): 50–3.
29. DTI (1996) *UK Software Purchasing Survey*, London: Department of Trade and Industry.
30. Van Beusekom, M. (1996) *Participation Pays! Cases of Successful Companies with Employee Participation*, The Hague: Netherlands Participation Institute.
31. Tuckman, B. and N. Jensen (1977) Stages of small group development revisited, *Group and Organizational Studies*, **2**: 419–27.
32. Belbin, M. (2004) *Management Teams: Why They Succeed or Fail*, London: Butterworth-Heinemann.
33. Smith, P. and E. Blanck (2002) From experience: Leading dispersed teams, *Journal of Product Innovation Management*, **19**: 294–304.
34. Prester, J. and M.G. Bozac (2012) Are innovative organizational concepts enough for fostering innovation? *International Journal of Innovation Management*, **16**(1): 1–23.
35. Isaksen, S. and J. Tidd (2006) *Meeting the Innovation Challenge: Leadership for Transformation and Growth*, Chichester: John Wiley & Sons Ltd.
36. Hackman J.R. (ed.) (1990) *Groups that Work (And Those that Don't): Creating Conditions for Effective Teamwork*, San Francisco: Jossey-Bass.

Capítulo

10

Explorando redes

OBJETIVOS DE APRENDIZAGEM

Depois de ler este capítulo, você compreenderá:

- como as redes auxiliam no processo de inovação, ao aumentarem o alcance e a escala da interação entre conhecimentos;
- como diferentes tipos de redes podem contribuir para o processo;
- como redes eficazes podem ser criadas e operadas;
- como fatores como a globalização e o surgimento de infraestruturas da Internet estão redefinindo um modelo de inovação cada vez mais baseado em redes.

Nenhum homem é uma ilha...

No tempo das cavernas, sair para jantar não era tão simples como nos dias de hoje. Para começar, havia as pequenas dificuldades de coletar raízes, frutas e sementes, ou, para os mais aventureiros, de caçar e (com sorte) capturar um mamute para fazer o ensopado. Carne crua não é exatamente um alimento apetitoso e de fácil digestão, então cozinhá-la ajuda bastante; mas, para isso, é preciso fogo, e para isso é preciso lenha, sem falar em panelas e utensílios. Se qualquer indivíduo tentasse desempenhar todas essas tarefas sem qualquer ajuda, morreria de exaustão, e não de fome! O conceito pode ser aperfeiçoado, mas uma coisa é clara: pôr comida na mesa, assim como a maioria das atividades humanas, depende de outras pessoas. Não se trata apenas de dividir a carga de trabalho; para grande parte das atividades atuais, o segredo reside na criatividade compartilhada, na resolução conjunta de problemas e na exploração das diversas habilidades e experiências que diferentes pessoas possuem, e que podem compartilhar com o grupo.

É comum que se pense em inovação como uma atividade solitária: o gênio isolado, confinado em um sótão ou deitado no banho, ao estilo de Arquimedes, antes do momento de inspiração em que sai correndo pelas ruas, proclamando sua descoberta, aos gritos de "Eureca!". Embora essa seja uma imagem comum, ela está muito distante da realidade. Levar qualquer boa ideia inovadora adiante depende de todo tipo de insumo vindo de diferentes pessoas e perspectivas.

O avanço tecnológico que fabrica uma ratoeira mais eficaz, por exemplo, só tem significado se as pessoas tomarem conhecimento dele e forem persuadidas de que se trata de algo que elas não podem continuar a viver sem, o que exige todos os tipos de insumos de capacidade de marketing disponível. Viabilizar essa conquista exige, por sua vez, capacidade de fabricação, de busca por peças e componentes para fazê-lo, bem como controle de qualidade do produto final. Nada disso acontece sem recursos financeiros, de modo que outras habilidades para acessar verbas (e a compreensão de como empregá-las adequadamente) são de suma importância. E a coordenação dos inúmeros recursos necessários para fazer da ratoeira uma realidade bem-sucedida, em vez de apenas um sonho distante, exige a mobilização de competências gerenciais de projeto, equilibrando os recursos em relação aos prazos e permitindo que a equipe encontre e solucione os milhares de pequenos problemas que surgirão ao longo do processo.

A inovação não é um ato solitário, mas sim um jogo de múltiplos participantes. Seja um empreendedor que encontra uma oportunidade, uma organização já estabelecida tentando renovar seus produtos e serviços ou melhorar seus processos, fazer com que a inovação aconteça depende do trabalho de diferentes participantes. Isso envolve questões como trabalho em equipe, reunindo pessoas diferentes de maneira produtiva e criativa dentro de uma organização, tema que discutimos no Capítulo 9. Mas cada vez mais se trata de conexões *entre* organizações, desenvolvendo e fazendo uso de **redes** cada vez mais amplas. As empresas inteligentes e os empreendedores solitários sempre reconheceram a importância de ligações e conexões, aproximando-se de clientes ou consumidores para melhor compreender suas necessidades, cooperando com fornecedores para que disponibilizem soluções inovadoras, criando vínculos com colaboradores, centros de pesquisa e até concorrentes com vistas à construção e operação de sistemas em inovação. Mas em tempos de operações globalizadas e de infraestruturas tecnológicas de alta velocidade, povoadas por pessoas com grande capacidade de mobilização, construir e gerenciar redes e conexões tornou-se *a* exigência vital para a inovação. Não se trata tanto de criação de conhecimento, e sim de *fluxos* de conhecimento. Até mesmo os grandes nomes da pesquisa e desenvolvimento, como Siemens ou GlaxoSmithKline, perceberam que não podem dar conta de todos os campos de conhecimento de que precisam; em vez disso, estão procurando organizar redes abrangentes de relacionamentos com outros participantes, em todo o globo.

A formação de redes é importante em todo o espaço de inovação – desde encontrar oportunidades e reunir os recursos para desenvolver o empreendimento até transformá-lo em realidade, difundir a ideia e capturar o valor no final do processo. A ideia do empreendedor solitário, capaz de fazer tudo isso por conta, é um mito; montar novos empreendimentos depende da obtenção de diversos tipos de insumos, de muitas pessoas diferentes e da gestão dessa equipe em uma rede.

Este capítulo explora alguns temas surgidos em torno da questão da inovação como um jogo de múltiplos jogadores baseado em redes. É claro que, no século XXI, esse jogo está sendo disputado em um vasto cenário mundial, mas com o auxílio de uma tecnologia de redes subjacente (a Internet) que diminui as distâncias, posiciona lugares distantes lado a lado, a um só tempo, e abre possibilidades de colaboração cada vez mais promissoras. Entretanto, só porque dispomos de tecnologia para criar e habitar uma aldeia global não significa, necessariamente, que seremos capazes de fazê-lo; o principal desafio, como veremos mais adiante, reside em organizar e gerenciar redes de modo que funcionem. Em vez de simplesmente constituir-se na aglutinação de diferentes pessoas e empresas, as redes bem-sucedidas possuem o que chamamos de **propriedades emergentes**, ou seja, o todo é maior que a soma das partes.

O modelo espaguete de inovação

Como mostramos no Capítulo 1, a inovação é um processo central, com uma estrutura definida e inúmeras influências. Isso é útil em termos de simplificação do quadro em alguns estágios bem-definidos e de reconhecimento de fatores essenciais com os quais teremos de lidar se nos propusermos a gerenciar o processo de maneira eficaz. Porém, como em qualquer simplificação, o modelo está longe de ser tão complexo quanto a própria realidade. A Figura 10.1 ilustra essa complexidade.

Enquanto nosso modelo funciona como um panorama aéreo do que está acontecendo e do que precisa ser gerenciado, uma foco mais de perto pode se assemelhar mais com a figura à direita. As formas em que o conhecimento efetivamente circula em torno de um projeto em inovação são complexas e interativas, entrelaçadas em uma espécie de espaguete social, em que diferentes pessoas se comunicam entre si de formas diversas, com frequência variável e sobre coisas diferentes.

Essa interação complexa gira em torno do *conhecimento* e de modo como ele circula, se combina e se posiciona para promover a inovação. Quer se trate de um empreendedor construindo uma rede de trabalho para ajudá-lo a difundir

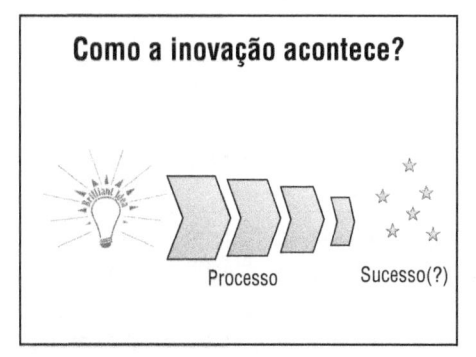

FIGURA 10.1 O modelo espaguete de inovação.

sua nova geringonça no mercado ou de uma empresa como a Apple lançando a última geração do iPhone, o processo envolve a construção e o gerenciamento de redes de conhecimento. À medida que a inovação se torna mais complexa, também as redes têm de envolver um número crescente de participantes, muitos dos quais se encontram fora da empresa. Quando se lida com projetos de grande complexidade, como a construção de uma nova aeronave ou hospital, o número de participantes e os desafios de gerenciamento que as redes impõem se tornam consideravelmente vastos. Há também a complicação de que as redes de trabalho com que temos de lidar estão se tornando cada vez mais virtuais, um conjunto de recursos humanos rico e global, distribuído e conectado por tecnologias facilitadoras da Internet, de banda larga e de comunicações de telefonia celular e compartilhamento de redes de computadores.

A inovação e o empreendedorismo estão evoluindo: séculos atrás, o inventor/empreendedor solitário era o principal participante, mas no último século, as grandes corporações passaram a dominar a paisagem. Hoje, as tecnologias de comunicação e processamento de informações estão criando um mundo massivamente interconectado e distribuído globalmente em rede, o que dá origem a uma abordagem totalmente diferente.

Essa tendência de conexão em redes é algo que Roy Rothwell, que foi por muitos anos pesquisador na Unidade de Pesquisas sobre Políticas Científicas da Universidade de Sussex, anteviu em seu trabalho pioneiro sobre modelos de inovação, prevendo a migração gradual de um enfoque (e organização) de um empurrão científico/tecnológico linear ou um puxão pela demanda para um enfoque que prevê maior interatividade.[1] Primeiramente, isso ocorre por toda a empresa, com equipes interdepartamentais e outras atividades de cooperação entre setores. Em seguida, o fenômeno sai cada vez mais da empresa por meio de ligações com agentes externos. A visão da "quinta geração" da inovação de Rothwell é basicamente aquela em que hoje precisamos operar, com inúmeras e diversas conexões de rede aceleradas e facilitadas por um conjunto intensivo de tecnologias de informação e comunicação (Tabela 10.1).

TABELA 10.1 As cinco gerações de modelos da inovação de Rothwell

Geração	Características principais
Primeira/segunda	Modelos lineares simples (puxão da necessidade, empurrão da tecnologia)
Terceira	Modelo de pareamento, reconhecendo a interação entre diferentes elementos e ciclos de feedback entre eles
Quarta	Modelo paralelo, integração dentro da empresa, para cima com principais fornecedores, e para baixo com clientes ativos e exigentes, ênfase em vínculos e alianças
Quinta	Integração de sistemas e redes de trabalho extensivas, resposta flexível e personalizada, inovação contínua

Tipos de redes de inovação

Se as redes estão se tornando o modo dominante de inovação e empreendedorismo, então seria útil começar com um entendimento claro dos termos que vamos utilizar. Uma rede pode ser definida como um sistema ou grupo interconectado complexo, e o trabalho em rede envolve a utilização desse sistema com vistas à execução de tarefas específicas. Conforme dito anteriormente, a inovação sempre foi um jogo de múltiplos participantes e há cada vez mais maneiras de tal interação ocorrer. Em sua forma menos sofisticada, o trabalho em rede ocorre de maneira informal quando pessoas se juntam para compartilhar ideias, como se fossem um subproduto de suas interações laborais e sociais. Concentraremos nossa atenção nas operações em rede mais formais, que são organizadas intencionalmente com a finalidade de fomentar a inovação, seja na criação de um novo produto ou serviço ou na aprendizagem da aplicação efetiva de algum novo conceito de processo dentro da organização.

As redes de inovação são mais do que meras formas de combinar e explorar conhecimentos dentro de um mundo complexo. Elas também podem conter propriedades emergentes. Situar-se em uma rede de inovação eficaz pode resultar em uma série de vantagens que vão além da eficiência do conhecimento coletivo mencionado anteriormente. Isso inclui o acesso a conjuntos de saberes distintos e complementares, redução de riscos por meio do seu compartilhamento, acesso a novos mercados e tecnologias e agregação de competências e ativos complementares. Sem tais redes, seria quase impossível para o inventor solitário levar sua ideia de maneira eficaz ao mercado. Essa também é uma das principais razões que levam empresas estabelecidas a buscarem cada vez mais cooperação e alianças: para estenderem seu acesso a esses recursos inovadores fundamentais.

A Tabela 10.2 oferece alguns exemplos de diferentes tipos de rede na inovação. Exploramos o tema em mais detalhes na próxima seção.

Redes de empreendedores

A ideia do inventor solitário trilhando seu próprio caminho para o sucesso de mercado não passa de um mito, a começar pelo grande esforço e pelos diferentes recursos necessários para viabilizar a inovação. Embora ideias individuais, paixão e energia sejam elementos essenciais, a maioria dos empreendedores bem-sucedidos reconhece a necessidade de intensas atividades em redes para coletar recursos de que necessitam, por meio de complexas redes de relacionamentos. Eles são altamente eficazes no gerenciamento de tais redes, tanto em sua construção como em sua manutenção com vistas à construção de um modelo de negócio sustentável.

Quando analisamos casos de novas empresas guiadas por empreendedores, logo se torna possível enxergar na sua evolução o crescimento das redes. Exemplo disso é a história do rádio a corda (Lifeline Energy): uma ótima ideia e uma invenção interessante exigiram uma rede bastante ampla de finanças, logística, distribuição, marketing e produção para que tivesse escalabilidade e sustentabilidade. Ou a Autonomy, de Mike Lynch: outra ideia tecnológica brilhante, que serve de base para uma organização de suma importância no mundo da gestão da informação, mas que começou com um processo de construção de redes,

TABELA 10.2	Tipos de redes de inovação
Tipo de rede	Características
Baseadas no empreendedor	Reúne diferentes recursos complementares que ajudam uma oportunidade a ser levada adiante. Frequentemente, é uma combinação formal e informal que depende de energia e entusiasmo dos empreendedores para conseguir pessoas interessadas em participar (e permanecer) na rede. Redes desse tipo oferecem alavancagem para se obter recursos-chave, mas também podem oferecer apoio e mentoria, como no caso dos clubes de empreendedores.
Equipes internas de projetos	Redes formais (e informais) de conhecimento e habilidades essenciais que podem ser agrupadas para ajudar a capacitar uma oportunidade de se seguir em frente. Basicamente semelhantes às redes de empreendedores, mas no interior de organizações estabelecidas. Podem enfrentar dificuldades por terem seus limites organizacionais internos entrecruzados.
Redes internas de empreendedores	Focado em acessar as ideias dos funcionários, esse modelo se acelerou com o uso de tecnologias online para permitir o uso de comunidades e concursos de inovação. Em geral, mobiliza temporariamente os funcionários em empreendimentos internos, ou seja, formando redes. Não é uma ideia nova, pois vem de duas tradições (o envolvimento dos funcionários e o empreendedorismo interno), mas as tecnologias sociais e de comunicação amplificaram a riqueza e o alcance.
Comunidades de prática	Redes que podem envolver participantes dentro e através de diferentes organizações; o que as une é uma preocupação compartilhada em relação a um aspecto particular ou área de conhecimento. Sempre foram importantes, mas com a ascensão da Internet, as comunidades online que compartilham ideias e aceleram a inovação (ex.: Linux, Mozilla e Apache) explodiram. As comunidades "offline" também são importantes (ex.: a emergência dos fab labs e "oficinas de tecnologia" como locais onde estão se formando redes em torno de novas ideias, como a impressão 3D, e o movimento maker).
Clusters espaciais	Redes formadas porque seus participantes se encontram próximos uns dos outros (por exemplo, na mesma região geográfica). O Vale do Silício é um bom exemplo de *cluster* que conta com a proximidade. O conhecimento circula entre os membros da rede, mas é muito incentivado pela proximidade geográfica e pela habilidade de comunicação entre integrantes mais importantes.
Redes setoriais	Redes que reúnem diferentes participantes porque compartilham um setor comum, e muitas vezes têm o propósito da inovação compartilhada para preservar a competitividade. São frequentemente organizadas por associações industriais ou comerciais em prol de seus membros. Possuem preocupações comuns em adotar e desenvolver boas práticas inovadoras entre agrupamentos de setores ou mercados de produtos.
Consórcio de desenvolvimento de novos produtos ou processos	Compartilha conhecimentos e perspectivas para criar e comercializar um conceito de novo produto ou processo (ex.: o consórcio Symbian (Sony, Nokia, Ericsson, Motorola e outros), que trabalha visando desenvolver um novo sistema operacional para celulares e PDAs).

(Continua)

TABELA 10.2	**Tipos de redes de inovação** *(Continuação)*
Tipo de rede	**Características**
Consórcio de desenvolvimento de novas tecnologias	Compartilha e aprende no âmbito de tecnologias recém-emergentes (ex.: os programas pioneiros de pesquisa de semicondutores nos EUA e no Japão, ou o consórcio de servidores BLADE organizado pela IBM, mas que envolve grandes participantes do setor no desenvolvimento de novas arquiteturas de servidores).
Padrões emergentes	Explora e estabelece padrões em torno de tecnologias inovadoras (ex.: o Motion Picture Experts Group (MPEG) trabalha em padrões de compressão de áudio e vídeo).
Aprendizagem na cadeia logística	Desenvolve e compartilha boas práticas de inovação e possível desenvolvimento de produtos comuns por meio de uma cadeia de valor (ex.: a iniciativa de SCRIA no campo aeroespacial britânico).
Redes de aprendizagem	Grupos de indivíduos e organizações que convergem para aprender sobre novas abordagens e utilizar suas experiências de aprendizagem compartilhadas.
Redes de inovação recombinante	Grupos intersetoriais que permitem a transferência de ideias e o trabalho em rede através de fronteiras
Redes de inovação aberta gerenciada	Partindo da ideia central de que "nem todo mundo que é inteligente trabalha para nós", as organizações estão cada vez mais tentando construir redes externas de forma planejada e sistemática. O propósito fundamental é amplificar seu acesso a ideias e recursos. Isso pode envolver a filiação a redes tradicionais ou exigir a construção de novas. Nesse espaço, há um papel crescente para mecanismos de "agenciamento" (indivíduos, software, etc.) que pode ajudar a formar conexões e apoiar o processo de construção de redes.
Redes de usuários	Estendendo a ideia anterior, essas redes pretendem se conectar a usuários como fonte de contribuições para inovações, não simplesmente como mercados passivos. Muitas vezes mobiliza uma abordagem de transmissão, usando *crowdsourcing* para abrir-se para grandes redes abertas. O problema é converter o interesse entre os usuários em uma atividade de cocriação duradoura e significativa.
Mercados de inovação	Uma versão extrema da abordagem de redes abertas e de usuários é comunicar amplamente as necessidades de inovação para se conectar com soluções em potencial no mercado. A Internet permitiu a emergência desses modelos ao estilo eBay para ideias, fomentando conexões com uma área ampla em resposta aos desafios comunicados. Esse modelo muitas vezes pode ser precursor para estabelecer uma rede administrada mais formal entre os principais participantes do mercado aberto.
Crowdfunding e novas abordagens de recursos	Outra extensão das ideias anteriores é mobilizar a multidão (*crowd*), não como fontes de ideias, mas de recursos e avaliações (ex.: sites como o Kickstarter permitem comentários e discussões em torno de novas ideias, além de oferecer uma plataforma para reunir os recursos e, muitas vezes, mobilizar o mercado inicial, em torno da inovação).

interligando-se com os principais participantes do mercado, capazes de fornecer os recursos e habilidades complementares de que a inovação precisava para se estabelecer (o caso é discutido em detalhes no Capítulo 12).

Hoje em dia, uma das empresas mais poderosas no mundo da eletrônica é a ARM, cujos *chips* se encontram em quase todos os telefones móveis e inúmeros outros dispositivos. A ARM hoje tem atuação global, mas foi derivada da Universidade de Cambridge nos anos 1980. A evolução da ARM não foi um feito solitário, mas sim a construção e desenvolvimento de uma rede complexa, com relações que atravessam fronteiras nacionais, setoriais e tecnológicas.

O trabalho em rede não é apenas uma maneira de gerar alavancagem para empreendedores que buscam acesso a recursos. Ele também oferece outras formas de apoio valioso, desde alguém para escutar nossas ideias até fontes de orientação e mentoria importantes. Um número crescente de clubes em rede, muitas vezes ligados a incubadoras de empreendedores, estão surgindo para aproveitar essa necessidade por redes de apoio.

Cruzamentos de fronteiras internas e comunidades de prática

"Se a empresa X soubesse o que a empresa X sabe..." Você pode substituir o X pelo nome de quase todas as grandes empresas da atualidade: Siemens, Philips, GSK, Citibank. Qualquer uma delas luta contra o paradoxo de que possui centenas ou milhares de pessoas espalhadas por suas organizações com todo o tipo de conhecimento. O problema é que, excluindo-se algumas atividades de projetos formais que as aproximam, muitos desses bolsões de conhecimento permanecem desconectados, como parte de um grande quebra-cabeça em que poucas peças já foram encaixadas.

Esse tipo de pensamento permeava a moda de "gestão do conhecimento" do final dos anos 1990, e uma reação a isso, popular na época, era fazer uso extensivo de tecnologia da informação para melhorar a conectividade. O problema é que, embora o computador e os sistemas de bases de dados fossem excelentes para armazenar e transmitir, eles não necessariamente ajudavam a estabelecer as conexões que tornavam os dados e as informações em conhecimentos úteis (e utilizados). As empresas estão reconhecendo cada vez mais que, embora tecnologias avançadas de informação e comunicação provoquem melhorias, a maior necessidade é de desenvolvimentos em redes de conhecimento dentro da organização. O conceito de **comunidades de prática** está se tornando um ponto focal poderoso na criação de sistemas efetivos de compartilhamento do conhecimentos.[2]

Caímos de novo no modelo espaguete de inovação: como assegurar que as pessoas se comuniquem entre si, compartilhem e criem ideias umas com as outras? Isso talvez não seja tão difícil em uma empresa de três ou quatro pessoas, mas se torna muito mais desafiador no caso de corporações multinacionais dispersas. Embora se trate de um problema bastante antigo, houve progresso significativo nos últimos anos na compreensão de como construir redes de inovação mais eficazes dentro de tais organizações.

INOVAÇÃO EM AÇÃO 10.1

Comunidades de prática na prática

O sucesso da P&G com "conectar e desenvolver" (que analisamos rapidamente no Capítulo 7) se deve à mobilização de férteis conexões entre pessoas que sabem das coisas dentro de suas gigantescas operações globais e, cada vez mais, fora delas. Para isso, a P&G usa comunidades de prática – "clubes" hospedados na Internet em que pessoas com diferentes conhecimentos podem convergir em torno de temas centrais – e conta com um pequeno exército de "batedores" em inovação, autorizados a atuar como exploradores, avaliadores e zeladores para que o conhecimento flua através dos limites da organização. As tecnologias de Intranet conectam cerca de dez mil pessoas em um "mercado de ideias" interno, enquanto sites como Innocentive.com estendem o princípio para além da empresa e proporcionam um universo de novas possibilidades colaborativas.

A 3M, outra empresa com tradição em inovação de razoável solidez, também atribui boa parte de seu sucesso à construção e ao gerenciamento de conexões. Larry Wendling, vice-presidente de pesquisas corporativas, fala da "arma secreta" da 3M: a rica rede de relacionamentos formais e informais que conecta milhares de profissionais de P&D e pessoas que lidam com o mercado em toda a organização. Sua longa história de inovações de ponta, desde a fita isolante, o impermeabilizante Scotchgard, a fita adesiva, a fita de gravação magnética até as notas adesivas Post-it e seus inúmeros derivados, advém basicamente de pessoas fazendo conexões.

Clusters e "eficiência coletiva" na inovação

Inovação é uma questão de assumir riscos e explorar recursos que quase sempre são escassos em projetos que podem ou não dar certo. Assim, outra maneira em que o trabalho em rede pode ser útil é na minimização de riscos e, no processo, na ampliação da gama de coisas que podem ser tentadas. Essa possibilidade é bastante útil no caso de empresas pequenas, em que recursos são escassos, sendo também um fator essencial para nortear o sucesso de muitos *clusters* industriais.[3]

INOVAÇÃO EM AÇÃO 10.2

Pequeno pode ser belo

"O problema das empresas pequenas não é que sejam pequenas; é que estão isoladas!" Essa é uma opinião poderosa: sabemos que empreendimentos pequenos apresentam muitas vantagens em termos de foco, energia e tomada rápida de decisões. Mas elas muitas vezes não têm os recursos de que precisam para realizar todo o seu potencial. É aqui que entra um conceito que economistas denominam **eficiência coletiva**, a ideia de que você não precisa ter todos os recursos sob o seu teto, mas

(Continua)

apenas saber onde estão e como acessá-los. Você vai muito mais longe se conseguir trabalhar com os outros. A indústria moveleira italiana exemplifica como uma rede de pequenas empresas pode competir em alto nível com o compartilhamento de instalações, conhecimentos e experiências em design e aquisição e comercialização coletiva de materiais, e não pela excelência individual. O mesmo vale ao redor do mundo. Por exemplo, 12% dos instrumentos cirúrgicos do mundo são fabricados em uma cidadezinha do Paquistão. Não é um caso de manufatura de baixo custo, pois estamos falando de um negócio de alta precisão e uso intensivo de design, e as pequenas empresas envolvidas prosperam por trabalharem em conjunto em um *cluster* cooperativo. E a indústria chinesa de motocicletas está se tornando líder mundial, com a maior parte da produção ocorrendo na cidade de Chongqing. Mais uma vez, o modelo dominante é o de uma rede de pequenos produtores especializados, cada qual se responsabilizando por um determinado sistema ou componente.[4]

Redes de inovação duradouras podem criar a capacidade para surfar grandes ondas de mudança no cenário econômico e tecnológico. Temos em mente lugares como o Vale do Silício, Cambridge no Reino Unido, ou a ilha de Singapura como potências de inovação, mas são apenas os últimos de uma longa lista de regiões geográficas que se desenvolveram e sustentaram através de fluxos contínuos de inovação.

INOVAÇÃO EM AÇÃO 10.3

Formação de redes para eficiência coletiva

O relato fascinante de Michael Best sobre as maneiras com que a economia de Massachusetts conseguiu se reinventar várias vezes situa a ideia de redes de inovação no cerne da questão.[5] Nos anos 1950, o estado americano sofreu profundamente com a perda de indústrias tradicionais do ramo têxtil e calçadista, mas no início dos anos 1980, o "milagre de Massachusetts" levou ao estabelecimento de um novo distrito industrial de alta tecnologia. Foi uma ressurreição capacitada, em grande medida, por uma rede subjacente de habilidades especializadas, pesquisa de alta tecnologia e centros de treinamento (a área de Boston tem a maior concentração de faculdades, universidades, laboratórios de pesquisa e hospitais do mundo) e pelo rápido estabelecimento de firmas empreendedoras ávidas por explorarem a emergente "economia do conhecimento". Mas esse milagre se reduziu a pó entre os anos de 1986 e 1992, quando cerca de um terço dos empregos industriais na região desapareceu devido ao colapso das indústrias relacionadas a minicomputadores e defesa. Apesar das previsões de um futuro sombrio, a região se reergueu sobre sua rica rede de capacidades, fontes de tecnologia e uma diversificada base local de suprimento que permitiu o desenvolvimento acelerado de novos produtos, ressurgindo como uma potência de altas tecnologias, como maquinário especializado, optoeletrônica, tecnologia médica a laser, equipamentos de impressão digital e biotecnologia.

Cadeia logística e redes de melhoria

A **aprendizagem na cadeia logística** envolve a construção de uma rede de compartilhamento de conhecimentos; bons exemplos aparecem nas indústrias automotiva, aeroespacial e alimentícia, e quase sempre envolvem sistemas formais, como associações de fornecedores.[6] A Toyota, por exemplo, trabalhou por muitos anos para construir e gerenciar um sistema de aprendizagem baseado em transferir e melhorar o Sistema Toyota de Produção fundamental para fornecedores locais e internacionais.[7] O modelo, replicado por redes de fornecedores da Toyota fora do Japão, baseia-se em:

- um conjunto de rotinas institucionalizadas para troca de conhecimento tácito e explícito;
- regras claras em torno da propriedade intelectual; ex.: conhecimentos sobre novos processos de produção pertencem à rede, apesar de derivados do conhecimento especializado de empresas individuais;
- mecanismos para proteger conhecimentos proprietários fundamentais sobre tecnologias e projetos de produtos e proteger os interesses dos poucos fornecedores que são concorrentes diretos;
- uma forte identidade de rede, promovida ativamente pela Toyota, e evidências de benefícios claros gerados para os membros que garantem o comprometimento;
- coordenação e facilitação de sucesso da rede por parte da Toyota.

De modo similar, as experiências da Volvo e da IKEA na China mostram como as empresas podem compartilhar seus conhecimentos com seus principais fornecedores, que por sua vez os disseminam ainda mais amplamente. Os principais fornecedores (de primeiro e segundo nível) aprenderam partes dos sistemas de gestão da Volvo, especialmente a gestão da qualidade e da cadeia logística, o que levou à disseminação e à influência positiva no próximo nível de fornecedores chineses.

Outro exemplo é a aeronave Boeing 787, fabricada no Japão, Austrália, Suécia, Índia, Itália e França antes de finalmente ser montada nos Estados Unidos. Apesar das diferenças culturais, os fornecedores devem ser capazes de se comunicar usando a mesma linguagem técnica (ou seja, software de projeto de engenharia comum, sistemas de pedidos/entradas de dados comuns, etc.). Por esse motivo, faz sentido tentar construir uma rede de cooperação ativa entre esses participantes amplamente distribuídos.

Colaborações tecnológicas revolucionárias

Uma área na qual faz sentido colaborar é na exploração das fronteiras das novas tecnologias. Dentre as vantagens de se fazer isso em rede estão a redução de riscos e o aumento dos recursos com foco em um processo de aprendizagem e experimental. Isso é comum em consórcios de P&D pré-competitivos, formados por períodos temporários, durante os quais há um nível considerável de experimentação e compartilhamento de conhecimentos tácitos e explícitos. Os exemplos incluem o projeto japonês de computadores da quinta geração e as colaborações

ESPRIT nos anos 1980, até programas como a comunidade de servidores BLADE (www.blade.org), na qual a aprendizagem em rede entre os principais participantes acelerou o desenvolvimento e difusão das ideias mais importantes.[8]

Essas redes muitas vezes são organizadas e apoiadas pelo governo. O programa israelense Magnet, por exemplo, incentivou o desenvolvimento da vantagem tecnológica competitiva de longo prazo da indústria pela criação de *clusters* em áreas tecnológicas-chave como a nanotecnologia, software e sistemas militares. Já o programa DNATF, na Dinamarca, apoia projetos avançados de inovação e pesquisa tecnológica em diversos setores, como construção, energia e meio ambiente, a cadeia alimentar, biomedicina e TI.

Redes de aprendizagem

Outra maneira em que as redes podem favorecer a inovação é propiciando espaço para aprendizagem compartilhada, as **redes de aprendizagem**. Muito do que se vê, em termos de inovação de processo, é resultado de configuração e adaptação daquilo que já foi desenvolvido em outro lugar, mas aplicado a processos específicos da empresa que os adota. Um exemplo disso é encontrado no esforço das organizações para adotar práticas de manufatura (e, cada vez mais, de serviços) de classe mundial. Embora seja possível trilhar esse caminho por conta própria, um número cada vez maior de empresas vem reconhecendo o valor do uso de redes de relacionamento para proporcionar-lhes um impulso extra na aprendizagem de processo.[9]

No Capítulo 7, vimos que surge um problema na inovação porque, apesar de indivíduos e organizações operarem em um mundo repleto de conhecimentos externos que poderiam acessar, na prática eles ficam limitados pela sua "capacidade de absorção"; sua capacidade de interpretá-lo, adquiri-lo e aplicá-lo na prática. Eles precisam aprender a aprender, construindo a capacidade de inovação aproveitando o ambiente de inovação aberta. Mais uma vez, as redes podem ajudar a capacitar mesmo indivíduos e pequenas organizações a avançarem nesse problema.

Tanto a experiência quanto as pesquisas sugerem que a aprendizagem compartilhada pode ajudar a superar algumas barreiras à aprendizagem que empresas individuais venham a encontrar. Alguns exemplos são:

- Na aprendizagem compartilhada, há grande potencial para desafios e reflexão crítica estruturada a partir de diferentes perspectivas.
- Diferentes perspectivas podem agregar novos conceitos (ou conceitos antigos que são novos para aquele que aprende).
- A experimentação compartilhada pode reduzir os riscos de custos percebidos e reais presentes em novos empreendimentos.
- Experiências compartilhadas podem dar suporte e abrir novas linhas de questionamento ou exploração.
- A aprendizagem compartilhada ajuda a elucidar princípios de sistemas e a enxergar os padrões (ver o todo e não só as partes).
- A aprendizagem compartilhada cria um ambiente propício a exposição de pressuposições emergentes e exploração de modelos mentais fora da

experiência normal de empresas individuais (ajuda a prevenir o efeito do "não inventado aqui", dentre outros.).
- A aprendizagem compartilhada pode reduzir custos (ex.: ter serviços de consultoria e aprendizagem sobre mercados externos), que podem ser especialmente úteis para pequenas e médias empresas e para o desenvolvimento de empresas nacionais.

Redes de inovação recombinante

A participação em uma rede de inovação pode ajudar as empresas a esbarrar em novas ideias e combinações criativas, até mesmo para aqueles negócios mais maduros. Como vimos no Capítulo 5, o processo da criatividade envolve fazer associações e, às vezes, uma conjunção inesperada de diferentes perspectivas pode levar a resultados surpreendentes. O mesmo parece ocorrer no nível organizacional. Estudos sobre redes indicam que reunir-se dessa maneira pode ajudar a abertura de novos e produtivos territórios. O Capítulo 6 ofereceu alguns exemplos dessa "inovação recombinante" e suscitou a questão de como potencializar conexões intersetoriais.

Cada vez mais organizações estão oferecendo serviços de agenciamento para formar essas ligações e facilitar a formação de redes através das quais as organizações possam trocar ideias e experiências de maneira segura.

INOVAÇÃO EM AÇÃO 10.4

Várias cabeças pensam melhor do que uma...

Basta citar o nome de Thomas Edison e instintivamente as pessoas imaginam um grande inventor, o gênio solitário que nos legou tantos produtos e serviços no século XX: o gramofone, a lâmpada elétrica, a energia elétrica, etc. Mas, na verdade, ele era um operador de rede muito inteligente. Sua "fábrica de invenções" em Menlo Park, Nova Jersey, empregava uma equipe de engenheiros em um mesmo recinto repleto de bancadas de trabalho, prateleiras com produtos químicos, livros e outros recursos. A chave para esse sucesso foi reunir um grupo de homens jovens, empreendedores e entusiasmados, de diversas origens, e permitir que tal comunidade emergente lidasse com uma ampla gama de problemas. Ideias fluíam por todo o grupo e se combinavam e recombinavam, em um surpreendente conjunto de invenções.

Redes de inovação aberta gerenciada

A lógica da **inovação aberta** (que discutimos no Capítulo 7) é que as organizações precisam abrir seus processos de inovação, fazendo amplas buscas fora de seus limites e trabalhando em prol do gerenciamento de um rico conjunto de conexões e relacionamentos em rede que se encontra disponível. Seu desafio consiste na melhoria de *fluxos* de conhecimento, dentro e fora da organização, comercializando conhecimentos como se fossem produtos e serviços. Perfeito na teoria, mas isso implica que as empresas precisam aumentar suas atividades de busca e formação de conexões e redes relevantes, e de construção de relacionamentos de alto desempenho voltados a promover inovação.

De modo similar, esse ambiente aberto oferece oportunidades bastante ricas para empreendedores com novas empresas. Eles não precisam mais dispor de todos os recursos de conhecimento em um único lugar; em vez disso, o desafio é saber onde estão e como acessá-los. Mas, mais uma vez, isso significa aprender todo um novo conjunto de habilidades em torno da formação e gestão de conexões.

As fronteiras tradicionais estão se tornando indistintas, por exemplo, entre as organizações estabelecidas e as iniciantes, e entre os setores público e privado. Na realidade, há um padrão de novos relacionamentos através dos quais o espaguete do conhecimento se combina de novas maneiras. Mas por trás disso, vemos a necessidade de aprender novas maneiras de trabalhar, ou então de trabalhar em redes.

O processo de abrir o jogo não é isento de problemas, sendo o primeiro de todos encontrar novas maneiras de permitir que conexões se formem. O papel das redes sociais e tecnológicas enquanto mecanismos que permitem ligações mais próximas se expandiu bastante e, com ele, surgiram novas funções e novos agrupamentos dentro das organizações (guardiões [gatekeepers], gestores da informação, centrais de conhecimento, etc.) e novos serviços externos especializados em agenciamento e conexão. Mas melhorar os fluxos de conhecimento também cria toda uma nova série de problemas relativos à gestão da propriedade intelectual. Em um mundo de código aberto, quem é dono do quê? E como proteger seus ativos de conhecimento, fruto do seu trabalho suado?

Para o empreendedor solitário, isso leva a uma mistura tentadora de ameaças e oportunidades. Por um lado, pode formar conexões eficazes com recursos, mobilizá-los e atuar de forma global. Vimos exemplos disso no campo dos negócios da Internet, que muitas vezes operam em grupos minúsculos de pessoas e amplificam seus esforços e presença usando o trabalho em rede para criar uma comunidade global que pode ter bilhões de membros. Os avanços no mundo das redes significam o fim de um problema tradicional dos pequenos negócios, o seu isolamento. Mas, por outro lado, a mera escala e número de conexões em potencial exige que se aprenda novas habilidades relativas a encontrar, formar e garantir o desempenho das redes.

A escolha da forma mais apropriada de rede de inovação aberta depende muito de onde a organização está em termos de tamanho, setor e estágio do ciclo de vida. Por exemplo: as contribuições dos clientes são cruciais quando a dinâmica do mercado é alta; os fornecedores são importantes em ambientes tecnologicamente desafiadores; e a inclusão de empresas de outros setores funciona independentemente do contexto.

A estratégia não se limita à decisão de abrir ou não um projeto a uma ampla variedade de tipos de parceiros externos (a dimensão da amplitude), pois é igualmente importante considerar a profundidade das relações com diferentes tipos de parceiros externos (a dimensão de profundidade) e o equilíbrio entre o desenvolvimento de novos relacionamentos duradouros com esses parceiros externos (a dimensão de ambidestria).

Níveis mais elevados de novidade em um projeto, por exemplo, estão associados à maior intensidade da interação entre os agentes e ao uso de mecanismos mais ricos de compartilhamento de conhecimentos. Isso sugere que a inovação aberta não é uma receita universal e que pode ser mais relevante para projetos de desenvolvimento mais complexos ou inéditos sob condições de incerteza.

A Tabela 10.3 resume alguns dos principais fatores contingenciais para moldar a estratégia de inovação aberta, tomando por base:

- condições e contexto (ex.: incerteza ambiental e complexidade do projeto);
- controle e propriedade dos recursos;
- coordenação de fluxos de conhecimento;
- criação e captura do valor.

TABELA 10.3 Benefícios e desafios em potencial de aplicar a inovação aberta

Seis princípios da inovação aberta	Benefícios em potencial	Desafios à aplicação
Acessar conhecimento externo	Aumentar o conjunto de conhecimento	Como buscar e identificar as fontes de conhecimento relevantes
	Reduzir a dependência do conhecimento interno limitado	Como compartilhar ou transferir esses conhecimentos, especialmente tácitos e sistêmicos
P&D externa tem valor significativo	Pode reduzir o custo e a incerteza associados à P&D interna e aumentar a profundidade e amplitude da P&D	Menor probabilidade de levar a capacidades distintas e mais difícil de diferenciar
		P&D externa também está disponível para concorrentes
Não precisa originar pesquisas para gerar lucros	Reduz os custos da P&D interna, mais recursos para relacionamentos e estratégias de busca externas	Exige capacidade de P&D suficiente para identificar, avaliar e adaptar P&D externa
Construção de um modelo de negócio melhor é superior a ser o primeiro a entrar no mercado	Maior ênfase em capturar, não criar, valor	As vantagens de ser o primeiro dependem do contexto tecnológico e de mercado
		Desenvolver um modelo de negócio exige negociações demoradas com outros participantes
Melhor *uso* de ideias internas e externas, não *geração* de ideias	Melhor equilíbrio de recursos para buscar e identificar ideias em vez de gerá-las	Gerar ideias é uma parte menor do processo de inovação
		A maioria das ideias é incerta ou não tem valor, então o custo de avaliação e desenvolvimento é alto

(Continua)

TABELA 10.3 Benefícios e desafios em potencial de aplicar a inovação aberta *(Continuação)*

Seis princípios da inovação aberta	Benefícios em potencial	Desafios à aplicação
Lucro com a propriedade intelectual alheia (IA recebida) e uso alheio da nossa propriedade intelectual (PI transmitida)	Valor da PI é bastante sensível a capacidades complementares como marca, rede de vendas, produção, logística e produtos e serviços complementares	Conflitos de interesse comercial ou direção estratégica Negociação de formas e condições aceitáveis das licenças de PI

IA: inovação aberta; PI: propriedade intelectual.

Mobilizar redes de usuários

A inovação não é uma mera questão de conhecimento tecnológico; a outra peça do quebra-cabeça é conhecer as necessidades dos usuários. No capítulo anterior, vimos como os usuários sempre foram uma fonte importante de inovações, uma função que se acelerou nos últimos anos, à medida que as tecnologias e as redes sociais permitiram uma maior participação naquilo que é, na prática, um processo de cocriação. Contudo, apesar do potencial de envolvimento dos usuários ser enorme, a experiência mostra muitas vezes que se envolver e trabalhar ativamente com comunidades além do processo final de *crowdsourcing* de ideias exige um trabalho bastante cuidadoso de gestão.

Mais uma vez, as organizações têm muitos jeitos diferentes de tentar construir redes mais abertas com os usuários. A Figura 10.2 resume as estratégias mais importantes.

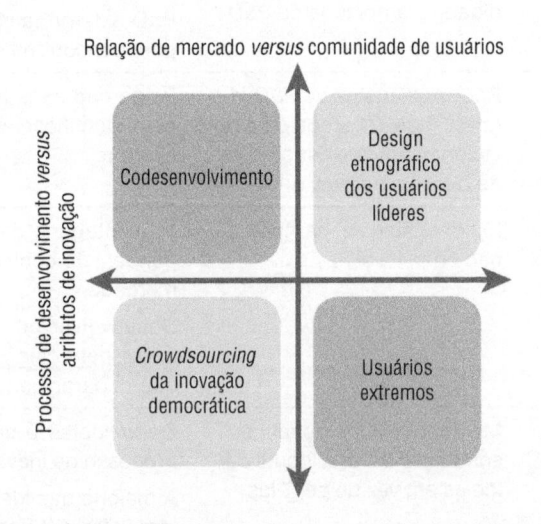

FIGURA 10.2 Opções estratégicas para envolver usuários na inovação.

Usuários líderes

Como o nome sugere, usuários líderes demandam novas exigências antes de outros usuários do mercado geral, mas estão, também, posicionados no mercado para se beneficiarem significativamente da satisfação dessas exigências.[10] Quando usuários em potencial possuem altos níveis de sofisticação, por exemplo, em mercados business-to-business, tais como instrumentos científicos, equipamentos de capital e sistemas de TI, usuários líderes podem ajudar a codesenvolver inovações e, portanto, normalmente são os primeiros adotantes de tais inovações. Pesquisas realizadas por Eric von Hippel sugerem que, em média, os usuários líderes adotam a inovação sete anos antes dos usuários típicos, mas o tempo de ciclo exato depende de diversos fatores, incluindo o ciclo de vida da tecnologia.

Um estudo empírico identificou diversas características dos usuários líderes:[11]

- Reconhecimento prévio das necessidades, estando à frente do mercado em identificação e planejamento de novas exigências.
- Expectativa de alto nível de benefícios, devido a sua posição no mercado e a seus ativos complementares.
- Desenvolvimento de suas próprias inovações e aplicações, possuindo sofisticação suficiente para identificar e capacidade para contribuir para o desenvolvimento da inovação.
- Reconhecidos como pioneiros e inovadores por si mesmos e por seus pares.

Essas características apresentam duas consequências importantes. Primeiro, aqueles que procuram desenvolver produtos e serviços complexos devem identificar possíveis usuários líderes com as características acima, a fim de contribuir com o codesenvolvimento e com a adoção antecipada da inovação. Segundo, os usuários líderes, por serem os primeiros adotantes, podem fornecer insights para previsão de difusão de inovações. Um estudo com 55 projetos de desenvolvimento de infraestrutura de informática para telecomunicações, por exemplo, descobriu que a importância da contribuição dos clientes aumenta com o grau de novidade tecnológica e, além disso, que a relação migrou dos questionários e grupos focais com clientes para o codesenvolvimento porque "as técnicas de marketing convencionais revelaram ter utilidade limitada, quase sempre eram ignoradas e, em retrospecto, às vezes eram incrivelmente equivocadas".[12]

Usuários extremos

Mencionamos os usuários extremos como fonte de inovação no Capítulo 6 e está evidente que eles nos dão pistas valiosas sobre quais podem ser as inovações mais populares e aceitas no futuro. O conceito geral de "dinheiro móvel", por exemplo, é relevante no mundo inteiro, mas nas condições extremas de países emergentes na África, Ásia e América Latina, está se transformando em realidade devido às necessidades de usuários extremos. O sistema M-PESA foi desenvolvido para dar mais segurança a quenianos que não queriam transportar dinheiro vivo, mas desde então potencializou os pagamentos móveis na região e além.

No campo da comunicação móvel, esta é apenas uma dentre centenas de novas aplicações sendo desenvolvidas em condições extremas e por usuários mal atendidos. Elas representam um laboratório poderoso para novos conceitos, e empresas como Nokia e Vodafone estão trabalhando para explorá-las. Existe o potencial para ambientes extremos como esses servirem de laboratório para testar e desenvolver conceitos para aplicação mais ampla. A Citicorp, por exemplo, tem experimentado com caixas eletrônicos baseados em biometria, para uso junto à população analfabeta nas zonas rurais da Índia. O projeto-piloto envolve cerca de 50 mil pessoas, mas, segundo um porta-voz da empresa: "Acreditamos que isso tem o potencial para aplicação global".

Os usuários extremos são importantes, mas a questão mais uma vez é como engajá-los. Como construir uma rede efetiva de usuários extremos? Uma abordagem é montar "laboratórios vivos", locais onde a experimentação e o compartilhamento de experiências possam ocorrer no contexto dos usuários extremos e partir dos quais pode-se desenvolver ideias valiosas.

INOVAÇÃO EM AÇÃO 10.5

Design baseado em experiência com pacientes

Como vimos no Capítulo 6, uma área em que os usuários extremos podem desempenhar uma função significativa é a saúde, na qual os pacientes são cada vez mais considerados uma parte essencial do sistema de inovação.[13] Exemplo disso é o trabalho no hospital Luton & Dunstable, no Reino Unido, que envolve usar métodos de design para criar uma solução guiada pelos usuários ao desafio de melhorar o atendimento de pacientes sofrendo de cânceres no pescoço e na cabeça. A abordagem envolve pacientes e cuidadores que contam histórias sobre a sua experiência com o serviço. Essas histórias fomentam insights que permitem à equipe de codesenvolvedores projetar experiências em vez de serviços. A gama de pessoas envolvidas como codesenvolvedores representa uma combinação inusitada de conhecimentos especializados no contexto dos esforços tradicionais da melhoria dos serviços de saúde, pois leva em consideração as diferentes habilidades, visões e experiências de vida dos pacientes, cuidadores e outros envolvidos.

No L&D, esse sistema já levou a mudanças; por exemplo, no modo como pacientes e cuidadores mudaram a documentação de projetos para melhor refletir suas necessidades, enquanto a equipe clínica e os pacientes trabalharam juntos para redesenhar o fluxo de pacientes ambulatoriais nos consultórios. Diversas metodologias foram utilizadas para incentivar o envolvimento dos pacientes no processo, incluindo entrevistas com pacientes, diários e produção de vídeos. Isso permitiu que os pacientes mostrassem sua perspectiva sobre a experiência do serviço e dessem vida às suas histórias.

O grupo de codesign inicial identificou 38 ações diferentes a serem adotadas, todas com base nas experiências dos usuários.

Outra maneira de construir essas redes é usando comunidades online. Uma comunidade de inovação significativa foi reunida, por exemplo, em torno da experiência de conviver ou cuidar de indivíduos com doenças raras. Além de se difundirem entre a comunidade para o benefício de todos, as experiências de usuário desse tipo também revelam novas direções para a inovação.

Codesenvolvimento

O potencial para os usuários, tanto individual quanto coletivamente, se envolverem na elaboração e desenvolvimento de produtos é claramente reconhecida há algum tempo. Contudo, todas essas concepções sobre a inovação usuário-fornecedor tendem a representar um relacionamento no qual os fornecedores conseguem, de alguma forma, utilizar as experiências ou ideias dos usuários e aplicá-las aos seus próprios esforços de desenvolvimento de produtos. Hoje, muitos argumentam que estamos assistindo a uma mudança drástica, em direção a formas mais abertas e democratizadas de inovação, motivas por redes de usuários individuais e não por empresas.[14] Os usuários se tornaram visivelmente ativos em todos os estágios do processo de inovação, da geração de conceitos ao desenvolvimento e difusão. Eles podem estar ativamente envolvidos com as empresas no codesenvolvimento de produtos e serviços, de modo que a pauta da inovação pode não estar mais sob o controle absoluto das empresas.

Algumas formas de atividades de usuário representam a emergência de um sistema paralelo de inovação que não tem os mesmos objetivos, motivadores e limites das atividades comerciais tradicionais. Considera-se que os usuários têm um papel ativo em tentar moldar ou remoldar a sua relação com a inovação, além da aplicação ou uso prescrito, ou desenvolver uma pauta que pode entrar em conflito com o produto. Dessa maneira, o limite entre produtores e usuários se torna mais turvo, com alguns usuários capazes de desenvolver e estender tecnologias ou utilizá-las de formas completamente novas e inesperadas. A inovação pode se tornar muito mais aberta e democratizada. Essa não conformidade por parte dos usuários em relação aos produtores e promotores das inovações pode não ser vista como um desvio, tornando-se até mesmo fundamental para os processos de inovação e difusão. Isso pode ter consequências significativas para relacionamentos de mercado, modelos de negócio e propriedade intelectual.

Crowdsourcing

No Capítulo 6, vimos a emergência da multidão como uma fonte de inovação. O *crowdsourcing* pode ser implementado de várias formas, mas normalmente utiliza a tecnologia da informação e da comunicação, que amplia o alcance sem perder parte da riqueza do envolvimento dos usuários.

Uma abordagem é organizar uma competição na qual um problema ou desafio é definido e se convida terceiros a oferecer ideias ou soluções em potencial. As recompensas partem do reconhecimento público ou pelos pares e o *status* na comunidade, mas em geral incluem motivações extrínsecas, como produtos gratuitos e prêmios em dinheiro. A Idea Storm, por exemplo, plataforma de *crowdsourcing* da Dell, recebeu mais de 15 mil ideias, das quais 400 foram implementadas. As contribuições e recompensas tendem a ser mais individuais e competitivas do que nas comunidades de pares ou usuários.

Outra abordagem é aprofundar a transformação dos usuários em codesenvolvedores. Assim, a Adidas usou o modelo para desenvolver o conceito "mi Adidas", no qual os usuários são incentivados a cocriar seus próprios calçados usando uma mistura de site (onde os designs podem ser explorados e enviados) e minifábricas dentro das lojas (onde as ideias customizadas e criadas pelos usuários podem ser produzidas).

O Facebook escolheu envolver seus usuários na tradução do site para múltiplos idiomas em vez de contratar um serviço de tradução especializado. A empresa queria competir com o Myspace, que em 2007 era o líder do mercado e estava disponível em cinco idiomas. O projeto de *crowdsourcing* do Facebook começou em dezembro de 2007 e convidou os usuários a ajudarem na tradução de cerca de 30 mil expressões principais usadas no site. Oito mil desenvolvedores voluntários se registraram em dois meses, e três semanas depois o site estava disponível em espanhol, com versões-piloto em francês e alemão também online. Em um ano, o Facebook estava disponível em mais de 100 idiomas e dialetos e, assim como a Wikipédia, continua a se beneficiar das atualizações e correções contínuas realizadas pela sua comunidade de usuários.

Trabalhando com seus colegas na Universidade de Erlangen-Nuremburg, Alemanha, e no Centre for Leading Innovation and Change da Escola de Administração de Leipzig, Kathrin Moeslein desenvolveu um arcabouço teórico para analisar esses avanços.[15]

Ele envolve cinco conjuntos complementares de ferramentas que permitem que redes sejam construídas e operadas, recorrendo a insumos da multidão:

- *Concursos de inovação*. Não são uma ideia nova (o prêmio oferecido por Napoleão levou ao desenvolvimento da margarina como substituto para a manteiga, enquanto o desenvolvimento do cronômetro marítimo no Reino Unido ocorreu devido a um concurso aberto vencido por Thomas Harrison). O princípio básico é oferecer um prêmio e então receber ideias usando um portal Web 2.0 no qual usuários podem votar, postar comentários, etc. Um exemplo do século XXI é o prêmio de 20 milhões de dólares do concurso Lunar X, para desenvolver um robô capaz de explorar a superfície da Lua; o dispositivo deve ser capaz de percorrer pelo menos 800 km e enviar imagens de volta para a Terra. Muitas organizações públicas e privadas estão usando versões dos concursos de inovação para aumentar o fluxo de ideias no design de joias (Swarovski), automóveis (Smart) e até de serviços públicos (governo estadual da Bavária).
- *Mercados de inovação*. Funcionam basicamente pela reunião de "buscadores" e "solucionadores" usando um mercado aos moldes do eBay ou do Mercado Livre, capacitado pela Web 2.0. O pioneiro dessa abordagem, ainda amplamente utilizado, é o InnoCentive.com (que reúne 165 mil inovadores em 175 países), mas hoje existem muitos outros. Pesquisas sugerem que esses mercados são especialmente valiosos para se lidar com problemas persistentes, que as equipes de inovação interna são incapazes de resolver.

- *Comunidades de inovação*. Unem inovadores interessados e, muitas vezes, experientes e habilidosos que têm interesses em comum. Os grupos de usuários e comunidades online são bons exemplos disso e muitas vezes representam uma fonte rica de inovação cooperativa, em que as ideias de um membro são expandidas pelos outros. O Linux exemplifica bem esse processo, assim como a comunidade crescente de desenvolvedores em torno da plataforma iPhone da Apple.
- *Kits de ferramenta de inovação*. Permitem que os usuários se envolvam com o desenvolvimento das suas ideias, por exemplo, com *kits* de configuração e autoconstrução. A Lego Factory oferece um bom exemplo dessa abordagem. Nela, os usuários são incentivados a criar e trabalhar em seus próprios projetos, auxiliados por software disponível na Internet.
- *Tecnologias de inovação*. Oferece ferramentas para realizar designs e produções por usuários criadores, por exemplo, com tecnologias de design assistido por computador e prototipagem rápida. Os exemplos incluem a Quirky (www.quirky.com) e a Ponoko (www.ponoko.com).

INOVAÇÃO EM AÇÃO 10.6

Netflix e inovação coletiva aberta

A Netflix é uma importante participante do mercado crescente de aluguel de filmes nos Estados Unidos. A empresa opera com a distribuição online e pelo correio de DVDs e outras mídias. O modelo de negócio depende de um bom entendimento sobre o que as pessoas querem e, assim como a Amazon, tentar adaptar a publicidade e as ofertas às suas preferências. A Netflix já era um negócio de sucesso, mas em 2006 decidiu convidar abertamente a comunidade a um desafio para aprimorar o algoritmo que usava para desenvolver recomendações a seus usuários. Ela ofereceu um prêmio de 1 milhão de dólares, o Netflix Prize, para quem conseguisse melhorar o desempenho do seu algoritmo em 10% ou mais.

Para realizar o concurso, a empresa precisou abrir seu banco de dados de clientes atuais, cerca de 100 milhões de pessoas, para todos que se registrassem. O trabalho envolvido foi complexo. O arquivo de dados com o qual os participantes trabalhariam tinha cerca de 10 gigabytes, e as técnicas estatísticas necessárias para trabalhar neles eram bastante sofisticadas. Em três meses, com mais de 18 mil participantes registrados em 125 países, a empresa criou na prática um laboratório de P&D temporário em uma escala gigantesca e globalmente distribuída.

Além do prêmio de 1 milhão de dólares, a Netflix ofereceu "prêmios por progresso", mediante os quais pagaria 50 mil dólares pela licença não exclusiva pelo uso de qualquer novo algoritmo interessante. Cabe ressaltar que a empresa publicaria esses algoritmos, de modo que os outros concorrentes teriam acesso a eles para empregá-los na tentativa de melhorar seus próprios esforços.

Após um ano, ficou evidente que "nem todo mundo que é inteligente trabalha para nós": a Netflix descobriu que mais de 7 mil pessoas tinham um algoritmo melhor do que aquele utilizado pela empresa originalmente. Em três anos, 51 mil participantes de

(Continua)

> 186 países haviam se registrado na competição e criado 44 mil produtos válidos. Foi anunciado um vencedor que demonstrou uma melhoria de mais de 10%, mas é significativo que a estratégia empregada não foi de genialidade solitária e sim de cocriação contínua, na qual grupos de desenvolvedores aprenderam uns com os outros e se aprimoraram continuamente.

Redes como construções intencionais

Se as redes estão se tornando o modo dominante para a gestão de fluxos de conhecimento na inovação, então vale a pena analisar como as construímos. Organizar redes para um determinado propósito, aquilo que Steward e Conway chamam de "redes projetadas", não é um trabalho trivial.[16] É preciso encontrar os parceiros relevantes, formar uma rede em torno deles e, por fim, operar essa rede, mas encontrar, formar e desempenhar nem sempre é fácil.

Já temos dificuldades suficientes ao tentar lidar com os limites de um negócio típico. Logo, os desafios das redes de inovação nos conduzem para bem além disso. Eles incluem:

- como gerenciar algo que não possuímos nem controlamos;
- como perceber efeitos sistêmicos, não interesses próprios limitados;
- como criar confiança e compartilhar os riscos sem amarrar o processo em burocracias contratuais;
- como evitar "aproveitadores" e "vazamentos de informação".

É um jogo novo, no qual um novo conjunto de habilidades de gerenciamento se torna importante. Há uma grande diferença, por exemplo, entre as exigências de uma rede de inovação que trabalha na fronteira tecnológica, em que questões envolvendo gestão de propriedade intelectual e riscos são fundamentais, e outra em que há uma pauta de inovação preestabelecida. Mas o principal desafio está em construir confiança e compartilhar informações essenciais, como pode ser o caso do uso de cadeias logísticas para fomentar a inovação de produtos e serviços. Alguns desses diferentes tipos de redes de inovação podem ser mapeados em um diagrama simplificado (Figura 10.3), que os posiciona em termos de:

- quão radical é a meta de inovação em relação à atual atividade de inovação;
- similaridade entre as empresas participantes.

Ao fazer essa distinção, percebe-se que diferentes tipos de redes possuem diferentes questões a resolver. Na Zona 1, por exemplo, temos indivíduos e organizações com orientações bastante semelhantes, trabalhando em questões táticas de inovação. Normalmente, isso pode representar um *cluster* ou fórum setorial voltado à adoção e configuração de "melhores práticas" fabris ou um grupo de gestores da inovação no setor de saúde tentando melhorar a produtividade. As chaves para esse grupo envolvem a capacitação para a troca de experiências, a divulgação de informações, o desenvolvimento de confiança e transparência e a interpretação em nível sistêmico do propósito comum em torno da inovação.

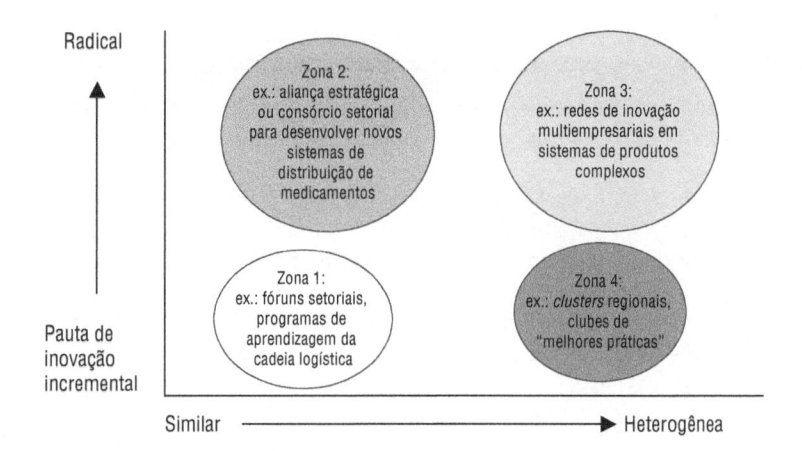

FIGURA 10.3 Tipos de redes de inovação.

As atividades da Zona 2 podem envolver participantes de um setor trabalhando para explorar e criar novos conceitos de produtos e processos, como, por exemplo, em emergentes redes de trabalho nos setores farmacêutico e de biotecnologia em prol de desenvolvimentos em tecnologia de ponta e da necessidade de busca por conexões e sínteses interessantes entre esses setores adjacentes. Na Zona 2, a preocupação é exploratória e desafia os limites existentes, mas conta com um grau de compartilhamento de informações e de riscos, em geral, sob forma de *joint ventures* e alianças estratégicas formais.

Na Zona 3, os participantes são altamente diferenciados e levam ao grupo conhecimentos essenciais distintos. Seus riscos ao compartilharem informações podem ser consideravelmente altos, de modo que é fundamental que o gerenciamento cuidadoso dos direitos de propriedade intelectual e de estabelecimento de regras operacionais bem definidas seja assegurado. Já que esse tipo de inovação tende a oferecer riscos consideráveis, é também de suma importância que se tenha um acordo explícito com relação ao compartilhamento de riscos e de benefícios.

A Zona 4 envolve o tipo de aprendizagem compartilhada entre organizações que encontramos em um momento anterior, que basicamente parte de ligações regionais ou setoriais para enfocar um esforço de aprendizagem comum.

INOVAÇÃO EM AÇÃO 10.7

Redes de inovação de alto valor

Em uma análise dessas redes de inovação no Reino Unido, pesquisadores do Advanced Institute of Management Research (AIM) descobriram que as seguintes características são fatores importantes para o sucesso:[17]

- *Alta diversidade*. Parceiros de rede com uma ampla gama de diferentes disciplinas e experiências que encorajem trocas de ideias entre sistemas.

(Continua)

- *Guardiões (atekeepers) terceirizados.* Parceiros científicos, como universidades, mas também consultores e associações de comércio, que permitam acesso a conhecimento especializado e atuem como agentes de conhecimento neutros por toda a rede.
- *Alavancagem financeira.* Acesso a investidores por meio de business angels (investidores-anjo), investidores de capital de risco e empreendedorismo corporativo, o que dissemina os riscos de inovação e tira proveito da inteligência de mercado.
- *Gerenciamento proativo.* Participantes consideram a rede como um ativo valioso e a gerenciam ativamente para colher benefícios inovadores.

A construção de redes envolve três passos: encontrar, formar e desempenhar. A fase de "encontrar" envolve essencialmente a preparação da rede. Nesse ponto, as principais questões giram em torno de dar corpo à rede e definir com clareza seu objetivo. Isso pode ser provocado por alguma crise, como a percepção da necessidade urgente de se modernizar via adoção de inovações. Também pode ser determinado por uma percepção comum de senso de oportunidade, o potencial para adentrar novos mercados ou para explorar tecnologias novas. Com frequência, as funções mais importantes são desempenhadas por terceiros, ou seja, agentes de redes, guardiões (gatekeepers), agentes de políticas e facilitadores.

"Formar" uma rede envolve construir um tipo de organização com alguma estrutura para possibilitar a sua operação. Aqui, as questões mais importantes são como estabelecer certos processos operacionais fundamentais (sobre os quais haja apoio e concordância) para lidar com:

- *Gestão do limite de rede.* Como a filiação à rede é definida e mantida.
- *Tomada de decisões.* Como (onde, quando, por quem) as decisões são tomadas em nível de rede.
- *Resolução de conflitos.* Como conflitos são resolvidos com eficiência.
- *Processamento de informações.* Como a informação flui entre os participantes e é gerenciada.
- *Gestão de conhecimento.* Como o conhecimento é gerado, capturado, compartilhado e utilizado por meio de redes.
- *Motivação.* Como os membros são motivados a participarem/permanecerem na rede.
- *Compartilhamento de riscos/benefícios.* Como riscos e recompensas são alocados entre os membros da rede.
- *Coordenação.* Como as operações de rede são integradas e coordenadas.

Por fim, o estágio de "desempenhar" envolve operar a rede e permitir que evolua. As redes não precisam durar para sempre. Às vezes, são iniciadas para alcançar um propósito altamente específico (como o desenvolvimento de nova concepção de produto) e, logo que isso é realizado, a rede pode ser desfeita. Em outros casos, há motivo para manter as operações de rede enquanto os participantes constatem benefícios. Isso pode exigir revisão periódica e "redefinição de objetivos" para manter a motivação.

O CRINE, por exemplo, um bem-sucedido programa de desenvolvimento da indústria de gás e petróleo, foi lançado em 1992 por participantes importantes do setor, como a BP, a Shell e grandes fornecedores (com apoio governamental), visando a redução de custos. Utilizando o modelo de rede, ele propiciou intensa inovação em produtos/serviços e processos durante um período de dez anos. Tendo atingido suas metas iniciais, o programa avançou para uma segunda fase com o foco na obtenção de uma maior fatia da exportação mundial via inovação.

INOVAÇÃO EM AÇÃO 10.8

Construindo redes empreendedoras

No ano 2000, um estudo de Iain Edmondson analisou três empresas de Cambridge e os benefícios que obtiveram ao trabalhar em rede em três estágios diferentes do seu desenvolvimento:

- Conceitualização (as ideias)
- Início (start-up)
- Crescimento

Os benefícios se dividem em duas categorias:

- *Benefícios "objetivos"*. Leva a clientes, investidores, parceiros, fornecedores, funcionários e informações/conhecimentos técnicos e de mercado.
- *Benefícios "subjetivos"*. Credibilidade/legitimidade, conselhos e solução de problemas, confiança e tranquilidade, motivação/inspiração, relaxamento/interesse.

Na fase de conceitualização, os empreendedores tenderam a atirar para todos os lados, na tentativa de estabelecerem suas ideias e a si mesmos na comunidade empreendedora e de prepararem o caminho para o desenvolvimento de relacionamentos comerciais futuros. Aqui, o papel dos grupos de trabalho em rede é a geração de benefícios indiretos.

Na fase inicial (start-up), ocorre uma transição na direção do uso de redes para se obter benefícios mais concretos no desenvolvimento de novos relacionamentos de negócio. O estabelecimento da confiança é fundamental nesse estágio para se compartilhar problemas e soluções. Aqui, o papel dos grupos de trabalho em rede é a geração de benefícios diretos e indiretos.

Durante o estágio de crescimento, os grupos de trabalho em rede não têm espaço para gerar os benefícios indiretos, então o foco do empreendedor são as relações públicas para conquistar novos investidores, fornecedores, clientes e parceiros de desenvolvimento.

Fonte: Edmondson, I. (2000) *The role of networking groups in the creation of new high technology ventures: The case of the Cambridge high tech cluster*, Cambridge Judge Business School MBA Individual Project.

Resumo do capítulo

- A inovação não é uma atividade individual. Seja o empreendedor que identifica uma oportunidade, seja uma empresa já estabelecida tentando renovar suas ofertas ou otimizar seus processos, fazer com que a inovação funcione depende do trabalho de muitos participantes diferentes. Isso suscita questões sobre as relações *entre* diferentes organizações, desenvolvendo e utilizando redes cada vez mais amplas.

- As formas como o conhecimento realmente circula em torno de um projeto de inovação são complexas e interativas, entrelaçadas em forma de um espaguete social em que diferentes pessoas se comunicam entre si, de maneiras diversas, com certa frequência e sobre assuntos diferentes. À medida que a inovação se torna mais complexa, também as redes têm de envolver um número crescente de participantes, muitos dos quais se encontram fora da empresa.

- As redes com que temos de aprender a lidar estão se tornando cada vez mais virtuais, em um conjunto rico e globalizado de recursos humanos distribuído e conectado pelas tecnologias potencializadoras da Internet, banda larga e comunicação de telefonia móvel e redes de computador compartilhadas.

- As redes de inovação são mais do que meras formas de montar e implementar conhecimentos em um mundo de grande complexidade. Também podem possuir as chamadas "propriedades emergentes", ou seja, o potencial para que o todo seja maior do que a soma de suas partes. Isso inclui a obtenção de acesso a conjuntos de saberes diferentes e complementares, a redução dos riscos por meio de seu compartilhamento, o acesso a novos mercados e tecnologias e a combinação de habilidades e ativos complementares.

- A inovação aberta é um conceito bastante amplo, e, portanto, bastante popular, mas precisa ser aplicada com cuidado, pois sua relevância é sensível ao contexto. A escolha correta de parceiros e dos mecanismos específicos depende do tipo de projeto de inovação e da incerteza ambiental.

- Os usuários podem contribuir para todas as fases do processo de inovação, atuando como fontes, projetistas, desenvolvedores, testadores e até principais beneficiários da inovação.

- Os usuários líderes são, por definição, atípicos, mas prenunciam as necessidades da maioria. Eles reconhecem os requisitos antes dos outros, esperam altos níveis de benefícios e possuem sofisticação suficiente para identificar e capacidade para contribuir com o desenvolvimento da inovação.

- Atuar dentro de uma rede de inovação não é tarefa fácil, pois exige um novo conjunto de habilidades gerenciais e depende do ponto de partida. Os desafios incluem:
    - como gerenciar algo que não possuímos nem controlamos;
    - como perceber efeitos sistêmicos, não interesses próprios limitados;
    - como criar confiança e compartilhar os riscos sem amarrar o processo em burocracias contratuais;
    - como evitar "aproveitadores" e "vazamentos de informação".

Glossário

Aprendizagem na cadeia logística Desenvolvimento e compartilhamento de boas práticas e possível desenvolvimento compartilhado de produtos ao longo da cadeia de valor.

Clusters Redes formadas porque seus participantes se encontram próximos uns dos outros (por exemplo, na mesma região geográfica). O Vale do Silício é um bom exemplo de *cluster* que prospera pela proximidade. O conhecimento circula entre os membros da rede, mas é muito incentivado pela proximidade geográfica e pela facilidade de comunicação entre integrantes mais importantes.

Comunidades de prática Redes que podem envolver o agrupamento de pessoas de dentro e de fora de uma organização. O que as une é uma preocupação comum com um aspecto específico ou uma determinada área de conhecimento.

Eficiência coletiva Quando um grupo (normalmente pequeno) de participantes trabalha conjuntamente para compartilhar recursos, riscos, etc.

Inovação aberta Abordagem que busca mobilizar fontes de inovação dentro e fora da empresa.

Propriedades emergentes Princípio de um sistema que pressupõe que o todo é maior do que a soma de suas partes.

Rede Grupo ou sistema interconectado complexo; o trabalho em rede envolve a utilização desse sistema para realizar tarefas específicas.

Rede de aprendizagem Rede formalmente criada com o objetivo principal de aumentar o conhecimento.

Questões para discussão

1. Michael Dell não inventou o computador, mas construiu um dos negócios mais bem-sucedidos para sua comercialização. Discuta como ele fez uso de redes para construir e sustentar a vantagem competitiva em seu negócio.

2. Por que Zé da Silva, famoso inventor, precisaria de ajuda para difundir o uso de sua grande ideia? Como o uso de redes poderia ajudá-lo?

3. A inovação é uma atividade individual, produto de uma mente genial solitária? Mostre como os empreendedores bem-sucedidos utilizam as redes para viabilizar suas ideias.

4. Liste três vantagens da cooperação dentro de redes de inovação em contraponto à abordagem do "faça tudo sozinho".

5. Fulana da Silva teve uma brilhante ideia envolvendo um sensor de uso médico para ajudar a monitorar bebês enquanto dormem. Como ela poderia aumentar as chances de sucesso de sua nova ideia de produto usando a abordagem de redes para alavancá-la?

Fontes e leituras recomendadas

"Mapping innovation networks", de Conway e Steward (1998, *International Journal of Innovation Management*, **2**, 165–96) analisa o conceito das redes de inovação. Esse tema também é analisado por Swan, Newell, Scarborough e Hislop em "Knowledge management and innovation: networks and networking" (1999, *Journal of Knowledge Management*, **3**(4): 262). As redes de aprendizagem são discutidas em John Bessant et al., "Constructing learning advantage through networks" (Bessant, Alexander, Rush et al., "Constructing learning advantage through networks" (2012, *Journal of Economic Geography*, **12**, 1087–112), e o seu uso em setores, cadeias logísticas e agrupamentos regionais em Morris, Bessant et al., "Using learning networks to enable industrial development: Case studies from South Africa" (2006, *International Journal of Operations and Production Management*, **26**(5), 557–68). As redes de inovação de alto valor são discutidas em diversos relatórios do AIM, o Advanced Institute for Management Research (www.aimresearch.org).

O movimento da inovação aberta inclui muitos trabalhos relevantes sobre colaboração e redes, e Henry Chesbrough, Wim Vanhaverbeke e Joel West editaram uma boa análise dos principais temas de pesquisa em *Open Innovation: Researching a New Paradigm* (Oxford University Press, 2008). Consulte também *Leading Open Innovation*, de Anne Huff, Kathrin Möslein e Ralf Reichwald (MIT Press, 2013). Duas edições especiais de revistas são especialmente úteis: *R&D Management*, 2010, **40**(3) e *Technovation*, 2011, **31**(1). Para relatos mais críticos sobre a inovação aberta, veja: "Why open innovation is old wine in new bottles", de Paul Trott e Dap Hartmann (2009, *International Journal of Innovation Management*, **13**(4), 715–36); "Plus ca change: Industrial R&D in the third industrial revolution", de David Mowery (2009, *Industrial and Corporate Change*, **18**(1), 1–50); e nossa própria revisão sobre o tema: Joe Tidd, *Open Innovation Research, Management and Practice* (Imperial College Press, 2014).

Para a inovação do usuário, o texto claro é *The Sources of Innovation*, de Eric von Hippel, (Oxford University Press, 1995), e o seu site (http://web.mit.edu/evhippel/). Para análises mais recentes e mais amplas, veja: Steve Flowers e Flis Henwood, *Perspectives on User Innovation* (Imperial College Press, 2010); e a edição especial sobre inovação do usuário do *International Journal of Innovation Management*, 2008, **12**(3). Frank Piller, Professor da Universidade de Aachen, na Alemanha, tem um site com muito material sobre o tema da customização em massa, com exemplos de caso detalhados e outros recursos (www.mass-customization.de); o trabalho original sobre o tema é analisado em *Mass Customisation: The New Frontier in Business Competition*, de Joseph Pine, (Harvard University Press, 1993). Para o *crowdsourcing*, um bom ponto de partida é o livro pioneiro de James Surowiecki, *The Wisdom of Crowds: Why the Many Are Smarter Than the Few* (Abacus, 2005); para uma análise mais recente, veja *Crowdsourcing*, de Daren Brabham (MIT Press, 2013).

O trabalho de Andrew Hargadon destaca a importância das redes e dos agentes, remontando aos dias de Edison e Ford, em *How Breakthroughs Happen* (Harvard Business School Press, 2003). Um dos melhores exemplos dessa abordagem hoje em dia é a IDEO, a consultoria de design descrita em detalhes por Kelley e seus colegas (Kelley, Littman et al., *The Art of Innovation: Lessons in Creativity from IDEO: America's Leading Design Firm*, New York, Currency, 2001).

Referências

1. Rothwell, R. (1992) Successful industrial innovation: Critical success factors for the 1990s, *R&D Management*, **22**(3): 221–39.
2. Wenger, E. (1999) *Communities of Practice: Learning, Meaning, and Identity*, Cambridge: Cambridge University Press; Brown, J.S. and P. Duguid (2000) Knowledge and organization: A social-practice perspective, *Organization Science*, **12**(2): 198.
3. Bessant, J., A. Alexander, G. Tsekouras and H. Rush (2012) Developing innovation capability through learning networks, *Journal of Economic Geography*, **12**(5): 1087–112; Cooke, P. (2007) *Regional Knowledge Economies: Markets, Clusters and Innovation*, Cheltenham: Edward Elgar.
4. Seely Brown, J. and J. Hagel (2005) Innovation blowback: Disruptive management practices from Asia, *The McKinsey Quarterly*, **February**: 35–45.
5. Best, M. (2001) *The New Competitive Advantage*, Oxford: Oxford University Press.
6. Bessant, J., R. Kaplinsky and R. Lamming (2003) Putting supply chain learning into practice, *International Journal of Operations and Production Management*, **23**(2): 167–84.
7. Dyer, J. and K. Nobeoka (2000) Creating and managing a high-performance knowledge-sharing network: The Toyota case, *Strategic Management Journal*, **21**(3): 345–67.
8. Snow, C., D. Strauss and D. Kulpan (2009) Community of firms: A new collaborative paradigm for open innovation and an analysis of Bladé.org, *International Journal of Strategic Business Alliances*, **1**(1): 53.
9. Bessant, J. and G. Tsekouras (2001) Developing learning networks, *A. I. and Society*, **15**(2): 82–98; Marshall, N. and G. Tsekouras (2010) The interplay between formality and informality in managed learning networks, *International Journal of Strategic Business Alliances*, **1**(3): 291–308.
10. Von Hippel, E. (1986) Lead users: A source of novel product concepts, *Management Science*, **32**: 791–805.
11. Morrison, P., J. Roberts and D. Midgley (2004) The nature of lead users and measurement of leading edge status, *Research Policy*, **33**: 351–62.
12. Callahan, J. and E. Lasry (2004) The importance of customer input in the development of new products, *R&D Management*, **34**(2): 107–17.
13. Pickles, J., E. Hide and L. Maher (2008) Experience based design: A practical method of working with patients to redesign services, *Clinical Governance*, **13**(1): 51–8.
14. Flowers, D. and F. Henwood (2010) Perspectives on user innovation, *International Journal of Innovation Management*, **12**(3): 5–10.
15. Bessant, J. and K. Moeslein (2011) *Open Collective Innovation*, London: Advanced Institute of Management Research.
16. Conway, S. and F. Steward (1998) Mapping innovation networks, *International Journal of Innovation Management*, **2**(2): 165–96.
17. AIM (2004) *I-works: How High Value Innovation Networks Can Boost UK Productivity*, London: Advanced Institute of Management Research.

Parte IV

Desenvolver o empreendimento

Como levamos um conceito adiante, desde um brilho no olho até um processo, produto, serviço ou negócio totalmente desenvolvido? Não é uma mera questão de gerenciamento de projetos, de equilibrar recursos, tempo e orçamento. É preciso trabalhar em um contexto de incerteza. Precisamos entender os fatores que influenciam o sucesso e o fracasso das inovações e dos novos empreendimentos. Mesmo que possamos guiar um projeto entre as tormentas e transformá-lo em realidade, nada garante que as pessoas vão usá-lo ou que ele será amplamente difundido. Muitas vezes, isso exige uma aliança para promover a aceitação e a adoção em massa.

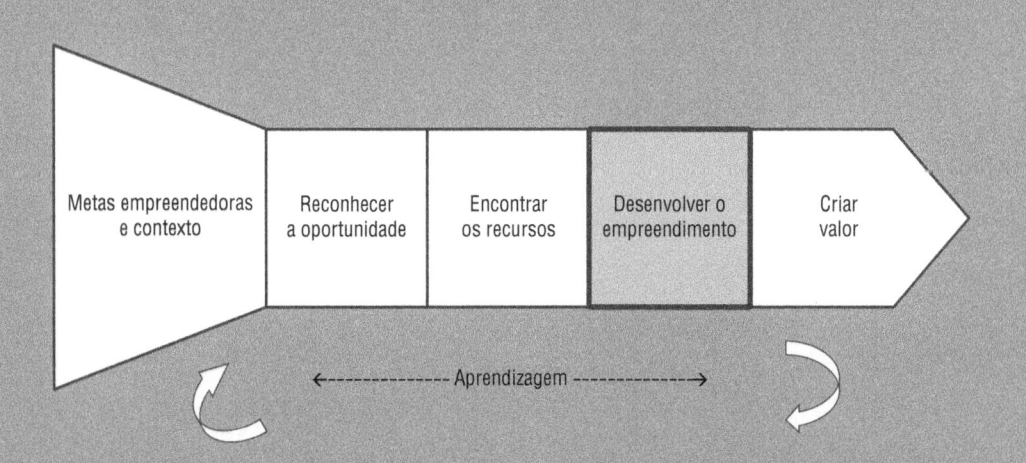

Capítulo

11

Desenvolver novos produtos e serviços

OBJETIVOS DE APRENDIZAGEM

Depois de ler este capítulo, você compreenderá:

- um processo formal para apoiar o desenvolvimento de novos produtos, como o stage-gate e o funil de desenvolvimento;
- fatores de produto e organizacionais que influenciam o sucesso e o fracasso;
- a escolha e a aplicação de ferramentas relevantes para apoiar cada fase do desenvolvimento de produtos;
- as diferenças entre serviços e produtos e como elas influenciam o desenvolvimento;
- como aplicar as lições das pesquisas de difusão para promover a adoção de inovações.

O processo de desenvolvimento de novos produtos/serviços

O processo de desenvolvimento de novos produtos e serviços – a evolução desde a ideia até se chegar aos produtos, serviços ou processos de sucesso – é um processo gradual de redução de incertezas por meio de uma série de estágios de resolução de problemas, desde as fases de busca e de seleção até a de implementação, conectando fluxos relacionados a tecnologias e mercados ao longo do caminho.

À primeira vista, tudo parece possível, mas o emprego crescente de recursos durante a vida do projeto torna cada vez mais difícil alterar a sua direção. A gestão do desenvolvimento de novos produtos e serviços é um malabarismo entre os custos de continuidade de projetos que podem fracassar (e que representam custos de oportunidade em termos de outras possibilidades) e o perigo de abandoná-los cedo demais e eliminar opções potencialmente férteis. Com ciclos de vida mais curtos e demanda por maior variedade de produtos, há também muita pressão para o desenvolvimento de processos que funcionem com um portfólio mais amplo de oportunidades de novos produtos e que gerenciem riscos associados ao aumento deles, desde o desenvolvimento até o lançamento.

Essas decisões podem ser tomadas à medida que os problemas ocorrerem, mas a experiência e pesquisas sugerem que alguma forma de sistema de desenvolvimento estruturado, com pontos de decisão bem-definidos e regras estabelecidas que embasam as decisões de ir adiante ou não, constitui uma abordagem mais eficaz. É necessário dar atenção à reconfiguração de mecanismos internos para a integração e a otimização de processos, como engenharia simultânea, trabalho interdisciplinar, ferramentas avançadas e envolvimento precoce. Para se lidar com isso, maior ênfase vem sendo dada a busca sistemática, monitoração e estruturas progressivas, como a do processo de tomada de decisão de tipo stage-gate de Cooper (Figura 11.1).[1]

Como sugere Cooper, para ser eficaz, o desenvolvimento de produtos precisa operar alguma forma de processo estruturado em estágios. À medida que os

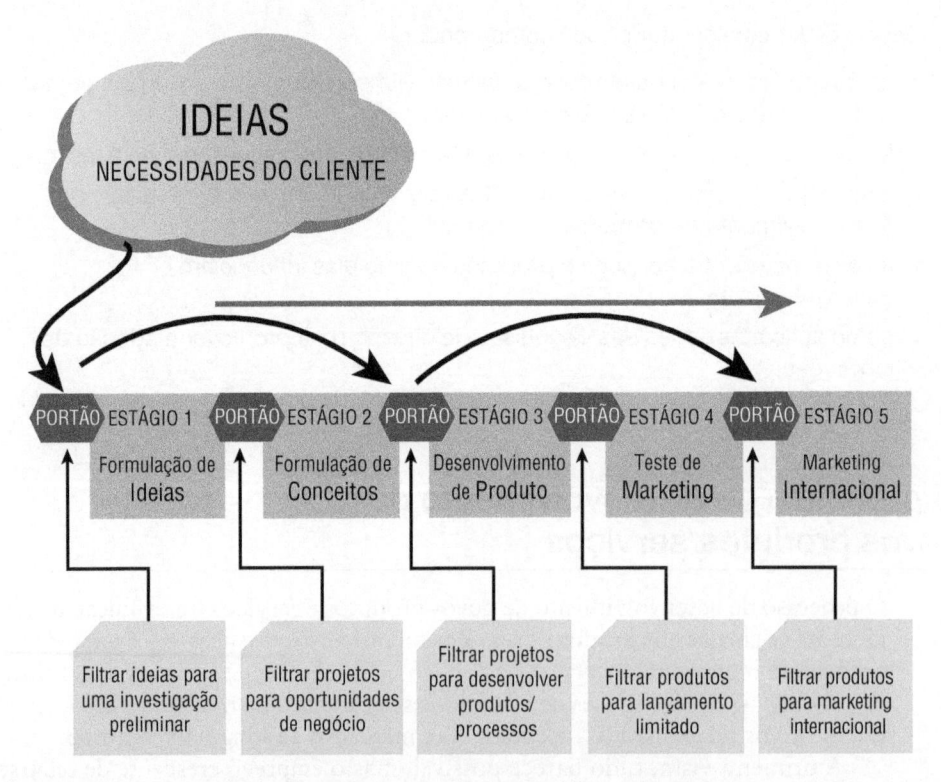

FIGURA 11.1 Processo de desenvolvimento de produtos com stage-gates.
Fontes: Derivado de Cooper, R., *Winning at New Products: Accelerating the Process from Idea to Launch*, 2001, Cambridge, MA: Perseus Books; Doing it right: Winning with new products, 2000, Ivey *Business Journal,* **64**(6), 1–7.

projetos avançam dentro do processo de desenvolvimento, existe uma série de estágios, cada qual com critérios de decisão diferentes ou "portões" que devem ser transpostos. Há muitas variações dessa ideia básica, como os chamados "portões imprecisos" (fuzzy gates), mas o mais importante é assegurar que haja algum tipo de estrutura permeando o processo, capaz de revisar informações técnicas e mercadológicas a cada estágio. Uma variação comum é o **funil de desenvolvimento**, que leva em consideração a redução da incerteza à medida que o processo progride e a influência de limitadores reais de recursos (Figura 11.2)[2]

A literatura oferece diversos outros modelos, incorporando diversos estágios, desde três até 13 em número. Esses modelos são basicamente lineares e unidirecionais, partindo do desenvolvimento de conceitos e terminando na comercialização. Eles sugerem um processo simples e linear de desenvolvimento e eliminação. Na prática, contudo, o desenvolvido de novos produtos e serviços é um processo inerentemente complexo e cíclico, dificultando a criação de um modelo para fins práticos. Para facilitar a discussão e a análise, adotaremos um modelo simplificado de quatro estágios, que acreditamos ser suficiente para discriminar entre os diversos fatores que devem ser gerenciados em diferentes estágios:[3]

1. *Geração de conceitos*. Identificação de oportunidades para novos produtos e serviços.
2. *Avaliação e seleção do projeto*. Triagem e escolha de projetos que satisfaçam certos critérios.
3. *Desenvolvimento do produto*. Tradução de conceitos selecionados em produtos físicos (examinaremos os serviços posteriormente).
4. *Comercialização do produto*. Teste, lançamento e marketing do novo produto.

Geração de conceitos

Boa parte da literatura sobre marketing e desenvolvimento de produtos se concentra em monitorar as tendências de mercado e as necessidades do consumidor para identificar conceitos de novos produtos. Entretanto, há um debate bastante

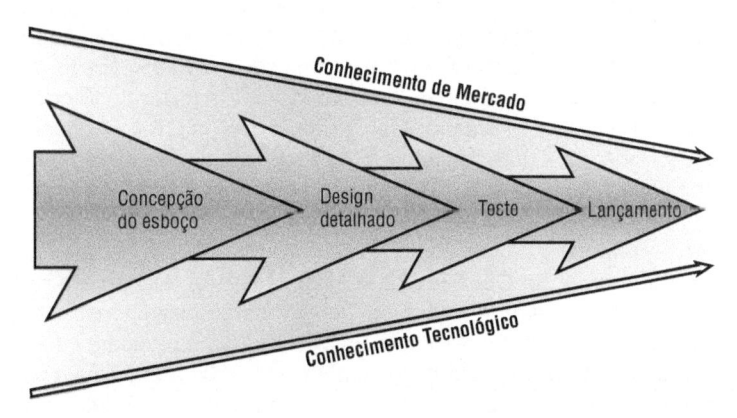

FIGURA 11.2 Funil do desenvolvimento de produtos.
Fonte: Derivado de Wheelwright, S.C. and K.B. Clark (1992) *Revolutionizing Product Development*, New York: Free Press.

intenso na literatura sobre os relativos méritos de estratégias de "puxão do mercado" *versus* "empurrão da tecnologia" para desenvolvimento de novos produtos. Uma revisão das pesquisas de maior relevância sugere que a melhor estratégia a adotar depende da relativa novidade do novo produto. Para adaptações incrementais ou extensões de linhas de produtos, o "puxão do mercado" tende a ser a direção preferida, já que os consumidores estão familiarizados com o tipo de produto e serão capazes de expressar suas preferências com facilidade. Há, porém, muitas "necessidades" que o cliente pode ignorar ou ser incapaz de articular; nesses casos, a balança pende para uma estratégia de "empurrão da tecnologia". Todavia, na maioria dos casos os consumidores não compram uma tecnologia; eles compram produtos pelos benefícios que deles obtêm. O "empurrão da tecnologia" deve oferecer uma solução para suas necessidades. Portanto, alguma análise de consumo ou de mercado também é importante para itens tecnológicos mais inovadores. Essa fase também é chamada de "começo impreciso" (fuzzy front-end; ver Empreendedorismo em Ação 8.1), pois muitas vezes não apresentam ordem ou estrutura, mas há uma série de ferramentas que ajudam a identificar sistematicamente conceitos de novos produtos, algumas delas descritas a seguir.

INOVAÇÃO EM AÇÃO 11.1

Samsung e a ascensão do smartphone

Os smartphones são um bom exemplo de desenvolvimento e inovação contínuos de produto, muitas vezes com ciclos de vida medidos em meses, não anos. A entrada da Apple no mercado de telefonia móvel, com suas várias gerações do iPhone, recebeu a maior parte da atenção, mas a Samsung é um exemplo igualmente interessante de estratégia de sucesso orientada pelo desenvolvimento de produtos.

Não há uma definição universal de smartphone ou uma distinção entre estes e os telefones ricos em recursos. Contudo, muitos aceitam que a Samsung entrou no mercado global de smartphones em outubro de 2006, com o seu telefone BlackJack, que na época tinha nome, aparência e recursos semelhantes ao RIM BlackBerry (e que fez com que a empresa fosse processada pela RIM, em caso semelhante às disputas jurídicas entre a Apple e a Samsung em 2012). O smartphone BlackJack foi lançado primeiro nos Estados Unidos, por meio da operadora AT&T, e rodava o Windows Mobile. Em 2007, o aparelho venceu o prêmio Best Smart Phone na CTIA americana. Um ano depois, em dezembro de 2008, foi lançado o BlackJack II (um nome muito original), seguido pela terceira geração, o Samsung Jack, em maio de 2009. Este último seria o campeão de vendas da série de telefones Windows Mobile.

Outro marco importante ocorreu em novembro de 2007, quando a Samsung se tornou membro fundador da Open Handset Alliance (OHA), criada para desenvolver, promover e licenciar o sistema Android, da Google, para smartphones e tablets. Outro membro, a HTC, lançou o primeiro smartphone Android em agosto de 2008, mas a Samsung ofereceu o seu próprio em maio de 2009. O I7500 incluía a suíte completa de serviços da Google, tela AMOLED de 3,2", GPS e uma câmera de 5 megapixels. Contudo, a Samsung fora promíscua ao escolher sistemas operacionais, e além de adotar

(Continua)

os sistemas Windows e Android, desenvolveu e utiliza um próprio. Em maio de 2010, a Samsung lançou o Wave, seu primeiro smartphone baseado na sua própria plataforma Bada, projetada para interfaces touchscreen e redes sociais. Outros seis telefones Wave foram lançados no ano seguinte, com vendas de mais de dez milhões de unidades.

A verdadeira história de sucesso da Samsung é a submarca Galaxy S, baseada no sistema Android, lançada em março de 2010, seguida pelo Galaxy S II em 2011 e o S III em 2012, concorrentes diretos do iPhone da Apple. No primeiro trimestre de 2012, a Samsung vendeu mais de 42 milhões de smartphones em todo o mundo, o que representou 29% das vendas globais, em comparação com os 35 milhões de dispositivos da Apple (24% do mercado). Em 2012, a OHA tinha 84 membros, e o sistema Android representava cerca de 60% das vendas mundiais, em comparação com os 26% do sistema iOS da Apple. Contudo, as estimativas de participação de mercado variam entre os analistas, dependendo deles medirem participação nas novas vendas ou a base de usuários existente, e as participações também flutuam significativamente com o lançamento de novos produtos. No mês do lançamento do novo iPhone, por exemplo, a participação da Apple em novas vendas nos Estados Unidos saltou de 26 para 43%, e a da Android despencaram de 60 para 47%.[4] Isso demonstra claramente o impacto do lançamento de um novo produto.

Além disso, essa estratégia guiada por produtos não é fácil de sustentar. A Nokia e a BlackBerry foram líderes nos seus respectivos mercados por muitos anos, mas sofreram quedas significativas em termos de vendas e rentabilidade. Apesar dos altos níveis de pesquisa e desenvolvimento e das marcas fortes, essas duas ex-líderes de mercado não conseguiram usar o desenvolvimento de novos produtos para manter suas posições. Em um único ano, 2011-12, a participação de mercado da Nokia caiu de 24 para 8%, e a RIM, fabricante do BlackBerry, foi de 14 para menos de 7%. Em parte, essa queda reflete o fato dos seus sistemas operacionais proprietários não adicionarem novos recursos e funções, como o armazenamento de dados na nuvem, e oferecerem acesso a muito menos aplicativos do que o iTunes da Apple e o Google Play para Android.

Seleção do projeto

Esse estágio inclui a triagem e a seleção de conceitos do produto anteriores ao progresso subsequente pela fase de desenvolvimento. Dois prejuízos de não selecionar o "melhor" projeto são: custo real de recursos desperdiçados em projetos sem valor; e custos de oportunidade de projetos marginais que poderiam ter dado certo com recursos adicionais.

Há dois níveis de filtragem. O primeiro é o plano agregado de produto, em que o portfólio de desenvolvimento do novo produto é determinado. O plano agregado de produto visa integrar os inúmeros projetos potenciais para garantir que o conjunto coletivo de projetos de desenvolvimento atenda às metas e aos objetivos da empresa, e ajuda a construir as competências necessárias. O primeiro passo é assegurar que os recursos sejam aplicados a tipos e combinações apropriados de projetos. O segundo passo é desenvolver um plano de capacidade para equilibrar recurso e demanda. O passo final é analisar o efeito dos projetos propostos sobre as capacidades, a fim de garantir que sejam construídos com vistas a demandas futuras.

O segundo nível de filtros ocupa-se dos conceitos de produtos específicos. Os dois processos mais comuns nesse nível são: o funil de desenvolvimento e o sistema stage-gate. O funil de desenvolvimento é uma forma de identificar, buscar, revisar e convergir projetos de desenvolvimento enquanto evoluem desde a ideia inicial até a comercialização. Com isso, constrói-se uma estrutura sobre a qual se pode revisar alternativas baseadas em inúmeros critérios explícitos de tomada de decisão. De forma semelhante, o sistema stage-gate proporciona uma estrutura formal para filtrar projetos também baseados em critérios explícitos. A principal diferença é que, enquanto o funil de desenvolvimento prevê restrições de recursos, o sistema stage-gate não o faz.

Desenvolvimento de produtos

Esse estágio inclui todas as atividades necessárias para colocar em prática o conceito escolhido e entregar um produto para comercialização. É no nível de trabalho, onde o produto é de fato desenvolvido e produzido, que as equipes individuais de P&D, projeto, engenharia e marketing devem trabalhar conjuntamente para resolver questões específicas e tomar decisões sobre detalhes. Sempre que um problema aparecer, uma lacuna entre o design atual e o exigido, a equipe de desenvolvimento deve agir para fechá-la. A forma pela qual se consegue fazê-lo determina a velocidade e a eficácia do processo de resolução de problemas. Em muitos casos, essa rotina de resolução de problemas envolve ciclos repetidos de projeto-teste-fabricação que se valem de inúmeros tipos de ferramentas.

Comercialização do produto e revisão

Em muitos casos, o processo de desenvolvimento de novos produtos se imiscui com o processo de comercialização. Nesse caso, o codesenvolvimento com cliente, o teste de marketing e o uso de sites de teste alfa, beta e gama fornecem informações sobre as exigências de clientes e qualquer problema de utilização, mas também ajudam a obter apoio junto ao cliente e a preparar o mercado. Não é o objetivo deste estudo examinar a eficácia relativa das diferentes estratégias de marketing, e sim identificar aqueles fatores que influenciam diretamente o processo de desenvolvimento de novos produtos. Acima de tudo, estamos interessados em (1) critérios que as empresas utilizam para avaliar o sucesso de novos produtos e (2) como esses critérios podem diferir entre projetos de baixa e alta novidade. No primeiro caso, esperaríamos parâmetros financeiros ou mercadológicos mais formais e restritos, mas, no segundo caso, deparamos com um espectro mais amplo de critérios para refletir o potencial de aprendizagem organizacional e futuras opções de novos produtos.

Fatores para o sucesso

Inúmeros estudos investigam os fatores que afetam o sucesso de novos produtos (Figura 11.3). A maioria deles adota uma "metodologia de pares casados", em que produtos similares são examinados, mas um deles é menos bem-sucedido

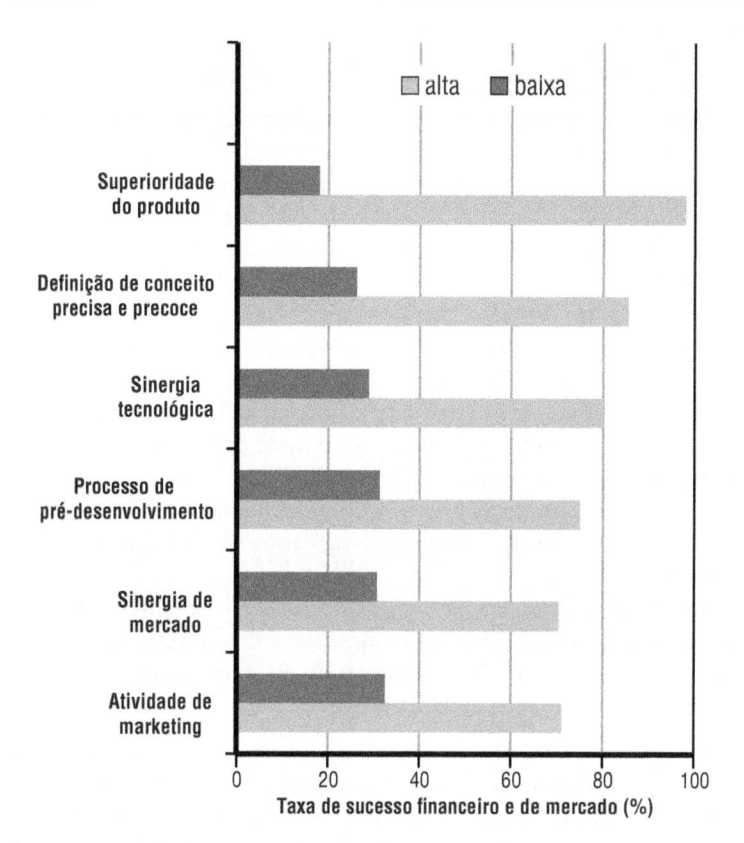

FIGURA 11.3 Fatores que influenciam o sucesso de novos produtos.

que o outro. Isso nos permite discriminar entre boas e más práticas e auxilia no controle de outros fatores secundários.[5]

Esses estudos variam em sua ênfase e, às vezes, contradizem uns aos outros; porém, apesar de diferenças em amostragens e metodologias, é possível identificar algumas unanimidades sobre quais seriam os melhores critérios de sucesso:

- *Vantagem de produto*. Superioridade de produto aos olhos do consumidor, vantagem diferencial real, alto índice desempenho/custo e a entrega de benefícios singulares aos usuários parecem ser os principais fatores a separar os fracassados dos vencedores. A percepção do cliente é essencial.
- *Conhecimento de mercado*. Fazer o dever de casa é vital: uma melhor preparação pré-desenvolvimento, incluindo seleção inicial, avaliação preliminar de mercado, avaliação técnica preliminar, estudos de mercado detalhados e análises comerciais e financeiras. Avaliação de necessidades de clientes e usuários e sua compreensão são fatores fundamentais. A análise competitiva também é uma parte importante da análise de mercado.
- *Definição clara de produto*. Inclui definição de mercados-alvo, definição clara de conceito e benefícios a serem disponibilizados, estratégia de posicionamento bem definida, uma lista de exigências, recursos ou qualidades do

produto, ou uso de uma lista de critérios prioritários combinados antes que o desenvolvimento tenha início.
- *Avaliação de riscos*. As fontes de risco de mercado, tecnológicas, de fabricação e de design relacionadas com o projeto de desenvolvimento devem ser avaliadas e planos devem ser traçados para considerá-las. As avaliações de risco devem ser construídas dentro de estudos de negócio e viabilidade para que sejam tratadas adequadamente no que diz respeito a mercados e a capacidades da empresa.
- *Organização de projeto*. Uso de equipes interfuncionais e multidisciplinares que assumam a responsabilidade pelo projeto do início ao fim.
- *Recursos de projeto*. Recursos financeiros, materiais e humanos suficientes devem estar disponíveis; a empresa deve possuir a capacidade gerencial e tecnológica para projetar e desenvolver o novo produto.
- *Proficiência de execução*. Qualidade das atividades tecnológicas e de produção, bem como todas as análises comerciais pré-comercialização e testes de marketing; estudos de mercado detalhados são a base do sucesso de novos produtos.
- *Apoio da alta gerência*. Desde o conceito até o lançamento, a equipe de gestão deve ser capaz de criar uma atmosfera de confiança, coordenação e controle; indivíduos-chave que capitaneiam esforços normalmente desempenham um papel fundamental durante o processo de inovação.

Todos esses fatores contribuem para o sucesso de novos produtos e deveriam, portanto, formar a base de qualquer processo de desenvolvimento de novos produtos. Observe que o desenvolvimento eficaz de novos produtos e serviços requer o gerenciamento de uma mescla de características de produtos e serviços – como foco de produto, superioridade e vantagem – e de fatores organizacionais – como recursos de projeto, execução e liderança. É improvável que o gerenciamento de apenas um desses elementos essenciais resulte em sucesso contínuo.

Desenvolvimento de serviços

As tendências de emprego em todos os países chamados desenvolvidos indicam uma diminuição das atividades de manufatura, construção, mineração e agricultura e um aumento de uma série de serviços, entre eles varejistas, financeiros, transportes, comunicações, entretenimento, profissionais e públicos. Essa tendência ocorreu, em parte, porque a indústria tornou-se bastante eficiente e automatizada, e, portanto gera proporcionalmente menos empregos; e, em parte, porque muitos serviços são caracterizados por altos níveis de contato com clientes e são reproduzidos no local, sendo, assim, de atividade intensa. Nas economias de serviços mais avançadas, como é o caso dos Estados Unidos e do Reino Unido, os serviços representam cerca de três quartos da riqueza e 85% das vagas de emprego; apesar disso, sabe-se bem pouco sobre a gestão da inovação nesse setor. O papel crucial dos serviços, em seu sentido mais amplo, já foi há muito reconhecido, mas o processo de inovação em serviços ainda não está suficientemente compreendido.

A inovação em serviços é muito mais do que a aplicação de tecnologias de informação (TI). Na realidade, os retornos frustrantes de investimentos em TI no setor de serviços resultaram em um amplo debate sobre causas e possíveis soluções, o chamado "paradoxo da produtividade" em serviços. Frequentemente, inovações em serviços, que fazem diferença significativa nas formas como os clientes utilizam e percebem o serviço prestado, exigem grandes investimentos em tecnologia e inovação de processo pelos prestadores de serviços, mas também investimentos em habilidades e métodos de trabalho a fim de mudar o modelo de negócio, bem como grandes mudanças de marketing. As estimativas variam, mas por si só, os retornos de investimentos em TI ficam em torno de 15%, o que normalmente se sustenta por uns dois ou três anos, quando a produtividade, em geral, cai; porém, quando combinados com mudanças na organização e gestão, esses retornos aumentam para cerca de 25%.[6]

No setor de serviços, o impacto da inovação no crescimento costuma ser positivo e consistente, com a possível exceção dos serviços financeiros. O padrão no âmbito de serviços de varejo e distribuição total de vendas, transporte e comunicação, bem como a totalidade de serviços comerciais, é particularmente forte. Pesquisas identificaram a "inovação oculta" nas indústrias criativas e na mídia, como o desenvolvimento de filmes e programas de TV, que não é capturada por medidas ou políticas tradicionais, como P&D e patentes, como é o caso de programas da BBC.

A maioria das prescrições de pesquisa e gestão baseou-se em experiências de setores manufatureiros e de alta tecnologia. Presume-se que tais práticas sejam igualmente aplicáveis à gestão da inovação em serviços, mas alguns pesquisadores alegam que os serviços são fundamentalmente diferentes. Há uma premente necessidade de distinguir o que, dentre o que sabemos acerca de gestão da inovação em manufatura, é aplicável a serviços, o que deve ser adaptado e o que é diferente.

Na nossa opinião, existem sim boas práticas genéricas, aplicáveis tanto ao desenvolvimento de ofertas de manufatura quanto de serviços, mas elas precisam ser adaptadas a diferentes contextos, especificamente no tocante à escala e complexidade, ao nível de customização dessas ofertas e à incerteza de cenários tecnológicos e mercadológicos. É essencial combinar a configuração de gestão e a organização de desenvolvimento com a tecnologia específica e o ambiente de mercado. O desenvolvimento de serviços financeiros varejistas, por exemplo, é semelhante ao desenvolvimento de bens de consumo.

O setor de serviços inclui uma grande variedade de atividades e negócios, desde consultores individuais e lojistas até financeiras multinacionais de grande porte e organizações públicas sem fins lucrativos ou do terceiro setor, como as governamentais, de saúde e educação. Dessa forma, é preciso muito cuidado ao fazer generalizações sobre os setores de serviços. Mais adiante, introduziremos algumas formas de compreender e analisar o setor, mas é possível identificar algumas diferenças fundamentais entre as operações manufatureiras e as de serviços:

- *Tangibilidade*. Bens tendem a ser tangíveis, enquanto serviços são intangíveis, mesmo que possamos, normalmente, ver ou perceber seus resultados.

- *Percepções* de desempenho e qualidade são mais importantes em serviços, sobretudo a diferença entre expectativas e desempenho percebido. Um cliente tende a considerar um serviço bom se o mesmo exceder suas expectativas. As percepções de qualidade de serviços são afetadas por:
    o aspectos tangíveis: aparência das instalações, equipamento e pessoal especializado;
    o sensibilidade: pronto atendimento e predisposição a ajudar;
    o competência: a capacidade de executar o serviço de modo confiável;
    o compromisso: conhecimento e cortesia da equipe e habilidade de comunicar confiança e garantia;
    o empatia: atenção individual e cuidadosa.
- *Simultaneidade.* O período de tempo entre produção e consumo de bens e serviços é diferente. A maioria dos bens é produzida bem antes de seu consumo para permitir a distribuição, o estoque e as vendas. Muitos serviços, por outro lado, são consumidos quase imediatamente após serem produzidos. Isso cria problemas de gestão de qualidade e de capacidade de planejamento. É mais difícil identificar ou corrigir erros em serviços e é também mais difícil combinar o fornecimento e a demanda.
- *Estoque.* Em geral, serviços não podem ser estocados (por exemplo, um assento no voo de uma companhia aérea), embora alguns serviços, como os de abastecimento de água e energia, tenham algum potencial de estocagem. A impossibilidade de manter estoques de serviços pode criar problemas na combinação entre oferta e demanda, a chamada gestão de capacidade. Esses problemas podem ser enfrentados de diversas formas. O preço pode ser usado para amenizar flutuações de demanda ao promover descontos em épocas fracas de vendas, por exemplo. Sempre que possível, pode-se obter capacidade adicional, em tempos de alta demanda, empregando trabalhadores temporários em regime de meio período ou terceirizando. Na pior das hipóteses, os clientes podem simplesmente ser forçados a esperar pelos serviços, por ordem de solicitação.
- *Contato com o cliente.* A maioria dos clientes tem pouco ou nenhum contato com as operações que produzem bens. Muitos serviços exigem altos níveis de contato entre as operações e o cliente final, embora o nível e o tempo de tal contato variem. Tratamentos médicos, por exemplo, podem exigir contato constante ou frequente, mas serviços financeiros, apenas contatos esporádicos.
- *Localização.* Devido ao contato com os clientes e à quase imediata produção e consumo de serviços, a localização das operações de serviço costuma ser mais importante que a de operações que produzem produtos e bens de consumo. Restaurantes, operações varejistas e serviços de entretenimento, todos favorecem a proximidade com clientes. Por outro lado, bens manufaturados normalmente são produzidos e consumidos em lugares muito diferentes. Por essas razões, mercados para bens manufaturados também tendem a ser mais competitivos e globalizados, enquanto muitos serviços pessoais e comerciais são locais e menos competitivos. Apenas cerca de 10% dos serviços em

economias desenvolvidas, por exemplo, são comercializados internacionalmente.

Essas características dos serviços devem ser levadas em consideração ao projetarmos e gerenciarmos a organização e os processos de desenvolvimento de novos serviços, pois alguns dos achados das pesquisas sobre desenvolvimento de novos produtos precisarão ser adaptados ou podem não ser aplicáveis. Além disso, devido à diversidade de operações de serviços, também é preciso ajustar a organização e a gestão a diferentes tipos de contexto de serviços (Tabela 11.1).

Em termos de desempenho, inovação e qualidade parecem ser aperfeiçoados por equipes interdepartamentais e compartilhamento de informações, aprimorados pelo envolvimento com clientes e fornecedores e pelo incentivo da colaboração em equipe.[7] A oferta de serviços é melhorada pela atenção ao cliente e o gerenciamento de projetos, pelo compartilhamento de conhecimentos e pela colaboração em equipe. O tempo decorrido até o lançamento no mercado é reduzido pelo compartilhamento de conhecimentos e pela colaboração, pela atenção ao cliente e à organização de projeto, mas o emprego de equipes interdepartamentais pode prolongar o processo. Os custos são reduzidos com o estabelecimento de

TABELA 11.1 Características de "altos inovadores" em serviços

Descritor do negócio	Baixos inovadores	Altos inovadores
Resultados da inovação		
• % de vendas a partir de serviços datados dos últimos três anos	<1%	17%
• % de novos serviços *versus* concorrentes	>0%	5%
Base de clientes		
• Foco em clientes-chave	Médio	Alto
• Base relativa de clientes	Similar aos concorrentes	Mais centrada que concorrentes
Cadeia de valor		
• Foco em fornecedores-chave	Médio	Alto/estratégico
• % de valor agregado/vendas	72%	60%
• Valor operacional agregado/vendas	36%	25%

(Continua)

TABELA 11.1 Características de "altos inovadores" em serviços *(Continuação)*

Descritor do negócio	Baixos inovadores	Altos inovadores
• Integração vertical *versus* concorrentes	O mesmo ou mais	O mesmo ou menos
Insumos da inovação		
• P&D "o quê"	0,1% de vendas	0,7% de vendas
• P&D "como"	0,1% de vendas	0,5% de vendas
• Ativos imobilizados/vendas	crescimento de 10% ao ano	crescimento de mais de 20% ao ano
• % de custos fixos/vendas	8%	11%
Contexto de inovação		
• Mudança tecnológica recente	20%	40%
• Tempo até o lançamento no mercado	>1 ano	<1 ano
Concorrência		
• Entrada de concorrentes	10%	40%
• Importação/exportação *versus* mercado	2%	12%
Qualidade da oferta		
• Qualidade relativa *versus* concorrência	Descendente	Em aperfeiçoamento
• Relação custo-benefício	Logo abaixo da concorrência	Melhor do que a concorrência
Resultados		
• Vendas reais	9%	15%

Fonte: Clayton (2003) in Tidd, J. and Hull, F.M., eds, *Service Innovation: Organizational Responses to Technological Opportunities and Market Imperatives,* Imperial College Press, London.
Copyright Imperial College Press/World Scientific Publishing Co.

padrões para projetos e produtos e pelo envolvimento de clientes e fornecedores, mas podem ser aumentados pelo emprego de equipes interdepartamentais. Embora as práticas individuais possam ter significativa contribuição ao desempenho (Figura 11.4), fica claro que a combinação coerente entre elas e sua interação cria desempenho superior em contextos específicos. Esses achados podem ser utilizados para avaliar a eficácia de estratégias, processos, organizações, tecnologias e sistemas (SPOTS, na sigla em inglês) existentes e para identificar onde e como melhorar.

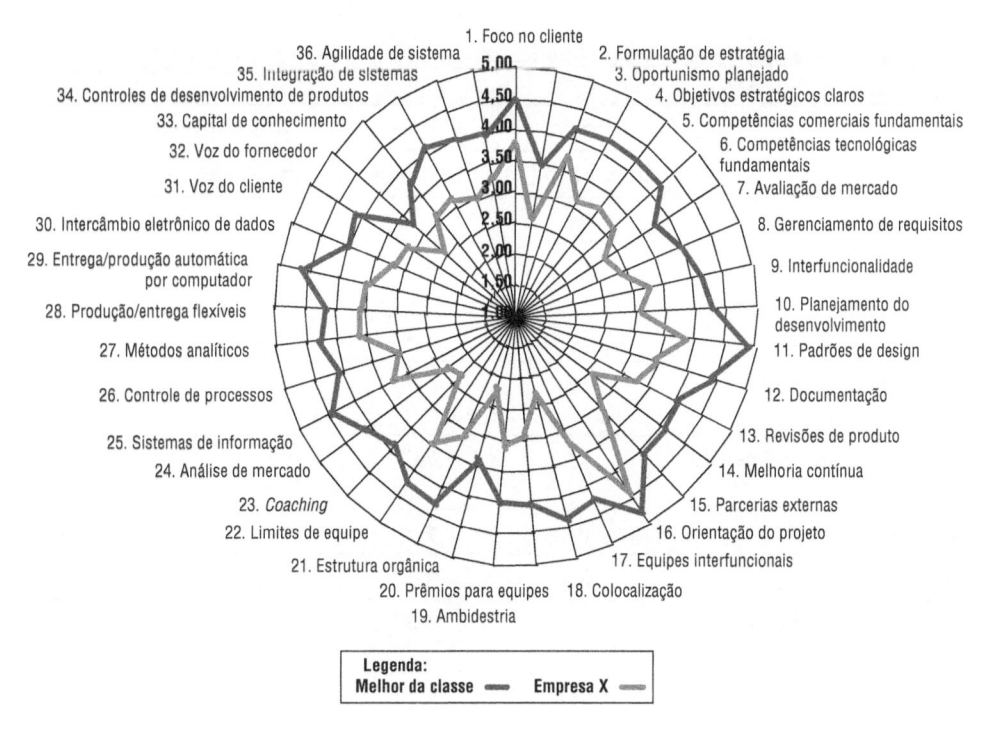

FIGURA 11.4 Estrutura para avaliar o desenvolvimento de novos serviços.
Fonte: Tidd, J. and F.M. Hull (2006) Managing service innovation: the need for selectivity rather than "best practice'. *New Technology, Work and Employment* **21**(2): 139–161. Reproduzido com a permissão de John Wiley & Sons, Ltd.

Ferramentas para apoiar o desenvolvimento de novos produtos

Um número enorme de ferramentas apoia o desenvolvimento de produtos, mas variam bastante em termos de popularidade e eficácia (Tabela 11.2). Aqui, identificamos as principais ferramentas por estágio do processo.

Geração de conceitos

A maioria dos estudos salientou a importância da compreensão das necessidades dos consumidores. Projetar um produto para satisfazer uma necessidade percebida mostrou-se um fator discriminante importante do sucesso comercial. As abordagens mais comuns incluem:

- *Pesquisas e grupos focais:* sempre que há um produto similar, pesquisas sobre preferências de clientes podem ser guias confiáveis para o desenvolvimento. Um grupo focal permite que desenvolvedores explorem a reação provável a produtos mais inovadores para os quais exista um segmento-alvo bem definido.

TABELA 11.2 Uso e utilidade de técnicas para o desenvolvimento de produtos e serviços

	Alto grau de novidade		Baixo grau de novidade	
	Utilização (%)	Utilidade	Utilização (%)	Utilidade
Segmentação*	89	3,42	42	4,50
Experimentação de mercado	63	4,00	53	3,70
Especialistas do setor	63	3,83	37	3,71
Levantamentos/grupos focais*	52	4,50	37	4,00
Observação das práticas do usuário	47	3,67	42	3,50
Clientes parceiros*	37	4,43	58	3,67
Usuários líderes*	32	4,33	37	3,57
Probabilidade de sucesso técnico	100	4,37	100	4,32
Probabilidade de sucesso comercial	100	4,68	95	4,50
Participação de mercado*	100	3,63	84	4,00
Competências fundamentais*	95	3,61	79	3,00
Grau de comprometimento interno	89	3,82	79	3,67
Tamanho de mercado	89	3,76	84	3,94
Concorrência	89	3,76	84	3,81
Análise de lacunas	79	2,73	84	2,81
Agrupamentos estratégicos*	42	3,63	32	2,67
Prototipagem*	79	4,33	63	4,08
Experimentação de mercado	68	4,31	63	4,08
QFD	47	3,33	37	3,43
Equipes interfuncionais*	63	4,47	37	3,74
Gerente de projetos (peso-pesado)*	52	3,84	32	3,05

Escala de utilidade: 1-5; 5 = crítico, com base em avaliação de gerenciamento de 50 projetos de desenvolvimento em 25 empresas. * Indica que diferenças no índice de utilidade são estatisticamente significativas em nível de 5%.

Fonte: Adaptado de Tidd, J. and K. Bodley (2002) The effect of project novelty on the new product development process, *R&D Management*, **32**(2), 127–38.

- *Análises de necessidades latentes:* são criadas para descortinar exigências não articuladas por clientes por meio de sua reação a símbolos, conceitos e formas.
- *Usuários líderes:* são representativos de necessidades de mercado, mas, temporalmente, estão um pouco à frente da maioria, representando necessidades futuras. Os usuários líderes representam uma das fontes mais importantes de avaliação de mercado para melhoria e incremento de produtos.
- *Clientes desenvolvedores:* novos produtos podem ser parcial ou completamente desenvolvidos por consumidores. Nesses casos, a questão é como identificar e adquirir tais produtos.
- *Análise competitiva:* de produtos concorrentes, por meio de engenharia reversa ou aspectos de benchmarking de produtos concorrentes.
- *Peritos industriais ou consultores:* têm muita experiência acerca das necessidades de diferentes consumidores. O perigo é que tenham mergulhado demais no universo de usuários para poder ter a visão necessária para avaliar e mensurar o potencial de inovação. O uso de "peritos indiretos" ajuda a superar o problema. Eles sugerem selecionar um grupo específico de pessoas que possuam conhecimento da categoria de produto ou do contexto de utilização.
- *Extrapolação de tendências:* em tecnologia, mercados e sociedade para prever necessidades futuras de curto e médio prazo.
- *Construção de cenários:* visões alternativas de futuro, baseadas em pressuposições variadas para criar estratégias de produtos robustos. Mais relevante para projetos de longo prazo e para desenvolvimento de portfólios de produtos.
- *Experimentação de mercado:* teste da reação do mercado com produtos reais, mas capazes de serem adaptados ou retirados rapidamente. Só é aplicável quando os custos de desenvolvimento são baixos, os tempos de ciclo são curtos e os consumidores têm alta tolerância a produtos falhos ou de baixo desempenho. Também chamada de "marketing expedicionário" ou, mais modestamente, "teste de marketing".

Seleção do projeto

Diferentes combinações de critérios são empregadas para buscar e avaliar projetos antes de seu desenvolvimento. As mais comuns são baseadas em fluxo de caixa descontado, como valor presente líquido (VPL)/taxa interna de retorno (TIR), seguidas de análise de custo/benefício e cálculos simplificados de período de payback. Além desses critérios financeiros, a maioria das organizações também utiliza uma série de medidas adicionais:

- *Classificação.* Uma forma de ordenar uma lista de possíveis projetos por valor relativo ou merecimento de apoio, dividida em inúmeros fatores, de modo que tanto objetivos quanto informações de apreciação podem ser avaliados. Essas técnicas tendem a não ser de muita valia em estágios iniciais do processo, já que são métodos um tanto "grosseiros".
- *Perfis.* Os projetos são pontuados por uma série de características e são rejeitados se não atenderem a algum requisito pré-determinado. Os projetos que

dominam todos ou a maioria dos fatores de pontuação são selecionados. Esse método pode ser usado em todos os estágios do processo de desenvolvimento.
- *Simulação de resultados*. Resultados alternativos aos quais se pode atribuir probabilidades, ou caminhos alternativos dependentes de resultados aleatórios e projetos que possuem lucros diferentes para resultados diferentes. Uma série de resultados possíveis e a probabilidade de resultados específicos são encontradas. É usada especialmente na análise de conjuntos de projetos interdependentes (o plano de projeto agregado).
- *Agrupamentos estratégicos*. Projetos selecionados não somente pela maximização de alguma medida financeira, mas pelo auxílio que prestam à posição estratégica. Agrupamentos são combinados de acordo com sua contribuição a objetivos específicos, e esses são então classificados de acordo com sua importância estratégica e financiados adequadamente (uma vez mais, isso é importante em nível de plano de projeto agregado).
- *Interativo*. Um processo de múltiplas interações entre o diretor de P&D e os gerentes de projeto, em que propostas de projeto são melhoradas a cada estágio, para mais proximamente se alinharem com os objetivos. Esses métodos são usados principalmente em nível de plano de projeto agregado ou em estágios iniciais de projetos específicos.

Desenvolvimento de produtos

Inúmeras ferramentas ou metodologias foram desenvolvidas para ajudar a solucionar problemas, sendo que a maioria requer a integração de diferentes funções e disciplinas. As ferramentas e métodos utilizados mais significativos são:

- *Design para manufatura (DFM):* O conjunto de políticas, técnicas, práticas e atitudes que permite a criação de um produto pelo melhor custo de fabricação, pela melhor obtenção de qualidade de fabricação e pela otimização do suporte de ciclo de vida (manutenção, confiabilidade e assistência técnica). Inclui design para montagem (DFA), design para produção (DFP) e outras abordagens de design. Estudos sobre a indústria automotiva indicam que até 80% de custos de produção final são determinados no estágio de design.
- *Prototipagem rápida*: É um elemento essencial do ciclo projeto-construção--teste e pode aumentar o índice e a quantidade de conhecimento que ocorre em cada ciclo. É improvável que o primeiro design seja completo, de forma que os projetistas passam por inúmeras repetições, aprendendo mais sobre o problema e soluções alternativas a cada vez. O número de repetições depende das limitações de tempo e de orçamento do projeto. Um estudo concluiu que a prototipagem frequente se mostrou útil na comunicação interna da equipe, obtendo resposta do cliente e desenvolvimento de processo de manufatura. Dispor um protótipo físico para servir de modelo visual permite uma avaliação mais confiável das preferências e sugestões.
- *Técnicas assistidas por computador:* Os benefícios em potencial incluem redução de prazos de desenvolvimento, economia em design, capacidade de projetar produtos complexos demais para montagem manual e combinação de

design assistido por computador (CAD) e manufatura auxiliada por computador (CAM) para obter todos os benefícios da integração. Entretanto, esses benefícios nem sempre são percebidos devido às deficiências empresariais.

- *Desdobramento da função qualidade (QFD):* É o conjunto de rotinas de planejamento e comunicação utilizado para identificar preferências principais de clientes e criar uma conexão específica entre elas e os parâmetros do projeto. O QFD enfoca e coordena habilidades dentro da organização, a fim de projetar, fabricar e comercializar produtos que os clientes valorizem. O objetivo é responder a três questões principais: quais são as principais qualidades de um dado produto para os clientes? Quais parâmetros de projeto orientam essas qualidades? Quais deveriam ser os objetivos dos parâmetros de projeto para um novo projeto?

INOVAÇÃO EM AÇÃO 11.2

A Tata e a transformação da Jaguar Land Rover

A empresa indiana Tata provavelmente é mais famosa no exterior pelo seu microautomóvel Nano, que não deu certo. Contudo, menos documentado é o seu sucesso no outro extremo do mercado automotivo. Em março de 2008, a Tata comprou a Jaguar Land Rover (JLR) da Ford por 2,3 bilhões de dólares, cerca de metade do que a Ford pagou pelo grupo de empresas. Desde então, a Tata expandiu a JLR usando investimentos contínuos no desenvolvimento de novos produtos. Até 2012, as vendas anuais da JLR haviam aumentado 37%, e isso durante uma recessão econômica, auxiliada pela venda do novo Range Rover Evoque 2011, e a procura maior na Rússia e na China, que representaram quase um quarto das vendas. O veículo contribuiu para o aumento de 57% nos lucros da JLR. A margem de lucro de 20% foi quase o triplo daquela obtida pela controladora nos seus negócios nacionais. As duas marcas britânicas de automóveis de luxo estavam avaliadas em mais de £14 bilhões em 2012.

A Tata adquiriu a JLR barato porque a Ford não soubera desenvolver a empresa e seus produtos. Em 2007, a Ford repassou cerca de £400 milhões para as duas marcas para fins de P&D, antes delas serem vendidas para a Tata Motors, e o primeiro item da nova linha de produtos foi desenvolvido e anunciado sob a propriedade da empresa americana. O sedã de médio porte de luxo Jaguar XF foi revelado em agosto de 2007, com as primeiras entregas para os clientes em março de 2008. O Jaguar XJ, um sedã grande de luxo, de alumínio e mais radical, foi lançado no final de 2009, com as primeiras entregas em abril de 2010. Até 2011, a Tata havia triplicado seu investimento anual em P&D, atingindo £1,2 bilhão, o que representa cerca de 10% da receita anual das duas marcas (4% é uma intensidade de P&D mais comum na indústria automotiva). O SUV Range Rover Evoque, voltado para o design e abrangendo múltiplos segmentos, foi lançado em 2011, e logo tinha uma fila de espera de pedidos de seis meses, apesar da recessão econômica e o preço premium. Todos os três veículos conquistaram diversos prêmios da indústria e de consumidores.

(Continua)

Em dezembro de 2010, 1.500 novos empregos foram criados quando a fábrica de Halewood, no Reino Unido, expandiu suas operações para lançar o novo Range Rover Evoque, cuja produção começou em 2011. Em abril de 2012, a empresa precisou recrutar mais de mil funcionários adicionais para a suas instalações de manufatura avançadas na cidade inglesa de Solihull, elevando o quadro de lotação para quase 4.500 na fábrica de Halewood e triplicando o número de funcionários em comparação com três anos antes. A empresa anunciou um investimento de £355 milhões para a nova fábrica de motores, levando à criação de 750 novos empregos. Hoje, a JLR é o maior empregador britânico na área de projeto, engenharia e manufatura automotiva, representando 20% das exportações totais do Reino Unido para a China.

A Tata já constrói alguns modelos de Land Rover na Índia, e em 2012 selecionou a Chery Automobile para formar uma *joint venture* na China. Em 2012, C. R. Ramakrishnan, diretor financeiro da Tata, firmou o compromisso de fazer mais investimentos na JLR: "Durante os últimos cinco ou seis anos, a Jaguar Land Rover gastou cerca de £700-800 milhões por ano em despesas de capital e desenvolvimento de produtos. No futuro, vamos dobrar esse valor". Além disso, ele afirmou que a JLR pretende desenvolver 40 novos produtos e variantes nos próximos cinco anos. O novo carro esportivo Jaguar F-Type foi lançado em 2013, após um investimento de £200 milhões nas instalações de Bromwich e a contratação de mais mil funcionários.

O **desdobramento da função qualidade (QFD)** é uma técnica útil para traduzir exigências de clientes em necessidades de desenvolvimento, estimulando a comunicação entre engenharia, produção e marketing. Diferentemente da maioria das outras ferramentas de gestão da qualidade, o QFD é usado para identificar oportunidades de melhoria ou diferenciação de produto em vez de resolução de problemas. Características requisitadas por clientes são traduzidas ou "desdobradas" por meio de uma matriz para uma linguagem que os engenheiros possam entender. A construção de uma matriz de relacionamentos – também conhecida como "a casa da qualidade" – requer uma quantidade significativa de pesquisa técnica e de mercado (Figura 11.5). É preciso dar ênfase especial à coleta de dados sobre usuários e mercados para quantificar potenciais trocas compensatórias de projetos e atingir o equilíbrio mais adequado entre custo, qualidade e desempenho. A construção de uma matriz QFD envolve os seguintes passos:

1. Identificar requisitos de clientes, primários e secundários, e quaisquer rejeições relevantes.
2. Classificar requisitos de acordo com a sua importância.
3. Traduzir requisitos em características mensuráveis.
4. Estabelecer relações entre requisitos de clientes e características técnicas de produtos e avaliar a consistência da relação.
5. Selecionar unidades de medida apropriadas e determinar valores-alvo com base em requisitos de clientes e padrões de concorrência.

Símbolos são usados para mostrar a relação entre requisitos de clientes e especificações técnicas, e pesos são acrescidos para ilustrar a intensidade da relação.

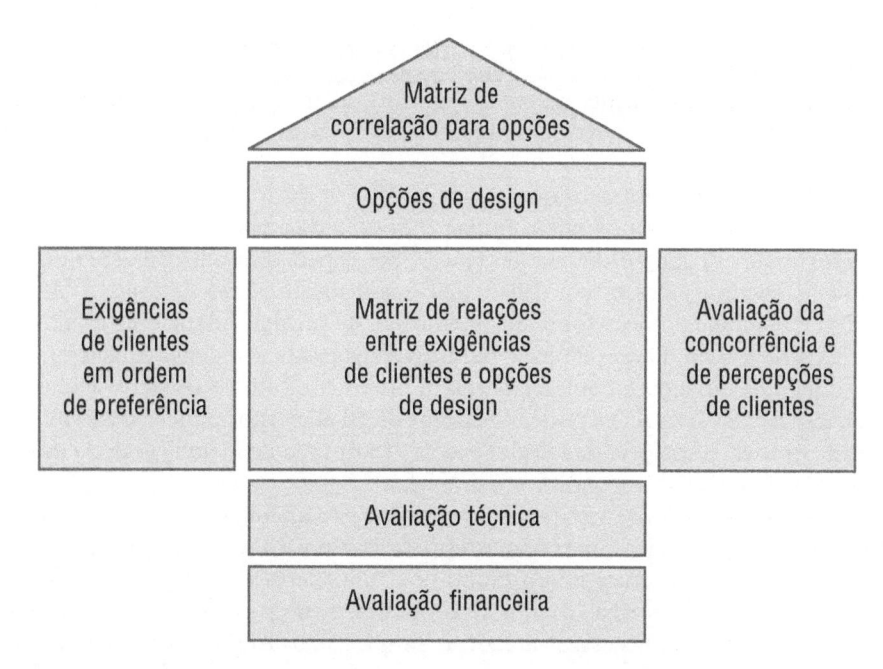

```
                    ┌─────────────────────┐
                    │     Matriz de       │
                    │ correlação para opções │
                    └─────────────────────┘
                    ┌─────────────────────┐
                    │  Opções de design   │
                    └─────────────────────┘
┌──────────────┐    ┌─────────────────────┐    ┌──────────────┐
│  Exigências  │    │  Matriz de relações │    │ Avaliação da │
│  de clientes │    │   entre exigências  │    │ concorrência e│
│   em ordem   │    │ de clientes e opções│    │ de percepções│
│ de preferência│   │      de design      │    │  de clientes │
└──────────────┘    └─────────────────────┘    └──────────────┘
                    ┌─────────────────────┐
                    │  Avaliação técnica  │
                    └─────────────────────┘
                    ┌─────────────────────┐
                    │ Avaliação financeira│
                    └─────────────────────┘
```

FIGURA 11.5 Matriz do desdobramento da função qualidade (QFD).

Linhas horizontais sem qualquer símbolo de relação indicam que o projeto existente está incompleto. Por outro lado, colunas verticais sem qualquer símbolo de relação indicam que um recurso existente do projeto é redundante, pois não é valorizado pelo cliente. Além disso, comparações com produtos concorrentes, ou benchmarks, podem ser incluídas. Isso é importante porque a qualidade relativa é mais relevante que a qualidade absoluta: expectativas de clientes tendem a ser moldadas por tudo que está disponível, em vez de por algum ideal.

O desenvolvimento da função qualidade foi originalmente desenvolvido no Japão e é apontado como um fator que contribuiu para que a Toyota reduzisse seus prazos e custos de desenvolvimento em 40%. Mais recentemente, muitas grandes empresas americanas adotaram o QFD, entre elas a AT&T, a Digital e a Ford, mas os resultados foram mistos: apenas cerca de um quarto dos projetos resultaram em algum tipo de benefício mensurável. Por outro lado, o QFD foi pouco aplicado por empresas europeias.[8] Isso não é resultado de ignorância, e sim o reconhecimento de problemas práticos em se implementar o QFD.

Evidentemente, o QFD exige a compilação de uma série de informações técnicas e de marketing e, acima de tudo, a cooperação entre funções de desenvolvimento e marketing. Na verdade, o processo de construção da matriz de relacionamentos fornece uma forma estruturada para fazer com que grupos de desenvolvimento e de marketing se comuniquem e, portanto, é tão valioso quanto qualquer outro fator mais mensurável. Ele é especialmente útil para identificar e superar "cobertores curtos" entre os requisitos dos clientes.[9] Entretanto, quando as relações entre os grupos de técnicos e de marketing forem problemáticas, o que é bastante comum, o uso do QFD pode ser prematuro.

Difusão: promovendo a adoção de inovações

Um melhor entendimento de como e por que as inovações são adotadas (ou não) pode nos ajudar a desenvolver e implementar planos de negócio e políticas públicas mais realistas.

Difusão é o meio pelo qual as inovações se traduzem em benefícios sociais e econômicos. Sabemos que o impacto do *uso* das inovações é cerca de quatro vezes maior do que o da sua geração.[10] Em especial, a adoção generalizada de inovações de processo tem o benefício mais significativo de todos.[11] As inovações tecnológicas são a fonte das melhorias de produtividade e de qualidade; as organizacionais servem de base para diversos ganhos sociais, educacionais e de saúde; e as inovações comerciais criam novos produtos e serviços. Contudo, os benefícios das inovações podem demorar de 10 a 15 anos para se fazerem sentir,[12] e, na prática, a maioria das inovações não é adotada de forma geral, de modo que seu impacto social e econômico é limitado.[13]

Abordagens convencionais de marketing são adequadas para promover muitos produtos e serviços, mas não são suficientes para a maior parte das inovações. Os textos de marketing falam muito nos "adotantes iniciais" (early adopters) e "adotantes majoritários" (majority adopters), e chegam até a aplicar estimativas numéricas a eles, mas essas categorias simples se baseiam nos primeiríssimos estudos sobre a difusão patrocinada pelo estado de sementes híbridas em comunidades agrícolas e estão longe de terem aplicação universal. Para nos planejarmos melhor para inovações, é preciso desenvolver um entendimento mais aprofundado de quais fatores promovem e limitam a adoção e como influenciam a velocidade e o nível de difusão em diferentes mercados e populações.

A definição de difusão de Rogers é amplamente utilizada: "Processo por meio do qual uma inovação é comunicada por meio de certos canais, ao longo do tempo, entre membros de um sistema social. É um tipo especial de comunicação, em que as mensagens dizem respeito a novas ideias" (p. 5).[14] A visão do economista sobre o processo de inovação parte do pressuposto de que ela é simplesmente a agregação cumulativa de cálculos racionais individuais. Essas decisões individuais são influenciadas por uma avaliação dos custos e benefícios, sob condições de informações limitadas e incerteza ambiental. Contudo, essa perspectiva ignora os efeitos de feedback social, aprendizagem e externalidades. Os benefícios iniciais da adoção podem ser pequenos, mas com melhorias, reinvenção e externalidades crescentes, os benefícios podem aumentar com o tempo e os custos, diminuir.

Rogers, por outro lado, conceitualiza a difusão como um processo social, no qual os atores criam e compartilham informações por meio da comunicação. Assim, o foco na vantagem relativa de uma inovação é insuficiente, pois sistemas sociais diferentes têm valores e crenças diferentes, que influenciam os custos, benefícios e compatibilidade de uma inovação, e estruturas sociais diferentes, que determinam os canais de comunicação mais apropriados e o tipo e influência dos líderes de opinião e agentes de mudança. Rogers distingue três tipos de tomada de decisão relevantes para a adoção de uma inovação:

- *Individual*, na qual o indivíduo é o decisor principal, independente dos seus pares. As decisões ainda podem ser influenciadas por normas sociais e

relacionamentos interpessoais, mas o indivíduo faz a escolha final; por exemplo, a compra de um bem durável, como um telefone celular.
- *Coletiva*, na qual as escolhas são tomadas em conjunto com outros no sistema social e há uma pressão significativa dos pares ou exigência formal de conformidade; por exemplo, a reciclagem de resíduos domésticos.
- *Autoritária*, em que as decisões de adoção são tomadas por alguns indivíduos dentro de um sistema social devido ao seu poder, *status* ou conhecimento especializado; por exemplo, a adoção de sistemas de Planejamento de Recursos Empresariais (ERP – Enterprise Resource Planning) em uma empresa ou de tecnologia de ressonância magnética em um hospital.

Não faltam evidências de que os líderes de opinião são essenciais para a difusão, especialmente de mudanças de comportamento ou de atitudes (ver Inovação em Ação 11.3). Assim, eles tendem a ser um elemento fundamental de programas de mudança social e de saúde, como a educação social. Contudo, também são mais evidentes em exemplos mais prosaicos de difusão de produtos, desde tênis a automóveis híbridos. Os líderes de opinião transmitem informações através de fronteiras e entre grupos, como se fossem pontes de conhecimento. Eles operam nas margens dos grupos, não do alto; não são líderes dentro de um grupo, e sim agentes entre múltiplos grupos. No linguajar das redes, eles apresentam muitos laços fracos, não poucos laços fortes. Tendem a ter redes pessoais extensas, ser acessíveis e apresentar altos níveis de participação social. Seus pares os reconhecem como competentes e dignos de confiança. Eles têm acesso e exposição à mídia de massa.

A dimensão temporal é importante, e muitos estudos estão particularmente interessados em entender e influenciar a velocidade de adoção. Pode levar anos para um novo medicamento ser receitado após ser licenciado, uma década para uma nova variedade agrícola, 50 anos para mudanças sociais ou educacionais. Isso transfere o foco aos canais de comunicação e aos processos e critérios de tomada de decisão. Em linhas gerais, os canais de mídia de marketing de massa têm mais sucesso em gerar conscientização e disseminar informações e conhecimentos, enquanto os canais interpessoais, como as mídias sociais, são mais importantes nos estágios de tomada de decisão e de ação.

INOVAÇÃO EM AÇÃO 11.3

A difusão dos carros elétricos e híbridos

A indústria automotiva é um excelente exemplo de um grande e complexo sistema sociotécnico que evoluiu durante muitos anos, tanto que os atuais sistemas de empresas, produtos, consumidores e infraestrutura interagem para restringir o grau e a direção da inovação. Desde os anos 1930, o design dominante se baseia no motor a combustão/ciclo de Otto, movido tanto a gasolina quanto a diesel, produzido em massa, em uma ampla variedade de projetos minimamente diferenciados. Isso não faz

(Continua)

parte de qualquer conspiração industrial, sendo a quase inevitável trajetória do setor, considerando-se seu contexto histórico-econômico. Isso resultou em montadoras que gastam mais em marketing do que em pesquisa e desenvolvimento. No entanto, preocupações sociais e políticas crescentes com relação à emissão de gases veiculares e sua regulamentação têm forçado a indústria a reconsiderar esse modelo dominante e, em alguns casos, a desenvolver novas capacidades para ajudar a criar novos sistemas e produtos. Metas e leis para emissão baixa/zero, por exemplo, incentivam a experimentação de novas alternativas ao motor a combustão, enquanto mantêm o conceito central de locomoção individual em vez de transporte coletivo ou de massa.

A legislação sobre a emissão zero aprovada na Califórnia, em 1990, exigia que fabricantes que vendessem mais de 35 mil veículos por ano no Estado tivessem emissão zero em 2% das vendas de todos os veículos em 1998, 5 % em 2001, e 10% em 2003. Isso afetava sobretudo a GM, a Ford, a Chrysler, a Toyota, a Honda e a Nissan e, potencialmente, a BMW e a VW, caso suas vendas crescessem o suficiente durante o período. Entretanto, a indústria automotiva americana logo apelou e obteve redução de cota para até 4%, no máximo. Como as células de combustível ainda eram um problema cuja solução demandava prazo ainda mais longo, o foco principal estava no desenvolvimento de carros elétricos. À primeira vista, isso parecia representar uma inovação bastante "automática", isto é, a substituição de uma tecnologia (motor a combustão) por outra (energia elétrica). Contudo, a mudança tem implicações para os sistemas relacionados, como o armazenamento de energia, a transmissão, controles, o peso de materiais utilizados e a infraestrutura necessária para abastecimento/recarregamento e atendimento. Portanto, à primeira vista trata-se muito mais de uma inovação de sistema do que parece. Além disso, ela desafia as capacidades e tecnologias básicas de muitos dos atuais fabricantes de carros. As montadoras americanas tiveram dificuldade para se adaptar, e os primeiros veículos produzidos pela GM e pela Ford não tiveram sucesso. Os japoneses foram mais bem-sucedidos no desenvolvimento de novas capacidades e tecnologias, e os novos produtos da Toyota e da Honda foram especialmente exitosos.

A legislação de emissão zero, todavia, não foi adotada em outros lugares, e foram estabelecidos objetivos mais modestos de emissão reduzida. Desde então, carros híbridos, movidos a gasolina e a eletricidade, foram desenvolvidos para ajudar na redução dos índices de emissão. Com certeza, essas não são soluções de longo prazo para o problema, mas representam protótipos técnicos e sociais valiosos para sistemas futuros, como células de combustível. Em 1993, Eiji Toyoda, presidente da Toyota, e sua equipe iniciaram o projeto de código G21. G significa global, e 21, o século XXI. O propósito do projeto era desenvolver um pequeno carro híbrido que pudesse ser vendido por um preço competitivo para responder às crescentes necessidades e à conscientização ecológica de muitos consumidores no mundo inteiro. Um ano depois, um veículo conceitual foi implementado, o Prius, palavra latina que significa "antes". A meta era reduzir em 50% o consumo de combustível e bem mais que isso quanto a emissões. A fim de encontrar o sistema híbrido adequado para o G21, a Toyota examinou 80 alternativas antes de reduzi-las a quatro. O desenvolvimento do Prius exigiu a integração de diferentes capacidades técnicas, incluindo, por exemplo, uma parceria com a Matshushita Battery.

O protótipo foi revelado no Tokyo Motor Show em outubro de 1995. Estima-se que o projeto tenha custado à Toyota 1 bilhão de dólares em P&D. A primeira versão

(Continua)

comercial foi lançada no Japão em dezembro de 1997 e, depois de ajustes adicionais, como desempenho de bateria e gerenciamento de fonte de energia, foi introduzido no mercado americano em agosto de 2000. Para tráfego urbano, a economia é 25,5 km/L, e para rodovias, 21,3 km/L – o oposto do perfil de consumo de um veículo convencional, mas quase duas vezes tão eficiente quanto um equivalente Corolla movido a combustível. Desde os materiais usados na fabricação, passando por testes de direção, manutenção, até, finalmente, sua reciclagem, o Prius reduziu a emissão de CO_2 em mais de um terço, com um potencial de reciclagem de aproximadamente 90%. O Prius foi lançado nos Estados Unidos ao preço de US$19.995, e as vendas foram de 15.556 unidades em 2001 e 20.119 em 2002. Especialistas do setor, porém, avaliam que a Toyota perdeu cerca de US$16 mil em cada carro vendido, pois o custo de produção por unidade para a empresa era de 35 a 40 mil dólares. A Toyota realizou seu lucro na segunda geração do Prius, lançada em 2003, e em outros carros híbridos, como a série Lexus, em 2005, devido a tecnologias aperfeiçoadas e menores custos de produção.

Celebridades de Hollywood logo descobriram o Prius: Leonardo DiCaprio comprou um dos primeiros, em 2001, seguido por Cameron Diaz, Harrison Ford e Calista Flockhart. Os políticos britânicos custaram mais a embarcar na onda do híbrido, mas o líder do Partido Conservador, David Cameron, adquiriu um Lexus em 2006. Em 2005, foram vendidos 107.897 carros nos Estados Unidos, cerca de 60% das vendas globais do Prius, e duas vezes mais do que em 2004 e quatro vezes mais em 2000. Até 2013, a Toyota planejava vender 6 milhões de carros híbridos mundialmente, o que representaria cerca de dois terços de todas as vendas de veículos híbridos.

Além do ganho direto e do prestígio indireto que o Prius e outros híbridos deram à Toyota, a companhia também licenciou algumas de suas 650 patentes em tecnologia híbrida para a Nissan e a Ford. A Mercedes-Benz apresentou um modelo classe S, diesel/elétrico, no Salão do Automóvel de Frankfurt, no segundo semestre de 2005, e a Honda desenvolveu sua própria tecnologia e série de carros híbridos, sendo, provavelmente, a líder em tecnologia de células de combustível para veículos.

Fontes: A. Pilkington and R. Dyerson (2004) Incumbency and the disruptive regulator: The case of the electric vehicles in California, *International Journal of Innovation Management*, 8(4), 339–54; *The Economist* (2004) Why the future is hybrid, 4 de dezembro; *Financial Times* (2005) Too soon to write off the dinosaurs, 18 de novembro; *Fortune* (2006) Toyota: The birth of the Prius, 21 de fevereiro; Toyota (2014), Worldwide Sales of Toyota Hybrids Top 6 Million Units, http://corporatenews.pressroom.toyota.com/releases/worldwide+toyota+hybrid+sales+top+6+million.htm, acessado em 20 de dezembro de 2014.

Pesquisas sobre difusão tentam identificar o que influencia a velocidade e o rumo de adoção de uma inovação. A difusão da inovação costuma ser descrita por uma curva em S (logística) (Figura 11.6).

Centenas de estudos de marketing tentaram adequar a adoção de produtos específicos à curva em S, desde aparelhos de televisão até novos medicamentos. Na maioria dos casos, técnicas matemáticas podem oferecer uma adequação relativamente boa com os dados históricos, mas até o momento as pesquisas não conseguiram identificar modelos genéricos de adoção. Na prática, o padrão exato de

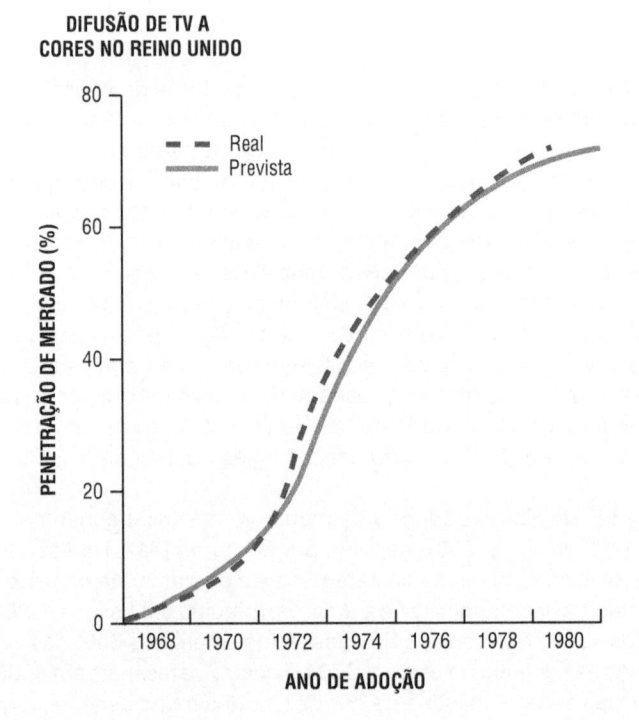

FIGURA 11.6 Curva de difusão típica.
Fonte: Mead, N. and T. Islam (2006) Modeling and forecasting the diffusion of innovation: A 25-year review, *International Journal of Forecasting,* **22**(3), 519–532.

adoção de uma inovação depende da interação entre fatores do lado da demanda e do lado da oferta:

- *Fatores do lado da demanda.* Contato direto ou imitação de adotantes anteriores, adotantes com diferentes percepções de benefícios e riscos.
- *Fatores do lado da oferta.* Vantagem relativa de uma inovação, disponibilidade de informações, barreiras à adoção, feedback entre desenvolvedores e usuários.

O modelo epidêmico de curva em S é o primeiro e ainda o mais comumente usado. Ele pressupõe uma população homogênea de adotantes em potencial e que as inovações se disseminam por meio de informações transmitidas por contato pessoal, observação e proximidade geográfica de adotantes existentes e em potencial. Esse modelo sugere que a ênfase ser deve recair sobre a comunicação e o fornecimento de informações técnicas e econômicas claras. Entretanto, o modelo epidêmico tem sido criticado, pois pressupõe que todos os adotantes em potencial sejam iguais e possuam as mesmas necessidades, o que não é realista.

O mais influente modelo de marketing da difusão foi desenvolvido por Frank Bass em 1969, e desde então foi aplicado à adoção de uma ampla variedade de bens duráveis.[15] O **modelo de Bass** pressupõe que os adotantes em potencial são influenciados por dois processos: adotantes independentes individuais, influenciados principalmente por testes e avaliações pessoais privadas; e adotantes posteriores, mais influenciados por comunicações interpessoais, mídias sociais e canais de marketing de massa. A combinação desses dois tipos de adotantes produz uma curva em S inclinada em função da adoção antecipada por parte de inovadores, e sugere que diferentes processos de marketing são necessários para inovadores e imitadores subsequentes. O modelo de Bass é altamente influente em pesquisas de economia e marketing, e a distinção entre os dois tipos de adotantes em potencial é fundamental para a compreensão de diferentes mecanismos envolvidos nos dois segmentos de usuários.

O efeito imitação pode ocorrer quando uma inovação é adotada em função da pressão causada pelo grande número dos que já a adotaram, e não pela avaliação individual dos benefícios de inovação. No efeito imitação, quando um certo patamar mínimo de adotantes é ultrapassado, a difusão continua apesar da inovação não ter qualquer vantagem relativa comprovada. Esse processo permite que inovações tecnicamente ineficientes sejam adotadas em larga escala ou que inovações tecnicamente eficientes sejam rejeitadas. Exemplos incluem o teclado QWERTY, originalmente projetado para evitar que datilógrafos profissionais teclassem depressa demais e travassem as máquinas de escrever; e o sistema operacional DOS para computadores pessoais, projetado por e para entusiastas da informática.

O efeito imitação ocorre devido à combinação de pressões competitivas e institucionais.[16] Quando concorrentes adotam uma inovação, uma empresa pode adotá-la em função da ameaça de perda de competitividade, em vez de em função do resultado de qualquer avaliação racional de benefícios. Nos anos 1980, por exemplo, muitas empresas adotaram a reengenharia de processos de negócios em resposta à crescente concorrência, mas a maioria foi incapaz de alcançar resultados significativos. A principal pressão institucional é a ameaça de perda de legitimidade, por exemplo, e vir a ser considerado como menos avançado ou competente por pares ou clientes.

A diferença fundamental entre o efeito imitação e outros tipos de difusão é que ele exige apenas informações limitadas para fluir dos adotantes iniciais para os adotantes posteriores. De fato, quanto mais ambíguos os benefícios de uma inovação, mais significativo é o efeito imitação sobre os níveis de adoção. Nesse processo, a pressão dos pares e a busca por legitimidade são fatores mais importantes do que a avaliação racional dos custos e benefícios.

Fatores que influenciam a adoção

As características de uma inovação que influenciam sua adoção incluem vantagem relativa, compatibilidade, complexidade, observabilidade e testabilidade. As características individuais incluem idade, escolaridade, *status* social e atitude frente a riscos. Já as características ambientais e institucionais incluem fatores econômicos, tais como ambiente de mercado, e fatores sociológicos, como redes de comunicação. Contudo, embora haja um consenso geral com relação às variáveis relevantes, há pouquíssimo consenso quanto à importância relativa de diferentes variáveis e, em alguns casos, divergências sobre a direção de causa e efeito entre elas.

Quando tentamos prever a velocidade de adoção de uma inovação, cinco fatores explicam 49-87% da variância:

- vantagem relativa;
- compatibilidade;
- complexidade;
- testabilidade;
- observabilidade.

Contudo, os fatores contextuais ou ambientais também são importantes, como demonstra o fato das velocidades de difusão de diferentes inovações serem altamente variáveis, e as velocidades da mesma inovação em contextos diferentes também variar significativamente.

Vantagem relativa

Vantagem relativa é o grau com que uma inovação é percebida como melhor do que o produto que ela substitui, ou do que produtos concorrentes. A vantagem relativa costuma ser mensurada em termos econômicos estritos; por exemplo, custo ou payback financeiro. Contudo, fatores não econômicos, como conveniência, satisfação e prestígio social, podem ser igualmente importantes. Em teoria, quanto maior a vantagem percebida, mais rápida a taxa de adoção.

É útil distinguir os atributos primários e secundários de uma inovação. Os atributos primários, como tamanho e custo, são invariáveis e inerentes a uma inovação específica, qualquer que seja o adotante. Já os atributos secundários, como vantagem relativa e compatibilidade, podem variar de um adotante para outro, dependendo das percepções e do contexto dos adotantes. Em muitos casos, existe a chamada "lacuna de atributos". Uma lacuna de atributos é a diferença entre a percepção potencial do usuário frente a um atributo ou característica de um item de conhecimento e como o usuário em potencial preferiria perceber aquele atributo. Quanto maior a soma de todas as lacunas de atributos, menor será a probabilidade de um usuário adotar o conhecimento. Isso sugere que é desejável realizar testes preliminares de uma inovação a fim de determinar se existem lacunas de atributos significativas. A ideia de pré-testar informações para fins de ampliação de seu valor e sua aceitação não é amplamente praticada.

Compatibilidade

Compatibilidade é o grau com que uma inovação é percebida como sendo consistente com valores, experiência e necessidades de possíveis adotantes. Existem dois aspectos distintos da compatibilidade: habilidades e práticas existentes, e valores e normas. Até que ponto a inovação se adapta a habilidades, equipamentos, procedimentos e critérios de desempenho existentes do adotante em potencial é importante e relativamente fácil de se avaliar.

Contudo, a compatibilidade com práticas existentes pode ser menos importante que a adequação a valores e normas existentes.[17] Desalinhamentos significativos entre uma inovação e uma organização adotante exigirão mudanças na inovação ou na organização, ou em ambas. Nos casos de implementação mais bem-sucedidos, ocorre a adaptação mútua da inovação e da organização. Alguns estudos, porém, fazem distinção entre a compatibilidade com valores e normas e a compatibilidade com práticas existentes. O grau com que a inovação se adapta a habilidades, equipamentos, procedimentos e critérios de desempenho de um possível adotante é fundamental. Poucas inovações se adaptam de cara ao ambiente de usuário em que são introduzidas. Porém, a compatibilidade inicial com as práticas existentes pode ser menos importante, pois pode gerar oportunidades limitadas para que a adaptação mútua ocorra.

Além disso, as chamadas "externalidades de rede" podem afetar o processo de adoção. O custo de adoção e utilização, por exemplo, independente do custo de aquisição, pode ser influenciado pela disponibilidade de informações sobre a tecnologia junto a outros usuários, de usuários treinados, assistência técnica e manutenção e de inovações técnicas e organizacionais complementares.

Complexidade

Complexidade é o grau com que uma inovação é percebida como difícil de ser compreendida ou utilizada. Em geral, as inovações mais simples para o entendimento de usuários em potencial serão adotadas mais rapidamente do que as que exigem de tais usuários a adoção de novas habilidades e conhecimentos.

Contudo, a complexidade também pode influenciar o rumo da difusão, não somente a sua velocidade de adoção. Modelos evolucionários de difusão concentram-se no efeito de "externalidades de rede", ou seja, a interação entre fatores de consumo, pecuniários e técnicos que moldam o processo de difusão. Para um grupo de usuários ou segmento específico do mercado-alvo, por exemplo, a percepção sobre a complexidade de uma inovação pode ser influenciada por sua escolaridade, capacitação e experiência; pela disponibilidade de testes ou demonstrações técnicas; e por resenhas e feedback de adotantes iniciais, pares ou redes sociais.

Testabilidade

Testabilidade é o grau com que uma inovação pode ser experimentada de forma limitada. Uma inovação que pode ser testada representa menos incerteza para adotantes em potencial e permite que se aprenda na prática. Em geral, inovações testáveis acabam sendo adotadas mais rapidamente do que as não testáveis. A exceção é quando consequências indesejáveis de uma inovação parecem exceder características desejáveis. Em geral, adotantes desejam beneficiar-se de efeitos funcionais de uma inovação, mas evitam quaisquer efeitos disfuncionais. Contudo, quando é difícil ou impossível separar consequências desejáveis de indesejáveis, a testabilidade pode frear o ritmo de adoção.

Os desenvolvedores de uma inovação podem ter dois motivos diferentes para envolver usuários em potencial no processo de desenvolvimento. O primeiro é adquirir conhecimento a partir de usuários necessários ao processo de desenvolvimento, garantir usabilidade e agregar valor. O segundo é atingir os usuários, ou seja, obter a aceitação de inovação por parte do usuário e o comprometimento com sua utilização. O segundo motivo é independente do primeiro, pois a crescente aceitação do usuário não necessariamente melhora a qualidade da inovação. De certa forma, o envolvimento pode aumentar a tolerância dos usuários com relação a qualquer inadequação. Em caso de transferência ponto a ponto, geralmente ambos os motivos estão presentes.

Contudo, no caso da difusão, não é possível envolver todos os usuários em potencial e, consequentemente, o principal motivo é melhorar a usabilidade, em vez de conquistar a aceitação dos usuários. Porém, mesmo a representação de necessidades de usuário deve ser indireta, utilizando substitutos, tais como grupos de usuários especialmente selecionados. Esses grupos podem ser problemáticos por uma série de razões. Primeiro, porque podem possuir, de maneira atípica, altos níveis de conhecimento técnico e, como consequência, não serem representativos. Segundo, quando o grupo precisa representar necessidades de usuários diversos, como de usuários experientes e novatos, o grupo pode não trabalhar bem junto. Por fim, quando os representantes de usuários trabalham de maneira próxima a desenvolvedores durante um longo período de tempo, podem deixar de representar usuários e, em vez disso, absorver o ponto de vista do desenvolvedor. Assim, não existe um relacionamento simples entre o envolvimento e a satisfação do usuário. Em geral, níveis muito baixos de envolvimento dos usuários estão associados à sua insatisfação, mas o amplo envolvimento dos usuário não resulta necessariamente em sua satisfação.

Observabilidade

A observabilidade é o grau com que os resultados de uma inovação são visíveis para outros. Quanto mais fácil para os outros verem os benefícios de uma inovação, mais provável será sua adoção. O modelo epidêmico simples de difusão pressupõe que inovações se difundem à medida que possíveis adotantes entram em contato com usuários existentes de uma inovação.

Os pares que já adotaram a inovação terão o que pesquisadores de comunicação denominam de "credibilidade de segurança", porque os adotantes em potencial, buscando seus conselhos, acreditarão que eles sabem como é, realmente, implementar e utilizar a inovação. Por consequência, os primeiros adotantes estão bem posicionados para disseminar a "aprendizagem indireta" a seus colegas. Aprendizagem indireta é, simplesmente, aquela realizada a partir da experiência de outros, em vez de experimentada pessoal e diretamente. O processo de aprendizagem indireta, contudo, não é inevitável nem eficiente porque, por definição, é uma atividade descentralizada.

Demonstrações de inovações são altamente eficazes para promover a adoção. Pilotos ou demonstrações privadas experimentais podem ser usadas para avaliar os atributos de uma inovação e a vantagem relativa para diferentes grupos-alvo, bem como para testar a compatibilidade. Demonstrações públicas exemplares podem melhorar a observabilidade, reduzir a percepção sobre complexidade e promover testes privados. Contudo, observe a natureza e os propósitos diferentes das demonstrações experimentais e exemplares. Recursos, urgência e incerteza devem determinar o tipo apropriado de demonstração. As demonstrações públicas para fins experimentais são desaconselhadas e tendem a atrasar a difusão.

Pelo lado da demanda, a incerteza dos adotantes em potencial, e a comunicação com e entre eles, também precisa ser gerenciada. Os adotantes iniciais podem enfatizar o desempenho técnico e a novidade acima dos outros fatores, mas o mercado de massa convencional tende a se preocupar mais com outros aspectos, como preço, qualidade, conveniência e suporte. Moore chama essa transição, partindo do mercado de nicho e as necessidades dos adotantes iniciais até os requisitos dos mercados mais massivos, de "superar o abismo".[18] Moore estudou os sucessos e os (muito mais numerosos) fracassos do Vale do Silício e outros produtos de alta tecnologia e argumentou que os fatores críticos para o sucesso são fundamentalmente diferentes entre os adotantes iniciais e os mercados de massa, e que a maioria das inovações não consegue fazer essa transição. Assim, o sucesso no lançamento e na difusão de uma inovação sistêmica ou de rede exige atenção a questões de marketing tradicionais, como *timing* e posicionamento do produto ou serviço, mas também um esforço significativo em termos de fatores de procura, como comunicação e interações entre adotantes em potencial.

INOVAÇÃO EM AÇÃO 11.4

Por que certas inovações não chegam a ser adotadas

Esta pesquisa examinou os fatores que influenciam a adoção e a difusão de inovações usando estudos de caso de produtos eletrônicos bem-sucedidos, e outros nem tanto, como o Sony PlayStation e o MiniDisc, o Apple iPod e o Newton, o TomTom GO, o TiVo e o RIM BlackBerry.

O estudo descobriu que um fator crucial que influencia a difusão é a gestão cuidadosa da aceitação entre os adotantes iniciais, o que, por sua vez, influencia a adoção pelo mercado principal. Questões estratégicas como posicionamento, *timing* e gestão da rede de adoção também são identificadas como sendo importantes. A rede de adoção é definida como uma configuração de usuários, pares, concorrentes e produtos, serviços e infraestrutura complementares. Contudo, o posicionamento, o *timing* e as redes de adoção não são os mesmos para o mercado inicial e o principal, e a incapacidade de reconhecer essas diferenças é uma causa comum do fracasso de inovações de se difundirem amplamente. Além disso, fatores contingentes da inovação, como o grau de radicalidade e descontinuidade, afetam a interação entre esses fatores e como precisam ser gerenciados para promover a aceitação. A avaliação relevante da radicalidade e descontinuidade de uma inovação não se baseia nos aspectos tecnológicos, mas sim nos efeitos sobre o consumo e o comportamento de usuários.

Para promover o uso entre adotante iniciais, a pesquisa recomenda que quatro fatores potencializantes sejam gerenciados: legitimar a inovação por meio de clientes referenciais e uma vantagem visível em termos de desempenho; provocar comunicação interpessoal dentro das comunidades de prática de especialistas; estimular a imitação para aumentar a rede de usuários e a pressão dos pares; e colaborar com líderes de opinião. Também é importante observar que, segundo o estudo, a difusão bem-sucedida subsequente de uma inovação no mercado principal tem pouco a ver com os méritos do produto em si, e muito mais com a aceitação positiva dos adotantes iniciais e o reposicionamento e direcionamento para o mercado principal por meio da influência da rede de adoção relevante.

Fonte: Frattini, F. (2010) Achieving adoption network and early adopters acceptance for technological innovations, in J. Tidd (editor) *Gaining Momentum: Managing the Diffusion of Innovations*, London: Imperial College Press.

Resumo do capítulo

- Há uma grande quantidade de pesquisas em gestão do desenvolvimento de novos produtos e serviços, o que hoje nos dá certa segurança sobre o que funciona ou não.
- Não há garantias de que as sugestões deste capítulo resultarão em produtos, serviços ou negócios do tipo "arrasa-quarteirão", mas se esses elementos não forem bem administrados, suas chances de sucesso serão bem menores. Não pretendemos, com isso, desencorajar a experimentação e o risco calculado, mas fornecer uma base para a prática baseada em evidências.
- Pesquisas sugerem que diversos fatores afetam o sucesso de um novo produto ou serviço em potencial:
  o Alguns fatores são específicos de produtos, como vantagem de produto, clareza do mercado-alvo e atenção às atividades pré-desenvolvimento.
  o Outros fatores têm mais relação com o processo e o contexto organizacional, como apoio da alta gerência, processo formal e uso de conhecimentos externos.
  o Um processo formal para o desenvolvimento de novos produtos e serviços consiste em estágios distintos, tais como desenvolvimento de conceito, caso de negócio, desenvolvimento de produto, piloto e comercialização, separados por "portões" (gates) de decisão distintos, que possuem critérios bem-definidos, como adequação de produto e vantagens de produto.
  o Diferentes estágios do processo exigem diferentes critérios e diferentes ferramentas e métodos. Ferramentas e métodos adequados ao estágio de conceito incluem segmentação, experimentação, grupos focais e parceria com clientes; e, no estágio de desenvolvimento, as ferramentas úteis incluem protótipos, design para produção e QFD.
  o Serviços e produtos são diferentes sob muitos aspectos, especialmente na intangibilidade e percepção sobre benefícios, por isso exigem a adaptação dos modelos-padrões e prescrições para o desenvolvimento de novos produtos.
  o A vantagem relativa, compatibilidade, complexidade, testabilidade e observabilidade de uma inovação afetam a taxa de difusão.

Glossário

Desdobramento da função qualidade (QFD) Conjunto de rotinas de planejamento e comunicação utilizado para identificar as principais preferências dos clientes e criar uma conexão específica entre elas e os parâmetros do projeto. O objetivo é responder a três questões principais: quais são as qualidades principais de um dado produto para os clientes? Quais parâmetros de projeto orientam esses atributos? Quais deveriam ser os objetivos de parâmetros de projeto para o novo projeto?

Difusão Processo pelo qual uma inovação focal é adotada por um segmento de mercado ou sistema social focal, e inclui a velocidade e direção da mudança.

Efeito imitação Ocorre durante a difusão de uma inovação, quando esta é adotada devido ao volume cumulativo de adoções anteriores, por meio da pressão por pares e expectativas, e não por qualquer avaliação racional individual dos custos e benefícios.

Funil de desenvolvimento Alternativa para o modelo de stage-gate, que leva em consideração a redução da incerteza à medida que o processo progride e a influência de limitações de recursos reais diminui.

Modelo de Bass Este modelo de difusão pressupõe que os adotantes em potencial são influenciados por dois processos: decisões independentes individuais e canais e comunicações interpessoais.

Questões para discussão

1. Quais são as principais diferenças entre a gestão de operações em serviços e em manufatura? Pense em um negócio e identifique as contribuições relativas ao valor agregado de serviços e de componentes de produtos físicos.

2. Em que medida você acredita que a manufatura e os serviços são convergentes? Tente pensar em um exemplo de operação industrial que dependa cada vez mais de um serviço. Da mesma forma, identifique uma operação de serviços que tem se tornado cada vez mais centrada em produtos.

3. De quais formas o desenvolvimento de novos produtos se distingue do desenvolvimento de novos serviços?

4. Identifique a importância relativa dos atributos de produtos/serviços e de fatores organizacionais para o desenvolvimento bem-sucedido.

5. Qual é o efeito do grau de novidade de um novo produto sobre o processo de desenvolvimento?

6. Quais fatores influenciam a adoção de inovações? Quais deles podem ser gerenciados?

Fontes e leituras recomendadas

Os textos clássicos sobre desenvolvimento de novos produtos são os de Robert Cooper, como *Winning at New Products: Accelerating the Process from Idea to Launch* (Perseus Books, 2001) e "Doing it right: winning with new products", *Ivey Business Journal*, **64**(6), 1–7 (2000), ou qualquer publicação de Kim Clark e Steven Wheelwright, como "Creating project plans to focus product development" (*Harvard Business Review*, 1997, **September–October**) ou seu livro *Revolutionizing Product Development* (Free Press, 1992). Paul Trott oferece uma boa análise das pesquisas em *Innovation Management and New Product Development* (5th edn, FT Prentice Hall, 2012). Porém, para uma apreciação mais atualizada da pesquisa, veja Gerben van der Panne, Cees Beers e Alfred von Kleinknecht (2003) "Success and failure of innovation: A literature review", *International Journal of Innovation Management*, **7**(3), 309–38. *The PDMA Handbook of New Product Development*, editado por Abbie Griffin (3rd edn, John Wiley & Sons Ltd, 2012), é um guia útil e prático, especialmente forte em termos de processos e ferramentas. Um excelente guia para a aplicação do QFD é *Quality Function Deployment and Six Sigma: A QFD Handbook*, de Joseph Ficalora e Louis Cohen (Prentice-Hall, 2012).

Os desafios da previsão de desenvolvimento, adoção e difusão futura de inovações são abordados por muitos autores do campo da inovação. O clássico texto de Everett Roger, *Diffusion of Innovations*, publicado pela primeira vez em 1962, permanece como o melhor no assunto; a edição mais recente e atualizada foi publicada em 2003 (Simon & Schuster). Relatos mais atualizados se encontram em *Determinants of Innovative Behaviour*, editado por Cees van Beers, Alfred Kleinknecht, Roland Ortt e Robert Verburg (Palgrave, 2008), e nosso próprio *Gaining Momentum: Managing the Diffusion of Innovations*, editado por Joe Tidd (Imperial College Press, 2009). O capítulo de Paul Stoneman e Giuliana Battisti no *Handbook of the Economics of Innovation*, volume 2, sobre difusão de novas tecnologias, oferece uma introdução consistente (editado por Bronwyn H. Hall e Nathan Rosenberg, Elsevier, 2010).

Referências

1. Cooper, R.G. (2000) Doing it right: Winning with new products, *Ivey Business Journal*, **64**(6): 1–7.
2. Wheelwright, S.C. and K.B. Clark (1997) Creating project plans to focus product development, *Harvard Business Review*, **September–October**.
3. Tidd, J. and K. Bodley (2002) The influence of project novelty on the new product development process, *R&D Management*, **32**(2): 127–38.
4. NPD Group, 2012, https://www.npd.com/wps/portal/npd/us/news/press-releases/, acessado em 20 de dezembro de 2014.
5. Panne, van der, G., C. Beers and A. van Kleinknecht (2003) Success and failure of innovation: A literature review, *International Journal of Innovation Management*, **7**(3): 309–38.
6. Crespi, G., C. Criscuolo and J. Haskel (2006) Information technology, organisational change and productivity growth: Evidence from UK firms, *The Future of Science, Technology and Innovation Policy: Linking Research and Practice*, SPRU 40th Anniversary Conference, Brighton, UK.
7. Tidd, J. and F.M. Hull (2006) Managing service innovation: The need for selectivity rather than "best-practice', *New Technology, Work and Employment*, **21**(2): 139–61; (2003) *Service Innovation: Organizational Responses to Technological Opportunities and Market Imperatives*, London: Imperial College Press.
8. Griffin, A. (1992) Evaluating QFD's use in US firms as a process for developing products, *Journal of Product Innovation Management*, **9**: 171–87.
9. Pullman, M.E., W.L. Moore and D.G. Wardell (2002) A comparison of quality function deployment and conjoint analysis in new product design, *Journal of Product Innovation Management*, **19**: 354–64.
10. Geroski, P.A. (2000) Models of technology diffusion, *Research Policy*, **29**: 603–25; Geroski, P. (1991) Innovation and the sectoral sources of UK productivity growth, *Economic Journal*, **101**: 1438–51; Geroski, P. (1994) *Market Structure, Corporate Performance and Innovative Activity*, Oxford: Oxford University Press.
11. Griliches, Z. and A. Pakes (1984) *Patents R&D and Productivity*, Chicago: University of Chicago Press; Stoneman, P. (1983) *The Economic Analysis of Technological Change*, Oxford: Oxford University Press.
12. Jaffe, A.B. (1986) Technological opportunity and spillovers of R&D: Evidence from firms' patents, profits and market values, *American Economic Review*, **76**: 948–99.
13. Ortt, J.R. (2009) Understanding the pre-diffusion phases, in: Tidd, J. (ed.) *Gaining Momentum: Managing the Diffusion of Innovations*, London: Imperial College Press, 47–80.
14. Rogers, E.M. (2003) *Diffusion of Innovations*, New York: Free Press.
15. Bass, F.M. (1980) The relationship between diffusion rates, experience curves, and demand elasticities for consumer durable technological innovations, *Journal of Business*, **53**: 51–67; Bass, F.M. and A.V. Bultez (1982) A note on optimal strategic pricing of technological innovations, *Marketing Science*, **1**: 371–8; Bass, F.M., T. Krishnan and D. Jain (1994) Why the Bass model fits without decision variables, *Marketing Science*, **13**(3): 203–23; Bass, F.M. (1969) A new product growth model for consumer durables, *Management Science*, **15**: 215–27.
16. Abrahamson, E. and L. Plosenkopf (1993) Institutional and competitive bandwagons: Using mathematical modelling as a tool to explore innovation diffusion, *Academy of Management Journal*, **18**(3): 487–517; Lee, Y. and G. C. O'Connor (2003) New product launch strategy for network effects

products, *Journal of the Academy of Marketing Science*, **31**(3): 241–55.

17. Chakravorti, B. (2003) *The Slow Pace of Fast Change: Bringing Innovation to Market in a Connected World*, Boston: Harvard Business School Press; Chakravorti, B. (2004) The new rules for bringing innovations to market, *Harvard Business Review*, **82**(3): 58–67; Leonard-Barton, D. and D.K. Sinha (1993) Developer–user interaction and user satisfaction in internal technology transfer, *Academy of Management Journal*, **36**(5): 1125–39.

18. Moore, G. (1991) *Crossing the Chasm: Marketing and Selling Technology Products to Mainstream Customers*, New York: HarperBusiness; Moore, G. (1998) *Inside the Tornado: Marketing Strategies from Silicon Valley's Cutting Edge*, Chichester: Capstone.

Capítulo

12

Criação de novos empreendimentos

OBJETIVOS DE APRENDIZAGEM

Depois de ler este capítulo, você compreenderá:

- os fatores contextuais que influenciam a criação de novos empreendimentos;
- o processo de criação de um novo empreendimento inovador;
- como distinguir os desafios de cada uma das fases do desenvolvimento de um novo empreendimento inovador.

Tipos de novos empreendimentos

No Reino Unido, cerca de 500 mil negócios são criados todos os anos. Ao mesmo tempo, a cada ano, 300 mil empresas vão à falência, sugerindo uma taxa anual líquida de criação de novos negócios de cerca de 200 mil empresas. Contudo, muitos desses novos negócios sobreviventes não são muito criativos ou inovadores, e pouquíssimos crescem. Além do mais, o empreendedorismo é muito mais que a criação de um novo negócio.

Ao contrário da crença popular, a maioria das pequenas empresas não é especificamente inovadora. O objetivo da maioria dos empreendedores é alcançar a independência profissional, não criar negócios inovadores. Entretanto, aqui abordamos a criação e o desenvolvimento de novos empreendimentos *inovadores*, aqueles que têm como objetivo oferecer novos produtos ou serviços ou que são baseados em processos novos ou em maneiras de criar valor. Esses não se baseiam necessariamente, ou mesmo frequentemente, em invenções, novas tecnologias ou avanços científicos. Em vez disso, o empreendedor opta por, ou é forçado a, criar um novo negócio a fim de explorar a inovação.

As pessoas criam novos empreendimentos por razões diferentes, e é essencial entender os diferentes motivos e mecanismos do empreendedorismo:

- *Empreendedores "como um modo de vida"*. Aqueles que procuram independência e desejam ganhar a vida com base nas suas possibilidades e valores pessoais; por exemplo, práticas de consultoria profissional individual ou negócios artesanais realizados na residência do empreendedor. Estatisticamente, esses são os tipos mais comuns de um novo empreendimento e são uma importante fonte de empregos autônomos em quase todas as economias. Ao contrário do que diz o senso comum, a maioria dessas pequenas empresas não é criativa ou inovadora, mas simplesmente explora um ativo (ex.: uma loja) ou um conhecimento especializado (ex.: consultoria de TI).
- *Empreendedores do crescimento*. Aqueles que têm como objetivo se tornarem ricos e poderosos por meio da criação e do crescimento agressivo de novos negócios (no plural, uma vez que são, em geral, empreendedores que criam uma série de novos empreendimentos). Eles tendem a medir seu sucesso em termos de riqueza, influência e reputação. Apesar de tendermos a pensar em pessoas como Bill Gates ou Steve Jobs, outros exemplos típicos estão em setores relativamente conservadores, de capital intensivo e bem-dominados, tais como varejo, imóveis e bens (commodities). Empreendedores de crescimento de sucesso tendem a criar corporações muito grandes por meio da aquisições, que podem dominar mercados nacionais, e os fundadores podem se tornar muito ricos e influentes.
- *Empreendedores inovadores*. Indivíduos que são guiados pelo desejo de criar ou mudar algo, seja no setor privado, público ou no terceiro setor. Independência, reputação e riqueza não são os objetivos primordiais nesses casos, apesar de serem, mesmo assim, frequentemente alcançados. Na verdade, a principal motivação é a de modificar ou criar algo novo. Empreendedores inovadores incluem empreendedores tecnológicos e empreendedores sociais, mas esses novos empreendimentos raramente são baseados em invenções, novas tecnologias ou avanços científicos. Em vez disso, o empreendedor opta por, ou é forçado a, criar um novo empreendimento a fim de criar ou mudar algo. Esse tipo de empreendedor é o foco deste capítulo.

EMPREENDEDORISMO EM AÇÃO 12.1

Marc Koska e a Star Syringe

Marc Koska fundou a Star Syringe em 1996 para projetar e desenvolver seringas descartáveis de uso único, chamadas "seringas autodescartáveis" (ADS, na sigla em inglês), a fim de ajudar a prevenir a transmissão de doenças como HIV/AIDS. Cerca de 23 milhões de pessoas são infectadas por HIV e hepatite a cada ano devido à reutilização de seringas.

(Continua)

> Marc não teve qualquer treinamento formal em engenharia, mas possuía experiência considerável em projetos, oriunda de empregos anteriores em modelagem de design e objetos de plástico. Ele projetou as seringas de acordo com os seguintes princípios básicos:
>
> - *Barata:* o mesmo preço de uma seringa de plástico convencional.
> - *Fácil:* produzida a partir de maquinário existente para eliminar custos iniciais.
> - *Simples:* utilizada de modo semelhante a seringas plásticas convencionais.
> - *Escalável:* licenciamento para fabricantes locais, aproveitando recursos de modo sustentável.
>
> As ADS não são produzidas internamente, mas por licenciados da Star Syringe em todo o mundo. Hoje, a empresa oferece licenciamento para agências internacionais de auxílio ao desenvolvimento e é reconhecida pela Unicef e pela Organização Mundial da Saúde (OMS). Star Alliance é o nome da rede que conecta as diversas licenciadas para a fabricação no mercado global. A rede inclui 19 parceiros industriais internacionais e atende mercados de mais de 20 países. A capacidade combinada das licenciadas se aproxima de um bilhão de unidades por ano.
>
> A dedicação e a persistência de Koska ao longo dos últimos 20 anos conquistou o respeito tanto de líderes em serviços de saúde pública quanto de indústrias: em fevereiro de 2005, por exemplo, o Ministério Federal da Saúde do Paquistão homenageou-o com um prêmio por contribuição excelente à saúde pública pelo trabalho desenvolvido na produção de seringas mais seguras, e, em 2006, a empresa recebeu o Queen's Award for Enterprise and International Trade, do Reino Unido.
>
> *Fonte:* www.starsyringe.com.

Empreendedores tecnológicos

A criação de um empreendimento de tecnologia é a interação entre habilidades individuais e disposição e características de mercado e tecnológicas. Estudos americanos enfatizam o papel das características pessoais, tais como histórico familiar, orientação para resultados, personalidade e motivação,[1] enquanto estudos europeus enfatizam o papel do ambiente, incluindo apoio institucional e recursos.[2] A decisão de iniciar um novo empreendimento começa, em geral, com o desejo de se ganhar independência e fugir da burocracia de uma grande organização, seja ela do setor público ou privado. Assim, a formação, o perfil psicológico e a experiência técnica e de trabalho de um empreendedor técnico contribuem para a decisão de criar um novo empreendimento.

Escolaridade e treinamento são fatores importantes que distinguem os fundadores de novos empreendimentos tecnológicos de outros empreendedores. O nível educacional médio dos empreendedores técnicos é de mestrado e, com a exceção dos novos empreendimentos em biotecnologia, ter um doutorado é supérfluo. Vale ressaltar que os níveis de escolaridade de empreendedores técnicos não os diferenciam de outros cientistas e engenheiros. Entretanto, empreendedores técnicos em potencial tendem a ter níveis mais altos de produtividade que seus colegas de trabalho técnico, medidos em termos de trabalhos publicados ou patentes concedidas. Isso sugere que empreendedores em potencial podem ser mais motivados que seus colegas corporativos.

Além do nível de escolaridade de mestrado, um empreendedor técnico em média tem em torno de 13 anos de experiência de trabalho anterior quando do estabelecimento de um novo empreendimento. No caso da Route 128, a experiência de trabalho do empreendedor é tipicamente com uma única **organização incubadora**, enquanto empreendedores técnicos no Vale do Silício tendem a obter experiência com um grande número de empresas antes de estabelecerem seus próprios negócios. Isso sugere que não há padrão ideal de experiência prévia de trabalho. A experiência de trabalho em desenvolvimento, porém, parece ser mais importante que trabalho em pesquisa básica.

Como resultado da educação formal e da experiência exigida, um empreendedor técnico típico tem entre 30 e 40 anos quando do estabelecimento de seu primeiro novo empreendimento de tecnologia. Isso é relativamente tarde se comparado a outros tipos de empreendimento, e ocorre devido à combinação de capacidade e oportunidade. Por um lado, leva-se em geral entre 10 e 15 anos para um empreendedor em potencial alcançar a experiência técnica e de negócio necessárias. Por outro lado, nessa época da vida, muitas pessoas começam a ter responsabilidades financeiras e familiares maiores. Assim, parece haver uma janela de oportunidades para se começar um novo empreendimento de tecnologia entre 35 e 40 anos. Embora os adolescentes que desenvolvem aplicativos sejam os que mais ganham espaço na mídia, a idade mediana dos empreendedores de tecnologia nos Estados Unidos é de 39 anos.[3]

Ao contrário de empreendedores comuns, empreendedores de tecnologia parecem ter uma necessidade de conquista (n-Ach) apenas moderada, e uma baixa necessidade de afiliação (n-Aff). Isso sugere que a necessidade por independência, e não por sucesso, é o motivador mais importante para empreendedores técnicos. Empreendedores de tecnologia tendem, ainda, a ter um lócus de controle interno. Em outras palavras, acreditam que possuem controle pessoal sobre resultados, enquanto outros, com um lócus de controle externo, acreditam que os resultados são consequência da sorte, de instituições poderosas ou de outros fatores. Técnicas psicométricas mais sofisticadas, como a tipologia de Myers-Briggs (MBIT), confirmam as diferenças entre empreendedores de tecnologia e outros cientistas e engenheiros.

Várias pesquisas indicam que, em sua maioria, os empreendedores de tecnologia afirmam ter passado por frustrações em seu emprego anterior. Essa frustração parece resultar da interação entre a predisposição psicológica do empreendedor em potencial e o mau nível de seleção, treinamento e desenvolvimento realizados pela organização controladora. Eventos específicos também podem estimular o desejo ou a necessidade de se estabelecer um empreendimento de tecnologia, tais como uma reorganização expressiva ou o enxugamento da organização principal.

EMPREENDEDORISMO EM AÇÃO 12.2

Mike Lynch e a Autonomy

Em 1994, Mike Lynch fundou a Autonomy, uma empresa de software oriunda de seu primeiro empreendimento, a Neurodynamics. Após graduar-se no ensino médio, Lynch estudou Ciências da Informação em Cambridge, onde desenvolveu uma pesquisa de doutorado sobre a teoria das probabilidades. Abandonou uma carreira de pesquisador convencional após uma experiência de emprego de verão na GEC Marconi, que considerou "um lugar chato e entediante". Em 1995, aos 25 anos de idade, procurou os bancos a fim de levantar fundos para o seu primeiro empreendimento, a Neurodynamics, mas "deparou-se com um cara legal que riu muito e admitiu que estava acostumado a conceder empréstimos apenas para pessoas abrirem bancas de jornal e tabacarias." Posteriormente, conseguiu as £2 mil iniciais junto a um amigo de um amigo. A Neurodynamics desenvolveu software de reconhecimento de padrões, que vendia para nichos de usuários especializados, como a polícia britânica, para comparar impressões digitais e identificar disparidades em depoimentos de testemunhas, e bancos, para identificar assinaturas em cheques.

Em 1994, a Autonomy foi separada da Neurodynamics, voltando-se à exploração de aplicações tecnológicas na Internet, em intranets e em setores de mídia, recebendo suporte financeiro dos investidores de capital de risco Apax, Durlacher e ENIC. A Autonomy foi lançada na Easdaq em julho de 1998, na Nasdaq em 1999, e, em fevereiro de 2000, foi avaliada em 5 bilhões de dólares, transformando Lynch no primeiro bilionário inglês do ramo de software. A Autonomy cria aplicativos que gerenciam informações não estruturadas, o que representa 80% de todos os dados. O programa aplica técnicas de probabilidade bayesiana para identificar padrões de dados ou textos, que, se comparados com buscas simplificadas de palavras-chave, podem melhor gerenciar contextos e relacionamentos.

O software é patenteado nos Estados Unidos, mas não na Europa, uma vez que a lei de patentes não permite proteção de patentes de software. O negócio proporciona lucros com a venda de programas para catalogação e busca de informações diretamente para clientes como BBC, Barclays, BT, Eli Lilly, General Motors, Merril Lynch, News Corporation, Nationwide, Proctor & Gamble e Reuters. Além disso, possui mais de 50 acordos de licenciamento com as principais empresas de software para utilização da sua tecnologia, incluindo Oracle, Sun e Sybase. Um licenciamento típico inclui uma entrada de 100 mil dólares mais royalties de 10% a 30% sobre as vendas. Através desses acordos, a Autonomy pretende se tornar parte integrante de uma cadeia de software e tornar-se o padrão para reconhecimento e busca inteligente. No ano fiscal concluído em março de 2000, a empresa anunciou seu primeiro lucro, de 440 mil dólares sobre uma operação de 11,7 milhões de dólares. A empresa emprega 120 pessoas, divididas entre Cambridge, no Reino Unido, e o Vale do Silício, e gasta 17% de seus lucros em P&D. Em 2004, as vendas atingiram cerca de 60 milhões de dólares, com um licenciamento médio em torno de 360 mil dólares, e margens brutas elevadas de 95%. Os clientes recorrentes representavam 30% das vendas. Em 2011, a empresa foi vendida para a HP por 10,3 bilhões de dólares, e em maio de 2012, Mike Lynch saiu da empresa que fundara e que fizera crescer.

Contexto para o empreendedorismo

Muito do que sabemos sobre novos empreendimentos inovadores baseia-se, principalmente, na experiência de novas empresas americanas, sobretudo no crescimento de empresas de biotecnologia, semicondutores e software. Muitas delas são criadas a partir de organizações controladoras ou incubadoras, em geral, uma instituição acadêmica ou uma grande empresa bem-estabelecida. Exemplos de universidades incubadoras incluem Stanford, que gerou boa parte do Vale do Silício; o Massachusetts Institute of Technology (MIT), que gerou a Route 128, em Boston; e o Imperial College e a Universidade de Cambridge, no Reino Unido. O MIT, em especial, tornou-se o arquétipo incubador acadêmico e, além da criação da Route 128, seus ex-alunos criaram cerca de 200 novos empreendimentos no norte da Califórnia e respondem por mais de um quinto dos empregos no Vale do Silício. O chamado modelo MIT tem sido adotado em todo o mundo, até agora com sucesso limitado.

EMPREENDEDORISMO EM AÇÃO 12.3

A Route 128 de Boston

A rede de universidades situada em Boston e Cambridge, nos Estados Unidos, que inclui o MIT, Harvard, a Universidade de Boston e outras 70 universidades e faculdades, tem uma longa tradição em geração de empresas independentes, ou spin-offs, nascidas de seu próprio seio.

O êxito da região remonta a investimentos militares em computação e software, que ajudaram a criar incubadoras de empresas como Compaq, Digital, Data General, Lucent, Lotus, Raytheon e Wang nos anos 1970, e, mais recentemente, o estabelecimento de muitos empreendimentos de biociências na área de artefatos médicos e de biotecnologia.

Há décadas que o capital de investimento no setor financia continuamente a criação ou o desenvolvimento de cerca de 200 a 300 novas empresas por ano, com financiamento anual de 2 bilhões de dólares (isso mais que quadruplicou durante o período da bolha da Internet, de 1998 a 2000). Até a primeira década do novo milênio, o MIT por si só ajudou a criar 4 mil novas empresas no mundo inteiro, com retorno total de 232 bilhões de dólares, sendo que mais de mil ainda estão localizadas em Massachusetts.

Fonte: Wonglimpiyarat, J. (2006) The Boston Route 128 model of high-tech industry development, *International Journal of Innovation Management*, **10**(1), 47–64.

> **EMPREENDEDORISMO EM AÇÃO 12.4**
>
> **As empresas spin-offs que se originaram dos laboratórios PARC, da XEROX**
>
> A Xerox estabeleceu o seu Centro de Pesquisa Palo Alto (PARC), na Califórnia, em 1970. O PARC foi responsável por uma série de inovações tecnológicas em lasers semicondutores, impressão a laser, tecnologia de rede Ethernet e tecnologias de busca e indexação de rede, mas o consenso é que muitas de suas mais significativas inovações foram resultado de trabalhos de profissionais que saíram da companhia e de empresas spin-offs, em vez de terem sido produzidas pela própria Xerox. Muitos dos avanços em interface do usuário da Apple, por exemplo, se originaram na Xerox, assim como a base do pacote Word, da Microsoft. Por volta de 1998, o PARC tinha "dado a luz" a 24 empresas, incluindo dez que abriram capital, como 3Com, Adobe, Documentum e SynOptics. Em 2001, essas empresas valiam mais que o dobro do valor da própria Xerox.
>
> Ainda se debate por que isso aconteceu, mas o fracasso da Xerox em guardar para si tais avanços tecnológicos é creditado sobretudo à ignorância corporativa e a disputas políticas internas. Entretanto, muitas das tecnologias não "vazaram", mas foram de fato liberadas com permissão da Xerox, que, frequentemente, providenciava licenciamentos não exclusivos e acordos de participação no capital dessas novas empresas. Isso indica que os gestores de negócio e pesquisa da Xerox enxergavam pouco potencial na exploração dessas tecnologias em seus próprios redutos. Uma das razões para o fracasso na comercialização dessas tecnologias era que a Xerox havia sido extremamente bem-sucedida em sua estratégia integrada com foco em produto, o que dificultou o reconhecimento e a exploração de novos *negócios*.
>
> *Fonte:* Chesbrough, H. (2003) *Open Innovation: The new imperative for creating and profiting from technology,* Boston: Harvard Business School Press.

As empresas de pequeno e médio porte inovadoras exibem características similares em todos os setores. Elas:

- são mais propensas a envolver inovação de produtos em vez de inovação de processos;
- estão centradas em produtos para mercados de nicho, em vez de mercados de massa;
- são mais comuns entre produtores de produtos finais do que entre produtores de componentes;
- frequentemente envolvem alguma forma de conexão externa;
- tendem a estar associadas a crescimento em produção e emprego, mas não necessariamente a lucro.

Ao contrário das grandes empresas, as pequenas tendem a ser especializadas (em vez de diversificadas) em suas competências tecnológicas e linha de produtos. Contudo, como em grandes empresas, é impossível fazer grandes generalizações sobre suas trajetórias tecnológicas e estratégias de inovação. Kurt Hoffman e seus colegas recentemente observaram que, de um modo geral, pouca pesquisa tem se incumbido da inovação em pequenas empresas; as pesquisas tendem a se concentrar no pequeno grupo de sucessos espetaculares (ou fracassos) de alta tecnologia, em vez de nas muito mais numerosas pequenas empresas prosaicas, que lidam com a introdução de TI em seus sistemas de distribuição.[4]

A Tabela 12.1 tenta categorizar essas diferenças. Até recentemente, a atenção voltava-se para o lado esquerdo do quadro, aos sucessos espetaculares e visíveis entre pequenas empresas de inovação, em especial de superstars que se tornaram grandes, e aqueles de empresas baseadas em tecnologia que, em geral, desejam se tornar grandes. Como vimos anteriormente neste capítulo, pesquisas recentes e mais sistemáticas sobre as atividades inovadoras e de pequenas empresas mostram duas outras classes de pequenas empresas com estratégias de inovação menos espetaculares, mas de importância muitíssimo maior para a economia global: fornecedores especializados de insumos produtivos e empresas cujas fontes de inovação são principalmente seus fornecedores.

TABELA 12.1 Tipos de novos empreendimentos inovadores

	Superstars: de pequenas a grandes empresas desde 1950	Empresas de base tecnológica (EBTs)	Especializadas	Dominadas por fornecedores
Exemplos	Polaroid, DEC, Texas Instruments, Xerox, Intel, Microsoft, Compaq, Sony, Casio, Benetton	Iniciantes em eletrônica, biotecnologia e software	Produtoras de mercadorias (máquinas, componentes, instrumentos, software)	Produtos tradicionais (p. ex., têxteis, madeira, alimentícios) e muitos serviços
Fontes de vantagem competitiva	Exploração bem-sucedida de grandes invenções e trajetórias tecnológicas	1. Desenvolvimento de produto ou processo em áreas especializadas e de rápido avanço 2. Privatização da pesquisa acadêmica	Combinação de tecnologias para satisfazer necessidades de usuários	Integração e adaptação de inovações por fornecedores
Tarefas principais de estratégias de inovação	Preparação de substitutos para o invento (ou inventor) original	1. Superstar ou fornecedor especializado? 2. Conhecimento ou dinheiro?	Vínculos com usuários avançados e tecnologias subjacentes	Exploração de novas oportunidades baseadas em TI em projeto, distribuição e coordenação

Superstars são grandes empresas que surgiram pequenas, com altas taxas de crescimento baseadas na exploração de uma grande invenção (como fotografia instantânea, reprografia) ou em uma rica trajetória tecnológica (semicondutores, software), permitindo às pequenas empresas explorar as vantagens de serem as primeiras a ocupar um segmento de mercado, como proteção de patente (ver Capítulo 15). Inovadores de sucesso, em geral, ou acumularam seu conhecimento tecnológico em grandes empresas antes de abandoná-las para iniciar seu próprio negócio ou ofereceram sua invenção a grandes empresas, mas essas foram recusadas (vide Polaroid, Xerox). São poucos os exemplos de superstars na indústria química nos últimos 50 anos ou, ao contrário das expectativas, em empresas de biotecnologia nos últimos 15 anos, provavelmente porque as barreiras à entrada (em P&D, produção ou marketing) permanecem altas.

Empresas de base tecnológica (EBTs) são pequenos empreendimentos que surgiram recentemente, a partir de grandes empresas e grandes laboratórios, em campos como eletrônicos, software e biotecnologia. São, em geral, especializadas em suprir componentes, subsistemas, técnicas ou serviços cruciais para grandes empresas, as quais podem muitas vezes ser suas ex-empregadoras. Ao contrário do que diz o senso comum, a maioria das EBTs em eletrônicos e software surgiu de laboratórios corporativos e do governo envolvidos em atividades de desenvolvimento e teste. Foi somente com o advento da biotecnologia (e, mais recentemente, do software) que laboratórios universitários se tornaram fontes regulares de EBTs, reforçando, assim, as fortes conexões diretas que sempre existiram entre a pesquisa acadêmica e a indústria farmacêutica. Contudo, alguns observadores criticam essa tendência e temem que a "privatização" da pesquisa acadêmica em biotecnologia reduza, a longo prazo, a taxa de progresso científico e inovação e sua contribuição para o bem-estar econômico e social.

A gestão das EBTs enfrenta dois grupos de problemas estratégicos:

- O primeiro relaciona-se com as perspectivas de crescimento de longo prazo. Pouquíssimas empresas pequenas de base tecnológica podem se tornar superstars, uma vez que fornecem principalmente produtos de "nicho" especializado, com sinergias não óbvias ou grandiosas com outros mercados. O quanto a empresa irá crescer ou até quando irá sobreviver dependerá sempre de sua capacidade de negociar a transição da primeira para a segunda (melhorada) geração de produtos e de sua capacidade de desenvolver competências administrativas de apoio.

- O quanto a EBT irá crescer depende da segunda escolha estratégica: se a gestão visa maximizar o valor do negócio a longo prazo ou meramente procura um aumento de receita e independência. Assim, proprietários de pequenas empresas frequentemente vendem seus empreendimentos poucos anos depois e vivem de seus investimentos. Pesquisadores de universidades criam empresas de consultoria ou para aumentar suas rendas pessoais (o efeito BMW) ou para encontrar receita suplementar para suas pesquisas acadêmicas e atividades de ensino em períodos de escassez financeira.

Fornecedores especializados projetam, desenvolvem e implementam insumos para a produção, na forma de equipamentos, instrumentos e (cada vez mais) software, e interagem intimamente com seus (em geral, grandes) clientes em crescimento tecnológico. Eles realizam relativamente pouca P&D formal, mas ainda são uma importante fonte de desenvolvimento ativo de inovações significativas, com importantes contribuições realizadas pela equipe de projeto e produção.

Por fim, a maioria das pequenas empresas encaixa-se na categoria dominada por fornecedores, tendo os insumos técnicos destes como principais fontes de inovação (como equipamentos e componentes). Essas empresas dependem fortemente de seus fornecedores para suas inovações e, portanto, tendem a ser incapazes de adequar a tecnologia específica da empresa enquanto fonte de vantagem competitiva. A tecnologia torna-se mais importante no futuro, com a esfera crescente de possíveis aplicações de TI oferecidas por fornecedores, especialmente em atividades de serviço como distribuição e coordenação. Portanto, um grupo crescente de pequenas empresas precisa obter competências tecnológicas para que estejam aptas a especificar, comprar, instalar e manter sistemas de software que ajudem a torná-las mais competitivas.

Papel das incubadoras universitárias

A criação e o compartilhamento de propriedade intelectual é papel central de uma universidade, mas sua administração para ganhos comerciais é um desafio diferente. A maioria das universidades com contratos de pesquisa comercial significativos tem boas noções de licenciamento, e os papéis de todas as partes –os acadêmicos, a universidade e a organização comercial – são relativamente claros. Em especial, o acadêmico normalmente continua com a pesquisa, mas pode ter um acordo de consultoria com a empresa comercial.

Contudo, formar uma empresa independente é outra questão. Nesse caso, tanto a universidade quanto o cientista precisam acordar que o empreendimento formado por **spin-off** é a opção mais viável para a comercialização de tecnologia, e que é necessário negociá-la. Isso pode incluir questões de, por exemplo, divisão patrimonial, royalties, investimento acadêmico e universitário no novo empreendimento, cessão de acadêmicos para trabalhar no novo empreendimento, identificação e transferência de propriedade intelectual e uso de recursos da universidade na fase inicial. Em suma, é complicado. Como Chris Evans, fundador da Chiroscience e da Merlin Ventures, observa: "acadêmicos e universidades (...) não possuem gestão, musculatura, visão, plano de negócio, e isso é 90% da tarefa de exploração da ciência e de sua colocação no mercado. Há uma tendência das universidades pensarem que 'inventamos a coisa, então já temos 50% do caminho andado'. O fato é que elas possuem 50% do caminho para lugar algum".[5] Trata-se de uma afirmação provocativa, mas que, na verdade, enfatiza o abismo entre a pesquisa e a comercialização de sucesso.

Muitas universidades aceitam e seguem o padrão para a exploração comercial de tecnologia, mas costumam dar ênfase demais à tecnologia e ao domínio da propriedade intelectual, e "deixam de reconhecer a importância e a sofisticação do conhecimento empresarial e da experiência em gestão e outras funções que contribuem para aspectos não técnicos de configuração e desenvolvimento de tecnologia (...) o modelo linear não nos ensina nada sobre a interação entre estímulo tecnológico e pressão de mercado".[6]

Mudanças no financiamento e na legislação nos anos 1980 claramente estimularam muito mais universidades a criarem departamentos de licenciamento e transferência de tecnologia, mas o impacto disso foi relativamente pequeno. Há fortes indícios, por exemplo, de que a qualidade comercial e científica das patentes caiu desde meados da década de 1980 devido a essas mudanças nas políticas, e que a distribuição da atividade tem uma cauda estatística extremamente longa. Medida em termos de número de patentes obtidas ou exploradas ou de receitas provenientes de licenças de software e patentes, a comercialização de tecnologia está altamente concentrada em um pequeno número de universidades de elite, que foram altamente ativas antes das mudanças na política de financiamento e na legislação: as 20 universidades mais importantes dos Estados Unidos respondem por 70% da atividade de patenteamento. Além disso, em cada uma dessas universidades de elite, um número muito pequeno de patentes-chave são responsáveis pela maior parte das receitas de licenciamento: as cinco patentes de maior sucesso, em geral, respondem por 70% a 90% da receita total.[7] Isso sugere que uma (rara) combinação de excelência em pesquisa e massa crítica é necessária para se obter sucesso em comercialização de tecnologia. Todavia, oportunidades tecnológicas reduziram algumas barreiras à comercialização. Mais especificamente, a importância do crescimento nos avanços nas áreas de biociência e software apresenta novas oportunidades para as universidades se beneficiarem da comercialização de tecnologias.

Novos empreendimentos spin-off nascidos de universidades são uma alternativa para a exploração de tecnologia por meio do licenciamento, e envolvem a criação de um novo empreendimento completo, baseado em propriedade intelectual desenvolvida dentro da universidade. As estimativas variam, mas entre 3% e 12% de todas as tecnologias comercializadas por universidades advêm de novos empreendimentos. Assim como o licenciamento, a propensão e o sucesso desses empreendimentos variam significativamente. O MIT e a Universidade de Stanford, por exemplo, criam, cada um, aproximadamente 50 novas empresas por ano, enquanto as Universidades de Columbia e Duke raramente geram empresas novas. Essas diferenças significativas se devem em parte a localização, escala, política e disciplinas técnicas lecionadas e pesquisas. Na Tabela 12.2, observe que os capitalistas de risco tendem a financiar empreendimentos maiores e em fases posteriores de desenvolvimento, que precisam de 8 a 15 milhões de dólares em capital. Discutiremos o papel e as limitações do capital de risco no Capítulo 14.

Estudos nos Estados Unidos sugerem que retornos financeiros para universidades são muito mais altos a partir de empresas spin-offs do que a partir da prática de licenciamento mais comum. Um estudo estimou que as receitas médias advindas de uma licença universitária foram de US$63.832, enquanto a média de retorno de uma nova empresa spin-off nascida de uma universidade foi 10 vezes maior que isso (US$692.121). Quando os casos extremos foram excluídos da amostra, o retorno advindo de empresas spin-offs ainda foi de US$139.722, mais de duas vezes que aquele advindo de licenças.[8] Deixando de lado esses argumentos financeiros, existem outras razões pelas quais formar uma empresa spin-off pode ser preferível ao licenciamento de tecnologia para uma empresa estabelecida:

TABELA 12.2 Exemplos de spin-offs de universidades financiadas por capital de risco (CR), 2011–2014

Universidade	Número de empreendedores universitários financiados por CR	Número de novos empreendimentos financiados por CR	Média de financiamento via CR por novo empreendimento (milhões de dólares)
Stanford, EUA	378	309	11,388
UC Berkeley, EUA	336	284	8,493
MIT, EUA	300	250	9,666
Indian Institute of Technology	264	205	15,36
Harvard, EUA	253	229	14,13
Tel Aviv, Israel	169	141	8,89
Waterloo, Canadá	122	96	10,50
Technion, Israel	119	98	8,133
McGill, Canadá	74	72	7,458
Toronto, Canadá	71	66	14,06
Londres, Reino Unido	71	67	15,94

Fonte: Derivado de Pitchbook (2014) *Venture Capital Monthly August/September 2014 Report*, http://pitchbook.com/.

- Nenhuma empresa existente está pronta ou apta a assumir um projeto sob uma base de licenciamento.
- A invenção consiste em um portfólio de produtos ou é uma "tecnologia transversal" com capacidade de aplicação em vários campos.
- Os inventores possuem forte preferência pela formação de uma empresa e estão preparados para investir seu tempo, esforço e dinheiro em uma nova empresa.

Dessa forma, elas envolvem o "empreendedor acadêmico" mais profundamente no detalhamento da criação e do gerenciamento de estratégia de entrada no mercado do que em outras formas de comercialização, e também exigem importantes decisões de carreiras por parte dos participantes. Por consequência, elas ilustram bem os dilemas enfrentados quando cientistas tentam gerenciar a interação entre academia e indústria. O grau de motivação de um indivíduo para tentar o lançamento de um empreendimento depende de três fatores relacionados: influências prévias, organização incubadora e fatores ambientais:

- *Influências prévias.* Também chamadas de "características" do empreendedor, incluem fatores genéticos, influências familiares, escolhas educacionais e experiências profissionais anteriores, todas as quais contribuem para a decisão do empreendedor de começar um novo empreendimento.

- *Experiências individuais nas incubadoras.* Imediatamente antes do início da nova empresa, incluem a natureza do local físico, o tipo de habilidades e conhecimentos adquiridos, o contato com possíveis colegas fundadores, o tipo de experiência adquirida com o novo empreendimento ou pequeno negócio.
- *Fatores ambientais.* Incluem condições econômicas, disponibilidade de capital de risco, modelos de empreendedores e disponibilidade de serviços de apoio.

Existem relativamente poucos dados sobre as características dos empreendedores acadêmicos, em parte devido aos poucos casos envolvidos, mas também porque o contexto tradicional dentro do qual eles têm operado, especialmente em relação a direitos de propriedade intelectual e à participação acionária, os levam a relutar em ser pesquisados. Também é provável que o problema piore devido a sistemas inadequados de captura de dados nas universidades. Todavia, está claro que, nos Estados Unidos, cientistas e engenheiros que trabalham em universidades mostram-se dispostos a se voltar para a comercialização de suas pesquisas. Estudos no país revelam uma crescente legitimação da interação científica entre a universidade e indústria. Empreendedores acadêmicos, porém, ainda não são a norma, mesmo nos Estados Unidos. Um estudo com 237 cientistas que trabalhavam em três grandes laboratórios nacionais americanos evidenciou claras diferenças entre os níveis de escolaridade dos inventores em laboratórios nacionais e aqueles apontados em um estudo de empreendedores técnicos do MIT. O estudo descobriu diferenças significativas entre empreendedores e não empreendedores em termos de variáveis situacionais, como nível de envolvimento em atividades empresariais fora do laboratório ou recebimento de royalties por invenções passadas.[9] Pesquisas com cientistas, acadêmicos e engenheiros britânicos identificaram relações similares entre atitudes com relação à indústria, número de conexões com a indústria e atividade comercial.[10] Isso suscita a pergunta: qual é a direção de causalidade? Pesquisadores empreendedores procuram mais conexões fora da organização ou mais conexões encorajam um comportamento empreendedor?

EMPREENDEDORISMO EM AÇÃO 12.5

WhatsApp

Em fevereiro de 2014, o WhatsApp foi vendido para o Facebook por 19 bilhões de dólares. Desde o seu lançamento em 2009, o WhatsApp cresceu rapidamente, mas sem chamar a atenção, até atingir quase metade do tamanho do Facebook, com 450 milhões de usuários.

Jan Koum e Brian Acton, seus fundadores, não são típicos dos empreendedores de tecnologia do Vale do Silício. Ambos já haviam passado bastante dos 30 anos de idade quando lançaram seu aplicativo de mensagens em 2009. Eles se conheceram em 1997, quando trabalhavam na Yahoo!.

Após quase dez anos na Yahoo!, em setembro de 2007, Koum e Acton saíram para um ano sabático e viajaram pela América do Sul, financiados pelos 400 mil dólares que Koum poupou na Yahoo!. No início de 2009, Koum percebeu que a App

(Continua)

Store, então com sete meses de idade, criaria toda uma nova indústria de aplicativos. Ele poderia desenvolver o backend dos programas, mas recrutou Igor Solomennikov, um desenvolvedor russo que trabalhava com o iPhone, para desenvolver o frontend. A WhatsApp Inc. foi registrada em 24 de fevereiro de 2009, apesar do aplicativo ainda não ter sido desenvolvido.

Em outubro de 2009, Acton convenceu cinco amigos, ex-funcionários da Yahoo!, a investirem 250 mil dólares para financiar a ideia, o que lhe rendeu participação na empresa e *status* de cofundador. Os dois fundadores tinham mais de 60% de participação no empreendimento, uma porcentagem grande para uma start-up de tecnologia. Em 2011, o aplicativo atingiu o Top 10 da Apple e chamou a atenção de muitos investidores em potencial. Jim Goetz, sócio da Sequoia, prometeu não forçá-los a usar modelos com uso de publicidade, e eles concordaram em uma verba de 8 milhões da empresa. O WhatsApp levantou mais 50 milhões de dólares em 2013 junto a Sequoia Capital, mas sem chamar muita atenção, o que colocou a avaliação da empresa em 1,5 bilhão de dólares.

Em 2012, Koum escreveu no Twitter que "Pessoas que fundam empresas para uma venda rápida são uma desgraça para o Vale", e que "o meu guarda-costas vai dar um soco na cara da próxima pessoa a me chamar de empreendedor. Sério".

Ao contrário da maioria das start-ups da Internet, a empresa cobrava pelo serviço em vez de distribui-lo gratuitamente ou depender de publicidade. WhatsApp não coleta quaisquer informações pessoais ou demográficas, como as que Facebook, Google e seus concorrentes usam para distribuir anúncios direcionados. "Sem publicidade! Sem jogos! Sem truques! A simplicidade e a utilidade do nosso produto é o que nos motiva", afirmou Jan Koum, fundador do WhatsApp, na DLD. "Claramente, o WhatsApp não está fazendo um bom trabalho", ele brincou, pois ainda não havia atingido sua meta de estar em todos os smartphones do mundo.

O WhatsApp continua a ser uma operação enxuta, mesmo pelos padrões do Vale do Silício. No início de 2014, a empresa ainda tinha apenas 50 e poucos funcionários, 30 dos quais eram engenheiros, como seus fundadores. Seu financiamento de pouco mais de 60 milhões de dólares é metade daquele do Snapchat, uma empresa muito menor. Em 2014, o WhatsApp se mudou para um novo edifício, com o plano de dobrar a equipe para 100 pessoas.

Fontes: Tim Bradshaw (2014) What's up with the WhatsApp founders? *Financial Times*, 20 de fevereiro de 2014; Olson, P. (2014) The Rags-To-Riches Tale Of How Jan Koum Built WhatsApp Into Facebook's New19 Billion Baby, *Forbes*, 19 de fevereiro de 2014.

Empreendedores, acadêmicos ou outros precisam de um ambiente de apoio. As pesquisas indicam que dois terços dos cientistas e dos engenheiros universitários apoiam a necessidade de comercializar suas pesquisas, e metade apoia a necessidade de assistência para start-ups. Existem dois níveis de análise de ambiente universitário: as regras, políticas e estruturas institucionais formais e as "normas locais" dentro de cada departamento. Uma série de variáveis institucionais pode influenciar o empreendedorismo acadêmico:

- Política formal e apoio da administração para a atividade empreendedora.

- Percepção do grau de seriedade das restrições ao empreendedorismo, como questões relacionadas a direitos de propriedade intelectual.
- Incidência de comercializações bem-sucedidas, o que demonstra viabilidade e oferece modelos de comportamento.

Políticas formais para estimular e apoiar o empreendedorismo podem ter consequências previstas e imprevistas. Uma política acadêmica voltada, por exemplo, a obter participação patrimonial em novas empresas iniciantes em troca de pagamento inicial de despesas com patente e licenciamento parece resultar em um número mais alto de novas empresas, enquanto a concessão de royalties generosos a empreendedores acadêmicos parece estimular a atividade de licenciamento, mas tende a suprimir significativamente o número de novos entrantes.[11] Além disso, algumas políticas universitárias bastante comuns parecem ter pouco ou nenhum efeito positivo sobre o número subsequente de novos empreendimentos de sucesso, incluindo incubadoras universitárias e financiamento por capital de risco local. Além disso, apoio financeiro mal-direcionado e monitorado de maneira insuficiente pode estimular "acadêmicos empreendedores", em vez de empreendedores acadêmicos – cientistas do setor público que não estão realmente comprometidos com a criação de novas empresas, mas procuram apoio alternativo para suas próprias pautas de pesquisa. Isso pode resultar em novas empresas com pouca ou nenhuma perspectiva de crescimento, que permanecem em incubadoras por muitos anos. O estímulo a pesquisas orientadas comercialmente ou financiadas pela indústria também parece não afetar o número de empresas iniciantes, enquanto a eminência intelectual da universidade possui um grande efeito positivo.[12] Existem duas explicações para esse efeito: universidades de mais prestígio costumam atrair pesquisadores melhores e verbas maiores; e outros investidores comerciais usam o prestígio ou a reputação da instituição como um sinal ou indicador de qualidade.

Políticas formais podem enviar um sinal à equipe, mas o efeito sobre o comportamento individual depende muito dessas políticas serem reforçadas por expectativas comportamentais. Características individuais e normas locais parecem ser preditores igualmente eficazes de atividade empreendedora, mas oferecem previsões fracas quanto a formas de empreendedorismo. Quando bem-sucedidas, podem criar um círculo virtuoso, o efeito exemplar de uma nova e bem-sucedida empresa spin-off encorajando outras a tentarem o mesmo. Isso leva ao agrupamento de empresas novas no espaço e no tempo, resultando em departamentos ou universidades empreendedores em vez de acadêmicos empreendedores isolados. Normas locais e a cultura departamental influenciam a eficácia de políticas formais pelo fornecimento de um forte efeito mediador entre contexto institucional e percepções individuais. Normas locais evoluem por meio da autosseleção durante o recrutamento, resultando em uma equipe com valores e comportamento pessoal semelhantes e reforçada pela pressão social ou pela socialização comportamental, o que resulta, por sua vez, em uma convergência de valores pessoais e de comportamento. Contudo, há um forte potencial de conflito entre a busca por conhecimento e sua exploração comercial, e existe um risco real de queda de padrões de pesquisa. Por esse motivo, é fundamental ter orientações explícitas para a condução dos negócios em um ambiente universitário:

- orientações específicas sobre o uso de instalações universitárias, equipe e alunos e sobre direitos de propriedade intelectual;

- orientações específicas, e revisões periódicas, para o emprego duplo de cientistas-empreendedores, incluindo cargos permanentes de turno parcial;
- mecanismos para resolução de questões de direitos financeiros e alocação de contratos de pesquisa entre a universidade e o empreendimento.

EMPREENDEDORISMO EM AÇÃO 12.6

Licenciamento ou spin-off? O Relatório Lambert sobre negócios: colaboração entre empresas e universidades no Reino Unido

Em dezembro de 2003, foi divulgado o Relatório Lambert sobre negócios: colaboração entre empresas e universidades. Ele analisava a comercialização de propriedade intelectual por universidades do Reino Unido e também fazia comparações internacionais de políticas e desempenho. O Reino Unido tem um padrão de concentração semelhante ao dos Estados Unidos: em 2002, 80% das universidades britânicas não registraram patente alguma, enquanto 5% registraram 20 ou mais; do mesmo modo, 60% das universidades não emitiram licenças novas, mas 5% emitiram mais de 30. No Reino Unido, porém, há uma propensão para a criação de spin-offs em vez de licenciamento, o que é criticado pelo Relatório Lambert. Ele argumenta que tais empresas costumam ser complexas demais e insustentáveis, e de baixa qualidade; um terço delas, no Reino Unido, é inteiramente financiado pela universidade patrocinadora e não atrai investimento privado externo. Em 2002, as universidades britânicas criaram mais de 150 dessas novas empresas, comparadas com quase 500 desenvolvidas por universidades dos Estados Unidos. Os respectivos números para novas licenciadas, naquele ano, foram 648 e 4.058. Em relação a gastos em P&D, isso sugere que as universidades britânicas dão maior ênfase a empresas spin-offs que suas congêneres americanas, e menos atenção a licenciamentos. O Relatório Lambert considera que as universidades do Reino Unido dão valor excessivo à sua propriedade intelectual, e que os contratos, muitas vezes, não são claros quanto à questão da propriedade. Esses dois problemas desencorajam negócios de licenciamento de propriedade intelectual por universidades, e podem estimulá-las a comercializar suas tecnologias por meio de spin-offs totalmente privadas.

Processos e estágios para a criação de um novo empreendimento

Os estágios típicos para a criação de um novo empreendimento incluem:

1. Avaliação de oportunidade para um novo empreendimento: geração, avaliação e aprimoramento do conceito de negócio.
2. Desenvolvimento de plano de negócio e decisão com relação à estrutura do empreendimento.

3. Aquisição de recursos e financiamento necessários para a implementação, incluindo apoio especializado e possíveis parcerias.
4. Crescimento e colheita do empreendimento – como criar e extrair valor do negócio.

O novo empreendimento enfrentará diferentes desafios em estágios diferentes para realizar uma transição de sucesso para o próximo estágio, o que os pesquisadores chamam de "momentos críticos":

- *Reconhecimento de oportunidade.* Na interface entre fases de pesquisa e construção de oportunidades. Exige a capacidade de conectar uma tecnologia específica ou know-how com uma aplicação comercial, e baseia-se em uma combinação bastante rara de habilidade, experiência, aptidão, insight e circunstâncias. Uma questão crucial aqui é a capacidade de sintetizar conhecimento científico e perspectivas mercadológicas, que aumentam com o capital social do empreendedor: contatos, parcerias e outras interações de redes de contato.
- *Compromisso empreendedor.* Ações e persistência sustentada que vincula o defensor do empreendimento com o negócio emergente. Isso, em geral, exige a tomada de decisões pessoais difíceis, como permanecer ou não como acadêmico, bem como a evidência de investimentos financeiros diretos para o empreendimento.
- *Credibilidade do empreendimento.* É fundamental para o empreendedor obter os recursos necessários para adquirir verbas e outros itens para o negócio funcionar. Credibilidade é uma função de equipe de empreendimento, clientes mais importantes e outros capitais sociais e relacionamentos. Exige relacionamentos próximos com patrocinadores, financistas e outros para criar e manter a conscientização e a credibilidade. A falta de experiência empresarial e a dificuldade em reconhecer suas próprias limitações são um problema crucial aqui. Uma solução é contratar os serviços de um "empreendedor suplente". Como observa um empreendedor experiente: "os acadêmicos não tão inteligentes ou inseguros querem exercer controle tudo. Essas prima donnas fazem uma bagunça completa, não chegam a lugar algum com suas empresas e acabam decepcionados profissional e financeiramente".

Avaliar a oportunidade

Um erro em muitas discussões sobre empreendedorismo é que elas partem do princípio de que a oportunidade já foi identificada e que tudo que resta é desenvolver e obter recursos para essa oportunidade. Entretanto, na prática, um empreendedor novato pode ter somente uma vaga ideia sobre a base de um novo empreendimento. Pesquisas confirmam que a capacidade de reconhecer e avaliar oportunidades é um elemento crucial e determinante para o sucesso de novos empreendimentos.[13]

Fontes comuns de ideias para um novo empreendimento incluem:

- Extensões ou adaptações de produtos ou serviços existentes.

- Aplicação de produtos ou serviços existentes em segmentos de mercado diferentes ou recém-criados ou em patamares de preço diferentes; por exemplo, companhias aéreas de baixo custo, como Ryanair e easyJet, ou o aspirador de pó da Dyson, que adaptou a tecnologia centrífuga usada em aplicações industriais.
- Agregação de valor a um produto ou serviço existente; por exemplo, mecanismos de procura na rede para áreas específicas, de viagens e de seguro, como TravelJungle.co.uk ou Confused.com.
- Desenvolvimento de um produto ou serviço completamente novo.

Os fatores determinantes fundamentais de oportunidades para novos empreendimentos são:

- Fatores econômicos (p. ex., mudanças em receita disponível).
- Desenvolvimentos tecnológicos, que podem reduzir (ou aumentar) as barreiras de entrada no negócio.
- Tendências demográficas (p. ex., o envelhecimento da população, mais tempo de lazer).
- Mudanças regulatórias (p. ex., exigências ambientais, saúde e segurança).

Todas essas fontes em potencial podem ser identificadas e avaliadas mais prontamente através do uso de abordagens sistemáticas para a sondagem e a busca que defendemos nos Capítulos 6 e 7.

INOVAÇÃO EM AÇÃO 12.1

Aprendendo com Usuários na IDEO

A IDEO é uma das mais bem-sucedidas empresas de consultoria de projetos do mundo, localizada em Palo Alto, Califórnia, e em Londres, no Reino Unido. Ela ajuda grandes empresas industriais e consumidores do mundo todo a projetar e desenvolver novos e inovadores produtos e serviços. Por trás de sua típica excentricidade californiana reside um processo testado e experimentado para desenvolver projetos de sucesso:

1. Entender o mercado, o cliente e a tecnologia.
2. Observar usuários reais e potenciais em situações da vida real.
3. Visualizar novos conceitos e usuários que possam utilizá-los, por meio de protótipos, modelos e simulações.
4. Avaliar e refinar os protótipos em uma série de iterações rápidas.
5. Implementar o novo conceito, visando a comercialização.

O primeiro passo crítico é atingido observando atenciosamente os usuários potenciais dentro do seu contexto. Como argumenta Tom Kelly, da IDEO: "Não somos grandes admiradores de grupos focais. Também não damos muita atenção à pesquisa de mercado. Vamos direto à fonte. Não aos 'especialistas' no interior de uma empresa [cliente], mas às pessoas que usam o produto ou algo similar ao que desejamos criar

(Continua)

(...) acreditamos que devemos ir além, colocando-nos no lugar de nossos clientes. Na verdade, acreditamos que não é suficiente perguntar às pessoas o que elas pensam sobre um produto ou uma ideia. Aos clientes, pode faltar vocabulário ou paladar para explicar o que está errado e, especialmente, o que está faltando".

O próximo passo é desenvolver protótipos que ajudem a avaliar e refinar as ideias capturadas junto aos usuários. "Um enfoque iterativo em relação aos problemas é um dos fundamentos de nossa cultura de protótipos (...) pode-se fazer protótipos de qualquer coisa: um novo produto ou serviço, ou uma promoção especial. O que conta é movimentar a bola para a frente, atingindo parte de seus objetivos."

Fonte: Kelly, T. (2002) *The Art of Innovation: Lessons in Creativity from IDEO*, London: HarperCollins Business.

Desenvolver o plano de negócio

Analisamos essa questão em detalhes no Capítulo 8, então aqui vamos apenas revisar as considerações principais para o desenvolvimento de um plano. A razão principal para desenvolver um plano de negócio formal para um novo empreendimento é atrair financiamento externo. Entretanto, ele está a serviço de uma função secundária importante. Um plano de negócio pode oferecer um acordo formal entre fundadores com relação ao desenvolvimento inicial e futuro do empreendimento. Um plano de negócio pode impedir que os fundadores se iludam e evitar discussões subsequentes com relação a responsabilidades e recompensas. Também pode ajudar a traduzir metas ambíguas ou abstratas em necessidades operacionais mais explícitas e apoiar tomadas de decisão subsequentes e identificar perdas de um lado e ganhos de outro. Dentre fatores *controláveis* por empreendedores, o planejamento de negócio possui o efeito mais significativamente positivo no desempenho do novo empreendimento. Contudo, existem muitos fatores *incontroláveis*, como oportunidades de mercado, que possuem uma influência ainda mais significativa sobre o desempenho. O conselho de Pasteur ainda é aplicável: "A sorte favorece apenas a mente preparada".

Um típico plano de negócio formal inclui as seguintes seções:

- detalhes do produto ou serviço;
- avaliação de oportunidades de mercado;
- identificação de clientes-alvo;
- barreiras de entrada no negócio e análise da concorrência;
- experiência, especialização e compromisso da equipe de administração;
- estratégia de precificação, distribuição e vendas;
- identificação e planejamento de riscos-chave;
- cálculo do fluxo de caixa, incluindo pontos de equilíbrio e análise de sensibilidade;
- recursos financeiros e outros que o negócio exige.

Não existe um plano de negócio-padrão, mas, em muitos casos, os investidores de capital de risco oferecem um modelo para o plano. Em geral, um plano de negócio deve ser relativamente conciso, com no máximo 10 a 20 páginas, deve iniciar com um sumário executivo e incluir seções sobre produto, mercados, tecnologia, desenvolvimento, produção, marketing, recursos humanos, estimativas financeiras com planos de contingência e requisitos de cronograma e de recursos. Em sua maioria, os planos de negócio submetidos a investidores de capital de risco são consistentes no que diz respeito a considerações técnicas, geralmente dando ênfase demais à tecnologia em detrimento a outros aspectos. Conforme observa Ed Roberts: "empreendedores afirmam que podem fazer uma coisa melhor que qualquer outra pessoa, mas às vezes esquecem de demonstrar que alguém deseja essa coisa".[14] Ele identifica vários problemas comuns com relação a planos de negócio submetidos a investidores de risco: plano de marketing, equipe de gerenciamento, plano tecnológico e plano financeiro. A equipe de gestão é avaliada com relação ao seu comprometimento, experiência e especialização, normalmente nessa ordem. Infelizmente, muitos empreendedores em potencial dão ênfase demais à sua especialização, mas não possuem experiência suficiente de equipe e não conseguem demonstrar paixão e comprometimento com o empreendimento.

Existem sérias inadequações comuns em todas essas áreas, mas a pior está na área de marketing e na área financeira. Menos da metade dos planos examinados fornece uma estratégia de marketing detalhada, e apenas metade inclui um plano de vendas. Três quartos dos planos deixam de identificar ou analisar possíveis concorrentes. Como resultado, a maioria dos planos de negócio contém somente previsões financeiras básicas, e apenas 10% conduzem uma análise de sensibilidade em suas previsões. A falta de atenção com relação ao marketing e à análise de concorrentes é especialmente problemática, pois pesquisas indicam que ambos os fatores estão associados ao sucesso subsequente.

Em estágios preliminares, por exemplo, muitos empreendimentos novos contam demais com alguns poucos clientes importantes para vendas, o que os deixa vulneráveis comercialmente. Em um exemplo extremo, cerca de metade dos empreendimentos tecnológicos contam com um só cliente para mais da metade de suas vendas no primeiro ano. Essa dependência exagerada de um pequeno número de clientes tem três desvantagens importantes:

- vulnerabilidade a mudanças em estratégia e saúde financeira do cliente dominante,
- perda de poder de negociação, que pode reduzir margens de lucro,
- pouco incentivo para desenvolver as funções de marketing e vendas, o que pode limitar crescimento futuro.

Estrutura do novo empreendimento

Uma das primeiras decisões que um empreendedor precisa tomar é que tipo de estrutura de negócio utilizar. Ao decidir que tipo de empresa criar, o empreendedor deve fazer as seguintes perguntas:

- Quanto capital é necessário para iniciar o negócio?
- Quanto controle e domínio eu desejo?
- Quanto risco desejo correr, em caso de fracasso?
- O quanto o negócio pode crescer? E o quão rápido?

- Quais as consequências das diferentes estruturas em termos de registro, divulgação e tributação?
- Quais são as estratégias de resultados ou as rotas de saída propostas?
- Quem pode se tornar o beneficiário do negócio?

As opções básicas são:

- *Propriedade individual.* As vantagens são: regulamentações relativamente leves e baixa necessidade de divulgação de informações; autonomia em tomada de decisões e controle total; incentivo pessoal direto em obter êxito; e facilidade de saída. Entretanto, isso expõe o proprietário a responsabilidades pessoais ilimitadas, oferece acesso apenas limitado a desenvolvimento e capital externo e conta com habilidades e talento de uma só pessoa.
- *Parceria.* As vantagens são: facilidade de se estabelecer; maior combinação de especialização e capital; flexibilidade para ampliar parcerias à medida que o negócio se desenvolve. Contudo, as desvantagens incluem potenciais conflitos de personalidade e de tomada de decisões, venda de parte da empresa por parte de sócios que desejam sair, responsabilidade comum ilimitada dos sócios. No Reino Unido, existe uma estrutura híbrida de empresa e sociedade bastante popular, a LLP (limited-liability partnership).
- *Empresa.* Estabelecimento fácil e barato, melhor acesso ao capital para crescimento e exposição de proprietário somente à uma responsabilidade limitada. As desvantagens são exigências de divulgação de informações, normas de operações, diferentes interesses de acionistas e restrições sobre a venda e transferência de patrimônio.

Aquisição de recursos e financiamento

As possíveis fontes de financiamento inicial para a criação de um novo empreendimento incluem (Figura 12.1):

- autofinanciamento;
- família e amigos;
- business angels (investidores-anjo);
- empréstimos bancários;
- programas governamentais;
- *crowdfunding*.

Dificilmente o financiamento inicial para criar um novo empreendimento é um grande problema. Quase todos são custeados com economias pessoais ou empréstimos da família ou de amigos. Nesse estágio, poucas fontes profissionais de capital estarão interessadas, com a possível exceção de programas de apoio governamental. Contudo, é provável que um novo empreendimento exija reestruturação financeira a cada três anos para que consiga crescer e se desenvolver. Estudos identificam os seguintes estágios de desenvolvimento, cada qual com exigências financeiras diferentes:

- Financiamento inicial para lançamento.
- Segunda rodada de financiamento para desenvolvimento inicial e crescimento.

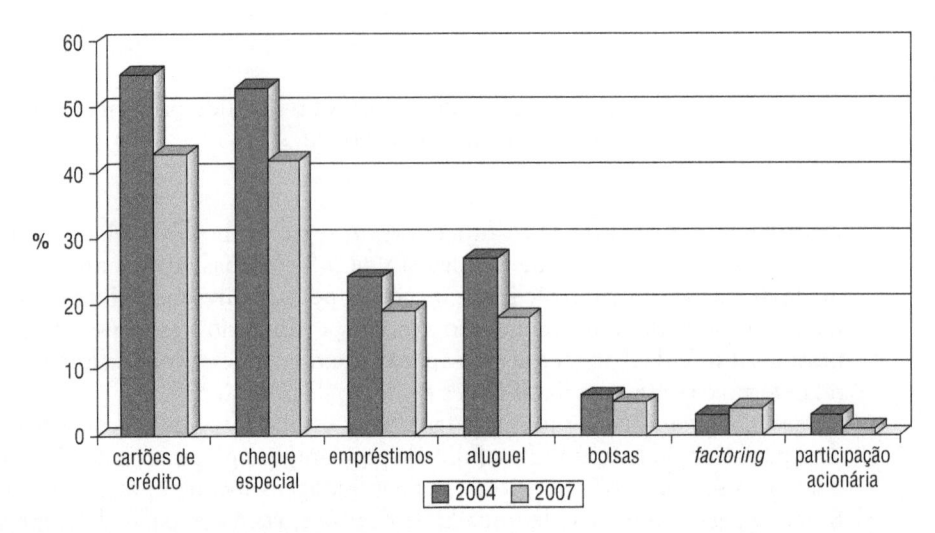

FIGURA 12.1 Fonte de financiamento para fundar novos empreendimentos.
Fonte: Centre for Business Research (2008) *Financing UK Small and Medium-sized Enterprises*, Cambridge: CBR.

- Terceira rodada de financiamento para consolidação e crescimento.
- Maturidade ou saída.

Em geral, organismos financeiros profissionais não estão interessados em financiamento inicial, em função de alto risco e das baixas somas de dinheiro envolvidas. Simplesmente não vale a pena gastar tempo e esforço para avaliar e monitorar tais empreendimentos. Contudo, como as somas envolvidas são relativamente pequenas, geralmente da ordem de dezenas de milhares de libras, economias pessoais, refinanciamentos e empréstimos de amigos e parentes são, em geral, suficientes. Em contraste, a terceira rodada de financiamento, para consolidação, é relativamente fácil de se obter, pois, à essa altura, o empreendimento já possui um histórico comprovado para embasar o plano de negócio, e o investidor de capital de risco pode ver uma rota de saída.

EMPREENDEDORISMO EM AÇÃO 12.7

UnLtd: a fundação britânica para empreendedores sociais

A UnLtd fornece financiamento e suporte para apoiar empreendedores sociais e ajudá-los a criar e administrar projetos que geram benefícios sociais.

O fundo foi estabelecido no ano 2000 por meio de uma parceria com sete das principais organizações sem fins lucrativos do Reino Unido, incluindo School for Social Entrepreneurs, Ashoka, Senscot, Scarman Trust, Community Action Network, Comic Relief e Changemakers, e é financiado por uma dotação de £100 milhões da UK

(Continua)

> Millennium Commission Award Scheme. A fundação investe esse dinheiro para gerar uma renda de £5 milhões por ano e oferecer bolsas a indivíduos com projetos que visem a melhorias em suas comunidades. Essas bolsas individuais foram lançadas em 2002, e variam de £2,5 mil a £15 mil.
>
> Além de financiamento, a UnLtd oferece aconselhamento, treinamento e apoio, utilizando sua ampla rede de recursos e de organizações de parcerias em todo o país. Ela criou o Instituto para Empreendedores Sociais, visando aumentar a eficiência do setor, desenvolvendo uma compreensão mais profunda do que funciona e do que não funciona, traduzindo essa compreensão em ferramentas e medidas de desempenho e promovendo a conscientização da mídia e do público.
>
> A UnLtd pretende estabelecer um fundo de capital social para unir investidores sociais a empreendedores sociais mais maduros, cujos projetos tenham potencial para se desenvolver em escopo e/ou geografia, com suporte financeiro significativo. Os planos atuais vão desde se tornar um intermediário entre diversos fundos de investimento filantrópico até o estabelecimento do seu próprio fundo VP.
>
> *Fontes:* www.unltd.org.uk, www.aworldconnected.org, www.howtochangetheworld.org, www.socialent.org.

Considerando-se o forte desejo por independência, muitos empreendedores procuram evitar recursos externos para seus empreendimentos. Na prática, porém, isso nem sempre é possível, especialmente nos últimos estágios de crescimento. O recurso inicial exigido para estabelecer um novo empreendimento inclui a compra de local, equipamento e outros custos iniciais, além dos custos de administração cotidiana, tais como salários, aquecimento, iluminação e assim por diante, frequentemente denominados de capital de giro. Por essas razões, muitos empreendimentos começam como negócios de meio turno e são financiados por economias pessoais, empréstimos de amigos e parentes e empréstimos de bancos, nessa ordem. Aproximadamente metade recebe, ainda, algum recurso de fontes governamentais, mas, por outro lado, recebem quase nada de investidores de capital de risco. O capital de risco é, em geral, disponibilizado somente em estágios finais para financiar o crescimento com base no desenvolvimento comprovado e em histórico de vendas.

Os empreendimentos de tecnologia são diferentes dos outros tipos, pois, em geral, não há produto vendável disponível antes ou logo após a sua criação. Portanto, o financiamento inicial do empreendimento normalmente não se baseia no fluxo de caixa derivado de vendas iniciais. O perfil preciso do fluxo de caixa será determinado por diversos fatores, incluindo tempo de desenvolvimento e custos, e por volume e margem de lucro das vendas. Existem diferentes estratégias de venda e de desenvolvimento, mas, até certo ponto, esses fatores são determinados pela natureza da tecnologia e dos mercados. Empreendimentos de biotecnologia, por exemplo, costumam exigir mais capital inicial do que empreendimentos de eletrônicos ou software, e têm um tempo de desenvolvimento de produto mais longo. Portanto, a partir da perspectiva de um potencial empreendedor, a estratégia ideal seria conduzir o máximo de trabalho de desenvolvimento possível dentro da organização incubadora antes do início do novo empreendimento. Contudo, existem problemas práticos com essa estratégia, em especial com relação à posse de propriedade intelectual que serve de base para o empreendimento.

A extensão da necessidade de recursos externos depende da natureza da tecnologia e da estratégia de marketing do empreendimento. Empreendimentos baseados em software, por exemplo, exigem menos capital inicial do que empreendimentos de eletrônicos ou de biotecnologia; é mais comum para tais empresas contar unicamente com recursos próprios. Mas empreendimentos baseados em software ou eletrônicos exigem alto recurso inicial caso pretendam alcançar uma estratégia de crescimento agressivo. Empresas de biotecnologia tendem a ter custos mais altos de P&D e, consequentemente, a maioria delas exige algum recurso externo. Em contraste, empresas de software geralmente exigem pouco investimento em P&D e é menos provável que procurem recursos externos. Quase três quartos das empresas de software foram financiados por lucros após três anos, enquanto somente um terço das empresas de biotecnologia conseguiram isso.

Investidores de capital de risco estão interessados em oferecer recursos para um empreendimento com histórico comprovado e um forte plano de negócio, mas em troca costuma exigir alguma participação acionária ou envolvimento em gestão. Além disso, a maioria dos investidores de risco procura formas de obter ganhos de capital após, aproximadamente, cinco anos; entretanto, empreendedores técnicos buscam independência e controle, e há indícios de que alguns sacrificam o crescimento para manter o controle dos seus empreendimentos. Pela mesma razão, poucos empreendedores estão preparados para abrir o capital a fim de financiar mais crescimento. Assim, muitos empreendedores optam por vender o negócio e criar outro. Na verdade, o empreendedor técnico típico cria, em média, três empreendimentos. Portanto, é provável que o maior problema de financiamento seja a segunda rodada, que financia o desenvolvimento e o crescimento. Esse pode ser um processo frustrante e demorado, pois visa convencer investidores de capital de risco a fornecerem verbas. A proposta formal é fundamental nesse estágio. Investidores profissionais avaliam a atratividade do empreendimento em termos de pontos fortes e personalidade dos fundadores, plano de negócio formal e valores comerciais e técnicos do produto, provavelmente nessa ordem.

EMPREENDEDORISMO EM AÇÃO 12.8

Fundos de investimento corporativo da Reuters

A Reuters criou seu primeiro fundo para investimento externo, o Greenhouse 1, em 1995. Desde então, incorporou mais dois fundos de investimento, que se destinam a

(Continua)

investir em negócios relacionados, como serviços financeiros, mídia e infraestrutura de redes. Até 2001, a empresa havia investido 432 milhões de dólares em 83 empresas, e esses investimentos contribuíram com quase 10% dos lucros do grupo. Contudo, o retorno financeiro não era o principal objetivo do fundo. A Reuters investiu, por exemplo, 1 milhão de dólares na Yahoo! em 1995 e, consequentemente, a Yahoo! adquiriu parte de seu conteúdo junto a Reuters. Isso aumentou a visibilidade da Reuters no mercado crescente da Internet, especialmente nos Estados Unidos, onde não era tão conhecida, o que resultou em outros portais acompanhando a iniciativa da Yahoo! em relação ao conteúdo da Reuters. Em 2001, a Reuters estava disponível em 900 serviços da Internet, com estimados 40 milhões de usuários por mês.

Fonte: Loudon, A. (2001) *Webs of Innovation: The Networked Economy Demands New Ways to Innovate*, Harlow: Pearson Education.

Capital de risco

Uma questão importante é a influência dos investidores de risco no sucesso dos novos empreendimentos. Eles podem exercer dois papéis distintos. O primeiro é identificar ou selecionar os empreendimentos que têm o melhor potencial de sucesso, ou seja, detectar vencedores ou acompanhá-los. O segundo é ajudar a desenvolver os empreendimentos escolhidos, por meio da oferta de gestão especializada e acesso a outros recursos que não o capital, ou seja, o papel de *coach*. A distinção entre os efeitos desses dois papéis é fundamental tanto para a gestão quanto para a política do negócio. Para os gestores, isso influencia na escolha da empresa de capital de risco; e para a política, no equilíbrio entre financiamento e outras formas de apoio.

A assimetria informacional entre empreendedores e possíveis investidores profissionais pode dificultar o financiamento externo: os empreendedores possuem informações às quais os investidores em potencial não têm acesso, relutam em divulgá-las totalmente e podem praticar comportamentos oportunistas. A análise de uma pesquisa com 136 investidores de capital de risco, com média de 17 anos de experiência em investimentos entre eles, identificou cinco fatores que influenciam o financiamento: laços sociais diretos ou indiretos entre o empreendedor e o investidor em potencial, o plano de negócio, a tecnologia, o valor do financiamento e o setor. O valor médio do financiamento no estágio inicial foi de pouco menos de 1 milhão de dólares (em 1998). Isso demonstra a importância fundamental dos laços sociais, diretos e indiretos, para promover o fluxo de conhecimentos "privados" dos empreendedores para os investidores em potencial; "embora os investidores de capital de risco recebam muitas propostas a frio (sem apresentação), é raro que invistam nelas (...) a maioria das propostas financiadas chega por indicação".[15] Contudo, esses laços sociais se tornam menos significativos quando o conhecimento se torna mais público; por exemplo, por meio da reputação do empreendedor ou do empreendimento.

No momento da seleção de empresas iniciantes para investir, os critérios mais significativos utilizados por investidores de risco são a presença de uma equipe de gestão bastante ampla e experiente, um grande número de patentes recentes e alianças industriais a jusante (mas não de alianças de pesquisa a montante, que em geral têm um efeito negativo na seleção). O elemento mais influente para a decisão de financiar foi o primeiro critério, e o capital humano em geral. Contudo, análises subsequentes indicaram que esse fator tem pouco o efeito sobre o desempenho do empreendimento e que alguns efeitos significativos são divididos igualmente entre melhoria e impedimento de desempenho de um empreendimento. Os efeitos de tecnologia e alianças no desempenho subsequente são muito mais significativos e positivos. Em suma, no estágio de seleção, os investidores de capital de risco enfatizam demais o capital humano, especialmente na equipe da alta gerência. Nos estágios de treinamento ou *coaching*, investidores de capital de risco realmente contribuem para o sucesso dos empreendimentos escolhidos, e tendem a introduzir gestão profissional externa muito mais cedo do que se o empreendimento não fosse financiado por capital de risco. Tudo isso sugere que o papel de *coaching* dos investidores de capital de risco provavelmente é tão ou mais importante que o papel do financiador, embora intervenções de política para promover os empreendimentos frequentemente concentrem-se nesse último aspecto.

Embora haja consenso sobre os principais componentes de um bom plano de negócio, existem algumas diferenças significativas nos valores relativos atribuídos a cada componente. Empresas de capital de risco comuns geralmente aceitam somente 5% dos empreendimentos que lhes são oferecidos, e os fundos especializados em empreendimentos de tecnologia são ainda mais seletivos, aceitando aproximadamente 3%. As principais razões para a rejeição de propostas são a ausência de propriedade intelectual, as habilidades da equipe de gestão e o tamanho do mercado potencial. Os critérios são semelhantes aos discutidos anteriormente, agrupados em cinco categorias:

- a personalidade do empreendedor;
- a experiência do empreendedor;
- características do produto;
- características do mercado;
- fatores financeiros.

De maneira global, um conjunto de fatores pessoais, financeiros e de mercado é invariavelmente classificado como sendo bastante significativo: capacidade comprovada para orientar outros e manter esforços; familiaridade com o mercado; e potencial para um alto retorno em 10 anos. A personalidade e a experiência dos empreendedores são consistentemente classificadas como sendo mais relevantes que características de produto ou mercado ou, até mesmo, considerações financeiras. Entretanto, existem várias diferenças significativas entre as preferências de capitalistas de risco de diferentes regiões. Nos Estados Unidos, eles dão maior ênfase ao alto retorno financeiro e à liquidez do que seus correlatos da Europa ou da Ásia, mas menos à existência de um protótipo ou aceitação de mercado comprovada. Chega a ser surpreendentemente que todos os capitalistas de risco sejam avessos a riscos tecnológicos e de mercado. Ser descrito como um empreendimento de "alta tecnologia" foi classificado como de muito baixa importância por capitalistas de risco americanos, e os capitalistas de risco europeus e asiáticos consideraram essa característica como tendo uma influência negativa em financiamento. De modo semelhante, o potencial para criar um mercado inteiramente novo foi considerado uma desvantagem, em função do risco mais elevado envolvido. Em resumo, os capitalistas de risco não primam pela ousadia.

O capital de risco no Reino Unido investe relativamente pouco em negócios baseados em tecnologia. Em um período de 15 anos, de 1990 a 2005, o investimento em empresas de base tecnológica, enquanto percentual do total de capital de risco, permaneceu estável, em torno de 10% do valor total. Em termos absolutos, isso ainda representa uma soma significativa, quase £7 bilhões em 2005, uma vez que o Reino Unido possui um mercado de capital de risco bastante grande. Do total de £6,8 bilhões de investimento de capital de risco no Reino Unido em 2005 (Tabela 12.3), somente 5% foram para financiamento de estágios iniciais (em valor, ou 38% em número de empresas), 29% para expansão (em valor, ou 44% em número de empresas) e o restante, para buy-outs ou buy-ins (MBO – Management Buy Out, ou compra de controle acionário por investidores de fora da empresa; MBI – Management Buy In, ou compra de controle acionário por gestores da própria empresa). A média de recursos para empreendimentos iniciantes ou em estágio inicial foi de £800 mil em 2005. Os Estados Unidos possuem a maior indústria de capital de risco do mundo, com investimentos em torno de 33 bilhões de dólares em 2014, em comparação com 7,4 bilhões na Europa e 3,5 bilhões na China (Figura 12.2).

Como as empresas de capital de risco ganharam experiência com esse tipo de financiamento e as oportunidades de financiamento aumentaram devido a novos mercados financeiros secundários na Europa, como AIM (Alternative Investment Market), TechMARK e Neur Markt, seus retornos sobre o investimento aumentaram significativamente.

TABELA 12.3 Mediana do financiamento por capital de risco, por empreendimento e estágio (milhões de dólares)

	Financiamento inicial	Primeira rodada	Segunda rodada	Estágios posteriores
EUA	0,5	2,5	5,7	10,0
Europa	0,3	1,3	3,3	6,7
China	0,4	4,0	10,0	20,0
Canadá	0,1	1,6	5,3	5,0
Israel	0,7	2,6	9,5	8,1
Índia	0,2	1,5	6,0	10,0

Fonte: Dados derivados de EY (2014) Global venture capital insights and trends 2014, EY.com.

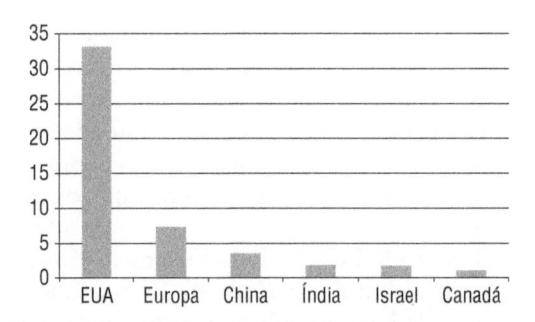

FIGURA 12.2 Financiamento com capital de risco por país (bilhões de dólares).
Fontes: Baseado em dados de OECD (2013), Commercialising Public Research: New Trends and Strategies, OECD Publishing. http://dx.doi.org/10.1787/9789264193321-en

---

EMPREENDEDORISMO EM AÇÃO 12.9

Mercado Alternativo de Investimento (AIM)

O Mercado Alternativo de Investimento (**Alternative Investment Market** – AIM) foi fundado em Londres em 1995 para ser uma alternativa à Bolsa de Valores de Londres (LSE). Ele foi concebido para ser mais simples e barato que o mercado principal e ter um regime de regulamentação menos restritivo; portanto, é mais apropriado para empresas menores, em um estágio mais inicial de desenvolvimento. O AIM começou com apenas dez empresas sediadas no Reino Unido, em 1995; em 2006, no entanto, tinha 1.500 firmas listadas, incluindo 250 estrangeiras. A capitalização de mercado total era de £72 bilhões em 2006. Cerca de metade de todas as empresas do AIM têm uma capitalização de mercado inferior a £15 milhões, e um quarto delas, menor que £5 milhões.

Ingressar no AIM é mais fácil e mais barato que em outras bolsas de valores, e custa cerca de 5% dos fundos angariados com o lançamento. A admissão ao AIM leva cerca de quatro meses e envolve uma série de passos específicos:

1. Desenvolvimento de um plano de negócio
2. Designação de conselheiros: Nomad (conselheiro indicado, uma característica importante e exclusiva do AIM, e todos são regulamentados pela LSE; o nome vem do inglês nominated adviser), corretor, contador e advogado
3. Preparação do cronograma de admissão pelo Nomad
4. Contadores preparam a devida diligência financeira, incluindo o histórico de registro comercial
5. Advogados conduzem a devida diligência jurídica, incluindo a revisão de todos os contratos, títulos e eventuais litígios
6. Contadores preparam os requisitos de capital de giro para 18 meses, para o documento de admissão
7. Tramitação do documento de admissão formal
8. Comercialização e finalização, incluindo evento institucional e relações públicas

(Continua)

Não há exigência mínima de capital ou de experiência de mercado, bem como proporção mínima de participação oferecida ao público. Para os investidores institucionais, a atração de investir em empresas do AIM é o grande número de incentivos fiscais, como trustes de capital de risco. Entretanto, a participação no AIM exige maior transparência que em uma empresa de capital fechado, por exemplo, em termos de normas de contabilidade, governança corporativa e comunicação com investidores.

Em 2005, 29 empresas chinesas ou com interesses na China estavam listadas no AIM de Londres, mas problemas com regulamentação, idioma e distância podem tornar o processo mais difícil e dispendioso para elas do que para empresas locais. O custo de inscrição normalmente fica entre £500 mil e £1 milhão, cerca do dobro a ser pago por uma empresa sediada no Reino Unido. Bolsas de mercado similares ao AIM estão sendo lançadas na Ásia, dentre elas a SESDAQ, em Singapura; a Growth Enterprise Market, em Hong Kong; e a Mother Market, no Japão.

Business angels (investidores-anjo)

Os business angels, ou investidores-anjo, são empreendedores de sucesso que desejam reinvestir em outros novos empreendimentos, normalmente em troca de algum papel administrativo. As quantias envolvidas são, em geral, relativamente pequenas (pelos padrões do capital de risco), no âmbito de £100 mil a £250 mil, mas, além disso, eles podem trazer experiência e especialização para um novo empreendimento. Tais investidores podem introduzir um empreendimento em uma rede já estabelecida de consultores profissionais e de contatos de negócios. Dessa forma, são uma ponte de conhecimento essencial entre o empreendimento e os possíveis clientes e investidores.

Financiamento público

Existe uma série de razões pelas quais o governo se envolve na promoção e no fornecimento de recursos para novos empreendimentos:[16]

- Há uma "lacuna patrimonial" entre custos e riscos envolvidos na avaliação e no financiamento de um novo empreendimento e seu possível retorno. Os custos associados à devida diligência de avaliação de um empreendimento e sua administração subsequente são relativamente altos e fixos; portanto, é muito pouco provável que capitalistas de risco profissionais considerem propostas abaixo de um certo piso, frequentemente, £0,5 milhão a £1 milhão. De maneira semelhante, sempre que o risco de um novo empreendimento exceder o retorno esperado, é provável que o capital de risco profissional não esteja disponível. A Tabela 12.4 indica que esse é um problema comum, sobretudo no Reino Unido e no restante da Europa. Isso sugere que os projetos governamentais podem oferecer apoio e financiamento para empreendimentos menores ou de mais alto risco.
- O capital de risco profissional tende a gravitar em áreas da moda, como TI ou biotecnologia, e centros de excelência já estabelecidos, como Cambridge

TABELA 12.4 Estruturas de capital de risco comparativas

País	% de financiamento para início do negócio	% de financiamento para empreendimentos tecnológicos
Singapura	40	85
EUA	31	80
UE	13	26
Reino Unido	8	13

e Oxford, no Reino Unido, ou Boston, nos Estados Unidos. A Tabela 12.4 indica que esse é um problema comum, especialmente nos Estados Unidos e em algumas economias emergentes, em que o capital de risco segue de perto as tendências e modismos da tecnologia. Isso sugere que há um papel para a política de ampliação de disponibilidade de financiamento para empreendimentos em um âmbito maior em termos de setores e regiões.[17]

- A necessidade mais ampla de promover uma cultura empreendedora dentro de um país ou região, a fim de fornecer apoio administrativo e estabelecer recursos patrimoniais (em oposição ao endividamento) como fonte legítima de financiamento de empreendimentos. Isso inclui o apoio não financeiro normalmente fornecido por capitalistas de risco, incluindo aconselhamento e mentoria.[18]

Crowdfunding

O *crowdfunding* é uma fonte relativamente recente de recursos em potencial. Em geral, é mediado por um portal na Internet, no qual os projetos são postados para atrair investidores, quase sempre múltiplos investidores não profissionais que têm algum interesse no foco do projeto. Um dos maiores serviços de *crowdfunding* do mundo é o kickstarter.com. Nos cinco anos desde o seu lançamento em 2009, a Kickstarter mediou o financiamento de 64 mil projetos, com 6,5 milhões de investidores destinando 1 bilhão de dólares aos projetos. Isso sugere um investimento médio de 16 mil dólares por projeto. O foco recai em projetos criativos e de mídia, não de alta tecnologia. O Seedups.com é outro exemplo, mas seu foco está mais voltado a start-ups de tecnologia. Por consequência, as somas angariadas são maiores, na casa de 25 a 500 mil dólares, e os investidores têm seis meses para revisar e dar lances para adquirir participações nos projetos.

Resumo do capítulo

- Neste capítulo, exploramos a lógica, as características e a gestão de novos empreendimentos inovadores.
- Em geral, um empreendedor inovador estabelece um empreendimento sobretudo para criar algo novo ou para mudar algo, e não para obter independência ou riqueza, apesar de ambos poderem ser uma consequência do negócio.
- Uma gama de fatores influencia a criação de novos empreendimentos inovadores. Alguns são contextuais, como apoio institucional, disponibilidade de capital e cultura, mas outros são mais pessoais, como personalidade, histórico pessoal, habilidades relevantes e experiência.
- O empreendedorismo não é simplesmente uma ação individual movida pela psicologia, mas também um processo profundamente social. Assim, os empreendedores inovadores precisam estar aptos a identificar e explorar uma gama mais ampla de recursos externos e fontes de conhecimento que seus correlatos mais convencionais, incluindo redes diversas de membros do setor privado, setor público e terceiro setor.

Glossário

Empresas de base tecnológica (EBTs) Pequenos empreendimentos surgidos recentemente a partir de grandes empresas ou laboratórios públicos, em áreas de eletrônica, software e biotecnologia. São, em geral, especializadas em suprimento de componentes, subsistemas, serviços ou técnicas cruciais para grandes empresas, que, frequentemente, são seus ex-empregadores.

Incubadora Empresa privada, universidade ou organização pública que fornece recursos e suporte para a geração de novas empresas.

Investidores-anjo (business angels) Empreendedores de sucesso que desejam reinvestir em novos empreendimentos, geralmente em troca de algum papel administrativo. Em geral, são capazes de introduzir um empreendimento em uma rede estabelecida de conselheiros profissionais e contatos de negócios.

Mercado Alternativo de Investimento (AIM – Alternative Investment Market) Estabelecido como uma alternativa mais simples e barata à Bolsa de Valores de Londres.

Spin-off Empreendimento originário de uma outra organização, geralmente uma empresa privada ou universidade. Contudo, não há consenso se essa definição exige que a organização de origem retenha alguma participação na nova entidade. Além disso, não há consenso sobre lapsos de tempo, então as universidades muitas vezes são consideradas como entidades originárias de toda e qualquer empresa criada por seus ex-alunos.

Superstars Grandes empresas que surgiram de origens humildes, mediante altas taxas de crescimento baseadas na exploração de uma grande invenção.

Questões para discussão

1. De que forma os empreendedores sociais e os empreendedores de tecnologia diferem dos outros tipos de empreendedores?
2. Quais são as principais opções de financiamento para um novo empreendimento e quais são as vantagens e desvantagens de cada uma delas?
3. O que deveria ser incluído em um plano de negócio e o que capitalistas de risco procuram?

4. Em cada estágio do desenvolvimento de um novo empreendimento, quais são as diferentes exigências de gestão?

5. Que fatores afetam a decisão com relação ao tipo de empresa a ser criada?

6. Quais são as vantagens e desvantagens relativas das diferentes fontes de financiamento?

Fontes e leituras recomendadas

Existem muitos livros e artigos de periódicos sobre o tema "empreendedorismo", mas relativamente pouco tem sido produzido em relação ao tema mais específico de novos empreendimentos inovadores. Um dos melhores textos gerais sobre empreendedorismo é o de Jack Kaplan, *Patterns of Entrepreneurship*, escrito com A.C. Warren (4th edn, John Wiley & Sons, Inc., 2014), que adota uma abordagem muito prática. Também relevante é a edição especial de *Research Policy*, **43**(7), sobre "Inovação empreendedora: A importância do contexto", editada por Erkko Autio, Martin Kenney, Philippe Mustar, Don Siegel e Mike Wright (2014).

Para um tratamento mais especializado do empreendedorismo baseado em tecnologia, *Entrepreneurs in High Technology: Lessons from MIT and Beyond* (Oxford University Press, 1991), de Ed Roberts, é um excelente estudo sobre a experiência do MIT, embora um pouco datado, e talvez enfatize demais as características de empreendedores individuais em vez do contexto especial. Para uma análise mais recente de empreendedores em tecnologia, veja *Inventing Entrepreneurs: Technology Innovators and Their Entrepreneurial Journey*, de Gerry George e Adam Bock (Prentice Hall, 2008). *High-Technology Entrepreneurship* (Routledge, 2012), de Ray Oakey, é um estudo semelhante das EBTs no Reino Unido, mas dá maior a ênfase ao modo como diferentes tecnologias limitam as oportunidades para estabelecer EBTs e afetam sua gestão e seu sucesso.

Para estudos sobre a influência do capital de risco, Simon Barnes, ao lado de Rupert Pearce, nos dá um exemplo raro da perspectiva de um praticante sobre como o capital de risco funciona por dentro em *Raising Venture Capital* (John Wiley & Sons Ltd, 2006). Para uma avaliação mais crítica do papel do capital de risco, e especialmente das limitações dos capitalistas de risco, leia qualquer um dos diversos relatos de Scott Shane; por exemplo, *The Illusions of Entrepreneurship* (Yale University Press, 2009).

Referências

1. Wonglimpiyarat, J. (2006) The Boston Route 128 model of high-tech industry development, *International Journal of Innovation Management*, **10**(1): 47–64; Kenny, M. (2000) *Understanding Silicon Valley: Anatomy of an Entrepreneurial Region*, Palo Alto, CA: Stanford University Press; Roberts, E. (1991) *Entrepreneurs in High Technology: Lessons from MIT and Beyond*, Oxford: Oxford University Press.

2. Oakey, R. (2012) *High-Technology Entrepreneurship*, London: Routledge; HirschKreinsen, H. and I. Schwinge (2014) *Knowledge-intensive Entrepreneurship in Low-tech Industries*, London: Edward Elgar.

3. Wadhwa, V., R.B. Freeman and B.A. Rissing (2008) Education and technology entrepreneurship, *Social Science Research Network*, working paper 1127248.

4. Hoffman, K., M. Parejo, J. Bessant and L. Perren (1998) Small firms, R&D, technology and innovation in the UK: A literature review, *Technovation*, **18**(1): 39–55.
5. "Money man makes serial killings', *Times Higher Education*, 30 de março de 1998.
6. "Money man makes serial killings', *Times Higher Education*, 30 de março de 1998.
7. Mowery, D.C., R.R. Nelson, B.N. Sampat and A.A. Ziedonis (2001) The growth of patenting and licensing by U.S. Universities: An assessment of the effects of the Bayh–Dole Act of 1980, *Research Policy*, **30**; Henderson, R., A.B. Jaffe and M. Trajtenberg (1998) Universities as a source of commercial technology: A detailed analysis of university patenting 1965–1988, *The Review of Economics and Statistics*, **80**(1): 119–27.
8. Bray, M.J. and J.N. Lee (2000) University revenues from technology transfer: Licensing fees versus equity positions, *Journal of Business Venturing*, **15**: 385–92.
9. Kassicieh, S.K., R. Radosevich and J. Umbarger (1996) A comparative study of entrepreneurship incidence among inventors in national laboratories, *Entrepreneurship Theory and Practice*, Spring: 33–49.
10. Meyer, M. (2004) Academic entrepreneurs or entrepreneurial academics? Research-based ventures and public support mechanisms, *R&D Management*, **33**(2): 107–15; Butler, S. and S. Birley (1999) Scientists and their attitudes to industry links, *International Journal of Innovation Management*, **2**(1): 79–106.
11. Lee, Y.S. (1996) Technology transfer and the research university: A search for the boundaries of university–industry collaboration, *Research Policy*, **25**: 843–63.
12. Di Gregorio, D. and S. Shane (2003) Why do some universities generate more start-ups than others? *Research Policy*, **32**: 209–27.
13. Niammuad, D., K. Napompech and S. Suwanmaneepong (2014) The mediating effect of opportunity recognition on incubated entrepreneurial innovation, *International Journal of Innovation Management*, **18**(3): doi: 1440005.
14. Roberts, E. (1991) *Entrepreneurs in High Technology: Lessons from MIT and Beyond*, Oxford: Oxford University Press.
15. Shane, S. and D. Cable (2002) Network ties, reputation and the financing of new ventures, *Management Science*, **48**(3): 364–81.
16. Harding, R. (2000) *Venturing Forward: The Role of Venture Capital in Enabling Entrepreneurship*, London: Institute for Public Policy Research.
17. Lockett, A., G. Murray and M. Wright (2002) Do UK venture capitalists still have a bias against investment in new technology firms? *Research Policy*, **31**: 1009–30.
18. Baum, J.A.C. and B.S. Silverman (2004) Picking winners or building them? Alliance, intellectual and human capital as selection criteria in venture financing and performance of biotechnology startups, *Journal of Business Venturing*, **19**: 411–36.

Capítulo

13

Desenvolver negócios e talentos com empreendimentos corporativos

> **OBJETIVOS DE APRENDIZAGEM**
>
> Depois de ler este capítulo, você compreenderá:
>
> - as motivações e a gestão dos empreendimentos corporativos;
> - as vantagens e desvantagens de diferentes estruturas para empreendimentos corporativos;
> - a probabilidade de sucesso final de empreendimentos corporativos.

Empreendimentos corporativos e empreendedorismo

A Samsung começou como uma fábrica processadora de macarrão, a Nokia originalmente fabricava galochas de borracha e o primeiro negócio da 3M foi com lixas. Por um processo de diversificação estratégica, experimentação, inovação e um pouco de sorte, todas evoluíram e criaram continuamente novos negócios.

Empreendimentos corporativos, usando uma definição mais ampla do termo, são diversas formas diferentes de desenvolver inovações, alternativas aos processos internos convencionais para desenvolvimento de novos produtos ou serviços, que muitas vezes vão além do desenvolvimento de produtos e incluem a criação de um novo negócio. No Capítulo 11, examinamos os muitos benefícios de se usar abordagens estruturadas ao desenvolvimento de novos produtos e serviços, como processos de stage-gate e funis de desenvolvimento, mas essas abordagens também têm uma grande desvantagem, pois as decisões nos diferentes estágios tendem a favorecer as inovações mais próximas das estratégias, mercados e produtos já existentes e tendem a filtrar ou rejeitar inovações em potencial que estejam mais distantes da zona de conforto da organização. Assim, precisamos de mecanismos diferentes para identificar, desenvolver e explorar inovações que não se encaixam nos mercados ou negócios atuais.

Um empreendimento corporativo interno tenta explorar os recursos de uma grande corporação e criar um ambiente mais propício a inovações radicais. Os principais fatores que distinguem um novo empreendimento em potencial do negócio primário da empresa são risco, incerteza, novidade e importância. Contudo, não basta promover o comportamento empreendedor dentro de uma grande organização. Este não é um fim em si mesmo, e precisa ser direcionado e traduzido em resultados de negócio desejáveis. O comportamento empreendedor só está associado a desempenho organizacional superior quando combinado com uma estratégia apropriada em um ambiente heterogêneo ou incerto.[1] Isso sugere a necessidade de objetivos estratégicos claros para projetos de empreendimento corporativo e estruturas e processos organizacionais adequados para atingir tais objetivos.

A Figura 13.1 sugere diversos tipos de empreendimentos que podem ser utilizados em diferentes contextos. Os empreendimentos corporativos tendem a ser mais apropriados quando a organização precisa explorar algumas competências internas e manter um alto nível de controle sobre o negócio. As *joint ventures* e alianças, analisadas no Capítulo 10, envolvem trabalhar com parceiros externos para introduzir competências adicionais, mas exigem que se abra mão de parte do controle e da autonomia. Cisões e novos negócios empreendedores são o caso extremo, muitas vezes necessários quando o **nível de relação** é pequeno entre as competências básicas e o novo empreendimento. Observe que essas opções não são mutuamente excludentes; por exemplo, após a cisão, o novo negócio pode se tornar um aliado, ou o empreendimento corporativo pode sofrer uma cisão. Além

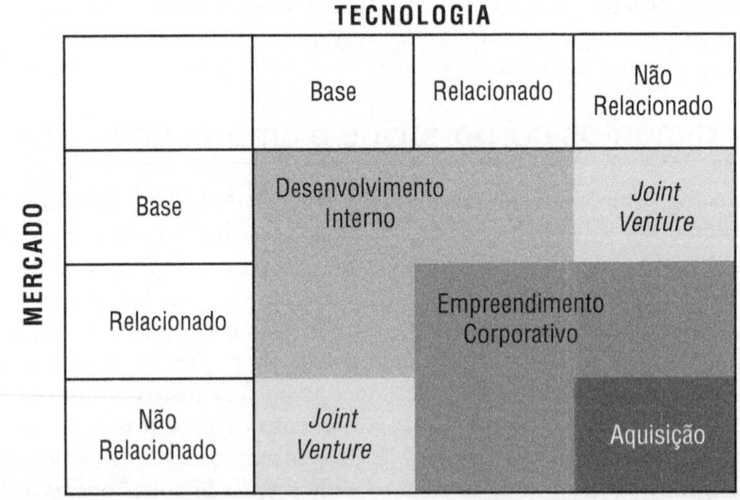

FIGURA 13.1 O papel dos empreendimentos corporativos.
Fonte: Burgelman, R. (1984) Managing the internal corporate venturing process. *Sloan Management Review*, **25**(2): 33–48. © 1984 do MIT Sloan Management Review/Massachusetts Institute of Technology. Todos os direitos reservados. Distribuído pela Tribune Content Agency.

disso, para terem sucesso, todos os tipos de empreendimento precisam de alguém para capitaneá-lo, de uma sólida proposta de negócio e de recursos suficientes.

> **EMPREENDEDORISMO EM AÇÃO 13.1**
>
> **Google[x]: Empreendimento corporativo ou projeto ao estilo skunk works?**
>
> A Google[x] foi crida pela Google em 2010 para explorar inovações que estão além do negócio principal ou dos laboratórios de pesquisa da Google. Não há consenso sobre o que significa o [x], mas uma interpretação plausível é que representa inovações que geram dez vezes (ou seja, 10 em numerais romanos) o benefício potencial, ou então que trabalham com um cronograma de dez anos.
>
> A missão incrivelmente ampla da Google[x] é enfrentar desafios em larga escala, relevantes para bilhões de pessoas. Ela fica sediada às margens do campus da Google, mas não nos mesmos edifícios que os laboratórios de pesquisa. A organização foi fundada para desenvolver o automóvel autônomo, mas tem sido fundamental para o desenvolvimento do Google Glass, experimentou com Wi-Fi em balões meteorológicos (Projeto Loon) e, em 2014, adquiriu a Makani, uma empresa de energia eólica em turbinas voadoras, e a agência Gecko Design.
>
> Em 2014, a organização tinha 250 funcionários, incluindo cientistas, engenheiros, designers e artistas. Para fins de comparação, a Google Research tem cerca de 19 mil, o que representa quase 40% de todos os funcionários.
>
> Assim como qualquer empreendimento, o desafio está em transformar esses conceitos e protótipos em negócios que criem valor real.
>
> Ironicamente, a Google[x] não tem site, então não tente procurá-la no Google!

Por que fazê-lo?

Existem diversas motivações para se estabelecer empreendimentos corporativos:[2]

- Fazer o negócio crescer
- Explorar recursos subutilizados
- Pressionar fornecedores internos
- Desinvestir de atividades não fundamentais
- Satisfazer as ambições dos gestores
- Distribuir o risco e o custo do desenvolvimento de produtos
- Combater demandas cíclicas de atividades tradicionais
- Aprender sobre o processo de criar empreendimentos
- Diversificar o negócio
- Desenvolver novas competências tecnológicas ou de mercado

Analisaremos cada uma dessas motivações individualmente, com exemplos. As três primeiras são principalmente operacionais, enquanto as outras são mais estratégicas.

EMPREENDEDORISMO EM AÇÃO 13.2

Empreendimentos corporativos na Nortel Networks

A Nortel Networks é líder em um setor de alta tecnologia e alto crescimento e emprega cerca de um quarto de toda a equipe em P&D, mas a empresa reconhece que é extremamente difícil iniciar novos negócios fora das divisões existentes. Assim, em dezembro de 1996, ela criou o Business Ventures Programme (BVP, programa de empreendimentos de negócio) para ajudar a superar alguns dos problemas estruturais da organização existente e identificar e cultivar novos empreendimentos além das linhas de negócio tradicionais: "O ideal básico que estamos oferecendo aos funcionários é extremamente animador. O que estamos dizendo é 'invente uma boa proposta de negócio e vamos financiá-la e apoiá-la. Se acreditarmos que a proposta é viável, vamos dar tudo o que você precisa para transformar seus sonhos em realidade'". O BVP oferece:

- orientação no desenvolvimento de uma proposta de negócio;
- auxílio para obter aprovação do conselho;
- ambiente de incubação para start-ups;
- apoio de transição para desenvolvimento de mais longo prazo.

O BVP seleciona as propostas mais promissoras, que são então apresentadas para o conselho em conjunto pelo BVP e pelo(s) funcionário(s). O conselho aplica critérios financeiros e de negócio à decisão de aceitar, rejeitar ou solicitar mais desenvolvimento e, se aceito, qual o patrocinador executivo, a estrutura e o nível de financiamento mais apropriados. A seguir, o BVP ajuda a incubar o novo empreendimento, incluindo equipe e recursos, objetivos e marcos críticos do projeto. Se for bem-sucedido, o BVP ajuda o empreendimento a migrar para uma divisão de negócio existente (caso apropriado) ou cria uma nova linha, negócio ou empresa independente:

O programa foi criado para ser flexível. Entre os fatores que determinam se devemos ou não criar uma empresa independente estão a disponibilidade dos recursos principais dentro da Nortel e se os canais de distribuição existentes da Nortel são adequados (...) A Nortel não está nesse programa para reter 100% do controle de todos os empreendimentos. Os principais motivadores são maximizar o retorno sobre o investimento para expandir o patrimônio líquido, buscar oportunidades de negócio que seriam perdidas e aumentar a satisfação dos funcionários.

Em 1997, o BVP atraiu 112 propostas de negócio e, tendo em vista a equipe e os recursos financeiros disponíveis, pretendia financiar até cinco novos empreendimentos. Os principais problemas enfrentados foram a reação dos gerentes das linhas de negócio tradicionais a propostas fora da sua própria linha:

No nível executivo, que representa todas as linhas de negócio, o apoio é forte (...) onde ele desmorona é na infraestrutura política, no nível executivo da baixa e média gerência, onde se sentem ameaçados (...) o primeiro estágio do nosso plano de marketing se chama simplesmente "superando barreiras internas". Foi o principal obstáculo que tivemos que enfrentar.

Inicialmente, também havia o problema de capturar a experiência dos empreendimentos que não chegavam a ser comercializados:

Os fracassos eram escondidos embaixo do tapete, ninguém falava muito deles (...) isso está mudando agora, o foco está em celebrar os nossos fracassos assim

(Continua)

> como celebramos nossos sucessos, sabendo que aprendemos muito mais com os primeiros do que com os últimos. Há uma forte demanda pela experiência de criar empreendimentos. Em geral, são os projetos que fracassam, não as pessoas.
>
> *Fonte:* Citações extraídas das transcrições de entrevistas não publicadas realizadas pelo autor.

Fazer o negócio crescer

O desejo de produzir e manter os índices de crescimento esperados provavelmente é a motivação mais comum dos empreendimentos corporativos, em especial quando o negócio básico está amadurecendo. Dependendo do cronograma da análise, de 5 a 13% das empresas conseguem se manter crescendo acima da taxa de crescimento do PIB. Contudo, as empresas de capital aberto sofrem uma pressão significativa para atingir esse patamar, pois os investidores e os mercados financeiros esperam que os índices de crescimento sejam mantidos ou aumentem. A necessidade de crescer está por trás de muitas das outras motivações para os empreendimentos corporativos.

Explorar recursos subutilizados de novas maneiras

Isso inclui recursos tecnológicos e humanos. Em geral, a empresa tem duas opções em termos de recursos existentes subutilizados: ou desinvestir e terceirizar o processo ou gerar contribuições adicionais de clientes externos. Contudo, se a empresa deseja manter controle interno direto sobre a tecnologia ou o pessoal, ela pode formar uma equipe empreendedora interna para oferecer o serviço para clientes externos.

Pressionar fornecedores internos

É uma motivação comum, dada a moda atual de terceirização e teste de mercado dos serviços internos. Quando uma atividade de negócio é separada para introduzir pressão competitiva, é preciso tomar uma decisão: o negócio será sujeitado à realidade da competição comercial ou vai apenas aprender com ela. Quando os clientes corporativos são capazes até mesmo de cancelar um contrato, o que não promove a aprendizagem, o negócio deve ser vendido para permitir que compita por outros trabalhos.

Desinvestir de atividades não fundamentais

Muito já se escreveu sobre os benefícios do foco estratégico, de voltar às raízes e criar a organização "enxuta", e tudo leva ao desinvestimento de atividades que podem ser terceirizadas. Contudo, esse processo pode ameaçar a diversidade de habilidades necessária para um ambiente competitivo em mutação constante. Novos empreendimentos podem gerar um mecanismo para liberar as atividades de negócio periféricas, mas também para manter parte do controle administrativo e da participação financeira.

Satisfazer as ambições dos gestores

À medida que uma atividade de negócio avança no seu ciclo de vida, ela exige diferentes estilos de gestão para maximizar os ganhos produzidos. Isso pode significar que a equipe de gestão responsável por uma área de negócio precisa mudar, seja a transição de concepção para crescimento, crescimento para maturidade ou maturidade para declínio. Pode surgir uma situação paradoxal quando negócios de alto crescimento começam a madurecer. Por consequência, membros ambiciosos da alta gerência que buscam oportunidades de crescimento ficam frustrados, ou suas habilidades não são mais apropriadas. Para preservar o comprometimento desses gestores, a empresa precisa criar novas oportunidades de mudança ou expansão. A Intel, por exemplo, tem um programa de capital de risco de longa data que investe em novos empreendimentos externos relacionados, mas em 1998 ela estabeleceu a New Business Initiative para potencializar novos negócios desenvolvidos pela equipe: "Eles viram que estávamos investindo bastante em empresas externas e disseram que deveríamos estar investindo nas nossas próprias ideias (...) nossos funcionários viviam dizendo que queriam ser mais empreendedores".[3] A iniciativa investe apenas em empreendimentos sem relação com o negócio primário de microprocessadores, e em 1999 atraiu mais de 400 propostas, 24 das quais estão sendo financiadas.

Distribuir o risco e o custo do desenvolvimento de produtos

Duas situações são possíveis nesse caso: (1) quando a tecnologia ou o conhecimento especializado precisa ser mais desenvolvido antes que possa ser aplicado ao negócio principal ou vendido para mercados externos atuais ou (2) quando o volume de vendas de um produto à espera de desenvolvimento deve ir além do grupo de clientes-alvo existente para se justificar financeiramente. Em ambos os casos, o desafio está em entender como empreender além dos mercados atendidos atualmente. Muitas vezes, quando a base de clientes existente não está pronta para o produto, a unidade de pesquisa simplesmente continua o processo de desenvolvimento e refino. Se mercados intermediários são explorados, estes podem contribuir para os custos financeiros do desenvolvimento e para o amadurecimento do produto final.

Combater demandas cíclicas de atividades tradicionais

Em resposta ao problema da demanda cíclica, a Boeing montou dois grupos, o Boeing Technology Services (BTS) e o Boeing Associated Products (BAP), especificamente para empregar os recursos de engenharia e laboratoriais mais completamente quando as suas próprias exigências diminuem entre grandes programas de desenvolvimento. A missão do BTS era "vender o excedente das capacidades laboratoriais de engenharia sem um impacto negativo sobre os cronogramas ou compromissos com as atividades das linhas de produtos principais da Boeing";[4] o grupo segue essa declaração à risca, tomando cuidado para desativar essas atividades quando o negócio principal da empresa precisa do seu conhecimento especializado. Já o BAP foi criado para explorar comercialmente as invenções da Boeing que poderiam ser usadas além da sua aplicação nos produtos fabricados pela empresa. Cerca de 600 divulgações de invenções são apresentadas pelos funcionários todos os anos, e então analisadas em termos de potencial de comercialização e patenteamento. Contratos de licenciamento são usados para explorar essas invenções, o que resultou em 259 acordos em decorrência do programa. Além dos benefícios financeiros para a empresas e para os funcionários, acredita-se que o programa também promove o espírito inovador dentro da organização.

Aprender sobre o processo de criar empreendimentos

Os empreendimentos corporativos são uma atividade de alto risco devido ao nível de incerteza ligado a eles, e não temos como entender seu processo de gestão do mesmo modo como fazemos para o negócio principal. Para que isso envolva um exercício de aprendizagem, e para que se escolha uma atividade específica para esse processo, é fundamental que as metas e objetivos sejam definidos, incluindo um cronograma de revisões. Isso não é importante apenas para o benefício máximo a ser extraído, mas também para os indivíduos que serão os pioneiros do empreendimento. A NEES Energy, por exemplo, subsidiária da New England Electric Systems Inc., foi criada para gerar benefícios financeiros, mas também havia a expectativa de que ela viesse a proporcionar um laboratório para ajudar a controladora a aprender mais sobre a fundação de novos empreendimentos.

Diversificar o negócio

Por ora, nossa discussão sugeriu que o desenvolvimento de negócios deve ocorrer em uma escala relativamente pequena, mas não precisa ser assim. Empreendimentos corporativos muitas vezes são formados na tentativa de criar novos negócios em um contexto corporativo, de modo que representam uma tentativa de crescer por meio da diversificação. Essa diversificação pode ser vertical (ou seja, anterior ou posterior ao processo atual, para capturar uma proporção maior do valor agregado) ou horizontal (ou seja, explorando competências existentes em mercados de produtos adicionais).

Desenvolver novas competências

Em geral, o crescimento e a diversificação se baseiam na exploração de competências existentes em novos mercados de produtos, mas um empreendimento corporativo também pode ser usado como oportunidade para aprender novas competências.[5] Uma organização pode adquirir conhecimentos por experimentação, o que é uma característica central das atividades formais de P&D e pesquisa de mercado. Contudo, funções e divisões diferentes de uma empresa desenvolvem estruturas de referência e filtros específicos com base nas suas experiências e responsabilidades, e estes afetam como elas interpretam informações. A aprendizagem organizacional é maximizada quando são feitas interpretações mais variadas, e um empreendimento corporativo pode desempenhar essa função melhor, pois não se limita às exigências de tecnologias ou mercados existentes.

Na prática, as principais motivações para estabelecer um empreendimento corporativo são estratégicas: cumprir metas estratégicas e crescimento de longo

TABELA 13.1 Objetivos de empreendimentos corporativos

Objetivo	Classificação média*
1. Crescimento a longo prazo	4,58
2. Diversificação	3,50
3. Promover comportamento empreendedor	2,68
4. Explorar P&D interna	2,23
5. Retornos financeiros a curto prazo	2,08
6. Reduzir/distribuir custo da P&D	1,81
7. Sobrevivência	1,76

(n = 90). * Escala: 1 = importância mínima, 5 = importância máxima.
Fonte: Gebbie, D. (1997) Window on Technology: Corporate Venturing in Practice, London: Withers Solicitors.

prazo frente à maturidade dos mercados existentes (Tabela 13.1). Contudo, as questões de pessoal também são importantes. Existem diferenças setoriais e nacionais. Nos Estados Unidos, novos empreendimentos também são usados para estimular e desenvolver a gestão empreendedora, enquanto no Japão eles ajudam a criar oportunidades de emprego para gerentes e funcionários transferidos dos negócios primários (Tabela 13.2). Ainda assim, os objetivos primários são estratégicos e de longo prazo, de modo que merecem investimentos e esforços significativos em termos de gestão.

TABELA 13.2 Motivações, estrutura e gestão de empreendimentos corporativos

Motivação principal	Estrutura preferencial	Principal tarefa da gestão
Satisfazer as ambições dos gestores	Equipe de negócio integrada	Motivação e recompensa
Distribuir custos e riscos do desenvolvimento	Equipe de negócio integrada	Alocação de recursos
Explorar economias de escopo	Departamento de microempreendimentos	Reintegração do empreendimento
Aprender a criar empreendimentos	Divisão de novos empreendimentos	Desenvolvimento de novas habilidades
Diversificar o negócio	Unidade de negócios especiais	Desenvolvimento de novos ativos
Desinvestir de atividades não fundamentais	Unidade de negócio independente	Gestão de direitos de propriedade intelectual

Fonte: Adaptado de Tidd, J. and S. Taurins (1999) Learn or leverage? Strategic diversification and organisational learning through corporate ventures, Creativity and Innovation Management, 8(2), 122-9.

INOVAÇÃO EM AÇÃO 13.1

Identificação de novas oportunidades na QinetiQ

As empresas tendem a limitar sua visão estratégica às fronteiras convencionais do setor existente. Elas acreditam que isso é um fato imutável. Quando desafiadas a pensarem diferente ou a serem mais criativas em seus modelos de negócio, por não reconhecerem explicitamente as fronteiras nas quais operam, elas continuam a competir nos espaços tradicionais.

Empresas que não se deixam limitar pelas fronteiras atuais dos seus setores têm maior probabilidade de criar novos espaços lucrativos. Na estratégia tradicional, as questões espinhosas seriam identificadas e as soluções encontradas. Aqui, usamos as questões espinhosas para encontrar o não cliente.

Para cada tipo de fronteira, aplicamos a "Regra dos Opostos", que é um conjunto de perguntas cruciais específicas, usadas para extrair ideias sobre novos espaços de mercado em potencial. Nem todas as fronteiras produzem novas oportunidades de mercado, mas podem nos ajudar a entender quais podem ser exploradas além de outras fronteiras.

Um aspecto-chave para identificar novas oportunidades de mercado é a capacidade de visualizar e articular o cliente emergente que antes era ignorado, para o qual uma proposição de valor reconstruída deve ser oferecida.

O processo realizado inclui:

1. Articular as fronteiras atuais do setor no qual o produto opera em termos das dimensões da definição do setor: grupos estratégicos, cadeias de compradores, proposição, apelo, tempo e tendências.
2. Para cada cliente existente, mapear o ciclo de experiências do comprador para identificar as questões espinhosas.
3. Identificar explicitamente o cliente primário e então removê-lo das considerações subsequentes.
4. Aplicar a "Regra dos Opostos" a cada fronteira, individualmente, para descobrir se existem novos grupos de clientes além das fronteiras atuais do setor.
5. Depois que um novo cliente é definido e trazido à vida, conduzir trabalhos de campo para encontrar essa pessoa e comprovar a nova oportunidade.
6. Formular a hipótese sobre um conjunto de ofertas que atenderia as necessidades dessa pessoa.
7. A partir do conjunto completo de novas oportunidades, destilar um conjunto de proposições que satisfaça minimamente as necessidades do conjunto mais abrangente de não clientes.

Tenha em mente que esse processo pode parecer estranho no início, mais como abrir a "caixa de Pandora" do que uma análise estruturada. O resultado da análise das fronteiras do mercado é um conjunto de espaços de não clientes. É importante reconhecer que nem todas as seis dimensões dos mercados alternativos produzirão resultados, e que geralmente de dois a quatro caminhos fornecerão ideias significativas.

Fonte: Carlos de Pommes, diretor de inovação e gatekeeper de investimentos da QinetiQ, www.qinetiq.com.

Gestão de empreendimentos corporativos

A gestão de empreendimentos tem duas dimensões cruciais: Quem é o dono? E quem financia? Essas duas dimensões sugerem quatro combinações diferentes:[6]

- *Oportunista.* Não há propriedade ou recursos exclusivos para o empreendimento. Essa abordagem depende de um ambiente organizacional positivo para incentivar propostas, que são desenvolvidas e avaliadas localmente, de projeto em projeto. A Zimmer Medical Devices, por exemplo, reagiu a uma nova prótese de quadril, proposta por um cirurgião traumatologista, com a criação do Zimmer Institute para treinar mais de 6 mil cirurgiões no novo procedimento minimamente invasivo.
- *Capacitação.* Não há propriedade corporativa formal, e sim a provisão de apoio, processos e recursos exclusivos. Essa abordagem funciona melhor quando os novos empreendimentos podem pertencer divisões existentes do negócio. A Google, por exemplo, oferece tempo, verbas e recompensas pelo desenvolvimento de ideias que ampliam o negócio principal da empresa.
- *Defesa.* A propriedade organizacional é alocada claramente, mas o financiamento especial é mínimo ou nulo. Isso funciona melhor quando o negócio dispõe de recursos suficientes, mas não de habilidades especializadas ou apoio para empreendimentos. A DuPont, por exemplo, criou a iniciativa Market Driven Growth (Crescimento Guiado pelo Mercado), que inclui quatro dias de treinamento em planejamento de negócios, oficinas, acesso e mentoria por executivos mais graduados.
- *Produtor.* Inclui propriedade formal e financiamento exclusivo de empreendimentos. Como isso exige níveis significativos de recursos e comprometimento da organização com os empreendimentos, é preciso haver uma massa crítica de projetos em potencial para justificar essa abordagem. Os exemplos incluem o programa Emerging Business Opportunities (Oportunidades de Negócio Emergentes) da IBM e a iniciativa Emerging Business Accelerator (Acelerador de Negócios Emergentes) da Cargill. Nesses casos, o objetivo é criar novos negócios, não apenas novos produtos ou serviços.

Empreendimentos corporativos raramente nascem de um ato espontâneo ou do acaso. Os empreendimentos corporativos são um processo que precisa ser gerenciado. O desafio de gestão é criar um ambiente que incentiva e apoie o empreendedorismo e que também identifique e apoie empreendedores em potencial. Basicamente, o processo de empreendimentos corporativos é simples, consistindo em identificar a oportunidade para um novo empreendimento, avaliá-la e então oferecer os recursos adequados para apoiar o novo empreendimento. O processo se divide em seis estágios distintos, subdivididos entre definição e desenvolvimento.[7]

Estágios de definição

1. Estabelecer um ambiente que incentive a geração de novas ideias e a identificação de novas oportunidades e estabelecer um processo para a gestão de atividades empreendedoras.

2. Selecionar e avaliar oportunidades para novos empreendimentos e selecionar gestores para implementar o programa de empreendimentos corporativos.
3. Desenvolver um plano de negócio para o novo empreendimento, decidir o melhor local e organização do empreendimento e dar início às operações.

Estágios de desenvolvimento

4. Monitorar o desenvolvimento do empreendimento e do processo.
5. Defender o novo empreendimento internamente à medida que ele cresce e se institucionaliza dentro da empresa.
6. Aprender com a experiência para melhorar o processo geral de criação de empreendimentos.

Criar um ambiente propício a atividades empreendedoras é o estágio mais importante, mas também o mais difícil. Abordagens superficiais à criação de uma cultura empreendedora podem ser contraproducentes. Em vez disso, os empreendimentos corporativos devem estar sob a responsabilidade de toda a empresa, e a alta gerência deve disponibilizar recursos suficientes e implementar os processos apropriados de modo a demonstrar um comprometimento de longo prazo com eles.

O estágio de conceitualização consiste na geração de novas ideias e na identificação de oportunidades que possam formar a base de um novo empreendimento de negócio. A interface entre P&D e marketing é fundamental durante a fase de conceitualização, mas o escopo da conceitualização do novo empreendimento é muito mais amplo do que as atividades convencionais das funções de P&D ou marketing, que são, compreensivelmente, limitadas pelas necessidades dos negócios existentes. Nesse estágio, existem três opções básicas:

1. Confiar na equipe de P&D para identificar novas oportunidades de negócio com base nos seus avanços tecnológicos, basicamente uma abordagem de "empurrão da tecnologia".
2. Confiar nos gestores de marketing para identificar oportunidades e guiar a equipe de P&D na direção dos trabalhos de desenvolvimento apropriados, basicamente uma abordagem de "puxão do mercado".
3. Encorajar as equipe de marketing e P&D a trabalharem juntas para identificar oportunidades.

Tendo identificado o potencial para um novo empreendimento, o defensor do produto deve convencer a alta gerência de que a oportunidade de negócio é tecnicamente viável e comercialmente atraente, de modo que ela justifica o desenvolvimento e o investimento. Os **empreendedores corporativos** em potencial enfrentam barreiras políticas significativas:

- Precisam convencer os outros sobre a importância e a viabilidade do empreendimento para estabelecer a sua legitimidade dentro da empresa.
- Tendem a não dispor de recursos suficientes, mas precisam competir internamente com departamentos e gestores tradicionais e poderosos.
- Enquanto defensores da mudança e da inovação, tendem a enfrentar, na melhor das hipóteses, a indiferença organizacional, e na pior, ataques hostis.

Para superar essas barreiras, o possível gestor de um empreendimento precisa de habilidades políticas e sociais, além de um plano de negócio viável. O defensor do produto também deve ser capaz de trabalhar em um ambiente imprevisível e não programado, em contraste com boa parte da P&D conduzida nas divisões operacionais, que tende a ser bem mais sequencial e sistemática. Assim, o defensor do produto precisa de dedicação, flexibilidade e sorte para gerenciar a transição de conceito de produto para empreendimento corporativo, além de um bom nível de conhecimento técnico e de mercado. O defensor do produto provavelmente precisará de um defensor organizacional complementar, alguém capaz de relacionar o empreendimento em potencial com a estratégia e a estrutura da empresa como um todo. Diversas funções essenciais precisam ser desempenhadas quando um novo empreendimento é estabelecido:

- o *inovador técnico*, responsável pelo desenvolvimento tecnológico principal;
- o *inovador de negócios* ou gestor do empreendimento, responsável pelo progresso geral do empreendimento;
- o *defensor do produto*, que promove o empreendimento durante as fases iniciais cruciais;
- o *patrocinador executivo* ou organizacional, que atua como protetor e intermediário entre a empresa e o empreendimento;
- *um executivo de alto nível*, responsável por avaliar, monitorar e autorizar recursos para o empreendimento, mas não a operação de empreendimentos específicos.

Um checklist para avaliar a proximidade entre a proposta de empreendimento e as habilidades e capacidades existentes incluiria:

- Quais são as capacidades-chave exigidas para o empreendimento?
- Onde, como, quando e a que custo a empresa vai adquirir as capacidades?
- Como essas novas capacidades afetarão as atuais?
- Onde mais elas poderiam ser exploradas?
- Quem mais seria capaz de fazer isso, talvez até melhor?

Em especial, a importância estratégica determina o nível de controle administrativo necessário, e a proximidade com as habilidades e capacidades existentes determina o grau de integração operacional desejado. Em geral, quanto maior a importância estratégica, mais fortes as ligações administrativas entre a organização e o empreendimento (Figura 13.2). De modo similar, quanto mais próximas as habilidades e capacidades estão das atividades centrais, maior o grau de integração operacional necessário para fins de eficiência (Tabela 13.3). As opções de projeto para empreendimentos corporativos incluem:

- integração direta com o negócio existente;
- equipes de negócio integradas;
- equipe com dedicação exclusiva ao apoio de esforços no nível da empresa;
- unidade, departamento ou divisão independente de empreendimentos corporativos;
- desinvestimento e spin-off.

Diagrama (Figura 13.2)

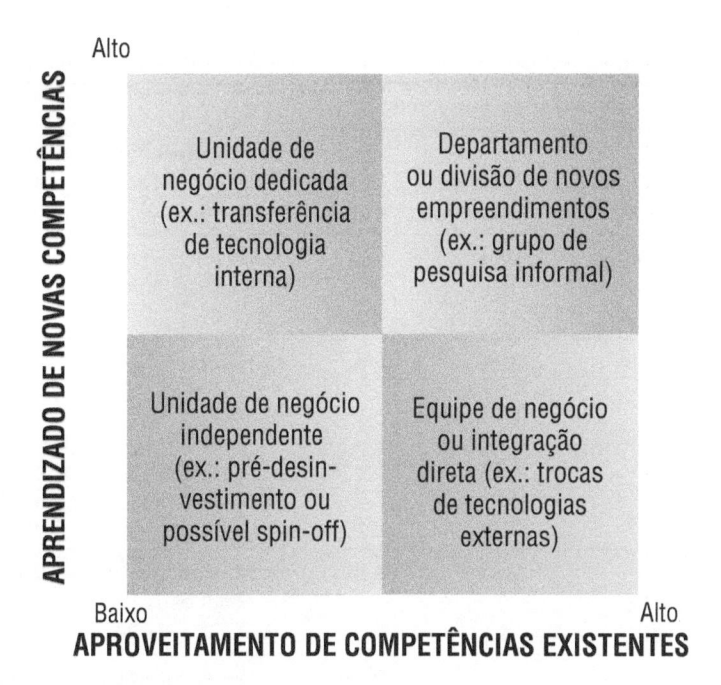

Eixo vertical: APRENDIZADO DE NOVAS COMPETÊNCIAS (Baixo / Alto)
Eixo horizontal: APROVEITAMENTO DE COMPETÊNCIAS EXISTENTES (Baixo / Alto)

	Aproveitamento Baixo	Aproveitamento Alto
Aprendizado Alto	Unidade de negócio dedicada (ex.: transferência de tecnologia interna)	Departamento ou divisão de novos empreendimentos (ex.: grupo de pesquisa informal)
Aprendizado Baixo	Unidade de negócio independente (ex.: pré-desinvestimento ou possível spin-off)	Equipe de negócio ou integração direta (ex.: trocas de tecnologias externas)

FIGURA 13.2 A estrutura mais eficaz para um empreendimento corporativo depende do equilíbrio entre alavancagem e aprendizagem (extração *versus* exploração).
Fonte: Tidd, J. and S. Taurins (1999) Learn or leverage? Strategic diversification and organisation learning through corporate ventures, *Creativity and Innovation Management,* 8(2), 122–9.

Cada estrutura exige métodos diferentes de monitoramento e gestão, ou seja, procedimentos, mecanismos informacionais e responsabilidade. Essas escolhas são ilustradas por estudos sobre empreendimentos corporativos na Europa e nos Estados Unidos.[8]

Integração direta

A integração direta enquanto atividade de negócios adicional é a opção mais usada quando mudanças radicais no desenvolvimento de produtos ou processos têm alta probabilidade de afetar imediatamente as operações principais e quando os envolvidos nessa atividade participam de modo intrínseco das operações cotidianas. Muitas empresas de engenharia, por exemplo, introduziram consultoria à sua carteira de serviços, enquanto outras organizações técnicas com grandes laboratórios disponibilizam essas instalações para análises de amostras, testes de materiais, etc. Nesses casos, não é possível terceirizar essas atividades, pois os mesmos indivíduos e equipamentos são necessários para o negócio central da organização.

Equipes de negócio integradas

As equipes de negócio integradas são mais apropriadas quando o conhecimento especializado foi cultivado dentro das operações convencionais e podem apoiar

TABELA 13.3 Tipo de novo empreendimento e ligações com a controladora

Tipo de empreendimento	Nível de relação de:			Atividade focal do empreendimento	Ligações com empresa controladora
	Tecnologia de produto	Tecnologia de processo	Mercado de produto		
Desenvolvimento de produto	Baixo	Baixo	Alto	Desenvolvimento e produção	Marketing
Inovação tecnológica	Baixa	Alta	Alta	P&D	Pesquisa, marketing e produção
Diversificação de mercado	Alta	Alta	Baixa	*Branding* e marketing	Desenvolvimento e produção
Comercialização de tecnologia	Alta	Baixa	Baixa	Marketing e produção	Desenvolvimento
Céu azul	Baixo	Baixo	Baixo	Desenvolvimento, produção e marketing	Finanças

ou exigir apoio daquelas operações para o desenvolvimento. Estrategicamente, o produto mostra-se tão relacionado com as tecnologias ou conhecimentos especializados principais do negócio primário que o centro deseja manter algum controle. Esse controle pode proteger o conhecimento que é intrínseco à atividade ou garantir um retorno de conhecimentos sobre desenvolvimento no futuro. Uma equipe de negócio composta de indivíduos transferidos é estabelecida para coordenar a obtenção de clientes internos e externos e geralmente é tratada como uma entidade contábil independente para facilitar qualquer transição subsequente para uma unidade de negócio especial.

Departamento de novos empreendimentos

Um departamento de novos empreendimentos é um grupo independente da linha normal de gestão que facilita as trocas externas. Ele é mais apropriado quando os projetos tendem a emergir do negócio operacional com alta frequência e quando as atividades propostas podem estar além dos mercados atuais, ou ainda quando o tipo de pacote de produto vendido é diferente. Essa é a forma mais natural para desenvolver as trocas de conhecimentos existentes quando eles estão fragmentados por toda a organização e cada fonte tende a atrair um tipo diferente de cliente. O grupo responsabiliza-se pela comercialização, contratação e negociação, mas a negociação técnica e a oferta de serviços ocorre no nível operacional.

Divisão de novos empreendimentos

Uma divisão de novos empreendimentos oferece um refúgio no qual diversos projetos emergem por toda a organização, e isso permite uma supervisão administrativa independente. Estrategicamente, a alta gerência pode manter um certo grau de controle até esclarecer melhor a importância estratégica de cada empreendimento, mas a eficiência do negócio primário precisa ser mantida sem distrações, de modo que é preciso ter alguma autonomia. As ligações operacionais são fracas o suficiente para permitir a troca de informações e know-how com o ambiente corporativo. As origens desse tipo de divisão variam:

- Buscar reunir tecnologias e conhecimentos existentes da empresa como um todo para adaptação a mercados novos ou existentes.
- Combinar pesquisas de diferentes campos ou locais para acelerar o desenvolvimento de novos produtos.
- Comprar ou adquirir conhecimentos especializados que atualmente são externos ao negócio para aplicação em operações internas ou para auxiliar novos desenvolvimentos.
- Examinar novas áreas de mercado como alvos em potencial para produtos existentes ou adaptados dentro do portfólio atual.

Quando existe uma massa crítica de projetos, uma divisão de novos empreendimentos independente permite um maior foco no ambiente externo, e a distância em relação à organização central permite que se adote uma perspectiva global e interdivisional. Infelizmente, a divisão muitas vezes se torna uma espécie de "lixeira" para todas as novas oportunidades, então é essencial definir os limites da sua operação e da sua missão, especialmente os critérios de encerramento ou extensão do apoio dado a projetos específicos.

Unidades de negócios especiais

Unidades de novos negócios dedicadas especiais são propriedade exclusiva da organização. A alta relevância estratégica exige um nível também alto de controle administrativo. Negócios como esse tendem a surgir porque acredita-se que a atividade tem potencial suficiente para ser um centro de lucros independente, de modo que ela pode ser avaliada e operada como uma entidade de negócio separada. O requisito é que os indivíduos-chave sejam identificados e extraídos das suas funções operacionais convencionais.

Para que o negócio tenha sucesso sob a propriedade e o controle totais de uma grande empresa, precisa ser capaz de produzir fluxos de receita significativos a médio prazo. Em média, a massa crítica parece ser de cerca de 12% das vendas totais da empresa, mas em alguns casos o limite para uma unidade separada é muito maior. Um novo negócio em potencial não deve ser avaliado apenas em termos de tamanho relativo ou rentabilidade, mas também, e acima de tudo, em termos da sua capacidade de sustentar seus próprios custos de desenvolvimento. Uma subsidiária lucrativa, por exemplo, talvez nunca venha a se tornar um novo negócio independente se não conseguir sustentar seu próprio desenvolvimento de produtos.

Contudo, fisicamente separação física de uma atividade de negócio não garante a autonomia. O maior obstáculo que impede essa unidade de competir com sucesso no mercado é uma mentalidade corporativa acomodada. Quando os gestores de um novo negócio pressupõem que a controladora sempre irá ajudá-los, atuar como cliente e emprestar seus serviços e conhecimentos a preços abaixo daqueles cobrados no mercado, o negócio pode nunca ser capaz de sobreviver às pressões comerciais. Por outro lado, se a controladora planeja manter a propriedade total, não seria realista querer tratar a unidade de maneira independente.

Unidades de negócio independentes

Graus diferentes de propriedade determinam o controle administrativo sobre unidades de negócio independentes, desde subsidiárias a participações minoritárias. O controle somente seria exercido por meio de uma presença no conselho se este fosse mantido. Existem dois motivos para se estabelecer um negócio independente, em contraste com divisionalizar uma atividade: concentrar-se no negócio principal removendo o fardo técnico e administrativo de atividades não relacionadas ou facilitar a aprendizagem com fontes externas no caso de tecnologias ou atividades capacitadoras. Essa estrutura tem vantagens tanto para a controladora quanto para o empreendimento:

- Menor risco para a controladora, maior liberdade para o empreendimento.
- Requisitos menos rigorosos de supervisão para a controladora, menos interferência para o empreendimento.
- Menos distrações para os gestores da controladora, maior foco para o empreendimento.
- Participação contínua nos retornos financeiros para a controladora, maior comprometimento dos gestores do empreendimento.
- Possível retorno de conhecimento, melhorias de processo ou desenvolvimento de produtos para a controladora, aprendizagem para o empreendimento.

A alocação de membros da equipe técnica é um dos problemas mais difíceis quando se estabelece uma unidade de negócio independente. Quando os indivíduos necessários para coordenar o desenvolvimento de produtos no futuro não querem deixar o conforto e a segurança relativa de uma grande instalação corporativa, o que é compreensível, o novo negócio pode dar para trás. É fundamental identificar os indivíduos mais desejáveis para essa operação, avaliados em termos das suas capacidades técnicas e características pessoais. Também é importante avaliar o efeito desses indivíduos deixarem as operações de desenvolvimento convencionais, pois não seria difícil prejudicar a capacidade das operações da controladora no processo.

Desinvestimento sustentado

O desinvestimento sustentado é apropriado quando a atividade não é crítica para o negócio primário. O produto ou serviço provavelmente evoluiu a partir dele, e apesar de apoiar essas operações, não é essencial para o controle estratégico. Essa opção de projeto permite à empresa se livrar da responsabilidade por uma determinada área. Os mercados externos podem ser ampliados antes da separação, dando a todos tempo para identificar quais funcionários devem ser mantidos pela empresa e permitindo um período de aclimatação para o empreendimento. A controladora pode ou não manter alguma participação.

Cisão completa e formação de spin-off

No caso de uma cisão completa e formação de uma nova empresa spin-off, a empresa original se desfaz de toda a sua participação. É basicamente uma opção de desinvestimento, com a empresa repassando a responsabilidade total pela atividade, tanto comercial quanto administrativamente. Isso pode se dever a um descompasso ou uma redundância estratégica, devido a mudanças no foco estratégico da organização. Uma cisão completa permite que a controladora realize o valor oculto do empreendimento e que a alta gerência da controladora se concentre no negócio principal.

EMPREENDEDORISMO EM AÇÃO 13.3

O grupo de novos empreendimentos da Lucent

A Lucent Technologies foi criada em 1996, quando os célebres Laboratórios Bell se separaram da AT&T. A Lucent estabeleceu o Grupo de Novos Empreendimentos (NVG, New Venture Group) em 1997 para desbravar maneiras melhores de explorar seu talento de pesquisa, explorando tecnologias que não se adaptavam a quaisquer dos negócios vigentes da Lucent; sua missão seria "alavancar as tecnologias da Lucent para criar novos empreendimentos que levam inovações ao mercado mais rapidamente (...) para criar um ambiente mais empreendedor, que cultive e recompense a agilidade, o trabalho em equipe e os riscos prudentes". Ao mesmo tempo, tratou de proteger os processos tradicionais de pesquisa e inovação dentro da Lucent contra as possíveis disrupções que o NVG poderia causar. Para atingir esse equilíbrio, o cerne do processo continha reuniões periódicas entre os gerentes do NVG e os pesquisadores da Lucent, durante as quais ideias eram "indicadas" para avaliação. Essas ideias indicadas eram primeiro apresentadas para os grupos de negócio existentes dentro da Lucent, o que pressionava os grupos de negócio existentes para tomar decisões sobre tecnologias promissoras. Como o vice-presidente do NVG observou: "Acho que o maior benefício prático do grupo foi acelerar o sistema".

Quando a ideia indicada não era apoiada ou não recebia recursos de quaisquer dos negócios, o NVG podia desenvolver um plano de negócio para o empreendimento. O plano de negócio incluía uma estratégia de saída para o empreendimento, fosse por aquisição pela Lucent, venda comercial externa, oferta pública inicial ou licenciamento. O estágio de avaliação inicial normalmente levava de dois a três meses e custava de 50 a 100 mil dólares. Os estágios subsequentes de financiamento externo chegavam a um milhão de dólares por empreendimento, enquanto nos estágios posteriores, em muitos casos fundos de capital de risco externos se envolviam para realizar avaliações de devida diligência, injetar verbas ou fornecer assessoria administrativa. Até 2001, 26 empresas haviam sido criadas pelo NVG, e 30 capitalistas de risco externos haviam investido mais de 160 milhões de dólares nelas. É interessante observar que a Lucent readquiriu, a preços de mercado, três dos novos empreendimentos criados pelo NVG, tudo com base em tecnologias que os negócios existentes da Lucent haviam rejeitado anteriormente. Isso demonstra um dos benefícios dos

(Continua)

> empreendimentos corporativos, a captura de falsos negativos, projetos que inicialmente foram considerados fracos demais para serem apoiados e que foram rejeitados pelos processos de desenvolvimento convencionais. Contudo, logo após a queda dos preços das ações de tecnologia e telecomunicações, em 2002 a Lucent vendeu sua participação de 80% nos empreendimentos remanescentes para um grupo de investidores externo por menos de 100 milhões de dólares.
>
> *Fonte:* Chesbrough, H. (2003) *Open Innovation*, Boston: Harvard Business School Press.

Impacto estratégico dos empreendimentos

É muito difícil avaliar na prática o sucesso dos empreendimentos corporativos. Avaliações financeiras simples normalmente se baseiam em alguma comparação entre os investimentos realizados pela controladora e os fluxos de receitas subsequentes ou o valor de mercado dos empreendimentos. Ambos são altamente sensíveis ao momento em que a avaliação é realizada. No auge da bolha da Internet, por exemplo, os valores de mercado financeiro sugeriam que os empreendimentos corporativos geravam retornos de 70% ou mais, enquanto alguns anos depois esses retornos virtuais praticamente desapareceram. Um estudo com 35 empresas derivadas da Xerox durante um período de 22 anos revela que o valor de mercado agregado dessas organizações era o dobro da empresa-fonte em 2001, e o quíntuplo no auge da bolha anterior da bolsa de valores.[9]

Uma análise histórica do desenvolvimento e comercialização da tecnologia de supercondutores na General Electric entre 1960 e 1990 revela como a tecnologia se originou de projetos internos de pesquisa e desenvolvimento, mas alcançou um ponto em que se considerou que o potencial de mercado era insuficiente para justificar investimentos internos adicionais. A tecnologia foi oferecida a dois negócios operacionais da GE, mas eles se recusaram a financiar desenvolvimentos subsequentes. Em vez de abandonar a tecnologia completamente, em 1971 a GE estabeleceu um empreendimento chamado Intermagnetics General Corporation (IGC), no qual tinha participação de 40%, para desenvolver a tecnologia. A GE se tornou um cliente importante da IGC à medida que a demanda pela tecnologia cresceu no seu ramo de sistemas médicos com o crescimento da ressonância magnética. Contudo, em 1983, a demanda pela tecnologia se tornara tão essencial para o negócio da GE que a organização precisou redesenvolver suas próprias competências no campo.[10]

Um estudo longitudinal com 1.527 projetos de empreendimentos corporativos internos entre 1996 e 2009 sugere que os determinantes da sobrevivência são altamente sensíveis ao seu estágio de desenvolvimento.[11] Em outro estudo, envolvendo 48 empreendimentos corporativos, os autores concluem que os empreendimentos corporativos estão em ascensão, mas que o sucesso depende de "objetivos estratégicos bem-definidos para [que] a unidade de empreendimentos corporativos (...) evite expectativas equivocadas e resultados decepcionantes".[12]

INOVAÇÃO EM AÇÃO 13.2

Bob Noyce, o Poderoso Chefão

Robert (Bob) foi um dos pioneiros da microeletrônica, cujas contribuições impactam toda a história do setor, até o trabalho de empreendedores atuais como Steve Jobs, da Apple. Noyce foi chamado de o Thomas Edison e o Henry Ford do Vale do Silício: Edison, pelas suas invenções e inovações tecnológicas, incluindo a coinvenção do circuito integrado; Ford, pelas suas inovações de processo e corporativas, incluindo a criação da Fairchild Semiconductor e da Intel.

Noyce se formou em Física e Matemática e fez doutorado em Física no MIT. Após se formar em 1953, trabalhou como engenheiro de pesquisa por três anos, mas aos 29 foi trabalhar no Shockley Semiconductor Laboratory, na Califórnia, que recém fora fundado, mas que já tinha bastante prestígio. William Shockley recebera o Prêmio Nobel pelo codesenvolvimento do transistor. Contudo, Noyce ficou muito descontente com o estilo administrativo de Shockley, e em 1957 ele e sete colegas (chamados de "Os Oito Traidores") deixaram o laboratório para fundar a Fairchild Semiconductor, uma nova divisão da Fairchild Camera and Instruments.

Sherman Fairchild concordou em financiar o novo empreendimento dos Oito Traidores com base na reputação e visão de Noyce. Noyce convenceu Fairchil de que o segredo seria o processo de fabricação, e que componentes de silício seriam baratos e amplamente utilizados em dispositivos eletrônicos de todos os tipos. Na Fairchild, Noyce criou um clima propício ao talento. Tudo era muito menos estruturado, mais relaxado, mais baseado em equipes e menos hierárquico do que na Shockley. Pode-se dizer que foi o protótipo da cultura que surgiria no Vale do Silício.

Em 1958, o novo empreendimento desenvolveu a tecnologia planar que seria crucial para produzir transistores de alto desempenho mais facilmente e a baixo custo. Em julho de 1959, ele encaminhou o pedido de patente do circuito integrado, basicamente múltiplos transistores em uma única placa de silício, que foi o próximo avanço tecnológico significativo. Entre 1954 e 1967, ele acumulou 16 patentes. As primeiras vendas foram para a IBM, e as vendas da divisão de semicondutores dobraram todos os anos até meados da década de 1960, quando a empresa passara de 12 para 12 mil funcionários e rendia 130 milhões de dólares por ano. Em 1966, as vendas da Fairchild ficavam atrás apenas da Texas Instruments, com a Motorola em terceiro lugar. Noyce foi premiado com o cargo de vice-presidente corporativo e reconhecido como líder real da divisão de semicondutores.

Esses dispositivos eram analógicos, mas a Fairchild teve menos sucesso com os digitais. Alguns dos seus primeiros circuitos digitais foram usados no computador de Orientação Espacial Apollo, mas eles geralmente não eram apropriados para outras aplicações militares e não foram um sucesso comercial. A Texas Instruments e diversas outras novas empresas tinham projetos superiores e, em 1967, a Fairchild teve o seu primeiro prejuízo, de 7,6 milhões de dólares. Quando o CEO se demitiu, o conselho não promoveu Noyce. Por consequência, em 1968 Noyce saiu da Fairchild para formar um novo empreendimento com Gordon Moore (também um dos Oito Traidores originais da Shockley e originador da Lei de Moore). Cinco dos fundadores originais da

(Continua)

Fairchild Semiconductor financiaram a criação da Intel (de "**Int**egrated **El**ectronics"). O terceiro funcionário da Intel foi Andy Grove, um engenheiro químico considerado seu principal líder empresarial e estratégico.

Durante os primeiros anos, o negócio da Intel se baseava na fabricação de baixo custo de dispositivos de memória de acesso aleatório (RAM). Noyce supervisionou o desenvolvimento do próximo grande marco do setor, o microprocessador, inventado por Ted Hoff em 1971. O processador foi desenvolvido para substituir diversos componentes de uma calculadora eletrônica desenvolvida para um cliente japonês. Contudo, o microprocessador não se tornaria fundamental para o negócio da Intel até muitos anos depois. Como a concorrência crescente de empresas japonesas reduziu a rentabilidade dos dispositivos de memória, a Intel mudou sua estratégia para buscar o desenvolvimento de um microprocessador que seria crítico para o crescimento da indústria incipiente dos PCs. Em julho de 1979, a Intel lançou seu processador 8088, uma nova variante do 8086, acompanhado por uma forte campanha de marketing e vendas, a Operação Crush, para promover sua adoção e aplicação em massa. Uma primeira vitória foi enquanto fornecedora da IBM. Em agosto de 1981, a IBM lançou seu PC com base no processador da Intel. Em 1982, a Intel apresentou o processador 80286, seguido pelo 80386 em 1985, usado originalmente pela Compaq nos seus clones de PCs e depois pela IBM. O 386 também foi um marco para a Intel por ser o primeiro processador de um único fornecedor. Antes disso, os clientes obtinham componentes críticos de diversos fabricantes concorrentes para garantir as entregas e reduzir os riscos, mas para o 386 a Intel se recusou a licenciar o conceito e, em vez disso, fabricou os *chips* em três instalações separadas. Essa estratégia colocou a Intel no centro da indústria dos PCs.

O carisma de Noyce e a sua capacidade de persuasão o transformaram em um líder inspirador, mas ele teve menos sucesso como gestor. Grove e outros criticavam sua indecisão e sua aversão a confrontações, uma característica que o impedia de tomar decisões difíceis e agir com dureza. Ele renunciou à presidência da empresa em 1975, transferindo o cargo para Moore. Contudo, Noyce continuou a atuar como mentor na Intel e também de forma mais geral, aconselhando e financiando empreendedores promissores.

Um desses jovens empreendedores foi Steve Jobs, que Noyce conheceu em 1977, no primeiro ano da Apple Computer. Jobs tomou a decisão consciente de buscar Noyce para ser seu mentor. "Steve aparecia regularmente na nossa casa com a sua moto (...) ele e Bob se trancavam no porão para conversar sobre projetos"; Noyce atendia as ligações de Jobs, que invariavelmente começavam com "andei pensando no que você disse" ou "tive uma ideia", mesmo quando o telefone tocava à meia-noite. O relacionamento se estendeu por mais de uma década.

Claramente, Bob Noyce contribuiu para quase todos os aspectos da inovação no Vale do Silício: tecnológicos, processuais, de produto, corporativos e culturais. Conforme Noyce aconselhou esses jovens empreendedores: "O otimismo é um ingrediente essencial para a inovação (...) vá em frente e faça algo maravilhoso".

Fontes: BBC Productions (2009) *The Podfather;* Berlin, L. (2007) Focus on Robert Noyce, *Core*, Spring/Summer (www.computerhistory.org/core/backissues/pdf/core_2007.pdf); Berlin, L. (2005) *The Man Behind the Microchip: Robert Noyce and the Invention of Silicon Valley.* Oxford: Oxford University Press; Reid, T.R. (2001) *The Chip: How Two Americans Invented the Microchip and Launched a Revolution*, New York: Random House.

Resumo do capítulo

- Existem diversas motivações para se estabelecer empreendimentos corporativos, incluindo atrair, motivar e reter talento, expandir o negócio, diversificar ou desenvolver e explorar novas capacidades tecnológicas ou de mercado.
- A melhor estrutura para um empreendimento corporativo depende de diversos fatores, como a quem eles pertencem e quem os financia e a proximidade das capacidades tecnológicas ou de mercado ao negócio primário.
- Os resultados e o sucesso dos empreendimentos corporativos devem ser avaliados em termos amplos, incluindo sobrevivência, crescimento e evolução a longo prazo da organização, não com base apenas em avaliações financeiras estritas de projetos específicos. Eles representam um processo de evolução e experimentação corporativa.

Glossário

Empreendedor corporativo O equivalente interno a um empreendedor. Na prática, entretanto, suas características são bastante diferentes; por exemplo, a necessidade de autonomia e os níveis de habilidades sociais e sensibilidade política.

Empreendimento corporativo O equivalente a uma nova empresa, mas pertencente a uma controladora. A rigor, podem ser empreendimentos internos ou externos à organização, mas os termos "empreendimento interno" e "empreendimento corporativo" quase sempre são intercambiáveis.

Nível de relação A proximidade estratégica e operacional entre o empreendimento e a tecnologia ou negócio primário. O nível influencia as escolhas de governança e estrutura para o empreendimento corporativo.

Questões para discussão

1. Quais são as diferenças entre os empreendimentos corporativos e o desenvolvimento de novos produtos?
2. De que maneiras os objetivos estratégicos e operacionais criam conflitos?
3. Quais são os principais desafios administrativos nas relações entre a organização controladora e os seus empreendimentos?
4. Quais são as vantagens e desvantagens de diferentes abordagens à obtenção de recursos e estruturação de empreendimentos corporativos?

Fontes e leituras recomendadas

Para uma revisão acadêmica dessa área de conhecimento, comece com "Corporate venturing and value creation: A review and proposed framework", de V.K. Narayanan, Yi Yang e Shaker Zahra(2009, *Research Policy*, **38**(1), 58–76). *Inside Corporate Innovation*, de Robert Burgelman e Leonard Sayles (Macmillan, 1986) ainda é a combinação clássica entre teoria e estudos de caso, mas o livro mais recente de Zenus Block e Ian MacMillan, *Corporate Venturing: Creating New Businesses within the Firm* (Harvard Business School Press, 1995), oferece uma análise melhor das pesquisas sobre empreendimentos corporativos internos.

Outros livros que incluem exemplos interessantes de empreendimentos corporativos nos setores de informação e telecomunicações são *Webs of Innovation*, de Alexander Loudon (FT.com, 2001), que apesar do título tem vários capítulos relacionados aos empreendimentos, e *Open Innovation*, de Henry Chesbrough (Harvard Business School Press, 2003), que inclui estudos de caso sobre os suspeitos de sempre, como IBM, Xerox, Intel e Lucent. O livro *Inventuring: Why Big Companies Must Think Small*, de William Buckland, Andrew Hatche e Julian Birkinshaw (McGraw-Hill, 2003), também é uma boa análise das iniciativas de empreendimentos corporativos, incluindo aquelas ocorridas na GE, Intel e Lucent, que sugerem diversos modelos bem-sucedidos e motivos comuns para o fracasso. O texto *Corporate Entrepreneurship*, de Paul Burns, oferece uma estrutura teórica útil e exemplos de caso (Palgrave Macmillan, 2008); para uma abordagem mais prática, veja *Corporate Entrepreneurship*, de Robert Hisrich e Claudine Kearney (McGraw-Hill, 2011).

Referências

1. Dess, G., G. Lumpkin and J. Covin (1997) Entrepreneurial strategy making and firm performance, *Strategic Management Journal*, **18**(9): 677–95.
2. Tidd, J. and S. Taurins (1999) Learn or leverage? Strategic diversification and organisational learning through corporate ventures, *Creativity and Innovation Management*, **8**(2): 122–9.
3. Tidd, J. and S. Taurins (1999) Learn or leverage? Strategic diversification and organisational learning through corporate ventures, *Creativity and Innovation Management*, **8**(2): 122–9.
4. Tidd, J. and S. Taurins (1999) Learn or leverage? Strategic diversification and organisational learning through corporate ventures, *Creativity and Innovation Management*, **8**(2): 122–9.
5. Tidd, J. (2012) *From Knowledge Management to Strategic Competence*, 3rd edn, London: Imperial College Press.
6. Wolcott, R.C. and M.J. Lippitz (2007) The four models of corporate entrepreneurship, *MIT Sloan Management Review*, **Fall**: 74–82.
7. Block, Z. and I. MacMillan (1993) *Corporate Venturing: Creating New Businesses Within the Firm*, Boston: Harvard Business School Press.
8. Wolcott, R.C. and M.J. Lippitz (2007) The four models of corporate entrepreneurship, *MIT Sloan Management Review*, **49**(1): 74–82; Buckland, W., A. Hatche and J. Birkinshaw (2003) *Inventuring*, New York: McGraw-Hill; Campbell, A., J. Birkinshaw, A. Morrison and R.V. Batenburg (2003) The future of corporate venturing, *MIT Sloan Management Review*, **45**(1): 30–37; Dushnitsky, G. (2011) Riding the next wave of corporate venture capital, *Business Strategy Review*, **22**(3): 44–9.
9. Chesbrough, H. (2002) The governance and performance of Xerox's technology spin-off companies, *Research Policy*, **32**: 403–21.
10. Abetti, P. (2002) From science to technology to products and profits: Superconductivity at General Electric and Intermagnetics General (1960–1990), *Journal of Business Venturing*, **17**: 83–98.
11. Masucci, M. (2013) Uncovering the determinants of initiative survival in corporate venture units: A multistage selection perspective, SPRU Seminar, June 2013.
12. Battistini, B., F. Hacklin and P. Baschera (2013) The state of corporate venturing, *Research Technology Management*, **56**(1): 37.

Capítulo

14

Fazer a empresa crescer

OBJETIVOS DE APRENDIZAGEM

Depois de ler este capítulo, você compreenderá:

- identificar os fatores que contribuem para o sucesso e crescimento de novos empreendimentos;
- distinguir os fatores que os empreendedores podem influenciar daqueles que são mais contextuais;
- implementar estratégias comprovadas para o sucesso e crescimento de novos empreendimentos.

As estimativas variam, mas a maioria dos estudos confirma que cerca de metade das novas empresas não sobrevive por mais do que quatro anos e que menos de 4% das restantes chegam a crescer.[1] Neste capítulo, identificamos os fatores que contribuem para o sucesso e o crescimento de novos empreendimentos e tentamos distinguir os fatores que os empreendedores podem influenciar daqueles que são mais contextuais.

Fatores que influenciam o sucesso

Um estudo com 11.259 novos empreendimentos de tecnologia nos Estados Unidos durante um período de cinco anos descobriu que 36% deles sobreviveram após quatro anos, e 22% após cinco. Para tentar explicar o sucesso ou fracasso desses empreendimentos, os pesquisadores analisaram 31 outros estudos importantes sobre esse tipo de empreendimento, e descobriram que apenas oito fatores influenciam consistentemente o sucesso:[2]

- *Gestão da cadeia de valor*. Cooperação com fornecedores, distribuição, agentes e clientes.
- *Escopo do mercado*. Variedade de clientes e segmentos de mercado, e alcance geográfico.

- *Idade da empresa.* Número de anos em existência.
- *Tamanho da equipe fundadora.* Tende a introduzir conhecimentos especializados mais amplos e mais diversificados aos empreendimentos e a melhorar a tomada de decisão.
- *Recursos financeiros.* Ativos do empreendimento e acesso a financiamento.
- *Experiência de marketing dos fundadores.* Mas não experiência técnica ou experiência pregressa em start-ups (ver a seguir).
- *Experiência dos fundadores no setor.* Em setores ou mercados relacionados.
- *Existência de direitos de patente.* Em tecnologias de produto ou processo, mas o investimento em P&D não se revelou significativo.

Os três primeiros foram os preditores mais significativos de sucesso, por uma ampla margem. Contudo, claramente também há alguma interação entre esses efeitos; por exemplo, o mercado dos fundadores e a experiência no ramo tendem a influenciar a atenção ao escopo do mercado e à cadeia de valor, enquanto os direitos de patente facilitam o financiamento, e vice-versa. Além disso, descobriu-se que alguns fatores não surtem efeito algum, incluindo a experiência dos fundadores com P&D ou start-ups prévias. A importância dos outros fatores dependia do contexto exato do empreendimento; por exemplo, para novas empresas independentes, as alianças de P&D e inovação de produto apresentaram efeito negativo sobre o desempenho, mas para empreendimentos com origens mistas, esses dois fatores afetaram positivamente o desempenho.

Apesar desses índices de sobrevivência relativamente altos, pouquíssimas empresas crescem de forma consistente ou significativa. As chamadas **gazelas** representam menos de 4% do total.[3] Apesar de serem atípicos, esses empreendimentos de alto crescimento respondem por uma parcela desproporcional dos novos empregos, de 12 a 33% na Europa. As condições da fundação parecem ter um efeito persistente e bastante significativo sobre o sucesso e o crescimento subsequentes do novo empreendimento, mas é difícil separar os efeitos do planejamento, estratégia e contexto do negócio (Tabela 14.1). A maioria dos estudos, mas não todos, sugere que o planejamento empresarial formal contribui para o sucesso, como discutimos no Capítulo 8.[4]

EMPREENDEDORISMO EM AÇÃO 14.1

Empreendimentos de alto, baixo e zero crescimento

Em geral, o foco em gestão e políticas públicas relativas ao empreendedorismo está no desempenho e contribuição das empresas de alto crescimento, as chamadas gazelas. Os termos do mundo animal são bastante populares, como os bilionários **unicórnios**, ainda mais raros (ver Empreendedorismo em Ação 14.2, mais adiante). Contudo, nossos colegas Paul Nightingale e Alex Coad argumentam que precisamos de uma distinção muito mais sutil para desagregar as pequenas empresas, especialmente as 96% delas que não crescem.

(Continua)

> Eles desenvolveram o termo **muppets** (todos os direitos reservados), sigla em inglês para "empreendimentos marginais, pequenos e de baixo desempenho", que são mais comuns. Eles argumentam que o desempenho e a contribuição das pequenas empresas foi exagerado significativamente, e que na verdade, pela maioria das medidas, essas empresas são menos produtivas e inovadoras do que as maiores, e contribuem menos para a criação de riqueza e geração de empregos.
>
> *Fonte*: Derivado de Nightingale, P. and A. Coad (2014) Muppets and gazelles: Political and methodological biases in entrepreneurship research, *Industrial and Corporate Change*, **23**(1), 113–143.

Os fatores controláveis mais significativos mostrados na Tabela 14.1 ajudam a dar credibilidade para o nosso empreendimento, aquilo que nossa colega Sue Birley chama de "carrossel da credibilidade": fatores que ajudam a recrutar e convencer outras partes interessadas com relação à viabilidade do empreendimento.[5] O processo pode ser lento e doloroso, mas é essencial para atrair os talentos, recursos e clientes iniciais de que o empreendimento precisa.

Os estudos sempre identificam faixa etária, escolaridade, número de fundadores e capital inicial como tendo um efeito positivo no sucesso do empreendimento. Os efeitos da faixa etária sobre o sucesso e o crescimento de um novo empreendimento provavelmente são os fatores que melhor entendemos e se mostram significativos em quase todos os estudos de pesquisa. O consenso é que a faixa

TABELA 14.1 Condições iniciais que influenciam o sucesso de novos empreendimentos

Significância	Condição
Mais significante (nível de 5%)	Tamanho do mercado-alvo
	Experiência dos fundadores no setor
	Força das redes sociais
	Habilidades de administração de negócios
Significante (nível de 10%)	Atratividade do produto para o mercado-alvo
	Governança e estrutura da propriedade
Nenhum sinal de significância	Potencial de lucro
	Atitude empreendedora
	Habilidades de liderança
	Planejamento de produção e P&D
	Desenvolvimento de mercado
	Previsões financeiras

Fonte: Adaptado de Gao, J., J. Li, Y. Cheng and S. Shi (2010) Impact of initial conditions on new venture success, *International Journal of Innovation Management*, **14**(1), 41–56.

etária mais comum para fundadores de sucesso vai de 35 a 50 anos, sendo 39 a idade mediana.[6] A explicação para esse agrupamento é que os fundadores mais jovens tendem a não ter experiência, recursos e credibilidade, enquanto os mais velhos não apresentam energia e têm muito a perder. Obviamente, temos muitos exemplos de empreendedores de sucesso mais jovens ou mais velhos, mas a associação entre a idade dos fundadores e o sucesso é bastante significativa.

Para entender a influência da educação, um estudo acompanhou 118.070 empresas durante dez anos e descobriu que o capital humano no momento da fundação, mensurado segundo diplomas universitários, teve um efeito forte e persistente sobre o sucesso subsequente. Além disso, quatro fatores estruturais no momento da fundação atuaram como preditores de sucesso: tamanho da empresa quando da fundação (positivo), velocidade de entrada de empresas no mesmo setor (negativo), concentração do setor (positivo) e crescimento do PIB (positivo).[7] Outra pesquisa analisou 622 pequenas empresas jovens ou novas durante cinco anos e descobriu que o capital humano e financeiro disponível no início era um forte preditor de sobrevivência e crescimento, especificamente a escolaridade do fundador (graduação ou mais) e acesso a financiamento bancário.[8] Assim como acontece com a idade, temos muitos exemplos de empreendedores de sucesso que optaram por não fazer faculdade ou por abandonarem seus cursos, mas as pesquisas demonstram consistentemente uma forte associação entre o nível de escolaridade e o crescimento e sucesso dos empreendimentos, sobretudo em negócios com uso mais intensivo de tecnologia ou conhecimento.

O acesso a capital suficiente é outra condição fundadora muito citada para o sucesso e o crescimento. Contudo, as evidências são menos claras do que no caso da faixa etária e escolaridade. Alguns estudos sugerem que o acesso a capital externo está associado a índices maiores de crescimento, especialmente no caso de empreendimentos de alta tecnologia,[9] mas outros não identificam esse efeito ou até encontram exatamente o contrário, com o maior crescimento associado a manter a propriedade e o financiamento interno.[10] As evidências e os conselhos conflitantes podem se dever a diferenças metodológicas, como a definição do que vem a ser alto crescimento, o período de tempo estudado e assim por diante, mas também pode refletir a influência de fatores moderadores mais fundamentais, como o tipo de empreendimento e mercado ou as funções e necessidades de controle dos fundadores.

Os efeitos do fundador são ainda mais fortes para as **empresas de base tecnológica (EBTs)**. Isso ocorre em parte devido ao capital humano necessário, especialmente a alta escolaridade dos fundadores:[11]

- 85% têm graduação, quase metade têm doutorado;
- 12 anos ou mais de experiência em uma grande empresa do setor privado;
- a idade mais comuns dos fundadores fica em torno de 35 anos, dois terços têm de 30 a 50 anos.

Contudo, as EBTs são diversas, e o tipo de tecnologia também influencia a trajetória do crescimento (Figura 14.1).

Por fim, as empresas que competem em preço, não por diferenciação, têm probabilidade muito menor de sobreviver. Ao contrário do que diz o folclore sobre empreendedores desfavorecido e com pouca escolaridade, o estudo confirma

(a) Empreendimento baseado em pesquisas (ex.: biotecnologia)

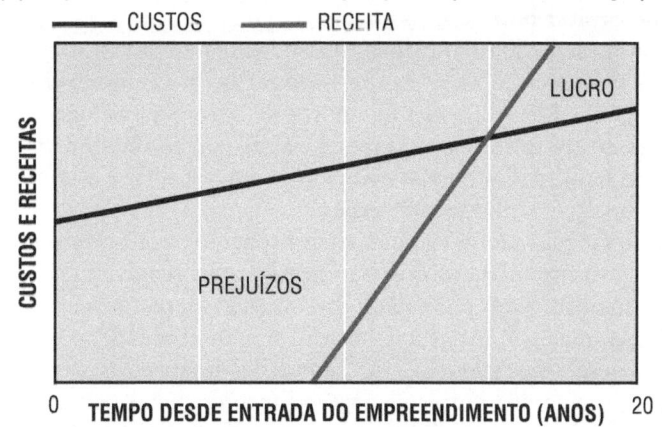

(b) Empreendimento baseado em desenvolvimento (ex.: eletrônica)

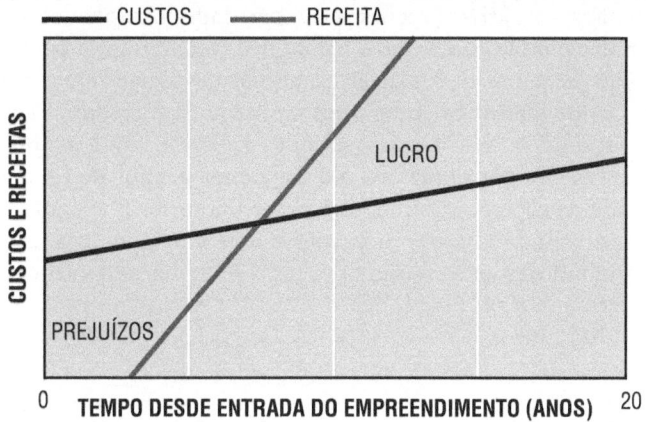

(c) Empreendimento baseado em produção (ex.: *software*)

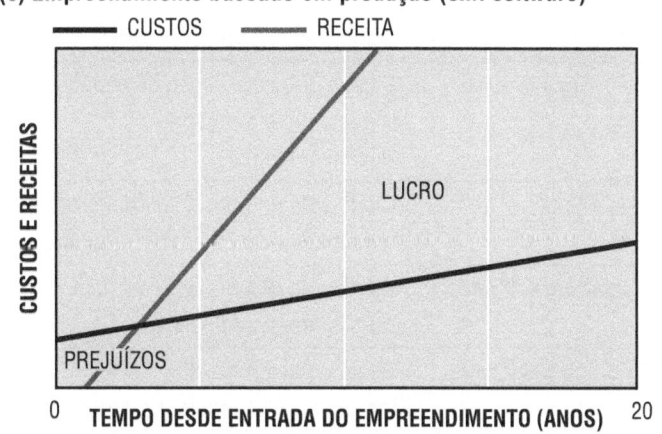

FIGURA 14.1 Influência da tecnologia sobre o perfil de fluxo de caixa e rentabilidade de um novo empreendimento.

que o perfil mais típico de um novo empreendimento de sucesso é uma rara combinação de capital humano, na forma da educação universitária dos fundadores, disponibilidade de financiamento suficiente e uma estratégia de crescimento baseada na diferenciação dos produtos ou serviços. De modo similar, a caricatura do empreendedor solitário e que gosta de correr riscos não tem fundamento. O crescimento de um novo empreendimento em termos de vendas e emprego depende das habilidades de planejamento e experiência, e a rentabilidade flui do desenvolvimento e exploração de redes.[12]

As empresas inovadoras são bem mais propensas a crescerem em termos de vendas e empregos, mas não são necessariamente mais rentáveis do que as não inovadoras.[13] O financiamento por capital de risco não afeta o nível de inovação de uma nova empresa, mas tem influência positiva na rentabilidade, o que talvez reflita as prioridades desses investidores.[14] As limitações financeiras afetam a probabilidade de sobrevivência de um novo empreendimento apenas nos primeiros anos, mas continuam a limitar a rentabilidade e o crescimento uma década após a fundação.[15]

Um dos desafios de desenvolver um novo empreendimento está em desenvolver ou obter acesso a ativos, recursos e **capacidades complementares**.[16] Uma nova empresa, por exemplo, pode ter o know-how técnico ou a propriedade intelectual, mas não ser capaz de alcançar ou apoiar os clientes em potencial; ou o empreendedor pode identificar uma oportunidade de mercado, mas não conseguir oferecer o produto ou serviço para atendê-la. Esse é um dos motivos pelos quais as empresas criadas por duplas ou por pequenos grupos de fundadores têm uma probabilidade de sucesso significativamente maior do que aquelas formadas por empreendedores individuais.[17] As capacidades e perspectivas contrastantes dos múltiplos fundadores geram uma base mais forte para identificar, desenvolver e produzir ofertas inovadoras (Tabela 14.2).

TABELA 14.2 Capacidades complementares de novos empreendimentos criado por múltiplos fundadores

Empresa do caso	Múltiplos fundadores	Capacidades complementares
Apple	Jobs, Wozniak e Ive	Design gráfico e senso de espetáculo
		Ciência da computação
		Design industrial
Google	Page e Brin	Ciência da computação (doutorado)
		Matemática e ciência da computação (doutorado)
Facebook	Zuckerberg e Saverin	Ciência da computação e psicologia
		Administração e finanças
Netflix	Randolph e Hastings	Engenharia e marketing
		Matemática e Ciência da Computação (mestrado)
Skype	Zennström e Friis	Ciência da computação e telecomunicação
		Atendimento ao cliente e vendas

(Continua)

TABELA 14.2 Capacidades complementares de novos empreendimentos criado por múltiplos fundadores *(Continuação)*

Empresa do caso	Múltiplos fundadores	Capacidades complementares
Microsoft	Gates e Allen	Ciência da computação e propriedade intelectual
		Ciência da computação
Intel	Noyce, Moore e Grove	Física, matemática e organização
		Engenharia elétrica
		Engenharia de processos e estratégia
Sony	Ibuka e Morita	P&D em telecomunicação
		Física, eletrônica e negócio familiar
Rolls-Royce	Royce e Rolls	Engenharia
		Vendas e finanças
Marks & Spencer	Marks e Spencer	Varejo
		Finanças e redes logísticas
Fórmula 1	Ecclestone e Mosley	Matemática, venda de automóveis, corrida de automóveis
		Física, direito e corrida de automóveis
Eletrificação	Tesla e Westinghouse	Ciência, matemática e senso de espetáculo
		Administração e finanças
Motor a vapor	Watt e Boulton	Engenharia
		Administração e fabricação

Fonte: Derivado de Tidd, J. (2014) Conjoint innovation: Building a bridge between innovation and entrepreneurship, *International Journal of Innovation Management*, **18**(1), 1–20.

EMPREENDEDORISMO EM AÇÃO 14.2

Unicórnios europeus da Internet

Quase toda a atenção se concentra nos gigantes da Internet originários dos Estados Unidos, como Google e Facebook, mas a Europa também tem seus astros da rede. Desde 2000, 30 empreendimentos europeus na Internet superaram 1 bilhão de dólares cada. O resultado é comparável ao dos Estados Unidos, onde 39 novos empreendimentos bilionários surgiram no mesmo período.

Por sua extrema raridade, essas empresas são chamadas de "unicórnios". O Reino Unido lidera o continente, com 11, com sites como Zoopla (imóveis) e Just Eat (entrega de alimentos). A Rússia vem em segundo lugar, com cinco unicórnios, seguida

(Continua)

> pela Suécia (quatro casos, incluindo Spotify), dois cada para França e Finlândia e apenas um cada para Alemanha, Espanha, Itália, Irlanda, Luxemburgo e Israel. O grupo anglo-sueco King, desenvolvedor do jogo para smartphones Candy Crush, completa os unicórnios europeus.
>
> Assim como nos Estados Unidos, a maioria dos unicórnios foi formada por duplas ou trios de empreendedores, com idade média de 33 anos no momento da fundação. O resultado é consistente com a Tabela 14.2. Apenas metade dos unicórnios europeus atingiu a fase de venda comercial ou oferta pública inicial, em comparação com dois terços nos Estados Unidos.
>
> *Fonte:* Derivado de GP Bullhound (2014) *Can Europe Create Billion Dollar Tech Companies?* http://www.gpbullhound.com/en/research/, acessado em 20 de dezembro de 2014.

Financiamento

Dificilmente o financiamento inicial para criar um novo empreendimento é um grande problema, pois quase todos são autofinanciados. Contudo, Peter Drucker sugere que um novo empreendimento exige reestruturação financeira a cada três anos.[18] Cada estágio de desenvolvimento tem requisitos financeiros diferentes:

- Financiamento inicial para lançamento.
- Segunda rodada de financiamento para desenvolvimento inicial e crescimento.
- Terceira rodada de financiamento para consolidação e crescimento.
- Maturidade ou saída.

> **EMPREENDEDORISMO EM AÇÃO 14.3**
>
> ### Seedcamp
>
> A Seedcamp foi fundada em 2007 por Saul Klein e Reshma Sohoni, sócios da Index Ventures. Ela oferece mentoria para estágios iniciais e microfinanciamento inicial, além de redes de contado e conselhos por meio de encontros mensais de um dia e um evento anual de uma semana. Todos os anos, cerca de 2 mil empreendedores e empresas competem pelo financiamento inicial de até €50 mil, mas apenas uns 20 conseguem. A Seedcamp oferece um investimento padrão de €50 mil em troca de 8–10% do negócio, mas um dos principais benefícios é o acesso a uma ampla rede de mentores, incluindo empreendedores, investidores-anjo e serviços profissionais. As principais áreas de negócio são empreendimentos tecnológicos com relativamente pouca necessidade de investimentos de capital, como Internet, aplicativos móveis, jogos, software e mídia.
>
> *Fonte:* www.seedcamp.com.

Em geral, organismos financeiros profissionais não estão interessados em financiamento inicial, em função de seu alto risco e das baixas somas de dinheiro envolvidas. Simplesmente não vale a pena gastar tempo e esforço para avaliar e monitorar tais empreendimentos. Contudo, como as somas envolvidas são relativamente pequenas, em geral da ordem de dezenas de milhares de libras, economias pessoais, refinanciamentos e empréstimos de amigos e parentes são, em geral, suficientes. O financiamento inicial necessário para formar um novo empreendimento pode incluir a aquisição de acomodações, equipamentos e outros custos iniciais, além dos custos de operação cotidianos, como salários, eletricidade, telefonia, etc. Pesquisas nos Estados Unidos e Reino Unido sugerem que a maioria começa com empreendimentos nas horas vagas e são financiados por economias pessoais, empréstimos de amigos e parentes e crédito bancário, nessa ordem. Aproximadamente metade recebe, ainda, algum recurso de fontes governamentais, mas, por outro lado, recebem quase nada de investidores de capital de risco.[19]

O capital de risco é, em geral, disponibilizado somente em estágios finais para financiar o crescimento com base no desenvolvimento comprovado e em histórico de vendas. Dado o forte desejo por independência, muitos empreendedores procuram evitar recursos externos para seus empreendimentos. Na prática, porém, isso nem sempre é possível, especialmente nos últimos estágios de crescimento.

Investidores de capital de risco estão interessados em oferecer recursos para um empreendimento com histórico comprovado e um forte plano de negócio, mas em troca geralmente exigem alguma participação acionária ou envolvimento em gestão. Além disso, a maioria dos investidores de risco procura formas de obter ganhos de capital após, aproximadamente, cinco anos; entretanto, empreendedores técnicos buscam independência e controle, e há indícios de que alguns sacrificam o crescimento para manter o controle dos seus empreendimentos. Pela mesma razão, poucos empreendedores estão preparados para abrir o capital para financiar mais crescimento. Assim, muitos empreendedores optam por vender o negócio e criar outro. O empreendedor técnico típico, por exemplo cria em média três empreendimentos. Portanto, é provável que o maior problema de financiamento esteja na segunda rodada, que financia o desenvolvimento e o crescimento. Esse pode ser um processo frustrante e demorado, pois visa convencer investidores de capital de risco a fornecer verbas. A proposta formal é fundamental nesse estágio. Investidores profissionais avaliam a atratividade do empreendimento em termos de pontos fortes e personalidade dos fundadores, plano de negócio formal e valores comerciais e técnicos de produto, geralmente nessa ordem. Como discutimos no capítulo anterior, as empresas de capital de risco comuns costumam aceitar somente 5% dos empreendimentos que lhes são oferecidos, e os fundos especializados em empreendimentos de tecnologia são ainda mais seletivos, aceitando aproximadamente 3% deles. As principais razões para a rejeição de propostas no ramo de tecnologia, em comparação com as propostas de financiamento mais gerais, são a ausência de propriedade intelectual, as habilidades da equipe de gestão e o tamanho do mercado potencial.

EMPREENDEDORISMO EM AÇÃO 14.4

O papel do capital de risco na inovação

Recentemente, um amigo que trabalha no grupo de P&D de uma grande empresa me pediu para resumir o papel do capital de risco na inovação. Tentando expressar algo relevante para a sua própria experiência, expliquei que simplesmente fornecemos o orçamento de P&D para empresas que normalmente não o teriam! Explique também que as empresas que financiamos são, em geral, organizações de P&D pequenas e autocontidas que geram propriedade intelectual e, em última análise, novos produtos que ameaçam os participantes estabelecidos em um determinado setor. Os capitalistas de risco acreditam que, para criar valor, uma pequena empresa deve seguir uma estratégia que a torne necessária para as grandes corporações, ou uma ameaça para elas. Assim, as grandes empresas podem ser forçadas a competir entre si para adquirir a pequena e obter as novas inovações (ou eliminar a ameaça), o que dá ao capitalista de risco uma oportunidade valiosa de saída do investimento.

Isso vai ao cerne do modelo de negócio do capital de risco. Os capitalistas de risco são gestores de fundos de investimento que injetam capital em empreendimentos de alto risco em suas fases iniciais em troca de ações da empresa, com o objetivo de vender essas ações posteriormente, em alguma forma de evento de saída. Na esfera do capital de risco, a regra de ouro dos investimentos, "comprar na baixa, vender na alta", se transforma em "comprar na baixíssima, vender na altíssima" para compensar o perfil de risco extremo dos empreendimentos incipientes financiados.

A pergunta que complementa o que os capitalistas de risco fazem geralmente é: qual valor eles agregam aos empreendimentos em fase inicial, além do investimento financeiro puro? A pergunta costuma provocar muitos debates, às vezes até acirrados, em torno dos prós e contras de envolver os capitalistas de risco na administração de um negócio. Na minha opinião, a resposta é simples, baseada na filosofia do meio sobre a importância de eliminar os fracassos o mais cedo possível. Ao alocar seu capital apenas a empresas que continuam a demonstrar sucesso, os capitalistas de risco tiram o dinheiros dos empreendimentos de baixo desempenho, o que normalmente também leva à sua morte imediata. Isso muitas vezes não é o caso nos grupos de P&D das grandes corporações, nos quais projetos de baixo desempenho ou pouco potencial podem passar anos sendo protegidos pela indecisão dos gestores e por sensibilidades políticas. Assim, os capitalistas de risco criam um processo de seleção rigoroso e contínuo para o processo de inovação, forçando as empresas financiadas a cumprirem metas e prazos estritos... não há onde se esconder.

Em suma, o investimento de capital de risco fornece a verba necessária para promover a inovação em pequenas empresas com mais rapidez do que seria possível normalmente, e cria um processo rigoroso e contínuo de monitoramento que reage mediante a eliminação rápida dos fracassos. Em última análise, isso tudo se baseia no mais simples critério de seleção possível: esse investimento vai gerar um retorno financeiro significativo em 3 a 5 anos? A resposta a essa pergunta esclarece até mesmo as decisões de investimento mais difíceis.

Fonte: Simon Barnes é sócio-gerente da Tate & Lyle Ventures LP, um fundo de capital de risco independente financiado pela Tate & Lyle, uma fabricante global de ingredientes alimentícios.

> **EMPREENDEDORISMO EM AÇÃO 14.5**
>
> ## Andrew Rickman e a Bookham Technology
>
> Andrew Rickman fundou a Bookham Technology em 1988, aos 28 anos. Rickman tem mestrado em engenharia mecânica pelo Imperial College, de Londres, PhD em óptica integrada pela Surrey University e um MBA, além de experiência como investidor de capital de risco. Diferentemente de muitos empresários do ramo, ele não começou com o desenvolvimento de uma nova tecnologia e depois buscou meios para explorá-la. Em vez disso, primeiro identificou uma potencial demanda de mercado por comutação óptica para a incipiente rede de fibra ótica, e então desenvolveu uma solução tecnológica apropriada. O mercado para componentes ópticos está crescendo à medida que se intensifica o uso da Internet e demais elementos do intenso tráfego de dados. Rickman desejava desenvolver um circuito óptico integrado de *chip* único para substituir alguns componentes discretos como lasers, lentes e espelhos. Ele escolheu utilizar o silício, em vez de materiais mais exóticos, para reduzir os custos de desenvolvimento e explorar técnicas tradicionais de produção de *chips*. Os principais avanços tecnológicos foram realizados na Surrey University e no Rutheford Appleton Laboratory, onde já tinha trabalhado, e 27 patentes foram registradas e mais 140 foram encaminhadas. Uma vez confirmada a eficácia da tecnologia, a empresa levantou 110 milhões de dólares em diversas rodadas de financiamento com investidores de capital de risco da 3i e das empresas líderes no ramo da eletrônica, Intel e Cisco. A tarefa mais difícil foi a de ampliação de escala e produção: "Tirar a tecnologia do laboratório e colocá-la em produção é muito difícil nessa área. É infinitamente mais complicado do que conceber a tecnologia". A Bookham Technology ingressou na Bolsa de Londres e na Nasdaq, em Nova York, em abril de 2000, com uma capitalização de mercado de mais de £5 bilhões, fazendo de Andrew Rickman, detentor de 25% das cotas, um bilionário no papel. A Bookham está sediada em Oxford e emprega uma equipe de 400 pessoas. A empresa adquiriu o negócio de componentes ópticos da Nortel e da Marconi em 2002 e as empresas americanas do setor óptico Ignis Optics e New Focus em 2003, sendo que essa última aquisição incluiu instalações de produção de *chips* na China. Em 2009, a Bookham se fundiu com a californiana Avanex para criar uma nova empresa, a Oclaro, que combina as palavras Optica e Clarity, a qual atingiu receitas de mais de meio bilhão de dólares em 2014.

Os capitalistas de risco podem exercer dois papéis distintos. O primeiro é identificar ou selecionar os empreendimentos que têm o melhor potencial de sucesso, ou seja, detectar vencedores ou acompanhá-los. O segundo é ajudar a desenvolver os empreendimentos escolhidos, por meio da oferta de gestão especializada e acesso a outros recursos que não o capital, ou seja, o papel de *coach*. A distinção entre os efeitos desses dois papéis é fundamental tanto para a gestão quanto para a política da EBTs. Para os gestores, isso influencia na escolha da empresa de capital de risco; e para a política, no equilíbrio entre financiamento e outras formas de apoio. Um estudo com quase 700 empresas de biotecnologia durante dez anos nos ajuda a entender essas diferentes funções.[20] Ele descobriu que, momento da seleção de empresas iniciantes para investir, os critérios mais significativos utilizados por investidores de risco são a presença de uma equipe de gestão bastante ampla e experiente, um grande número de patentes recentes e alianças industriais a jusante (mas não de alianças de pesquisa a montante, que em geral têm um efeito negativo na seleção). O elemento mais influente para a decisão de financiar foi o primeiro critério, e o capital humano em geral. Contudo, análises subsequentes indicaram que esse fator tem pouco o efeito sobre o desempenho do empreendimento e que alguns efeitos significativos são divididos igualmente entre melhoria e impedimento de desempenho de um empreendimento. Os efeitos de tecnologia e alianças no desempenho subsequente são muito mais significativos e positivos.

Em suma, no estágio de seleção, os investidores de capital de risco enfatizam demais o capital humano, especialmente na equipe da alta gerência. Nos estágios de treinamento ou *coaching*, investidores de capital de risco realmente contribuem para o sucesso dos empreendimentos escolhidos, e tendem a introduzir gestão profissional externa muito mais cedo do que se a EBT não fosse financiada por capital de risco. Tudo isso sugere que o papel de *coaching* dos investidores de capital de risco provavelmente é tão ou mais importante que o papel do financiador, embora intervenções de política para promover as EBTs frequentemente concentrem-se nesse último aspecto.

Crescimento e desempenho de novos empreendimentos

Não faltam pesquisas sobre a economia e administração de pequenas empresas, mas boa parte delas se concentram na contribuição de todos os tipos de pequenas empresas para a economia, a geração de empregos e o desenvolvimento regional. Sabe-se relativamente pouco sobre novos empreendimentos inovadores.

Na maioria das economias desenvolvidas, cerca de 10% da população economicamente ativa se envolvem na criação de novos empreendimentos todos os anos, sendo a proporção ligeiramente maior (cerca de 15%) nos Estados Unidos e na Ásia e um pouco menor na Europa (6%, mas excluindo o Reino Unido). Contudo, o índice de rotatividade, ou churn (ou seja, novos empreendimentos fechados menos os criados), é alto. O fechamento não significa necessariamente fracasso, pois o fundador pode ter optado por trocar de negócio ou buscar outro emprego. Os índices de sobrevivência são bastante altos; no Reino Unido, 80% sobrevivem após dois anos, e 54% após quatro (Barclays Capital, 2008).[21] Nos Estados Unidos, vemos mais fracassos a curto prazo, provavelmente devido à facilidade de fundar um novo negócio no país, mas índices semelhantes de sobrevivência a mais longo prazo: 66% após dois anos, 50% após quatro e 40% após mais de seis.[22]

Um estudo com 409 pequenas e médias empresas examinou as diferenças entre as de maior crescimento (as gazelas) e as de menor crescimento durante um período de quatro anos para identificar como a inovação contribuiu para o crescimento. Além do alto crescimento, as gazelas também demonstraram maior rentabilidade, maior número de funcionários e participação de mercado significativamente mais elevada nos níveis local, nacional e internacional. Segundo o estudo, diversas características contribuem para esse fenômeno:[23]

- As de alto crescimento têm CEOs significativamente ($p < 0,001$) mais jovens do que as mais lentas, mas a média de 47 anos para as de alto crescimento indica que vários dos seus CEOs tinham mais de 50 anos.
- Novos produtos representam uma parcela significativamente maior das vendas nas que mais crescem.
- As de alto crescimento se consideravam melhores do que as concorrentes em termos de entender as necessidades dos clientes, oferecer produtos melhores, ser ágil e também conter os custos.
- As de alto crescimento priorizam o crescimento, não a rentabilidade ($p < 0,001$); a participação de mercado, não a rentabilidade ($p < 0,001$); e reinvestir em vez de distribuir lucros ($p < 0,001$).

Boa parte das pesquisas sobre pequenas empresas inovadoras se limita a uma pequena quantidade de setores tecnológicos, especialmente microeletrônica e biotecnologia. Uma exceção importante é o levantamento com 2 mil empresas de pequeno e médio porte realizado pelo Small Business Research Centre, no Reino Unido. O estudo descobriu que 60% da amostra afirmam ter lançado uma grande inovação de produto ou serviço nos últimos cinco anos.[24] Embora esse achado demonstre que a gestão da inovação é relevante para a maioria das pequenas empresas, ele não nos diz muito sobre a importância dessas inovações em termos de pesquisa e investimento ou sobre o seu desempenho financeiro ou no mercado subsequentemente.

Pesquisas feitas ao longo da década passada sugerem que as atividades inovadoras de empresas de pequeno e médio porte exibem características similares entre os setores.[25] Elas:

- são mais propensas a envolver inovação de produtos em vez de inovação de processo;
- estão centradas em produtos para mercados de nicho, em vez de mercados de massa;
- são mais comuns entre produtores de produtos finais do que entre produtores de componentes;
- frequentemente envolvem alguma forma de conexão externa;
- tendem a estar associadas a crescimento em produção e emprego, mas não necessariamente a lucro.

As limitações do foco na inovação de produtos para mercados de nicho ou intermediários foram discutidas anteriormente, com ênfase nos problemas associados ao planejamento e marketing de produtos e às relações com clientes líderes e conexões com fontes externas de inovação. Quando uma empresa de pequeno ou médio porte possui um relacionamento próximo com um pequeno número de clientes, ela pode ter pouco incentivo ou escopo para inovações adicionais e, portanto, pode dar relativamente pouca atenção ao marketing ou ao desenvolvimento formal de produtos. Assim, empresas de pequeno e médio porte nesses relacionamentos dependentes tendem a apresentar potencial limitado para crescimento futuro, continuando a ser iniciantes permanentemente ou sendo compradas por concorrentes ou clientes.[26] Além disso, uma análise do crescimento do número de EBTs sugere que a tendência tem muito mais a ver com fatores negativos, como demissões em empresas maiores, do que com fatores mais positivos, como a fundação de novas empresas.[27]

É provável que empresas de pequeno e médio porte inovadoras tenham relacionamentos diversos e extensivos com uma série de fontes externas de inovação e, em geral, há uma associação positiva entre o nível de insumos científicos, técnicos e profissionais externos e o desempenho de uma empresa de pequeno e médio porte.[28] As fontes de inovação e os tipos precisos de relacionamentos variam por setor, mas ligações com organizações de pesquisa, fornecedores, clientes e universidades são consistentemente classificadas como sendo altamente significativas e constituem o "capital social" da empresa. Contudo, tais relacionamentos têm um custo, e a administração e exploração desses vínculos podem ser difíceis para as pequenas e médias empresas, podendo sobrecarregar seus recursos técnicos e administrativos limitados.[29] Por consequência, em alguns casos, o custo de cooperação pode exceder os benefícios[30] e, no caso específico da cooperação entre empresas de pequeno e médio porte e universidades, há um descompasso inerente entre o foco a curto prazo e no mercado próximo da maioria dessas empresas e o interesse a longo prazo de pesquisa básica de universidades.[31]

Em termos de inovação, o desempenho de empresas de pequeno e médio porte é facilmente exagerado. Estudos prévios, baseados em contagens de inovações, indicavam que, quando ajustadas pelo tamanho, empresas menores criaram mais produtos novos que suas correlatas maiores. Entretanto, insuficiências metodológicas parecem minar essa mensagem clara. Quando divisões e subsidiárias de grandes organizações são removidas de tais amostras,[32] e as inovações são ponderadas de acordo com seus méritos tecnológicos e valor comercial, o relacionamento entre tamanho da empresa e inovação se inverte: grandes empresas criam proporcionalmente mais inovações significativas do que as pequenas e médias.[33] O montante de gastos por parte de empresas de pequeno e médio porte em design e engenharia tem efeito positivo sobre a participação de exportação em vendas,[34] mas a P&D formal parece estar pouco associada à lucratividade[35] e não está correlacionada ao crescimento.[36] De modo similar, as altas taxas de crescimento associadas às EBTs não são explicadas pelo esforço de P&D,[37] e o gastos com P&D e investimento em tecnologia parecem não discriminar entre o sucesso e o fracasso das EBTs. Em vez disso, tem-se verificado que outros fatores exercem um efeito mais significativo sobre a lucratividade e o crescimento, em particular as contribuições de administradores-proprietários tecnicamente qualificados e suas equipes científicas e de engenharia e a atenção ao planejamento e ao marketing de produtos.[38]

Um grande estudo com novas empresas na Alemanha descobriu que o nível de experiência administrativa do fundador era um preditor significativo de crescimento. Contudo, a inovação, grosso modo, revelou-se estatisticamente três vezes mais importante para o crescimento que outros atributos dos fundadores ou quaisquer outros fatores mensurados.[39] Outro estudo, com novas empresas de tecnologia coreanas, também descobriu que a inovação, definida como a propensão em se envolver com a geração de novas ideias, experimentação e P&D, estava associada ao desempenho. O mesmo valia para a proatividade, definida como a abordagem da empresa para oportunidades de mercado, por meio de pesquisa de mercado ativa e introdução de novos produtos e serviços.[40] O mesmo estudo também descobriu que as chamadas "ligações baseadas em patrocínio" exerciam efeito positivo sobre o desempenho. Isso incluía ligações com empresas de capital de risco, o que reforça a função de desenvolvimento dessas instituições, como discutimos anteriormente.

O tamanho e a localização de um empreendimento também têm efeito sobre seu desempenho. A proximidade geográfica aumenta a probabilidade de relacionamentos informais e estimula a mobilidade de trabalho especializado entre empresas. Contudo, a probabilidade de uma empresa iniciante se beneficiar de tais trocas locais de conhecimento parece cair à medida que o empreendimento cresce.[41] Essa incapacidade crescente de explorar relacionamentos informais é uma função do tamanho organizacional, não da idade do empreendimento, e sugere que, uma vez que os empreendimentos crescem e se tornam mais complexos, começam a sofrer com muitas das barreiras à inovação e, logo, ferramentas e processos explícitos para superá-las se tornam mais relevantes. Empresas de pequeno e médio porte maiores estão associadas a vínculos relacionados com inovações de maior alcance espacial e à introdução de mais produtos novos ou inovações de processo para mercados internacionais. Em contraste, as menores estão mais incrustadas em redes locais, e é mais provável que estejam envolvidas em inovações incrementais para o mercado doméstico.[42] É sempre difícil desvencilhar relacionamentos de causa e efeito de tais associações, mas é plausível que, conforme empresas iniciantes mais inovadoras começam a superar os recursos de suas redes locais de relacionamento, passam a trabalhar ativamente para substituir e ampliar essas redes, o que cria oportunidade e demanda por níveis mais altos de inovação. Por outro lado, as empresas iniciantes menos inovadoras não conseguem ir além das suas redes locais e, portanto, é menos provável que tenham a oportunidade ou a necessidade de inovações mais radicais.

Contingências diferentes, porém, acabam exigindo diferentes estratégias de inovação. Um estudo com 116 empresas iniciantes de software, por exemplo, identificou cinco fatores que influenciam o sucesso: nível de gastos com P&D, grau de mudança radical de novos produtos, intensidade de melhoria de produto, uso de tecnologia externa e gestão da propriedade intelectual.[43] Em contraste, um estudo com 94 empresas iniciantes de biotecnologia descobriu que três fatores estão associados ao sucesso: localização dentro de uma concentração significativa de empresas semelhantes, qualidade da equipe científica (mensurada por citações) e experiência comercial do fundador.[44] O número de alianças não surtiu efeito significativo sobre o sucesso, e o número de equipes científicas na equipe da alta gerência apresenta uma associação negativa, sugerindo que cientistas são mais bem aproveitados em laboratórios. Outros estudos com empresas iniciantes de biotecnologia confirmam esse padrão e sugerem que a manutenção de vínculos próximos com universidades reduz o nível de gastos necessários com P&D, aumenta o número de patentes obtidas e aumenta moderadamente o número de novos produtos em desenvolvimento. Entretanto, assim como em alianças mais gerais, o *número* de relacionamentos com universidades não tem efeito sobre o sucesso ou o desempenho de empresas iniciantes de biotecnologia, mas a *qualidade* de tais relacionamentos tem.[45]

EMPREENDEDORISMO EM AÇÃO 14.6

Intelligent Energy

A empresa foi fundada por um grupo de acadêmicos da Loughborough University em 2001, mas remonta à Advanced Power Sources Ltd, formada em 1995 por Paul Adcock, Phillip Mitchell, Jon Moore e Anthony Newbold. A empresa se baseia em pesquisas realizadas desde 1988 nos departamentos de engenharia automotiva, química e aeronáutica. A Intelligent Energy Ltd adquiriu a APS Ltd em 2001, e uma rodada de financiamento privado também permitiu que a nova empresa adquirisse uma licença mundial irrevogável para explorar todo o know-how sobre células de combustível desenvolvido na Loughborough University.

A empresa desenvolve células compactas de combustível refrigeradas a ar. Ela usa um modelo de licenciamento de tecnologias, semelhante à ARM, e licencia seu portfólio de mais de 500 patentes para diversas empresas automotivas, incluindo Nissan, Toyota, Suzuki, Vauxhall, Daimler, Ricardo, Hyundai e Tata (Jaguar Land Rover), fabricantes de eletrônicos e projetos de energia distribuída. A empresa tem 350 funcionários e escritórios no Japão, Índia e Estados Unidos.

A empresa tem tido muito sucesso no uso de projetos e parcerias chamativos para se promover: a primeira motocicleta com célula de combustível em 2005; o primeiro voo motorizado tripulado com célula de combustível, em um empreendimento europeu com a Boeing em 2008; e, em colaboração com a Manganese Bronze, o desenvolvimento e operação de uma frota de 15 táxis com emissão zero para os Jogos Olímpicos de Londres em 2012. Em 2013, a Intelligent Energy recebeu o Barclays Social Innovation Award do *The Sunday Times* Hiscox Tech Track 100.

Com uma segunda rodada de financiamento em 2003, a empresa se expandiu via aquisição da Element One Enterprises, sediada na Califórnia. A empresa arrecadou outros £22 milhões em 2012 e £32,5 milhões em 2013. As ações da Intelligent Energy foram lançadas na bolsa de valores de Londres em julho de 2014, o que arrecadou mais £40 milhões, colocando a avaliação da empresa em mais de £600 milhões. O fundo soberano singapuriano GIC possui cerca de 10% da empresa, e Philip Mitchell, um dos seus fundadores, hoje possui menos de 1%, tendo vendido as suas cotas quando a empresa emitiu novas ações em 2014.

Esses estudos sobre setores específicos confirmam que o ambiente no qual as pequenas empresas operam influencia significativamente as oportunidades de inovação, no sentido de mercado e tecnológico, e a estratégia e os processos mais apropriados para a inovação. Assim, um empreendimento pode ter a opção de usar ou não seus ativos intelectuais por meio da tradução da sua tecnologia em produtos e serviços para o mercado, ou então explorar esses ativos através de uma empresa maior e mais tradicional, com licenciamento, venda dos direitos ou colaboração. Mais especificamente, o empreendimento precisa considerar dois fatores ambientais:[46]

- *Excludencialidade.* Até que ponto o empreendimento é capaz de impedir ou limitar a concorrência dos incumbentes que desenvolvem tecnologias semelhantes?
- *Ativos complementares.* Até que ponto os ativos complementares (produção, distribuição, reputação, apoio, etc.) contribuem para a proposição de valor da tecnologia?

A combinação dessas duas dimensões cria quatro opções de estratégia:

- *Vantagem do atacante.* Quando os ativos complementares do incumbente não agregam muito valor, e a empresa iniciante não pode impedir o desenvolvimento por parte do incumbente (ex.: a propriedade intelectual formal é irrelevante ou difícil de proteger), o empreendimento terá a oportunidade de perturbar as posições estabelecidas, mas a liderança tecnológica tende a ser temporária, pois há uma reação dos incumbentes e de outros novos empreendimentos, resultando em nichos de mercado fragmentados a longo prazo. Esse padrão é comum no ramo dos componentes de informática.
- *Fábrica de ideias.* Por outro lado, quando os incumbentes controlam os ativos complementares necessários, mas o empreendimento consegue impedir o desenvolvimento bem-sucedido da tecnologia por eles, a cooperação torna-se essencial. O novo empreendimento tende a enfocar a pesquisa e a liderança tecnológica, fortes parcerias a jusante para comercialização. Esse padrão tende a reforçar a posição dominante dos incumbentes, pois os novos empreendimentos não conseguem desenvolver ou controlar os ativos complementares necessários. Esse padrão é comum na biotecnologia.
- *Baseado em reputação.* Quando os incumbentes controlam os ativos complementares, mas o empreendimento não pode impedi-los de desenvolver tecnologias concorrentes, há um problema grave de sigilo e outros riscos em se trabalhar com as empresas tradicionais. Nesses casos, o empreendimento precisa de muita cautela ao buscar parceiros estabelecidos, e devendo identificar parceiras com a reputação de serem justas nessas transações. A Cisco e a Intel desenvolveram essa reputação, e muitas vezes são procuradas por empreendimentos que buscam explorar a sua tecnologia. Esse padrão é comum em setores com uso intensivo de capital, como a indústria aeroespacial e a automotiva. Contudo, esses setores têm um "equilíbrio" inferior, pois as empresas tradicionais têm a reputação de praticarem expropriação, o que desestimula as novas entrantes.
- *Greenfield (terra virgem).* Quando os ativos dos incumbentes não são importantes e o empreendimento consegue impedir imitações de sucesso, surge o potencial de dominar um negócio emergente. A competição e a cooperação com os incumbentes são ambas estratégias viáveis, dependendo do potencial de controle da tecnologia (ex.: com a definição de normas ou plataformas) e de onde o valor é criado na cadeia de valor.

Uma grande proporção de novos empreendimentos não consegue crescer e prosperar. As estimativas variam por tipo de negócio e contexto nacional, mas, geralmente, 40% dos novos negócios fracassam em seu primeiro ano e 60% no segundo ano. Em outras palavras, em torno de 40% sobrevivem aos primeiros dois anos. Razões comuns para o fracasso incluem:

- controle financeiro deficiente;
- falta de capacidade ou experiência administrativa;
- falta de estratégia para transição, crescimento ou saída do negócio.

Existem muitas formas para um novo empreendimento crescer e criar valor adicional:

- crescimento orgânico por meio de vendas adicionais e diversificação;
- aquisição ou fusão com outra empresa;
- venda do negócio para outra empresa ou para um fundo de investimento;
- oferta pública inicial (IPO) em bolsa de valores.

O Profit Track, do *Sunday Times*, por exemplo, estima que, das 500 empresas privadas britânicas de rápido crescimento, aproximadamente 100 juntaram-se ou foram compradas por outras empresas ou por fundos de investimento ao longo de 5 anos, mas somente umas 10 delas abriram seu capital (Tabela 14.3).

TABELA 14.3 Algumas das empresas privadas que mais crescem no Reino Unido

Empresa	Crescimento anual (%, média de 3 anos)	Vendas 2013/14 (milhões de £)	Negócio
Anesco	374,94	106,7	Consultoria de eficiência energética
Missguided	191,17	51,0	Varejo de moda online
G2 Energy	178,61	12,8	Engenharia elétrica e civil
Ovo Energy	140,14	171,7	Fornecedor de energia
AlphaSights	139,73	18,8	Fornecedor de informações de negócio
LSE Retail	120,17	6,8	Varejo de iluminação online
Concrete Canvas	118,33	5,1	Fabricante de tecidos impregnados com concreto
Earthmill	112,58	13,4	Instaladora de turbinas eólicas

Fonte: Sunday Times Virgin Fast Track League Table 2014.

Algumas das empresas de melhor desempenho atuam em TIC; outras, em inovação de serviços. Outra pesquisa sobre novos empreendimentos de base tecnológica revela a preponderância dos negócios baseados na Internet, o que demonstra o quanto o mundo mudou desde o estouro da bolha da Internet.

EMPREENDEDORISMO EM AÇÃO 14.7

Empresas de base tecnológica com alto crescimento

Desde 2001, a Fast Track, empresa de pesquisa sediada em Oxford, organiza um relatório para o jornal *Sunday Times* sobre as 100 maiores novas empresas de tecnologia do Reino Unido, com o patrocínio da PriceWaterhouseCoopers e da Microsoft.

Após o colapso da bolha ponto.com, o levantamento anual tem se mostrado um excelente termômetro para avaliar as mais robustas e consistentes novas empresas de tecnologia, que, sem figurarem em manchetes, continuam a ser criadas, a crescer e a prosperar.

Das 100 empresas analisadas entre 2001 e 2006, 48 foram financiadas com capital de risco ou fundos de investimento. Como seria de se esperar, muitas das mais bem-sucedidas se concentram em tecnologias de software ou de telecomunicações, as chamadas tecnologias de informação e comunicação (TIC), mas as aplicações comerciais são cada vez mais dinâmicas e diversas, incluindo jogos, apostas, música, filmes, moda e educação. Embora a maioria dessas empresas tenha apenas cinco ou seis anos de idade, a média de vendas anuais alcança £5 milhões, com crescimento anual de 60%. Os exemplos incluem:

- Gamesys, uma operadora de sites de jogos criada em 2001, com 50 funcionários e vendas de £9,4 milhões em 2006.
- The Search Works, uma consultora publicitária para ferramentas de busca, fundada em 1999, hoje empregando mais de 50 pessoas, com vendas de £18,6 milhões.
- REDTRAY, um desenvolvedor de software de aprendizagem eletrônica, formado em 2002, agora com uma equipe de 30 pessoas e vendas de £4,5 milhões.
- Ocado, o negócio de tele-entrega para pedidos online do supermercado Waitrose, criado no ano 2000, que em seis anos empregava quase mil pessoas, com três milhões de entregas semanais e lucro de £143 milhões.
- Wiggle, uma varejista online de artigos esportivos, fundada em 1998, que em 2006 tinha 50 funcionários e vendas de £9,2 milhões.
- Betfair, uma casa de apostas online, estabelecida em 1999, que sete anos depois tinha vendas de £107 milhões e mais de 400 funcionários.

Fonte: Sunday Times Tech Track 100, 24 de setembro de 2006, www.fasttrack.co.uk, www.pwc.com.

A falta de credibilidade e experiência em gestão dos fundadores também pode ser uma barreira importante para financiar e expandir novos empreendimentos. No estágio inicial, o desenvolvimento de relacionamentos com clientes e fornecedores em potencial é o aspecto mais crítico, mas à medida que o empreendimento cresce, o relacionamento e a função dos parceiros na sua rede passam por mudanças. Mais tarde, é preciso cultivar fontes externas de financiamento, o que pode resultar em mudanças de propriedade e na dissolução das relações iniciais, e a entrada de parceiros mais maduros, em redes mais estáveis. Com o tempo, as funções dos diferentes participantes da rede de empreendimentos se tornam mais especializadas e profissionais.[47] As habilidades individuais são essenciais para construir e desenvolver essas redes e relacionamentos. Essas habilidades incluem:[48]

- *Comunicação social e interpessoal.* Para gerar credibilidade e promover o compartilhamento de conhecimentos.
- *Habilidades de negociação e equilíbrio.* Para equilibrar cooperação e concorrência e desenvolver consciência, confiança e comprometimento.
- *Habilidades de persuasão e criação de visão.* Para estabelecer funções e a divisão das responsabilidades e recompensas.

Sendo assim, o desafio é o de simultaneamente administrar a empresa mais madura e os seus relacionamentos e, além disso, manter o foco inicial em inovação. Em sua, o crescimento do novo empreendimento é consequência da interação de fatores internos, como as personalidades e capacidades dos empreendedores, e fatores externos, como as conexões de redes físicas e sociais. Contudo, como indica a Figura 14.2, a disposição empreendedora é necessária, mas está longe de ser condição suficiente para a inovação ou o sucesso.

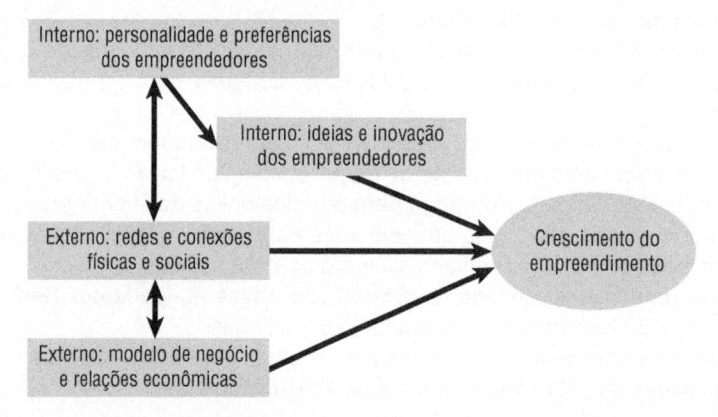

FIGURA 14.2 Fatores internos e externos que influenciam o crescimento de novos empreendimentos.
Fonte: Derivado de Tove Brink (2014) The impact on growth of outside-in and inside-out innovation, *International Journal of Innovation Management*, **18**(4), doi 1450023.

Resumo do capítulo

- Um novo empreendimento representa uma oportunidade de desenvolver e produzir novas tecnologias, produtos ou serviços. Contudo, a maioria dos novos empreendimentos fracassa após alguns anos, e pouquíssimos continuam a crescer.

- A mitologia do empreendedor solitário que adora riscos não tem fundamento. Fatores internos e externos contribuem para o sucesso e crescimento de um novo empreendimento. Os fatores internos incluem escolaridade, experiência e capacidades dos fundadores, bem como um foco em inovação e planejamento. Os fatores externos incluem o acesso a recursos complementares, redes sociais e de negócios e o contexto regional e nacional.

- A disponibilidade dos recursos financeiros é uma limitação significativa, não tanto nas fases iniciais quanto nos estágios subsequentes de desenvolvimento e crescimento. Contudo, a inovação promove o desenvolvimento e o crescimento do novo empreendimento, e isso exige acesso a recursos e capacidades complementares dentro da nova organização e em suas redes externas.

Glossário

Capacidades complementares O misto de experiências, conhecimentos especializados e recursos diversos dos quais os empreendimentos precisam para crescer, obtido em parte por múltiplos fundadores e em parte por redes externas.

Empresas de base tecnológica (EBTs) Formadas em torno de uma tecnologia focal, mas não necessariamente inédita, radical ou científica (ex.: qualquer empresa da Internet). São diferentes da maioria dos novos empreendimentos com relação às características do fundador e os recursos necessários.

Gazelas Empresas de crescimento extremamente rápido, em geral acima de 10%, em termos de vendas e equipe durante um longo período de tempo. São raras: na maioria das estimativas, representam menos de 5% de todas as empresas.

Muppets (empreendimentos marginais, pequenos e de baixo desempenho) Mais típicos do que as gazelas, e pela maioria das medidas, menos produtivos e inovadores do que as empresas maiores, contribuem menos para a criação de riqueza e geração de empregos.

E para completar o zoológico:

Unicórnios Empreendimentos cujo valor superou mais de 1 bilhão de dólares. Mais raros do que gazelas!

Questões para discussão

1. Quais características dos fundadores influenciam o sucesso de um novo empreendimento?
2. Como a inovação afeta o crescimento e a rentabilidade de um novo empreendimento?
3. Por que os recursos complementares são essenciais para o desenvolvimento e crescimento de um novo empreendimento?
4. Quais são as contribuições das redes e do contexto externo para o sucesso?

Fontes e leituras recomendadas

Existem milhares de livros e artigos científicos sobre o tema mais geral do empreendedorismo, mas produziu-se relativamente pouco sobre a questão mais específica do empreendedorismo inovador ou tecnológico. *Entrepreneurs in High Technology: Lessons from MIT and Beyond* (Oxford University Press, 1991), de Ed Roberts, é um excelente estudo sobre a experiência do MIT, embora dê ênfase demais a características de empreendedores individuais. Para uma análise mais ampla dos empreendimentos tecnológicos nos Estados Unidos, veja *Understanding Silicon Valley: Anatomy of an Entrepreneurial Region* (Stanford University Press, 2000), editado por Martin Kenny. Para uma análise mais recente dos empreendedores em tecnologia, veja *Inventing Entrepreneurs: Technology Innovators and Their Entrepreneurial Journey*, de Gerry George e Adam Bock (Prentice Hall, 2008). *High-Technology Entrepreneurship* (Routledge, 2012), de Ray Oakey, é um estudo semelhante dos empreendimentos de tecnologia no Reino Unido, mas dá maior a ênfase ao modo como diferentes tecnologias limitam as oportunidades para estabelecer novos empreendimentos e afetam sua gestão e seu sucesso. Para guias mais acessíveis, experimente *The Hard Thing about Hard Things: Building a Business When There Are No Easy Answers*, de Ben Horowitz (HarperBusiness, 2014), ou *The Lean Startup: How Constant Innovation Creates Radically Successful Businesses*, de Eric Ries (Portfolio Penguin, 2011).

Para abordagens mais acadêmicas, uma edição especial do *Strategic Management Journal* (volume 22, July 2001) examina estratégias empreendedoras e inclui diversos artigos sobre empresas de base tecnológica, enquanto uma edição especial da revista *Research Policy* (volume 32, 2003) tem artigos científicos sobre novas empresas e spin-offs de tecnologia. Uma edição especial de *Journal of Product Innovation Management* examina o empreendedorismo e a comercialização de tecnologias (volume 25, 2008), e uma edição especial de *Industrial and Corporate Change* enfoca empresas derivadas de projetos universitários (**16**(4), 2007). A maioria dos textos sobre empreendedorismo e novos negócios não discute os fatores que influenciam o sucesso e o crescimento de novos empreendimentos, especialmente o papel da inovação, mas a exceção importante é o trabalho dos nossos colegas David Storey e Francis Green, intitulado *Small Business and Entrepreneurship* (Financial Times/Prentice Hall, 2010), que apresenta uma revisão completa das pesquisas sobre o crescimento de empreendimentos. Para análises mais sucintas, mas ainda excelentes, da pesquisa sobre as condições iniciais que influenciam o sucesso e o crescimento subsequente, veja "Impact of initial conditions on new venture Success" (*International Journal of Innovation Management*, **14**(1), 41–56), de Gao, Li, Cheng e Shi (2010); e "Founding conditions and the survival of new firms" (*Strategic Management Journal*, **31**, 510–29), de Geroski, Mata e Portugal (2010). Para uma revisão empírica abrangente, consulte *The Growth of Firms: A Survey of Theories and Empirical Evidence*, de Alex Coad (Edward Elgar, 2009). A revista acadêmica *Industrial and Corporate Change* publicou uma edição especial recente sobre empresas com altos índices de crescimento (**23**(1), 2014).

Referências

1. Storey, D. and F. Greene (2010) *Small Business & Entrepreneurship*, Upper Saddle River, NJ: Prentice Hall; Coad, A. (2009) *The Growth of Firms: A Survey of Theories and Empirical Evidence*, Cheltenham: Edward Elgar.

2. Song, M., K. Podoynitsyna, H. van der Bij and J.I.M. Halman (2008) Success factors in new ventures: A meta-analysis, *Journal of Product Innovation Management*, **25**: 7–27.

3. Storey, D. and F. Green (2010) *Small Business and Entrepreneurship*, Upper Saddle River, NJ: Prentice Hall; Storey, D. (1994) *Understanding the Small Business Sector*, Boston: Thomson Learning; Mason, G., K. Bishop and C. Robinson (2009) *Business Growth and Innovation*, London: NESTA.

4. Barr, S.H., T. Baker, S.K. Markham and A.I. Kingon (2009) Bridging the Valley of Death: Lessons learned from 14 years of commercialization of technology education, *Academy of Management Learning and Education*, **8**(3): 370–88; Beaver, G. (2007) The strategy payoff for smaller enterprises, *Journal of Business Strategy*, **28**(1): 9–23; Lyles, M.A., I.S. Baird, B. Orris, B. and K. Kuratko (1993) Formalised planning in business: Increasing strategic choice, *Journal of Small Business Management*, **31**(2): 38–51.

5. Birley, S. (2002) Universities, academics and spin-out companies: Lessons from Imperial, *International Journal of Entrepreneurship Education*, **1**(1): 133–54.

6. Coad, A. (2009) *The Growth of Firms: A Survey of Theories and Empirical Evidence*, Cheltenham: Edward Elgar; Capelleras, J.L. and F.J. Greene (2008) The determinants and growth implications of venture creation speed, *Entrepreneurship and Regional Development*, **20**(4): 317–43; Koeller, C.T. and T.G. Lechler (2006) Employment growth in high-tech new ventures, *Journal of Labor Research*, **27**(2): 135–47; Persson, H. (2004) The survival and growth of new establishments in Sweden, *Small Business Economics*, **23**(5): 423–40.

7. Geroski, P.A., J. Mata and P. Portugal (2010) Founding conditions and the survival of new firms, *Strategic Management Journal*, **31**: 510–29; Gao, J., J. Li, Y. Cheng and S. Shi, S. (2010) Impact of initial conditions on new venture success, *International Journal of Innovation Management*, **14**(1): 41–56; Wadhwa, V., R.B. Freeman and B.A. Rissing (2008) Education and technology entrepreneurship, *Social Science Research Network*, working paper 1127248.

8. Saridakis, G., K. Mole and D.J. Storey (2008) New small firm survival in England, *Empirica*, **35**: 25–39.

9. Birley, S. and P. Westhead (1994) A taxonomy of business start-up reasons and their impact on firm growth and size, *Journal of Business Venturing*, **9**(1): 7–31; Davila, A., G. Foster and M. Gupta (2003) Venture capital financing and the growth of start-up firms, *Journal of Business Venturing*, **18**(6): 689–708.

10. Cosh, A., A. Hughes, A. Bullock and I. Milner (2009) *SME Finance and Innovation in the Current Economic Crisis*, Cambridge: Centre for Business Research, University of Cambridge.

11. Storey, D. and B. Tether (1998) New technology-based firms in the European Union, *Research Policy*, **26**: 933–46; Tether, B. and D. Storey (1998) Smaller firms and Europe's high technology sectors: A framework for analysis and some statistical evidence, *Research Policy*, **26**(9): 947–71.

12. Koellinger, P. (2008) The relationship between technology, innovation, and firm performance: Empirical evidence from e-business in Europe, *Research Policy*, **37**(8): 1317–28.

13. Mayer-Hauga, K., S. Read, J. Brinckmann et al. (2013) Entrepreneurial talent and venture performance: A meta-analytic investigation of SMEs, *Research Policy*, **42**(6): 1251–73; Delmar, F. and S. Shane (2003) Does business planning facilitate the development of new ventures? *Strategic Management Journal*, **24**: 1165–85.

14. Arvanitis, S. and T. Stucki (2014) The impact of venture capital on the persistence of innovation activities of start-ups, *Small Business Economics*, **42**(5): 849–70.

15. Stucki, T. (2013) Success of start-up firms: The role of financial constraints, *Industrial and Corporate Change*, **23**(1): 25–64.

16. Agarwal, R. and S.K. Shah (2014) Knowledge sources of entrepreneurship: Firm formation by academic, user and employee innovators, *Research Policy*, **43**(7): 1109–33.

17. Tidd, J. (2014) Conjoint innovation: Building a bridge between innovation and entrepreneurship, *International Journal of Innovation Management*, **18**(1): 1–20; Tidd, J. (2012) It takes two to tango: How multiple entrepreneurs interact to innovate, *European Business Review*, **24**(4): 58–61.
18. Drucker, P. (1985) *Innovation and Entrepreneurship*, New York: Harper & Row.
19. Oakey, R. (2012) *High-Technology Entrepreneurship*, Oxford: Routledge; Lockett, A., G. Murray and M. Wright (2002) Do UK venture capitalists still have a bias against investment in new technology firms? *Research Policy*, **31**(6): 1009–30.
20. Baum, J. and B. Silverman (2004) Picking winners or building them? Alliance, intellectual and human capital as selection criteria in venture financing and performance of biotechnology start-ups, *Journal of Business Venturing*, **19**(5): 411–36.
21. Frankish, J., R. Roberts and D. Storey (2008) *Measuring Business Activity in the UK*, Poole: Barclays Bank.
22. Head, B. (2003) Redefining business success: Distinguishing between closure and failure, *Small Business Economics*, **21**(1): 51–9.
23. Grundstrom, C., R. Sjöström, A. Uddenberg and A. Öhrwall Rönnbäck (2012) Fast-growing SMEs and the role of innovation, *International Journal of Innovation Management*, **16**(3): 1–19.
24. Small Business Research Centre (1992) *The State of British Enterprise: Growth, Innovation and Competitiveness in Small and Medium Sized Firms*, Cambridge: SBRC.
25. Hoffman, K., M. Parejo, J. Bessant and L. Perren (1998) Small firms, R&D, technology and innovation in the UK: A literature review, *Technovation*, **18**(1): 39–55.
26. Calori, R. (1990) Effective strategies in emerging industries, in: R. Loveridge and M. Pitt (eds) *The Strategic Management of Technological Innovation*, Chichester: John Wiley & Sons Ltd, 21–38; Walsh, V., J. Niosi and P. Mustar (1995) Small firms formation in biotechnology: A comparison of France, Britain and Canada, *Technovation*, **15**(5): 303–28; Westhead, P., D. Storey and M. Cowling (1995) An exploratory analysis of the factors associated with survival of independent high technology firms in Great Britain, in: F. Chittenden, M. Robertson and I. Marshall (eds) *Small Firms: Partnership for Growth in Small Firms*, London: Paul Chapman, 63–99.
27. Tether, B. and D. Storey (1998) Smaller firms and Europe's high technology sectors: A framework for analysis and some statistical evidence, *Research Policy*, **26**: 947–71.
28. MacPherson, A. (1997) The contribution of external service inputs to the product development efforts of small manufacturing firms, *R&D Management*, **27**(2): 127–43.
29. Rothwell, R. and M. Dodgson (1993) SMEs: Their role in industrial and economic change, *International Journal of Technology Management*, **Special Issue**: 8–22.
30. Moote, B. (1993) *Financial Constraints to the Growth and Development of Small High Technology Firms*, Cambridge: Small Business Research Centre, University of Cambridge; Oakey, R. (1993) Predatory networking: The role of small firms in the development of the British biotechnology industry, *International Small Business Journal*, **11**(3): 3–22.
31. Storey, D. (1992) United Kingdom: Case study, in: *Small and Medium Sized Enterprises, Technology and Competitiveness*, Paris: OECD; Tang, N. *et al.* (1995) Technological alliances between HEIs and SMEs: Examining the current evidence, in: D. Bennett and F. Steward (eds), *Proceedings of the European Conference on the Management of Technology: Technological Innovation and Global Challenges*, Birmingham: Aston University.
32. Tether, B. (1998) Small and large firms: Sources of unequal innovations? *Research Policy*, **27**: 725–45.
33. Tether, B., J. Smith and A. Thwaites (1997) Smaller enterprises and innovations in the UK: The SPRU Innovations Database revisited, *Research Policy*, **26**: 19–32.

34. Strerlacchini, A. (1999) Do innovative activities matter to small firms in non-R&D--intensive industries? *Research Policy*, **28**: 819–32.

35. Hall, G. (1991) *Factors associated with relative performance amongst small firms in the British instrumentation sector*, Working Paper No. 213, Manchester: Manchester Business School.

36. Oakey, R., R. Rothwell and S. Cooper (1988) *The Management of Innovation in High Technology Small Firms*, London: Pinter.

37. Keeble, D. (1993) *Regional Influences and Policy in New Technology-based Firms: Creation and Growth*, Cambridge: Small Business Research Centre, University of Cambridge.

38. Dickson, K., A. Coles and H. Smith (1995) Scientific curiosity as business: An analysis of the scientific entrepreneur, paper presented at the 18th National Small Firms Policy and Research Conference, Manchester; Lee, J. (1993) Small firms' innovation in two technological settings, *Research Policy*, **24**: 391–401.

39. Bruderl, J. and P. Preisendorfer (2000) Fast-growing businesses, *International Journal of Sociology*, **30**: 45–70.

40. Lee, C., K. Lee and J. Pennings (2001) Internal capabilities, external networks, and performance: A study of technology--based ventures, *Strategic Management Journal*, **22**: 615–40.

41. Almeida, P., G. Dokko and L. Rosenkopf (2003) Startup size and the mechanisms of external learning: Increasing opportunity and decreasing ability? *Research Policy*, **32**: 301–15.

42. Freel, M. (2003) Sectoral patterns of small firm innovation, networking and proximity, *Research Policy*, **32**: 751–70.

43. Zahra, S. and W. Bogner (2000) Technology strategy and software new ventures performance, *Journal of Business Venturing*, **15**(2): 135–73.

44. Deeds, D., D. DeCarolis and J. Coombs (2000) Dynamic capabilities and new product development in high technology ventures: An empirical analysis of new biotechnology firms, *Journal of Business Venturing*, **15**(3): 211–29.

45. George, G., S. Zahra and D. Robley Wood (2002) The effects of business– university alliances on innovative output and financial performance: A study of publicly traded biotechnology companies, *Journal of Business Venturing*, **17**: 577–609.

46. Gans, J. and S. Stern (2003) The product and the market for "ideas": Commercialization strategies for technology entrepreneurs, *Research Policy*, **32**: 333–50.

47. Oberg, C. and C. Grundstrom (2009) Challenges and opportunities in innovative firms' network development, *International Journal of Innovation Management*, **13**(4): 593–614.

48. Ritala, P., L. Armila and K. Blomqvist (2009) Innovation orchestration capability, *International Journal of Innovation Management*, **13**(4): 569–91.

Parte V

Criar valor

Há uma diferença significativa entre gerar uma inovação ou novo empreendimento e criar e capturar o seu valor. Como garantir que isso produza ganhos sociais, caso estejamos tentando mudar o mundo? Como garantimos que o seu uso disseminado vai gerar um fluxo de renda? Como recuperamos o nosso investimento de tempo, energia e dinheiro, e o investimento alheio também? Como nos protegemos das pessoas que tentam copiar nossa ideia e se aproveitar do nosso trabalho pioneiro? E mesmo que fracassemos, como capturamos a aprendizagem sobre como o processo de inovação funciona, para que na próxima tentativa possamos aumentar nossa probabilidade de sucesso?

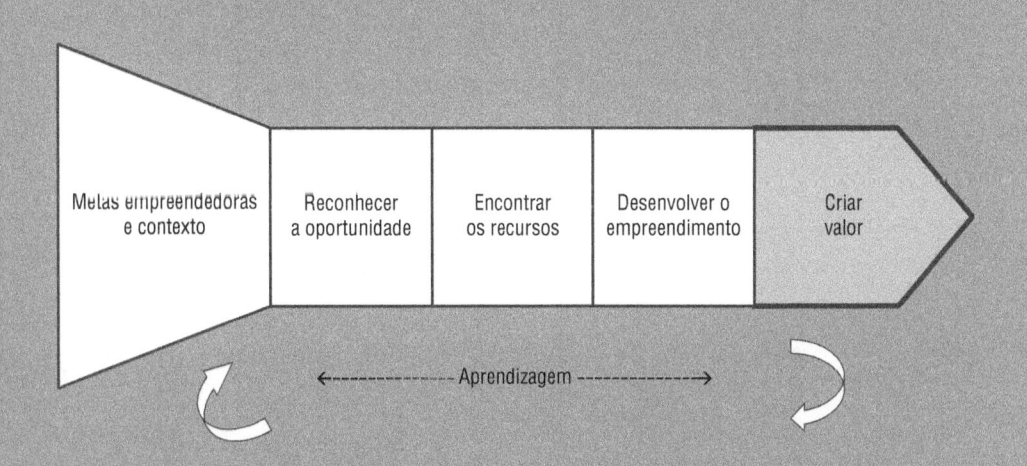

| Metas empreendedoras e contexto | Reconhecer a oportunidade | Encontrar os recursos | Desenvolver o empreendimento | Criar valor |

←-------- Aprendizagem --------→

Capítulo

15

Explorar o conhecimento e a propriedade intelectual

> **OBJETIVOS DE APRENDIZAGEM**
>
> Depois de ler este capítulo, você compreenderá:
>
> - identificar diferentes tipos de conhecimento e propriedade intelectual;
> - escolher e aplicar métodos adequados de gestão do conhecimento;
> - desenvolver uma estratégia de licenciamento de propriedade intelectual.

Inovação e conhecimento

Neste capítulo, discutimos como indivíduos e organizações identificam "o que sabem" e como melhor exploram esse conhecimento. Examinamos os campos relacionados à gestão do conhecimento, à aprendizagem organizacional e à propriedade intelectual. As questões mais importantes: incluem a natureza do conhecimento, como conhecimento explícito *versus* conhecimento tácito; a localização de conhecimento, como individual *versus* organizacional; e a distribuição de conhecimento na organização. Mais especificamente, a gestão do conhecimento preocupa-se com a identificação, a tradução, o compartilhamento e a exploração de conhecimento dentro de uma organização. Uma das questões-chave é o relacionamento entre aprendizagem individual e organizacional, como a primeira é transformada na última e então em novos processos, produtos e negócios. Por fim, analisamos diferentes tipos formais de propriedade intelectual e como eles podem ser usados no desenvolvimento e na comercialização de inovações.

Em essência, a gestão do conhecimento envolve cinco tarefas fundamentais:

- gerar e adquirir novos conhecimentos;
- identificar e codificar o conhecimento existente;
- armazenar e recuperar conhecimento;

- compartilhar e distribuir o conhecimento na organização;
- explorar e integrar o conhecimento em processos, produtos e serviços.

Gerar e adquirir conhecimento

As organizações podem adquirir conhecimento via experiência, experimentação ou aquisição. Dessas, a aprendizagem a partir da experiência parece ser a menos eficaz. Na prática, as organizações não transformam facilmente experiência em conhecimento. Além disso, a aprendizagem pode ser involuntária ou não vir a resultar em maior eficácia. As organizações podem aprender de maneira incorreta ou ainda aprender algo de incorreto ou prejudicial, como habilidades falhas ou irrelevantes, ou hábitos autodestrutivos. Isso pode levar uma organização a acumular experiência em uma técnica inferior e impedir que ela adquira experiência suficiente em um procedimento superior que justifique sua utilização, o que é, às vezes, denominado de "armadilha da competência".

A experimentação é uma abordagem mais sistemática de aprendizado, um recurso central de atividades de P&D, de pesquisa de mercado e de algumas alianças organizacionais e de redes de relacionamento. Quando praticada com rigor, uma estratégia de aprendizagem por meio de tentativas e erros incrementais reconhece as complexidades de tecnologias e mercados existentes, bem como as incertezas associadas à mudanças em tecnologias e no mercado e à previsão do futuro. A utilização de alianças para a aprendizagem é menos comum e exige a intenção de usá-las como uma oportunidade de aprendizado, uma receptividade com relação ao know-how externo e parceiros com transparência adequada. Para que a aquisição de know-how resulte em aprendizagem organizacional, é preciso que haja uma lógica por trás da aquisição e do processo de aquisição e transferência. O efeito cumulativo da terceirização de várias tecnologias, por exemplo, com base em custos de transação comparativa, pode limitar futuras opções tecnológicas e reduzir a competitividade a longo prazo.

Uma abordagem mais ativa frente à aquisição de conhecimento envolve o rastreamento de ambientes internos e externos. Conforme discutimos no Capítulo 7, a busca consiste em procurar, filtrar e avaliar possíveis oportunidades oriundas de fora da organização, incluindo tecnologias relacionadas e emergentes, novos mercados e serviços, os quais podem ser explorados por meio de aplicação ou combinação com competências existentes. O reconhecimento de oportunidades, que é o precursor do comportamento empreendedor, costuma ser associado à intuição ou a "lampejos de genialidade", mas, na realidade, é mais provável que seja o resultado final de um árduo processo de rastreamento ambiental. O rastreamento externo pode ser conduzido em vários níveis. Pode ser uma iniciativa operacional com administradores voltados para o mercado ou para a tecnologia, tornando-os mais conscientes de novos desenvolvimentos dentro de seus próprios ambientes, ou uma iniciativa impulsionada pela alta administração, em que gestores de empreendimentos ou empresas de capital profissional são utilizados para monitorar e investir em possíveis oportunidades.

Identificar e codificar o conhecimento

É importante partirmos de uma ideia mais clara do que entendemos por "conhecimento". O conhecimento tornou-se tudo para todos, desde sistemas de TI corporativos até habilidades e experiência de indivíduos. Não há uma tipologia universalmente aceita, mas a hierarquia a seguir é útil:

- *Dados* são um conjunto discreto e bruto de observações, números, palavras, registros, etc. Geralmente, são fáceis de estruturar, gravar, armazenar e manipular eletronicamente.
- *Informações* são dados que foram organizados, agrupados ou categorizados em determinado padrão. A organização pode consistir em categorização, cálculo ou síntese. Essa organização de dados contempla informações de relevância e propósito e, na maioria dos casos, agrega valor aos dados.
- *Conhecimento* é toda informação que foi contextualizada, que ganhou significado e, por consequência, que foi tornada relevante e mais fácil de operacionalizar. A transformação da informação em conhecimento envolve a realização de comparações e contrastes, a identificação de relacionamentos e a inferência de consequências. Portanto, o conhecimento é mais profundo e mais rico que a informação e inclui especialização, experiência, valores e insights estruturados.

O conceito de conhecimento desincorporado pode ser uma ideia muito abstrata, mas é possível avaliá-lo na prática. Eis alguns tipos de conhecimento extraídos de um estudo sobre indústrias de biotecnologia e de telecomunicações:[1]

- variedade de conhecimento;
- profundidade de conhecimento;
- fonte de conhecimento, interna e externa;
- avaliação do conhecimento e conscientização de competências;
- práticas de gestão do conhecimento, capacidade de identificar, compartilhar e adquirir conhecimento;
- utilização de sistemas de TI para armazenar, compartilhar e reutilizar conhecimento;
- identificação e assimilação de conhecimento externo;
- conhecimento comercial de mercados e clientes;
- conhecimento da concorrência, atual e potencial;
- conhecimento de redes de fornecedores e cadeia de valor;
- conhecimento regulatório;
- conhecimento financeiro e de financiamento por *stakeholders*;
- conhecimento de propriedade intelectual (PI), própria e de outros;
- práticas de conhecimento, incluindo documentação, Intranets, organização do trabalho e equipes e projetos multidisciplinares.

Basicamente, existem dois tipos diferentes de conhecimento, cada um com diferentes características:

- **Conhecimento explícito,** que pode ser codificado, ou seja, expresso em termos numéricos, textuais ou gráficos, sendo, portanto, mais facilmente comunicados; por exemplo, o projeto de um produto.

- **Conhecimento tácito ou implícito,** que é pessoal, baseado em experiência, específico do contexto e difícil de formalizar e comunicar; por exemplo, andar de bicicleta.

Observe que a diferença entre explícito e tácito não é necessariamente o resultado da dificuldade ou complexidade do conhecimento, mas sim do quão fácil é expressar esse conhecimento. Cada um desses tipos contribuiu para os ativos intelectuais e o desempenho inovador das empresas, mas de maneiras diferentes. O conhecimento tácito de indivíduos e grupos, por exemplo, pode ser necessário para explorar os tipos de conhecimento mais explícitos, como P&D e PI. Dessa forma, a interação e combinação de conhecimentos explícitos e tácitos pode fortalecer a posição e a reputação da organização.

Também é importante distinguir o *como* aprender do *por que* aprender. O "como" aprender envolve a melhoria ou a transferência de habilidades existentes, enquanto o "por que" aprender tem como objetivo compreender a lógica subjacente ou os fatores causais, com vistas a aplicar o conhecimento em novos contextos.

Como vimos, o conhecimento pode ser incorporado nas pessoas, nas culturas organizacionais, nas rotinas e ferramentas, nas tecnologias, nos processos e nos sistemas. As organizações são constituídas por uma variedade de indivíduos, grupos e funções com diferentes culturas, metas e estruturas de referência. A gestão do conhecimento consiste na sua identificação e compartilhamento entre essas entidades díspares. Há uma série de mecanismos de integração que podem ajudar nisso. Nonaka e Takeuchi afirmam que a conversão de conhecimento tácito em explícito é um mecanismo fundamental subjacente à ligação entre conhecimento individual e organizacional. Eles afirmam que todo novo conhecimento origina-se com um indivíduo, mas que, por meio de um processo de diálogo, discussão, troca de experiências e observação, tal conhecimento é ampliado para os níveis grupal e organizacional. Isso cria uma crescente comunidade de interação, ou "rede de conhecimento", que atravessa níveis e fronteiras intra e interorganizacionais. Tais redes de conhecimento são um meio de acumular conhecimento proveniente de fora da organização, compartilhá-lo amplamente dentro da organização e armazená-lo para uso futuro. Essa transformação de conhecimento individual em conhecimento organizacional envolve quatro ciclos:[2]

- *Socialização*: conhecimento tácito para conhecimento tácito, em que o conhecimento de um indivíduo ou grupo é partilhado com outros. Cultura, socialização e comunidades de prática são fundamentais para isso.
- *Externalização*: conhecimento tácito para conhecimento explícito, por meio do qual o conhecimento é explicitado e codificado em alguma forma constante. Esse é o mais novo aspecto do modelo de Nonaka. Ele afirma que o conhecimento tácito pode ser transformado em conhecimento explícito através de um processo de conceituação e cristalização. Objetos de fronteira são fundamentais aqui.
- *Combinação*: conhecimento explícito para conhecimento explícito, em que diferentes fontes de conhecimento explícito são reunidas e trocadas entre si. O papel dos processos organizacionais e dos sistemas tecnológicos é central para isso.
- *Internalização*: conhecimento explícito para conhecimento tácito, por meio do qual outros indivíduos ou grupos aprendem por meio da prática. Esse é o domínio tradicional do aprendizado organizacional.

Armazenar e recuperar o conhecimento

Armazenar o conhecimento não é um problema trivial, mesmo agora que o armazenamento eletrônico e a distribuição de dados são tão baratos e fáceis. O maior obstáculo é a codificação de conhecimento tácito. Outro problema comum é oferecer incentivos para fornecer, recuperar e reutilizar o conhecimento relevante. Muitas organizações desenvolveram excelentes sistemas de conhecimento via Intranet, mas, na prática, são muitas vezes subutilizados.

INOVAÇÃO EM AÇÃO 15.1

Gestão do conhecimento na Arup

A Arup é uma empresa de consultoria internacional em engenharia que fornece planejamento, design e serviços de gerenciamento e engenharia de projetos. O negócio demanda o alcance simultâneo de soluções inovadoras e de compressão significativa de tempo impostas pelo cliente e por requisitos de regulamentação.

Desde 1999, a organização estabeleceu uma ampla gama de iniciativas de gestão do conhecimento a fim de encorajar o compartilhamento de know-how e experiência entre os projetos. Essas iniciativas variam de processos e mecanismos organizacionais, como reuniões interfuncionais e redes de habilidades, a abordagens centradas em tecnologia, como o banco de dados Ovebase e a Intranet.

Até agora, os processos organizacionais têm sido mais bem-sucedidos que as abordagens tecnológicas. Uma pesquisa entre os engenheiros da empresa indicou que, em design e solução de problemas, conversas entre colegas foram consideradas duas vezes mais valiosas que bancos de dados de conhecimento e, por consequência, os engenheiros confiavam em seus pares quatro vezes mais. Duas razões principais foram citadas para tanto. Primeiro, a dificuldade de codificar conhecimento tácito. A consultoria de engenharia envolve grande parte de conhecimento tácito e de experiência com projetos, o que é difícil de armazenar e recuperar eletronicamente. Segundo, a engenharia complexa e o contexto ambiental singular de cada projeto limitam a reutilização de conhecimentos e experiências padronizados.

Na prática, existem duas abordagens comuns, mas distintas entre si, para a gestão do conhecimento. A primeira baseia-se em investimentos de TI, geralmente fundamentados em tecnologias de software colaborativo e Intranet. Essa é a abordagem preferida de muitos consultores de administração. No entanto, introduzir a gestão do conhecimento em uma organização exige muito mais do que tecnologia e treinamento. Pode exigir mudanças fundamentais em estrutura, processos e na cultura organizacional. A segunda abordagem está mais baseada em pessoas e processos e tenta estimular a equipe a identificar, armazenar e utilizar as informações por toda a organização. Contudo, o armazenamento, a recuperação e a reutilização de conhecimento demandam muito mais que bons sistemas de TI. Exigem também incentivos para fornecer e utilizar conhecimento de tais sistemas, enquanto muitas organizações, em vez disso, estimulam e promovem a geração e a utilização de novos conhecimentos.

Richard Hall avançou bastante no trabalho de identificação dos componentes da memória organizacional. Seu propósito principal é articular recursos intangíveis, e, para isso, ele estabelece uma distinção entre ativos intangíveis e competências intangíveis. Os ativos incluem **direitos de propriedade intelectual** e reputação. As competências incluem as habilidades e o know-how de funcionários, fornecedores e distribuidores, bem como os atributos coletivos que constituem a cultura organizacional. Seu trabalho empírico, baseado em levantamentos e estudos de caso, indica que gestores acreditam que os mais significativos desses recursos intangíveis são a reputação da empresa e o know-how dos funcionários, ambos os quais podem ser funções da cultura organizacional. Eles incluem:[3]

- *Intangíveis*: ativos alheios ao balanço financeiro, como patentes, licenças, marcas registradas, contratos e dados protegíveis.
- *Posicionais*: resultado de esforços anteriores, ou seja, com uma alta dependência de caminhos escolhidos, como processos e sistemas de operação, e reputação individual e corporativa e redes de relacionamento.
- *Funcionais*: habilidades e know-how individuais ou habilidades e know-how de equipe, dentro da empresa, em fornecedores ou distribuidores.
- *Culturais*: incluindo tradições de qualidade, atendimento ao cliente, recursos humanos e inovação.

As perguntas mais importantes em cada caso são:

1. Estamos fazendo o melhor uso desse recurso?
2. De que outro modo ele poderia ser utilizado?
3. O escopo para sinergia é identificado e explorado?
4. Estamos cientes dos vínculos-chave que existem entre os recursos?

Compartilhar e distribuir o conhecimento

Na prática, grandes organizações em geral desconhecem o que sabem. Hoje, muitas organizações possuem bancos de dados e software colaborativo para ajudar a armazenar, recuperar e compartilhar dados e informações, mas tais sistemas estão, em geral, confinados a dados "objetivos", em vez de conhecimento mais tácito. Como resultado, grupos funcionais ou unidades de negócio, com informações potencialmente sinérgicas, podem não estar cientes de onde essas informações podem ser aplicadas.

O compartilhamento e a distribuição de conhecimento é o processo pelo qual informações de diferentes fontes são partilhadas, levando, consequentemente, a um novo conhecimento ou entendimento. Aprendizagens organizacionais maiores ocorrem quando mais partes de uma organização obtêm novos conhecimentos e o percebem como sendo de uso potencial. O conhecimento tácito não é facilmente imitado por concorrentes, pois não é completamente codificado, mas, pelas mesmas razões, pode não ser completamente visível a todos os membros de uma organização. Por consequência, unidades organizacionais com informações potencialmente sinergéticas talvez não estejam conscientes de onde tais informações poderiam ser aplicadas. É provável que a velocidade e a extensão pelas quais o conhecimento é compartilhado entre os membros de uma organização seja uma função do grau de codificação do conhecimento.

Esse processo de conectar diferentes conhecimentos e pessoas é sustentado por comunidades de prática. Uma **comunidade de prática** é um grupo de pessoas ligadas por tarefas ou processos compartilhados ou pela necessidade de resolver um problema, em vez de estarem ligadas por relacionamentos estruturais formais ou funcionais.[4] Pela prática, um grupo dentro do qual o conhecimento é partilhado torna-se uma comunidade de prática com uma compreensão em comum do que faz, como faz e como se relaciona com outras comunidades de prática.

Dentro de comunidades de prática, as pessoas compartilham conhecimentos tácitos e aprendem por meio da experimentação. Portanto, a formação e a manutenção de tais comunidades representam um elo importante entre a aprendizagem individual e a organizacional. Essas comunidades surgem naturalmente em torno de práticas de trabalho locais e, por isso, tendem a fortalecer os silos funcionais ou profissionais, mas também podem se estender para redes de relacionamentos de profissionais similares mais amplas e dispersas.

A existência de comunidades de prática facilita o compartilhamento de conhecimentos dentro de uma comunidade devido ao senso de identidade coletiva e à existência de uma base de conhecimento comum significativa. Contudo, o compartilhamento de conhecimentos entre comunidades é muito mais problemático em função da ausência desses dois elementos. Assim, é provável que as dinâmicas de compartilhamento de conhecimentos dentro e entre comunidades de prática sejam muito diferentes, sendo que o compartilhamento de conhecimentos entre as comunidades costuma ser muito mais complexo, difícil e problemático.

Muitos fatores podem evitar o compartilhamento de conhecimentos entre comunidades de prática, como a diferença entre a natureza das diversas bases de conhecimento e a falta de conhecimentos, metas, pressupostos e modelos interpretativos em comum. Essas diferenças aumentam significativamente a dificuldade não apenas de compartilhar o conhecimento entre comunidades, mas de avaliar o conhecimento de outra comunidade.

Contudo, existem alguns mecanismos comprovados para ajudar na transferência de conhecimentos entre diferentes comunidades de:[5]

- Um **tradutor do conhecimento** organizacional é um indivíduo capaz de expressar interesses de uma comunidade em termos de perspectiva de outra comunidade. Portanto, o tradutor deve conhecer suficientemente ambos os domínios de conhecimento e ter a confiança de ambas as comunidades. Exemplos de tradutores incluem o "gerente peso-pesado de produtos" no desenvolvimento de novos produtos, que faz a ponte entre diferentes grupos técnicos e entre os grupos técnicos e os de marketing.
- Um **agente do conhecimento** se distingue do tradutor por participar de diferentes comunidades em vez de simplesmente mediá-las. Tais agentes representam as sobreposições entre as comunidades e, em geral, são pessoas livremente ligadas a várias comunidades, por meio de laços fracos, capazes de facilitar os fluxos de conhecimento entre elas. Um exemplo seria um gerente da qualidade responsável pela qualidade de um processo que permeia vários grupos funcionais diferentes.

- Um **objeto ou prática de fronteira** é algo de interesse para duas ou mais comunidades de prática. Comunidades de prática diferentes têm interesse no objeto ou na prática, mas a partir de diferentes perspectivas. Um objeto de fronteira poderia ser um documento compartilhado, como um manual de qualidade; um artefato, como um protótipo; uma tecnologia, como um banco de dados; ou uma prática, como um design de produto. Um objeto de fronteira oferece oportunidades para discussão e debate (e conflito) e, desse modo, pode encorajar a comunicação entre diferentes comunidades de prática.

"Agentes do conhecimento" escolhidos formalmente, por exemplo, podem ser usados para vasculhar a organização de modo sistemático atrás de ideias velhas ou em desuso, repassá-las por toda a organização e imaginar sua aplicação em diferentes contextos. Nesse sentido, a Hewlett-Packard criou um grupo de SpaM para ajudar a identificar e compartilhar boas práticas entre suas 150 divisões de negócios. Antes do novo grupo ser formado, era improvável que as divisões partilhassem informações, pois sempre competiam por recursos e eram mensuradas umas em relação às outras. De modo similar, a Skandia, empresa de seguros sueca que atua em mercados estrangeiros, tenta identificar, estimular e mensurar seu capital intelectual e já nomeou seu "gerente do conhecimento", que é responsável por essa tarefa. A empresa desenvolveu um conjunto de indicadores que utiliza para gerenciar o conhecimento internamente e para fazer relatórios financeiros externos.

De maneira mais geral, o trabalho em equipe interfuncional pode ajudar a promover essa troca entre comunidades. A diversidade funcional tende a ampliar a gama de conhecimento disponível e a aumentar o número de opções consideradas, mas também pode ter efeito negativo sobre a coesão de grupo e sobre o custo de projetos e a eficácia em tomadas de decisão. Contudo, um benefício importante do trabalho em equipes interfuncionais é o acesso que ele oferece a órgãos de conhecimento que são externos à equipe. Em geral, uma alta frequência de compartilhamento de conhecimento fora de um grupo está associada à melhoria de desempenho técnico e de projeto, uma vez que indivíduos guardiães (gatekeepers) obtêm e importam sinais vitais e conhecimento. Em especial, pode-se argumentar que a composição interfuncional em equipes permite o acesso a conhecimentos disciplinares externos. Portanto, o trabalho em equipe interfuncional é uma forma básica de promover a troca de conhecimentos e de prática entre disciplinas e comunidades.

INOVAÇÃO EM AÇÃO 15.2

Lucrando com as mídias digitais

O modelo de negócios para capturar o valor de vídeos era simples, mas conservador: obter e proteger os direitos autorais, o lançamento global nas telas de cinema, seguido pela venda e aluguel de DVDs até, por fim, a transmissão na TV aberta e em outros sistemas. A fase de DVD era crítica, pois gerou rendas de 23,4 bilhões de dólares nos Estados Unidos em 2007, em comparação com 9,6 bilhões em lançamentos nos cinemas. Observe que quando o DVD foi lançado em 1997, três dos grandes estúdios

(Continua)

inicialmente se recusaram a publicar no formato, temendo a perda das receitas geradas pelo formato comprovado das fitas VHS.

Em 2013, o valor da compra de filmes digitais ultrapassou 1 bilhão de dólares e o streaming de vídeo mais de 3 bilhões, mas apesar de uma queda de 10%, as vendas e aluguéis de DVDs e Blu-Rays físicos ainda representavam quase 10 bilhões de dólares, o que demonstra o ritmo lento da substituição.[6] Portanto, a indústria começou a promover o sucessor do DVD, o DVD de alta definição. Após uma guerra estúpida em torno de formatos, o Blu-Ray se tornou o novo padrão para discos de alta definição em 2008. As vendas iniciais do novo formato têm sido lentas, prejudicadas pela incerteza causada por essa disputa; nove milhões de BRDs foram vendidos em 2007, em comparação com nove bilhões de DVDs, representando apenas 0,1% do mercado (além disso, cerca de 40 milhões de jogos de PS3 em Blu-Ray foram vendidos; desde o lançamento em 2006, o Sony PlayStation 3 vendeu cerca de 11 milhões de consoles, que também reproduzem filmes em Blu-Ray). Pesquisas nos Estados Unidos e na Europa sugerem que 80% dos consumidores estão satisfeitos com a qualidade de imagem e de vídeo dos DVDs e das transmissões em definição padrão. Assim, formatos como Blu-Ray e transmissões a cabo e por satélite em alta definição são direcionadas para os 20% que são "adotantes iniciais" e valorizam (ou seja, estão dispostos a pagar por) áudio e imagens em alta definição, especialmente para assistir filmes e para a cobertura esportiva.

Contudo, para a maioria que prefere conveniência e baixo custo à qualidade, a Internet é a atual mídia favorita, legal ou não. Os sites ilegais lideram o setor; o ZML, por exemplo, oferece 1.700 filmes para download (ilegal), enquanto serviços legais como MovieFlix e FilmOn ainda tendem a se limitar a conteúdo independente ou amador. Hollywood tem demorado a adaptar seu modelo de negócio e ainda depende do lançamento nos cinemas, seguido de venda e aluguel de DVDs e terminando com a transmissão na TV. O download legal e o streaming oferecem o potencial de menor custo (e menor preço), pois eliminam boa parte do custo de criar, distribuir e vender mídias físicas, além de maior conveniência para os consumidores em termos de opções e flexibilidade. Contudo, as vendas de DVDs dependem das grandes redes de varejo para distribuição; nos Estados Unidos, por exemplo, a Walmart é responsável por cerca de 40% das vendas, o que representa uma fonte poderosa de resistência à mudança. Por consequência, em 2008, a distribuição legal de filmes online nos Estados Unidos gerou apenas cerca de 58 milhões de dólares, menos de 5% do total das vendas de filmes. As redes de televisão têm adotado esses serviços mais rapidamente, como é o caso do BBC iPlayer no Reino Unido, pois seu modelo de negócio atual se baseia em assinaturas ou publicidade, sem a dependência de mídias físicas e distribuição por varejo, como é o caso dos estúdios de cinema. Nos Estados Unidos, o Apple iTunes, a Apple TV e o Microsoft Xbox começaram a dominar o mercado emergente de aluguel de vídeos para download, mas problemas com direitos autorais têm limitado a venda legal de vídeos por download.

Por causa da importância crescente da venda de vídeos pela Internet, em 2007, a Writers' Guild of America, o sindicato dos roteiristas dos Estados Unidos, entrou em greve em busca de melhores condições de pagamento em relação a vendas e distribuição eletrônica. A oferta dos estúdios de Hollywood era que o pagamento por vendas pela Internet se baseasse no precedente do DVD (1,2% da receita bruta), enquanto os roteiristas queriam algo mais próximo da publicação de livros ou filmes (2,5% do bruto). O acordo final, fechado em 2008, foi um meio-termo, com royalties de 1,2% do bruto para aluguéis por download, entre 0,36 e 0,70% sobre vendas por download e

(Continua)

> até 2% quando o streaming de vídeo é financiado parcialmente por publicidade. Foi uma vitória parcial para os autores, mas os atores principais dos grandes lançamentos chegam a ficar com 20% da receita bruta. Claramente, ainda não há um consenso sobre o modelo de negócio para a criação, venda e distribuição de vídeo digital. Esclarecer mais o regime de gestão da propriedade intelectual é um bom começo, e como o aumento da banda larga logo tornará o download de alta qualidade prático para os mercados de massa, falta apenas um pouco de inovação no modelo de negócio.
>
> Fontes: *The Economist*, 23 de fevereiro de 2008, **386**(8568); *ALCS News*, Spring 2008.

Explorar a propriedade intelectual

Em alguns casos, o conhecimento, especialmente em suas formas mais explícitas ou codificadas, pode ser comercializado por meio do licenciamento ou da venda de direitos de propriedade intelectual (DPI), em vez de seguir o caminho mais difícil e incerto de desenvolvimento de novos processos, produtos ou negócios.

Em um ano, a IBM, por exemplo, contabilizou receitas de licenças no valor de 1 bilhão de dólares, e, nos Estados Unidos, o faturamento total do setor com royalties provenientes de licenciamento está em torno de 100 bilhões de dólares. Muito disso é proveniente de pagamentos por licenças para uso de software, músicas ou filmes. Em 2005, as vendas globais via downloads legais de músicas superaram 1 bilhão de dólares (embora estime-se que os downloads ilegais equivalham de 3 a 4 vezes esse número), ainda somente em torno de 5% da receita total do ramo da música, com o download de músicas para telefones móveis respondendo por quase um quarto disso. Padrões de uso variam de acordo com o país; por exemplo, no Japão, 99,8% de todos os downloads de música são para telefones móveis, e não para aparelhos de MP3 específicos. Contudo, apesar do crescimento de sites legais para a realização de downloads de músicas e de um programa agressivo de rastreamento de usuários de sites de compartilhamento de arquivos ilegais, o nível de downloads ilegais não caiu.

Isso demonstra claramente dois dos muitos problemas associados à propriedade intelectual: ela pode oferecer certos direitos legais, mas tais direitos só têm utilidade quando podem ser garantidos de maneira eficaz; e, uma vez no domínio público, é muito provável que haja imitação ou uso ilegal. Por essas razões, o sigilo costuma ser a alternativa mais eficaz para obter o direito de propriedade intelectual. Contudo, o DPI pode ser altamente eficaz em certas circunstâncias e, conforme veremos mais tarde, pode ser utilizado de maneiras menos óbvias para ajudar a identificar inovações e avaliar concorrentes. Existe uma série de DPIs, mas os mais aplicáveis à tecnologia e à inovação são as patentes, os direitos autorais e os direitos e registros de design.

Patentes

Todos os países desenvolvidos têm alguma forma de legislação de patentes, cujo objetivo é estimular a inovação concedendo um monopólio limitado, geralmente por 20 anos. Mais recentemente, muitas economias em desenvolvimento e emergentes têm sido estimuladas a se registrarem no Acordo sobre Direitos de Propriedade Intelectual Relacionados ao Comércio (Trade Related Intellectual Property System – TRIPS). Os regimes legais diferem nos detalhes, mas, na maioria dos países, a emissão de uma **patente** exige certas condições que precisam ser atendidas:

- *Novidade*. Não ser parte do "estado da técnica", incluindo publicações, trabalhos escritos, orais ou antecipação. Na maioria dos países, são concedidos direitos ao primeiro que registrar a patente, não ao primeiro a inventar.
- *Invenção*. "Não óbvio para uma pessoa com habilidade na área." Esse é um teste relativo, uma vez que o nível de habilidade adotado é maior em algumas áreas que em outras. Concedeu-se, por exemplo, uma patente à Genentech pelo ativador de plasminogênio t-PA, que ajuda a reduzir coágulos sanguíneos, mas apesar de sua inovação, um tribunal de segunda instância revogou a patente, com o pretexto de que não representava uma invenção original, tendo em vista que seu desenvolvimento foi considerado óbvio por pesquisadores da área.
- *Aplicação industrial*. O teste de utilidade exige que a invenção seja capaz de ser empregada em uma máquina, produto ou processo. Na prática, uma patente deve especificar uma aplicação para a tecnologia, bem como especificar patentes adicionais exploradas por qualquer aplicação adicional. A Unilever, por exemplo, desenvolveu as Ceramidas e patenteou seu uso em uma ampla gama de aplicações. Contudo, a empresa não tentou patentear a aplicação da tecnologia em xampus, concedida subsequentemente a um concorrente.
- *Objeto patenteável*. Descobertas e fórmulas, por exemplo, não podem ser patenteadas e, na Europa, nem programas de software (sujeitos a direitos autorais) nem novos organismos podem ser patenteados, embora ambos sejam patenteáveis nos Estados Unidos. Comparemos, por exemplo, o mapeamento do genoma humano nos Estados Unidos e na Europa: nos Estados Unidos, a pesquisa é conduzida por um laboratório comercial, que está patenteando os resultados, enquanto na Europa, é conduzida por um grupo de laboratórios públicos, que está publicando os resultados na Internet.
- *Divulgação clara e completa*. Uma patente oferece somente certos direitos de propriedade legal e, em caso de violação, o detentor da patente precisa tomar a ação legal adequada. Em alguns casos, o sigilo pode ser a melhor estratégia. Por outro lado, as bases de dados de patentes nacionais representam um grande e detalhado depósito de inovações tecnológicas que podem ser consultadas em busca de ideias.

As patentes podem, ainda, ser utilizadas para identificar e avaliar inovações em nível empresarial, setorial ou nacional. Entretanto, é preciso tomar cuidado ao se fazer tais avaliações, pois as patentes são somente um indicador parcial da inovação.

As principais vantagens dos dados de patente são que eles refletem a capacidade corporativa para gerar inovação, estão disponíveis em um nível de tecnologia detalhado durante longos períodos de tempo, são completos no sentido de que cobrem grandes e pequenas empresas e são utilizados pelos próprios profissionais. No entanto, o patenteamento tende a ocorrer cedo em um processo de desenvolvimento, e, por consequência, pode representar uma mensuração insatisfatória de produção de atividades de desenvolvimento e não dizer nada sobre o potencial econômico ou comercial da inovação. (Ver Figuras 15.1 e 15.2.)

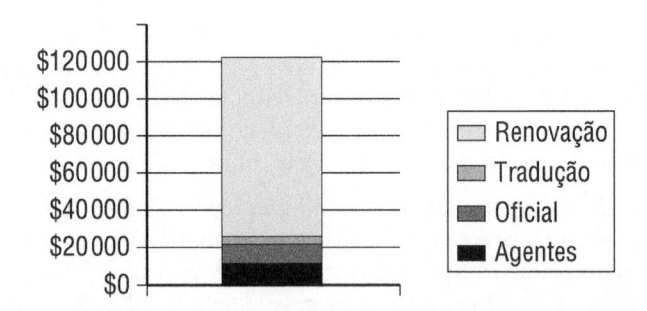

FIGURA 15.1 Custo-padrão de uma patente do Instituto Europeu de Patentes.

Cálculos aproximados do número de patentes registradas por uma empresa, setor ou país revelam pouco, mas a qualidade das patentes pode ser avaliada pelo cálculo da frequência com que uma dada patente é citada em patentes posteriores. Isso oferece um bom indicador de sua qualidade técnica, ainda que após sua ocorrência, apesar de não oferecer necessariamente seu potencial comercial. Geralmente, patentes bastante citadas são muito mais importantes do que patentes que nunca foram citadas ou que são citadas somente algumas vezes. A razão disso é que uma patente que contém uma nova invenção importante, ou um grande avanço, pode desencadear um fluxo de invenções subsequentes, que podem citar a invenção original mais importante sobre a qual estão sendo criadas.

Os indicadores mais úteis de inovação com base em patentes são (Tabela 15.1):

- *Número de patentes*. Indica o nível de atividade tecnológica, mas cálculos de patentes aproximados refletem pouco mais que a propensão de uma empresa, setor ou país a patentear.
- *Citações por patente*. Indica o impacto das patentes da empresa.
- *Índice de impacto atual (IIA)*. É um indicador fundamental da qualidade do portfólio de patentes. O índice é o número de vezes que as patentes de uma

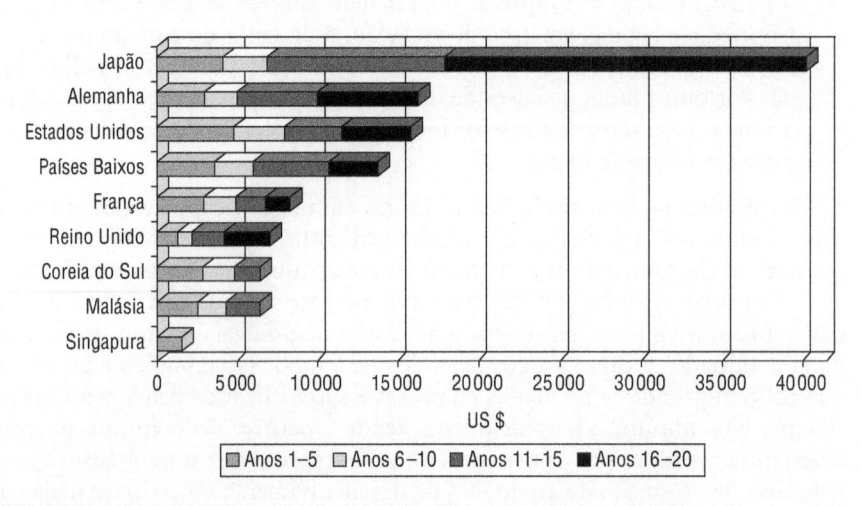

FIGURA 15.2 Custos de patentes em diferentes mercados nacionais.

TABELA 15.1 Indicadores de patentes para diversos setores

	Índice de impacto atual (valor estimado 1,0)	Ciclo de vida da tecnologia (anos)	Vínculo com a ciência (referências científicas/ patentes)
Petróleo e gás	0,84	11,9	0,8
Produtos químicos	0,79	9,0	2,7
Produtos farmacêuticos	0,79	8,1	7,3
Biotecnologia	0,68	7,7	14,4
Equipamentos médicos	2,38	8,3	1,1
Computadores	1,88	5,8	1,0
Telecomunicação	1,65	5,7	0,8
Semicondutores	1,35	6,0	1,3
Aeroespaço	0,68	13,2	0,3

Fonte: Narin, F. (2012) Assessing technological competencies, in: J. Tidd (ed.) *From Knowledge Management to Strategic Competence*, 3rd edn, London: Imperial College Press, pp. 179–219.

empresa, em um retrospecto de cinco anos, em uma área tecnológica, foram citadas, a partir do ano atual, dividido pela média de citações recebidas.
- *Força tecnológica (FT)*. Indica a força do portfólio de patentes. Trata-se do número de patentes multiplicado pelo índice de impacto atual; ou seja, o tamanho do portfólio de patentes inflado ou reduzido pela qualidade de patentes.
- *Tempo do ciclo da tecnologia (TCT)*. Indica a velocidade da invenção. Trata-se da idade média, em anos, de referências de patente citadas na primeira página da patente.
- *Conexão científica (CC)*. Indica o grau de vanguarda da tecnologia. Trata-se do número médio de trabalhos científicos referenciados na primeira página da patente.
- *Força científica (FC)*. Indica o grau de aplicação de ciência básica da patente. Trata-se do número de patentes multiplicado pela conexão científica, ou seja, o tamanho do portfólio de patentes inflado ou reduzido pela extensão da conexão científica.

Empresas cujas patentes possuem índices de impacto atual (IIA) e indicadores de conexão científica (CC) acima da média tendem a ter uma relação significativamente melhor entre valor de mercado e valor contábil (market-to-book ratios) e retornos mais elevados aos acionistas. Contudo, o fato de elas possuírem um portfólio expressivo quanto à propriedade intelectual não garante o seu sucesso. Muitos fatores adicionais influenciam a capacidade de uma empresa de partir de patentes de qualidade e chegar à inovação e ao desempenho financeiro e de mercado. A década de problemas na IBM, por exemplo, certamente exemplifica esse tipo de situação, uma vez que a IBM sempre usou pesquisas de alta qualidade e muito citadas em seus laboratórios.

Existem diferenças intersetoriais expressivas na importância relativa do patenteamento quanto à conquista de seus principais objetivos, a saber, ao agir como uma barreira à imitação. O patenteamento é relativamente insignificante, por exemplo, na indústria automotiva, mas fundamental na farmacêutica. Além do mais, as patentes ainda não mensuram completamente as atividades tecnológicas com relação a software, uma vez que as leis de direitos autorais costumam ser utilizadas como meio principal de proteção contra a imitação fora dos Estados Unidos.

Exemplos do valor estratégico de patentes incluem aquisições de portfólios de patentes completos e batalhas judiciais por supostas violações dos direitos de propriedade intelectual:

- A Apple é agressiva na defesa de suas patentes contra supostas infrações, incluindo a HTC e a Samsung em 2011, buscando banir a venda de dispositivos móveis concorrentes.
- A Nokia venceu uma disputa com a Apple referente à tecnologia touchscreen em 2011 e hoje recebe 2% das receitas do iPhone, mais de 30 bilhões de dólares ao ano.
- Alegando que o Android viola suas patentes relativas ao Java, a Oracle processou a Google, pedindo uma indenização de 6,1 bilhões de dólares.
- A Nortel vendeu todo o seu portfólio de patentes em 2011 por 4,5 bilhões de dólares para um consórcio de empresas composto pela Apple, Microsoft, Sony, Ericsson e RIM (BlackBerry).
- Em resposta, devido à vulnerabilidade da sua plataforma Android, a Google adquiriu as patentes de telefonia móvel da Motorola em 2011 por 12,5 bilhões.

Usando "patentes internacionais", nas quais um único depósito de patente pode incluir até 144 países, os Estados Unidos fizeram em 2009 487 mil depósitos de patentes, o grupo Euro 6 fez 387 mil e o Japão, 218 mil. A comparação com economias emergentes, como China (48 mil) e Índia (32 mil), sugere que, com essas taxas de crescimento relativo, a China alcançará os países desenvolvidos em 20–30 anos.[7]

INOVAÇÃO EM AÇÃO 15.3

A estratégia de patentes "cachinhos dourados": explorando tecnologias (quase) novas

Um estudo das relações entre a idade das patentes e o desempenho financeiro parece apoiar mais um pouco a estratégia de seguidor rápido (fast follower), em contraposição à de ser o primeiro a entrar no mercado (first mover). Descobriu-se que a idade mediana das patentes de um a empresa está correlacionada com o valor das suas ações na bolsa, mas não de forma linear. Para empresas que utilizam patentes muito recentes ou mais antigas, a relação é negativa e resulta em desempenho abaixo da

(Continua)

média a longo prazo, enquanto as empresas com patentes próximas à idade mediana apresentam resultados superiores à média a longo prazo.

O estudo analisou 288 empresas durante 20 anos e abrangeu 204 mil patentes. Quando as patentes são registradas, elas precisam listar todas as outras patentes que citam, por número de patente e ano de registro. Esses dados permitem o cálculo da idade mediana da patente, ou seja, a mediana da diferença entre a data de solicitação da patente e as datas das patentes anteriores citadas. Isso fornece um indício da idade dos insumos tecnológicos usados, mas precisa ser comparado com a média nas diferentes classes de patentes tecnológicas, pois o ciclo de vida das tecnologias varia significativamente entre as 400 classes de patentes, desde meses até décadas. Essa comparação revela uma variação nas idades medianas das tecnologias usadas por diferentes empresas que operam nos mesmos campos técnicos, indicando diferentes estratégias tecnológicas. Por fim, esses dados são comparados com o desempenho financeiro das empresas a longo prazo (nesse caso, o desempenho das ações). Os resultados mostram que, para as empresas na vanguarda tecnológica, definida como um ou mais desvios padrão à frente do setor, ou para aquelas com tecnologias maduras (1,3 ou mais desvio padrão atrás da média do setor), as ações têm desempenho abaixo da media. Contudo, os retornos das ações são superiores para as empresas que exploram tecnologias com idades próximas à mediana.

Uma interpretação dessa relação observada é que as empresas com patentes muito novas enfrentam os altíssimos custos e incerteza associados às tecnologias emergentes, incluindo o desenvolvimento e a comercialização. Por outro lado, as empresas que utilizam portfólios de patentes maduros enfrentam oportunidades mais limitadas para explorá-las comercialmente. As empresas com patentes mais próximas à idade mediana (nas classes de patentes relevantes), por outro lado, reduziram boa parte do altíssimo custo e incerteza associados às patentes mais novas, mas ainda têm escopo significativo para desenvolvimento e comercialização no futuro. Assim, uma lição pode ser que as empresas precisam gerenciar com mais cuidado o perfil etário das suas patentes e concentrar a exploração delas em um período de tempo específico. Não se trata simplesmente de uma questão de ser um seguidor rápido, o que sugere algum nível de imitação, e sim uma defesa da maior integração entre estratégias tecnológicas e de mercado.

Fonte: Heeley, M. B. and R. Jacobson (2008) The recency of technological inputs and financial performance, *Strategic Management Journal*, **29**, 723–44.

Direitos autorais

Direitos autorais dizem respeito a expressão de ideias e não às ideias em si. Portanto, eles existem somente se a ideia se tornar concreta; por exemplo, na forma de um livro ou de uma gravação. Não há exigência de registro, e o rigor de originalidade é baixo comparado com a lei de patentes, exigindo somente que "o autor da obra tenha utilizado sua própria habilidade e esforço para criá-la". Assim como as patentes, o direito autoral oferece direitos legais limitados por um prazo específico para determinados tipos de material. Para obras literárias, teatrais, musicais e artísticas, o direito autoral normalmente é de 70 anos após a morte do autor (de 50 anos, nos Estados Unidos) e de 50 anos para gravações de áudio, filmes, programas de televisão aberta e programas de TV a cabo a partir de suas criações. Trabalhos tipográficos têm 25 anos de direitos autorais. Os tipos de materiais cobertos por direito autoral incluem:

- trabalhos literários, teatrais, musicais e artísticos originais, incluindo software e, em alguns casos, bancos de dados;
- gravações de áudio, filmes, programas de rádio e televisão e programas de TV a cabo;
- composições tipográficas ou leiaute de uma edição publicada.

Direitos de design

Direitos de design são semelhantes à proteção de direitos autorais, mas destinam-se principalmente a artigos tridimensionais, cobrindo qualquer aspecto de "forma" ou "configuração", interna ou externa, completa ou parcial, mas excluindo especificamente características integrais e funcionais, tais como peças de reposição. Os direitos de design vigoram de 10 a 15 anos, se comercialmente explorados. O registro de design é a mistura entre proteção de patente e de direito autoral, é mais barato e mais fácil de obter que a proteção de patente, mas mais limitado quanto ao escopo. Ele oferece proteção por até 25 anos, mas cobre somente a aparência visual: forma, configuração, padrão e ornamento. É utilizado para designs que possuem apelo estético, como aparelhos eletrônicos e brinquedos (por exemplo, as saliências em blocos da Lego são funcionais e não se qualificariam, portanto, para o registro de design, mas também foram consideradas como tendo "apelo visual" e, por consequência, lhes foram concedidos os direitos).

INOVAÇÃO EM AÇÃO 15.4

Uso estratégico de patentes

Todo ano, cerca de 400 mil patentes são registradas em todo o mundo. Contudo, apenas uma pequena parcela dessas chega a ser explorada pelos seus proprietários, e muitas não são renovadas. Baseando-se em uma análise de pesquisas e estudos de caso envolvendo 14 empresas de diversos setores, o presente estudo identificou uma gama variada de estratégias de patentes:

- *Ofensiva.* Múltiplas patentes em campos relacionados para limitar ou prevenir a concorrência.
- *Defensiva.* Patentes específicas para tecnologias cruciais, com a intenção de desenvolvê-las e comercializá-las, para minimizar as imitações.
- *Financeira.* A principal função das patentes é otimizar a renda por meio de venda ou licenciamento.
- *Barganha.* As patentes são projetadas para promover alianças estratégicas, adoção de padrões ou licenciamento cruzado.

(Continua)

> • *Reputação.* Melhorar a imagem ou posição da empresa (ex.: para atrair parceiros, talento ou verbas, construir marcas ou fortalecer a posição de mercado).
>
> Na prática, as empresas podem combinar múltiplas estratégicas, e tendem a não adotar uma estratégia explícita de patenteamento (que é a nossa experiência fora da indústria farmacêutica e da de biotecnologia). O Instituto Europeu de Patentes sugere apenas duas alternativas: o patenteamento como centro de custos, ou seja, para oferecer o apoio jurídico necessário, ou como centro de lucro, para gerar renda. Contudo, isso ignora as possibilidades de posicionamento mais estratégicos que as patentes possibilitam quando a questão é trabalhada além da perspectiva jurídica ou de renda.
>
> *Fonte:* Gilardoni, E. (2007) Basic approaches to patent strategy, *International Journal of Innovation Management,* **11**(3), 417–440.

Licenciamento de direito de propriedade intelectual (DPI)

Uma vez obtida alguma forma de direito de propriedade intelectual legal formal, pode-se permitir que outros a utilizem de alguma maneira em troca de um pagamento (uma licença), ou pode-se vendê-la (ou cedê-la). O licenciamento de direitos de propriedade intelectual pode ter vários benefícios:

- reduzir ou eliminar custos e riscos de produção e distribuição;
- conquistar um mercado maior;
- explorar outras aplicações;
- estabelecer padrões;
- obter acesso a tecnologias complementares;
- bloquear desenvolvimentos concorrentes;
- converter o concorrente em defensor.

Ao se esboçar um acordo de licenciamento, as considerações devem incluir o grau de exclusividade, o território e o tipo de aplicação, o período de licença e o tipo e nível de pagamentos, como direitos autorais (royalties), valor fixo ou licenciamento cruzado. A precificação de uma licença é muito mais uma arte que uma ciência, e depende de vários fatores, como equilíbrio de poder e habilidades de negociação. Os métodos comuns de precificação de licenças são:

- *Preços de mercado vigentes.* Baseados em normas do ramo, como, por exemplo, 6% sobre as vendas em eletrônicos e engenharia mecânica.
- *Regra dos 25%.* Baseada no lucro bruto da licença, obtido com o uso de tecnologia.
- *Retorno sobre o investimento.* Baseado nos custos do licenciante.
- *Compartilhamento de lucros.* Baseado em risco e investimento relativo.

Primeiro, estima-se o lucro total do ciclo de vida. A seguir, calcula-se o investimento e o valor relativo, de acordo com a partilha de risco. Por fim, compara-se o resultado com as alternativas; por exemplo, o retorno para o licenciado, imitação ou litígio.

Não há uma estratégia de licenciamento melhor que todas as outras e em todos os casos, uma vez que ela depende da estratégia da organização e da natureza da tecnologia e dos mercados. A Celltech, por exemplo, licenciou seu tratamento de asma para a Merck por um único pagamento de 50 milhões de dólares, com base em projeções de vendas. Isso isentou a Celltech do risco de testes clínicos e de comercialização e forneceu uma injeção de capital muito importante. A Toshiba, a Sony e a Matsushita licenciam a tecnologia do DVD por royalties de apenas 1,5%, a fim de estimular sua adoção como padrão industrial. Até recentes determinações legais, a Microsoft solicitava um royalty "por processador" a seus clientes fabricantes do equipamento original do Windows, a fim de desestimular seus clientes a utilizarem sistemas operacionais concorrentes.

INOVAÇÃO EM AÇÃO 15.5

ARM Holdings

A ARM Holdings projeta e licencia *chips* de 16 e 32 bits do tipo RISC (reduced instruction set computing), de alto desempenho e baixo consumo de energia, muito utilizados em aparelhos móveis como celulares, câmeras, agendas eletrônicas e cartões inteligentes. A ARM foi criada em 1990 como uma parceria entre a Acorn Computers, do Reino Unido, e a Apple Computer. A Acorn não foi a pioneira em arquitetura RISC, mas foi a primeira a colocar no mercado um processador comercial RISC, em meados dos anos 1980. Ironicamente, a primeira aplicação da tecnologia RISC foi no PDA (assistente pessoal digital) Apple Newton, que não teve muito sucesso. Uma de suas mais bem-sucedidas aplicações é no iPod, também da Apple. A ARM projeta, mas não fabrica, *chips*, e recebe royalties entre 0,05 e 2,50 dólares para cada *chip* manufaturado sob licença. Entre as licenciadas estão Apple, Ericsson, Fujitsu, Hewlett-Packard, NEC, Nintendo, Sega, Sharp, Sony, Toshiba e 3Com. Em 1999, ela anunciou parcerias com fabricantes líderes em *chips*, como a Intel e a Texas Instruments, a fim de projetar e desenvolver *chips* para a próxima geração de aparelhos portáteis. Estima-se que os processadores projetados pela ARM foram usados em 10 milhões de aparelhos em 1996, em 50 milhões em 1998, em 120 milhões de aparelhos vendidos em 1999, em um bilhão vendidos em 2004 e mais de dois bilhões em 2006, o que representa cerca de 80% de todos os dispositivos móveis. A empresa emprega cerca de 2.000 pessoas e tem sede em Cambridge, no Reino Unido, com centros de design em Taiwan, Índia e Estados Unidos. A ARM vendeu 800 licenças de processadores para mais de 250 empresas e criou 30 milionários entre os membros da sua equipe. Em 2014, a empresa teve vendas de mais de £700 milhões, o que reflete a demanda crescente por dispositivos móveis.

As principais motivações estratégicas para o licenciamento são:[8]

- liberdade estratégica para operar;
- acesso a conhecimentos;
- entrada em novos mercados;
- estabelecimento de liderança tecnológica;
- fortalecimento da a reputação.

Os benefícios do licenciamento dependem bastante da capacidade de absorção de uma organização e dos seus ativos complementares.[9] Uma capacidade de absorção advinda de P&D interno e know-how permite que a organização identifique, avalie e adapte mais facilmente conhecimentos externos, enquanto ativos complementares permitem que ela crie valor adicional ao combinar conhecimentos internos e externos, como ao aplicar uma tecnologia a um novo segmento de mercado.[10]

Contudo, a exploração bem-sucedida do direito de propriedade intelectual também está sujeita a custos e riscos:

- custo da pesquisa, registro e renovação;
- necessidade de registro em vários mercados nacionais;
- divulgação total e pública de sua ideia;
- capacidade de fazer valer seu direito.

Na maioria dos países, a tarifa básica de registro de uma patente é relativamente modesta, mas, além disso, o requerimento de uma patente inclui o custo de agentes profissionais, tais como agentes de patente, tradução para patentes estrangeiras, taxas de registro oficial em todos os países relevantes e taxas de renovação. As patentes farmacêuticas são muito mais caras, até cinco vezes mais, devido à complexidade e à extensão da documentação. Além desses custos, as empresas devem considerar o risco competitivo da divulgação pública e o possível custo de disputas legais, caso a patente seja infringida. Os custos variam por país, em função de tamanho e atratividade de diferentes mercados nacionais, e também em função de diferenças em política governamental. Em muitos países asiáticos, por exemplo, a política é estimular o patenteamento por parte de empresas locais, então o processo é mais barato. Além disso, há diferenças regionais significativas nos índices de patenteamento (Figura 15.3). As patentes são um indicador apenas parcial de inovação, e tendem a ser atrasadas em relação à P&D, mas a essa velocidade, a China alcançará os Estados Unidos e a Europa em 20–30 anos.

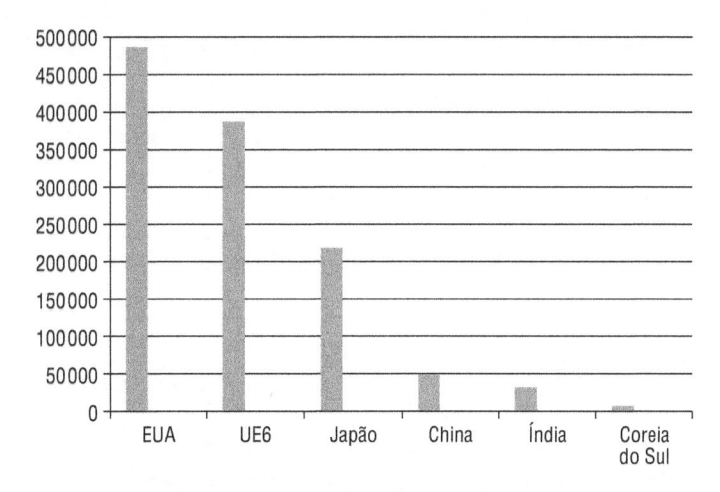

FIGURA 15.3 Patentes internacionais por região.
UE6 = Alemanha, França, Reino Unido, Países Baixos, Suécia e Itália.
Fonte: Derivado de Godinho, M. M. and V. Ferreira, V. (2012) Analyzing the evidence of an IPR take-off in China and India, *Research Policy*, **41**, 499–511.

Resumo do capítulo

- A geração, a aquisição, o compartilhamento e a exploração de conhecimento são centrais para a prática de sucesso da inovação, mas há uma ampla gama de diferentes tipos de conhecimento, e cada um deles exerce um papel diferente.
- Um dos desafios cruciais da inovação é identificar e trocar conhecimentos entre diferentes grupos e organizações, e vários mecanismos podem auxiliar, principalmente os sociais, se apoiados pela tecnologia.
- O conhecimento tácito é fundamental, mas difícil de conquistar, pois baseia-se na experiência e na especialização individual. Portanto, quando possível, o conhecimento tácito precisa ser explicitado e codificado a fim de permitir que seja compartilhado e aplicado em diferentes contextos mais rapidamente.
- O conhecimento codificado pode formar a base de direitos de propriedade intelectual (DPI) e estes podem formar a base para a comercialização do conhecimento. Entretanto, é preciso tomar cuidado ao utilizá-lo, pois isso pode desviar recursos financeiros e gerenciais escassos e expor uma organização à imitação e ao uso ilegal do direito de propriedade intelectual.

Glossário

Agente do conhecimento Difere do tradutor, na medida em que o agente participa de diferentes comunidades, em vez de simplesmente mediá-las. Expõem as intersecções entre as comunidades e costumam ser pessoas livremente ligadas a várias comunidades, capazes de facilitar os fluxos de conhecimento entre elas. Um exemplo poderia ser um gerente da qualidade, responsável pela qualidade de um processo que combina vários grupos funcionais diferentes.

Comunidade de prática Grupo de pessoas ligadas por tarefas compartilhadas, por processos ou pela necessidade de resolver um problema, em vez de por relacionamentos estruturais formais ou funcionais.

Conhecimento explícito Pode ser codificado, ou seja, expresso em termos numéricos, textuais ou gráficos e, portanto, é mais facilmente comunicado; por exemplo, o projeto de um produto.

Conhecimento tácito ou implícito Pessoal, baseado em experiência, específico do contexto e difícil articular, formalizar e comunicar.

Direitos autorais Direitos legais associados à *expressão* de ideias e não a ideias em si. Disponível somente se a ideia se fizer explícita ou estiver codificada; por exemplo, por meio de um livro ou de uma gravação, e se for possível demonstrar algum esforço ou habilidade na sua produção. Não há exigência de registro e o rigor do critério de originalidade é baixo se comparado com a lei de patentes.

Direitos de design Aplicáveis apenas a forma e configuração de objetos. Não exigem registro e protegem automaticamente um design aplicável pelo menor período entre dez anos após ser vendido originalmente e 15 anos após a sua criação.

Direitos de propriedade intelectual (DPI) Incluem todos os meios legais formais de identificação ou registro de direitos, como patentes, direito autoral, direitos de design e registro de marcas.

Objeto ou prática de fronteira Algo de interesse para duas ou mais comunidades de prática. Comunidades de prática diferentes terão participação no objeto ou na prática, mas a partir de diferentes perspectivas. Um objeto de fronteira poderia ser um documento compartilhado, como um manual de qualidade; um artefato, como um protótipo; uma tecnologia, como um banco de dados; ou uma prática, como um design de produto.

Patente Monopólio legal limitado, geralmente por 20 anos, concedido a uma invenção quando satisfaz certas exigências, incluindo novidade, invenção e aplicação.

Tradutor do conhecimento Indivíduo capaz de expressar os interesses de uma comunidade em termos de perspectiva de outra comunidade. O tradutor, portanto, deve ser suficientemente fluente em ambos os domínios de conhecimento e de confiança de ambas as comunidades.

Questões para discussão

1. Imagine um smartphone. Que tipos de propriedade intelectual são necessários para criar valor?
2. De que maneiras o conhecimento tácito pode se tornar explícito e codificado?
3. Que mecanismos existem para auxiliar o compartilhamento e a transferência de conhecimento dentro de uma organização?
4. Quais são as vantagens e as desvantagens de se utilizar os direitos de propriedade intelectual formais para comercializar uma inovação?

Fontes e leituras recomendadas

A gestão do conhecimento e da propriedade intelectual são assuntos muito amplos e complexos. Com relação à gestão do conhecimento, recomendamos o livro *Working Knowledge: How Organizations Manage What They Know*, de Thomas H. Davenport e Laurence Prusak (2nd edn, Harvard Business School Press, 2000), que utiliza 30 estudos de caso; e para uma abordagem mais acadêmica, *Knowledge at Work: Creative Collaboration in the Global Economy* de Robert Defillippi, Michael Arthur e Valerie Lindsay (John Wiley & Sons Ltd, 2006). Uma boa combinação de teoria, pesquisa e prática em gestão do conhecimento é oferecida em *From Knowledge Management to Strategic Competence*, editado por Joe Tidd (3rd edn, Imperial College Press, 2012), em que se tenta estabelecer conexões entre conhecimento, inovação e desempenho. Harry Scarbrough edita *The Evolution of Business Knowledge* (Oxford University Press, 2008), que informa os achados do programa nacional britânico entre negócios e conhecimento (incluindo um dos nossos projetos de pesquisa).

Para uma completa análise jurídica técnica da propriedade intelectual, consulte *Intellectual Property* (9th edn, Pearson, 2012), de David Bainbridge; para um resumo mais conciso, consulte *Intellectual Property Strategy* (MIT Press, 2011), de John Palfrey. Para compreender o papel e as limitações do conceito de propriedade intelectual, consideramos boa a abordagem teórica adotada por David Teece, por exemplo, em seu livro *The Transfer and Licensing of Know-how and Intellectual Property* (World Scientific, 2006); ou, para um tratamento prático do tópico, consulte *Licensing Best Practices: Strategic, Territorial and Technology Issues*, editado por Robert Goldscheider e Alan Gordon (John Wiley & Sons Ltd, 2006), que inclui estudos de caso práticos de licenciamento a partir de diferentes países e setores.

Referências

1. Marques, D.P., F.J.G. Simon and C.D. Caranana (2006) The effect of innovation on intellectual capital: An empirical evaluation in the biotechnology and telecommunications industries, *International Journal of Innovation Management*, **10**(1): 89–112.
2. Nonaka, I. and H. Takeuchi (1995) *The Knowledge Creating Company*, Oxford: Oxford University Press.
3. Hall, R. (2012) What are strategic competencies?, in: J. Tidd (ed.), *From Knowledge Management to Strategic Competence*, 3rd edn, London: Imperial College Press.
4. Brown, J.S. and P. Duguid (2001) Knowledge and organization: A social practice perspective, *Organization Science*, **12**(2): 198–213; Brown, J.S. and P. Duguid (1991) Organizational learning and communities of practice: Towards a unified view of working, learning and organization, *Organizational Science*, **2**(1): 40–57; Hildreth, P., C. Kimble and P. Wright (2000) Communities of practice in the distributed international environment, *Journal of Knowledge Management*, **4**(1): 27–38.
5. Star, S.L. and J.R. Griesemer (1989) Institutional ecology, translations and boundary objects, *Social Studies of Science*, **19**: 387–420; Carlile, P.R. (2002) A pragmatic view of knowledge and boundaries: Boundary objects in new product development, *Organization Science*, **13**(4): 442–55.
6. "Sales of Digital Movies Surge', *Wall Street Journal*, 7th January 2014.
7. Godinho, M.M. and V. Ferreira (2012) Analyzing the evidence of an IPR take-off in China and India, *Research Policy*, **41**: 499–511.
8. Lichtenthaler, U. (2007) The drivers of technology licensing: An industry comparison, *California Management Review*, **49**(4): 67–89.
9. Mazzola, E., M. Bruccoler and G. Perrone (2012) The effect on inbound, outbound and coupled innovation on performance, *International Journal of Innovation Management*, **16**(6): doi 1240008; Walter, J. (2012) The influence of firm and industry characteristics on returns from technology licensing deals: Evidence from the US computer and pharmaceutical sectors, *R&D Management*, **42**(5): 435–54.
10. Denicolai, S., M. Ramirez and J. Tidd (2014) Creating and capturing value from external knowledge: The moderating role of knowledge-intensity, *R&D Management*, **44**(3): 248–64.

Capítulo

16

Modelos de negócio e captura do valor

OBJETIVOS DE APRENDIZAGEM

Depois de ler este capítulo, você compreenderá:

- o conceito de modelos de negócio;
- seu papel como estrutura para descrever como o valor é criado e capturado;
- as habilidades para mapear e construir modelos de negócio e usá-los para explorar a captura do valor.

O que é um modelo de negócio?

O que faz com que uma boa ideia seja especial? Qual é o segredo de traduzir um insight, um lampejo de inspiração, em algo que muda as vidas de milhões de pessoas? Como uma sementinha desabrocha em uma árvore robusta, dando frutas por gerações e gerações? Neste livro, tentamos responder essas perguntas mostrando que a inovação é um processo, não simplesmente uma ideia, e que moldá-la e configurá-la é algo que os empreendedores de sucesso sempre fazem. Seja qual for o contexto em que trabalhem, a mesma mensagem fica evidente: produzir inovações que criam valor é uma arte. Trata-se de um conjunto de habilidades que pode ser aprendido e praticado, tanto em uma pequena empresa em fase inicial quanto inserido em uma corporação gigantesca que renova a si mesma e suas ofertas para o mundo.

Ao longo deste livro, não nos preocupamos apenas com as ideias. Também queremos entender como elas criam valor e como os empreendedores podem capturar esse valor. Uma abordagem útil à essa questão é o conceito do modelo de negócio, que exploraremos neste capítulo. Grosso modo, um **modelo de negócio** é uma explicação de como o valor é criado para os clientes, e sua explicitação pode ajudar a nos concentrarmos em como capturá-lo na inovação. Por exemplo:

- Um teatro usa roteiros, atores, cenário, iluminação e música para criar uma experiência teatral que o público valoriza.
- Uma montadora usa uma ampla rede de fornecedores para reunir componentes e serviços e transformá-los em um automóvel que o cliente valoriza.
- Um supermercado adquire diversos produtos alimentícios e não alimentícios e os disponibiliza nas prateleiras para os clientes, que podem coletá-los de forma conveniente. Eles valorizam essa experiência e estão preparados para gastar mais do que o supermercado pagou pelos itens porque valorizam esse serviço de coleta, armazenamento e apresentação.
- Uma seguradora oferece uma garantia de pagamento que compensa o custo das perdas devidas a danos acidentais, roubo ou outros incidentes, e os clientes valorizam a paz de espírito que isso gera e estão dispostos a pagar por ela.
- Um varejista de smartphones oferece uma plataforma para o tráfego de comunicações, entretenimento e aplicativos personalizados, e os clientes estão dispostos a pagar para possuir ou alugar o dispositivo em troca das funções que ele oferece.

Todas as organizações, tanto no setor público quanto no privado, oferecem alguma forma de **proposição de valor**, um produto e/ou serviço que os usuários finais valorizam. Nos mercados comerciais, eles estão preparados para pagar por isso, mas em outros contextos, como no setor público, os serviços como educação, bem-estar social e saúde, também são "valorizados" por quem os consomem.

A inovação, como vimos, é uma questão de criar maneiras novas ou melhores de entregar esse valor. Assim, se estamos preocupados com a capturar valor, faz sentido que o primeiro passo seja explicitar o modelo que estamos usando para criá-lo e verificar se está funcionando bem. É importante determinar também se ele é sustentável a longo prazo e se é vulnerável a substituição ou concorrência por outros. É a ideia da **inovação do modelo de negócio**.

Por que usar modelos de negócio?

O propósito do modelo de negócio é oferecer uma representação clara de onde e como o valor é criado e pode ser capturado. Isso é útil por diversos motivos:

- Apresenta um mapa de como a inovação pode criar valor. Isso não acontece espontaneamente; é preciso uma estrutura.
- Proporciona uma maneira de compartilhar a ideia com outras pessoas, explicitando a visão de negócio. Isso pode ser útil para empreendedores que tentam propor suas ideias para investidores de capital de risco ou equipes de inovação tentando obter recursos e apoio para um projeto de inovação interno.
- Oferece um checklist útil das áreas a serem consideradas para garantir que houve uma reflexão apropriada sobre a ideia e a trajetória da criação de valor.

Um parente próximo do modelo de negócio é o **caso de negócio**, que encontramos no Capítulo 8. A ideia de um caso de negócio é basicamente construir uma história com detalhes suficientes sobre o que estamos tentando fazer, como o faremos, para quem, quando, a que custo, por quais recompensas, etc. Em outras palavras, é a história sobre a ideia inovadora fundamental e como iremos implementá-la. Um caso de negócio sem um modelo de negócio claro e robusto subjacente tende a apresentar um impacto limitado.

Basta lembrarmos de qualquer inovação para a enxergarmos como uma narrativa que tem significado para as pessoas. A de Henry Ford era "um carro para o homem comum, a um preço que todos podem pagar". A de George Eastman era colocar a fotografia nas mãos das famílias comuns: "Você aponta e a gente faz o resto!". A filha de Edwin Land lhe deu a ideia para a sua narrativa quando ele tentou responder sua pergunta sobre fotografia: "Papai, por que eu não posso ver a foto que você acabou de tirar?". Ele não soube responder, então começou a trabalhar no conceito que se tornaria a fotografia instantânea, baseada no processo Polaroid. Muhammad Yunus contou uma história de ascensão econômica sobre pessoas "normais" que têm disciplina e coragem para criar seus próprios negócios quando recebem a oportunidade financeira de darem o primeiro passo. O Grameen Bank, sua criação, se tornou um dos mais importantes do mundo com base nesse modelo de negócio.

Todos esses exemplos têm uma coisa em comum: suas inovações não foram uma ideia isolada, mas sim uma narrativa detalhada e estruturada, que deu à ideia sentido e direção e ajudou a comunicá-la. A criação de valor, seja ele social ou comercial, depende da preparação de uma bela narrativa e de contá-la de modo convincente.

É importante observar que não estamos falando apenas em contar a história para clientes em potencial. Uma parte crucial do trabalho de qualquer empreendedor é compartilhar sua visão com os outros e obter seu apoio, energia e comprometimento com a ideia. Mais tarde, o processo envolve fazer apresentações em busca de recursos, o que mais uma vez exige uma narrativa convincente. E cada vez que a história é contada, ela é refinada e aprimorada, retocada com novas ideias e moldada pela resposta e as perguntas do público.

Um modelo de negócio robusto, como toda boa história, não nasce por acaso, é moldado e desenvolvido no processo de ser contado e recontado. A trama emerge, os personagens ganham forma, o cenário se transforma. Cada vez que a contamos, a história muda e se aprimora. Explicá-la para os outros nos dá novas ideias sobre o que adicionar ou remover. As pessoas fazem perguntas ou sugestões que mudam o modo como a história se desdobra na próxima vez. Elas captam a mensagem e disseminam a história, contando-a para os outros, de modo que a ideia gradualmente ganha vida própria e começa a fazer sentido nas vidas alheias. No processo, ela vai ficando mais forte e mais clara.

O que um modelo de negócio compreende?

A criação de valor não acontece por acaso. Ela é o resultado de um processo estruturado que envolve:

- Uma proposição de valor: o que é valorizado?
- Um mercado-alvo: para quem?

- Um fornecedor: de quem?
- Um conjunto de atividades: como?
- Uma representação do valor: quanto?

A Figura 16.1 ilustra esse modelo simples, enquanto a Tabela 16.1 oferece alguns exemplos.

Pode parecer simplista, mas entender como os modelos de negócio criam valor é uma parte fundamental da nossa conversa sobre inovação. Se não explicitarmos como o valor é criado e como iremos capturá-lo, a melhor ideia do mundo pode não ter impacto algum. Da mesma forma, se entendemos como esse processo funciona, podemos melhorá-lo: podemos simplificá-lo, reduzir as perdas e eliminar atritos. Podemos estender sua aplicação a novos mercados e adaptar e moldar a inovação para eles. Se voltarmos a nossa ideia sobre a estratégia de inovação, esses três conceitos (mudar aquilo que oferecemos, como criamos e entregamos isso e para quem) são as três dimensões centrais do modelo dos 4Ps que vimos no Capítulo 1 (Figura 16.2).

Inovação de modelos de negócio

Um elemento crucial é que também podemos mudar o modelo de negócio em si, substituindo, por exemplo, uma simples mercearia por um supermercado e então este por um serviço online. Ou passar da fabricação e venda de um produto para a locação das funções que ele desempenha; um bom exemplo é a Rolls-Royce, que em vez de vender motores a jato, cobra dos clientes pelo número de horas úteis de potência que eles geram durante um período de 30 anos. Esse tipo de inovação é a quarta parte do espaço de inovação dos 4Ps: a "inovação de paradigma".

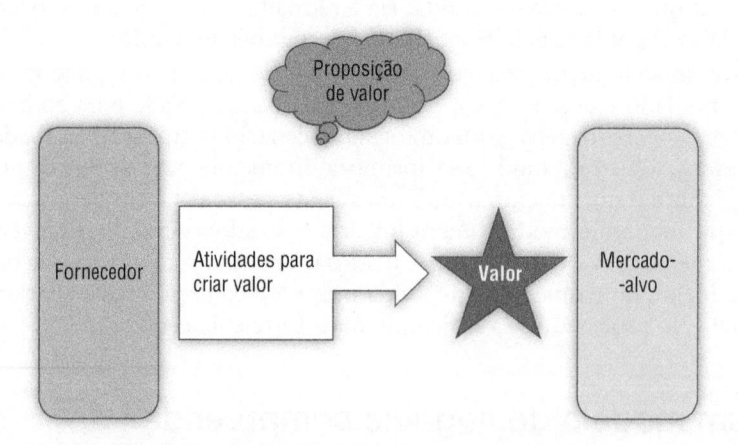

FIGURA 16.1 Estrutura simplificada de um modelo de negócio.

TABELA 16.1 Exemplos de modelos de negócio

Exemplo	Proposição de valor?	Para quem?	Por quem (principais participantes no lado da oferta)?	Atividades centrais que agregam esse valor
Lâminas de barbear	Barbear-se com uma nova lâmina afiada todas as vezes em vez de ter que afiar a mesma de sempre	Homens (posteriormente, mulheres também)	Fabricantes como a Gillette	Projeto e desenvolvimento Fabricação e distribuição de lâminas, publicidade e marketing, etc.
Serviço Nacional de Saúde (Reino Unido)	Saúde para todos, gratuita no ponto de prestação do serviço	Toda a população (em contraste com saúde apenas para quem pode pagar)	Mobiliza todo o sistema médico de cuidados primários e secundários	Serviços de saúde
Serviços bancários online	Banco aberto 24 horas por dia e capacidade de operar independentemente de agências bancárias físicas	Clientes que não podem ou não querem usar o horário bancário "normal", mas que valorizam a conveniência No fim, todos os clientes; passa a ser o modelo dominante	Plataformas de TI, equipe de centrais de atendimento e outras interfaces com clientes Sistemas e provedores de serviços de apoio	Gestão de relacionamentos e atendimento ao cliente
Serviços de streaming de música (ex.: Spotify)	Locação de uma enorme coleção de músicas e disponibilização em múltiplos dispositivos móveis	Clientes interessados em acessar um grande volume e variedade de músicas e tê-las à disposição sempre que quiserem	Plataformas de TI, relacionamento de PI com provedores de música	Controle ao acesso Streaming e distribuição de TI Gestão dos direitos Processamento da locação

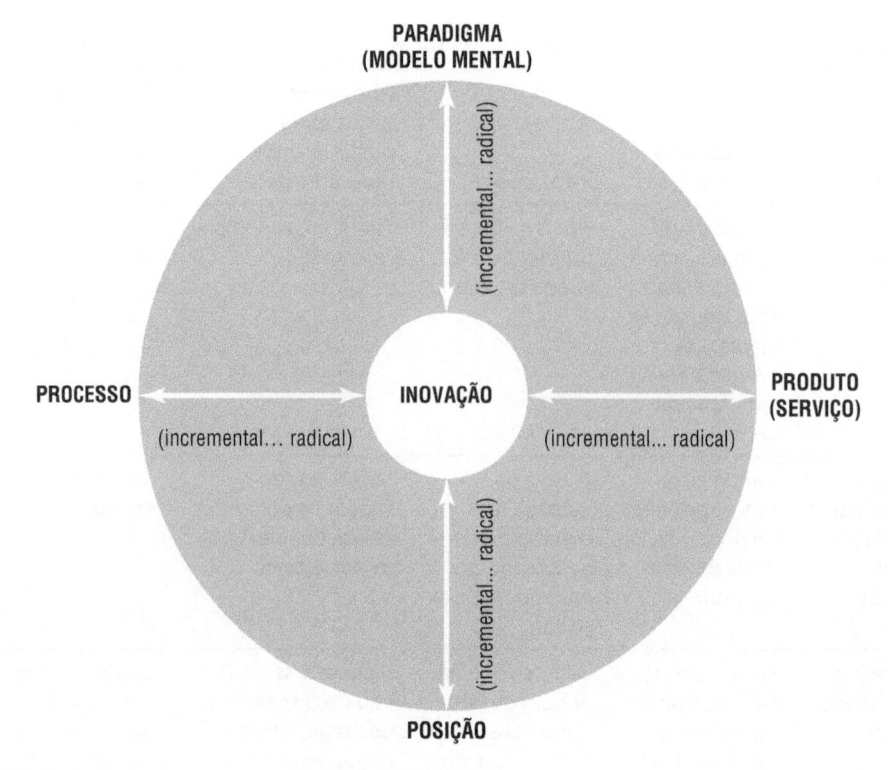

```
                    PARADIGMA
                  (MODELO MENTAL)
                         ↑
                         │ (incremental... radical)
                         │
PROCESSO  ←───────── INOVAÇÃO ─────────→  PRODUTO
(incremental... radical)          (incremental... radical)  (SERVIÇO)
                         │
                         │ (incremental... radical)
                         ↓
                      POSIÇÃO
```

FIGURA 16.2   Explorando o espaço de inovação.

EMPREENDEDORISMO EM AÇÃO 16.1

O modelo de negócio disruptivo do Skype

O Skype combinou duas tecnologias emergentes, o protocolo de voz sobre IP (VoIP) e o compartilhamento de arquivos peer to peer (P2P), para criar um novo modelo de negócio e serviço para telecomunicações. A primeira permitiu a transferência de voz pela Internet, em vez das redes de telecomunicações convencionais, e a outra explorou o poder da computação distribuída das máquinas dos usuários para evitar a necessidade de ter uma infraestrutura ou servidores centralizados exclusivos.

O Skype foi criado em 2003 pelo empreendedor profissional sueco Niklas Zennström, famoso (ou infame) pela empresa de Internet Kazaa, pioneira em serviços P2P, usada principalmente para a troca (ilegal) de arquivos de música MP3. Zennström vendeu a Kazaa para a americana Sharman Networks para se concentrar no desenvolvimento do Skype, que construiu junto com o dinamarquês Janus Friis. Ao contrário de outras empresas de VoIP, como a Vonage, que cobra uma assinatura e se baseia em hardware proprietário, o Skype ficava disponível para download gratuito e podia ser usado sem custo para comunicação por voz entre computadores. Serviços premium adicionais pagos foram criados posteriormente, como o Skype-Out para se conectar

(Continua)

com telefones convencionais e o Skype-In para receber chamadas convencionais. O serviço foi disponibilizado em 15 idiomas diferentes, abrangendo 165 países, e foram formadas parcerias com a Plantronics (fones de ouvido), a Siemens e a Motorola (telefones). Os usuários satisfeitos logo recrutaram amigos e familiares para o serviço, que cresceu rapidamente.

Considerando-se a provisão de software gratuito e chamadas gratuitas entre computadores, o modelo de negócio precisava ser inovador. As receitas eram geradas de diversas maneiras. Os serviços premium, como o Skype-In e o Skype-Out, revelaram-se bastante populares com empresas de pequeno e médio porte para chamadas de negócio e teleconferências, e o licenciamento do software para prestadores de serviços especializados e parcerias de hardware também foi lucrativo. Mais tarde, a grande base de usuários também atraiu publicidade.

Em 2005, o serviço tinha 70 milhões de usuários registrados, mas apesar desse crescimento rápido, o modelo básico de oferecer um serviço gratuito significa que as receitas eram de modestos 7 milhões de dólares, equivalentes a apenas 10 centavos por usuário. Em 2008, o Skype tinha cerca de 310 milhões de usuários registrados, com cerca de 12 milhões online a cada momento. As receitas estimadas eram de 126 milhões de dólares, equivalentes a 40 centavos por usuário. Isso representou uma melhoria do desempenho financeiro, especialmente considerando que os custos continuavam baixos, mas o modelo de negócio ainda não foi comprovado, exceto para os fundadores da empresa. Eles venderam a Skype para a eBay Inc. em outubro de 2005 por 2,6 bilhões de dólares, com bônus de desempenho adicionais de 1,5 bilhão até 2009.

Fonte: Baseado em Rao, B., B. Angelov and O. Nov (2006) Fusion of disruptive technologies: Lessons from the Skype case, *European Management Journal*, **24**(2/3), 174–88.

A inovação do modelo de negócio envolve a criação de novos modelos ou a alteração dos existentes para maximizar o valor criado e devolvê-lo à organização que o criou, ou seja, capturar o valor. Assim, por exemplo, uma empresa farmacêutica gasta cerca de 20% do faturamento em vendas com P&D, financiando amplos laboratórios e instalações para criar novos medicamentos. Ela paga por testes e aprovações, por fabricação e embalagem e por marketing em uma rede global. As pessoas valorizam os benefícios de saúde que obtêm com o medicamento, e elas ou seus agentes e representantes (seguradoras, governos, etc.) pagam por isso. O fluxo de receitas financia os custos diretos e gera um superávit que pode ser reinvestido.

Empresas podem investir no refinamento do seu modelo de negócio, adicionando melhorias e fazendo-o funcionar melhor, mas também podem alterar a abordagem fundamental. É isso que está começando a acontecer nesse setor. Uma combinação de aumento dos custos e problemas com regulamentações estritas desaceleraram a inovação e reduziram a probabilidade de identificação de novos medicamentos de grande vendagem; em vez disso, no novo modelo, as pesquisas cada vez mais são realizadas por pequenos laboratórios empreendedores que trabalham em campos tecnológicos em mutação constante, como genética e biotecnologia.[1]

TABELA 16.2 Exemplos da Internet como rota para a inovação do modelo de negócio	
Modelo antigo	Alternativa capacitada pela Internet
Reservas de viagens e passagens aéreas	Desintermediação: "faça você mesmo" ou por agregadores online
Enciclopédia: determinada por especialistas	Wikipédia e opções de código aberto
Impressão e edição: redes físicas e especialistas	Coordenação online, autopublicação, cauda longa, impressão sob demanda
Varejo: presença física em lojas, centros de distribuição, etc.	Amazon e online, efeito da cauda longa, mineração de bancos de dados, etc.

De modo similar, a Procter & Gamble modificou seu modelo de negócio em termos de P&D em 1999, abandonando o modelo de inovação "fechado", do qual fora pioneira e que usou por mais de 100 anos, e passando a abrir novas opções com a sua abordagem de "conectar e desenvolver".[2] A Caterpillar, assim como a Rolls-Royce, está alterando seu modelo. Antes, a empresa vendia bens de capital, mas agora busca novas maneiras de oferecer as funções como parte de um pacote de serviços, o que muitos dos clientes preferem alugar da empresa.

A Tabela 16.2 oferece alguns exemplos de inovação do modelo de negócio possibilitados por empreendedores que trabalham com as ferramentas da Internet.

Obviamente, como em todas as inovações, os participantes tradicionais não têm um monopólio sobre as boas ideias. O problema específico da inovação de "paradigma" (do modelo de negócio) é que ele representa a história que uma organização gosta de contar, sobretudo para si mesma. Assim, alterar o modelo é muito difícil para elas, pois envolve abrir mão de boa parte do passado. Para os empreendedores, a vantagem de começar com uma folha em branco e construir um modelo novo do zero é enorme, como Jeff Bezos descobriu com a sua abordagem de reinventar o varejo na Amazon.

INOVAÇÃO EM AÇÃO 16.1

Problemas na Polaroid

A Polaroid foi pioneira no desenvolvimento da fotografia instantânea. A empresa desenvolveu a primeira câmera instantânea em 1948, a primeira colorida em 1963 e o foco automático por sonar em 1978. Além das suas competências na química do halogeneto de prata, a empresa tinha competências tecnológicas em ótica e eletrônica e conhecimento em produção em massa, marketing e distribuição. A empresa sempre foi movida pela tecnologia, desde sua fundação em 1937, e Edwin Land, seu fundador, tinha 500 patentes em seu nome.

Quando a Kodak entrou no mercado da fotografia instantânea em 1976, a Polaroid processou a rival por violação de patente e recebeu uma indenização de 924,5 milhões

(Continua)

de dólares. A Polaroid foi consistente e bem-sucedida na sua estratégia de lançar novas câmeras, mas quase todo o lucro vinha da venda de filmes (a chamada estratégia de marketing de "isca e anzol", também usada pela Gillette). Entre 1948 e 1978, o crescimento médio anual das vendas foi de 23%, enquanto o lucro cresceu 17% ao ano.

A Polaroid estabeleceu um grupo de imagem eletrônica já em 1981, pois reconhecia o potencial da tecnologia. Contudo, a tecnologia digital era vista como uma transição tecnológica em potencial, não uma disrupção do mercado ou do negócio. Em 1986, o orçamento de pesquisa anual do grupo era de 10 milhões de dólares, e em 1989 42% do orçamento de P&D era dedicado a tecnologias de imagem digital. No ano seguinte, 28% das patentes da empresa estavam relacionadas com tecnologias digitais. Assim, naquela época, a Polaroid estava bem posicionada para desenvolver um negócio de câmeras digitais.

Contudo, ela só conseguiu transformar seus protótipos em uma câmera digital comercial em 1996, quando já havia 40 outras concorrentes no mercado, incluindo muitas empresas japonesas fortes em câmeras e eletrônica. Parte do problema era adaptar os canais de marketing e desenvolvimento de produtos às novas necessidades de produtos. Contudo, outros problemas mais fundamentais estavam relacionados com cognições de longa data: um comprometimento firme com o modelo de negócio de "isca e anzol" e a busca por qualidade da imagem. Os lucros com o novo mercado de câmeras digitais eram derivados das câmeras, não de produtos de consumos (filme). Ironicamente, a Polaroid rejeitara o desenvolvimento das impressoras a jato de tinta, cujos lucros dependem de produtos de consumo, devido à qualidade relativamente baixa dos seus produtos (iniciais). A Polaroid tinha uma longa tradição de melhorar a qualidade de impressão para concorrer com os filmes convencionais de 35 mm.

Fonte: Tripsas, M. and G. Gavetti (2000) Capabilities, cognition, and inertia: Evidence from digital imaging, *Strategic Management Journal*, **21**, 1147–61.

Modelos de negócio genéricos e específicos

Na realidade, existem alguns modelos de negócio genéricos; a Tabela 16.3 oferece alguns exemplos.

Após estabelecidos, ocorre uma competição para descobrir maneiras novas e diferentes de implementá-los, jogando com os 4Ps em termos de simplificar ou alterar processos, modificar as ofertas de produtos/serviços ou alterar o posicionamento em novos mercados ou na história que contamos sobre a nossa oferta.

O modelo básico das companhias aéreas, por exemplo, é que as pessoas pagam pelo serviço de transporte. Com o passar dos anos, a concorrência entre essas empresas se baseou em inovações incrementais no serviço oferecido: diferenciação em destinos, refeições, aeronaves, assentos e opções para dormir, salas de espera melhoradas, transporte de e para o terminal, etc. As inovações de processo reduziram os custos e melhoraram o fluxo em áreas como check-in, reservas, consumo eficiente de combustível, tempos de rotação, etc. A inovação de posicionamento segmentou o mercado, primeiro em classes e experiências diferentes, mas mais recentemente os voos de baixo custo e pequenas distâncias abriram radicalmente o mercado. E isso levou a uma inovação de paradigma: o que antes era um serviço

TABELA 16.3 Exemplos de modelos de negócio genéricos

Modelo	Proposição de valor
Fornecedor do produto ou serviço	Oferece um produto ou serviço final
Propriedade dos ativos principais e sua locação	Aluguel por período temporário de algo valioso, como espaço (ex.: estacionamentos, depósitos de malas e bens)
Prestador de serviços financeiros	Oferece acesso a dinheiro e serviços relacionados
Integrador de sistemas	Reúne componentes para o cliente final (ex.: empreiteiros, provedores de serviços de software, montadores de hardware como a Dell)
Fornecedor de plataforma	Oferece uma plataforma na qual outros podem agregar valor (ex.: smartphones e os diversos aplicativos que rodam neles; a Intel, cujos *chipsets* permitem que outros ofereçam funções de computação)
Fornecedor de rede	Oferece acesso a diversos tipos de serviços de rede (ex.: empresa de telefonia móvel ou banda larga)
Fornecedor de habilidades	Vende ou aluga acesso a conhecimentos e recursos humanos (ex.: agências de recrutamento, consultorias profissionais, serviços de contratação)
Terceirizador	Oferece-se para assumir responsabilidade pela gestão e realização de atividades importantes (ex.: gestão da folha de pagamento, serviços de TI e processamento de transações financeiras)

de luxo para poucos agora é uma opção de viagem possível para muitos, tal como Henry Ford transformou o paradigma de transporte anterior com o seu Modelo T.

O padrão genérico da inovação é executado por muitos participantes diferentes, cada qual usando a inovação para modificar algum aspecto do modelo de negócio para tentar competir. Assim, companhias aéreas com voos transatlânticos oferecem camas ou salas de espera diferenciadas. As de baixo custo competem em preço, usando inovações de processo para que as economias produzam passagens mais baratas. Companhias em mercados de nicho atendem locais distantes ou segmentos especializados, como os helicópteros que atendem plataformas de petróleo.

INOVAÇÃO EM AÇÃO 16.2

Inovação em modelos de negócio na indústria da música

Com o tempo, vemos um padrão de avanços revolucionários ocasionais no modelo de negócio fundamental, seguidos por um longos períodos de elaboração (inovação "fazer melhor") em torno deles. A indústria da música, por exemplo, emergiu no início do

(Continua)

século XX, quando o rádio e o gramofone possibilitaram escutar e possuir gravações musicais. Esse modelo dominante durou até o fim do século passado, quando o crescimento em produtos eletrônicos levou ao Walkman e outras formas de portabilidade e propriedade pessoal de música, em uma plataforma de diversas mídias de armazenamento: fitas cassete, CDs, etc. A revolução digital, e especialmente a invenção da tecnologia de compressão em torno do MP3, levou à transferência para o espaço virtual. Agora, o desafio para o modelo de negócio seria produzir valor sem violar os limites da legislação de direitos de propriedade intelectual. Após um período de proliferação de diversos modelos ilegais, mas amplamente utilizados, como o Napster e assemelhados, o modelo dominante passou a ser o iTunes, que orquestrou uma rede de valor bastante diferente. Mas mesmo ele está sendo ameaçado por um modelo de negócio alternativo, associado com a locação de músicas em vez de sua compra, por meio de serviços de streaming e armazenamento em dispositivos.

Vemos um padrão semelhante de estratégias "genéricas" de inovação do modelo de negócio – caminhos ao longo dos quais pode haver grandes oportunidades para empreendedores reescreverem as regras do jogo. Por exemplo:

- *Orientação pelo usuário, não pelo fornecedor*, em que a função dos usuários ativos e informados é moldar a trajetória da inovação.
- **Servitização**, em que operações industriais são cada vez mais reenquadradas como serviços. Como vimos, a fabricante de motores Rolls-Royce redefiniu seu modelo de negócio em termos de "potência por hora", reconhecendo que aquilo que seus clientes valorizavam de fato era o suprimento de potência, não os motores em si. Hoje, ela cobra os usuários por horas de potência. As empresas químicas estão buscando criar modelos de aluguel, nos quais oferecem serviços para apoiar o uso eficaz dos seus produtos em vez de simplesmente fornecer lotes de produtos químicos.
- *Alugar, não comprar*, em que a proposição de valor passa a ser disponibilizar a funcionalidade, não o ativo. Exemplo disso são as pessoas começando a alugar músicas por meio de serviços de streaming como o Spotify em vez de terem que colecionar discos, enquanto nos centros urbanos a ideia do aluguel de bicicletas e até de automóveis está eliminando a necessidade de ser dono de um veículo.

INOVAÇÃO EM AÇÃO 16.3

Inovação em modelos de negócio

Há muitos anos que Costas Markides, da London Business School, pesquisa as ligações entre estratégia, inovação e desempenho das empresas. Ele defende a necessidade de distinguir mais claramente entre os aspectos tecnológicos e de mercado das inovações disruptivas e de dar mais atenção à inovação em modelos de negócio.

(Continua)

> Por definição, a inovação em modelos de negócio amplia o valor existente de um mercado, seja ao atrair novos clientes ou ao encorajar os atuais a consumirem mais. A inovação em modelos de negócio não exige a descoberta de novos produtos ou serviços, ou novas tecnologias, mas sim a redefinição dos produtos e serviços existentes e o modo como são usados para criar valor.
>
> A Amazon, por exemplo, não inventou a venda de livros, e companhias aéreas de baixo custo como Southwest e easyJet não são pioneiras da aviação. Esses inovadores tendem a oferecer atributos de produto ou serviço diferentes daqueles das empresas existentes, que enfatizam proposições de valor diferentes. Por consequência, a inovação em modelos de negócio normalmente exige sistemas, estruturas, processos e cadeias de valor diferentes, muitas vezes conflitantes, daqueles usados pelas ofertas existentes.
>
> Contudo, ao contrário do que se diz sobre inovações disruptivas, os novos modelos de negócio podem coexistir com as abordagens mais tradicionais. Os serviços bancários via Internet e as companhias aéreas de baixo custo, por exemplo, não substituíram as abordagens convencionais, ainda que tenham capturado cerca de 20% da demanda total por esses serviços. Além disso, apesar de muitas inovações em modelo de negócios serem introduzidas por novos participantes, que não detêm quaisquer dos sistemas e produtos de legado das empresas estabelecidas, as tradicionais podem optar simplesmente por não adotar os novos modelos de negócio, que não fazem muito sentido para elas. Por outro lado, elas também podem gerar outras inovações para criar ou recapturar clientes.
>
> *Fontes:* Markides C. (2006) disruptive innovation: In need of a better theory, *Journal of Product Innovation Management*, **23**, 19–25; (2004) *Fast Second: How Smart Companies Bypass Radical Innovation to Enter and Dominate New Markets*, San Francisco: Jossey-Bass.

Construindo um modelo de negócio

Analisemos em mais detalhes como poderíamos construir um modelo de negócio enquanto representação de como o valor é criado e qual seria a melhor maneira de capturá-lo. Existem diversos modelos de como fazer isso, mas todos apresentam a mesma arquitetura fundamental, que pode ser expressa com um pequeno número de perguntas-chave:

- O quê? A proposição de valor.
- Por quem? O lado da oferta.
- Para quem? O lado da procura.
- Como? As principais atividades pelo lado da oferta para criar valor para o lado da procura.

Para ser robusta, então as "receitas" do lado da procuram precisa ser maiores que os custos no lado da oferta.

Além disso, temos perguntas importantes sobre *timing* (podemos garantir que o fluxo de saída de recursos é apoiado pelo fluxo de entrada de receitas?) e sustentabilidade a longo prazo. Como podemos proteger nosso modelo para que os outros não o copiem imediatamente? E como desenvolver nossa ideia a longo prazo para se contrapor à tentativa de entrada de novos concorrentes?

Há um modo simples de construir esse modelo. Primeiro, qual é a proposição de valor fundamental?

Proposição de valor

Nesse ponto, precisamos refletir sobre as características da inovação e como ela representa algo de novo que as pessoas valorizam mais do que aquilo que já possuem. O que a distingue? Qual é a nossa proposição única de venda (PUV)? "Por que ninguém fez isso ainda?" é uma pergunta útil nesse estágio. Podemos estar reinventando a roda ou tentando fazer algo que outros já pagaram caro para descobrir que é impossível! Mas também podemos descobrir que a situação mudou e que agora podemos fazer algo que antes era impossível. Oportunidades oferecidas por ter GPS em smartphones, por exemplo, criam uma série de possibilidades em termos de serviços baseados em localização que seriam impossíveis de oferecer dez anos antes.

Mercado-alvo

Em seguida, precisamos pensar sobre o lado da procura. Quem vai valorizar essa oferta? É importante ser bastante preciso sobre o alvo escolhido. Não basta, por exemplo, dizer que vamos oferecer o aluguel de bicicletas em uma grande cidade; é necessário especificar para quem (turistas que querem explorar a área, executivos que desejam evitar a congestão do transporte público e dos táxis, etc.). E precisamos pensar sobre como vamos atingir essas pessoas: quais canais usaríamos para encontrá-las e explicar nossa oferta para elas? Publicidade online? Pontos de venda, com pequenas estações de publicidade onde as bicicletas se encontram? Jornais e televisão? Depois precisamos pensar sobre como vamos interagir com elas: teremos alguém no quiosque, alugando as bicicletas pessoalmente? Ou usamos um modelo de reservas online e autosserviço para destrancar as bicicletas?

Em outras palavras, precisamos refletir muito sobre aspectos específicos da demanda e qual a melhor maneira de garantir que o valor que estamos oferecendo em nossa proposta atinja e seja apreciado pelo mercado-alvo.

Criar e entregar

Diagrama: Fornecedor — Principais atividades que criam valor / Principais recursos — Valor (Proposição de valor) — Canais para alcançar o mercado / Principais relacionamentos — Mercado-alvo

Mas a oferta que gostaríamos que eles valorizassem não vai aparecer em um passe de mágica. Precisamos criá-la e entregá-la, então também precisamos pensar seriamente sobre o lado da oferta. Quais as principais atividades que precisamos ser capazes de executar para oferecermos nossa proposição de valor? Seria preciso comprar ou formar uma frota de bicicletas, distribuí-las pelas cidades e rastreá-las para saber sua localização. Precisaríamos fazer manutenção e garantir que estão disponíveis e aptas ao uso, e provavelmente precisaríamos de algum tipo de serviço de emergência para o caso de acidentes ou estragos. E certamente precisamos de algum jeito de receber dinheiro pelas bicicletas! Podemos optar por não fazer tudo isso nós mesmos e formar parcerias com outros; por exemplo, lojas locais poderiam oferecer as bicicletas e aceitar o dinheiro em nosso nome, ou uma oficina local poderia cuidar da manutenção por nós. Mas ainda precisaríamos construir essa rede e administrar os relacionamentos mais importantes dentro dela.

Em outras palavras, precisamos refletir igualmente sobre aspectos específicos da oferta e como vamos entregar a melhor versão da nossa proposição de valor.

Captura de valor

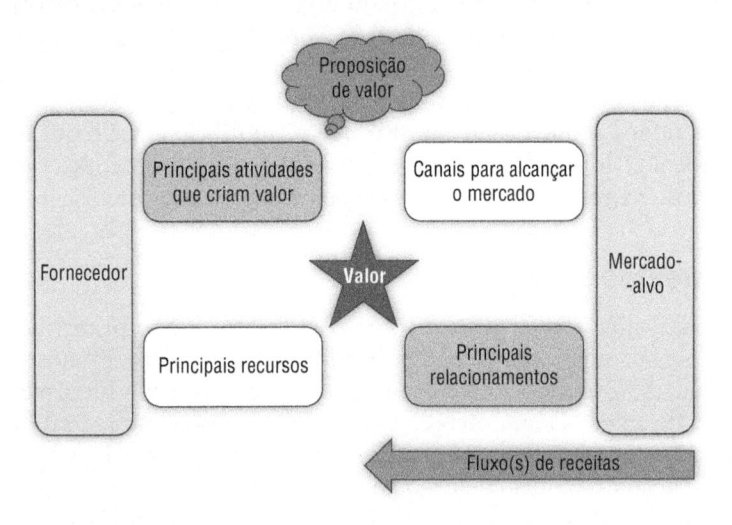

Diagrama: Proposição de valor (nuvem no topo); Fornecedor (esquerda) e Mercado-alvo (direita); no centro, Valor (estrela), cercado por Principais atividades que criam valor, Canais para alcançar o mercado, Principais recursos e Principais relacionamentos; seta inferior indicando Fluxo(s) de receitas do Mercado-alvo para o Fornecedor.

Em seguida, precisamos pensar sobre como vamos capturar o valor que isso gera. Quais são as diferentes fontes de "receitas" ou recompensas que fluem para nós das pessoas no nosso segmento-alvo que valorizam nossas ofertas para elas? São, sem dúvida nenhuma, o dinheiro que estão dispostas a pagar, mas também podem ser informações, ou seja, feedback útil sobre como melhorar nossa oferta. Também podemos acumular informações sobre o tipo de pessoa que usa nossa oferta e utilizá-las para projetar outros produtos e serviços para elas (por exemplo, além de prestar um serviço, a Amazon e a Google também desenvolvem vastos conhecimentos sobre as pessoas que o consomem, reciclados em diversas outras inovações).

Estrutura de custos

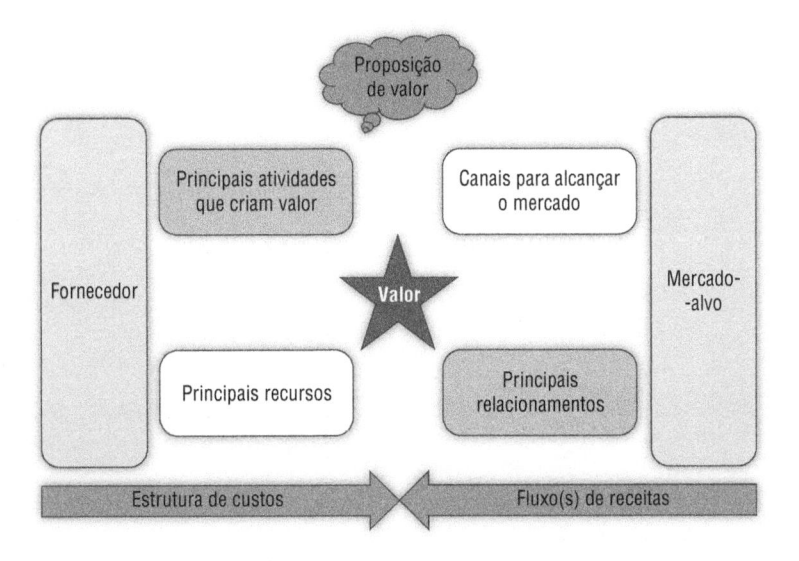

Diagrama semelhante ao anterior, acrescentando na base as setas opostas Estrutura de custos (do Fornecedor para o Mercado-alvo) e Fluxo(s) de receitas (do Mercado-alvo para o Fornecedor), cruzando-se no centro.

O outro lado dessa equação é, obviamente, os recursos que precisamos gastar (tempo, energia, dinheiro) para criar e entregar nossa oferta: a **estrutura de custos**. Quais são e como os categorizamos? Quantos são fixos e quantos variam com o volume da procura? Quando esses custos começam: na fase de start-up ou durante a operação do nosso modelo? Também precisamos pensar sobre quando esses fluxos acontecem e garantir que o equilíbrio entre o que gastamos e o que recebemos de volta é positivo e que não vamos gastar todos os nossos recursos antes de receber algo de volta para nos reabastecermos!

Sustentabilidade

Por fim, precisamos pensar sobre o modelo a longo prazo. Seria fácil alguém nos copiar imediatamente? Onde podemos nos proteger e nos defender da concorrência? Olhando para o futuro, como desenvolver a ideia para agregar novos tipos de valor? Como oferecê-la para mais pessoas no lado da procura ou com participantes diferentes no lado da oferta? Em outras palavras, como praticamos a inovação do modelo de negócio?

Resumo do capítulo

- Inovação significa usar mudanças para criar valor. Os modelos de negócio são uma maneira de articular e mapear os modos como esse processo acontece.
- Um modelo de negócio robusto deve definir a proposição de valor, o mercado-alvo, o lado da oferta e os aspectos de custo e receita. A construção do modelo será alvo de debates intensos, mas isso ajuda a garantir que as propostas de inovação são robustas e foram analisadas por completo.
- Os casos de negócio representam as histórias que podem ser contadas com base em um modelo de negócio claro sobre a necessidade e os prováveis benefícios da inovação.
- É possível mapear os benefícios das mudanças nas ofertas de produto/serviço, mudanças de processo ou inovações de posicionamento em uma estrutura de modelo de negócio. Mas a alteração do modelo de negócio em si também é uma fonte poderosa de inovações, especialmente porque envolve modificar o sistema/arquitetura fundamental, não apenas os componentes.

Glossário

Caso de negócio Estrutura para resumir a ideia fundamental da inovação e como ela será desenvolvida.

Estrutura de custos Lista dos diversos elementos de custos que serão incorridos para cumprir a proposição de valor.

Inovação do modelo de negócio Criar novos modelos ou alterar os existentes.

Modelo de negócio Explicação de como o valor é criado para os clientes.

Proposição de valor Declaração daquilo que o cliente/usuário final valoriza e daquilo que diferencia a sua oferta das dos outros.

Servitização Exemplo de inovação em modelos de negócio em que organizações industriais cada vez mais enfocam na prestação de serviços em torno das suas ofertas de produto principais.

Questões para discussão

1. Você tem uma amiga cientista na universidade que está trabalhando em uma nova tecnologia de medição do índice glicêmico. Ela pediu a sua ajuda para desenvolver uma ideia de negócio para um monitor portátil para pacientes diabéticos. Usando a estrutura do modelo de negócio, desenvolva uma história coerente sobre como esse negócio poderia se desenvolver.

2. Use a abordagem do business model canvas (quadro de modelo de negócio) para fazer "engenharia reversa" de uma inovação bem-sucedida que você tenha comprado recentemente. Qual era a proposição de valor? Como ela identificou e desenvolveu as principais atividades, mercados, etc.?

3. O Spotify é um serviço de streaming de música de sucesso que coloca em cheque os modelos de negócio existentes do setor. Usando as ideias deste capítulo, tente mapear o quadro de modelo de negócio que os empreendedores originais podem ter utilizado quando estavam pensando em começar o negócio.

4. Você é um empreendedor social com uma ideia sobre como oferecer abrigos simples

e de baixo custo para refugiados em áreas de crise. Como você usaria a abordagem do modelo de negócio para desenvolver sua história e propô-la para possíveis apoiadores?

Fontes e leituras recomendadas

Os modelos de negócio são cada vez mais discutidos na literatura sobre inovação. Veja, por exemplo: Henry Chesbrough, *Open Services Innovation* (Jossey-Bass, 2011); Costas Markides, *Fast Second: How Smart Companies Bypass Radical Innovation to Enter and Dominate New Markets* (Jossey-Bass, 2004); Robert Galavan, *Strategy, Innovation and Change* (Oxford University Press, 2008); e Julian Birkinshaw, *Reinventing Management* (John Wiley & Sons Ltd, 2012). *Business Model Innovation: Concepts, Analysis, and Cases*, de Alan Afuah (Routledge, 2014), oferece métodos e exemplos de caso de inovação em modelos de negócio, enquanto uma boa análise do campo aparece em "Business model innovation: Towards an integrated future research agenda", de Sabine Schneider e Patrick Spieth (*International Journal of Innovation Management*, 2013, **17**(1)).

Kaplan oferece uma série de exemplos de mudanças no modelo de negócio como fonte de vantagens estratégicas em *The Business Model Innovation Factory: How to Stay Relevant When the World is Changing* (John Wiley & Sons Ltd, 2012). Outros exemplos de caso incluem a Procter & Gamble (Lafley, A. e R. Charan, *The Game Changer*, New York: Profile, 2008) e a Google (Iyer, B. e R. Davenport, "Reverse engineering Google's innovation machine", *Harvard Business Review*, 2008, **83**(3): 102–11). As ferramentas para desenvolver e trabalhar com modelos de negócio incluem o quadro de modelo de negócio (Osterwalder, A. and Y. Pigneur, *Business Model Generation: A Handbook for Visionaries, Game Changers, and Challengers*, New York: John Wiley & Sons Ltd, 2010) e a estratégia do oceano azul (Kim, W. and R. Mauborgne, *Blue Ocean Strategy: How to Create Uncontested Market Space and Make the Competition Irrelevant*, Boston: Harvard Business School Press, 2005).

Referências

1. Bohlin, N., J. Brennan, T. Kaltenbach and F. Thomas (2014) *Innovation in the Healthcare Space*, Frankfurt: Arthur D. Little Consultants, http://www.adlittle.com/prism-articles.html?&no_cache=1&view=414, acessado em 20 de dezembro de 2014.

2. Lafley, A. and R. Charan (2008) *The Game Changer*, New York: Profile.

Capítulo

17

Aprender a administrar a inovação e o empreendedorismo

OBJETIVOS DE APRENDIZAGEM

Depois de ler este capítulo, você compreenderá:

- revisar e consolidar os principais temas deste livro;
- explorar as influências-chave de como gerenciar o processo de inovação de maneira eficaz;
- identificar as principais habilidades associadas à inovação eficaz no nível do indivíduo, da equipe e da organização;
- desenvolver a capacidade de avaliar como indivíduos e organizações administram o processo;
- praticar uma abordagem de auditoria para a melhoria a inovação e o empreendedorismo.

Introdução

Vamos tentar resumir os principais temas abordados neste livro. Na Parte I, apresentamos a ideia da inovação não como um luxo a ser pensado ocasionalmente, mas como um imperativo de negócios e social. A menos que as empresas estabelecidas mudem aquilo que oferecem ao mundo e modifiquem a forma como criam e entregam suas ofertas, elas provavelmente ficarão para trás em relação a seus concorrentes e podem até mesmo desaparecer. Por um lado mais positivo, a criação de um novo negócio por meio do desenvolvimento e implementação de ideias é reconhecida como uma poderosa fonte de crescimento econômico, sem contar que é uma excelente maneira dos empreendedores por trás dessas ideias enriquecerem!

A energia e a paixão que conduzem o processo é o empreendedorismo: perceber e colocar em prática as oportunidades. Isso é claramente necessário em um novo negócio, que exige um indivíduo ou um pequeno grupo para canalizar suas energias criativas e direcioná-las para criar algo novo. Mas também é importante em empresas estabelecidas, onde a renovação acontece ao se estimular e alimentar a mesma motivação e criatividade para entregar um fluxo de inovações incrementais e também saltos ocasionais inspirados que ajudam a reinventar o negócio. E, cada vez mais, tal motivação, energia e entusiasmo têm sido utilizados para mais do que crescimento econômico, mas também em novos negócios e em organizações estabelecidas em que desafios de sustentabilidade são buscados. Tal empreendedorismo social diz respeito, literalmente, a mudar o mundo, mas utiliza o mesmo motor básico.

Esse processo funciona em toda a economia, não importa se estamos falando de carros, roupas ou *chips* de silício. Ele não se limita à indústria, funcionando igualmente para os serviços que constituem a maior parte das economias: bancos, seguradoras, lojas e companhias aéreas, todos precisam dar atenção permanente ao desafio da inovação se desejarem progredir.

O mesmo ocorre com os serviços públicos e empreendimentos sociais, mas aqui percebemos que nem sempre é o dinheiro que faz a roda empreendedora girar. A inovação, nesse caso, está voltada para a melhoria da educação, para salvar vidas, para deixar as pessoas mais seguras e para atender outras necessidades básicas. E, embora parte da inovação diga respeito à eliminação de custos e desperdícios em processos de prestação de serviços estabelecidos, outra parte diz respeito à sugestão de novas e mais eficientes formas de melhorar a qualidade da vida humana. Seja em uma empresa iniciante ou em um grande departamento do setor público, há um forte segmento de empreendedorismo social motivado menos por um desejo de lucro do que, literalmente, por querer mudar o mundo.

Mas, independentemente do que estimula a inovação e de onde ela acontece – grandes empresas, pequenas empresas, novos negócios, repartições públicas – um fato é claro. A inovação de sucesso não acontece simplesmente porque queremos que ela ocorra. O processo complexo e arriscado de transformar ideias em algo significativo exige organização e gestão estratégica. Paixão e energia não são suficientes. Se quisermos mais do que correr riscos alucinadamente, precisamos nos organizar e nos centrar no processo. E temos de estar aptos a repetir o truque (qualquer pessoa pode ter sorte uma vez, mas ser capaz de entregar um fluxo estável de inovações exige algo um pouco mais estruturado e robusto).

Este capítulo volta-se às lições-chave para organizar e gerir o processo de inovação e empreendedorismo – e como podemos utilizar essas lições para reexaminar e fortalecer nossa capacidade.

Fazendo a inovação acontecer

A inovação é um processo genérico que parte das ideias até chegar à sua implementação. Apesar das muitas formas diferentes como o processo é executado na indústria ou serviços, na realidade, ele trata de entrelaçar conhecimento e recursos. Essa é a tapeçaria criativa que precisamos organizar e gerenciar enquanto avançamos pelo processo de encontrar oportunidades, mobilizar recursos, desenvolver o empreendimento e capturar o valor.

Sabemos que esse processo é influenciado ao longo do caminho por vários fatores, que podem ajudar ou atrapalhar, como ter uma ideia clara de direção (uma **estratégia de inovação**) ou estar inserido em uma rede criativa de participantes. Até aqui, buscamos em especial alguns mecanismos que possamos utilizar como arquitetos e administradores do processo; por exemplo, como o empreendedor pode canalizar a sua energia, paixão e ideia de modo a motivar os outros e fazer com que adotem a sua visão? Como podemos construir organizações inovadoras que permitam que ideias criativas transpareçam, que permitam às pessoas criar e compartilhar conhecimento e sentirem-se motivadas e recompensadas por fazê-lo? Como podemos aproveitar o poder das redes, estabelecendo conexões ricas e amplas para gerar um fluxo de inovações?

Capacidade de aprendizagem e construção

Nenhuma organização ou indivíduo começa com uma versão totalmente desenvolvida da Figura 17.1. Aprendemos e adaptamos nossa abordagem, expandindo nossas capacidades por um processo de tentativa e erro, aprimorando gradualmente nossas habilidades à medida que descobrimos o que funciona para nós. Essas "rotinas comportamentais" se integram ao "modo como fazemos as coisas por aqui", refletindo nossa abordagem gerencial da inovação.

É preciso reconhecer a importância do fracasso nesse processo. Inovação é uma questão de experimentar coisas novas, e elas nem sempre dão certo.

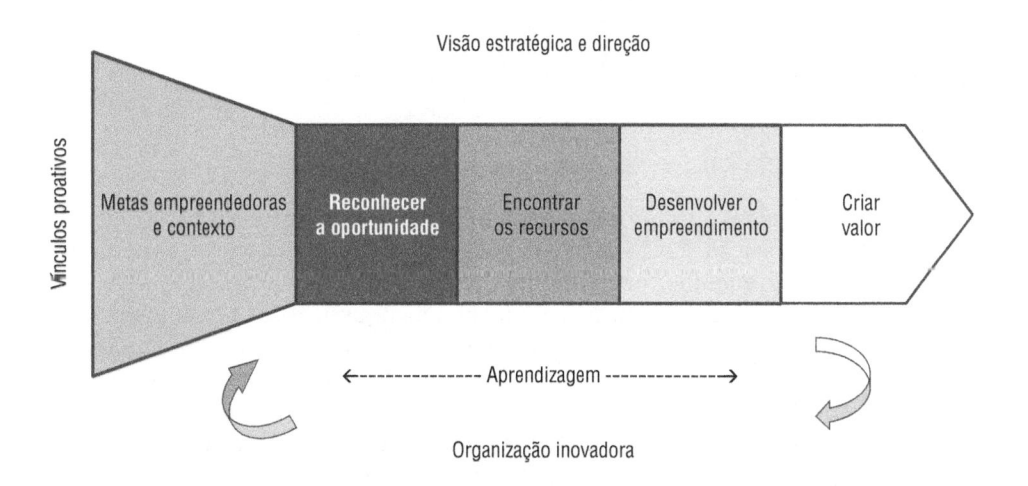

FIGURA 17.1 Modelo simplificado de gestão da inovação.

Experimentação e testes, prototipagem e pivotagem, todos são partes fundamentais da história da inovação, e é por esse processo que, de pouco em pouco, criamos capacidades.

> **INOVAÇÃO EM AÇÃO 17.1**
>
> ### Fracasso na 3M
>
> Da próxima vez que anotar um recado em um Post-it, pare e reflita sobre o valor do fracasso para a inovação. Os Post-its, assim como muitas inovações revolucionárias produzidas pela 3M em mais de um século de história, surgiram de uma inovação fracassada. Spencer Silver, um químico de polímeros, estava trabalhando em adesivos quando inventou uma cola que não colava muito bem. Do ponto de vista de desenvolvimento de uma cola, isso representava uma má notícia. Mas mude um pouco a perspectiva, reenquadre o problema e a pergunta é: "Que outros usos uma cola que não cola poderia ter?". E a resposta levou a um novo negócio bastante próspero.
>
> A 3M é uma empresa que aprendeu, desde sempre, que inovação significa correr riscos e aprender com o fracasso. Sua origem, com o nome Minnesota Mining and Manufacturing Company (logo, 3M), está longe de ser glorioso, pois a mina que comprou para extrair abrasivos de carbeto de silício não tinha o tipo certo de rocha! Foi preciso um reenquadramento rápido para a empresa se recuperar, mas ela conseguiu, e tem crescido consistentemente com base no seu comprometimento irrefreável com a inovação.
>
> A história da 3M se baseia em reconhecer que erros acontecem e que as falhas ocorrem, mas que representam oportunidades para descobrir o que funciona e o que não funciona. Eles alimentam uma cultura de experimentação e aprendizagem que segue viva na empresa, tanto que por muitos anos a 3M esteve entre as três primeiras posições da lista da *Business Week* de empresas inovadoras. Após a troca do CEO e uma nova ênfase em melhorias incrementais ligadas a um programa Seis Sigma, em detrimento a inovações revolucionárias, sua posição caiu para 7ª em 2006 e 22ª em 2007. O resultado foi um debate significativo dentro da empresa e entre a comunidade de *stakeholders* e novos esforços para desenvolver ainda mais suas capacidades fundamentais de inovação.

A maioria dos inovadores inteligentes reconhece que a inovação faz parte da vida na inovação. "Não se faz omelete sem quebrar os ovos" é um bom lema para descrever qualquer processo que, por sua própria natureza, envolve experimentação e aprendizagem. Normalmente, as organizações pressupõem que de 100 ideias de novos produtos, poucas delas serão bem-sucedidas no mercado, e não veem problema nisso, pois o processo de fracassar fornece novos insights importantes, que as ajudam a se reenfocar e se ajustar para os próximos esforços.

Os empreendedores enfrentam o mesmo desafio quando dão início a um novo empreendimento. É impossível prever como o mercado vai reagir, como novas tecnologias vão se comportar ou como novos modelos de negócios conquistarão aceitação, então a abordagem se concentra na experimentação em torno de uma ideia fundamental. O feedback de experimentos planejados cuidadosamente permite a pivotagem do empreendimento, guinadas em torno do foco principal para se aproximar da ideia viável que acabará funcionando.

O problema não é o fracasso. As inovações muitas vezes dão errado, pois são experimentos, passos em direção ao desconhecido. O problema está em não *aprender* com essas experiências.

O fracasso é importante na inovação em pelo menos três sentidos:

- *Proporciona insights sobre o que não fazer.* Em um mundo em que você está tentando ser pioneiro e não existe um caminho claro, é preciso puxar um facão e abrir caminho pela selva da incerteza. Inevitavelmente, você corre o risco de ter escolhido a direção errada, mas "fracassos" desse tipo ajudam a identificar onde não trabalhar, e esse processo de escolha do foco é uma característica importante na inovação.
- *O fracasso ajuda a desenvolver capacidades.* Aprender a gerenciar a inovação de forma eficaz nasce de um processo de tentativa e erro. É apenas por meio desse tipo de reflexão e revisão que podemos desenvolver a capacidade de administrar o processo de forma melhor na próxima vez. Qualquer pessoa pode ter sorte uma vez, mas a inovação de sucesso depende da formação de uma capacidade resiliente de repetir o truque. Dedicar tempo à revisão de projetos é um fator crítico para isso. A bem da verdade, podemos aprender muito mais com o fracasso do que com o sucesso. Revisões pós-projeto bem-administradas, cuja meta é aprender e capturar lições para o futuro, e não encontrar culpados, são uma das ferramentas mais importantes para melhorar a gestão da inovação.
- *O fracasso ajuda os outros a aprenderem e a desenvolverem capacidades.* O compartilhamento de histórias sobre fracasso, uma espécie de "aprendizagem indireta", traça um mapa para os outros, e isso é importante no campo do desenvolvimento de capacidades. Não é por nada que a maioria das escolas de administração uso o método do estudo de caso; histórias desse tipo trazem informações valiosas, que podem ser aplicadas em outras situações.

Os inovadores experientes sabem disso e usam o fracasso como uma grande fonte de aprendizagem. A maior parte do que aprendemos com as pesquisas sobre inovação advém do estudo e da análise do que deu errado e o que poderíamos fazer de melhor na próxima vez: o trabalho de Robert Cooper sobre stage-gates, o desenvolvimento de ferramentas de gerenciamento de projetos na Nasa, o entendimento da Toyota sobre ciclos de aprendizagem rápidos por tentativa e erro do qual o sistema kaizen depende e que a transformaram na montadora mais produtiva do mundo.[1] A filosofia da Google se baseia em um "beta perpétuo": não se busca perfeição, e sim aprender com a inovação. E a famosa consultoria de design IDEO tem um slogan que ressalta o papel fundamental da aprendizagem por meio da prototipagem nos seus projetos: "Fracasse muito para ter sucesso mais cedo!".

Assim, em vez de ver o fracasso na inovação como sendo um problema, é preciso considerá-lo um recurso importante – desde que aprendamos com ele. Isso nos leva à questão de como organizações e indivíduos aprendem.

Como a aprendizagem acontece

O psicólogo David Kolb desenvolveu um modelo simples de aprendizagem que vale a pena apresentar aqui. Ele o utiliza para falar sobre como os adultos aprendem, mas podemos adaptá-lo para a reflexão sobre empreendedores e organizações.[2] A Figura 17.2 é uma ilustração simples do modelo.

O modelo sugere que aprender não é simplesmente uma questão de adquirir novos conhecimentos, mas sim um ciclo com um determinado número de estágios. Não importa onde entramos, mas é apenas quando o ciclo se fecha que a aprendizagem acontece. Assim, para aprender de fato a gerenciar melhor a inovação, precisamos:

- Capturar e refletir sobre nossas experiências, tentando sintetizar a partir delas padrões do que funciona e do que não funciona.
- Criar modelos de como o mundo funciona (conceitos) e ligá-los àqueles que já temos.
- Usar nossos modelos revisados para tentar inovar mais uma vez, experimentando coisas novas.
- Existem muitas formas de ajudar esse processo. Por exemplo:
- Em vez de simplesmente se afastar e refletir, poderíamos usar um modelo de perguntas estruturadas. E poderíamos pedir a outros que nos ajudem no processo, atuando como críticos e questionadores para nos ajudarem a aprender.
- Podemos desenvolver nossos próprios conceitos, mas também podemos utilizar, adaptar e testar novas ideias desenvolvidas em outros contextos. A "teoria" da inovação e do empreendedorismo emergiu de inúmeras experiências codificadas em um conjunto de conhecimentos bastante ricos, e nós podemos recorrer a ele. Não é preciso reinventar a roda.
- De modo similar, não precisamos cometer todos os erros nós mesmos. Podemos aprender com as experiências alheias.

Há um interesse cada vez maior pela experimentação e aprendizagem planejada como sendo um marco teórico importante para a prática do empreendedorismo. Conceitos como "desenvolvimento ágil de software" e "start-up enxuto" basicamente partem da ideia de montar versões de alta frequência deste ciclo de aprendizagem para que as organizações possam aprender rapidamente, adaptar

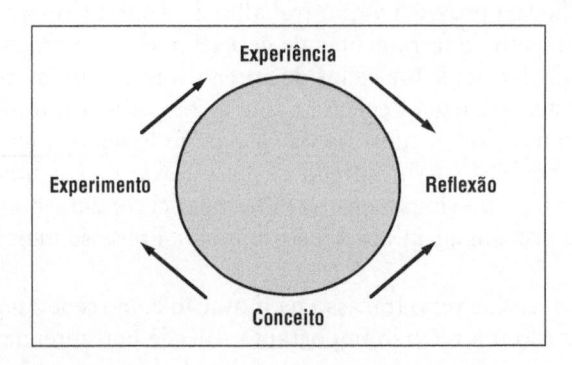

FIGURA 17.2 Modelo simples do ciclo de aprendizagem.

suas ideias e aumentar suas chances de serem bem-sucedidas na inovação. Em vez de um grande plano, elas buscam desenvolver a capacidade de aprender rapidamente.[3] Para permitir que essa aprendizagem aconteça, precisamos fazer uma pausa e refletir, então agora vamos revisitar brevemente os temas mais importantes deste livro e analisar o modelo de processo fundamental e enquadrar algumas questões de reflexão para empreendedores individuais e organizacionais.

Reconhecer a oportunidade

Como vimos, ideias podem surgir de qualquer lugar. Algum cientista pode ter um momento "Eureca!" em um laboratório), ou alguém, ao conversar com um cliente, pode perceber uma necessidade que ainda não foi satisfeita. Um concorrente pode começar a oferecer um serviço que não tínhamos em nosso repertório. Um funcionário público pode mudar as regras do jogo em que nosso negócio está participando e forçar-nos a repensar o que fazemos. Ou um iniciante de um ramo diferente pode enxergar uma maneira de reestruturar o jogo e trazer à tona uma forma completamente nova de encará-lo, como vemos todos os dias na Internet. E o empreendedorismo social muitas vezes surge de indivíduos que olham para o mundo e enxergam modos de prestar serviços públicos melhores, ou grupos carentes que poderiam ser auxiliados ou recursos que poderiam ser distribuídos mais justamente.

Não importa de onde as ideias surjam, o desafio para nós é a certeza de que as percebemos e de que as utilizamos como combustível para o processo de inovação. O empreendedorismo pode nos dar a motivação, mas sem ideias, o motor não funciona. Então, como podemos organizar e gerenciar esse processo de busca? Já deve estar óbvio que não existe uma receita-padrão, mas, como vimos no Capítulo 7, é preciso atirar para todos os lados e certificar-se de englobar o espectro inteiro que vai da extração ("fazer o que fazemos, mas melhor") até a exploração ("fazer algo diferente").

Tampouco se trata de um processo passivo, pois empreendedores bem-sucedidos não encontram oportunidades por acidente. Evidências indicam que eles as criam ativamente, realizando buscas e também adotando novas perspectivas, testando novos ângulos e experimentando novas abordagens.

A seguir, apresentamos algumas perguntas para quando você for refletir sobre esse estágio de encontrar oportunidades...

QUESTIONE-SE – PERGUNTAS PARA REFLEXÃO...

... para empreendedores de start-ups

Ao procurarem estímulos à inovação, participantes inteligentes tentam cobrir todas as bases possíveis. Assim, ao revisar sua abordagem, até que ponto você:

- Explora o espaço da tecnologia: encontra oportunidades, mas também verifica quem mais está inovando?

(Continua)

- Explora o espaço do mercado: descobre se há um mercado e qual o seu tamanho, qual a velocidade de seu crescimento, etc.? E como você descobre quais sãos os concorrentes, reais e potenciais, e quais são as barreiras à entrada, etc.?
- Explora o que os outros estão fazendo? Quem mais está participando ou poderá participar, e poderemos aprender com eles?
- Explora o espaço futuro: você olha para a frente, observando como ameaças e oportunidades poderão se desenvolver e afetar tanto o espaço técnico quanto o de mercado?
- Explora com outros: você agrega diferentes *stakeholders* ao processo, utilizando suas perspectivas e ideias para enriquecer a diversidade e gerar novas orientações?

... e para organizações tradicionais: como estamos atuando?

As organizações podem utilizar muitas abordagens diferentes para administrar o desafio de encontrar oportunidades para impulsionar o processo de inovação. Quão bem elas fazem isso é outra história; e uma forma de mensurar o desempenho é saber como os colaboradores descrevem "o jeito que fazemos as coisas por aqui"; em outras palavras, o padrão de comportamento e as crenças que criam o clima favorável à inovação. Se transitássemos pela organização, seria possível escutar as pessoas falando dos métodos que realmente utilizam. Talvez ouvíssemos coisas como:

Por aqui:

- Temos um relacionamento mutuamente vantajoso com nossos fornecedores e obtemos um fluxo constante de sugestões e ideias com eles.
- Conseguimos entender bem as necessidades de nossos clientes e usuários finais.
- Trabalhamos bem com universidades e outros centros de pesquisa que nos ajudam a desenvolver nosso conhecimento.
- Nosso pessoal está envolvido com a sugestão de ideias para a melhoria de produtos e processos.
- Antecipamo-nos de forma estruturada (com o uso de ferramentas e técnicas de previsão) para tentar simular oportunidades e ameaças futuras.
- Comparamos sistematicamente nossos produtos e processos com os de outras empresas.
- Colaboramos com outras empresas para criar novos produtos e processos.
- Tentamos desenvolver redes externas agregando pessoas que podem nos ajudar; por exemplo, com conhecimento especializado.
- Trabalhamos em contato com "usuários líderes" para desenvolver produtos e serviços novos e inovadores.

Lidar com o inesperado

Naturalmente, parte da tarefa de busca envolve detectar indícios bastante fracos quanto aos gatilhos de inovação emergentes e, às vezes, radicalmente distintos entre si. Assim, as pessoas que trabalham em empresas inteligentes possivelmente diriam:

Por aqui:

- Utilizamos "sondagem e aprendizagem" para explorar novas direções de tecnologias e mercados.

(Continua)

- Estabelecemos conexões com o setor para obter diferentes perspectivas.
- Temos mecanismos para introduzir novas perspectivas; por exemplo, recrutar pessoas de fora do setor.
- Usamos regularmente ferramentas e técnicas formais que nos ajudam a pensar criativamente.
- Centramo-nos em "práticas recentes", bem como nas "melhores práticas".
- Utilizamos alguma forma de busca por tecnologias e coleta de informações estratégicas; temos um radar tecnológico bem-desenvolvido.
- Trabalhamos com usuários periféricos e com adotantes iniciais de tendências para desenvolver novos produtos e processos.
- Empregamos tecnologias de rede para sermos mais ágeis e rápidos quanto à detecção e reação a ameaças e oportunidades que surgem na periferia.
- Utilizamos "buscas direcionadas" em torno da periferia para promover novas estratégias e oportunidades.
- Estamos organizados para lidar com indícios fora de propósito (não diretamente relevantes para o negócio em pauta), e não simplesmente ignorá-los.
- Temos vínculos ativos com a comunidade permanente de pesquisa e tecnologia; podemos listar uma gama variada de contatos.
- Reconhecemos usuários como fontes de novas ideias e tentamos desenvolver, em conjunto, novos produtos e serviços.

Encontrar os recursos

Às vezes, ter ideias demais pode ser um problema, mas um processo de pesquisa bem-desenvolvido deve dar uma chance a todos tipos possíveis de oportunidades – ideias interessantes que estão aguardando para alçar voo, se houver recursos para ajudá-las a decolar. Mas nenhuma organização possui recursos infinitos, e empreendedores individuais menos ainda, então o próximo estágio do processo envolve a tomada de certas decisões difíceis com relação a quais ideias apoiar, e por quê. Inevitavelmente, esse é um processo de risco: temos de tomar decisões com relação a ideias que estão em estágios iniciais e que podem levar a maravilhas, mas que podem, igualmente, cair no esquecimento e nos levar junto!

Para o empreendedor, o desafio pode intimidar, pois é como competir por um prêmio milionário. O teste consiste em passar a sua maravilhosa ideia para um grupo de examinadores, que parecem determinados a encontrar falhas em tudo. Paixão e energia são muito importantes, mas eles procuram algo impossível: garantias de que a ideia funcionará, de que as pessoas desejarão comprá-la e usá-la quando estiver desenvolvida e, mais importante, que eles obterão retorno do investimento feito em você e em sua ideia. Quer você esteja tentando convencer um capitalista de risco, um grupo de investidores-anjo ou alguns amigos próximos que poderiam estar interessados em apoiá-lo, o mesmo problema surgirá. Você pode convencê-los de que estarão correndo um risco bem calculado, em vez de assumirem uma aposta arriscada? Montar conjuntamente o plano de negócio é fundamental, e não faria mal ter alguma ideia do tipo de perguntas que eles podem lhe fazer.

O que nos leva para o outro lado da questão. Como os indivíduos responsáveis por julgar e selecionar a melhor ideia para realizar investimentos posteriores pensam, de fato? Quais são as suas preocupações e como eles se ocupam da criação de um efetivo e equilibrado portfólio de ideias? Os examinadores podem ser capitalistas de risco, especializados em examinar e correr riscos com ideias inovadoras. Mas podem, ainda, ser o conselho de administração examinando o portfólio de novos produtos ou serviços da empresa, ou um gerente de departamento considerando um novo processo para implementar em seu grupo. Ou um administrador hospitalar procurando novas maneiras de reduzir custos ou aumentar a qualidade de certos serviços.

Assim como no estágio anterior, aprendemos muito sobre as formas pelas quais essa tarefa de seleção pode ser organizada e administrada – um modelo de "boa prática" a partir do qual podemos aprender e adaptar. As organizações inteligentes são aquelas que não saem simplesmente apostando; fazem escolhas fundamentadas segundo algumas regras básicas e claras:

- A ideia é promissora?
- Ela se encaixa com a direção da nossa estratégia de negócios como um todo?
- Ela se baseia no que sabemos e no que podemos aproveitar? Caso contrário, podemos adquirir esse conhecimento para fazê-la funcionar?

Essas empresas utilizam técnicas e estruturas para ajudar no processo de seleção, e se certificam de que elas sejam suficientemente flexíveis para ajudar a monitorar e adaptar projetos ao longo do tempo, conforme as ideias avançam rumo a inovações mais concretas. E, se não se saírem tão bem quanto esperavam, em função de desenvolvimentos inesperados no mercado ou na tecnologia, elas possuem mecanismos a postos para interromper o processo, retornando-o à prancheta de projetos ou eliminando-o completamente. (O Capítulo 8 descreve muitas dessas abordagens de forma detalhada.)

Uma novidade interessante foi a adoção do *crowdsourcing* para avaliar inovações. Diversos sites de financiamento, como o Kickstarter, utilizam a "sabedoria das multidões" para atrair verbas para ideias que convencem um número suficiente de pessoas. O conceito é cada vez mais comum para novos empreendimentos, mas há exemplos do uso de "mercados de ideias" dentro de organizações existentes, como é o caso da Intel.

QUESTIONE-SE: PERGUNTAS PARA REFLEXÃO...

... para empreendedores de start-ups

Até que ponto você:

- Sabe quais recursos vai precisar para levar a oportunidade adiante?
- Planeja-se de antemão para identificar os recursos de que vai precisar, e define onde e como obter aqueles que não possui?
- Cria redes ricas para permitir o acesso a recursos mais amplos?

(Continua)

- Desenvolve planos de contingência? (O que fazer se não tiver acesso a esses recursos críticos? Que outros caminhos posso seguir para explorar essa oportunidade?)
- Aprende com o modo como os outros obtiveram recursos?

... e para organizações tradicionais: como estamos atuando?

Se visitarmos uma empresa inteligente, devemos encontrar evidências de que as seguintes formas de auxílio ao processo de seleção e busca por recursos são bastante utilizadas. As pessoas diriam coisas como:
Por aqui:

- Temos um sistema claro para a escolha de projetos de inovação e todos estão cientes das regras do jogo ao fazer suas propostas.
- Quando alguém tem uma boa ideia, sabe como levá-la adiante.
- Temos um sistema de seleção que tenta desenvolver um portfólio equilibrado de projetos de alto e baixo riscos.
- Centramo-nos em um misto de inovação de produto, processo, mercado e modelo de negócio.
- Contrabalançamos projetos que visam "fazer melhor" com alguns esforços mais radicais de "fazer de modo diferente".
- Reconhecemos a necessidade de pensar fora da caixa, e existem mecanismos para lidar com ideias fora do tema mas interessantes.
- Temos estruturas para negócios corporativos.

Desenvolver o empreendimento

Após decidir quais ideias serão apoiadas, resta ainda um problema para a empresa: como fazê-las realmente acontecer? Transformar o insight de um empreendedor em um produto ou serviço que as pessoas utilizem e valorizem, ou um processo de negócio que os funcionários acreditem e utilizem, pode ser uma jornada bem difícil! Geralmente, não é uma simples questão de gerenciamento de projetos, equilibrando recursos com um orçamento financeiro e o tempo disponível. A grande diferença da inovação é que não sabemos se as coisas irão ou não funcionar até o momento em que começamos a realizá-las. O cenário é de incerteza. A única forma de reduzirmos a incerteza é por meio de experimentação e aprendizagem, mesmo que aprendamos que a invenção não vai funcionar mesmo!

Também estamos tecendo os diferentes fios do conhecimento sobre a inovação em termos "tecnológicos" (funcionará como uma ideia?) e de "mercado" (há necessidade dessa ideia e compreendemos e satisfazemos essa necessidade?) Logo, um aspecto essencial da implementação é que os fios se unam e se entrelacem com sucesso. Na prática, isso significa assegurar que as pessoas certas conversem entre si, no momento certo e por tempo suficiente para fazer alguma coisa acontecer.

A inovação costuma ser descrita em termos da metáfora de uma jornada, e isso nos ajuda a refletir sobre a fase de implementação. Por quais estágios nossa ideia precisa passar antes de se tornar uma inovação bem-sucedida, enquanto produto/serviço no mercado ou processo de uso diário dentro de um negócio? Quais estruturas e técnicas os empreendedores e as empresas inteligentes utilizam para impulsionar a inovação ao longo dessa jornada e para verificar o seu progresso? O Capítulo 8 explorou esse tema em detalhes e destaca o tipo de aprendizagem que organizações e empreendedores experientes colocam em jogo quando enfrentam esse desafio.

No caso das novas empresas, o risco de gastar toda a verba inicial aguças a atenção dos participantes imediatamente. Desenvolver o empreendimento não pode ser simplesmente uma questão de escrever um plano e então implementá-lo; em vez disso, como vimos, é preciso aprender, e rápido. Os primeiros experimentos podem identificar problemas na tecnologia ou no mercado, e podemos usá-los para adaptar a inovação (a chamada "pivotagem") em torno da ideia fundamental e inventar uma versão melhor para testar da próxima vez. Assim, executa-se uma série de ciclos de aprendizagem rápidos ao mesmo tempo que o risco é gerenciado de forma controlada.

O mesmo ocorre nas organizações estabelecidas, e a maioria costuma utilizar algum tipo de estratégia de gerenciamento de riscos ao implementar projetos de inovação. Por meio da instalação de uma série de "portões" pelas diversas fases de execução do projeto, desde o início, quando provoca apenas um brilho no olhar, até que se configure num investimento de tempo e dinheiro de vulto, é possível revisá-lo e, se necessário, redirecioná-lo ou até interrompê-lo, caso algo tenha saído de controle. Tais organizações também empregam diversas estruturas de gerenciamento de projetos para ajudar a equilibrar flexibilidade, a disseminação de diferentes insumos de conhecimento e o envolvimento dos principais *stakeholders* com as demandas por tempo e recursos.

A gestão de projetos de inovação é mais do que simplesmente organizar recursos em um cronograma e orçamento. Lidar com eventos inesperados e imprevisíveis e gradualmente transformar projetos em realidade requer altos níveis de flexibilidade e criatividade, e envolve sobretudo a integração de conjuntos de conhecimento através das fronteiras organizacionais, funcionais e disciplinares. Aprendemos muito sobre como fazer isso, seja por meio da utilização de equipes interfuncionais, por meio de várias formas de trabalho paralelo ou simultâneo ou pelo uso de simulação e de outras tecnologias de análise para antever problemas futuros e reduzir prazos e custos de recursos ao mesmo tempo que melhoramos a qualidade da inovação.

INOVAÇÃO EM AÇÃO 17.2

O que leva ao sucesso na inovação de produtos e serviços?

A tabela contém alguns exemplos de mecanismos, ferramentas e estruturas que empresas e empreendedores inteligentes utilizam.

Principais necessidades/ questões na jornada	Principais mecanismos
Processo sistemático para o progresso de novos produtos/serviços	Modelo de stage-gate Monitoramento intenso e avaliação a cada estágio
Envolvimento precoce de todas as funções relevantes	Introdução de perspectivas importantes no processo suficientemente cedo para influenciar o design e se preparar para problemas Detecção precoce de problemas leva a menos retrabalho
Trabalho paralelo/sobreposto	Engenharia simultânea ou concorrente para acelerar o desenvolvimento enquanto retém o envolvimento interdisciplinar
Estruturas adequadas de gerenciamento de projetos	Escolha da estrutura (como gestão de matriz/linha/projeto/projeto diferenciado) para satisfazer condições e tarefas
Trabalho de equipe interfuncional	Envolvimento de diferentes perspectivas, uso de abordagens de formação de equipes para assegurar trabalho em grupo eficaz e desenvolver competências quanto à resolução flexível de problemas
Ferramentas avançadas de apoio	Utilização de ferramentas (como CAD, prototipagem rápida, auxílios computadorizados para trabalho cooperativo) para ajudar na qualidade e na velocidade do desenvolvimento
Aprendizagem e melhoria contínua	Aplicação das lições aprendidas por meio de auditorias pós-projetos, etc. Desenvolvimento de uma cultura de melhoria contínua

Fonte: Belliveau, P., A. Griffin and S. Somermeyer (2002) *The PDMA ToolBook for New Product Development: Expert Techniques and Effective Practices in Product Development*, New York: John Wiley & Sons, Inc.

QUESTIONE-SE: PERGUNTAS PARA REFLEXÃO...

... para empreendedores de start-ups

O quanto você já refletiu sobre:

- Como vai gerenciar o projeto, desde a ideia até o lançamento em grande escala?
- Quem você precisará envolver? E quando o seu envolvimento ocorrerá?
- Você tem um plano de projeto claro, com um cronograma e planos para recursos, especialmente fluxo de caixa, para a duração inteira do projeto?
- Você tem critérios para interromper o projeto se ele sair seriamente dos trilhos?
- De que forma você pode saber como está se saindo em termos do progresso do projeto? Quando e como fará revisões?
- Você tem planos para contingências? O que acontece se algo inesperado der errado ou você se atrasar?

... e para organizações tradicionais: como estamos atuando?

Podemos utilizar o tipo de modelo de "boas práticas" da Tabela 17.2 para contrastar e identificar onde e como poderíamos melhorar as formas com que gerenciamos a implementação da inovação. Se visitarmos uma organização "inteligente, veremos que muitas das seguintes estruturas e técnicas são empregadas para ajudar na ocorrência adequada do processo. Ouviremos dos colaboradores comentários como:
Por aqui:

- Temos processos formais claros e bem-compreendidos, prontos para nos ajudar a gerenciar eficazmente o desenvolvimento de novos produtos, desde a concepção da ideia até seu lançamento.
- Nossos projetos de inovação são geralmente concluídos dentro do prazo e dos limites orçamentários.
- Temos mecanismos eficientes para gerenciar mudanças processuais desde a ideia até a implementação bem-sucedida.
- Temos mecanismos prontos para assegurar o envolvimento, desde cedo, de todos os departamentos com o desenvolvimento de novos produtos/processos.
- Há flexibilidade suficiente em nosso sistema para que o desenvolvimento de produtos permita pequenos projetos acelerados.
- Nossos grupos de projetos que levam adiante a inovação envolvem pessoas de todas as áreas importantes da organização.
- Envolvemos todos que tenham conhecimentos relevantes, desde o início do processo.

Provavelmente essas empresas também oferecem algum tipo de recurso para projetos mais radicais e agressivos que precisam percorrer um trajeto diferente em seu desenvolvimento. Os colaboradores tenderiam a afirmar que:
Por aqui:

- Temos mecanismos alternativos e paralelos para implementar e desenvolver projetos de inovação radical que se encontram fora de regras e procedimentos "normais".

(Continua)

- Temos mecanismos para gerenciar ideias que não se enquadram em nosso negócio atual; por exemplo, nós as licenciamos ou as descartamos.
- Utilizamos simulação, ferramentas de prototipagem rápida e assim por diante para explorar diferentes opções e postergar comprometimento com um plano de ação específico.
- Temos mecanismos estratégicos de tomada de decisão e seleção de projetos que podem lidar com propostas heterodoxas mais radicais.
- Há flexibilidade suficiente em nosso sistema para que o desenvolvimento de produtos permita pequenos projetos acelerados.

Estratégia de inovação: ter um senso de direção claro

A inovação depende da visão. A menos que o nosso empreendedor tenha um senso de visão estimulante, e capacidade de comunicar essa paixão aos outros, é improvável que consiga obter apoio para suas ideias em estágio inicial. Da mesma forma, é precisamente em função do desejo de alargar fronteiras que mudanças importantes e empolgantes acontecem. George Bernard Shaw, famoso dramaturgo, chegou muito perto disso quando observou, em suas *Máximas para Revolucionários* (da peça *Homem e Super-homem*):

> O homem sensato se adapta às condições ao seu redor (...) O insensato tenta adaptar as condições a si próprio. Assim, todo progresso depende do homem insensato.

O mesmo ocorre nas organizações estabelecidas: é preciso equilibrar as melhorias cotidianas com uma ideia clara daquilo que está por vir. E, para isso, pode ser preciso ampliar a liderança. Como vimos, questionar a maneira com que a organização vê as coisas (a mentalidade corporativa) pode, às vezes, ser realizado pela introdução de perspectivas externas. A recuperação da IBM deu-se em grande parte ao papel exercido por Lou Gerstner, que obteve sucesso, pelo menos em parte, *porque* era um recém-chegado na indústria de computadores e foi capaz de fazer perguntas embaraçosas que os que já estavam dentro do ramo haviam esquecido. E quando a Intel enfrentou uma forte concorrência dos produtores do Extremo Oriente, Andy Grove e Bill Noyce registraram a necessidade de "pensar o impensável", ou seja, de abandonar da produção de memória (ramo em que a Intel havia crescido) e considerar a entrada em outros nichos de produto. Eles remontam o seu sucesso subsequente ao momento em que se viram "entrando no vácuo" e criando uma nova visão de negócio.[4]

Fazer isso pode demandar mecanismos que legitimem os desafios à visão dominante. Isso pode vir do topo, tal como foi o desafio de Jack Welch para o memorando "destrua seu negócio" na General Electric.[5] Talvez com base em suas experiências anteriores, a Intel hoje tenha um processo denominado "confrontação construtiva", que, essencialmente, estimula certo grau de discordância. A empresa aprendeu a valorizar perspectivas críticas que vêm daqueles que estão mais próximos da ação em vez de pressupor que a alta gerência sempre tem as respostas "certas".

A inovação exige liderança e orientação estratégicas claras, mais o comprometimento de recursos para transformá-la em realidade. Inovação tem a ver com correr riscos, com entrar em espaços novos e, às vezes, completamente inexplorados. Não queremos arriscar, ou simplesmente mudar as coisas apenas por mudar ou por capricho. Paixão, iniciativa e energia são características empreendedoras fundamentais, mas trazem consigo o risco de serem apontadas na direção errada. Nenhuma organização dispõe de recursos para desperdiçar livremente. A inovação exige estratégia. No entanto, também precisamos de coragem e liderança para conduzir a organização por um caminho diferente daquele dos concorrentes e daquele que sempre tomamos, rumo a novos espaços.

Mais uma vez, aprendemos que empreendedores de sucesso e organizações inovadoras utilizam diversas estruturas, ferramentas e técnicas para ajudá-los a criar, articular, comunicar e implementar uma estratégia clara. Muitas organizações, por exemplo, reservam um tempo (em geral, fora de sua sede e longe de pressões cotidianas de suas operações "normais") para refletir e desenvolver uma estrutura estratégica compartilhada para a inovação. Os empreendedores em empresas jovens podem não ter esse luxo, mas como certeza precisam pensar duas vezes antes de "mergulharem de cabeça" na certeza de que possuem um plano estratégico claro e coerente para o seu empreendimento. Duas perguntas fundamentais embasam essa questão:

- A inovação que estamos cogitando nos ajuda a atingir metas estratégicas que estabelecemos a nós mesmos (para crescimento, participação de mercado, margem de lucro ou alteração do mundo de alguma forma pela criação de valor social, etc.)?
- Sabemos o suficiente sobre isso para realizar o plano (ou, se não, temos uma ideia clara de como obter e integrar tal conhecimento)?

Muito pode ser obtido com uma abordagem sistemática para responder essas questões; uma abordagem típica poderia ser a de conduzir algum tipo de análise competitiva que considere a posição da organização em termos de seu ambiente e de forças-chave que agem sobre a concorrência. Nesse cenário, portanto, pode ser conveniente perguntar-se como uma inovação proposta poderia ajudar a alterar a posição competitiva de modo favorável – pela criação ou demolição de obstáculos de entrada, pela introdução de substitutos para reescrever as regras do jogo, etc.

Levar adiante essa análise sistemática é importante para criar múltiplas perspectivas. Isso pode ser feito de várias maneiras diferentes, como empregar ferramentas para análise de concorrência e de mercado ou buscar formas de utilizar competências, coisas que o indivíduo ou a organização conhece e nas quais é bom. Elas podem se basear em explorações do futuro ou utilizar técnicas como "mapeamento tecnológico" para ajudar a identificar cursos de ação. Nisso tudo, é fundamental lembrar que a estratégia não é uma ciência exata. O que importa é o processo de construção de perspectivas compartilhadas.

Para o empreendedor em uma nova empresa, o desafio será compartilhar a sua visão com os outros e deixá-los entusiasmados e envolvidos. E a menos que as pessoas dentro de uma organização estabelecida entendam e se comprometam com a estratégia que elas mesmo desenvolveram, será difícil utilizá-la para enquadrar suas ações. A questão da **implementação da estratégia de inovação**, de comunicar e capacitar as pessoas para usar essa estrutura teórica, é essencial para que a organização evite o risco de saber como inovar, mas não o porquê.

No Capítulo 16, exploramos a ideia de usar um modelo de negócio para construir a narrativa de uma inovação. Isso cria uma estrutura em torno da qual as pessoas podem contribuir, elaborar e questionar a narrativa fundamental de modo a fortalecê-la e espalhá-la para uma população mais ampla.

QUESTIONE-SE: PERGUNTAS PARA REFLEXÃO...

... para empreendedores de start-ups

- Você tem uma "narrativa" clara e concisa que pode compartilhar com os outros sobre a sua ideia?
- Onde você vai estar em um ano? E como vai saber se teve sucesso ou não?
- Se tudo sair bem, qual será o próximo passo? O que você vai fazer para expandir ou desenvolver o empreendimento ainda mais?
- Você consegue "pintar um retrato", ou seja, dar vida à sua ideia para que os outros a enxerguem e compartilhar o que o deixa tão animado com o que está tentando fazer?
- Você tem um mapa claro de como vai partir da ideia e da visão emocionante que possui hoje para transformar esse sonho em realidade no próximo ano?

... e para organizações tradicionais: como estamos atuando?

Estas são declarações que poderíamos escutar dos colaboradores de uma organização estrategicamente centrada e dirigida:
Por aqui:

- Os colaboradores dessa organização têm uma ideia clara de como a inovação pode nos ajudar a competir.
- Há uma relação clara entre os projetos de inovação que desenvolvemos e o que eles significam para a estratégia de nossa organização.
- Temos processos prontos para revisar novos fatos de mercado ou avanços tecnológicos e o que significam para a estratégia de nossa organização.
- Existe um comprometimento da alta administração e apoio para a inovação.
- Nossa equipe de proa tem uma visão compartilhada de como a empresa se desenvolverá por meio da Inovação.
- Antecipamo-nos de forma estruturada (com o uso de ferramentas e técnicas de previsão) para tentar simular oportunidades e ameaças futuras.
- Os colaboradores da organização sabem qual é a nossa competência distintiva, o que nos dá uma margem competitiva.
- Nossa estratégia de inovação é comunicada de forma clara para que todos conheçam os objetivos de melhoria.

(Continua)

> Essa empresa também teria uma liderança estratégica mais flexível, que levasse a organização a pensar além dos limites de sua abrangência e assim antever os muitos e diferentes desafios do futuro. Isso seria expresso em frases como:
> Por aqui:
>
> - A gestão cria "objetivos ambiciosos" que fornecem a orientação, mas não o caminho, para a inovação.
> - Exploramos ativamente o futuro, fazendo uso de ferramentas e técnicas como cenários e previsões.
> - Temos capacidade em nosso processo de concepção estratégica para desafiar nossa posição atual; pensamos em "como desconstruir o negócio"!
> - Temos mecanismos estratégicos de tomada de decisão e seleção de projetos que podem lidar com propostas heterodoxas mais radicais.
> - Não temos medo de "canibalizar" coisas que já fazemos para dar espaço a novas opções.

Construir uma organização inovadora

A chave para a inovação e para o empreendedorismo é, logicamente, as pessoas. O desafio é simples: como fazer com que elas empreguem sua criatividade e partilhem seu conhecimento para realizar mudanças? Nas pequenas empresas em fase inicial, as estruturas podem ser bastante informais e flexíveis e o senso de confiança e cooperação, alto. Mas, como vimos anteriormente, ser pequeno traz consigo limites em termos de recursos, então os empreendedores precisam se esforçar para construir e manter redes criativas ricas.

É fácil encontrar receitas para organizações inovadoras que salientam a necessidade de eliminar a burocracia asfixiante, as estruturas inúteis, os obstáculos que bloqueiam a comunicação e outros fatores que impedem que boas ideias se destaquem. Mas precisamos ser cuidadosos para não cair na armadilha do caos. Nem toda inovação funciona em ambientes orgânicos, soltos, informais ou bagunçados, também conhecidos como skunk works, e esses tipos de organizações podem, às vezes, agir contra os interesses da inovação de sucesso. Precisamos determinar a organização *adequada*, ou seja, a organização mais apropriada dadas as contingências de operação. Ausência de ordem e estrutura pode ser tão ruim quanto seu excesso.

Empreendedores de sucesso e organizações inovadoras percebem isso, e utilizam uma série de estruturas, ferramentas e técnicas para ajudá-los a alcançar o equilíbrio. Como vimos no Capítulo 9, estas incluem:

- visão compartilhada, liderança e vontade de inovar;
- estrutura apropriada;
- identificação e apoio de indivíduos-chave;
- trabalho em equipe eficaz;
- inovação de alto envolvimento;
- ambiente criativo;
- foco externo.

Podemos usar esses elementos básicos para construir uma estrutura de reflexão.

> ## QUESTIONE-SE: PERGUNTAS PARA REFLEXÃO...
>
> ### ... para empreendedores de start-ups
>
> - Você tem as habilidades e os recursos críticos de que precisa para o sucesso do empreendimento?
> - Você identificou os indivíduos fundamentais para ajudá-lo a realizar a sua visão?
> - Como vai motivá-los? Como fará para que aceitem e adotem o que está tentando fazer?
> - Como vai lidar com conflitos e dissenso?
> - Como vai tomar decisões? E como garantir que todos cumpram o que foi decidido, mesmo que discordem?
> - Como vai se comunicar e manter todos informados?
> - Como vai garantir que o desempenho das equipes seja superior à soma das partes individuais, não inferior a ela?
>
> ### ... e para organizações tradicionais: como estamos atuando?
>
> Se visitássemos uma organização desse tipo, encontraríamos evidências da utilização dessas abordagens, e os colaboradores fariam afirmações como:
>
> Por aqui:
>
> - Nossa estrutura organizacional não impede, ela faz com que a inovação aconteça.
> - As pessoas trabalham bem em equipe entre os limites departamentais.
> - Há um forte comprometimento com o treinamento e o desenvolvimento de pessoal.
> - As pessoas se envolvem, sugerindo ideias para melhorias em produtos ou processos.
> - Nossa estrutura nos ajuda a tomar decisões com rapidez.
> - A comunicação funciona e ocorre de cima para baixo, de baixo para cima e por toda a organização.
> - Nosso sistema de reconhecimento e premiação apoia a inovação.
> - Há um ambiente que favorece novas ideias; as pessoas não têm de deixar a organização para fazer com que as ideias aconteçam.
> - Trabalhamos bem em equipe.
>
> Também haveria o reconhecimento de que não existe uma receita única e que empresas inovadoras precisam de competências (e de estruturas e mecanismos de apoio) para refletir e realizar diferentes ações de tempos em tempos. Assim, os colaboradores também diriam que:
>
> Por aqui:
>
> - Em nossa organização, há espaço e tempo para que as pessoas explorem ideias arrojadas.

(Continua)

- Temos mecanismos para identificar e encorajar o "empreendedorismo interno"; quando as pessoas têm uma boa ideia, não precisam sair da empresa para implementá-la.
- Designamos recursos específicos para explorar opções situadas à margem do que estamos fazendo; não sobrecarregamos as pessoas em 100%.
- Valorizamos pessoas dispostas a quebrar as regras.
- Contamos com o alto envolvimento de todos no processo de inovação.
- A pressão dos pares cria uma tensão positiva e uma atmosfera propícia à criatividade.
- A experimentação é incentivada.

Conectar-se para inovar

Sempre soubemos que a inovação não é uma ação isolada; participantes de sucesso trabalham muito para criar relações além das barreiras internas da organização e com as muitas agências externas que atuam em parte do processo de inovação. Eles incluem fornecedores, clientes, fontes de financiamento, recursos especializados e de conhecimento, etc. E como vimos no Capítulo 10, a inovação no século XXI é, cada vez mais, uma "inovação aberta", um jogo de múltiplos jogadores em que conexões e a capacidade de descobrir, formar e mobilizar relações criativas são essenciais.

No lado positivo, a explosão das possibilidades tecnológicas possibilitada pelas ferramentas de informação e comunicação e o surgimento das redes sociais como um movimento cultural importante significam que hoje temos ferramentas mais poderosas para construir redes. Uma característica crucial da teoria dos sistemas é que as redes apresentam as chamadas "propriedades emergentes", ou seja, o todo pode ser maior do que a soma das partes.

A Tabela 17.1 resume o campo de oportunidades aberto pelas propriedades emergentes em torno da inovação coletiva aberta (IAC).

Porém, para realizar essas propriedades emergentes e aproveitar as oportunidades significativas oferecidas pelas "inovações de quinta geração" é preciso aprender novas habilidades. Como vimos no Capítulo 10, fazer com que isso aconteça exige habilidades para encontrar parceiros em redes, construir relacionamentos com eles e, finalmente, unir as suas contribuições com outras; assim, o todo se torna maior que a soma das partes.

Os desafios incluem:

- Como gerenciar algo que não possuímos ou controlamos?
- Como perceber efeitos sistêmicos, não interesses próprios limitados?
- Como criar confiança e compartilhar os riscos sem amarrar o processo em burocracias contratuais?
- Como evitar "aproveitadores" e "vazamentos" de informação?

TABELA 17.1 ropriedades emergentes em torno da "inovação coletiva aberta"[6]

Propriedade emergente	Comentários
Redução de barreiras de entrada	Comunicação barata e onipresente permite a "democratização" da inovação, reunindo muito mais participantes no jogo da inovação, com rapidez e facilidade
Maior alcance	A ICA "admite" muito mais pessoas, dando a elas acesso ao processo de inovação e às ferramentas para capacitá-la
Maior amplitude	A ICA é mais abrangente, e a "flexibilidade" resultante oferece mais pontos de partida diferentes para o desenvolvimento de novos insights e ideias e inspirações vindas de mundos diferentes ("inovação recombinante")
Sustentabilidade: as comunidades de inovação se transformam em ecossistemas prósperos, com identidades duradouras	Massa crítica, emergência de estruturas e regras de governança, desenvolvimento de uma cultura em torno de uma massa crítica de participantes
Criação em massa: leva a customização em massa um passo adiante, pois os usuários são capacitados diretamente para projetarem e produzirem por conta própria	O envolvimento dos usuários é aprofundado, passando da customização "cosmética" para o envolvimento profundo com o desenvolvimento
Aceleração da difusão	Mercados, comunidades e outros agrupamentos centrados na inovação são simples de estabelecer e logo alcançam uma escala de conectividade que produz efeitos significativos em termos de geração e desenvolvimento de ideias e "viralização" rápida entre comunidades
Redes de redes	À medida que pequenas comunidades de inovação em nível local evoluem, passa a ser possível interligá-las ou mobilizar sua criação e coordenação
	Efeitos de escala e propriedades emergentes que abrangem essas "metarredes"

QUESTIONE-SE: PERGUNTAS PARA REFLEXÃO...

... para empreendedores de start-ups

- Você identificou de quem precisará de ajuda para levar seu empreendimento adiante?
- Como vai motivar e envolver essas pessoas para que aceitem e adotem o projeto?

(Continua)

- Como vai gerenciar conflitos e tensões dentro da rede?
- Como vai compartilhar informações e se comunicar?
- Como vai tomar decisões? E como garantir que todos as cumpram?
- Como vai encontrar parceiros para a sua rede? Como vai trabalhar com eles para estabelecer comprometimento e uma ideia de identidade compartilhada?

... e para organizações tradicionais: como estamos atuando?

Se visitássemos uma empresa bem-sucedida do jogo da inovação e conversássemos com as pessoas, teríamos a percepção do quanto ele desenvolveu suas habilidades de atuar em rede. Ouviríamos coisas como:

Por aqui:

- Temos um relacionamento mutuamente vantajoso com nossos fornecedores.
- Conseguimos entender bem as necessidades de nossos clientes e usuários finais.
- Trabalhamos bem com universidades e outros centros de pesquisa que nos ajudam a desenvolver nosso conhecimento.
- Trabalhamos lado a lado com nossos clientes na exploração e no desenvolvimento de novos conceitos.
- Colaboramos com outras empresas para a criação de novos produtos e processos.
- Tentamos desenvolver redes externas agregando pessoas que podem nos ajudar; por exemplo, com conhecimento especializado.
- Trabalhamos lado a lado com os sistemas educacionais local e nacional a fim de embasar nossas necessidades em termos de capacitação.
- Trabalhamos em contato com "usuários líderes" para desenvolver produtos e serviços novos e inovadores.

Também perceberemos seu crescente esforço em criar vínculos abrangentes de inovação aberta, fato evidenciado em afirmações como:

Por aqui:

- Estabelecemos conexões com o setor para obter diferentes perspectivas.
- Temos mecanismos para introduzir novas perspectivas; por exemplo, recrutar pessoas de fora do setor.
- Temos vínculos extensos com uma ampla cadeia de fontes externas de conhecimento: universidades, centros de pesquisa, agências especializadas. Na verdade, nós os estabelecemos mesmo que não seja para projetos específicos.
- Utilizamos tecnologias como ajuda para nos tornar mais ágeis e rápidos em selecionar e responder a ameaças e oportunidades na periferia.
- Temos sistemas de "alarme" para alimentar advertências precoces sobre novas tendências no processo estratégico de tomada de decisão.
- Praticamos a "inovação aberta": recebemos um fluxo constante de ideias desafiadoras de redes ricas e abrangentes.
- Temos uma abordagem ao gerenciamento de fornecedores aberta à "hobbies" ou "caprichos" estratégicos.
- Temos vínculos ativos com a comunidade de pesquisa e tecnologia; podemos listar diversos contatos.
- Reconhecemos usuários como fontes de novas ideias e tentamos desenvolver, em conjunto, novos produtos e serviços.

Aprender a gerenciar a inovação

Como afirmamos anteriormente, nenhum indivíduo ou organização nasce com o conjunto perfeito de habilidades para fazer a inovação acontecer. Em vez disso, eles aprendem e desenvolvem essas habilidades ao longo do tempo e por meio de tentativa e erro. Neste capítulo, discutimos uma série de "boas práticas" que costumam ser encontradas em diferentes organizações empreendedoras, e examinamos algumas perguntas para reflexão a fim de nos ajudar a pensar sobre como estamos nos saindo. Mas uma última série de perguntas se refere a se sabemos mesmo aprender, ou seja, se conseguimos parar, questionar com firmeza, introduzir novos conceitos e desenvolver nossos próprios modelos de como vamos gerenciar a inovação no futuro. Assim, é preciso concluir com perguntas para reflexão em torno desse tema e lembrar que uma característica em comum entre os empreendedores profissionais de sucesso e os negócios duradouros é que eles estão cientes do que fazem e de como podem usar esses insights para continuarem a ter sucesso.

QUESTIONE-SE: PERGUNTAS PARA REFLEXÃO...

... para empreendedores de start-ups

Refletindo sobre o projeto (tenha ele tido sucesso ou não):

- O que eu poderia fazer mais vezes (pois ajudou)?
- O que poderia fazer menos vezes ou até parar de fazer (pois não deu certo, desacelerou o andamento ou atrapalhou o projeto de alguma outra forma)?
- Que coisas novas/diferentes eu poderia tentar?
- Com base no que aprendi, que conselho eu daria a alguém sobre começar um novo empreendimento?
- Quais três recomendações fundamentais do que fazer, e três do que não fazer, aprendi com este empreendimento e poderei aplicar no próximo?
- O que eu aprendi?

... e para organizações tradicionais: como estamos atuando?

As empresas inteligentes gerenciam a sua aprendizagem, e os comentários dos colaboradores nessas organizações seriam:

Por aqui:

- Temos tempo para revisar nossos projetos a fim de melhorar nosso desempenho na próxima vez.
- Aprendemos com nossos erros.
- Comparamos sistematicamente nossos produtos e processos com os de outras empresas.
- Nos reunimos e compartilhamos experiências com outras empresas para nos ajudarem a aprender.

(Continua)

- Somos bons em adquirir conhecimento e repassá-lo a outros colaboradores da organização.
- Utilizamos medidas que nos ajudam a identificar quando e onde podemos melhorar nossa gestão da inovação.
- Aprendemos com a nossa periferia; vemos além de nossos limites organizacionais e geográficos.
- A experimentação é incentivada.

Adaptando-se à inovação

Aprender não é fácil. Em geral, indivíduos e organizações estão ocupados demais fazendo para terem tempo de parar e pensar sobre como poderiam melhorar o modo como fazem as coisas. Porém, caso conseguissem se organizar, se afastar e refletir sobre como melhorar sua gestão da inovação, provavelmente descobririam uma maneira estruturada de refletir a respeito do processo de maneira útil. Podemos utilizar a ideia comparação com o que aprendemos sobre boas práticas a fim de desenvolver estruturas de auditoria simples, que poderiam ser usadas para diagnóstico. Como fazemos as coisas em comparação com aquilo que se considera uma "boa prática"? Até que ponto concordamos com as afirmações listadas neste capítulo, associadas com bons inovadores? Onde estão nossos pontos fortes? E onde desejamos centrar nossos esforços para melhorar a organização? Esse tipo de processo de auditoria e investigação não oferece prêmio algum, mas pode ajudar a tornar a organização mais eficaz nas formas com que lida com o desafio da inovação. Isso pode levar a alguns resultados muito importantes – como sobrevivência ou crescimento!

INOVAÇÃO EM AÇÃO 17.3

Mensurando o desempenho da inovação

Ao reexaminarmos o desempenho inovador, verificamos várias medidas e indicadores possíveis:

- Medidas de resultados específicos de vários tipos; por exemplo, patentes e trabalhos científicos como indicadores de conhecimento produzido, ou o número de novos produtos apresentados (e a percentagem de vendas e/ou lucros derivados) como indicadores de sucesso de inovação de produto.
- Medidas de resultados de elementos operacionais ou de processo, tais como pesquisas de satisfação de clientes para mensurar e rastrear melhorias em qualidade ou flexibilidade.
- Medidas de resultados que podem ser comparadas por setores ou empreendimentos; por exemplo, custo do produto, participação de mercado, desempenho em qualidade.

(Continua)

- Medidas de resultados de sucesso estratégico, quando o desempenho global do negócio é aprimorado de alguma forma e quando ao menos alguns benefícios podem ser atribuídos direta ou indiretamente à inovação; por exemplo, crescimento de receita ou participação de mercado, lucratividade melhorada, maior valor agregado.

Podemos, ainda, considerar várias medidas mais específicas de funcionamento interno do processo de inovação ou elementos específicos dentro dele. Por exemplo:

- Número de novas ideias (produto/serviço/processo) geradas no início do sistema de inovação.
- Taxas de fracasso: no processo de desenvolvimento, no mercado.
- Número ou percentagem de estouro de prazos de desenvolvimento e orçamentos de custos.
- Medidas de satisfação do cliente: era isso que o cliente desejava?
- Tempo decorrido até o lançamento do produto/serviço no mercado (em média, comparado com padrões do ramos).
- Homens-hora de desenvolvimento por inovação completada.
- Prazo médio dos ciclos de processo de inovação até a introdução.
- Medidas de melhoria contínua: sugestões por funcionário, número de equipes de solução de problemas, acúmulo de economias por trabalhador, economias cumulativas e assim por diante.

Há também escopo para mensurar algumas condições influentes que apoiam ou inibem o processo, como o "ambiente criativo" da organização ou a clareza com a qual a estratégia é distribuída e comunicada. E existe valor na agregação de informações ao processo; por exemplo, percentagem de vendas comprometidas com P&D, investimentos em treinamento e recrutamento de equipes capacitadas.

Não há uma estrutura única para realizar uma **auditoria de inovação**, e não há uma resposta "certa" ao final do processo. Mas utilizar tais estruturas pode ser útil, como mostra a Tabela 17.2.

Existem auditorias que avaliam aspectos gerais, aquelas que focalizam capacidades para gerenciar o fim mais radical da inovação, aquelas que lidam com diferenças de setor – como, por exemplo, o gerenciamento da inovação de serviços – e existem aquelas que se concentram em aspectos da organização – como se ela é capaz de engajar todo o seu quadro funcional no processo de inovação. Há ainda auditorias que priorizam o indivíduo, oferecendo uma estrutura para refletir sobre "o quão criativo você é".

Há, ainda, diversos recursos de auditoria disponíveis online, e uma indústria crescente de consultoria construída em torno disso, que oferece um tipo de "espelho" sobre como uma organização trabalha com a inovação, juntamente com alguns conselhos sobre como poderia se aprimorar. Mas o que importa não são somente as auditorias em si e como utilizá-las no *processo* de questionamento e desenvolvimento de capacidade de inovação. Como o guru da qualidade, W. Edwards Deming, afirmou: "se você não mensurar, não pode melhorar!".

TABELA 17.2 Exemplos de estruturas de auditoria da inovação

Perguntas e questões cruciais para a gestão da inovação	Auxílios à reflexão e desenvolvimento (disponíveis no Portal do livro em inglês)
Como estamos nos saindo na gestão da inovação?	Teste de adaptação à inovação
Como estamos nos saindo na gestão da inovação de serviços?	Sistema SPOTS
Fase inicial para novos empreendimentos	Checklist do empreendedor
Envolvemos nossos funcionários totalmente na inovação?	Ferramenta de auditoria da inovação de alto envolvimento
Como estamos nos saindo na gestão da inovação descontínua?	Auditoria da inovação descontínua
O quão amplas são nossas buscas em um mundo de inovação aberta?	Estratégias de busca para visão periférica
Temos um ambiente criativo para a inovação?	Análise do ambiente criativo
Sabemos aproveitar ao máximo o conhecimento externo para a inovação?	Auditoria da capacidade de absorção

Gestão da inovação e do empreendedorismo

Começamos o livro falando da inovação como um imperativo de sobrevivência. Em essência, quando as organizações não mudam o que oferecem e as formas como criam e entregam seus produtos e serviços, elas podem não durar. Mas apenas falar que "acreditamos em inovação" provavelmente não nos levará muito longe. Será preciso agir para fazê-la acontecer. Colocar uma boa ideia em prática, difundindo-a com sucesso, é bastante difícil, mas fazer crescer e manter um negócio exige a capacidade de repetir a façanha. Mesmo empreendedores em série, cuja filosofia é fazer o negócio acontecer para, então, abandoná-lo (preferencialmente, de forma lucrativa), agem dessa forma apenas para repetir o processo com outra boa ideia.

Sucesso não tem a ver com sorte. Muitas vezes, o que parece sorte na verdade é o produto de muito esforço, como demonstra a história (possivelmente apócrifa) de um golfista. Ele acertou o buraco com uma só tacada. Quando um espectador gritou que fora muita sorte, ele resmungou para o caddie: "Sim, e quanto mais eu treino, mais sorte tenho!". Inovação tem a ver com administrar um processo estruturado e centrado, incentivando e empregando criatividade, mas também equilibrando isso com um grau adequado de controle. Nenhuma organização ou indivíduo começa dessa forma; é algo que aprendem e desenvolvem ao longo do tempo. Essa aprendizagem pode acontecer por tentativa e erro, mas também pode ocorrer pelo aprendizado com outros, a partir de suas experiências suadas de sucesso. E pode acontecer pelo uso de ferramentas e modelos que ajudam a compreender e desenvolver a gestão da inovação de modo mais eficaz. Esperamos que as lições deste livro ofereçam contribuições úteis para esse processo.

Resumo do capítulo

- Onde quer que a inovação aconteça (grandes empresas, pequenas empresas, novos empreendimentos), uma coisa é clara: a inovação de sucesso não acontece pela mera vontade de alguém. Esse processo complexo e arriscado de transformar ideias em algo que deixe marcas exige organização e administração estratégicas.
- O empreendedorismo proporciona a força motriz por trás da inovação, mas força não basta para causar mudanças de sucesso, e muitos empreendedores fracassam. Aqueles que logram sucesso, e especialmente aqueles que o fazem mais de uma vez, entendem que a inovação é um processo a ser compreendido e gerenciado.
- A inovação é um processo genérico que opera por meio de quatro estágios principais: reconhecer oportunidades, encontrar recursos, desenvolver o empreendimento e capturar o valor.
- Sabemos que, ao longo do caminho, esse processo é influenciado por vários fatores que podem ajudá-lo ou impedi-lo. Existem estratégias claras de liderança e de direção? Como podemos construir organizações inovadoras que permitam que ideias criativas venham à tona, que deixem que as pessoas construam e compartilhem conhecimento e se sintam motivadas e recompensadas por estarem fazendo isso? Como podemos utilizar o poder das redes, fazendo com que conexões ricas e amplas produzam um fluxo de inovações?
- Temos a nossa disposição uma ampla gama de estruturas, ferramentas e técnicas para nos ajudar a refletir sobre esses elementos do processo de inovação e a gerenciá-los. O desafio é adaptá-las e utilizá-las em um contexto específico; essencialmente, em um processo de aprendizagem.
- O desenvolvimento de capacidades inovadoras precisa começar com uma auditoria sobre onde estamos neste momento, e existem muitas formas de questionar e explorar itens centrais:
  - Temos um processo claro para fazer a inovação acontecer e mecanismos eficazes que nos permitam dar suporte a esse processo?
  - Temos um senso claro de propósito estratégico compartilhado e o utilizamos para guiar nossas atividades inovadoras?
  - Temos uma empresa que oferece apoio, cujas estruturas e sistemas permitem que as pessoas sejam criativas e compartilhem e desenvolvam as ideias criativas umas das outras?
  - Criamos e ampliamos nossas redes para inovação dentro de um sistema de inovação aberto e rico?

Glossário

Auditoria de inovação Investigação estruturada acerca da capacidade de inovação dentro da organização.

Estratégia de inovação Declaração de como a inovação está operando para levar o negócio adiante, e por quê.

Implementação da estratégia de inovação Comunicação e capacitação para que as pessoas utilizem a estrutura.

Questões para discussão

1. Use as perguntas de reflexão neste capítulo (e as adicionais dos modelos de auditoria online) para revisar a capacidade de gestão da inovação em uma organização com a qual você esteja familiarizado.
2. "Se não aprendermos com a história, estamos fadados a repeti-la." Essa famosa citação destaca o desafio da aprendizagem. O que impede as organizações de aprenderem com seus esforços de inovação no passado? E como podem melhorar sua capacidade de aprendizagem no futuro?

Fontes e leituras recomendadas

A ideia de aprendizagem organizacional foi amplamente explorada e existem diversos recursos úteis sobre o tema, incluindo *On Organizational Learning* (Wiley-Blackwell, 1999), de Chris Argyris; "Building a learning organisation" (*Harvard Business Review*, 1993. **July/August**: 78–91), de David Garvin; e *The Dance of Change: Mastering the Twelve Challenges to Change in a Learning Organisation* (Doubleday, 1999), de Peter Senge. Abordagens como o desenvolvimento ágil e a "start-up enxuta" enfatizam a ideia de ciclos rápidos de aprendizagem como maneira de promover a inovação. Consulte *The Lean Startup* (Crown, 2011), de Ries, e "Why the lean start-up changes everything" (*Harvard Business Review*, 2013, **91**(5), 63–72), de Blan. A mensuração da inovação é analisada em relatórios do *The Innovation Index* (NESTA, 2009), da NESTA, e em artigos de Adams (por exemplo: Adams, R., R. Phelps, and J. Bessant, Innovation management measurement: A review, *International Journal of Management Reviews*, 2006, **8**(1), 21–47); e Kolk, Kyte, van Oene and Jacobs' *Innovation: Measuring It to Manage It* (Arthur D. Little, 2012, http://www.adlittle.com/downloads/tx_adlprism/Prism_01-12_Innovation.pdf).

Um amplo conjunto de livros e artigos online sobre inovação oferece alguma forma de estrutura de auditoria, incluindo o modelo Pentathlon da Cranfield University, discutido por Goffin e Mitchell em *Innovation Management* (2nd edn, Pearson, 2010), e o modelo da "onda de inovação" discutido por von Stamm em *The Innovation Wave* (John Wiley & Sons Ltd, 2003). De von Stamm, consulte também *Managing Innovation, Design and Creativity* (2nd edn, John Wiley & Sons Ltd, 2008). Para outros exemplos, consulte *The Management of Technological Innovation* (2nd edn, Oxford University Press, 2008), de Dodgson, Salter e Gann; ou *Innovation Management and New Product Development* (5th edn, Prentice Hall, 2011), de Trott.

Bons sites incluem www.innovationforgrowth.co.uk, www.innovationexcellence.com e www.cambridgeaudits.com. A AIM Practice (www.aimpractice.com) também possui diversas ferramentas de auditoria a respeito da inovação, enquanto a NESTA (www.nesta.org) tem diversos relatórios ligados ao seu projeto Innovation Index.

Referências

1. Cooper, R. (2001) *Winning at New Products*, 3rd edn, London: Kogan Page; Monden, Y. (1983) *The Toyota Production System*, Cambridge, MA: Productivity Press.
2. Kolb, D. and R. Fry (1975) Towards a theory of applied experiential learning, in: Cooper, C. (ed.), *Theories of Group Processes*, Chichester: John Wiley & Sons Ltd.
3. Morris, L., M. Ma and P. Wu (2014) *Agile Innovation: The Revolutionary Approach to Accelerate Success*, New York: John Wiley & Sons, Inc.
4. Groves, A. (1999) *Only the Paranoid Survive*, New York: Bantam Books.
5. Welch, J. (2001) *Jack! What I've Learned from Leading a Great Company and Great People*, New York: Headline.
6. Bessant, J. and K. Moeslein (2011) *Open Collective Innovation*, London: Advanced Institute of Management Research.

Índice

Obs.: números de página em *itálico* se referem a ilustrações.

3M 113–115, 150–153, 187–188, 209–210, 289–290
   fracasso na 474–475
4Ps, modelo dos 15–22, 31–32, 34
   inovações mapeadas no 32–34

abordagem de análise de custo-benefício 241–242
aceitação de riscos 242–243, 257–259, 272–273, 275–276
Acton, Brian 359–361
Adidas, cocriação 299–300
adoção de inovações 198–199
   ADS (seringas autodescartáveis) 348–350
   fatores que influenciam 337–341
   fracasso, razões para 341
   "adotantes iniciais" 198–199, 296–297, 332–333, 336–337, 340–341
Advanced Institute of Management Research (AIM) 303–304
agenciamento 213–215
Akash Computer, Índia 169–171
Allen, Tom 148–150, 209–210
AlterGeo, Rússia 83–85
Altshuller, Genrich S. 137
aluguel (*versus* propriedade), modelo 17–18, 300–301, 437–440, 461–463
ambiente
   criativo 145–147, 151–153
   organizacional 271–276
ambiente físico 148–151
análise bayesiana 241–242
análise de cenários 74
análise de redes sociais 148–150
análise estratégica 30–32, 34
análise interna 234–236
analogias 139–141
anglo-saxão, modelo de governança 79–81
Apple 186–187, 316–318, 399–400, 408–409, 443–444, 447–448

aprendizagem 492–494
   de sistemas estrangeiros 71–73, 75
   e estratégias de busca 215–217
   modelo simples de 475–477
   na cadeia logística 290–292
   ver também conhecimento
aprendizagem compartilhada 291–293
Aravind Eye Clinics 46–48
ARM Holdings 447–448
armazenamento
   conhecimento 435–436
   e serviços 321–322
arquitetura que apoia a criatividade 148–151
Arthur D. Little 6
Arup 435–436
Ásia
   desenvolvimento de *chips* 85
   estratégias tecnológicas de empresas tardias no mercado 71–73
   ver também China; Índia
associações e criatividade 123–125, 141–143
atividade de equipe dispersa 265–266
atividade de equipe interfuncional 265–266
ativos complementares 419–420, 448–449
auditoria de inovação 495–496
aumento de escala, inovações sociais 60–61
Autonomy 350–352
avaliação de projetos 240–242, 243–247
avaliação de riscos 238–244, 319–320
avaliação externa 235–236
avaliação financeira de projetos 243–248
avançando pelas beiradas 166–168
aversão à perda 242–243

B&Q, conscientização sobre deficiência 51–52
barreiras políticas 391–392
base da pirâmide (BdP), mercados 93–97, 168–172
batedores 97, 205–206, 209, 213–214, 289–290
"bazar criativo", modelo do 214–215

Bell, Alexander Graham 13–14
benchmarking 74, 183–184
Berkhout, Frans 104–105
Besser, Mitch 50–51
bissociações 141–142
BlackJack, smartphone 316–317
Blu-ray 437–440
BMW, centro de pesquisa, Alemanha 148–150
Boeing 29–30, 214–215, 291–292, 385–387
Bolsa de Valores de Londres, alternativa à 374–376
Bookham Technology 412–414
Boston, Massachusetts, start-ups de tecnologia na Route 127–128, 351–353
brainstorming 142–143, 145–147, 234–235
Brasil 89–92, 171–172
BRICs (Brasil, Rússia, Índia e China), países 70–71, 87–94
Broens Industries 9–10
BT (British Telecomm) 50–52, 205–206
business angels (investidores-anjo) 375–376
Business Ventures Programme (BVP), Nortel Networks 384

cadeias de valor internacionais 83–85
cadeias logísticas globais, evolução das 85–87
capacidade
 construção 25–28, 86–88, 473–476
 dinâmica 36–37, 113–114, 216–217
 ver também competências
capacidade de absorção 92–93, 113–114, 216–217, 292–293, 448–449
capacidades complementares 408–410
capital
 financeiro, acesso a, no início do empreendimento 406, 408
 humano 87–88, 371–372, 406, 408, 413–414
 intelectual 437–439
 social 87–88
capital de risco 370–376
 papel na inovação 411–413
captura de valor 22–23, 467
características individuais para o empreendedorismo 253–261
carragena 141–142
carros elétricos, difusão dos 333–335
carros híbridos, difusão de 333–336
casa da qualidade 330–331, *331*
caso de negócio 454–455
 ver também planejamento de negócio
CEMEX 97

"central de improviso", modelo da 214–215
cérebro e criatividade 123–126, 128–132, 138–140
Chesbrough, Henry 210–211
China 91–94
 aprendizagem na cadeia logística 291–292
 financiamento com capital de risco 372–373, *374–375*
 joint venture da Tata com 330–331
 patentes *448–449*
 provisão de baixo custo 168–169
Christensen, Clayton 166–168, 247
Churchill Potteries 161–163
cinco gerações de modelos de inovação, Rothwell 284–285
Citicorp 96–97, 297–298
citizen sourcing 178–179
classificação, seleção de projetos 325, 327–328
Clifford, Robert 8–10
clusters
 espaciais 286, 352–353, 361–362
 estratégicos 326, 328–329
 tecnologia 291–292
cocriação/codesenvolvimento 214–215, 296–297
 customização 17–18, 174–175
 envolvimento dos usuários 176–180, 298–300
 inovação conjunta 269
código aberto 214–216
coevolução, estratégia de busca de 206–208
cognição 87–88
colaboração
 equipes 263–265, 267–268
 tecnológica revolucionária 291–292
 universidades 361–362, 415–416
Coloplast 176–178
começo impreciso (fuzzy front end) 228–232
comercialização de produtos 318–319
compatibilidade 338–339
competências 34–36
 desempenho da equipe 270–271
 desenvolvimento de novas 386–388
 ver também capacidade
competições 300–302
complexidade 28–29, 206–207, 216–217, 283–284, 339–340
comprometimento
 de membros de equipe 266–268
 empreendedor 362–363
 gestão 225–226, 366–367, 385–386, 391–392

computador, técnicas assistidas por 301–302, 328–329, 482–483
comunicação via satélite, previsão de 142–143
comunidades 301–302
comunidades de prática 286, 285, 288–290, 437–439
"Conectar e Desenvolver", P&G 209–210, 213–214, 285, 288–290, 459–460
confiança, ambiente de 272–273
conflito
   criativo 146–148
   e debate 273–276
conflito de relacionamento 273–275
conformidade 103–107
conhecimento 431–451
   agentes do conhecimento 437–439
   aquisição e geração 431–432
   armazenar e recuperar 435–437
   compartilhar e distribuir 436–437
   definição 432–433
   propriedade intelectual 440–449
   tipos de 432–434
conhecimento codificado (explícito) 440–449
conhecimento desincorporado 432–433
conhecimento explícito 432–434
conhecimento implícito (tácito) 433–434
conhecimento tácito 433–437
   internacionalização 69–70
construção de pontes 213–215
construção de sistemas 110–111, *112–113*
contato e atendimento ao cliente 322–323
cradle-to-cradle, produtos inspirados por 109–110
credibilidade de novos empreendimentos 362–363, 405–406
crescimento 4–6, 11–12
   de novos empreendimentos 414–422
crescimento econômico 5, 471–473
criação de valor 11–12, 86–88
criatividade 21–23, 123–128
   abordagem integrada 154
   ambiente da 146–154
   bloqueios à 134
   capacitação 134–154
   diferenças individuais em 131–133
   enquanto processo 128–131
   habilidades de raciocínio 134–143
   habilidades interpessoais 143–144
   importância da 130–132
   na prática 127–128
   nível do grupo 126–128, 143–148
criatividade pessoal 256–257

crowdfunding 287, 376
crowdsourcing 178–181, 214–215, 299–300, 480–481
cultura 272–273
cultura organizacional 35–36, 229–230, 272–273, 436–437
customização em massa (CM) 17–18, 172–176

dados, definição 432–433
DAWN, programa 56–59
de Bono, Edward 143–144
debate e conflito 273–276
decisões autoritárias 333–334
decisões coletivas 332–333
decisões individuais 332–333
defensores de produtos 228–229, 391–393
defesa, gestão de empreendimentos 390–391
demandas locais por inovação 76–78
demandas nacionais, padrões de 76–78
departamento de novos empreendimentos 393–395
desafio e envolvimento 273–274
desaprendizagem 255–256
desdobramento da função qualidade (QFD) 74, 209–210, 329–331
desenvolver o empreendimento 60–61, 481–485
desenvolvimento de cenários 235–239
desenvolvimento de novos produtos e serviços 313–342
   adoção de inovação, promoção da 332–341
   desenvolvimento de novos serviços 320–325
   ferramentas para apoiar o desenvolvimento de produtos 324–331
   processo envolvido em 313–319
   sucesso de novos produtos 318–321
desenvolvimento de produtos
   critérios para o sucesso 318–321
   ferramentas 328–331
   processo de 313–319
desenvolvimento de serviços 320–325
   altos inovadores 322–324
   processo de 313–319
   uso e utilidade de técnicas 326
desenvolvimento sustentável 96–97
design customizado 174–175
design de plataforma 29–30
design para manufatura (DFM) 328–329
desinvestimento sustentado 396–397
destruição criativa 10–11

Diabetes Attitudes, Wishes and Needs (DAWN, Atitudes, Desejos e Necessidades da Diabetes), Programa 56–59
difusão da inovação 198–199, 332–338, 341
   aceleração da, ICA 490–491
   previsão de usuários líderes 296–298
DigitalDivideData 49
dimensões da inovação 15–22
direitos autorais 445–446
direitos de design 445–446
disposição dos empreendedores 256–261, 260–261, 349–350, 422
distribuição customizada 173–174
divisão de novos empreendimentos 393–396
DPI (direitos de propriedade intelectual) 440–449
Drucker, Peter 10–11, 410–411

E.ON 256–257
EBTs (empresas de base tecnológica) 353–356, 406, 408, 413–417
ecoeficiência 113–115
economias/mercados emergentes
   fonte de ideias 168–172
   inovação frugal 70–71, 168–169
   ver também China; Índia
EcoVision4, Philips 109–110
Edison, Thomas 12–13, 25–26, 143, 183–184, 292–294
Edmondson, Iain 304–305
efeito imitação 336–338
efeitos do fundador 405–406, 408
eficiência coletiva 289–291
electrocardiograma (ECG) portátil 70–71
empreendedores acadêmicos 356–361
empreendedores de estilo de vida 348–349
empreendedores de start-ups, perguntas para reflexão de 477–478
empreendedores do crescimento 348–349
empreendedores inovadores 348–349
empreendedores tecnológicos 349–352
empreendedorismo 10–12
   características de um empreendedor 253–257
   disposição empreendedora 256–259
   empreendedorismo interno 210, 286, 488–489
   gestão 14–16
   modelo de processo 20–24
   ver também empreendedorismo social
empreendedorismo corporativo 205
empreendedorismo social 50–54
   características dos empreendedores 46–48
   desafios no 59–62
empreendimentos corporativos 381–383
   fundo da Reuters para 370–371
   gestão 390–398
   impacto estratégico 397–400
   motivações para estabelecer 383–389
empreendimentos de "alta tecnologia" 372–373, 406, 408
empreendimentos de Internet europeus 409–410
empreendimentos tecnológicos 349–351
   capacidades complementares 408–410
   dependência excessiva de um pequeno número de clientes 225–227
   fatores para o sucesso 403–411
   financiamento para 369–371, 376, 410–414
   rejeição de financiamento 371–373
   "unicórnios" da Internet 409–410
empresas de base tecnológica (EBTs) 353–356, 406, 408, 413–417
"empurrão" da tecnologia 186–187, *186–187*, 284–285, 315–317, 391–392
empurrão do conhecimento 159–162
empurrão *versus* puxão, inovação 159–160, 194–195
Encyclopaedia Britannica 178–180
enquadramento 199–202
eper ltd 54–55
equipes 263–271
equipes de alto desempenho 264–268
equipes de negócio integradas 393–395
escolaridade dos empreendedores 258–261, 406, 408
espaguete do conhecimento 159–160, 210–211, 293–294
espaguete, modelo, de inovação 283–285, 288–289
especialistas 325, 327–328
espírito de equipe 267–268
"estação de modificações", modelo da 215–216
estágio de incubação, criatividade 128–129, 134–135, 138–143
estágio de insight, criatividade 128–132, 134–135, 142–143
estágio de validação, criatividade 143
estratégia de busca por "exploração" 203–204, 208
estratégia de busca por "extração" 202–203, 208

estratégia de inovação 473-474, 484-487
　criação 30-36
　implantação 486-487
　implementação 35-36
　inovação guiada pela sustentabilidade 116
　inovação social 61
　questões para reflexão 486-488
　vantagens 27-31
estratégias de busca 193-220
　aprender a buscar 215-217
　inovação aberta 210-216
　mapa do espaço de busca da inovação (pergunta "onde") 199-202
　mecanismos para capacitar (pergunta "como") 202-208
　opções de extrair e explorar 197
　oportunidade sendo buscada (pergunta "o quê") 194-197
　participantes envolvidos (pergunta "quem") 209-210
　timing (pergunta "quando") 198-199
estrutura de custos 467-468
estrutura de negócio 366-368
estruturas de auditoria 495-496
etnografia 164-165, 215-216
Eureca, momento 142-143
Evans, Chris 356
excesso de confiança 242-243
experiência de trabalho 258-261
experiência do empreendedor 258-261
experimentação de mercado 325, 327-328
experimentações, permissão para 150-152
expressões mortais 147-148
extremos, usuários 179-181

fábrica de ideias 419-420
fabricação customizada 173-175
faça você mesmo, mercado, inovação social 51-52
Facebook 269, 299-300, 359-360, 408-409
Fairchild, Sherman 398-400
fatores para o sucesso, empresas iniciantes 416-418
Fauchart, Emmanuelle 53-54
fibrose cística, inovação guiada pelo usuário 54-55
ficção científica 142-143
financiamento
　capital de risco 410-414
　dimensão da gestão de empreendimentos 390-391
　e "acadêmicos empreendedores" 360-361

financiamento inicial 359-360, 371-373, 376, 410-411
　spin-offs nascidas de universidades 356-359, 361-362
financiamento externo 364-365, 369-372, 406, 408, 421-422
financiamento público 375-376
flexibilidade e fluência, criação de ideias 127-128, 143-144
fluxo de caixa descontado (FCD) 244-245, 247
fluxo de ideias 148-150
fontes de inovação 159-189
　acidentes 187-188
　crises e emergências 171-173
　customização em massa 172-176
　empurrão do conhecimento 159-162
　imitação e benchmarking 183-184
　inovação movida pelo design 186-188
　inovação recombinante 183-184
　melhoria de processo 165-167
　mercados emergentes 168-172
　opções sobre futuros 186
　puxão da necessidade 161-165
　regulamentação 185
　trabalhando na fronteira 166-168
　usuários como inovadores 175-183
Ford, Henry 8, 16-17, 161-162, 172-173, 194-195, 198, 454-455, 462-463
formação de filas para serviços 321-322
fracasso(s) 474-476
　comemoração, Nortel 384-385
　de novos negócios 347
　eliminação precoce 412-413
　razões para 419-420
fragmentação do mercado 210-211
France Telecom, sistema de sugestões online 152-153
franqueza 272-273
Friedman, Thomas 67-68
Friis, Janus 458-459
Fujifilm 203 204
Fundação Britânica para Empreendedores Sociais 368-370
funil do desenvolvimento 315-318

Gates, Bill 4, 46-48, 53-54, 144-145, 348-349
gazelas 404-406, 414-415
General Electric (GE) 4, 12-13, 70-71, 88-89, 169-170, 397-399, 485-486
geração de conceitos 324-325, 327-328

gerenciamento pelas diretrizes 152–154
gestão 471–496
   capacidade de aprendizagem e construção 473–476
   contexto organizacional 487–489
   de empreendimentos corporativos 390–398
   de equipes 270–271
   desenvolver o empreendimento 481–485
   encontrar os recursos 479–482
   estratégia/senso de direção 484–488
   medição de desempenho 493–496
   modelo simples do ciclo de aprendizagem 475–477
   reconhecimento de oportunidades 477–480
   redes 488–493
gestão do conhecimento 209–210, 435–436
globalização da inovação 67–71, 210–211
   aprendizagem a partir de sistemas estrangeiros 71–73, 75
   atividade em equipe interfuncional 265–266
Globetronics Bhd. 83–85
Google 138–139, 443–444
   ambiente organizacional 271–272
   "beta perpétuo", abordagem de 152–153, 475–476
   Google[x] 383
   "máquina de inovação" 150–152
governança corporativa 79–94
Grameen Bank 45–46, 454–455
Grameen Shakti 114–115
Green, Ken 104–105
Greenfield, estratégia 419–420
GreenZone, planejamento holístico 116
Grove, Andy 399–400, 485–486
Gruber, Marc 53–54
grupos 263–265
   ativos e passivos 265–266
   desenvolvendo a criatividade de 126–128, 143–148
   versus equipes 270–271
grupos focais 325, 327–328
guardião (gatekeeper) 209–210
Guilford, J. P. 127–128
Gupta, Anshu 50–51

habilidades de raciocínio, desenvolvimento de 134–143
habilidades para o crescimento de empreendimentos 421–422
habilidades pessoais, desenvolvimento de 143–144
Hall, Richard 34–35

Hargadon, Andrew 183–184
Henn, Gunter 148–151
Hollywood, estúdios de 439–440
Hoover 25–26
Howe, Elias 25–26
Howe, Jeff 180–181

IBM 12–14, 88–89, 399–400, 440–443, 485–486
idade dos empreendedores/fundadores de novos empreendimentos 350–351, 405–406, 408
ideias
   busca de 205–206
   desenvolvimento de 21–23, 25–26
ideias rosas 166
IDEO 182, 363–365, 475–476
IKEA 111–113, 291–292
"imersões" 205
imitação 71–72
   observando outros 183
   patentes como barreira à 443–444
imperativo da inovação 36–37
implementação estratégica 35–36
improvisação 255–256
incentivos fiscais, Brasil 90–91
incerteza 228–231, 235–236, 238–244
   tolerância de, aceitação de riscos 275–276
independência dos empreendedores
   busca por 370–371, 410–412
   necessidade de 257–259, 350–351, 369–370
Índia 88–90
   Akash, computador 169–171
   financiamento com capital de risco 372–373, *374–375*
   inovação frugal 70–71
   Jain Irrigation Systems 96–97
   Jaiper Foot 9–10
   Jugaad, inovação 168–170
   patentes *448–449*
   start-ups individuais 50–51
   Tata 70–71, 329–331
indústria da música 462–463
indústria de gelo 13–15
informação, definição 432–433
informações tecnológicas 73, 75, 74
Innocent 262–264
Innocentive.com 180–181, 205–207, 214–215, 301–302
Innovative Partnerships Programme (IPP) 215–216
"inovação", significado do termo 14–16

inovação aberta 210-214
　benefícios e desafios de aplicar 294-296
　capacitação 213-216
　modelos para 214-216
　redes 293-296
inovação ambiental *ver* inovação guiada pela sustentabilidade
"inovação coletiva aberta" (ICA) 212
　Netflix 300-301
　propriedades emergentes em torno da 488-491
inovação coletiva dos usuários 178-180
inovação conjunta 269
inovação de desenvolvimento, BdP 93-97
inovação de experiência 18-19, 186-188
inovação de paradigma 17-19, 33-34, 106-107, 456, 458, 461-463
inovação de posição 16-17, 32-34
inovação de "processo" 16-18, 32-33, 165-167
inovação de "produto" 16-18, 32-33
inovação de sucesso, contexto da 22-24
inovação descontínua 36-37
inovação disruptiva 167-168, 456, 458-459, 462-463
inovação em modelos de negócio 456, 458-463
　e a indústria da música 462-463
　exemplos de 17-19
　Internet como rota para 459-460
inovação frugal 70-71, 168-169
inovação guiada pela sustentabilidade (IGS) 101-119
　gestão do processo para 112-116
　modelo estrutural para 105-113
　"responsabilidade", perguntas sobre 116-117
inovação guiada pelo usuário 54-55, 175-183, 363-365
inovação guiada pelos funcionários 154
inovação incremental 18-22, 31-34, 124-125, 194-197
inovação motivada por crises 171-173
inovação movida pelo design 186-188
inovação no local de trabalho 209
inovação no setor público 52-53
inovação no "Terceiro Setor" 52-53
inovação radical 18-22, 31-34, 124-125, 194-197
inovação recombinante 183-184
　redes 287, 292-294
inovação responsável 116-117

"inovação reversa" 169-170
inovação social 45-64
　apoio para 52-54
　capacitação 52-54, 58-60
　desafios na 59-62
　motivação para 53-59
　participantes 49-54
inovação vinda de *stakeholders* 56-59
inovações de componente 21-22
inovações em saúde 8-9, 52-53
　África do Sul 48
　de baixo custo 169-170
　diabetes, programa de combate à 56-59
　lideradas pelo usuário 54-55, 177-178, 297-299
　NHS, modelo de negócio do 457
inovações sistêmicas 21-22
inovadores de software 350-352
insight e criatividade 142-143
integração direta 393-395
Intel 269, 385-386, 399-400, 408-409, 419-420, 485-486
Intelligent Energy Ltd 417-418
intermediário impossível 139-140
internacionalização da P&D 72-73, 75
Internet
　Cisco, cenários 236-238
　empreendimentos, Rússia 82-85
　unicórnios 409-410
　uso crescente da 212
　venda de mídia digital 439-440
intervenção humanitária 172-173
invenção 25-26
invenções acidentais 187-188
investimento estrangeiro direto (IED) 81-82, 92-93
"isso não foi inventado aqui", efeito 13-14, 201-202

Jaguar Land Rover 329-331
Jain Irrigation Systems (Jains) 96-97
Janah, Leila 49
Jepessen, Lars Bo 180-181, 205-207
Jobs, Steve 4, 148-151, 233-234, 253, 399-400
joint ventures 81-85, 88-90, 92-94, 330-331, *381-383*, 447-448
Jones, Tim 5-6
Jugaad Innovation 168-170
"justaposição aleatória", geração de ideias 141-142

kaizen, filosofia 131–132, 151–153, 166, 203, 475–476
Kelly, Tom, IDEO 363–365
Khosa, Veronica 48
Kickstarter, *crowdfunding* 287, 376, 480–481
Kirton (KAI), Escala de adaptação-inovação de 132–133, 255–256
Kodak 36–37, 203–204, 460–461
Koska, Marc 348–350
Koum, Jan 359–360–360–361

laboratório de aprendizagem 55–56–56–58
"laboratórios vivos" 171–172, 297–298
Lakhani, Karim 180–181, 205–207
Lambert Review of Business: University Collaboration, UK 361–362
Lei do Ar Puro 185
levantamentos 233–235, 325, 327–328
liberdade, ambiente organizacional 270–271, 275–276
"licença para operar" 54–56
licenciamento
 custos e riscos 448–449
 direitos de propriedade intelectual (DPI) 440–441, 446–449
 Intelligent Energy 417–418
 principais motivações estratégicas para 447–449
 Star Alliance 349–350
 universidades 356–358, 360–362
liderança 259–263
 de princípios 267–268
 e o processo criativo 153–154
 estratégica clara 22–23, 484–488
 gestão de equipes 270–271
 tecnológica 240–241
líderes transformacionais 261–262
limitações financeiras, efeito no empreendimento 408–409
localização
 de serviços 33–342
 e desempenho 416–418
lócus de controle 257–259, 350–351
Lucent Technologies 396–398
Lynch, Mike 285, 288, 350–352

manutenção produtiva total (TPM) 166
Maquiavel, Nicolau 36–37, 126–127
Markides Costas 462–463
material de vídeo, vendas pela Internet de 439–440

medição de desempenho 493–496
melhoria de processo 165–167
memória organizacional, componentes da 436–437
mentalidade 138–139
Mercado Alternativo de Investimento (AIM) 374–376
mercado-alvo 464–466
mercados de inovação online 180–181
metáforas 134, 139–141, 143–144, 165
método Delphi 235–236
México, CEMEX 97
microfinanças 45–46
mídias digitais 437–440
"milagre de Massachusetts" 290–291
MindLab 166–167
MIT (Massachusetts Institute of Technology) 351–353
modelo de Bass de difusão 335–337
modelo de processo 20–24
Modelo T 8, 172–173, 194–195, 198
modelos de negócio 453–454
 4Ps, modelo dos *456, 458*
 construção 462–468
 e criação de valor 455–456
 estrutura *455–456*
 exemplos de 457
 genéricos e específicos 461–463
 propósito dos 453–455
 sustentabilidade 468
modelos parciais, problema com 26–27
montagem customizada 173–174
Moore, Gordon 340–341, 399–400
moradia assistida 50–52
motivação
 empreendedores tecnológicos 350–351
 para inovação social 53–59
M-PESA 96–97, 170–171, 297–298
multinacionais
 Brasil 90–92
 China 91–93
Mumpuni, Tri 50–51
muppets 404–406

Nasa, abordagem de "infusão" 215–216
necessidade de afiliação (n-Aff) 257–259, 350–351
necessidade de conquista (n-Ach) 53–54, 257–258, 350–351
necessidades sociais, atender 8–9
Netflix 269, 300–301, 408–409

New Business Initiative, Intel 385–386
Nintendo Wii, sucesso do 167–168
nipo-renano, modelo de governança 79–81
nível de relação, empreendimentos 381–383, 393–394
Nokia 97, 171–172, 215–216, 317–318, 443–444
novidade 18–22, 28–29
Novo Nordisk 56–59, 97, 114–115
novos empreendimentos
  capacidades complementares 408–409
  contexto para 351–362
  crescimento e desempenho 414–422
  desenvolvimento do plano de negócios 364–367
  estrutura 366–368
  fatores para o sucesso 403–410
  fatores que influenciam a criação de 256–261, *260–261*
  financiamento 410–414
  fontes de ideias 363–364
  inovação conjunta 269
  oportunidades para 362–364
  processo e estágios 362–376
  recursos e financiamento 367–376
  tipos de 347–352, 393–394
novos empreendimentos de base tecnológica, Reino Unido 420–422
novos produtos disruptivos 108–109
Noyce, Bob 398–400

objeto/prática de fronteira 182, 437–439
observabilidade 340–341
opções sobre futuros 186
Open Handset Alliance (OHA) 316–317
oportunidades para inovação sustentável 102–103
oportunidades, identificação de 6–10, 14–17, 389
oportunidades, reconhecimento de 477–479
  criação de novos empreendimentos 362–365
  desafios para o empreendedorismo social 59–60
  estágio do modelo de processo 20–22, 26–28
  organizações incubadoras 349–353
  universidades 356–362
origem do empreendedor 257–258
"orquestra", modelo da 214–215
Osborn, Alex 145–146

otimização operacional 106–107, *112–114*, *201–202*
Oxford Health Alliance 114–115
Ozon, Rússia 82–85

P&D (pesquisa e desenvolvimento)
  alocação de recursos 243–244
  despesas 159–161
  e marketing 391–392
  e o ambiente físico 148–151
  e percepção de risco 238–241
  e rentabilidade 415–417
  indústria automotiva 329–330, 334–335
  inovação aberta 294–295
  internacionalização da 67–73, 75, 210–211
  investimento em 369–371
  nível nacional 73, 75–77
  papel do capital de risco 411–413
  start-ups de biotecnologia 416–418
  troca para C&D (conectar e desenvolver) 212–214
PARC (Palo Alto Research Center) 352–353
parcerias 367–368
  B&Q, inovação social 51–52
  empreendedores sociais 368–370
  Innovative Partnerships Programme (IPP) 215–216
  inovação sustentável 114–116
  multinacionais, Brasil 90–91
  mundo da música 143–145
patentes 73–77, 440–445, 494–495
  China 92–93
  condições legais 440–442
  custos 441–443
  diferenças intersetoriais 443–444
  e desempenho 444–445
  estratégias 445–447
  Índia 89–90
  "internacionais" 443–445, 448–449
  universidades 356–358
Pé de Jaipur 9–10
pensamento convergente 124–125, 129–130, 132–133, 139–140, 143–144
pensamento divergente 124–125, 129–130, 132–133, 139–140, 143–144
pensamento do lado direito do cérebro 124–126, 139–140
pensamento dos lados direito e esquerdo do cérebro 124–126, 130–131, 139–140
"pensamento enxuto" 165–167, 183–184
pensamento lateral 139–140

pequenas e médias empresas, crescimento e desempenho 414-417
pequenas empresas, papel do capital de risco 411-413
percepções de risco 241-244
perfil psicológico do empreendedor 257-259
Perini, Fernando 89-92
Perot, Ross 263-264
personalidade dos empreendedores 257-259
personalização 17-19, 172-174
perspectiva holística, começo impreciso (fuzzy front end) 230-231
Philips 160-161, 214-216
picape, inovação dos usuários de 175-176
Pine, Joseph 186-187
pirataria 210
Pixar Studios 148-150
planejamento de negócio
  desenvolvimento de um plano 225-232, 364-367
  previsão da inovação 231-239
  projeção de recursos 243-248
  risco e incerteza 238-244
planejamento holístico, sustentabilidade 116
pobreza 93-97
Polaroid 460-461
posicionamento de mercado 67-68
posicionamento em cadeias de valor internacionais 67-68, 72-73, 83-85
posicionamento tecnológico 72-73
Post-its, 3M 187-188, 474-475
Prahalad, C. K. 93-97, 102-105, 168-169
pressupostos
  e cenários 235-237
  sobre os pobres, questionando 94-95
previsão 186, 231-239
  análise interna 234-236
  avaliação externa 235-236
  desenvolvimento de cenários 235-239
  limitações 232-234
  pesquisa de mercado 233-235
previsão exploratória 233-234
  análise interna/brainstorming 234-236
  cenários 236-239
  opinião de especialistas/Delphi 235-236
  pesquisas com clientes ou de mercado 233-235
Pritt Stick, invenção do 125-126
Prius, automóvel híbrido, Toyota 334-336
probabilidade, risco como 238-242
processo de inovação 3-10

processos cognitivos, percepção de risco 242-243
Procter & Gamble (P&G) 4, 161-162, 212-214, 459-460
  comunidades de prática 209-210, 285, 288-290
  PUR, sistema de purificação de água 51-53
produção de conhecimento 210-211
produto viável mínimo (PVM) 143
Programas Nacionais de Diabetes (NDPs) 57-58
proposição de valor 453-454, 457, 464-465
  criar e entregar 465-466
  modelos de negócio genéricos 461-462
propriedade
  dimensão da gestão de empreendimentos corporativos 390-391, 395-397
  e estrutura de governança corporativa 79-81
  e universidades 356-358, 361-362
  mudança de paradigma para o aluguel 17-18, 461-463
  propriedade intelectual 356-358, 369-370
propriedade individual 367-368
propriedade intelectual 440-449
propriedades emergentes 283-285, 288, 488-491
prototipagem 143, 182-183, 326, 328-329, 363-365
publicidade 203, 271-272, 465-466
"puxão da necessidade", inovação por 161-165
"puxão" do mercado 186-187, 315-317, 391-392

QinetiQ 389
qualidade dos serviços, percepções sobre 321-322
"quinta geração", inovação de 284-285, 488-491

reciclagem 50-51, 60-61, 109-110, 113-114
recompensas para a criatividade 152-154
reconhecimento de padrões 125-127, 136-139
  analogias e símiles 139-141
  software 350-352
reconhecimento pela criatividade 152-154
recursos
  desafios para o empreendedorismo social 59-61
  encontrar 21-22, 27-28, 479-482

fontes de financiamento 367–376
projeção de 243–248
recursos intangíveis 34–36, 54–56, 436–437
rede de valor 199–201
rede tanda, abordagem de financiamento 97
redes 284–285, 288
   baseadas em empreendedores 285–286, 288–289
   cadeia logística 290–292
   comunidades de prática 285–286, 288–290, 437–439
   construção 301–305
   de aprendizagem 287, 291–293
   de empreendedores 285, 288–289
   do usuário 287, 295–302
   fatores para o sucesso 303–304
   habilidades 421–422
   inovação aberta gerenciada 293–296
   inovação coletiva aberta 488–493
   inovação recombinante 292–294
   para eficiência coletiva 289–291
   sociais, gestão do conhecimento 209–210
redes de inovação de alto valor 303–304
redes sociais 83–85, 209–210, 212
Reed, Richard 262–264
reenquadramento da inovação 16–19, 474–475, 477–478
"reenquadramento", estratégia de busca de 203–208
regressão, método de previsão 232–233
regulamentação, fonte de inovação 185
reputação 35–36, 54–56, 419–420, 433–434, 436–437, 446–447
responsabilidade social corporativa (RSC) 50–58, 103–105
resultados simulados 328–329
Reuters, fundos de investimento corporativo da 370–371
revelação livre 178–179
Rickman, Andrew 412–414
RIM BlackBerry 316 318, 341
rivalidade competitiva 78–80
Rogers, E. M. 332–333
Rolls-Royce 17–18, 28–29, 33–34, 195–197
   servitização, paradigma da 456, 458–460, 462–463
Rothwell, Roy 179–180, 284–285
rotinas de busca 202–203, 215–217
Route 127–128, Boston, Massachusetts 349–353

RSC (responsabilidade social corporativa) 50–58, 103–105
Rússia 80–85

Samasource 49
Samsung 316–318
Sandangi, Amitabha 50–51
Schumpeter, Joseph 10–11
Seedcamp 410–411
segmentação 234–235, 461–463
seleção de projetos 239–241, 248, 317–318, 325, 327–329
seleção estratégica 31–32, 34–36
sensores, tecnologia para idosos 50–52
serviços bancários 32–34, 45–46, 96–97, 194–197, 457
servitização 17–18, 462–463
Shockley, William 398–399
Shoots, centro de jardinagem 256–257
Siemens Mercosur, Brasil 90–92
símiles 139–141
simultaneidade 33–341
"sinética" 140–141
sistema de purificação de água da P&G 51–53
sistema de stage-gates, processo de desenvolvimento de produção 314–318
sistemas de governança nacionais 79–81
sistemas de pagamento móvel 96–97
sistemas estrangeiros de inovação, aprendendo com 71–73, 75
sistemas nacionais de inovação 67–68, 73, 75–87
Skovlund, Søren 56–58
Skype, inovação disruptiva 456, 458–459
smartphones 316–318
sobrevivência 3, 4, 6
sorte 15–16, 201–203, 475–476, 496
Spengler, J. Murray 25–26
spillovers (transbordamentos) de know-how 91–93
spin-offs 81–83, 350–355, 381–384
   cisão completa 396–398
   incubadoras universitárias 356–359, 361–362
Spirit DSP, centro de P&D russo 82–83
Star Syringe 348–350
start-up enxuta, metodologia 143, 183, 476–477
start-ups de software, financiamento 369–371
start-ups individuais 50–51
sucesso, fatores que influenciam 403–410

Sumitomo 83–85–85
superstars 353–355
sustentabilidade do modelo de negócio 468
Svenska Cellulosa Aktiebolaget (SCA) 111–112

Tata 89–90, 329–331
Tateni Home Care 48
tecnologias estrangeiras, importação de 92–93
tempo de ideia 273–274
tempo e espaço para a criatividade 150–152
tempos de espera em hospitais 135–136
teoria da identidade social 54
Teoria da Solução Inventiva de Problemas (TRIZ) 137
teoria da utilidade esperada 241–242
teoria dos escalões superiores 259–261
teoria dos sistemas estratificados (TSE) 261–262
terceirização de baixo custo 49
terceirização de processos de negócios 49
testabilidade de inovações 339–341
Texas Instruments 398–400
TIC, crescimento das tecnologias de 420–422
timing (vantagem de ser o primeiro) 28–29
timing, "ciclo de vida da inovação" 198
tipologia de Myers-Briggs (MBTI) 258–259, 350–351
Toyota 130–132, 151–152, 166–167, 290–291, 331, 334–336, 475–476
trabalhadores do conhecimento, distribuição global 210–211
trabalho do conhecimento online 49
tradutores de conhecimento 437
transformação organizacional 107–108–109, *112–113*, 113–114, *201–202*
triplo resultado 50–51, 54–58
TRIZ (Teoria da Solução Inventiva de Problemas) 137
troca entre líderes e membros (LMX) 260–262

unicórnios 409–410
unidades de negócio 395–397

Unilever 94–95, 114–115, 440–441
universidades como incubadoras 356–362
UnLtd 368–370
usuários ativos 205, 212
usuários líderes 175–176, 199, 296–298, 325, 327–328

Vale do Silício 205–206, 259–261, 286, 340–341, 350–352, 398–400
valor presente líquido (VPL) 244–245
valores, alinhamento com a equipe 55–56
vantagem do atacante 419–420
vantagem relativa 335–339
vantagens estratégicas 27–31
Verganti, Roberto 186–187
viés cognitivo 242–243
Virgin 4, 34–35
virtualização do mercado 212
visão 261–262
    clareza de 22–23, 61, 484–486
    compartilhada 23–24, 143–144, 253, 454–455
    e objetivos comuns, equipes 266–267
"Vision 2050", sustentabilidade 102–103, 109–110
VOIP, empresas de
    Skype 456, 458–459
    Spirit DSP 82–83
von Hippel, Eric 175–176, 296–297
"voz do cliente" 209–210

?Whatif!, consultoria 145–147, 214–215
WhatsApp 359–361
Wikipédia 179–180, 299–300
Williamson, Audley 188
Woolridge, A. 70–71

Xerox 187–188, 199–201, 352–355, 397–398

Yandex, mecanismo de busca russo 83–85
Yunus, Muhammad 45–48, 454–455

Zennstrom, Niklas 458–459
Zimmer Medical Devices 390–391